日本獣医腎泌尿器学会

イヌとネコの腎泌尿器病学

監修 佐藤れえ子

星 史雄

ファームプレス

イヌとネコの腎泌尿器病学

監修

佐藤　れえ子（Reeko SATO）／岩手大学 名誉教授　　　星　史雄（Fumio HOSHI）／岡山理科大学 獣医学部

執筆者一覧（担当項目順、敬称略）

市居　修（Osamu ICHII）
担当：第1章、第12章1
所属：北海道大学 大学院獣医学研究院

鯉江　洋（Hiroshi KOIE）
担当：第2章
所属：日本大学 生物資源科学部

竹村　直行（Naoyuki TAKEMURA）
担当：第3章1〜3
所属：日本獣医生命科学大学 獣医学部

矢吹　映（Akira YABUKI）
担当：第3章4〜4.6、第5章1〜2.5、第7章3.2〜3.4
所属：鹿児島大学 共同獣医学部

桑原　康人（Yasuhito KUWAHARA）
担当：第3章4.7、第7章1、第14章1
所属：クワハラ動物病院

佐藤　れえ子（Reeko SATO）
担当：第3章5〜6、第6章、第7章6
岩手大学 名誉教授

下川　孝子（Takako SHIMOKAWA）
担当：第3章7、第10章
所属：岡山理科大学 獣医学部

岩井　聡美（Satomi IWAI）
担当：第3章8、第12章2〜3、第15章2
所属：北里大学 獣医学部

夏堀　雅宏（Masahiro NATSUHORI）
担当：第4章1〜4
所属：北里大学 獣医学部

山﨑　寛文（Hirofumi YAMASAKI）
担当：第4章5、第15章3
所属：日本動物高度医療センター

代田　欣二（Kinji SHIROTA）
担当：第5章2.6、第7章3.1
麻布大学 名誉教授

星　史雄（Fumio HOSHI）
担当：第7章2、第7章4、第8章、第9章
所属：岡山理科大学 獣医学部

小林　沙織（Saori KOBAYASHI）
担当：第7章5
所属：岩手大学 農学部

米澤　智洋（Tomohiro YONEZAWA）
担当：第11章
所属：東京大学 大学院農学生命科学研究科

細谷　謙次（Kenji HOSOYA）
担当：第13章
所属：北海道大学 大学院獣医学研究院

山野　茂樹（Shigeki YAMANO）
担当：第14章2
所属：うえだ動物クリニック

上地　正実（Masami UECHI）
担当：第14章3〜4
所属：JASMINEどうぶつ循環器病センター

片山　泰章（Masaaki KATAYAMA）
担当：第14章5、第15章1
所属：岩手大学 農学部

秋吉　秀保（Hideo AKIYOSHI）
担当：第15章4〜5
所属：大阪公立大学 獣医学部

2024年8月現在

発刊に寄せて

　腎臓と尿路の異常は小動物臨床で遭遇することが多く、時として緊急の外科的対応を余儀なくされることもしばしばである。腎泌尿器病は、腎臓から始まる長い尿路の部位によってその病態は様々であり、栄養学を中心とした内科学的療法を必要とするものや、外科的治療によって尿路を確保する必要があるものなど、その診断と治療にあたっては常に幅広い病態への理解と治療法の熟知が求められる。

　そのような腎泌尿器病学の特徴を理解し、診断と治療のために必要な情報を網羅している書籍としては、1995年発刊のC. A. OsbornとD. R. Fincoが監修した「CANINE and FELINE NEPHROLOGY and UROLOGY」があげられる。この書籍は小動物の腎泌尿器病学のバイブルとして長く愛読されてきたが、その後しばらくこれに続くものは出版されなかった。2000年を過ぎると分子生命科学の進歩によりゲノム医学の発展が急速に起きて、人医界では多くの腎臓病の病態解明が分子レベルで進行した。それに伴い、新たな治療薬の臨床応用が開始された。これらの新たな科学的エビデンスは獣医学領域にも応用され、腎泌尿器病学の分野でも新たな病態解明と治療法の開発が試みられるようになってきた。このような流れのなかで、新たなイヌとネコの腎泌尿器病学編纂の必要性は高まってきた。

　日本獣医腎泌尿器病学会が2008年に研究会から学会へと組織を変えて活動し始めたときに、私は「イヌとネコの腎泌尿器病学」を、日常的に臨床のなかで参考にする本として編纂する必要性を感じていたが、このたび、日本獣医腎泌尿器病学会認定医制度の実践のなかで、学会として本書を編纂することが可能となった。このことは小動物臨床分野において腎臓病と尿路の疾患を専門としているものにとって望外の喜びである。本書では、学会所属の基礎獣医学、獣医外科学、獣医内科学、獣医画像診断学の専門家が、さらに学会外からも専門家にご助力いただき、それぞれの専門分野の執筆を担当しており、疾患の病態生理学的な側面と、これまで明らかになってきた疾患の疫学的傾向、新たな診断方法と治療法についてまとめられている。日常の診療のなかで、繰り返し開いて参考にできるものと考えている。

　近年の医学領域における分子生物学を応用した疾患の病態解明が進むことにより、小動物臨床分野においても様々な疾患の病態メカニズムが明らかになってきた。特に先天性疾患における病態解明が急速に進歩したことにより、疾病名の変更など疾患大系自体の見直しも必要となってきている。本書においても新たな見直しの必要性について触れられているが、このような学術的進歩に並行した知識の更新は継続して求められていくものと思われる。そのような流れのなかでの第一歩として、本書を発刊できることは幸いである。

　最後に、多忙な診療の合間に本書の執筆をお引き受けいただいたすべての著者の皆様、ならびに共に監修を務めた岡山理科大学の星　史雄先生に心から御礼を申し上げます。そして、本書の発刊にあたり、企画の段階から発刊の最終段階まで、常に私達に寄り添い、尽力して下さいましたファームプレス社の代表取締役 金山宗一様、編集部の富田里美様に深謝致します。

岩手大学名誉教授
日本獣医腎泌尿器学会顧問

佐藤　れえ子

イヌとネコの腎泌尿器病学　目次

第1章　泌尿器の発生とその異常およびおよび解剖・組織 ── 1
1. 泌尿器の発生とその異常 ── 1
2. 泌尿器の総論、腎臓の形態 ── 4
3. 腎臓の組織構造 ── 9
4. 尿管、膀胱の形態 ── 15
5. 尿道の形態 ── 16

第2章　腎泌尿器の生理機能とその異常 ── 19
1. 濾過機能 ── 19
2. 尿細管機能 ── 20
3. 内分泌機能 ── 24

第3章　腎泌尿器病の診断 ── 28
1. 稟告 ── 28
2. 腎泌尿器病の臨床徴候 ── 29
3. 血液検査 ── 32
4. 尿検査 ── 33
5. 尿中バイオマーカー ── 49
6. 腎機能検査 ── 58
7. 尿の細菌培養と薬剤感受性試験 ── 65
8. 前立腺液のサンプリング法と分析 ── 68

第4章　腎泌尿器の画像検査 ── 72
1. 各種モダリティの診断的意義 ── 72
2. 上部尿路の評価法 ── 73
3. 造影X線検査法 ── 74
4. 腹部X線検査と腎泌尿器の造影検査 ── 78
5. 内視鏡検査 ── 115

第5章　腎泌尿器系の病理組織診断 ── 122
1. 細胞診 ── 122
2. 腎生検（コア生検）── 127

第6章　先天性の腎尿路奇形と遺伝性腎疾患 ── 139
1. イントロダクション ── 139
2. 腎臓の発生 ── 139
3. 疾患の定義 ── 140
4. 病因 ── 141

第7章　腎臓の病気 ── 164
1. 急性腎障害 ── 164
2. 慢性腎臓病 ── 169
3. 糸球体疾患 ── 180
4. 尿細管間質疾患 ── 190
5. 中毒・薬剤性腎障害 ── 208
6. 嚢胞性腎疾患 ── 223

第8章　尿石症 ── 235
1. 尿石症の定義 ── 235
2. 尿石症の症状と診断 ── 235
3. ストルバイト尿石症 ── 238
4. シュウ酸カルシウム尿石症 ── 240
5. プリン体尿石症 ── 243
6. シスチン尿石症 ── 245
7. その他の尿石症 ── 248

第9章　ネコの下部尿路疾患 ── 253
1. イントロダクション ── 253
2. ネコの特発性膀胱炎 ── 254

第10章　尿路感染症 ——— 263
1　上部尿路感染症 ——— 263
2　下部尿路感染症 ——— 267

第11章　排尿障害 ——— 271
1　排尿障害：総論 ——— 271
2　各論：神経原性排尿障害 ——— 277
3　各論：非神経原性排尿障害 ——— 282
4　その他の排尿障害 ——— 293

第12章　前立腺疾患 ——— 297
1　前立腺の解剖生理学 ——— 297
2　前立腺過形成 ——— 299
3　前立腺嚢胞・前立腺炎・前立腺膿瘍 ——— 302

第13章　イヌとネコにおける泌尿器の腫瘍 ——— 307
1　イヌの腎臓の腫瘍 ——— 307
2　ネコの腎臓の腫瘍 ——— 310
3　尿管原発腫瘍 ——— 310
4　イヌの膀胱原発腫瘍 ——— 310
5　ネコの膀胱原発腫瘍 ——— 315
6　尿道原発腫瘍 ——— 317

第14章　腎泌尿器疾患の一般的治療法 ——— 319
1　食事療法の基礎 ——— 319
2　慢性腎疾患の薬物療法 ——— 323
3　腹膜透析 ——— 331
4　血液透析 ——— 334
5　腎移植 ——— 338

第15章　腎泌尿器の外科手術 ——— 343
1　腎臓の外科手術 ——— 343
2　尿管の外科手術 ——— 359
3　膀胱の外科手術 ——— 378
4　前立腺の外科手術 ——— 386
5　尿道の外科手術 ——— 395

索引 ——— 405

本書に掲載した診断法、治療法、薬用量、手技などについては、獣医学的知見に基づいて細心の注意を払って執筆されております。ただし実際の症例への適用にあたっては、臨床獣医師の責任のもと、症例の状態・状況に応じた判断を下し、診療を行ってください。本書に含まれる情報によって生じたいかなる損害に対しても、著者・監修者、出版社は責任を負いません。

第1章

泌尿器の発生とその異常および解剖・組織

市居　修

　尿生殖器は、泌尿器と生殖器からなり、両者は発生学的に密接な関係にある。泌尿器は腎臓、尿管、膀胱、尿道を、生殖器は生殖腺、副生殖腺、外生殖器を含む。尿道と生殖道はその機能形態を一部共有している。本章では、泌尿器の発生、解剖ならびに組織を中心に概説する。用語については、World Association of Veterinary Anatomists（WAVA：世界獣医解剖学会）の定めるNomina Anatomica Veterinaria（NAV：獣医解剖学用語）、Nomina Histologica Veterinaria（NHV：獣医組織学用語）、Nomina Embryologica Veterinaria（NEV：獣医発生学用語）ならびにこれらをまとめた獣医解剖・組織・発生学用語（日本獣医解剖学会編）[1]に準じて記載した。一般的な獣医解剖学的知見を述べ、特に種差のみられる部分については動物種名を記載した。

1 泌尿器の発生とその異常

1.1 前腎、中腎、後腎

　脊椎動物の泌尿器の大部分は中間中胚葉から発生し、膀胱と尿道の上皮は内胚葉由来である。胎子期において、頸部〜仙骨部両側の中間中胚葉は、その頭側から順に前腎、中腎、後腎をそれらの存在時期を重複させながら発生し、機能する（図1）。これら3つの器官を1つの「全腎」としてとらえ、各々が発生・退化消失しながら胎子の排泄機能を担うという考え方もある[2]。一般的に、魚類と両生類では前腎に代わり中腎が機能的な腎臓となる。一方、爬虫類、鳥類、哺乳類では、前腎と中腎に代わり後腎がいわゆる終生腎・永久腎となる。

1.2 前腎の発生

　発生初期において、頸部の中間中胚葉から前腎が分節的に発生する（腎節、腎腔と呼ぶ）。各腎節から1本の前腎細管が発生し、尾側の前腎細管と融合して頭尾側方向に伸びる1本の前腎管を形成する（図1A）。同時期に、背側大動脈から毛細血管束（糸球体）が分岐し、腹側で体腔壁に接する外糸球体とその背側で前腎細管に接する内糸球体に分かれる。外糸球体由来の濾液は体腔に、内糸球体由来の濾液は前腎細管に送られる。体腔内の一部の濾液は、前腎細管と体腔の連絡部（腎口）から、腎口付近の線毛細胞によって前腎細管に運ばれる。濾液中の水分や電解質は前腎細管から再吸収され、残りは排泄腔に送られる。

1.3 中腎の発生

　前腎の尾側（下位の頸分節〜上位の腰分節）において、中間中胚葉が増殖・肥厚し、中腎芽体（中腎原組織）を形成する。中腎芽体は分節状であるが、各々融合し、非分節状の組織になる。各分節（腎節）に相当する位置で、

第1章

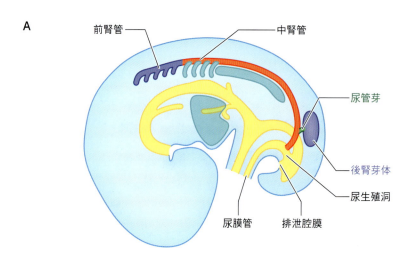

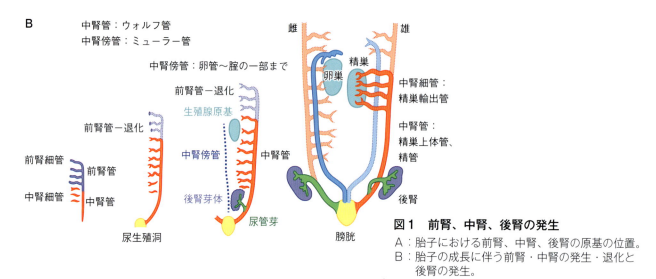

図1　前腎、中腎、後腎の発生
A：胎子における前腎、中腎、後腎の原基の位置。
B：胎子の成長に伴う前腎・中腎の発生・退化と後腎の発生。

中腎芽体内に中腎小胞が形成される。中腎小胞の外側には前腎から伸びる前腎管が位置する。前腎管は中腎小胞の伸長をうながし、中腎小胞は中腎細管となる（図1B）。1つの腎節相当部から複数の中腎細管が形成され、それらは外側の前腎管につながり、それより頭側の前腎管と前腎細管は退縮する。同時期に、中腎細管は体軸正中方向にも伸長し、背側大動脈から生じる糸球体と接する。中腎細管上皮は糸球体包を形成し、この糸球体と糸球体包を合わせて中腎小体と呼ぶ。この中腎小体と中腎細管（中腎ネフロン）は体腔には開かず閉鎖的であり、中腎細管周囲の毛細血管とともに濾液生成と水と電解質の再吸収を担う。生成された濾液（胎子の尿）は中腎管を通じて排泄腔に送られる。この頃の体腔内では、中腎の発達による腹側方向への膨隆部（中腎隆起）がみられるようになり、これは頭尾側方向に伸びる。中腎隆起の内側（体軸正中方向）には生殖隆起が位置し、両者を合わせて尿生殖隆起とも呼ぶ。イヌの中腎隆起は不明瞭であり、

妊娠約36日で中腎は退行するとされる[2]。

1.4 後腎の発生

前腎が退行し、中腎が排泄器官としての機能を残している時期に、中腎管の尾側部で尿管芽が分岐する（図1A、B）。また、同時期に中腎後位で中間中胚葉が増殖・肥厚し、後腎芽体（後腎原組織、後腎間葉凝集体）を形成し、そこに尿管芽が入り込む（図2A）。後腎芽体に接着した尿管芽は分岐し、腎杯を形成する。腎杯からは集合管が伸び、後腎芽体中に入り込む。

一方、イヌやネコでは腎杯の融合が進み、原始腎盤を形成する。集合管はさらに細管を分岐し（集合細管とも呼ばれる、後の結合細管部分と考えられる）[3,4]、その細管の先端部周囲に後腎芽体の細胞は集簇する（造腎帽とも呼ばれる）[4]。この細胞集団から後腎小胞が分かれ、後腎小胞はその長さを増し、コンマ字体、S字体と呼ばれる形態を示して迂曲し、ネフロン（糸球体包、近位尿

泌尿器の発生とその異常および解剖・組織

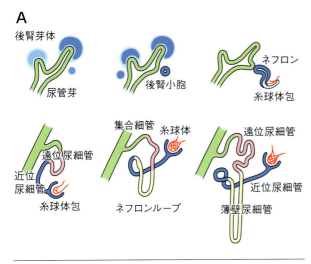

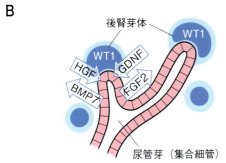

図2 後腎の発生
A：ネフロンと集合管の発生。B：後腎の発生を担う分子群。

細管、薄壁尿細管、遠位尿細管）を形成し、その先端は集合細管と結合する。糸球体包には血管が入り込んで毛細血管網（糸球体）を形成し、将来の糸球体包内壁と外壁に分かれ、腎小体が形成される。このような後腎は、初期では胎子の腰仙骨部付近にみられるが、発生の進行とともに、後腎に分布する血管をより頭側から分岐する血管と入れ替え、後腎は頭側方向に移動する（腎上昇）。

後腎の発生に関する分子群が知られている（図2B）[2]。Fibroblast growth factor 2（FGF2）や Bone morphogenetic protein 4（BMP4）は尿管芽から分泌され、後腎芽体の細胞増殖や細胞死抑制に働く。また、後腎芽体の WT1 transcription factor（または Wilms tumor 1：WT1）の産生を維持する。WT1 は尿生殖器発生に重要な転写因子である。後腎芽体からは、Glial cell derived neurotrophic factor（GDNF）や Hepatocyte growth factor（HGF）が分泌され、尿管芽に発現するそれぞれの受容体 Ret proto-oncogene（RET）と MET proto-oncogene, receptor tyrosine kinase（MET）に結合し、尿管芽の増殖を刺激する。後腎芽体の GDNF や HGF の発現も WT1 に制御されている。

1.5 会陰、尿管、膀胱、副生殖腺の発生

中腎管から尿管芽が分岐する頃、後腸末端部の膨らみ（排泄腔）の側方から生じた中隔構造が排泄腔を腹側の尿生殖洞と、背側の後腸（肛門直腸管）に頭側から分断していく（図3A）。この中隔構造を尿直腸中隔と呼ぶ。尿直腸中隔はさらに発達し、排泄腔を尿生殖洞と肛門直腸管に完全に分断し、その末端部で会陰（狭義）が形成される。同時期に、中腎管は尿生殖洞壁に残され、尿管芽は中腎管から分かれて尿管を形成する。

中腎管開口部より頭側の尿生殖洞（あるいは尿膜管）が膨らみ、膀胱を形成する（図3A）。その中腎管開口部付近が膀胱頸、その尾側が尿道となる。雄においては、尿道上皮から前立腺が（イヌ、ネコ）、その尾側で尿道球腺が形成される（ネコ）。

1.6 生殖腺原基との関連、膀胱三角

雌雄ともに中腎管（ウォルフ管）は泌尿器の発生に必須の構造であるが、中腎管の外側に中腎傍管（ミューラー管）が形成される（図1B）。中腎が大きく発達している頃、その腹側に生殖腺原基が形成される。その生殖腺原基が精巣になる場合は、中腎傍管は退化消失し（末端は雄の子宮として精丘付近に残ることがある）、中腎管が発達して精管となる。一方、卵巣になる場合は、中腎管は退化消失し（末端はガルトナー管として外尿道口付近に残ることがある）[4]、中腎傍管が発達して、卵管、子宮、腟（の一部）となる。生殖腺原基が発達する頃には、腎上昇がみられ、後腎と生殖腺原基の位置が逆転する（図3B）。

この頃、尿管芽が中腎管から分離する（図3B、C）。このとき、中腎管は尿生殖洞壁（膀胱壁）に引き込まれながら尾側に移動するため（尿膜管・膀胱が頭側に伸びるため）、膀胱壁に中腎管由来の上皮が取り残される（図3C）。そのため、膀胱上皮は内胚葉（後腸、排泄腔）由来であるが、膀胱三角は中胚葉（中腎管）由来であるとされる。膀胱の粘膜固有層・下組織、筋層、外膜は中胚葉由来であるとされる。膀胱三角の上皮（中胚葉由来）は後に膀胱上皮（内胚葉由来）に置換されるという説もある[4]。

1.7 発生の異常

前述の尿管芽や後腎芽の発生に関する分子群に異常がある場合、腎無形成、腎低形成、腎異形成を生じる[5]。特に WT1 に異常がある場合は尿生殖器全体の発生に影

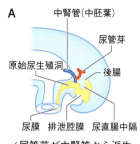
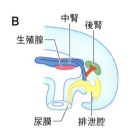
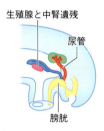
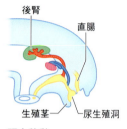
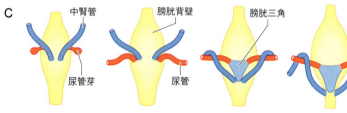

図3　会陰、尿管、膀胱の発生
A：会陰の発生。
B：尿管の発生と腎上昇。
C：膀胱と中腎管の関係。

響を及ぼす。単腎がイヌ、まれにネコにみられる[5]。左右の腎臓が融合し、馬蹄腎を示す症例もみられる[5]。腎上昇の過程に異常がある場合、異所性腎を生じる。尿管芽の発生に異常がある場合、異所性尿管を生じ、イヌでは、ゴールデン・レトリーバー、ラブラドール・レトリーバー、シベリアン・ハスキーなどでみられる[2]。また、ネコの常染色体顕性多発性嚢胞腎（autosomal dominat polycystic kidney disease：ADPKD）もネフロンの発生異常の範疇であり、近位尿細管上皮細胞の線毛に発現するpolycystin 1（PKD1）の異常によって引き起こされ、ペルシャとその近交系の長毛種、アメリカン・ショートヘアや日本ネコなどで発生がみられる[2,6]。先天性の水腎症がイヌでまれにみられる[5]。

2 泌尿器の総論、腎臓の形態

2.1 泌尿器の位置、腹膜との関連

　泌尿器は腎臓、尿管、膀胱、尿道からなり、尿の生成と排出を担う。腎臓と尿管（正確には尿管腹部）は、腹腔内で腹膜と腹腔背壁の間（腹膜後隙、後腹膜）に位置しており、腹膜後臓器（腹膜後器官）と呼ばれる（図4）。腹膜は腹腔や骨盤腔を内張りする漿膜であり、腎臓の腹側面を覆う。尿管は腹部と骨盤部に区分される。腎臓を出た尿管腹部は腹膜に覆われながら後走し、尿管骨盤部として骨盤腔に入り、生殖ヒダ（雄）または子宮広間膜（雌）に含まれながら後走し、膀胱の背壁を貫通する。雄の尿管は膀胱の背側で精管と交叉する。

　体腔の尾側端において、骨盤腔まで入り込んだ腹膜は、尿生殖器や直腸を取り囲み、直腸周囲に直腸傍窩、直腸と生殖器の間に直腸生殖窩、生殖器と膀胱の間に膀胱生殖窩、恥骨と膀胱の間に恥骨膀胱窩と呼ばれる腹膜の盲

泌尿器の発生とその異常および解剖・組織

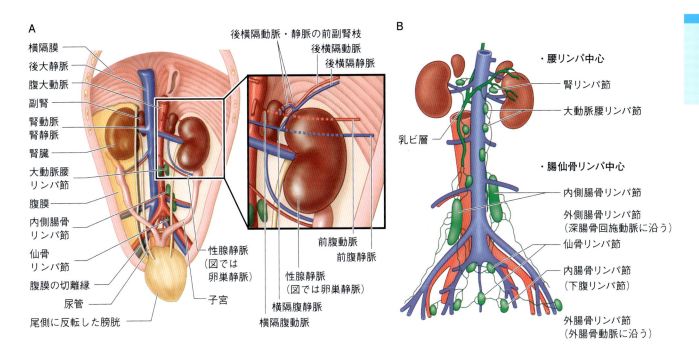

図4　尿生殖器の腹側観、腎臓付近の血管系、泌尿器のリンパ節
A：雌の模式図。左の腹膜は除去されている。B：泌尿器のリンパ中心とリンパ節。腹側観模式図。

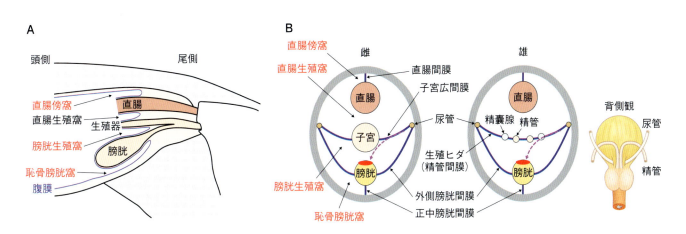

図5　腹膜と尿生殖器の関係
A：雌の左側観、模式図。B：横断面、模式図。

嚢状構造を形成する（図5）。そのため、膀胱は膀胱頸付近までは腹膜（漿膜）に覆われるが、膀胱頸より尾側ならびに尿道は外膜（結合組織）に覆われる。

2.2 腎臓の位置

腎臓の位置の理解は、泌尿器の画像診断において重要である。動物の腎臓は脊柱を中心として左右一対からなり、おおむね第一〜第四腰椎の間で腹膜後隙（後腹膜）に位置する（図4A）。イヌとネコでは、ウマやウシと同様に右腎よりも左腎が尾側に位置する（右頭左尾：特にウサギで顕著であり、ブタやヒトではその配置が逆となる）。イヌの右腎は第一〜第三腰椎の間、左腎は第二〜第四腰椎の間に位置する。一方、ネコの右腎は第一〜第四腰椎の間、左腎は第三〜第五腰椎の間に位置し、ネコの腎臓はイヌに比べて一椎体程度、尾側に位置する傾向にある。一般的に、イヌの左腎は触知可能だが、右腎

は痩せた個体で触知できる。ネコでは両側の腎臓を触診できる。右腎の頭側約1/3は肝臓の尾状葉尾状突起と肝腎間膜で結合しているため、肝臓には腎圧痕が形成される。一方、動物の左腎は遊走性に富み（ウシで顕著）、イヌでは頭尾側方向に半〜一椎体分程度は移動する。ネコの腎臓はイヌよりも可動性に富む。また、ネコの腎臓と体壁の付着は比較的ゆるく、経皮で腎生検を行う際に腎臓を把持することができる。雌では、腎臓後端と卵巣の間に卵巣提索（卵巣提靱帯）がみられ、卵巣と最後位肋骨の内側面を結ぶ（卵巣提索は、厳密には卵巣と腎臓を結ぶわけではない）。

2.3 腎臓とその周囲の血管系

腎臓には、腹大動脈から分岐した腎動脈が分布し、腎臓から出た腎静脈は後大静脈に合流する。性腺（精巣、卵巣）からの静脈は多くの動物種で後大静脈に直接合流するが、イヌとネコの左側の性腺静脈は左腎静脈につながるため、これらを扱う外科手術では注意が必要である（図4A）。

イヌとネコの腎臓周囲に観察される臨床解剖学上重要な血管を述べる（図4A）。腎動脈より頭側において、腹大動脈から横隔腹動脈（前腹動脈と後横隔動脈の共通幹を指す、NAVには登録されていない）が分岐し、副腎の背側を走行する。横隔腹動脈は、副腎と腎臓の間で前腹動脈と後横隔動脈に分岐し、前者は腎臓の背側を走行して腹壁に向かい、後者は前副腎枝を分岐後、横隔膜に向かう。一方、横隔腹静脈は副腎の腹側を走行する点で横隔腹動脈と異なり、前腹静脈と後横隔静脈はそれらの同名動脈とほぼ同様の走行を示す。これらの血管系の理解は副腎腫瘍の転移を考えるうえで重要となる。他の泌尿器への血管分布は、改めて後述する。

2.4 泌尿器周囲のリンパ中心、リンパ節

リンパ中心とは、その局在が動物種で共通しているリンパ節またはリンパ節群を指す。泌尿器に関連して、腰リンパ中心は腎リンパ節や大動脈腰リンパ節を含み、主に腎臓や尿管のリンパ液を集める（図4B）[8]。腸仙骨リンパ中心として、内側腸骨リンパ節が外腸骨動脈分岐部に、仙骨リンパ節（内側腸骨リンパ節の小群）が正中仙骨動脈の起始部に、内腸骨リンパ節（下腹リンパ節）が内腸骨動脈とその分枝の付近にみられ、主に尿管や膀胱のリンパ液を集める。

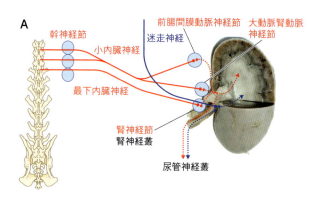

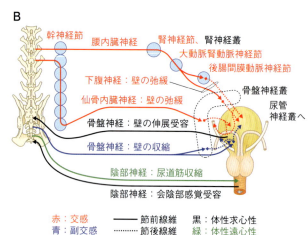

図6　泌尿器の神経系
A：上部尿路、模式図。B：下部尿路、模式図。

2.5 泌尿器周囲の神経系総論

イヌとネコの泌尿器に分布する神経系の特徴については、明記されていない点が多いため、ヒト[7]や他の動物種[8,9]の解剖学を基礎とした一般的な知見を概説する（図6）。

総論として、自律神経系は交感神経と副交感神経に大別される。交感神経は胸髄と腰髄にその神経細胞体を有し（ゆえに胸腰遠心系と呼ばれる）、胸髄・腰髄から伸びた神経線維（節前線維）は幹神経節（前頸・中頸・頸胸・胸・腰・仙骨神経節など）や腹大動脈の内臓への分枝付近に位置する神経節（前腸間膜動脈・大動脈腎動脈・腎神経節など）で節後線維に連絡する。神経節から出た交感神経節後線維は各効果器（腺や平滑筋など）に向かう。

副交感神経は延髄と仙髄にその神経細胞体を有する（ゆえに頭仙遠心系と呼ばれる）。特に延髄から伸びる副交感神経線維は、はなはだ長い迷走神経として諸臓器に向かう。延髄（迷走神経）や仙髄に由来する節前線維は、効果器付近の神経叢（叢＝くさむらの意味、神経線維・神経細胞が入り混じる）や神経節で節後線維と連絡し、節後線維が各効果器に分布する。

2.6 泌尿器周囲の神経系各論

上部尿路に分布する自律神経を述べる（図6A）。交感神経において、胸髄由来の節前線維は幹神経節（胸神経節）を通過し、小内臓神経や最下内臓神経（節前線維）として前腸間膜動脈神経節、大動脈腎動脈神経節、腎神経節に向かい、節後線維と連絡する。各神経節から出た節後線維は腎実質や尿管神経叢に向かう。副交感神経では、迷走神経に包含される節前線維が腎臓近傍で節後線維に連絡し、節後線維は腎実質や尿管神経叢に向かう。一方、腎臓内の副交感神経線維の存在については議論の余地を残している[10]。

下部尿路に分布する自律神経を述べる（図6B）。交感神経において、腰髄由来の節前線維は幹神経節（腰神経節や仙骨神経節）を通過し、腰内臓神経や仙骨内臓神経として骨盤神経叢に向かう。この経路の途中、腰内臓神経（節前線維）の一部は腎神経節や大動脈腎動脈神経節を通過し、またその一部は後腸間膜神経節で節後線維に連絡する。これら大動脈腹側にみられる節前線維や節後線維は下腹神経と呼ばれ、下腹神経（節前線維）は骨盤神経叢で節後線維と連絡し、下腹神経（節後線維）とともに膀胱や尿管に分布する。仙骨内臓神経（節前線維）は骨盤神経叢で節後線維と連絡し、膀胱や尿管に分布する。副交感神経では、仙髄由来の節前線維が骨盤神経に包含され、骨盤神経叢あるいは膀胱付近で節後線維に連絡し、膀胱や尿管に分布する。

下部尿路に分布する体性神経を述べる（図6B）。膀胱壁に分布する体性求心性（知覚性）の神経線維は骨盤神経に包含され、仙髄に向かう。また、陰部神経は体性遠心性（運動性）と求心性（知覚性）の神経線維を含み、それぞれ尿道筋の収縮や会陰部の感覚受容を担う。

蓄尿時には、骨盤神経（体性求心性）が壁の伸展受容を担い、陰部神経（体性遠心性）による尿道筋の収縮、交感神経（腰内臓神経・下腹神経、仙骨内臓神経）による壁の弛緩によって尿が膀胱に溜まる（図6B）。排尿時には、骨盤神経（副交感神経）が膀胱壁を収縮し、交感神経（腰内臓神経・下腹神経、仙骨内臓神経）の抑制による壁の弛緩の解除、陰部神経（体性遠心性）の抑制による尿道筋収縮の解除が起こる。イヌやネコではヒトのような膀胱括約筋は確認されておらず、排尿制御は尿道筋の役割が大きいとされる[1,8]。

2.7 腎臓の外形

犬種や猫種を考慮に入れたデータはないが、一般的に中型のイヌの腎臓は1個50〜60g、体重と腎臓の比は

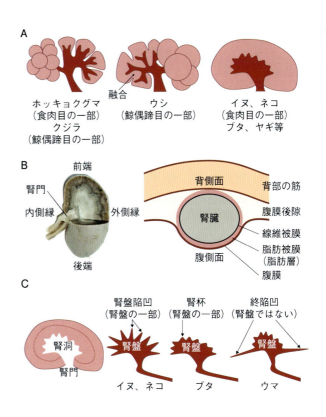

図7　動物の腎臓
A：腎葉、腎盤の関係。B：イヌ腎臓の外形と腹腔内の位置。
C：腎洞と腎盤の関係。

1：150〜200程度で、他の動物より大きい傾向にある（ウマで1：500〜700、ウシで1：300程度）。ネコの腎臓は7〜15g、長さは4cm、幅3cm、厚さ2〜2.5cm程度であり、体の大きさを考慮に入れた場合、イヌに比べて相対的に大きい。イヌとネコの腎臓は、小型反芻獣、ウマの左腎と同様に豆型であり（ウマの右腎はハート型）、単葉腎に分類される（図7）。「単腎」という用語がしばしば用いられるが、これは片側の腎臓を欠く個体において残存する腎臓を指す[3,5]。対して、分葉腎（多葉腎、葉状腎）は一部の食肉目（カワウソ、アザラシ、ホッキョクグマ、パンダなど）や鯨偶蹄目（イルカ、クジラなど）にみられる（図7A）[8,9,11]。腎錐体という用語は、皮髄境界を底、腎乳頭を先端とした三角形の構造を指す。この腎錐体が分離する腎臓を多錐体性腎、それらが融合する腎臓を単錐体性腎と呼ぶ。例えば、ブタの腎臓外形は単葉腎様であるが、腎錐体が分離した多錐体性腎といえる。また、ウシ（鯨偶蹄目）の腎臓外形は分葉腎様で、深部の各葉は融合するが、腎錐体は分離するため多錐体性腎である。（図7A）イヌやネコの腎錐体は融合し、単錐体性腎である。このように、腎臓外形と腎錐体の形態は動物種で異なる。

第1章

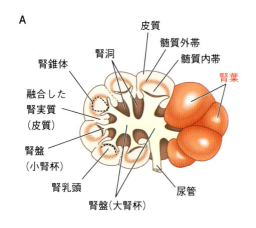

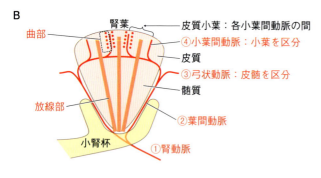

図8　ウシの腎臓、腎葉の成り立ち
A：ウシの腎臓の外形と内形。B：腎葉と血管系、模式図。

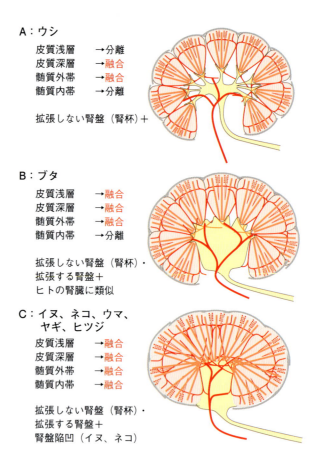

図9　イヌ・ネコと他動物種における腎葉の融合
模式図。A：ウシ。B：ブタ。C：イヌ、ネコ、ウマ、ヤギ、ヒツジ。

　動物の腎臓の方向性を示す用語として、前端、後端、外側縁、内側縁、背側面、腹側面がある（図7B）。内側縁には、脈管の出入り口である腎門が位置する。腎臓の表面は線維被膜が付着し、それを脂肪被膜（被膜よりも「脂肪層」という表現が相応しい、肥満個体で豊富）が包囲し、その背側面は横隔膜の腰椎部、腸骨筋、腰部の諸筋やそれらの筋膜に、腹側面は腹膜に覆われる。

2.8 腎臓の内形

　前述のように、一部の食肉目や鯨偶蹄目は分葉腎を有し、その腎臓の表面および内部構造は各葉で分離している。一方、ウシの腎臓は分葉腎と単葉腎の中間型で、内部では各葉が融合し、イヌやネコの単葉腎は表面も内部も融合している。

　腎臓はおおまかに尿の生成を担う腎実質とそれを受け取る腎盤（腎盂）からなる（図7C）。近年、NAVにより、腎杯は腎盤の一部であると再定義されたため、獣医学領域で扱うほとんどの動物は腎盤をもつことになる。腎盤は腎洞と呼ばれる腎臓内の腔所に収容される。イヌやネ

コの腎盤は腎葉間で腎実質に深く入り込み（イヌやネコでも若干の葉構造を残す）、腎盤陥凹を形成する。ウマでは終陥凹と呼ばれる腎盤から管状の憩室が腎臓の前端と後端へ伸びるが、終陥凹は腎洞内には存在しないため腎盤の一部ではない。

　イヌやネコの腎臓内形を考えるうえで、まずウシの腎臓を理解するとよい（図8A）。前述の通り、ウシの腎臓は見かけ上の分葉腎である。腎実質の割面は表層から皮質、髄質外帯、髄質内帯（腎乳頭）に分けることができる。腎葉の表面は分離しているが、皮質深部で隣接する腎葉と融合している。ウシでは、各腎葉の腎乳頭を包むように拡張しない腎盤（小腎杯）が位置し、さらにこれらがまとまって大腎杯を形成する。イヌやネコの腎臓では、ウシに比べて各腎葉の融合が進み、漏斗状の腎盤を形成するが、明瞭な腎杯は形成されない。

　イヌやネコにおいて、ウシのような腎葉の性格は腎組織と血管の配置から推察できる（図8B）。腎組織の詳細は次項で記載するが、内形の理解に必要な部分を述べる。図8Bはウシの腎臓だが、腎門から進入した腎動脈

泌尿器の発生とその異常および解剖・組織

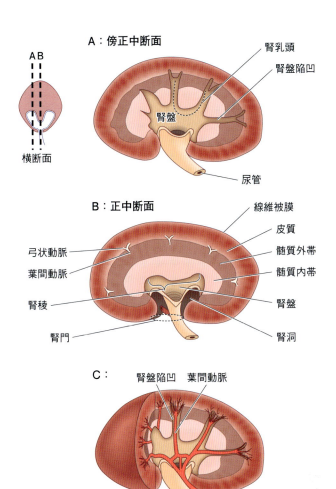

図10　イヌの腎臓、内形
A：傍正中断面。B：正中断面。各腎乳頭は融合し（総腎乳頭）、腎盤内腔で弧を描く（腎稜）。C：腎盤陥凹。

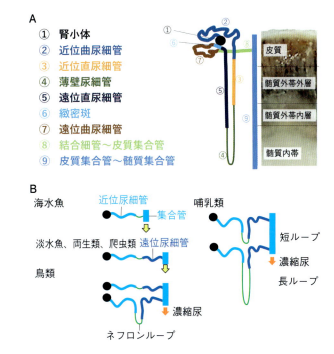

図11　脊椎動物におけるネフロンの構造と進化
A：哺乳類におけるネフロンと集合管の区分、模式図。
B：脊椎動物のネフロンの進化。

は葉間動脈として各葉の間を走行し、弓状動脈として皮質と髄質の境界部をアーチ状に走行する。弓状動脈から皮質方向に小葉間動脈が分岐し、各小葉間動脈の間を皮質小葉と呼ぶ。皮質小葉はさらに曲部（糸球体や蛇行する尿細管が存在）と放線部（直走する尿細管や集合管が存在）に分けられる。このように、ウシでは皮質浅層と髄質内帯において各腎葉は分離しているが、皮質深層と髄質外帯で各腎葉同士が融合している（図9A）。ブタでは皮質浅層の融合が進んで腎臓表面は平滑となり（図9B）、イヌやネコではさらに髄質内帯の融合が進む（図9C）。このように、イヌやネコの腎臓でも葉間動脈を目安として、腎葉構造の名残りを推察できる。

イヌやネコの腎臓の傍正中断面を観察すると、融合不完全な腎乳頭とその間の腎盤陥凹を観察できる（図10A）。正中断面では、各腎乳頭は完全に融合しており（総腎乳頭）、その先端は腎盤に向かって弧を描く（腎稜、図10B）。腎盤陥凹の間を葉間動脈が通る（図10C）[8]。

腎盤陥凹の英名はpelvic recessだが、洋書では正常な憩室、またはヒトでみられる異常な憩室の意味をもつdiverticulaと記載される場合がある。ヒトは腎盤陥凹をつくらないため、医学と獣医学の間で用語の混同がみられる。

3　腎臓の組織構造

3.1　腎臓の層構造、ネフロン

腎臓は、皮質（外帯、内帯）、髄質外帯外層、髄質外帯内層、髄質内帯（腎乳頭）からなり（図11A）、弓状動脈・静脈は皮質と髄質の境界部に位置する。各腎葉の中には、腎小体、近位曲尿細管、近位直尿細管、薄壁尿細管、遠位直尿細管、緻密斑、遠位曲尿細管、結合細管、皮質集合管が含まれている（図11A）。上記の層構造は、各層を構成するこれら管の種類が異なることによって形成される。腎臓の機能的単位を腎単位（ネフロン）と呼び、ネフロンは腎小体と尿細管からなる。また、腎小体は糸球体と糸球体包で構成され、主に血液の濾過機能を担い、尿細管は原尿の再吸収機能を担う。一方、集合管は主に水分再吸収を担うが、その発生原基は尿細管と異なるため（本章1.1～1.4「腎臓の発生」を参照）、ネフロンには含まない。遠位直尿細管は生理学分野ではヘ

ンレの太い上行脚とも呼ばれる。また、結合細管部分の名称は一定せず、結合尿細管、結合集合管、集合管などとも呼ばれる。遠位曲尿細管から集合管への移行様式やその形態は動物種で異なるため[12]、名称も一定しないように思われる。

　動物におけるネフロンの進化を考えると、腎臓の形態機能を理解しやすい（図11B）[13]。ほぼすべての脊椎動物は糸球体と近位尿細管を有し、血液濾過とナトリウムイオン、ブドウ糖やアミノ酸の再吸収を担う。海水魚では、海水への体内水分の流出、海水中ナトリウムイオンの体内への流入が起こるが、主に鰓が体内の塩の排出に重要な役割を果たしている。逆に淡水魚では、淡水から体内への水の流入、淡水への体内ナトリウムイオンの流出が起こるが、鰓のナトリウムイオンポンプの方向を海水魚とは逆にし、さらに腎臓では遠位尿細管（希釈セグメント）を発達させてナトリウムイオン再吸収による希釈尿を生成することで淡水に適応するようになった。同様の希釈セグメントは両生類や爬虫類でもみられる。さらに鳥類では、一部のネフロンがループ構造を作って浸透圧勾配を形成し、濃縮尿の生成を可能にした。哺乳類では、ループ長の異なる2種類のネフロン（短および長ループネフロン）を発達させ、腎臓の尿濃縮能を飛躍的に向上させた。

　イヌは約40万個、ネコは約50万個のネフロンを具備するとされる（品種、血統差は考慮されていない）[11]。また、スナネズミのような水分の少ない環境に生息する動物は長ループネフロン数／短ループネフロン数比が高く、イヌやネコもその比率が高いとされている[3,14]。このように他の動物種同様、イヌやネコはその生息環境に応じてネフロンを進化させてきた。

3.2 腎臓内の血管系

　腹大動脈から分岐した腎動脈は腎門から腎実質内に進入し、腎葉の間に葉間動脈が分岐する（図12A）。葉間動脈は髄質から皮質方向へ上行し、皮質髄質境界部でアーチ状の弓状動脈が分岐する。弓状動脈から皮質表層に向かい小葉間動脈が分岐する。皮質の表層あるいは中層部分（皮質外帯、辺縁帯）の小葉間動脈から輸入糸球体細動脈が分岐し、腎小体内に進入して糸球体毛細血管網を形成後、輸出糸球体細動脈として腎小体を出る。輸出糸球体細動脈は、その後尿細管周囲に毛細血管網を形成する。一方、皮質深層部分（皮質内帯、髄傍帯）で小葉間動脈から分岐した輸入糸球体細動脈は皮質外帯と同様に糸球体、輸出糸球体細動脈（皮質外帯の同動脈よりも径がやや太い）に連絡する。皮質内帯の輸出糸球体細

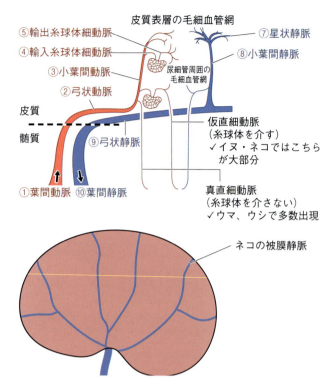

図12　腎臓内の血管系、ネコの被膜静脈
A：腎臓内の血管系、模式図。
B：ネコの腎被膜にみられる被膜静脈。

動脈は尿細管周囲毛細血管網を作るほか、髄質に向かって下行し、直細動脈を形成する。直細動脈は髄質内でループを形成し、直細静脈に連絡して、髄質を上行する。直細動脈と直細静脈の束を血管（小）束と呼ぶ。直細静脈の血管内皮細胞は有窓性で、物質の拡散を容易にしている。これら皮質や髄質からの毛細血管や静脈系は小葉間静脈に連絡する。特に腎被膜や皮質表層の毛細血管は小葉間静脈から放射状に伸びる星状静脈に合流する。小葉間静脈は動脈系と伴行し、弓状静脈、葉間静脈、腎静脈として腎臓を去る。

　前述のように、イヌやネコでは、葉間動脈が腎葉の位置を推定する目安となり、2本の小葉間動脈に挟まれる腎皮質を皮質小葉と呼ぶ。また、他の動物種では糸球体を介さずに髄質を下走する真直細動脈がみられるが（ウシやウマなど）、イヌやネコでは糸球体から伸びる仮直細動脈が主体であるとされている（図12A）[9]。また、ネコの腎被膜には発達した被膜静脈がみられ、これは他の動物の星状静脈に相当すると考えられている（図12B）。一方、被膜静脈は小葉間静脈には合流せず、独立して腎静脈に連絡するとされるが、その独立性は論文や成書で見解が異なる[1,8,9,15]。このネコの発達した被膜静脈は腎生検時の出血リスクとなりうる。

3.3 腎臓内のリンパ管、神経系

毛細リンパ管が腎皮質内の動脈や静脈周囲の結合組織に存在し、腎被膜や腎門のリンパ管に連絡し、特に腎リンパ節や大動脈腰リンパ節など、腰リンパ中心を介して全身に戻る（図4B）。腎髄質におけるリンパ管の存在は確認されていない。腎臓には自律神経線維（有鞘無髄神経線維）が動脈に沿って進入し、腎臓内動脈や細動脈の平滑筋に分布する。特に輸入糸球体細動脈に分布する交感神経の節後線維は、腎臓の機能維持上、重要である。これらの大部分は交感神経（小内臓神経や最下内臓神経から前腸間膜動脈神経節、大動脈腎動脈神経節あるいは腎神経節を経た節後線維と考えられる）であるとされる。糸球体や尿細管への神経の分布、また副交感神経（迷走神経）の腎組織への分布については議論の余地を残している[10]。

3.4 近位尿細管

腎臓の組織構造、特に糸球体や尿細管の構造の理解は、腎病理機序（蛋白尿発症のメカニズムなど）の基礎として重要である。腎皮質は、大きく曲部と放線部に区別され、前者は腎小体と蛇行する尿細管、後者は直走する尿細管や集合管を含む（図13A）。これら尿細管や集合管を構成する上皮細胞の形態は、各尿細管分節や集合管で異なり、その形態学的特徴から各々を区別することができる（図13B、C）。

近位尿細管は、近位曲尿細管と近位直尿細管に分けられ、前者は腎皮質の曲部に、後者は放線部に局在する（図13A）。また、近位直尿細管は皮質から髄質外帯外層まで伸びる。近位曲尿細管はネフロンのなかで最も長く、腎皮質の組織切片上ではみられる断面数も多い。マウス、ウサギ、ラットなどの実験動物では、近位尿細管上皮細胞の形態から、S1（近位曲尿細管の前半）、S2（近位曲尿細管の後半〜近位直尿細管の前半）、S3（近位直尿細管の後半）に区分される[12]。イヌやネコではこのような区分は確立されていないが、ネコでは幾分その傾向をみせる。近位尿細管上皮細胞は他の尿細管上皮細胞よりも大きく、その頂部には発達した微絨毛がみられ、刷子縁と呼ばれる（図13B）。細胞の基底部には縦長のミトコンドリアが多数整列し、基底線条と呼ばれ、これは隣接する細胞のかみ合い部位（側面嵌合）に形成される（図13B）。ネコの近位曲尿細管上皮細胞には脂肪小滴がみられる（図14）。また、イヌでは雌の約14％、雄の約1％で、近位直尿細管上皮細胞に脂質に由来する空胞構造がみられる（図14）[12]。近位尿細管は原尿の電解質、糖、

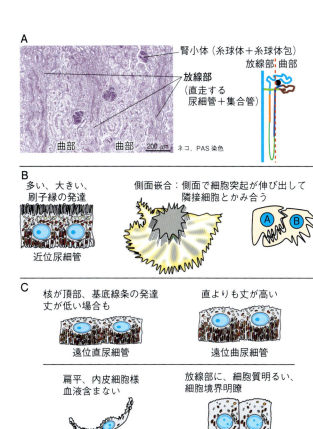

図13　腎皮質と各尿細管・集合管の上皮細胞
A：曲部と放線部の位置。PAS-ヘマトキシリン染色。
B：各尿細管・集合管上皮細胞の形態。
C：近位尿細管上皮細胞の側面嵌合。

アミノ酸の能動的再吸収に主要な役割を果たしている。

近年、腎臓のナトリウム・グルコース輸送に重要な役割を果たすsodium glucose cotransporter 2（SGLT2）が糖尿病治療の標的として着目されており、イヌとネコの近位尿細管にもその発現が確認されている[16]。

3.5 薄壁尿細管

近位直尿細管は薄壁尿細管の下行部、その上行部へと続く。薄壁尿細管は髄質外帯内層と髄質内帯でみられ、他の尿細管に比べてその径は著しく小さくなる。薄壁尿細管上皮細胞の微絨毛や細胞間接着装置の発達は、短ループネフロン、長ループネフロン、下行部、上行部で異なるが、概して血管内皮細胞様の扁平上皮細胞で構成される（図13C）。髄質外帯外層と外帯内層の境界は、近位直尿細管から薄壁尿細管下行部への移行によって作られる。多くの動物種でその上皮移行は突然起こるため、外帯外層と内層の境界が明瞭であるが、イヌでは両者がゆるやかに移行するため、その境界が不明瞭となる[12]。

第1章

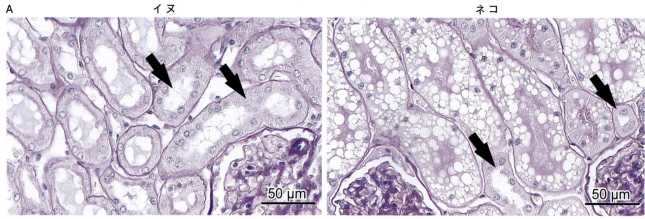

皮質、PAS 染色。近位曲尿細管上皮細胞には PAS 陽性の刷子縁が発達する。遠位曲尿細管上皮細胞は刷子縁を欠く（矢印）。ネコの近位曲尿細管上皮細胞は脂肪小滴を含む。

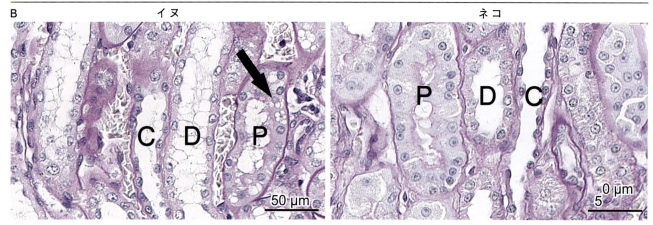

髄質外帯外層、PAS 染色。近位直尿細管（P）、遠位直尿細管（D）、集合管（C）が並ぶ。イヌの近位直尿細管上皮細胞は空胞構造を含むことがある（矢印）。

図14　イヌとネコの腎組織
A：腎皮質。近位直尿細管上皮細胞（イヌ）、近位曲尿細管上皮細胞（ネコ）の細胞質に空胞構造がみられる。
B：遠位尿細管上皮細胞の丈は低く、集合管上皮細胞の細胞境界は明瞭である。PAS-ヘマトキシリン染色。

3.6 遠位尿細管

　薄壁尿細管の上行部は、髄質内帯と髄質外帯内層の境界で遠位直尿細管（ヘンレの太い上行脚、希釈セグメント）に連結する（図11A、13C、14）。ネフロンループは近位直尿細管、薄壁尿細管の下行部と上行部、遠位直尿細管で構成される。遠位直尿細管は、髄質外帯内層および外層を上行し、皮質で放線部から曲部に進入する。その後、緻密斑として同じネフロンの腎小体および輸入糸球体細動脈に接し、糸球体傍複合体の一部を形成する（後述）。緻密斑が遠位直または遠位曲尿細管のどちらに属するかという見解は成書で異なるが、最新NHVでは独立した遠位尿細管のセグメントとして定義されている。緻密斑より先は遠位曲尿細管となり、腎皮質の曲部でゆるやかに蛇行する（図11A、13C、14）。基底線条がみられるため、遠位尿細管上皮細胞の核は細胞頂部に局在する傾向にある。また、遠位曲尿細管上皮細胞は遠位直尿細管上皮細胞よりも大きい傾向にある。

3.7 集合管

　遠位曲尿細管は、皮質曲部で結合細管に連絡する。結合細管上皮細胞の丈は遠位曲尿細管上皮細胞よりも低く、多くの動物種で両者の上皮細胞は入り混じりながらゆるやかに遠位曲尿細管から結合細管、皮質集合管へと移行する（図11A、13C、14）。皮質集合管は髄質集合管（髄質外帯集合管、髄質内帯集合管と分けることもある）として髄質内帯の先端まで下行する。髄質内帯では複数の集合管がまとまり、大きな乳頭管として腎乳頭に開口する。集合管上皮細胞の多くは明調細胞（主細胞）と呼ばれ、細胞質が明るい（細胞小器官が乏しい）。細胞境界は明瞭であり、細かい基底線条、まばらな微絨毛がみられ、1本の中心線毛（単一線毛）を有する。主細胞はバソプレッシン受容体とアクアポリン2を備え、水の再

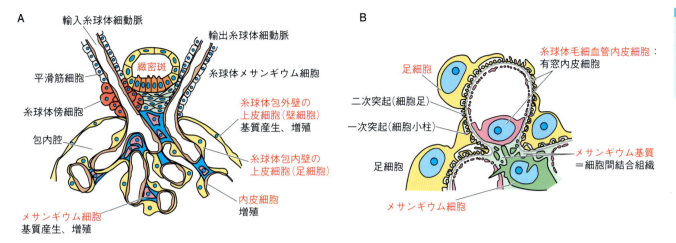

図15 腎小体の構成細胞
A：糸球体細動脈と腎小体、模式図。B：足細胞と糸球体構成細胞、模式図。

吸収に重要な役割を果たす[10]。集合管には、丈の低い暗調細胞（介在細胞）も存在し、その出現・消失は生理状態に依存する。基底線条、すなわちミトコンドリアが発達するためヘマトキシリン・エオジン（HE）染色で暗調にみえる。暗調細胞はさらにA型とB型に分けられ、各々水素イオンや炭酸水素イオンの排出を行い、酸-塩基平衡の制御に重要な役割を果たす。また、集合管（と血管）は心房性ナトリウム利尿ペプチド（atrial natriuretic peptides：ANP）の標的にもなる[10]。イヌやネコの集合管上皮細胞は全長にわたって丈が低い傾向にある（ウシやウマの丈は高い）。

3.8 腎小体とその付近の構造

腎小体は糸球体と糸球体包（ボウマン嚢）からなり、糸球体は糸球体毛細血管網と血管間膜（メサンギウム）に、糸球体包は外壁（壁細胞）と内壁（足細胞：形態分野では「そくさいぼう」、臨床分野では「あしさいぼう」と呼ばれることが多い）に分けられる（図15）。これら腎小体の構成細胞において、特に糸球体毛細血管内皮細胞、メサンギウム細胞、足細胞、壁細胞は糸球体病理発生において重要な役割を果たす。メサンギウム細胞と壁細胞は細胞外基質の産生能を示し、足細胞では不明瞭であり、内皮細胞は基質産生能を欠く。また、一般的に足細胞以外のこれらの細胞は増殖能を示す。

輸入糸球体細動脈は糸球体毛細血管網を形成し、輸出糸球体細動脈として腎小体を出る。腎小体の糸球体細動脈の出入りする側を血管極と呼ぶ。糸球体内皮細胞は糸球体毛細血管網を内張し、その細胞質は多くの小孔を有し、有窓性であり（有窓内皮細胞）、血液濾過に関与する。血管間膜（メサンギウム）は血管間膜細胞（メサンギウム細胞）と硝子層板（メサンギウム基質）からなり、糸球体毛細血管同士をつなぎとめる（図15）。メサンギウム細胞はアクチンとミオシンの作用で収縮し、糸球体の血流調節に働くことが示唆されている。また、メサンギウムは内皮細胞の細胞質や毛細血管腔に細胞質突起を伸ばし、異物を貪食する可能性も考えられている[10]。内皮細胞の核はメサンギウムに接する側に位置し、その部分の細胞質はメサンギウムとともに糸球体毛細血管の形態維持に関与する（図15）。

糸球体包は、糸球体毛細血管網を覆う内壁・足細胞と、腎小体を内張する外壁・壁細胞からなり、両壁の間には包内腔（ボウマン嚢腔）が形成され、近位曲尿細管腔につながる（図15）。腎小体の近位尿細管につながる側を尿細管極と呼ぶ。足細胞はその細胞体から一次突起（細胞小柱）を伸ばし、それとほぼ直角に無数の二次突起（足突起、細胞足）を分岐させて糸球体の基底膜に接着し、基底膜を隔てて内皮細胞と対峙する。隣接する足細胞の細胞足は交互に整列し、その細胞足間を濾過間隙と呼ぶ。足細胞の濾過間隙は、スリット膜と呼ばれる構造物で架橋されている。多くの論文で足細胞を糸球体構成細胞として記載しているが、厳密には糸球体包の構成細胞であり、糸球体を構成しているわけではない。

3.9 血液尿関門

糸球体には血管腔とボウマン嚢腔を隔てる障壁が形成され、血液と尿の関門を担う（図16A）。この血液尿関門は、糸球体毛細血管の内皮細胞、基底膜および足細胞から構成される。内皮細胞の表面は糖鎖などに由来する糖蛋白層によって陰性に荷電している。血中蛋白、アルブミンなども陰性に荷電しており、この糖蛋白層の荷電

第1章

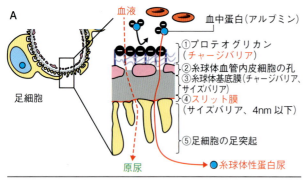

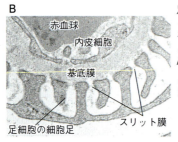

図16　血液尿関門と糸球体傍複合体
A：血液尿関門の構造。
B：血液尿関門の微細構造とその関連分子群。
　　透過型電子顕微鏡像。
C：糸球体傍複合体の構造。構成細胞、模式図。

3.10 腎臓の間質

　腎臓の間質は、細網組織で構成され、尿細管と間質を含めて尿細管間質と呼ぶことが多い。間質には、間質細胞（線維芽細胞様；すべて線維芽細胞であるかは議論の余地を残す）が局在し、皮質ではエリスロポエチン産生によって骨髄の赤血球造血をうながす。間質細胞のエリスロポエチン産生低下は、腎性貧血や間質の線維化（間質細胞から筋線維芽細胞への形質転換）に深く関与する。髄質の間質細胞は、尿濃縮、ホルモン刺激、炎症などによってシクロオキシゲナーゼ2が誘導されたときにプロスタグランジンE2を産生し、血管の弛緩や髄質の血流確保に寄与する[10]。また、一部の髄質間質細胞はグルコサミノグリカンを産生し、腎臓の形態維持や脂質の蓄積を担う[12]。そのほか、間質には、樹状細胞やマクロファージなどの免疫担当細胞や毛細血管が局在する。リンパ管や神経の局在は既に述べた。

　尿細管間質、特に近位尿細管上皮細胞の破壊や異常によってβ-D-Nアセチルグルコサミニダーゼ（NAG）などの逸脱酵素が原尿に放出される。また、そのような病態時では、血液尿関門を通過できる血中の低分子蛋白質（α1ミクログロブリン、β2ミクログロブリンなど）の近位尿細管での再吸収がうまくいかない。そのため、これらの分子は尿細管性蛋白尿として尿中に出現し、NAGはイヌの尿中バイオマーカーとしても利用されている[19]。

3.11 糸球体傍複合体

　糸球体傍複合体は、緻密斑、糸球体外メサンギウム細胞、糸球体傍細胞からなる（図16C）。緻密斑は遠位尿細管の一部で、同一ネフロンの腎小体血管極に接し、その上皮細胞の核は密集している。緻密斑、輸入糸球体細動脈、輸出糸球体細動脈で囲まれた領域には糸球体外メサンギウム細胞が局在する。輸入糸球体細動脈の平滑筋細胞が一部上皮様に形態変化し、レニンを産生する。これを糸球体傍細胞と呼ぶ。

　糸球体傍細胞と緻密斑上皮細胞は、それぞれ糸球体の内圧や原尿中の電解質濃度の低下を感知し、糸球体傍細胞のレニン生成・分泌をうながす。血中に放出されたレニンは、アンジオテンシノーゲンをアンジオテンシンIに分解する。アンジオテンシンIはその転換酵素（ACE、キマーゼなど）の作用によってアンジオテンシンIIとなり、輸出糸球体細動脈の収縮によって糸球体内圧を増加させ、糸球体濾過量を増加させる（レニン-アンジオテンシン系：RAS）。また、RASは副腎皮質のアルドステロンの分泌を刺激し、その作用を介して遠位尿細管や集

と反発するため濾過されない。これをチャージバリアと呼ぶ。また、糸球体基底膜も糖蛋白を含有し、チャージバリアの一部を担うとされるが[17]、チャージバリアとしての機能には議論の余地を残す。さらに、糸球体基底膜は主にIV型コラーゲンで構成され、約4〜7nmの隙間をもつ立体網目構造を形成し、陰性荷電をもたない低分子量蛋白の通過を防いでいる。また、足細胞の足突起間に形成されるスリット膜は、ネフリンやポドシンなどのスリット膜関連分子で構成されており、その隙間は4nm以下とされる（図16B）。このような基底膜やスリット膜による物理的濾過障壁はサイズバリアと呼ばれる。すなわち、この2つのバリアは各構成細胞やその分子群によって協働的に形成されており、いずれかに異常があると血中蛋白が血液尿関門を通過し、糸球体性蛋白尿の発生につながる。イヌやネコでも、蛋白尿発症時にはネフリンやポドシンの発現に異常がみられる[18]。

泌尿器の発生とその異常および解剖・組織

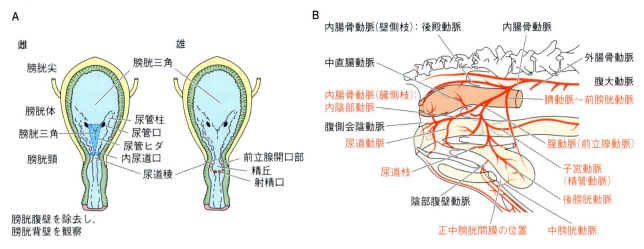

図17　膀胱の内形、イヌの泌尿器の血管系
A：雌と雄の膀胱内形。膀胱と尿道の腹壁を除去し、内腔から背壁を観察。B：イヌの泌尿器の血管系、右側観。

合管のナトリウム再吸収をうながす。一方、緻密斑上皮細胞は原尿中の電解質濃度の上昇を感知すると、輸入糸球体細動脈の収縮を介して、糸球体濾過量を減少させる。このような緻密斑による糸球体濾過量調節機構を尿細管糸球体フィードバック（tubulog lomerular feedback：TGF）と呼ぶ。糸球体外メサンギウムはこれらの情報伝達を担うとされるが、その役割に関しては不明な点が多い。

4 尿管、膀胱の形態

4.1 尿管の位置

尿管は腹部と骨盤部に区分され、腎臓で作られた尿を膀胱へ送る。尿管腹部は腹膜後隙内で、腸腰筋の腹側に位置する。骨盤腔内（骨盤前口：仙骨岬角、仙骨翼、弓状線、恥骨櫛で作る骨盤腔の入り口よりも尾側）では尿管骨盤部となり、生殖ヒダ（雄）または子宮広間膜（雌）に含まれながら走行し、膀胱の背壁に開口する。雄の尿管は膀胱の背側で精管と交叉する（図5）。

4.2 膀胱の位置、外形と内形

膀胱は尿を溜める伸縮性に富む囊状器官である。蓄尿時には、その容積を増し、骨盤前口を超えて腹腔にせり出し、イヌでは膀胱頸より頭側部分は腹腔内に位置するようになる。ネコでは膀胱全体が常時腹腔内に位置する。これらの位置関係は膀胱穿刺を行ううえで、利点となる。

膀胱は膀胱尖、膀胱体、膀胱頸からなり、不明瞭な内尿道口を経て、尿道に続く（図17A）。膀胱尖には尿膜管（胎子期に膀胱・尿生殖洞と尿膜腔を結んでいた管）の遺残がみられることがある。膀胱背壁の粘膜と筋層の間に進入した左右尿管は互いに近づきながら粘膜の隆起（尿管柱）を形成し、裂隙状の尿管口で膀胱内に開口する。左右の尿管柱からの続きで、尿管口を経て、尾側に続く粘膜隆起を尿管ヒダと呼び、左右の尿管ヒダは互いに近づく。尿管ヒダの存在限界が内尿道口の位置と考えられる。左右尿管口と内尿道口を頂点とする膀胱粘膜部を膀胱三角と呼び（実際には尿管柱と内尿道口で囲まれる広い領域を指すことが多い）、膀胱三角の外側縁は尿管ヒダで形成される。膀胱三角は炎症や腫瘍に感受性が高いとされる[5]。

尿管は膀胱の背壁を斜めに後送し、膀胱の圧がかかると尿管内腔が狭くなる。このような解剖学的構造は尿の逆流防止に寄与するとされるが、イヌやネコでは膀胱から尿管への尿の逆流は圧迫排尿などによって容易に起こりうる。また、ヒトには内尿道括約筋（平滑筋）と外尿道括約筋（横紋筋）が存在するが、イヌやネコではその存在は明らかではない[1,8]。イヌでは、前立腺の尾側に続く尿道筋（横紋筋）が外尿道括約筋（横紋筋）に相当する可能性が考えられている。また、イヌの膀胱壁の平滑筋層の一部が内尿道括約筋であるともいわれるが、括約筋としての機能は否定的であり、NAVでも括約筋の証拠はないとされる[1]。概して、イヌの排尿制御は尿道筋の役割が重要と考えられている[1,8]。

4.3 膀胱の間膜と血管支配

骨盤腔を覆う腹膜が左右側壁で折り返し、二重構造の外側膀胱間膜を形成し、中に膀胱円索（胎子期の臍動脈の遺残）を含む。一方、膀胱の正中腹位の腹膜は正中膀胱間膜を形成し、膀胱と腹壁または骨盤底を結ぶ（図17B）。詳細には、膀胱臍索が膀胱と腹壁を結び（狭義

第1章

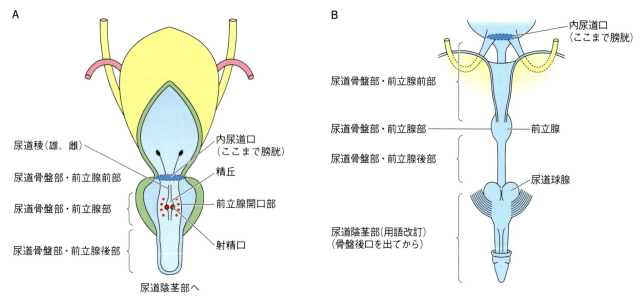

図18 膀胱と尿道の内形
A：雄イヌ、膀胱と尿道の腹壁を除去し、内腔から背壁を観察。B：雄ネコ。背側観。

の正中膀胱間膜）、恥骨膀胱靭帯が膀胱と恥骨を結ぶ（これらの用語はNAVには登録されていない）[9]。この靭帯は恥骨膀胱筋（平滑筋）を含むとされている[9]。

膀胱体には主に臍動脈（機能を残している場合）から分岐する前膀胱動脈が分布する。内陰部動脈（内腸骨動脈の臓側枝）からは腟動脈（雄では前立腺動脈）が分岐し、その枝である子宮動脈（雄では精管動脈）から後膀胱動脈が分岐して膀胱頸付近に分布する（図17B）[20]。

4.4 尿管と膀胱の組織構造

尿管は、その内腔より粘膜、筋層、外膜で構成される。解剖学的には、尿管の腹側半分は腹膜で覆われている。ある報告では、成ネコの健常尿管の全長は約10cm程度であり、その中間部付近で細く、尿管結石による閉塞も中間部で多いことが報告されている[21]。粘膜は偽重層の移行上皮、粘膜固有層、粘膜下組織からなるが、粘膜筋板がみられないため、固有層と下組織を区別できない。固有層および下組織には膠原線維、血管、無髄神経線維などがみられる。筋層は平滑筋からなり、一般的に内層が縦走、中層が輪走、外層が縦走の様式を取る。輪走筋が発達する。外膜（結合組織）は脈管神経を含み、外層と内層にわかれ、外層は脂肪が多く、内層は結合組織と縦走の平滑筋線維を含む[21]。

ネコの膀胱はその大部分が腹腔内に位置するため、その内腔より粘膜、筋層、漿膜で構成される。イヌでは膀胱頸より尾側部分は腹膜（漿膜）が届かず、外膜で覆われることがある。粘膜は移行上皮、粘膜固有層、粘膜下組織からなる。移行上皮の丈は尿管よりもやや高く、1層の表在層、数層の中間層、1層の基底層に区分される。移行上皮の最表層にみられる細胞は被蓋細胞（傘細胞、アンブレラ細胞）と呼ばれ、尿路の保護・感染防御に重要な役割を果たす。イヌは粘膜筋板を有し、粘膜固有層と粘膜下組織を区分できるが、ネコの粘膜筋板は不明瞭であり、両者を区別できない。筋層は平滑筋からなり、一般的に内層が縦走、中層が輪走、外層が縦走の様式を取るが、互いに交叉し、複雑な走行を示す。筋層間には多くの無髄神経線維がみられる。外膜（結合組織）あるいは漿膜の下組織は脈管神経を含む。

5 尿道の形態

5.1 雄の尿道の外形と内形

雄の尿道は生殖道と機能形態学的に密接な関係にあり、尿と精液両方の通り道となる。尿道とは、膀胱の内尿道口より尾側の構造であり、尿道骨盤部と尿道陰茎部（以前は海綿体部と呼ばれた）に区分される（図18）[22,23]。

尿道骨盤部は、直腸の腹側、骨盤結合の背側を後走し、骨盤後口まで続く。骨盤後口は前位尾椎、坐骨弓、仙結節靭帯（ネコは欠く）で形成される骨盤腔の出口である。尿道骨盤部の起始部において、背側の尿道粘膜正中には尿道稜がみられ、頭側では尿管ヒダにつながる。尿道稜の尾側には、精丘と呼ばれる粘膜の結節状隆起がみられ、この精丘には精管が開口する（射精口）。イヌとネコともに、副生殖腺として前立腺と精管膨大部腺を具備する。

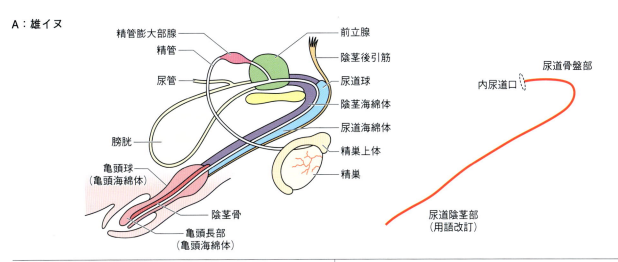
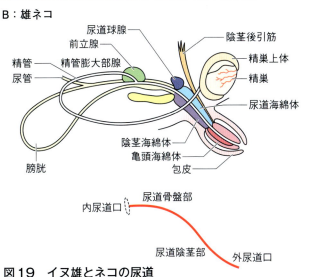

図19　イヌ雄とネコの尿道
模式図。A：雄イヌ。B：雄ネコ。C：雌イヌ。

両側の射精口に挟まれ、前立腺小室（中腎傍管の遺残、雄の子宮とも呼ばれる）がみられる。この付近の尿道骨盤部は前立腺に覆われ、精丘両側の尿道粘膜には複数の前立腺管開口部がみられる。そのため、前立腺開口部付近を尿道骨盤部の前立腺部、それより頭側部分を前立腺前部と区別することがある（図18 A）[22]。ネコの膀胱体の尾側部には、長い膀胱頸あるいは尿道骨盤部（前立腺前部）がみられる（図18 B）[23]。学者によってはこれを膀胱頸と定義するが、獣医解剖学的に内尿道口は膀胱の構成要素であること、尿道稜は尿道骨盤部に含まれることから、ネコは長い尿道骨盤部（前立腺前部）を有する（膀胱頸ではなく）と考えられる[23]。一部例外（クジラ、一部の有毛目など）を除き、ほとんどの哺乳類が前立腺を具備する[9]。前立腺は前立腺体と伝播部に分けられ、イヌの前立腺体は尿道骨盤部の前立腺部を完全に包囲するが、ネコの尿道腹側は覆われていない。散在性で発達の悪い前立腺伝播部が尿道粘膜内にみられる。尿道骨盤部は尿道筋に覆われる。尿道骨盤部（前立腺部）の尾側は管腔が狭くなり、尿道峡と呼ばれ、尿道陰茎部に移行する。

骨盤後口を抜けた尿道は尿道陰茎部と呼ばれ（図19 A）[11]、その起始部は尿道海綿体の肥厚（尿道球、イヌで大きい、尿道球腺と混同されやすい）で覆われる。尿道球はさらに球海綿体筋で覆われる。ネコの尿道骨盤部と陰茎部の移行部付近には尿道球腺がみられ（約5mm程度、図19 B）[9,11]、これも球海綿体筋に覆われており、尿道球腺管で尿道に開口する。雄ネコではネコ下部尿路疾患（feline lower urinary tract disease：FLUTD）が好発するが、尿道陰茎部が細いことも1つの要因となっている。そのため尿道閉塞を伴うFLUTDでは、尿道球腺（と球海綿体筋）をランドマークとして尿道骨盤部と陰茎部の移行部で会陰尿道切開術が行われる。イヌの尿道陰茎部は頭側方向に向きを変え、陰茎内を尿道海綿体に包囲されながら走行し、外尿道口で開口する（図

19A)。一方、ネコの短い尿道陰茎部は尾腹方向に向かう（図19B）。このように雄の尿道は長く、狭く、湾曲するため、雌に比べて導尿処置が難しく、結石による尿道閉塞リスクも高い。

5.2 雌の尿道の外形と内形

雌の尿道は雄よりも短く、内尿道口から始まり、腟と腟前庭の境界に開口する外尿道口までを指す。その全長は尿道筋に覆われる。雌イヌの尿道稜は尿道末端まで伸びる。イヌでは尿道結節に外尿道口が開口する。ネコでも外尿道口付近の粘膜はやや隆起し、その両側には小盲管（尿道傍管；副生殖腺導管の退化物と考えられている）がみられる（図19C）[1,22,23]。

第1章の参考文献

1) 日本獣医解剖学会．獣医解剖・組織・発生学用語．https://www.jpn.ava.com/glossary/
2) 木曾康郎．第20章泌尿器系，第21章雌雄の生殖系．In: 獣医発生学（第2版）．学窓社．2019; 264-299.
3) 日本獣医解剖学会．10章泌尿器系．In: 獣医解剖・組織・発生学（第2版）．学窓社．2019, 129-138.
4) 江口保暢．第4章 4.9泌尿器の発生，4.10生殖系の発生．In: 動物発生学（第2版）．文永堂出版．1995; 141-156.
5) 日本獣医病理学会．第6章泌尿器．In: 動物病理学各論（第1版）．文永堂出版社．1998, 279-314.
6) Sato R, Uchida N, Kawana Y, et al：Epidemiological evaluation of cats associated with feline polycystic kidney disease caused by the feline PKD1 genetic mutation in Japan. *J Vet Med Sci*. 2019; 81（7）: 1006-1011.
7) 磯貝貞和：腹部，骨盤と会陰．In: ネッター解剖学アトラス（原著第4版）．南江堂．2007; 247-417.
8) 山内昭二，杉村誠，西田隆雄．第5章尿生殖器，第14章食肉類の腹部，第15章食肉類の骨盤と生殖器．In: 獣医解剖学（第二版）．近代出版．2002; 152-187, 288, 374-388, 389-404.
9) 加藤嘉太郎，山内昭二．腎臓の発生と位置〜腟および腟前庭の構造．In: 新編 家畜比較解剖図説 下巻（第1版）．養賢堂．2003; 44-117.
10) 藤田尚男，藤田恒夫．第5章泌尿器系．In: 標準組織学各論（第4版）．医学書院．2010; 211-239.
11) カラーアトラス獣医解剖学編集委員会．第9章泌尿器系，第10章雄性生殖器，第11章雌性生殖器．In: カラーアトラス獣医解剖学上巻（増補改訂第2版）．緑書房．2016; 433-488.
12) 日本獣医解剖学会．第12章泌尿器．In: 獣医組織学（第八版）．学窓社．2020; 203-217.
13) 今井正．生物はどのようにして海から陸へ適応したか．そるえんす．公益財団法人 ソルト・サイエンス研究財団．2009; 1-10
14) Ichii O, Yabuki A, Ojima T, et al. Species specific differences in the ratio of short to long loop nephrons in the kidneys of laboratory rodents, *Exp Anim*. 2006; 55（5）: 473-476.
15) David K, William MS. Comparative anatomy of the superficial vessels of the mammalian kidney demonstrated by plastic（vinyl acetate）injections and corrosion. *J Anat*. 1951; 85（Pt 2）: 163-165.
16) Kira S, Namba T, Hiraishi M, et al. Species-specific histological characterizations of renal tubules and collecting ducts in the kidneys of cats and dogs. *PLoS One*. 2024; 19（7）: e0306479.
17) Suh JH, Miner JH. The glomerular basement membrane as a barrier to albumin. *Nat Rev Nephrol*. 2013; 9（8）: 470-477.
18) Ichii O, Yabuki A, Sasaki N, et al. Pathological correlations between podocyte injuries and renal functions in canine and feline chronic kidney diseases. *Histol Histopathol*. 2011; 26（10）: 1243-1255.
19) Hokamp JA, Cianciolo RE, Boggess M, et al. Correlation of Urine and Serum Biomarkers with Renal Damage and Survival in Dogs with Naturally Occurring Proteinuric Chronic Kidney Disease. *J Vet Intern Med*. 2016; 30（2）: 591-601.
20) Nickel R, Schummer A, Seiferle E. Arteries. The Anatomy Of the Domestic Animals. Volume 3. Springer. 1981: 180.
21) Ichii O, Oyamada K, Mizukawa H, et al. Ureteral morphology and pathology during urolithiasis in cats. *Res Vet Sci*. 2022; 151:10-20.
22) 尼崎肇．4章腹腔，骨盤および後肢．In: Evans and de Lahunta 犬の解剖．ファームプレス．2012; 177.
23) 岡野真臣，牧田登之，見上晋一ら．尿生殖器系．In: 猫の解剖学．学窓社．1975; 152-177.

日本獣医解剖学会/獣医解剖分科会は、World Association of Veterinary Anatomists（WAVA：世界獣医解剖学会）の定める国際用語を基に獣医解剖学関連用語を随時見直し、公表している。
当学会のホームページで用語検索ツールを公開しており、ぜひご活用いただきたい。

第2章

腎泌尿器の
生理機能とその異常

鯉江 洋

1 濾過機能

1.1 腎血漿流量とその影響因子

腎血漿流量（renal plasma flow：RPF）は、ホメオスタシスにより輸入・輸出細動脈の適切な収縮と弛緩が行われるため全身血圧が一定範囲内の変動であれば影響することはない。腎血漿流量に影響する因子は、次の2点があげられる。
①出血による血液量減少
②心不全による血圧低下

1.1.1 糸球体濾過量

糸球体濾過量（glomerular filtration rate：GFR）は、1分間に糸球体から濾過される濾過液の量のことをいう。腎不全時は糸球体で十分な濾過ができないため、GFRを測定することでその進行度を知ることができる。

例えば、出血や心不全により腎血漿流量が減少することで糸球体血圧が40mmHgに低下した場合、有効濾過圧は0になり無尿となる。また尿細管の腎臓結石などにより、ボウマン嚢内圧が35mmHgへ上昇した場合、濾過は停止する。通常、平滑筋による腎血流の自己調節作用により腎動脈血圧が80～200mmHgであれば、腎血流量や糸球体濾過量に変化はみられない。

GFRを正確に測るには、イヌリンを点滴する方法があるが、実際の診療ではあまり実施されていない。

1.1.2 クレアチニンクリアランス（Ccr）

筋肉で作られる代謝産物であるクレアチニンは、尿細管で再吸収されることはなく、血中濃度が高くない場合は分泌されることはないため、糸球体濾過量（GFR）の測定に用いられる（成人のCcrは97～125mL/分）。1分間に腎臓から尿中に排泄される血漿中のクレアチニン濃度を測定することによりクリアランス（腎臓の老廃物排泄能）は定量的に求められる。

$$\frac{(尿中クレアチニン濃度 \times 1分間の尿量)}{血漿中クレアチニン濃度}$$

1.2 糸球体濾過の仕組み

糸球体は毛細血管内皮細胞・基底膜・ボウマン嚢上皮細胞（タコ足細胞）の3層構造を形成している（図1、2）。毛細血管内皮細胞は、糸球体毛細血管の内側にあり、赤血球より小さなものが通過する。基底膜は、マイナス帯電により血漿蛋白の通過を防いでいる。ボウマン嚢上皮細胞（タコ足細胞）は網目により血漿蛋白の通過を防いでいる。濾過により血中の不要物質（尿素・尿酸・薬物代謝産物）が排泄される。また分子量70,000以上の物質は通過することができない。

第2章

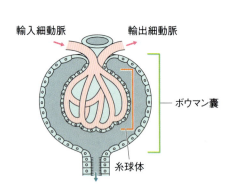

図1　腎小体の模式図

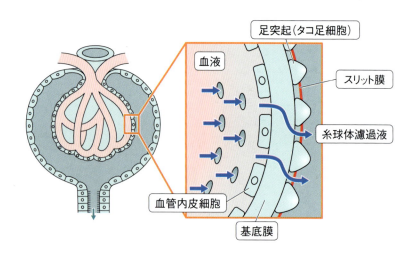

図2　糸球体濾過の仕組み（糸球体毛細血管の濾過膜3層構造）

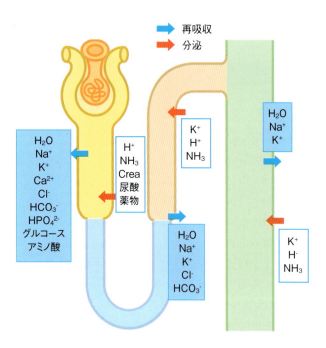

図3　尿細管における物質の再吸収と分泌
必要な物質の再吸収と分泌を示す。
黄：近位尿細管、青：ヘンレループ、橙：遠位尿細管、
緑：集合管

2 尿細管機能

　尿細管の主な機能は再吸収と分泌である。再吸収とは濾過液から有用物質を尿細管より吸収することである（能動輸送または受動輸送）。分泌は血液や細胞内液から物質を尿細管内に排出することである。分泌はすべて能動輸送である（図3）。

2.1 尿細管における再吸収と分泌（水・電解質代謝・グルコース・アミノ酸）

2.1.1 水の再吸収

　溶質が尿細管周囲の間質液に移動すると、間質液の浸透圧が上昇する。したがって間質の高浸透圧によって水は近位尿細管腔から間質液へと拡散する。水が再吸収されると、尿細管内の濃縮が進み浸透圧は上昇する。水は原尿より99％が再吸収される（図4）。

2.1.2 グルコースとアミノ酸の再吸収

　グルコースとアミノ酸はNa^+共輸送で尿細管からそのほとんどが再吸収される（図5）。すなわちグルコースとアミノ酸のそれぞれは、特異的キャリアにNa^+とともに結合することによって移動が可能となる。そしてNa^+は電気化学的勾配により尿細管上皮細胞へ移動する。細胞内移動後にNa^+はグルコースとアミノ酸から離れる。尿細管腔壁側にある共輸送体には、各アミノ酸に対応した様々なタイプがあるといわれている。

　有効濾過圧については、糸球体内の血圧が60mmHgであった場合、血漿膠質浸透圧は25mmHg、ボウマン嚢内圧が15mmHgであるので、有効濾過圧は20mmHgとなる（60mmHg − 25mmHg − 15mmHg ＝ 20mmHg）。

腎泌尿器の生理機能とその異常

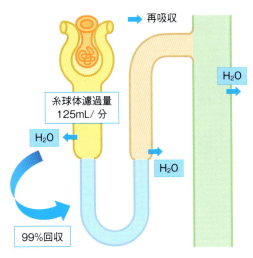

図4　尿細管における水の吸収
血漿濾過量180L/日→尿量1.5L/日となる。
黄：近位尿細管、青：ヘンレループ、橙：遠位尿細管、
緑：集合管

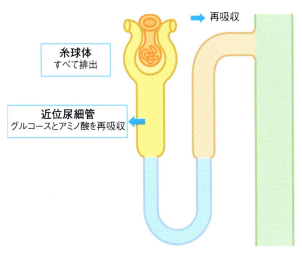

図5　グルコースとアミノ酸の再吸収（近位尿細管）
黄：近位尿細管、青：ヘンレループ、橙：遠位尿細管、
緑：集合管

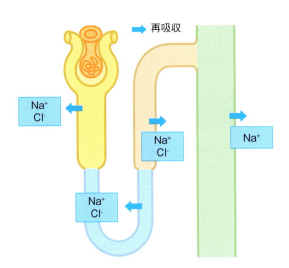

**図6　Na^+とCl^-の再吸収（近位尿細管・ヘンレループ
　　　上行脚・遠位尿細管・集合管）**
黄：近位尿細管、青：ヘンレループ、橙：遠位尿細管、
緑：集合管

2.1.3 Na^+とCl^-の再吸収（図6）

　糸球体で濾過されたNa^+とCl^-は最終的に約99％が再吸収される。近位尿細管ではNa^+の65％が能動的に再吸収される（Na^+/K^+-ATPase）。近位尿細管におけるNa^+再吸収の3つの機序は、次の①～③で説明する。
① 近位尿細管でNa^+の能動輸送が起こるとき、電気化学的勾配が尿細管上皮細胞と尿細管腔の間に形成される。尿細管腔膜にはNa^+に対する輸送担体蛋白質が存在しており、グルコースかアミノ酸のいずれかと共役してNa^+を輸送する（共輸送）。すなわちグルコースかアミノ酸と共にNa^+は尿細管上皮細胞へ拡散移動する。
② Na^+はH^+の対向輸送により再吸収される。尿細管上皮細胞ではCO_2の水和反応からH^+とHCO_3^-が産生される。H^+は尿細管腔へ分泌されてしまうため、電気的中性を維持するためにNa^+が利用され間質液へ移動（再吸収）する。
③ Cl^-の移動による輸送に際して近位尿細管の遠位部でNa^+再吸収がされる。間質液に再吸収される陰イオンはHCO_3^-の方が多い。そのため、尿細管内に残ったCl^-は自らタイトジャンクションより間質液に拡散する。電気的中性を維持するためNa^+が同じ方向に拡散する（再吸収）。

　これらいずれの機序も移動はNa^+/K^+-ATPaseに依存している。
　そのほか、約25％はヘンレループの上行脚で再吸収が行われる。これは尿細管腔細胞膜に存在するNa^+-K^+-$2Cl^-$輸送体を介して共輸送で再吸収が行われる。
　残りの10％は遠位尿細管と集合尿細管におけるCl^-との共輸送で再吸収が行われる。

2.1.4 Ca^{2+}の再吸収

　大部分のCa^{2+}は近位尿細管で再吸収される（図7）。パラソルモンが再吸収を促進する。

第2章

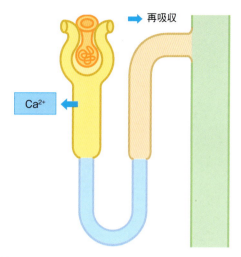

図7　Ca²⁺の再吸収
黄：近位尿細管、青：ヘンレループ、橙：遠位尿細管、
緑：集合管

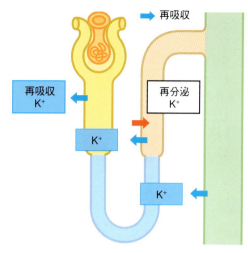

図8　K⁺の再吸収と分泌
黄：近位尿細管、青：ヘンレループ、橙：遠位尿細管、
緑：集合管

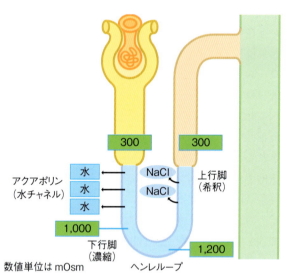

図9　尿濃縮と希釈（対向流増幅系）
下行脚（溶質は不透過・水は透過）→下行ほど尿細管液の濃縮（尿細管内浸透圧上昇）→ループ折り返し→上行脚で溶質NaClが間質へ能動輸送（共輸送）：間質の浸透圧上昇→希釈と濃縮が長軸（下行から上行）に沿っている→皮質から髄質にかけての浸透圧勾配の形成に寄与
黄：近位尿細管、青：ヘンレループ、橙：遠位尿細管、
緑：集合管

> ヘンレループ
> 下行脚：**水流出**（アクアポリン・**浸透圧勾配**）
> 　　　　濃縮のためループ先端が高浸透圧
>
> 下行脚付近の間質は上行脚で
> **排出された溶質**によって浸透圧が高い
>
> 上行脚：**NaClが間質へ排出**（能動輸送）
> 　　　　すなわち遠位尿細管内は低浸透圧

図10　対向流増幅系による浸透圧勾配の維持

2.1.5 K⁺の再吸収と分泌

　K⁺は近位尿細管で1度再吸収されるが、遠位尿細管で再分泌され、分泌量が調整される（図8）。摂取量と体内総量に影響を受け、アルドステロンによる分泌促進を受け、Na⁺再吸収量が多いほど増加し、H⁺分泌量が多いほど減少する。

2.1.6 尿の濃縮

　尿は最終的にバソプレッシン、アルドステロン、心房性ナトリウム利尿ペプチド（atrial natriuretic peptide：ANP）の影響を受けて遠位尿細管および集合管にて尿の濃縮が起こる。脱水では再吸収をうながし高張尿となる。溢水では排泄を促進する（図9）。

2.2 浸透圧勾配の維持

　尿細管を通過する液体がヘンレループを移動することによって浸透圧は変化する。これは腎髄質の間質液において浸透圧勾配を形成することによる。この対向流増幅系（counter-current system）は、ヘンレループの下行脚、細い上行脚、太い上行脚によって構成される（図9～11）。
　ヘンレループの下行脚はアクアポリンが発現し、水の透過性が高く、水が再吸収されることによって、ヘンレループの尖端に向かって尿細管内の浸透圧は高くなる。ヘンレループの尖端では尿細管腔内の浸透圧は1,200mOsm/kgH₂Oにも達するといわれている。

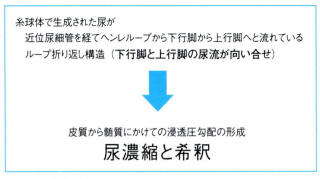

図11 対向流増幅系

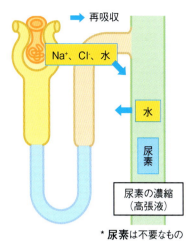

図12 遠位尿細管・集合管における再吸収と尿濃縮
黄：近位尿細管、青：ヘンレループ、橙：遠位尿細管、緑：集合管

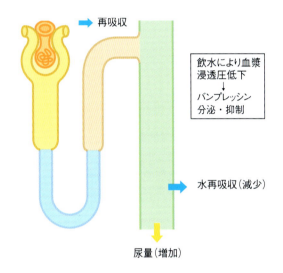

図13 水利尿の作用
黄：近位尿細管、青：ヘンレループ、橙：遠位尿細管、緑：集合管

一方、ヘンレループの上行脚では、尿細管内部のNa^+、K^+およびCl^-は再吸収されるが、水は不透過性であるために上行脚を上行するにつれ、尿細管内の浸透圧は低くなる。この結果、ネフロンの先端は、高浸透圧、ヘンレループの下行脚の入口とヘンレループの上行脚の出口では300mOsm/kgH₂O程度の浸透圧勾配が常に維持されている状態になる（図12）。

さらに、対向流増幅系を通り抜け、遠位尿細管から集合管に尿が入っていくと、さらに、水とNaClが再吸収され尿細管内の尿は濃縮されていくことになる。

2.3 利尿

利尿は、「水利尿」、「浸透圧利尿」、「心房性ナトリウム利尿ペプチド」に大別される（図13～15）。

2.3.1 水利尿

水利尿は、飲水の増加によって水分が消化管から吸収され、血漿浸透圧が低下することにより始まる。血漿浸透圧の低下は、下垂体後葉からのバソプレッシンの分泌を抑制し、それにより遠位尿細管・集合管の主細胞における水の再吸収が減少する。この結果、尿への水分排泄は増加（尿量の増加）が起こる（図13）。

2.3.2 浸透圧利尿

例えば、糖尿病などなどでは近位尿細管で吸収しきれない糖が尿細管腔内にとどまる。この尿細管内の浸透圧物質が、尿細管内の尿（原尿）の浸透圧を増加させる。原尿中の浸透圧物質は、尿細管内に水を引き込むことになる。これらの浸透圧物質はその後の尿細胞から集合管にかけて再吸収されることはなく、引き込まれた水は尿量を増加させることになる（図14）。

2.3.3 心房性ナトリウム利尿ペプチド（ANP）

心不全などによる循環血液量の増加は、最終的に心房筋の伸展を引き起こし、これが刺激となって心房細胞からANPの分泌が促進される。分泌されたANPは遠位尿細管および集合管においてNa^+の再吸収を抑制し、Na^+に付随して水の再吸収をも抑制し、その結果、尿量が増加することになる（図15）。

2.4 酸-塩基平衡とその異常

尿細管細胞内では、細胞内のCO_2とH_2Oが炭酸脱水素酵素によりH^+は尿細管内に、HCO_3^-は血管内に分泌

第2章

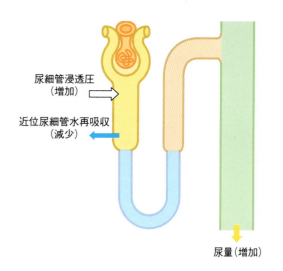

図14　浸透圧利尿の作用
黄：近位尿細管、青：ヘンレループ、橙：遠位尿細管、
緑：集合管

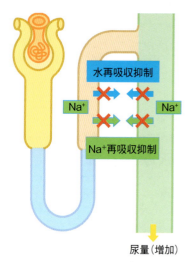

図15　心房性ナトリウム利尿ペプチドによる尿の濃縮と希釈
黄：近位尿細管、青：ヘンレループ、橙：遠位尿細管、
緑：集合管

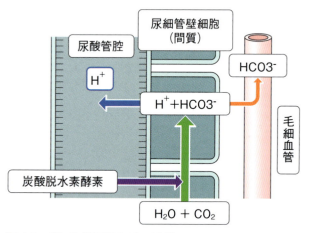

図16　酸-塩基平衡とその異常
血液pHの調節は、H^+の分泌、酸-塩基平衡による。腎臓でH^+を分泌し尿中へ排泄する。産生されたHCO_3^-は血管内へ分泌される。

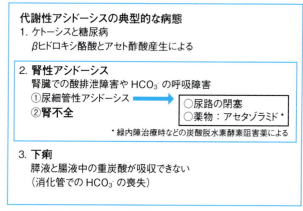

図17　酸-塩基平衡の異常

される（図16）。これにより酸-塩基平衡が保たれ、体液pHを維持できるが、H^+の分泌ができない状態または、尿そのものが排泄できない状態になると、腎性アシドーシスの状態へ陥ることがある（図17）。

3 内分泌機能

3.1 腎臓にかかわるホルモン（表1）
3.1.1 アルドステロン

副腎皮質から分泌され、抗利尿作用と血圧上昇作用をもつ。その機序は、細胞外液の減少や血圧低下、交感神経の興奮などにより腎臓からレニン分泌され、それによりアンギオテンシノーゲンが活性化する。そしてアンジオテンシンⅡにより副腎皮質からアルドステロンが分泌され、遠位尿細管と集合管でNa^+再吸収が促進される。それにより水再吸収が増加することにより尿量が減少する。

3.1.2 バソプレッシン（図18）

下垂体後葉から分泌され、水の再吸収を促進させる。その機序は、嘔吐や下痢、発汗、出血などにより体液量の減少と浸透圧の上昇が起こると、下垂体後葉からバソプレッシンの分泌が増加する。それにより遠位尿細管および集合管主細胞の水チャネルを通して水の再吸収が促進され、尿量が減少する。同時に血管の収縮を起こす。バソプレッシンの「バソ」は血管、「プレッシン」は圧

表1　腎臓にかかわるホルモン

ホルモンの種類	分泌器官	作用
アルドステロン	副腎皮質	・ナトリウムおよび水の再吸収促進（尿量減少、血圧上昇） ・カリウム排泄促進
バソプレッシン（ADH）	下垂体後葉	水の再吸収促進（尿量減少、尿浸透圧上昇）
心房性ナトリウム利尿ペプチド	心房筋	血圧低下、ナトリウムおよび水の再吸収抑制
パラソルモン	上皮小体	カルシウム再吸収を促進、リン酸塩排出を促進

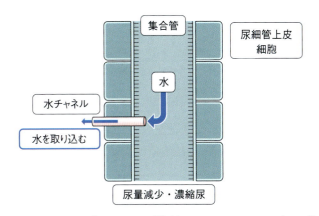

図18　バソプレッシン（抗利尿ホルモン：ADH）の作用
腎臓でH^+を分泌し、尿中へ排泄する。
酸性されたHCO_3^-は血管内へ分泌される。

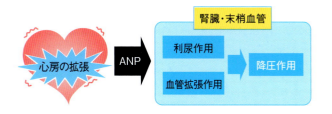

図19　心房性ナトリウム利尿ペプチドの作用

の意味を指す。

3.1.3 心房性ナトリウム利尿ペプチド（ANP）（図19）

心臓の心房筋から分泌され、強力な利尿作用を示す。その機序は、うっ血性心不全や心筋梗塞などにより心拍数の上昇や心臓疾患により心房筋が拡張伸展されることにより心臓および血管に異常な圧がかかったと認識され、心筋から分泌され上昇する[1]。これにより利尿と血管拡張が引き起こされ、血圧が下降する。この種特異性は比較的低い[2]。

3.1.4 パラソルモン（図20）

何らかの原因で、血中のCa^{2+}濃度が低下することにより、上皮小体から分泌される。パラソルモンにより、破骨細胞が増加し、骨融解が促進される。また尿細管においてはCa^{2+}の再吸収が起こり、同時にリン酸の排泄が促進される。また活性型ビタミンDの生成も促進される。さらに小腸でのCa^{2+}の再吸収も促進される。これらにより血中のCa^{2+}濃度は上昇する。

3.2 レニン-アンジオテンシン系（図21）

レニンは蛋白分解酵素であり、腎臓、脳、副腎、動脈壁、子宮、胎盤、胎膜、羊水などの器官によって合成、貯蔵および分泌される。レニンは肝臓由来の$α_2$グロブリン分画のアンジオテンシノーゲンをアンジオテンシンⅠへ変化させる。アンジオテンシンⅠは血管への作動性はほとんどない。次に肺の毛細血管内皮細胞に由来するアンジオテンシン変換酵素（angiotensin converting enzyme：ACE）が、アンジオテンシンⅠを昇圧活性のあるアンジオテンシンⅡに変換する。アンジオテンシンⅡは血管収縮因子としてはバソプレッシンに次いで強力な作用をもつ。アンジオテンシンⅡは、副腎皮質に直接作用してアルドステロン分泌をうながし、腎臓におけるNa^+と水再吸収を増強させる。アンジオテンシンⅡにより輸出細動脈を収縮させ、糸球体静水圧と糸球体濾過を増加させる。

第2章

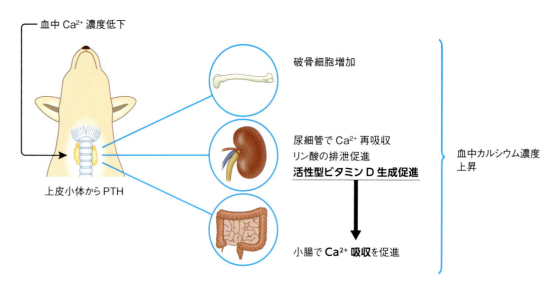

図20　パラソルモン（PTH）の作用とビタミンD代謝

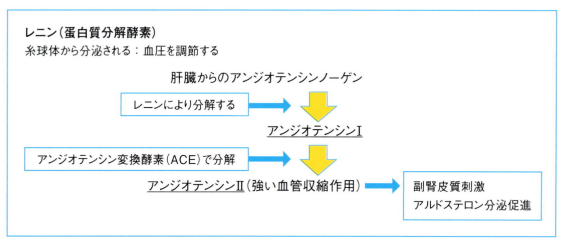

図21　レニン-アンジオテンシン系

3.3 カリクレイン-キニン系

カリクレイン-キニン系には、酵素であるカリクレインが2種類ある。これらは血漿中の血漿カリクレインと、唾液腺、膵臓、腎臓などに存在している組織カリクレインである。

また、基質のキニノーゲンも高分子、低分子の2種類ある。血漿カリクレインは高分子キニノーゲンを分解しブラジキニンを産生し、一方、腎臓のカリクレインは、低分子キニノーゲンからカリジンを産生する。これらは総称して「キニン」と呼ばれている。

カリジンは、9個のアミノ酸からなるブラジキニンのN端にリジンがついたものであり、この活性物質は直ちに分解酵素のキニナーゼによって分解される。血漿中のキニナーゼはIとIIがあり、このキニナーゼIIはアンジオテンシン変換酵素阻害薬で完全に阻害される。

腎尿細管のキニナーゼは血漿中キニナーゼとは全く別の酵素であり、アンジオテンシン変換酵素阻害薬では阻害されない。腎臓で作られたカリジンは、さらに、アミノペプチダーゼによりブラジキニンに変換される。ブラジキニンは血管拡張作用をもち、さらに尿細管においてはNa^+再吸収を強く抑制し、Na^+の尿中排泄が増加させ、降圧効果を示す。

アンジオテンシン変換酵素阻害薬投与により、アンジオテンシンII減少が引き起こされるが、同時に血管拡張因子であるキニン類が増加するようである。

3.4 ビタミンD代謝 (図20)

7-デヒドロコレステロールが紫外線により皮膚内でビタミンD_3となる。この皮膚由来もしくは食餌由来のビタミンD_3は血液を介し肝臓に運ばれる。肝臓により

ビタミンD_3は、25-OHビタミンD_3（25-ヒドロキシビタミンD_3）が生成される。その後25-OHビタミンD_3は尿細管上皮に取り込まれる。そして尿細管上皮細胞が上皮小体ホルモンに刺激されると、1α-ヒドロキシラーゼ酵素が25-OHビタミンD_3に作用して、1,25-ジヒドロキシビタミンD_3に変換される。1,25-ジヒドロキシビタミンD_3は腸におけるカルシウム吸収と骨の発達を促進する。

3.5 エリスロポエチン

エリスロポエチン（erythropoietin：EPO）とは、分子量は約34,000〜40,000で165個のアミノ酸から構成されているポリペプチド基本骨格と分子量の約40％を占める糖鎖部分で構成される糖蛋白であり、赤血球の産生を促進する造血因子の1つである。

エリスロポエチンの産生は、皮髄境界部付近にある尿細管周囲の間質にある細胞である。その産生刺激は、腎臓髄質組織の酸素濃度であり、酸素濃度が低下した状態に呼応してエリスロポエチンが産生される。

エリスロポエチンは骨髄中の赤芽球系前駆細胞に作用し、赤血球への分化と増殖を促進させる。

3.6 プロスタグランジン

プロスタグランジン（prostaglandin：PGs）は、プロスタン酸骨格をもつ一群の生理活性物質であり、細胞膜のリン脂質に結合しているアラキドン酸が、ホスホリパーゼA2によって細胞質内に遊離され、そこにシクロオキシゲナーゼ（cycloocygenase：COX）が作用すると、アラキドン酸カスケードに入りプロスタグランジンが産生され、様々な強い生理活性を表す。

腎臓では、特にPGE_2（prostaglandin E_2）を最も豊富に産生しており、PGE_2やPGI_2（prostaglandin I_2）などが主に作用している。

PGE_2は、以下のように要約できる。
① 腎臓の微小血管、特に、輸入細動脈を拡張させて、腎血流量を維持し、腎髄質の血流量を調節する。
② 糸球体では糸球体濾過量（GFR）を調節している。
③ 傍糸球体装置では、レニン分泌を増加させ、血管を収縮させ、血圧を上昇させる。
④ 遠位尿細管では、ナトリウムと水の再吸収を抑制する。
⑤ 集合管では、抗利尿ホルモンの作用に拮抗し、水の透過性を抑制する。

このように、PGsは腎臓に対して、尿の産生量を増加させるように作用している。

第2章の参考文献

1) Lang RE, Thölken H, Ganten D, et al. Atrial natriuretic factor-a circulating hormone stimulated by volume loading. *Nature*. 1985; 314: 264–266.
2) Naka T, Katsumata E, Sasaki K, et al. Natriuretic peptides in cetaceans: identification, molecular characterization and changes in plasma concentration after landing. *Zool Sci*. 2007; 24: 577–587.
3) 大地陸男. In: 生理学テキスト（第8版）. 文光堂. 2017; 455-487.
4) 鈴木浩悦／監修・訳. デュークス獣医生理学（第13版）. In: William O. Reece ed. Dukes' Physiology of Domestic Animals. 学窓社. 2020; 189-233.

第3章

腎泌尿器病の診断

1〜3：竹村 直行、 4〜4.6：矢吹 映、 4.7：桑原 康人
5〜6：佐藤 れえ子、 7：下川 孝子、 8：岩井 聡美

1 稟告

本項では、腎泌尿器病の稟告を総論的に述べる。各種腎泌尿器病の詳細は「第6章」以降を参照していただきたい。

1.1 主訴

腎泌尿器病に関連する主訴は、尿の色調や排尿異常といった腎泌尿器病を疑わせるものもあるが、食欲不振または廃絶などのように他の疾患でも認められる場合もあるので注意が必要である。また、慢性腎臓病に合併することが多い全身性高血圧では、網膜にも異常をきたすことが少なくない。このため、主訴から直ちに腎泌尿器病だけを疑わずに、他の疾患も疑診しながら問診や身体診察を進めるべきである。

主訴の内容（問題）とは無関係に、その問題の性質を明らかにすることは有益である。例えば、その問題はいつ頃に発生し、その後、急激に悪化しているのか、段階的に進行しているのか、ないしは改善傾向にあるのかは是非とも確認したい点である。また、他院にて治療を受けていた症例では、例えば手術、食事療法、あるいは内科療法（特に抗菌薬、ステロイド剤、非ステロイド性抗炎症薬など）に対する反応は、今後の診断および治療方針の策定に役立つことが多い。

1.2 病歴

過去の外傷、（特に尿路系の）手術、疾患などに関して、時期を含めて明らかにすべきである。ゲンタマイシンなどのアミノグリコシド系抗菌薬や非ステロイド性抗炎症薬の投与歴についても聴取する必要がある。急性腎障害のイヌでは、特にレプトスピラ症の予防歴を確認する。

脱水の改善または予防を目的に皮下補液を実施している症例では、皮下補液に用いている輸液剤の種類、投与量、頻度に加え、皮下補液前後で動物の状態が具体的にどのように変化するかを確認する。特にネコでは脱水により心不全徴候がマスクされることが多く、皮下補液後に呼吸数が増加するか否かも確認するとよい。

1.3 排尿状態

排尿状態の変化は、急激に発生する場合もあれば、慢性的に徐々に進行・悪化することもある。前者の場合、毎日その動物と接している飼い主は直ちにその変化に気づく。これに対して後者の場合、毎日その動物をみているがゆえに気づきにくいことが多い。

1.3.1 尿の回数および量

頻尿は排尿回数が増加した状態を示し、下部尿路疾患の指標となる。少量の尿を頻繁に排泄することが特徴である。

多尿とは1日の総尿量の増加のことで、上部尿路、つまり腎臓病の指標となる。イヌおよびネコの1日総尿量は5.0～10.0mL/kgとする解説書が多いが、大部分の飼い主は動物の尿量を測定していない。伴侶動物の多飲多尿は、多尿の結果として多飲が認められることが多い。このため、動物病院でも尿量を測定することはまずなく、多飲を問診で確認することが多い。

1.3.2 排尿困難

排尿困難が認められる場合、血尿や排尿時の疼痛の有無を確認するとよい。排尿障害の原因は下部尿路、特に膀胱および雄の尿道であることが多い。

また、排尿の開始が困難な場合、尿路の部分的な閉塞、炎症または神経疾患が原因である可能性がある。尿流の直径にも注目すべきである。細い尿流は尿路の部分的な閉塞、神経疾患または尿道けいれんを示唆する。

尿流の直径を観察している飼い主はおそらくまれと思われるため、この評価は獣医師が実施することになる。

1.3.3 血尿

排尿開始時に血尿がみられる場合、尿道または生殖器の異常を示すことが多い。これに対して、排尿終了後に血尿がみられる場合、腎臓、尿管または膀胱の異常が原因となっていることが多い。

2 腎泌尿器病の臨床徴候

2.1 腎臓の形態とサイズ

腎臓の形態およびサイズは、身体診察時の腎臓の触診に加え、画像診断の結果を解釈する際に極めて重要である。

2.1.1 腎臓の形状、位置およびサイズ

正常な腎臓は豆型で、腰下部腹側の後腹膜内に存在する。右腎は左腎よりも頭側に位置し、肝臓内側に埋没している（腎圧痕）。

健康なイヌでは、左腎は大部分の場合で触診できるが、右腎は削痩している動物でのみ触知できる。体重を考慮すると、ネコの腎臓はイヌのそれよりも相対的に大型である。正常であれば左腎全体、そして右腎の尾腹側を触診できることが多い。また、ネコの腎臓はイヌよりも可動性に富んでいる。

腎臓の正常な形状が変化した場合、一般的には病的原因が考えられる。触診にて発見可能な腎臓の異常として、腫大、サイズの減少および形態異常があげられるが、これらの異常は片側性の場合もあれば両側性の場合もある。このうち、腎異形成、馬蹄腎、腎周囲偽嚢胞、腎腫瘍、皮膜下血腫、特発性多発性嚢胞腎などの腎臓の形態を変化させる疾患の多くが、腎臓のサイズも変化させることが多い。

2.1.1.1 サイズの増加

対側の腎臓摘出、片側性腎無形成、対側の腎機能低下を伴う疾患などでは、腎臓は生理的に腫大することがある。

腎臓を病的に腫大させる一部の疾患は、イヌよりもネコで多発する傾向が強く、このような疾患には腎臓のリンパ腫、ネコ伝染性腹膜炎、特発性多発性嚢胞腎、腎周囲偽嚢胞などが含まれる。

腎臓のサイズを増大させるその他の疾患には、急性腎盂腎炎、リンパ腫以外の腎臓腫瘍、水腎症、皮膜下血腫、尿石症、急性腎障害などが含まれる。

2.1.1.2 サイズの低下

腎臓サイズの低下は、一般的には急性ではなく慢性的な腎病変の存在を示す。腎腫大とは異なり、腎臓サイズの低下はそれが片側性であっても両側性であっても、その原因は病的なものである。先天的な腎臓病（家族性腎症、腎異形成など）および腎萎縮（例えば、長期にわたる尿管閉塞に続発）では、腎臓サイズの減少がみられることが多いが、最も一般的な原因は慢性腎臓病である。

2.1.2 硬さの変化

正常な腎臓を触診すると、弾力が感じられる。腎周囲偽嚢胞、皮膜下血腫、嚢胞性腫瘍、水腎症などでは波動感が触知できる。腎臓腫瘍や慢性腎臓病では、腎臓は正常よりも硬くなる。

2.1.3 位置の変化

異所性腎、腎腫大、腎臓の変位（副腎腫瘍、脾腫、肝腫大、消化管疾患、腰下部の疾患などに続発）、肥満などに伴って腎臓の位置が変化することがある。このうち、肥満では腎臓は腹側に変位し、大量の脂肪内に埋没するため、触診では腎臓の位置を特定できないことが少なくない。

2.1.4 疼痛

触診時の腎臓の疼痛は、腎盂腎炎、急性腎障害、腎臓腫瘍および水腎症（特に初期段階）で認められることが多いが、このほかにも尿石症（腎結石、閉塞を伴う尿管結石）、皮膜下血腫（腎被膜の伸展）、腎臓の外傷および

第3章

膿瘍などでもみられることがある。なお、脊髄疾患や一部の腹部臓器の疾患では、腎臓に関連痛がみられる場合がある。

2.2 排尿と尿の異常
2.2.1 排尿障害（困難）

排尿障害とは排尿困難または疼痛を伴う排尿を意味するが、この2つは同時に発生することもある。排尿障害は一般的には、下部尿路（膀胱〜尿路）または生殖路（前立腺、腟）の異常を反映する。

排尿障害は血尿を伴っている場合があり、血尿は尿中に血液が存在することを示す。原因部位はすべての尿路、つまり腎臓〜尿道口で、原因部位を特定することが困難な場合がある。しかし、排尿障害と血尿が同時にみられる場合、下部尿路疾患または生殖器の病変が存在する可能性が高い。

2.2.1.1 排尿障害の診断

排尿障害の診断は問診に基づくが、飼い主が排尿困難を正しく排尿困難と認識していない場合があることに常に注意しなければならない。具体的には、トイレでうずくまって力んでいる様子を、飼い主は便秘と誤認し、獣医師に説明することがある。また、排尿障害の動物は少量の尿を頻繁に排泄するために、飼い主はこの状態を失禁と判断してしまうことがあり、注意が必要である。

排尿が困難になると、動物は典型的な排尿姿勢を示す。排尿を試みている間、明白な努力性排尿を呈する。また、排尿に夢中になっている、ないしは排尿を苦痛に感じているようにみえることがある。尿流は弱かったり、細かったり、あるいは断続的である。少量の尿が排泄される、あるいは尿が全く排泄されない場合、膀胱がほぼ空になっているか、尿道が閉塞しているかのどちらかが原因である。

以上のような排尿時の様子を飼い主から問診で確認するが、スマートフォンなどで排尿中の様子を撮影するよう依頼すると、より正確に、かつ時間をかけずに情報を得ることができる。

2.2.1.2 排尿障害の原因

排尿障害の主な原因部位は、膀胱、膀胱〜尿道、尿道、前立腺、陰茎、包皮、腟に分類される。

膀胱については、細菌性膀胱炎、膀胱結石、特発性膀胱炎、腫瘍（一般に移行上皮癌）および膀胱破裂が排尿障害の原因となる。

膀胱〜尿道については、排尿筋-尿道協調不全があげられるが、この疾患の発生率は極めて低い。

尿道の疾患としては、結石、尿道栓、狭窄、細菌性尿道炎、破裂、腫瘍、肉芽腫性尿道炎などが含まれる。

前立腺疾患が排尿障害の原因になることはネコではまれである。これに対して、イヌでは過形成、前立腺炎、膿瘍または嚢胞、移行上皮癌などが原因となる。

最後に、包皮の腫瘍（扁平上皮癌、肥満細胞腫）、腟の腫瘍（平滑筋腫、線維腫）、腟炎も排尿障害の原因になりうる。

イヌでは、最も発生頻度が高い排尿障害の原因は、下部尿路の細菌感染および尿道結石である。これに対して、ネコでは特発性膀胱炎および尿道栓である。

2.2.2 尿の異常（血尿）

本項の目的は腎泌尿器病の臨床徴候を解説することなので、尿の異常のなかでも肉眼的血尿に焦点をあてる。出血以外の原因で尿の色調が赤く変化するそのほかの原因については、本章4の「尿検査」を参照していただきたい。

血尿は腎臓〜外尿道口のいずれかの部位における内皮または上皮の損傷により生じる。腎臓に関しては、実質内での出血も血尿の原因になるが、頻度はまれであり、血尿の原因の多くは腎盂〜外尿道口の異常に起因する。加えて、生殖器や副生殖器の異常でも血尿は発生する。

血尿が肉眼で確認できるものを肉眼的血尿と呼ぶ。尿の色調は褐色から赤色で、混濁することもある。小さな凝血塊を含むこともある。肉眼的血尿の場合、尿1Lに少なくとも0.5mLの血液が含まれるとされる（ちなみに、これは尿1μLあたり赤血球が2,500個に相当する）。高倍率で尿沈渣を観察すると、一視野あたり150個以上の赤血球が認められる。

本章1の「稟告」で述べたように、排尿開始時に血尿がみられる場合、尿道または生殖器の異常を示すことが多いのに対し、排尿終了後に血尿がみられる場合、腎臓、尿管または膀胱の異常が原因であることが多いとされているが、血尿が認められるタイミングのみで必ずしも確実に出血部位を特定できるとは限らない。

2.3 多飲多尿

解説書によって基準値が異なるが、多くの場合、イヌでは1日飲水量が100mL/kgを超えると多飲症と判断されている。ネコの基準値はこの値よりも低いと考えられるが、広く受け入れられている基準値はない。多飲多尿の原因疾患の多くでは、多尿が多飲の原因になっている。

2.3.1 原因

伴侶動物では、多飲多尿の原因は以下の4種類に大別される。

2.3.1.1 バソプレッシンの分泌不全

下垂体後葉からのバソプレッシンの分泌量の低下、あるいは分泌停止のために、尿濃縮能が著しく低下するタイプで、中枢性尿崩症が含まれる。この疾患は先天性の場合もあれば後天性のこともあるが、多くの場合は先天性である。

2.3.1.2 バソプレッシンに対する反応不全

腎臓のバソプレッシン受容体の欠如、あるいは機能不全の2つが該当する。前者には原発性腎性尿崩症が該当するが、この疾患の発生例はイヌでは極めて少なく、ネコでは報告例がない。また、腎臓にバソプレッシン受容体は存在するものの、この機能が低下して多尿が発生することがあり、これを二次性腎性尿崩症と呼ぶ。この原因には、腎盂腎炎、子宮蓄膿症、副腎皮質機能亢進症、副腎皮質機能低下症、高カルシウム血症、低カリウム血症、肝不全などが含まれる。

2.3.1.3 浸透圧利尿

血漿浸透圧の上昇は原尿の浸透圧を上昇させる。正常では、尿細管内の原尿の浸透圧は腎髄質のそれよりも低いため、浸透圧勾配にしたがって原尿の一部は髄質に移動し、尿はさらに濃縮される。しかし、原尿の浸透圧が上昇すると、この尿濃縮プロセスに支障がでて、多尿になる。血漿浸透圧の上昇による多尿は糖尿病、そして尿道閉塞などの解除後に発生する閉塞後利尿で発生する。加えて、マンニトールや塩化ナトリウムの投与も浸透圧利尿を引き起こす。

2.3.1.4 特発性多飲症

以前は心因性多飲症と呼ばれていたが、必ずしも心的要因が原因とは限らないため、特発性多飲症と呼ぶべきである。動物では極めてまれな疾患である。

2.4 全身性高血圧

一般に全身性高血圧は、原因が明確でない本態性高血圧、そして何らかの疾患が原因となって発生する二次性高血圧に大別される。日本人では、全身性高血圧の85～90％が本態性高血圧だといわれている。これに対して、伴侶動物では本態性高血圧はまれで、大部分が二次性高血圧である。このため、伴侶動物で全身性高血圧といった場合、二次性高血圧を指している。

伴侶動物では、全身性高血圧の原因疾患として慢性腎臓病（特に蛋白漏出性腎症で多発）、副腎皮質機能亢進症、副腎腫瘍、甲状腺機能亢進症、糖尿病があげられる。

全身性高血圧は特に眼、心臓、腎臓および中枢神経に障害を与える。これらの器官に発生する高血圧性の病変を標的器官障害と呼ぶ。

眼の障害として眼内出血、網膜出血、網膜剥離などが知られている。心臓の障害として左心室肥大があげられる。全身性高血圧に関連して腎臓内で最もダメージを受けるのが糸球体である。既に述べたように、蛋白漏出性腎症では全身性高血圧を合併することが多い。蛋白尿と全身性高血圧は慢性腎臓病の悪化要因である。中枢神経がダメージを受けた結果、旋回運動などの行動変化や運動失調が発生することがある。全身性高血圧の動物では、これらの臨床徴候のいずれかが必ず発生するとは限らない。報告によって数値が異なるが、全身性高血圧の症例のおよそ4割は無徴候だと考えられている。

2.5 尿毒症

獣医療の現場では、高窒素血症と尿毒症（または腎不全）が混同されているケースが散見されるが、これは誤りである。

高窒素血症とは非蛋白性の窒素性老廃物の血中濃度が上昇した状態を指す。この老廃物の代表例がクレアチニンおよび尿素である。これに対して尿毒症は、腎排泄能の重度な低下により体内に蓄積し、多彩な臨床徴候を引き起こす物質、つまり尿毒素によって発生する。すなわち、尿毒症では尿毒素の蓄積に伴う臨床徴候が必ずみられ、また高窒素血症も認められる。しかし、高窒素血症が存在しても必ずしも尿毒症徴候が発生しているとは限らない。

尿毒素のすべてが特定されているわけではないが、主に尿素、グアニジノ化合物、脂肪族アミン、ポリアミン、ホルモン（上皮小体ホルモン、インスリン、グルカゴン、成長ホルモン、ガストリンなど）、ミオイノシトール、リボヌクレアーゼ、サイクリックAMP、芳香族アミノ酸誘導体などが知られている。

既に述べたように、尿毒症に伴って多種多様の臨床徴候が発生する。

2.5.1 体液、電解質、血清化学的な異常

多飲多尿、脱水、高窒素血症、高リン血症、代謝性アシドーシス、高カリウム血症、低カリウム血症、高カルシウム血症、低カルシウム血症などが発生する。

第3章

2.5.2 血液学的異常
正球性正色素性の非再生性貧血、血小板の機能障害（止血異常）、血栓形成、リンパ球減少症、好中球増多症などが発生する。

2.5.3 胃腸の異常
食欲不振、嘔吐、口臭、口腔潰瘍、口内炎、胃炎、胃潰瘍、消化管出血などが発生する。嘔吐はネコよりもイヌで認められることが多い。

2.5.4 代謝内分泌系の異常
組織蛋白の異化が亢進し、体内の窒素バランスは負に転じる。これに伴い体重や筋肉量は低下する。上皮小体ホルモンの過剰により、腎性二次性上皮小体機能亢進症が発現する。インスリン抵抗性（耐糖能）の異常が認められることもある。

2.5.5 心血管系および肺の異常
全身性高血圧や尿毒症性肺炎が発生するが、これらの発生機序は未だに明確でない。

2.5.6 その他の異常
虚弱、無関心（傾眠）、沈うつ、低カリウム血症に伴う多発性ミオパチー、脳障害、末梢性多発性ニューロパチーなどが発生する。

3 血液検査

3.1 血中尿素窒素（BUN）
尿素は蛋白質を原料とし、肝臓の尿素（またはオルニチン）回路で代謝して産生される。

BUNが上昇する原因は糸球体濾過量の低下、そして腎臓以外の要因に大別される。

糸球体濾過量が低下する原因は、さらに循環血漿量や全身血圧の低下（腎前性）、腎組織の障害（腎性）、そして尿路の閉塞や破裂による障害（腎後性）に分類される。

これに対して、腎臓以外の要因には食後の採血、高蛋白食の摂取、消化管出血、組織異化の亢進などが含まれる。組織異化が亢進する原因として、飢餓、発熱、筋肉損傷、グルココルチコイドの投与などがあげられる。

なお、我々の研究室の未発表データによると、維持食を健康なイヌに与えると、3～4時間後にBUNは食事前と比較して4～6割ほど上昇した。経験的には、鼻腔内や口腔内の腫瘍に伴って出血が持続している場合にもBUNは上昇することがある。このように、BUNの

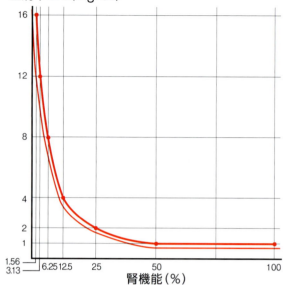

図1 腎機能の低下と血清クレアチニン濃度の関係

上昇は腎機能低下のみを示すと考えるべきでない。なお、蛋白摂取量の低下、肝不全などによりBUNは低下する。

3.2 クレアチニン（Cre）
Creは筋肉内のクレアチンリン酸の分解に伴って生成される窒素化合物の1つで、末梢血中に放出された後、糸球体濾過を経て尿中に排泄される。尿細管からごく少量のCreが原尿に分泌されるが、尿細管が原尿中のCreを再吸収することはない。このため、BUNと異なり腎臓以外の要因をほとんど受けないため、BUNよりも糸球体濾過量を反映すると考えられている。

糸球体濾過量と血清クレアチニン濃度の関係を図1に示した。糸球体濾過量が正常の1/4以下に低下すると、血清クレアチニン濃度は高値を示す。このため、血清クレアチニン濃度が正常であっても、必ずしも糸球体濾過量は正常とはいえない。この図から読み取るべきことはほかにもある。

糸球体濾過量が100％から50％に低下した場合、血清クレアチニン濃度の上昇程度はほんのわずかである。これに対して、糸球体濾過量が例えば12.5％から6.25％に半減した場合、血清クレアチニン濃度は大幅に上昇する。すなわち、血清クレアチニン濃度が0.75mg/dLから1.50mg/dLに上昇した場合と、この濃度が4.00mg/dLから8.00mg/dLに上昇した場合を比較すると、計算上はいずれも血清クレアチニン濃度が倍化しているが、糸球体濾過量の低下程度には大きな違いがあるのである。

血清クレアチニン濃度が上昇した場合の鑑別リストは

糸球体濾過量の低下のみである。ただし、糸球体濾過量が低下した原因は血清クレアチニン濃度だけでは特定できないので、他の検査、特に尿検査、腎泌尿器系の画像診断などを追加する必要がある。また、溶血、薬剤（アスコルビン酸、グルコース）、高脂血症などでもアーチファクトとして血清クレアチニン濃度が上昇することもある。これに対して、血清クレアチニン濃度が低下する原因として筋肉量の原因が考えられる。このため、血清クレアチニン濃度は体重またはマッスル・コンディション・スコアを踏まえて評価する必要がある。

3.3 シスタチンC

シスタチンCは糸球体濾過量のバイオマーカーの1つである。シスタチンCは低分子量（13kDa）の蛋白で、有核細胞内で一定の割合で合成される蛋白分解酵素阻害物質である。血流中ではシスタチンCは血漿蛋白と結合せず、糸球体で自由に濾過される。Creや次に述べるSDMAとは異なり、シスタチンCは糸球体で濾過された後、近位尿細管でその大部分が再吸収および分解される。ヒトではシスタチンCは尿細管から分泌されず、ネコやイヌでも同様と考えられている。

シスタチンCは血清クレアチニン濃度が上昇しない軽度から中等度に糸球体濾過量が低下した症例のスクリーニング検査として有用である。このバイオマーカーを利用する際に忘れてはならないことは、ネコではシスタチンCの信頼性は血清クレアチニン濃度よりも劣ること、さらに体重20kg以上のイヌでも糸球体濾過量のバイオマーカーとしての信頼性が低下することである。つまり、シスタチンCは体重20kg未満のイヌで有用と考えるべきである。

3.4 対称性ジメチルアルギニン（SDMA）

対称性ジメチルアルギニン（symmetric dimethylargine：SDMA）は、アミノ酸の一種であるL-アルギニンがメチル化されることで産生される代謝産物の一種である。循環血液中のSDMAの90％以上は、腎臓での糸球体濾過によって排泄される。実際に、イヌおよびネコでも血清SDMA濃度は糸球体濾過量と良好に相関する。

加えて、イヌおよびネコを長期にわたって観察した研究では、血清クレアチニン濃度が参考範囲を超える前から血清SDMA濃度は基準値を超えていたことを報じている（血清SDMA濃度は、イヌでは血清クレアチニン濃度が上昇し始める平均9.5カ月前、そしてネコでは平均17カ月前から上昇した）。

残念なことに、血清SDMA濃度と糸球体濾過量の相関性、そして血清クレアチニン濃度と糸球体濾過量の相関性を比較すると、後者よりも前者が優っていたという報告はなく、両者の相関性は同等だったという報告ばかりである。このことは、糸球体濾過量を評価する際、SDMAとCreの信頼性は同じであることを示唆している。

SDMAがCreよりも優る点は、動物の体重および筋肉量に影響されないことに加え、シスタチンCと異なりネコでも糸球体濾過量と相関することであろう。前者に関しては、特に重篤な疾患に罹患している動物、あるいは老齢動物ではみられることが多い筋肉量の減少が、糸球体濾過量のマーカーとしての血清クレアチニン濃度の有用性を損なっている。このため、筋肉量が低下している動物では、血清クレアチニン濃度よりもSDMAの方が糸球体濾過量をより正確に反映できる。

4 尿検査

尿検査は、基本的にはマニュアルで行われる検査である。近年は尿検査のオートマチック化も進んでいるが、その評価は定まっておらず、動物の尿検査では安易に機械的に測定された結果を鵜呑みにすることはできない。しかしながら、マニュアルでの尿検査は我流に陥りやすく、結果の評価も主観的になりがちである。不適切な方法および間違った解釈で尿検査を行うと、診断の幅が狭まるどころか誤診を招く結果となる。したがって、腎泌尿器病の診断および治療においては、正しく尿検査を行うことが極めて重要である。

4.1 採尿法

採尿法には、フリーキャッチ法、膀胱穿刺法および尿道カテーテル法があり、それぞれに利点と欠点がある。採尿法は常に同じ方法で行うのではなく、症状および病態に応じて適切な方法を選ぶ必要がある。

4.1.1 フリーキャッチ法

雄イヌでは最も手軽な採尿法である。適当な容器を用いて尿を採取する。容器は常に清潔なものを使用する。雌イヌやネコでは容器を用いた採尿が難しく、この場合はスポンジ式の採尿器（図2）や柄の長いレンゲなどを用いると便利である。採尿用のペットシーツやシステム式のトイレも利用できるが、コンタミネーションの可能性があるため結果の解釈には十分な注意が必要である。

採取する尿は一般的には中間尿が望ましい。ただし、尿道疾患では初期尿が、前立腺疾患では最終尿が診断に

第3章

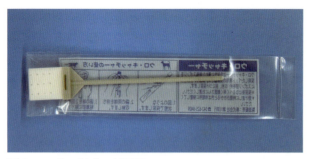

図2　スポンジ式の採尿器
　　（ウロキャッチャー、(株)津川洋行）

適している。血尿を主訴とする場合は、初期尿、中間尿、最終尿に分けて採取すると出血部位の特定に役立つ。

　フリーキャッチ法で採取した尿にはある程度のコンタミネーションが避けられないため、細菌培養検査や生化学検査（尿蛋白／クレアチニン比など）には向かない。ただし、必ずしも培養検査や生化学検査に禁忌というわけではなく、フリーキャッチ法で採取した尿で細菌や蛋白が検出されなければ後述する膀胱穿刺による採尿にこだわる必要はない。

　一方、フリーキャッチ法で細菌や蛋白が検出された場合は、正確な診断のために膀胱穿刺尿による再検査が必要となる。コンタミネーションを最小限にするためには、雄イヌでは採尿前に包皮内を洗浄しておくことが望ましい。また、雌雄を問わず、外陰部周囲にコンタミネーションの原因（汚れた被毛、皮膚炎、便の付着など）がないか採尿前に確認しておく必要がある。

　ネコでは採尿の目的で膀胱の圧迫排尿が行われることがあるが、これは基本的に禁忌である。安易に膀胱を圧迫すると、疼痛を引き起こすだけでなく、膀胱粘膜を損傷する。長期的な膀胱炎など膀胱粘膜が脆弱になっている場合は、膀胱破裂の恐れもある。また、細菌性の膀胱炎を起こしている場合は、圧迫により細菌尿が腎臓に逆流することで医原性の腎盂腎炎を引き起こす。

4.1.2 膀胱穿刺法

　膀胱穿刺は最も無菌的な採尿法である。培養検査や生化学検査には理想的な方法であり、特に培養検査には必須の採取法である。一方で、尿道や副生殖腺の評価を行うことはできない。また、多かれ少なかれ穿刺による顕微鏡的血尿は免れない。膀胱腫瘍を認める症例では、穿刺により腫瘍細胞が播種する可能性があるため安易に実施してはならない。膀胱アトニーなど膀胱が弛緩している症例では、膀胱穿刺により尿が腹腔内に漏出する可能性がある。また、血液凝固障害がある動物でも実施してはならない。

　イヌでは、仰臥位あるいは横臥位に保定して超音波ガイド下で実施するのが一般的である。ネコでも横臥位の保定による超音波ガイド下での実施が安全であるが、立位あるいは横臥位で腹壁から手のひらで膀胱を保持して穿刺することもできる。穿刺前には消毒用アルコールを用いて被毛をよく掻き分け、さらに露出した皮膚をアルコール、クロルヘキシジン、ポピドンヨードなどでよく消毒する。一般的には毛刈りは必須ではないが、被毛の汚れや皮膚炎が存在する場合には、皮膚の消毒を行う前に毛刈りした方がよい。

　使用する注射針は、イヌでは23G×1インチ、ネコおよび小型犬では23Gあるいはそれ以下の太さで5/8インチが推奨される。シリンジは目的とする採取量にもよるが、5ないし10mLのものを使用する。穿刺は尾側方向に約45°の角度で行う。尿の抜去により膀胱は尾側方向に収縮するため、膀胱尖を穿刺すると十分な尿量が採取できない。十分な量の蓄尿がない場合には無理に実施しない。採尿中に動物が動いた場合は、すぐさま針を引き抜いて採尿を中止する。膀胱内に注射針を挿入したまま動く動物を無理に保定すると、膀胱粘膜を損傷したり、膀胱を貫通して腹腔内の血管を傷つけたりする恐れがある。

4.1.3 尿道カテーテル法

　採尿法としては推奨されない。ただし、膀胱穿刺が実施できない動物で膀胱尿採取の必要がある場合には適応となる。膀胱に尿が貯留していない場合にカテーテル採尿されることもあるが、早急に検査を行うべき事情がない限りはケージレストなど蓄尿の時間を作って膀胱穿刺やフリーキャッチなど別の採尿法を試みた方がよい。

　実施する場合には、人為的な細菌感染を防ぐために滅菌の器具やグローブを使用するなど無菌的な操作を心がける。カテーテルの挿入前には外陰部および包皮内の洗浄を行う。素手でのカテーテル挿入、使いまわしのカテーテルやゼリーの使用は避ける。初期尿は細菌や上皮などのコンタミネーションが多いため、検査には中間尿を用いる方がよい。カテーテル挿入ではある程度の顕微鏡的血尿や尿道上皮細胞の混入は免れないため、結果の解釈には注意が必要である。

4.2 尿検体の取り扱いと保存法

　採取した尿は直ちに検査を行うのが基本である。すぐに検査できないときは目的に応じて下記のような保存方法をとる。

4.2.1 冷暗所保存
採尿後、2〜3時間以内に検査ができるときには冷暗所に保存する。冷暗所とは涼しい場所での保存のことであり、冷蔵保存のことではない。

4.2.2 冷蔵保存
2〜3時間以内に検査ができないときには冷蔵庫で保存する。冷蔵保存では一晩まではほとんどの尿検査が可能であるが、冷却により結晶が析出することがある。また、冷蔵庫から出してすぐの尿では尿試験紙の反応が遅延する。これを防ぐためには、尿を入れたスピッツ管を手で加温して検査を行うが、冷却により析出した結晶は加温しても溶解されないことがある。したがって、冷蔵保存した尿で結晶尿を認めた場合には、安易に診断を下さずに新鮮尿で再検査を行う必要がある。培養検査を目的とする場合は短時間でも冷蔵庫で保存した方がよい。

4.2.3 冷凍保存
生化学検査のためには遠心分離後の上清を冷凍保存することができる。ただし、遠心分離していない尿をそのまま凍結すると融解したときの細胞破壊が尿の性状に影響を及ぼす可能性がある。適切な方法で保存せずに放置した尿は様々な成分変化を起こし、診断を誤る原因になる。

4.3 尿の一般性状検査
色調、混濁度、臭気といった官能検査は非常に重要である。正常な尿にはウロクローム色素が含まれており、淡黄色、黄色あるいは琥珀色である。

赤色あるいは赤褐色の尿には、血液、ヘモグロビンあるいはミオグロビンが混入している。血尿は、遠心後の尿の上清が正常な尿の外観を示すことで鑑別できる。ただし、低浸透圧の尿、膀胱内での血液の長時間の貯留、検体の取り扱い不良（激しい撹拌など）によっては、尿中の血液の溶血を原因として遠心分離後の上清が赤褐色を呈することもある。

橙色あるいは緑黄色の尿にはビリルビンやビルベリジンが混入している。

正常な尿は透明であるが、細胞成分、結晶、粘液あるいは脂肪の混入が多いと正常でも混濁していることがある。細菌の増殖した尿は混濁および独特の異臭を認める。

表1には、尿の肉眼的変化と原因を示している[2]。

表1　尿の色調とその原因

所見	原因
色調	
淡黄色	・正常
黄色	・濃縮尿
濃黄色	・濃縮尿 ・ビリルビン尿 ・尿中色素の変性
橙色〜黄色	・濃縮尿 ・ビリルビン尿
赤色〜橙色	・血尿
赤色	・ヘモグロビン尿
濃赤色〜茶色	・ミオグロビン尿
ピンク色	・血尿 ・ヘモグロビン尿 ・ポルフィリン尿（稀）
茶色〜黒色	・メトヘモグロビン（ヘモグロビンやミオグロビンから産生） ・胆汁色素
緑色	・ビルベルジン（ビリルビンから産生） ・ウロビリン（ウロビリノーゲンが酸性尿で酸化されて産生）
青色	・薬物もしくは薬物の代謝物
透明度	
透明〜わずかに混濁	・正常
混濁	・細胞　・脂肪 ・結晶　・粘液 ・円柱　・精子 ・微生物

文献2）をもとに作成

4.4 尿試験紙法
4.4.1 尿試験紙の選択および検査方法
動物用の尿試験紙は発売されていないため、ヒト用の尿試験紙を使用する。どの製品を使用するかについて決まりはない。尿試験紙は化学反応であるため、以下の点に注意して取り扱う。

- 他の容器に移し替えない。
- 密栓し、添付文書に従った温度で保存する（冷蔵不可）。
- 使用直前に必要枚数だけを取り出し、容器は直ちに密栓する。
- 一度取り出した試験紙は容器に戻さない。
- 容器の異なる試験紙を混ぜて使用しない。
- 試薬部分に手を触れない。

第3章

通常は遠心分離していない尿で検査を行うが、肉眼的な血尿や混濁がある尿では遠心後の上清で検査する。尿検体に試験紙を浸すのが基本手技であるが、イヌやネコでは試薬部分にスポイトなどで尿を垂らす「積載法」で行われることが多い。いずれの方法でも試薬部分に尿を完全に浸した後に直ちに余分な尿を取り除くことが重要である。長時間浸漬させると試薬が漏出して偽陰性反応を示す。

尿試験紙法は化学反応であるため、判定は各項目の反応時間を守って行う。色調表の中間の色調を示した場合の判定法には、「近似法」、「切り上げ法」および「切り捨て法」がある。一般的には「近似法」が用いられるが、検査者により判定が変らぬように施設内で統一しておく必要がある。自動分析装置を使用する場合でも必ず肉眼での判定を行う。

4.4.2 尿試験紙の結果の解釈

尿試験紙の検査項目は最大で10項目あるが、イヌやネコではすべての項目が使用できるわけではない。下記には、尿試験紙の各項目の特徴を示している。

4.4.2.1 ブドウ糖

測定原理はグルコース酸化酵素-ペルオキシダーゼ法であり、イヌとネコの尿でも信頼性がある。尿糖は、血糖値がイヌでは10〜12 mmol/L（180〜216 mg/dL）、ネコでは12〜16 mmol/L（216〜288 mg/dL）を超えると出現するが、血糖値の上昇がなくても尿細管障害や細菌性膀胱炎により出現することがある。

4.4.2.2 蛋白質

測定原理はpH指示薬の蛋白誤差法であるが、イヌとネコでは鋭敏な検査とはいえない。特にネコでは感度、特異度ともに低い。そのため、イヌとネコの蛋白尿の精査やモニターには尿蛋白/クレアチニン比の測定が必要である。

4.4.2.3 ビリルビン

測定原理はアゾカップリング反応であり、イヌとネコの尿でも信頼性がある。尿中に排泄されるビリルビンは直接（抱合型）ビリルビンである。間接（非抱合型）ビリルビンは血液中でアルブミンと結合しているために糸球体から濾過されず、通常は尿中に存在しない。イヌは腎臓からのビリルビン排泄能が高いため、1＋（高度な濃縮尿では2＋）までの尿中ビリルビンは一概に異常とはいえない。ネコでは尿中ビリルビンの検出は常に異常所見である。

4.4.2.4 ウロビリノーゲン

測定原理はアゾカップリング反応であり、測定法としてはイヌとネコの尿でも信頼性がある。しかしながら、イヌとネコでは尿中ウロビリノーゲンの検出に臨床的意義は低い。

4.4.2.5 pH

尿試験紙の測定原理はpH指示薬によるものであるが、イヌとネコでは尿試験紙でのpH測定は正確とはいえない。特にネコでは試験紙のpHは実際のpHよりも低く判定される傾向がある。また、尿のpHは時間とともに上昇するため、新鮮尿で検査を行う必要がある。尿石症の管理などで正確な尿pHの測定が必要な場合はpHメータを使用する。pHメータの使用には適切な精度管理が必要である。

4.4.2.6 比重

尿中の陽イオンの量で判定し、イヌとネコの尿では信頼性がない。

4.4.2.7 潜血

測定原理はヘモグロビンの偽ペルオキシダーゼ反応であり、イヌとネコの尿でも信頼性がある。血尿では赤血球の存在により斑点状の色調変化が認められ、血色素尿では均一な色調変化が認められる。高度な血尿・血色素尿あるいは遠心後の上清での検査では血尿と血色素尿を鑑別することはできない。ミオグロビン尿、細菌尿、膿尿（白血球尿）および尿中の酸性物質でも潜血は偽陽性反応を示す。

4.4.2.8 ケトン体

測定原理はニトロプルシド法であり、イヌとネコの尿でも信頼性がある。尿中のケトン体は、糖尿病や飢餓などで出現する。甲状腺機能亢進症のネコで尿中にケトン体が出現することもある。尿試験紙が検出するのはアセト酢酸であり、尿中で最も多いβ-ヒドロキシ酪酸は検出されない（アセトンはわずかに検出される）。そのため、インスリン投与によりβ-ヒドロキシ酪酸がアセト酢酸に変換されると、尿試験紙では一過性に尿ケトン体が増加してみえることがある。高度な濃縮尿や酸性尿で偽陽性を示すことがある。

4.4.2.9 亜硝酸塩

測定原理はグリース反応である。亜硝酸は細菌（特にグラム陰性菌）の代謝によって産生されるため、尿中での亜硝酸の増加は尿路感染の指標として測定される。亜硝酸が尿中で検出されるには膀胱内に4時間以上蓄尿されることが条件である。尿路感染をもつイヌやネコは長時間蓄尿できずに偽陰性を示すことが多い。

4.4.2.10 白血球

エステラーゼ活性を利用したアゾカップリング法で判定するが、イヌとネコで信頼性はない。イヌでは偽陽性をネコでは偽陰性を示すことが多い。

4.5 尿比重

屈折計を用いて評価する。測定は遠心後の上清で行うことが望ましい。イヌの尿はヒト用の尿比重計でも正確に測定できるが、ネコの尿は実際の比重よりも低く見積もられる。そのため、ネコの尿比重を正確に測定するためにはイヌ・ネコ専用の尿比重計を使用する必要がある（図3）。手持屈折計を使用する場合は、その日初めて使用する前に蒸留水あるいは精製水による目視規正を行う。デジタル屈折計では測定ごとにゼロ点合わせを行う。表2は、イヌとネコの尿比重の幅およびその解釈を示している[1]。

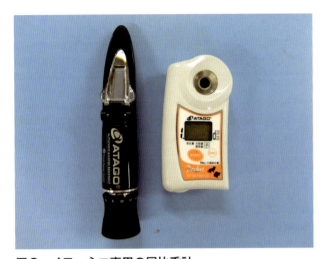

図3 イヌ・ネコ専用の尿比重計
手持屈折計（左）とデジタル屈折計（右）が市販されている（写真は（株）アタゴのもの）。

表2 イヌとネコの尿比重

イ ヌ	ネ コ	解釈および病態
1.015〜1.045	1.035〜1.060	正常域 正常な動物が適切な水和状態で示す尿比重の範囲。
1.008〜1.012	1.008〜1.012	等張尿 ・糸球体で濾過された血漿が濃縮も希釈もされていない状態。 ・慢性腎臓病など多飲多尿を示す様々な病態で認められる。 ・高窒素血症や脱水を伴う場合は腎機能不全を示唆する。
< 1.008	< 1.008	低張尿（希釈尿） ・糸球体で濾過された血漿がさらに希釈された状態。 ・一次性の多飲症、抗利尿ホルモンの分泌不全（中枢性尿崩症）および集合管における抗利尿ホルモンの不応により引き起こされる。 ・慢性腎臓病のみでは起こらない。 抗利尿ホルモンの不応は、腎盂腎炎、子宮蓄膿症、過剰なグルココルチコイド（内因性および外因性）、高カルシウム血症、低カリウム血症、低ナトリウム血症、肝不全、赤血球増多症などで起こる。
> 1.030	> 1.035	腎臓に十分な尿の濃縮能がある状態 ・通常は2/3以上のネフロンの機能が保持されている。 ・高窒素血症を伴う場合は腎前性の高窒素血漿が示唆される。 ・ネコでは慢性腎臓病でも1.035以上の尿比重を示すことがある。 ・若齢の場合は十分な尿の濃縮能があっても1.030（イヌ）あるいは1.035（ネコ）を下回ることがある。
脱水での< 1.030	脱水での< 1.035	腎臓の尿の濃縮能が低下している状態 ・腎機能不全あるいは集合管における抗利尿ホルモンの不応（上記）により起こる。 ・高窒素血症を伴う場合は腎機能不全が示唆される。

第3章

4.6 尿沈査
4.6.1 ウェット・マウント標本の作製法

　尿沈渣の検査結果を獣医師間で共有し、治療効果をモニターするためには、標本作製法の標準化が必要である。医学領域では日本臨床検査標準協議会（JCCLS）により尿沈査作製法の指針が出されており、検体量からカバーグラスのサイズまで細かく定められている。獣医学領域では尿沈渣の作製法に明確な指針はなく、テキストで異なるのが現状である[2,3]。

　以下にいくつかのウェット・マウント標本の作製法を紹介する。どの方法で尿沈渣を作製するかは各々の施設の状況で異なるが、重要なのは遠心分離の回転数やカバーグラスのサイズに至るまで常に一定の方法で標本を作製することである。筆者はJCCLS法を採用している。

4.6.1.1 方法1（JCCLS法）
① 10mLあるいは5mLの尿をスピッツ管に容れる（5mL以下の尿では切りのよい量）。
② スイング型の遠心機で500G（あるいは1500rpm）で5分間遠心する。
③ 上清をデカントあるいはスポイトで除去し、残りが0.2mL（10mLの尿）あるいは0.1mL（5mLあるいはそれ以下の尿）になるように調整する。
④ 指の腹でスピッツ底を穏やかにはじく、あるいはピペッティングにより尿沈渣を混和し、一滴（正確には15μL）の沈渣をスライドグラス上に置く。
⑤ 沈渣の上に18×18mmのカバーグラスを載せる。カバーグラスは、細胞成分が均一に広がるように平行に載せる。

4.6.1.2 方法2[2]
① 5mLの尿をスピッツ管に容れる（5mL以下の尿では切りのよい量）。
② 遠心分離したあとに、20%の尿を残すようにピペットで上清を除去する。
・5mLの尿の場合は4mLの上清を除去して1mLの沈査を残す。
・4mLの尿の場合は3.2mLの上清を除去して0.8mLの沈査を残す。
・3mLの尿の場合は2.4mLの上清を除去して0.6mLの沈査を残す。
・2mLの尿の場合は1.6mLの上清を除去して0.4mLの沈査を残す。
指の腹でスピッツ底を穏やかにはじいて尿沈渣を混和し、一滴の沈渣をスライドグラス上に置く。

③ 沈渣の上にカバーグラスを載せる（定量的な再現性のために常に同じサイズを使用する）。

4.6.1.3 方法3[1]
① 5mLの尿をスピッツ管に容れる（これより少なくても標本の作製はできるが、定量的な再現性を欠く）。
② 1000～2000rpmで5分間遠心する。
③ 上清をデカントあるいはスポイトで除去する。
④ 指の腹でスピッツ底を穏やかにはじいて尿沈渣を混和し、一滴の沈渣をスライドグラス上に置く。
⑤ 沈渣の上にカバーグラスを載せる（定量的な再現性のために常に同じサイズを使用する）。

4.6.2 ウェット・マウント標本の染色

　尿沈渣の鏡検の基本は無染色であるが、染色は診断の大きな手助けになる。尿沈査の染色にはステルンハイマー（S）染色あるいはステルンハイマー・マルビン（SM）染色が標準的な染色法であり、共に調整済み染色液が市販されている。どちらの染色法を選ぶのかは好みによるが、一般的にはS染色が使われることが多い。スピッツ管に残った沈渣に染色液を滴下し、指の腹で穏やかに混和して上記同様の標本を作製する。スライドグラスに置いた沈渣に少量の染色液を加えて混和してもよい。沈渣と染色液の比率は4：1が適当である。観察は2～5分静置した後に行う。

4.6.3 尿沈渣の観察法

　染色の有無を問わず、尿沈渣のウェット・マウント標本を観察するときにはコンデンサの調整が必要である。標本を観察しながらコンデンサの開口絞りを絞り、細胞成分や有形物に適切なコントラストをつける（図4）。古い顕微鏡では開口絞りの調整が難しいことがあるが、その場合はコンデンサ自体を思い切って下げることにより同様の効果が得られる。尿沈渣にS（あるいはSM）染色を行うことで、上皮細胞は細胞形態が明瞭になり移行上皮細胞、扁平上皮細胞および尿細管上皮細胞の鑑別が容易になる。

4.6.4 結果の記載法

　尿沈渣の観察は主観的になりやすいため、定量的な評価が必要である。その評価法は医学領域でも学会、研究会あるいは施設により違いがあるが、基本的には類似している。定量的な評価は無染色標本で行われる。赤血球、白血球、結晶は400倍視野（high power field：HPF）で、円柱は100倍視野（low power field：LPF）あるいは

腎泌尿器病の診断

図4　尿沈渣を観察する際の顕微鏡の調整
観察しながらコンデンサの開口絞りを絞って適切なコントラストをつける。400倍（対物レンズ40倍）での観察の場合、ドライ・マウント標本では赤色の矢印の位置が適切だが、ウェット・マウント標本では黄矢印の位置まで大幅に絞る必要がある。

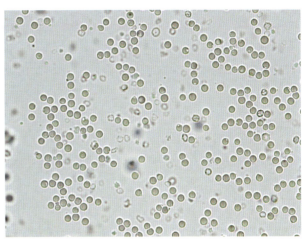

図5　顕微鏡的血尿（無染色）
赤血球は黄色味を帯びた円盤状の構造物として観察される。

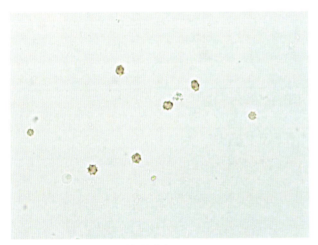

図6　顕微鏡的血尿（無染色）
この標本では赤血球は金平糖状の形状を示している。

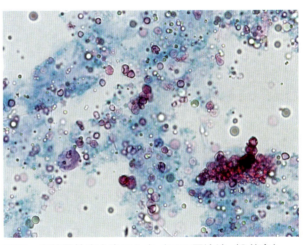

図7　良性腎性出血を示したイヌの尿沈渣（S染色）
染色性に富む小型の赤血球が多数観察される。

全視野（whole field：WF）で計測し、赤血球や白血球は20～30視野の平均値を求める。獣医学領域では尿沈渣の定量的な評価法に明確な指針はないが、施設間あるいは獣医師間で診断が異ならないように統一した方法で定量的評価を行うことが望ましい。

イヌとネコの尿では、赤血球と白血球は共に5個以下/HPF、上皮細胞や円柱は数個以下/LPFが正常範囲内とされているが、実際には検査に用いた尿量、沈査の濃縮率、カバーグラスのサイズによって変動する。また、採尿法によっても異なり、カテーテル挿入やフリーキャッチ法で採取した尿では前述よりも多くの細胞を認めることがある。なお、前述の「方法2」の場合は沈査の濃縮率が低いため、細胞成分が2個以下/HPFと正常値が低く設定されている[2]。膿尿とは、尿沈渣に含まれる白血球が正常よりも明らかに多い尿を指す。

4.6.5 尿沈渣の所見と診断的意義
4.6.5.1 赤血球

無染色では、赤血球は内部のヘモグロビンにより淡い黄色味をおびた円盤状物として観察される（図5）。古くなった赤血球や尿の浸透圧が高いときには円鋸歯状あるいは金平糖状の外観を示す（図6）。腎臓からの出血では断片化した小型の赤血球を多数認めることがある（図7）。糸球体性出血のときにはドーナツ状やこぶ状などの変形赤血球を認めることがあるが、イヌやネコではまれな所見である。

第3章

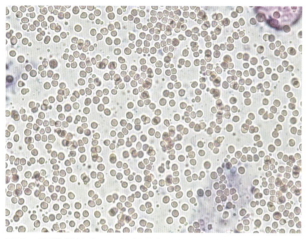

図8　顕微鏡的血尿（S染色）
ほとんどの赤血球は染色性を欠き、黄色い円盤物として観察される。

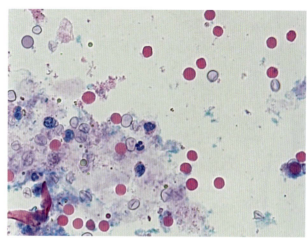

図9　顕微鏡的血尿（S染色）
多くの赤血球は赤く染色されている。

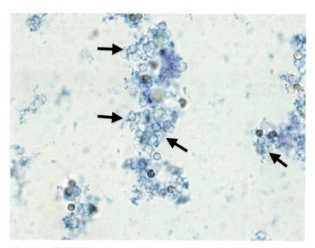

図10　顕微鏡的血尿（S染色）
色調を欠いたゴースト赤血球（矢印）が多く観察される。

尿沈渣において明らかな赤血球の増数を認める原因としては以下のものがあげられる。
・医原性の出血：膀胱穿刺、尿カテーテル挿入、膀胱圧迫
・尿生殖器からの病的な出血：感染、炎症、腫瘍、外傷、血液凝固不全
・雌の発情出血（フリーキャッチ尿）

4.6.5.2 白血球

尿沈渣に観察される白血球は好中球が多く、マクロファージやリンパ球も観察される。しかし、ウェット・マウント標本では白血球の分類は厳密には行わず、単に白血球と表現されることが多い。

S（あるいはSM）染色標本では、白血球の活動性を評価することができる。生細胞では色素が細胞内に浸透しないため、活動性の高い白血球は、輝細胞（グリッター細胞）もしくは核がわずかに青く染まる細胞（淡染細胞）として観察される（図11）。輝細胞では、細胞質の粒子の細かな運動（ブラウン運動）が観察されることが多い。膿尿において輝細胞や淡染細胞が多く観察される場合は、尿路に活発な炎症が存在する証拠である。

一方、死細胞では色素が容易に細胞内に浸透するため、活動性を失った白血球は核が濃く青く染まる細胞（濃染細胞）として観察される（図12）。膿尿において濃染細胞が多く観察される場合は、慢性的な尿路の炎症が示唆される。

4.6.5.3 上皮細胞

尿沈査には移行上皮細胞、扁平上皮細胞、尿細管上皮細胞などが観察される。

S（あるいはSM）染色では、赤血球の新鮮度により染色性が異なる。新鮮な赤血球は赤血球膜が丈夫なため色素が赤血球内部に達しない。そのため、染色標本でも無染色と同様に黄色味をおびた外観を示す（図8）。一方、時間経過や物理的ストレスを受けた赤血球では、脆弱になった赤血球膜を色素が通過するため、赤血球は赤色ないし赤紫色に染色される（図9）。このような赤血球の色調の違いによって、急性の出血や持続性の出血、あるいは膀胱穿刺やカテーテル採尿による血液混入を鑑別することができる。また、アルカリ尿や低浸透圧尿では赤血球は膨化し、脱ヘモグロビンを起こすことがある。脱ヘモグロビンを起こした赤血球は、染色の有無を問わず色調を欠いたゴースト赤血球として観察される（図10）。尿試験紙の潜血反応が陽性にもかかわらず尿沈渣で赤血球が観察されないときは、ゴースト赤血球の有無を注視しなければならない。

腎泌尿器病の診断

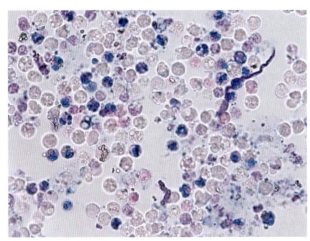

図11　膀胱炎のイヌでみられた白血球尿（S染色）
核が淡く染まった淡染細胞もしくは染色性を欠く輝細胞が半数以上を占めている。

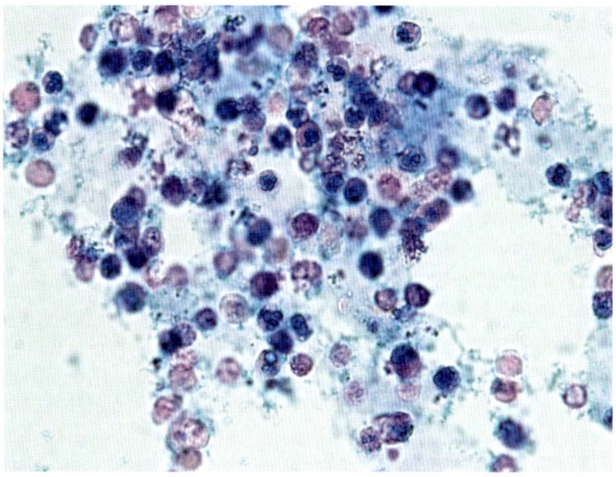

図12　膀胱炎のネコでみられた白血球尿（S染色）
核が青く染まった濃染細胞が半数以上を占めている。

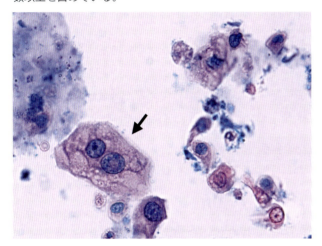
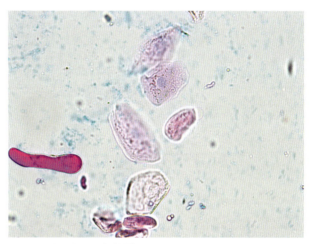

図13　尿中に観察された上皮細胞（S染色）
小型の細胞と大型の細胞が混在しており、大型の細胞は膀胱粘膜表層の移行上皮細胞と思われる（矢印）。

図14　雄イヌの自然排尿により得た尿中に観察された大型の上皮細胞（S染色）
包皮粘膜の扁平上皮細胞と思われる。

大型の細胞

　膀胱粘膜表層の移行上皮細胞（被蓋細胞、アンブレラセル）あるいは扁平上皮細胞である（図13、14）。移行上皮細胞は、核/細胞質比（N/C比）が低い角張った細胞であり、多核あるいは無核のことも多い。採尿法にかかわらず正常な尿でも観察される。扁平上皮細胞は遠位尿道などを内張りしている細胞であり、正常な尿では自然排尿で観察されることが多い。ウェット・マウント標本では移行上皮細胞と扁平上皮細胞の鑑別が難しいこともある。

小型の細胞

　膀胱粘膜の中〜深層の移行上皮細胞と尿細管上皮細胞は小型の上皮細胞として観察される（図15、16）。移行上皮細胞は細胞質がやや淡明で核が明瞭であり、尿細管上皮細胞は濃染して潰れたようにみえることが多い。小型の移行上皮細胞が多く観察される場合は膀胱粘膜に炎症や損傷が疑われ、尿細管上皮細胞が多く認められる場合は腎臓の尿細管障害が疑われる。しかしながら、両者の鑑別はウェット・マウント標本の細胞診では難しいことが多い。

腫瘍細胞

　尿沈査に多量の上皮細胞が観察される場合は腫瘍性疾患が疑われる（図17）。ウェット・マウント標本の細胞診では悪性度の評価を正確に行うことは難しいが、高N/C比、大型の核小体など悪性腫瘍を疑う所見が得られることもある。カテーテル採尿では尿道の移行上皮細胞が物理的に剥離するため、腫瘍性の移行上皮細胞と正常な移行上皮細胞の鑑別が難しいことがある。

第3章

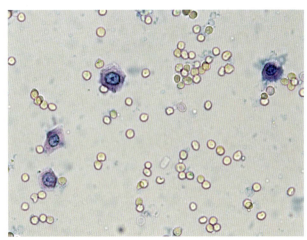

図15　膀胱炎のネコの尿（S染色）
移行上皮細胞と思われる小型の細胞が多く観察される。

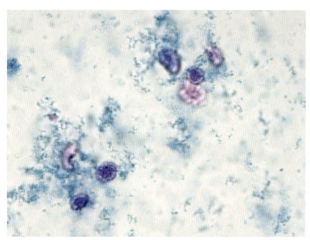

図16　急性腎障害を起こしたネコの尿（S染色）
尿細管上皮細胞と思われる小型の細胞が多く観察される。

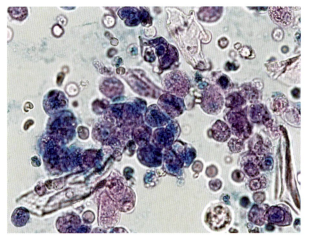

図17　膀胱癌のイヌの尿（S染色）
腫瘍細胞と思われる細胞が多く観察される。

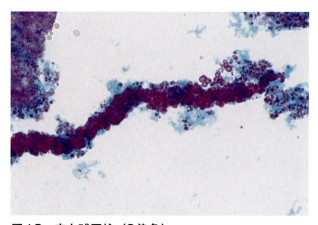

図18　赤血球円柱（S染色）
円柱内に無数の小型赤血球が充満している。良性腎性出血を示したイヌの尿沈渣。

4.6.5.4 尿円柱

尿円柱は、ヘンレループ、遠位尿細管および集合管から分泌されるTamm-Horsfall蛋白質と尿中の細胞や蛋白質（アルブミン）が凝固し、尿細管腔の形状を鋳型として尿中に排出されたものである。これに尿細管腔に存在する有形成分が封入され、円柱の1/3以上を占める有形成分の種類によって円柱は分類される。

赤血球円柱

赤血球を多く含む円柱である（図18）。尿細管腔への出血によって形成され、腎性の出血を意味する。

白血球円柱

白血球が含まれる円柱である（医学の定義では1円柱内に3個以上）（図19）。白血球円柱が観察されれば、腎盂腎炎（化膿性腎炎）が疑われる。

上皮円柱

尿細管上皮を含む円柱である（医学の定義では1円柱内に3個以上）（図20）。上皮円柱は尿細管の激しい障害を意味しており、急性腎障害（尿細管壊死）を考慮しなければならない。

硝子円柱

大部分がTamm-Horsfall蛋白の有形成分を含まない円柱であり、S（SM）染色により青く染まる（図21）。正常でも酸性尿で形成されやすいが、腎前性の蛋白尿に起因することもある。多量に観察される場合は糸球体疾患による蛋白尿に起因することがある。

顆粒円柱

顆粒状の細胞成分を多く含み（医学の定義では1/3以上）、S（SM）染色により赤く染まる円柱である（図

腎泌尿器病の診断

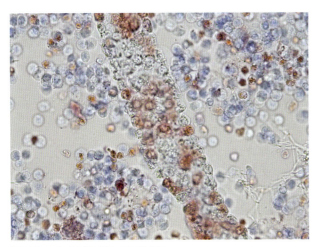

図19 白血球円柱（S染色）
円柱内に白血球が多数観察される。周囲にも多数の白血球が観察される。腎盂腎炎を起こしたイヌの尿沈渣。

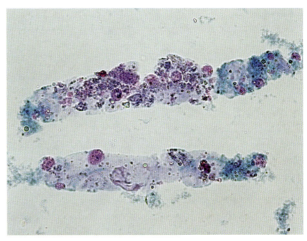

図20 上皮円柱（S染色）
円柱内に上皮細胞が観察される。急性腎障害を起こしたイヌの尿沈渣。

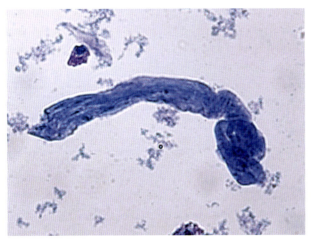

図21 硝子円柱（S染色）
硝子円柱はS染色により青色に染まる均質無構造の円柱として観察される。

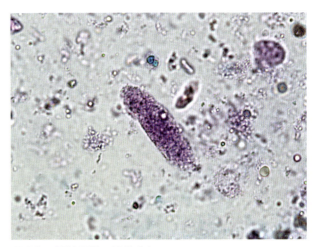

図22 顆粒円柱（S染色）
顆粒円柱はS染色により赤色に染まり、顆粒状物を含む円柱として観察される。

22）。脱落した上皮細胞や浸潤した白血球が時間の経過によって変性したものであり、尿細管障害や腎盂腎炎が慢性的化している可能性があるが、正常で見られることもある。

ろう様円柱

　均質無構造でS（SM）染色により赤く染まる円柱である（図23）。顆粒円柱からさらに変性が進み、最終的に有形成分を失ったものである。ヒトではネフローゼ症候群や慢性腎臓病の末期で出現するといわれる。イヌやネコでもろう様円柱の出現は慢性腎臓病を示唆する。

脂肪円柱

　円柱内に脂肪（医学の定義では1円柱内に3個以上）を含む円柱である（図24）。ヒトではネフローゼ症候群

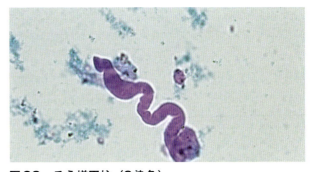

図23 ろう様円柱（S染色）
ろう様円柱はS染色により赤色に染まる均質無構造の円柱として観察される。

で高率に出現するとされているが、イヌやネコでの臨床的な意義は不明である。イヌやネコでは正常な尿細管上皮に脂肪滴が含まれており（特にネコ）、この構造的な特徴に起因している可能性がある。

第3章

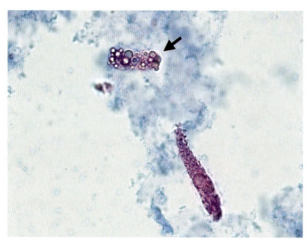

図24 脂肪円柱（S染色）
円柱の中に多数の脂肪滴が観察される（矢印）。下方には顆粒円柱も観察される。

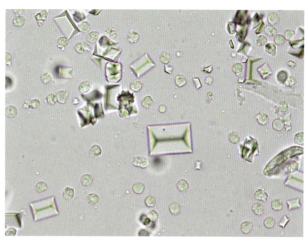

図25 イヌの尿で観察されたストルバイト結晶（無染色）
典型的な西洋の棺桶蓋様の結晶が観察される。周囲には白血球も多く観察される。

4.6.5.5 結晶類

尿中の結晶は病的なものだけでなく、正常な動物でも検出されることが多い。特に、ストルバイト、シュウ酸カルシウム、リン酸塩などの結晶類は、正常でも濃縮尿では頻繁に観察される。また、冷却尿や放置尿ではアーチファクトで結晶が析出するため、検査は新鮮尿で行う必要がある。結晶尿が検出された場合、尿石症の有無によって臨床的意義が大きく異なるため、結晶尿が検出されたときには必ずX線や超音波検査の結果と合わせて考える必要がある。

ストルバイト結晶（リン酸マグネシウムアンモニウム）

西洋棺蓋様あるいは封筒様の形状が典型的である。ストルバイトは大型の結晶であり、低倍率（100倍）で容易に観察される（図25）。アルカリ尿で形成されることが多く、また、濃縮尿でも容易に析出して検出される。イヌでは、尿路感染症（ウレアーゼ産生菌）に起因することが多いが、ネコでは無菌性の尿でも頻繁に観察される。

シュウ酸カルシウム

一水和物と二水和物があり、水和物により形状が異なる。二水和物は典型的な正八面体の形状を示す（図26）。二水和物はシュウ酸カルシウム性の膀胱結石をもつイヌやネコでよく検出される。一水和物は、ビスケット型、亜鈴型、貝殻型、杭状など様々な形状を示す。端あるいは両端が杭状に尖った柵杭状の結晶は、エチレングリコール中毒で認められることが多い。一方、ビスケット型、亜鈴型および貝殻型の結晶は上部尿路結石をもつイ

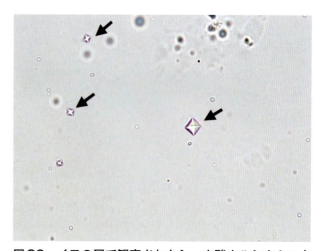

図26 イヌの尿で観察されたシュウ酸カルシウム二水和物の結晶（無染色）
典型的な正八面体の結晶が観察される（矢印）。

ヌやネコで検出されることが多い（図27）。シュウ酸カルシウム結晶は小型であり、高倍率（400倍）で観察しないと見逃すことがある。酸性尿で形成されやすく、また、濃縮尿で容易に析出する。

尿酸塩

尿酸結石はプリン尿石の一種であり、尿酸アンモニウム、尿酸ナトリウム、尿酸カルシウム、尿酸、キサンチンを含んでいる。尿沈渣で検出される結晶は尿酸アンモニウムを主成分とするものが多く、イヌでは黄色がかった褐色でサンザシの実もしくはヒゼンダニ様の形状を示し（図28）、ネコでは平滑な球状の形状を示すことが多い。尿のpHは酸性～アルカリ性のどの域でも形成されるが、尿酸アンモニウム結晶はアルカリ尿で形成される

腎泌尿器病の診断

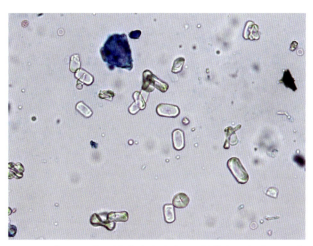

図27　ネコの尿で観察されたシュウ酸カルシウム一水和物の結晶（S染色）
典型的なビスケット型の結晶が観察される。

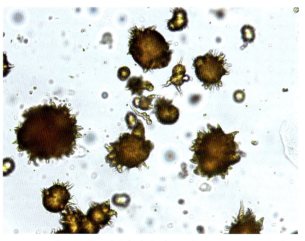

図28　イヌの尿で観察された尿酸アンモニウム結晶（無染色）
黄色褐色でヒゼンダニ様の結晶が観察される。門脈体循環シャントの存在が疑われた。

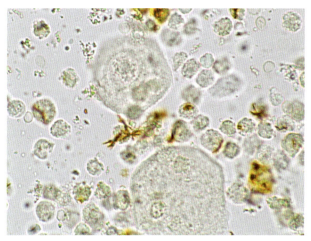

図29　イヌの尿で観察されたビリルビン結晶（無染色）
白血球と上皮細胞に混じって金色針状の形状を示す結晶が観察される。

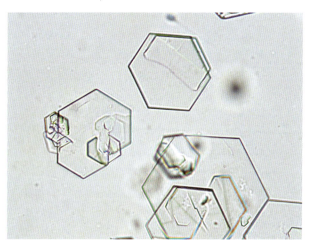

図30　フレンチ・ブルドッグの尿で観察されたシスチン結晶（無染色）
透明感のある正六角形の結晶が多数観察される。

ことが多い。正常なイヌやネコで観察されることはなく、門脈体循環シャントや重篤な肝不全をもつ場合に認めることが多い。ダルメシアンやイングリッシュ・ブルドッグで犬種依存性に認めることがある。これらの犬種では尿酸結晶を認めることも多く、尿酸結晶は透明で平坦な結晶でダイヤモンド型、六角形など様々な形状を示す。

ビリルビン

　金色、橙色もしくは赤みがかった橙色で針状の形状を示す（図29）。イヌでは、正常でも濃縮尿で頻繁に観察される。ネコでは、濃縮した尿でも観察される場合は異常である。病的に出現するものは、イヌ・ネコを問わず、肝胆道系の疾患や血管内溶血に関連していることが多い。尿pHは酸性の方が形成されい。

シスチン

　透明感のある正六角形の形状を示す大型の結晶である（図30）。正常なイヌやネコでは検出されず、遺伝性のシスチン尿症で観察される。酸性の尿で形成される。

無晶性リン酸塩

　無色もしくは淡い黄色の小粒球状の構造物として観察される（図31）。混濁した尿では無数に観察されることも多い。正常なイヌ・ネコでも濃縮したアルカリ尿では頻繁に観察され、現在のところ病的な意義は認められていない。

第3章

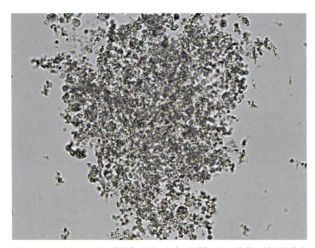

図31 イヌの尿で観察された無晶性リン酸塩（無染色）
粒状の構造物が無数に観察される。

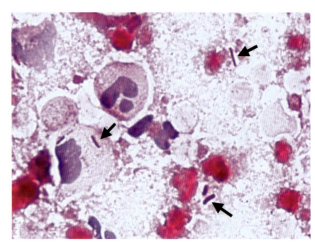

図32 細菌性膀胱炎を起こしたイヌの尿沈渣のドライ・マウント標本（グラム染色）
少数のグラム陰性桿菌が観察される（矢印）。

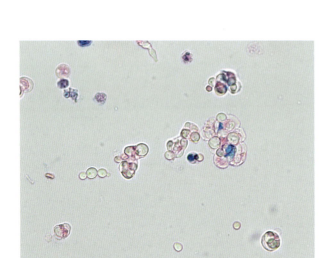

図33 真菌性膀胱炎を起こしたネコの尿（S染色）
球形もしくは楕円形の酵母様菌が多く観察される．培養検査の結果，カンジダ膀胱炎と診断された。

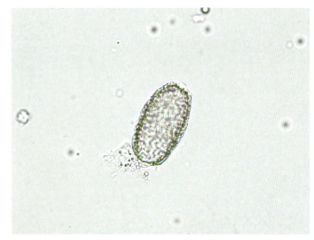

図34 ネコの尿に観察された毛細線虫卵（無染色）

4.6.6 病原体

　尿路感染症に罹患したイヌやネコでは、尿沈渣に細菌が検出されることが多い。ただし、ウェット・マウントの尿沈渣のみで診断を行うと、細菌の見逃し、無晶性のリン酸塩や尿中のコロイド粒子などとの見間違いの可能性がある。特にS（SM）染色標本では色素凝集によるコンタミネーションにより細菌を見逃しやすい。また、尿沈渣の観察で細菌を認めるには相当数の細菌が繁殖している必要があり、顕微鏡下で細菌が観察されないこともある。尿沈渣の観察で明らかな白血球の増数（膿尿）を認める場合には、たとえ尿沈渣に細菌が観察されなくても尿路感染症を否定することはできず、尿沈渣のスメアのグラム染色や尿の培養検査など詳細な検査を必要とする（図32）。

　尿の培養検査には膀胱穿刺法で採取した尿が最適である。フリーキャッチ法あるいはカテーテル法で採取した尿では結果の解釈に注意が必要であり、膀胱穿刺法で採取した尿での再検査が必要なこともある。培養検査に出す尿は、ポリスピッツ管など適当な滅菌容器に入れてすぐさま冷蔵し、可能な限り早く提出する。

　細菌以外では、尿沈渣に真菌（*Candida* spp.、*Aspergillus* spp.など）が観察されることもある（図33）。海外では、毛細線虫（*Capillaria* spp.）の尿路感染がネコで多く、感染例では尿沈渣に虫卵が観察される（図34）。毛細線虫の尿路感染は日本国内でも報告がある[3]。

第3章 4.1〜4.6 の参考文献

1) Skeldon N, RistiSkeldon N, Ristić J. J.Ulynalysis. In: Villiers E, Ristić J eds. BSAVA Manual of Canine and Feline Clinical Pathology, 3rd ed. British Small Animal Veterinary Association. 2016; 183-218.
2) Alleman R, Wamsley H. Complete urinalysis. In: Elliot JE, Grauer GF, Westropp JL, eds. BSAVA Manual of Canine and Feline Nephrology and Urology 3rd ed. British Small Animal Veterinary Association. 2017; 60-83.
3) 菅野紘行, 白石リツ子, 南博文. 毛細線虫の寄生が原因と思われる猫の膀胱炎の1例. 日本獣医師会雑誌. 2004; 57:192-193.

表3 蛋白尿の分類

腎前性蛋白尿
ヘモグロビン尿、ミオグロビン尿、Bence Jones 蛋白など
腎後性蛋白尿
尿路や生殖器からの出血、炎症産物、分泌物など
腎性蛋白尿
機能性蛋白尿：イヌ・ネコでは不明 病理学的蛋白尿：腎疾患に伴ってみられるもの

4.7 蛋白尿と微量アルブミン尿

蛋白尿は、イヌやネコの慢性腎臓病（chronic kidney disease：CKD）の重要な予後因子であることが示され[1-3]、その測定値がCKDの予後判断や治療効果の判定に積極的に利用されている。また、イヌのCKDの基礎疾患は糸球体性疾患であることが多く、蛋白尿や微量アルブミン尿のスクリーニング検査がCKDの早期診断に有効とされている[4]。

4.7.1 蛋白尿の分類

蛋白尿は蛋白の発生部位から腎前性蛋白尿、腎後性蛋白尿および腎性蛋白尿に分けられる（表3）。腎前性蛋白尿とは、腎臓は正常なのに血中に糸球体バリアを通過する低分子量の蛋白が異常に増加することによって、尿細管での再吸収能を上回って尿中にみられるもので、ヘモグロビン尿、ミオグロビン尿、アミラーゼ、Bence Jones蛋白などがこれにあたる。腎後性蛋白尿とは、腎臓より下部で尿に蛋白が添加されることでみられるもので、下部尿路や生殖器からの出血、炎症産物、分泌物などによる。

腎性蛋白尿には機能性蛋白尿と病理学的蛋白尿がある。機能性蛋白尿はイヌやネコではまだよくわかっていないが、ヒトではストレス、過度の運動、極度の環境温度、発熱、腎充血などに伴ってみられ、一時的な糸球体血流や毛細血管透過性の変化によると思われ、軽度かつ一過性で臨床的意義はほとんどないとされている。

一方、病理学的蛋白尿は腎疾患に伴ってみられるもので、糸球体性と尿細管性がある。通常の糸球体にはアルブミン（66,000ダルトン）より大きな分子量や負の電荷をもつものの濾過を妨げる、糸球体バリアというものが存在する。これが変化してアルブミンなどが尿に漏出するのが糸球体性蛋白尿で、重症化すれば蛋白漏出性腎症を引き起こす。尿細管性蛋白尿は尿細管に機能異常が起こり、糸球体で濾過された低分子量の蛋白が、近位尿細管で十分再吸収されず尿に漏出するもので、軽度な蛋白尿であることが多い。

前述のように腎後性および腎前性蛋白尿にもそれぞれに独自の診断価値があるが、臨床的に検出および評価すべき蛋白尿は、CKDの予後判断や治療効果判定や早期診断のために利用できる腎性病理学的蛋白尿である。したがって、本稿では腎性病理学的蛋白尿を評価することを主体に記述する。

4.7.2 尿蛋白の検出および評価法

症例によって尿量が異なり、同じ症例でも時間によって尿濃度が変動することから、24時間の蓄尿を行って、24時間の蛋白排出量を測定する必要がある。ただし、イヌとネコでは24時間の蓄尿は難しいので、代わりに24時間の蛋白排泄量と高い相関関係にある、随時尿のUP/C比（mg/mg）＝尿蛋白濃度（mg/dL）／尿クレアチニン濃度（mg/dL）[5,6]を測定して評価する。

蛋白尿のスクリーニング検査には試験紙法を用いる。ただし、試験紙法はアルカリ尿（pH8.0以上）で偽陽性を、強酸性尿（pH3.0以下）で偽陰性を生じ、着色尿や暗い照明下での判定では偽陽性を起こすので、それらを考慮して判定する。また、健常時に高い尿濃縮能をもつイヌやネコでは、試験紙法で判定した随時尿の尿蛋白濃度は、24時間の尿蛋白排泄量と相関しないので、試験に供した尿の尿比重を考慮する必要がある。具体的には試験紙法の判定が陰性（−）であればイヌやネコとも非蛋白尿としてよく、ネコでは±以上では尿比重に関係なくUP/C比を測定して確認する必要があり、イヌでは判定が＋でも尿比重が1.012を超える場合は非蛋白尿としてよく、それ以外ではUP/C比を測定して確認する必要がある[7,8]。試験紙法で蛋白尿が疑われれば、尿検査を何回か（3回以上）繰り返し（2週間毎）、蛋白尿が持続性であることを確認する。一過性の場合、機能性蛋白尿であることが多く、治療の必要はない[9]。

第3章

表4　UP/C比の評価

非蛋白尿
＜0.2（イヌおよびネコ）
ボーダーライン蛋白尿
0.2〜0.4（ネコ）
0.2〜0.5（イヌ）
蛋白尿
＞0.4（ネコ）
＞0.5（イヌ）
重度な蛋白尿
＞2.0（イヌおよびネコ）

　UP/C比の測定のための尿検体は、腎後性蛋白尿を除外するために膀胱穿刺尿とする。このことは尿培養を行ううえでも必須となる。尿が混濁していると尿蛋白測定に支障をきたすことがあるので、尿上清を使用する。また、腎前性の糸球体バリアを通過する血中異常蛋白を除外するために、血液検査も同時に行う。腎盂や膀胱の感染や腫瘍や炎症を除外するために、尿沈渣の観察や尿培養も同時に行う。ここまでで腎後性および腎前性蛋白尿の可能性が低ければ、腎性病理学的蛋白尿が強く疑われる。UP/C比測定のための採尿は、イヌについては1日のうちいつ採取した尿を用いてもUP/C比は変わらないことが示されている[10,11]。しかし、ネコについては今のところそういう検討はなされていないので、朝10時なら朝10時と決めて大体いつも同じ時間に測るのがいいと思われる。

　得られたUP/C比は表4のように評価する[12]。明らかな定義づけはされていないが、個人的にはボーダーラインのネコで0.2〜0.4、イヌで0.2〜0.5をヒトでいう微量アルブミン尿、蛋白尿のネコで0.4以上、イヌで0.5以上をヒトでいう顕性蛋白尿とみなすとわかりやすいと考えている。CKDに罹患したイヌ（血清クレアチニン≧2.0mg/dL）については、初診時のUP/C比が1.0以上のものでは、1.0未満のものと比較して尿毒症クリーゼと死亡率の相対的危険率が約3倍高いということをJacobらが報告している[1]。またCKDに罹患したネコ（血清クレアチニン≧2.0mg/dL）では、UP/C比≧0.2で生存期間が短縮し、UP/C比およびUA/C比（mg/mg）＝抗ネコアルブミン抗体を用いて測定した尿アルブミン濃度（mg/dL）/尿クレアチニン濃度（mg/dL）の両者が有意にCKDに罹患したネコの生存と関連することをSymeらが報告している[2]。つまりCKDのイヌやネコにおいてUP/C比は重要な予後因子であることが証明されている。またイヌでは糸球体腎疾患が多く、CKDに罹患したイヌ76例中40例（52％）が糸球体疾患であったとの報告があり[13]、糸球体疾患では早期より蛋白尿がみられ[4]、蛋白尿のスクリーニング検査がCKDの早期診断に有効とされている。

　ヒトでは正常は超えるが従来の尿試験紙法の検出限度（蛋白質1＋（約30mg/dL））を下回る尿中アルブミン濃度を示す尿を微量アルブミン尿と呼び、糖尿病性腎症の早期検出などに利用されている[14]。微量アルブミン尿はヒトでは24時間蓄尿の尿アルブミン排出量または随時尿のUA/C比（抗ヒトアルブミン抗体を用いて測定した尿アルブミン濃度[mg/dL]/尿クレアチニン濃度[mg/dL]）を測定して評価されている[15]。獣医学領域では尿比重を1.010にあわせたときの尿アルブミン濃度が1〜30mg/dLのものを微量アルブミン尿とするとされており[16]、UA/C比（抗イヌまたはネコアルブミン抗体を用いて測定した尿アルブミン濃度[mg/dL]/尿クレアチニン濃度[mg/dL]）の外部機関での測定も可能となっているが、今のところ得られたUA/C比をどのように評価して、臨床でどのように利用したらよいのかの明確な指針は示されていない。

第3章4.7の参考文献

1) Jacob F, Polzin DJ, Osborne CA, et al. Evaluation of the association between initial proteinuria and morbidity rate or death in dogs with naturally occurring chronic renal failure. *J Am Vet Med Assoc*. 2005; 226: 393-400.
2) Syme HM, Markwell PJ, Pfeiffer D, et al. Survival of cats with naturally occurring chronic renal failure is related to severity of proteinuria. *J Vet Intern Med*. 2006; 20: 528-535.
3) Kuwahara Y, Ohba Y, Kitoh K, et al. Association of laboratory data and death within one month in cat with chronic renal failure. *J Small Anim Pract*. 2006; 24: 446-450.
4) Littman MP, Daminet S, Grauer GE, et al: Consensus recommendations for the diagnostic investigation of dogs with suspected glomerular disease, *J Vet Intern Med*, 2013; 27: S19-S26.
5) White JV, Olivier NB, Reimann K. Use of protein-to-creatinine ratio in a single urine specimen for quantitative estimation of canine proteinuria. *J Am Vet Med Assoc*. 1984; 185: 882-885.
6) Adams LG, Polzin DJ, Osborne CA, et al. Correlation of urine protein/creatinine ratio and twenty-four-hour urinary protein excretion in normal cats and cats with surgically induced chronic renal failure. *J Vet Intern Med*. 1992; 6: 36-40.
7) 桑原康人, 石野明美, 桑原典枝ら. 犬猫の尿蛋白評価におけ

るディップ・スティック法，乾式生化学分析装置及び液体法の比較. 日本獣医師会雑誌. 2016; 69: 533-537.
8) Zatelli A, Paltrinieri S, Nizi F, et al. Evaluation of a urine dipstick test for confirmation or exclusion of proteinuria in dogs. Am J Vet Res. 2010; 71: 235-240.
9) Lees GE, Brown SA, Elliott J, et al. Assessment and management of proteinuria in dogs and cats: 2004 ACVIM forum consensus statement (small animal). J Vet Intern Med. 2005; 19: 377-385.
10) McCaw DL, Knapp DW, Hewett JE. Effect of collection time and exercise restriction on the prevention of urine protein excretion, using urine protein/creatinine ratio in dogs. Am J Vet Res. 1985; 46: 1665-1669.
11) Grauer GF, Thomas CB, Eicker SW. Estimation of quantitative proteinuria in the dog, using the urine protein-to-creatinine ratio from a random, voided sample. Am J Vet Res. 1985; 46: 2116-2119.
12) International Renal Interest Society: IRIS Staging of CKD (modified 2019), http://www.iris-kidney.com/guidelines/staging.html.
13) Macdougall DF, Cook T, Steward AP, et al. Prevalence and types of glomerulonephritis in the dog. Kidney Int. 1986; 29: 1144-1151.
14) Viberti GC. Microalbminuria as a predictor of clinical nephropathy in insulin-dependent diabetes mellitus. Lancet. 1982; 1: 1480-1482.
15) 海津嘉蔵, 小嶺憲国, 稲田良郁ら. 早期糖尿病性腎症の治療. 腎と透析. 2000; 48: 807-812.
16) Whittemore JC, Gill VL, Jensen WA, et al. Evaluation of the association between microalbuminuria and the urine albumin-creatinine ratio and systemic disease in dogs. J Am Vet Med Assoc. 2006; 229: 958-963.

5 尿中バイオマーカー

5.1 イントロダクション

バイオマーカーは、尿中に限らず生体内の様々な場所で生理機能や病態と結びつく情報を提供する物質として広く利用されている。その定義は、アメリカ国立衛生研究所（NIH）のBiomarkers Definitions Working Groupによれば「通常の生物学的過程、病理学的過程、もしくは治療的介入に対する薬理学的応答の指標として、客観的に測定され評価される特性」とされている[1]。また、日本薬学会では「バイオマーカー＝生物学的指標」とされ、生体内の生物学的変化を定量的に把握するため、生態情報を数値化・定量化した指標と定義している。

日常的に臨床面で使用されるバイオマーカーは、広義には診療の際のバイタルサインや血液検査・生化学検査、腫瘍マーカーを含めたそのほかの様々な検査データを包含している。腎泌尿器病学の分野では、古くから尿中に含まれるバイオマーカーが注目されてきた。特に腎疾患の存在を示唆する項目に関して関心が高く、尿中蛋白は糸球体疾患の診断と予後予測に欠かせないバイオマーカーとして利用されてきた。また、腎尿細管の細胞傷害や機能障害を反映するNAG（N-acetyl-β-D-glucosaminidase）やβ_2ミクログロブリン、α_1ミクログロブリンなどの低分子蛋白も古くから腎臓のダメージを検出するバイオマーカーとして認識されてきた。近年では、NGAL（neutrophil gelatinase-associated lipocalin）やL-FABP（liver-type fatty acid-binding protein）などの新たな尿中バイオマーカーや、尿のプロテオミクス研究、miRNAによる急性腎障害（acute kidney injury：AKI）の早期診断などの研究が展開されてきた。医学領域では1つのバイオマーカーによる評価ではなく、複数のバイオマーカーによるパネル化によって、より確実で早期の診断ができるような取り組みが行われている。

ここでは獣医学領域で臨床活用されている尿中蛋白・尿中酵素とともに、近年獣医学領域でも注目を集めている新たな尿中バイオマーカーについて解説する。

5.2 尿中バイオマーカーの条件と小動物臨床における尿中バイオマーカー

腎疾患診断・モニタリングのための尿中バイオマーカーの条件には、以下の項目があげられる。

- 尿の中に含まれている物質であること
- 腎泌尿器系の生理的・病的な情報を含んでいるもの
- 腎疾患診断のバイオマーカーとなれるものは、腎臓にだけ十分量存在し、病的変化とともに早期に尿中に排泄されるもの
- 生理的な変動－日内変動や性差・年齢差－が少ない物質
- そのバイオマーカーに対して、測定が簡便で再現性が高い検査法が存在すること
- 測定に際して、尿中に阻害物質や活性化物質を含まないこと
- 血中に存在してもよいが、尿中には現れないこと
- イヌとネコで共通して測定できる検査法あるいは種特異的な測定法があること

これらの条件をすべて満たすものはほとんどないが、医学領域では古くは尿中β_2ミクログロブリン、α_1ミクログロブリン、NAGなどが臨床応用されてきた。そのほかに、NGALやL-FABP、KIM-1（kidney injury molecule-1）などの新たなバイオマーカーも、AKIや糖尿病性腎症（diabetic nephropathy）の早期発見バイオマーカーとして活用されている。

獣医学領域ではNAG[2-5]や、β_2ミクログロブリン、

第3章

レチノール結合蛋白（retinol-binding protein：RBP）などの低分子蛋白が尿中のバイオマーカーとして利用されてきた[6,7]。最近では、これらに加えてNGALや、L-FABP、KIM-1を臨床応用する試みが行われている[8,9]。

5.3 尿中バイオマーカーとしての蛋白尿

　近年研究の進んでいる新たな尿中バイオマーカーと異なり、尿蛋白の検出は医学領域・獣医学領域の別を問わず腎疾患バイオマーカーとして認識されてきた。医学界では、古代ギリシャ時代から蛋白尿は泡立つ尿として病的なものと認識されていた。獣医学領域においても、糸球体腎症・ネフローゼ症候群・慢性腎臓病（chronic kidney disease：CKD）・急性腎障害（AKI）における診断と予後予測の指標の1つとして利用されてきた。特にイヌとネコのCKDについては、ステージの決定や予後予測を行う際のバイオマーカーと考えられている[10-13]。

　このように尿蛋白は腎疾患診断にとって欠かせないバイオマーカーであるが、その分析に際しては生理的な変動を十分理解し、測定法の特性についても考慮する必要がある。

5.3.1 蛋白尿の定義と測定方法

　健康動物の尿中にはわずかながら蛋白が排泄されており、その上限はイヌで10～20mg/kg/day、ネコで30mg/kg/dayと報告されている[14]。腎臓の糸球体における血液濾過の過程で、糸球体毛細血管の内皮細胞、糸球体基底膜、足細胞（ポドサイト）によって血漿蛋白は尿中に過剰に濾過されない仕組みになっている。ポドサイトは分岐した突起を互いに伸ばして20～45nmの間隙を形成し、この間隙は小孔を有するスリット膜によって覆われており、血漿蛋白の尿中濾過を阻止するための障壁として機能している。このスリット膜の小孔の大きさと糸球体基底膜の網目構造のサイズは「サイズバリア」と呼ばれ、糸球体基底膜のヘパラン硫酸プロテオグリカンと、内皮・上皮細胞の陰性荷電は「チャージバリア」として負に荷電している血漿蛋白の漏出を妨げている。ポドサイトの障害は、蛋白尿を伴う慢性腎疾患の重要な病因として、また治療の標的細胞として近年注目を集めている[15]。

　尿中に生理的に現れる蛋白質は上記のサイズバリアによっておおよそ70,000ダルトン以下のサイズの蛋白である。チャージバリアを逃れたアルブミン（分子量69,000）は少量が原尿中に排泄されるが、その大部分は近位尿細管を通過する間に吸収されて尿中に出現する量はごくわずかである。このようなアルブミンのほかに、尿中には尿中酵素や尿細管上皮から分泌されるTamm-Horsfall蛋白や免疫グロブリン、尿道や生殖器上皮細胞より分泌される様々な微量蛋白が含まれており、健康な動物で尿中に現れる蛋白質の50％程度を占めている[14]。

　このような尿中に含まれる蛋白のうち、尿試験紙法によって測定される蛋白のほとんどはアルブミンである。日常の臨床のなかで行われる試験紙法による尿検査は、尿スクリーニング検査として尿中化学成分を定性的・半定量的に検出するものである。試験紙法による尿蛋白の測定は、pH指示薬の蛋白誤差を利用したもので、pH指示薬が蛋白の存在によって、pHが変化しなくても色調を変化させるのを利用したものである[16]。この蛋白誤差反応はアルブミンで最も強く反応し、グロブリンやムコ蛋白に対しては反応が弱い[16]。したがって試験紙法で蛋白陽性の場合は、ほとんどアルブミンを検出していることになる。ただし、試験紙法の場合、試験紙の取り扱い方によって正確な結果が得られないことがある。試験紙は使用期限を過ぎると試薬の反応性が低下し、また直射日光への曝露や湿気によっても反応性が低下する。冷蔵庫で保管すると、室温との温度差によって試験紙の保存容器内に水滴ができやすくなり、また、検査室内で有機溶媒などの揮発性物質や酸・アルカリなどを尿検査時に取り扱うと、判定結果に影響を及ぼすことがある[16]。

　測定結果に影響を及ぼす尿検体側の因子としては、pH8以上のアルカリ尿では尿蛋白は偽陽性になりやすい。造影剤の混入で偽陽性を示すことがあり、尿に酸性物質が混入してpHが3以下になると偽陰性化しやすい[16]。尿試験紙法による蛋白尿の検出は手軽で欠かせない検査法ではあるが、正確な結果を得るためには、試験紙の取り扱いを厳密に行っていく必要がある。

　実際の測定では、試験紙法はイヌよりネコの尿で偽陽性率が高いとされている。また、試験紙法はあくまでもスクリーニング検査であり、尿中蛋白の定量を行う場合には、他の測定法を用いなければならない。ELISA（酵素結合免疫吸着測定：enzyme-linked immunosorbent assay）法によるイヌとネコの種特異的尿中アルブミン測定と尿試験紙法による蛋白の検出率を比較すると、試験紙法では感度は高いものの特異度が低いと報告されている[17]。

　したがって尿中の蛋白質の量的評価をする場合には、スクリーニング検査として試験紙法を実施するとともに、尿中蛋白/クレアチニン値（urine protein/creatinine ratio：UP/C比）の測定を実施する。24時間尿の蓄尿が可能であれば正確な1日の蛋白排泄量が測定可能であるが、日常の臨床のなかでは蓄尿は困難であり、スポット尿での評価が求められるため、常時一定量が筋肉より尿中に排泄されるクレアチニンの尿中濃度との比率で求められるUP/C比が尿蛋白の量的評価に使用される。UP/C比を求めることにより、尿中蛋白排泄量に対する尿量の影響を少なくすることが可能となる。健康なイヌとネコの尿中蛋白排泄はおおよそ1日当たり10mg/kg以下であり、UP/C比＜0.2とされている。

5.3.2 蛋白尿の種類と出現メカニズム

　蛋白尿は、その原因となる病態の違いによって含まれる蛋白の種類は異なってくる。尿中に蛋白が出現するのは病的な場合だけではなく、激しい運動後や発熱時、妊娠時などの生理的変動のなかで尿中にアルブミンが出現する。このような現象は一次的であり、尿蛋白の排泄量も軽度である。これらの生理的な蛋白尿とは異なり、病的な蛋白尿は、その原因の存在する場所によって腎臓を中心に「腎前性」「腎性」「腎後性」蛋白尿と分類され、腎性蛋白尿は糸球体性・尿細管性に分けられるのが一般的である[16]。腎前性と腎後性の蛋白尿については腎臓以外のそれぞれの臓器の障害を表しているが、腎障害のバイオマーカーとして認識されてきたのは、腎性蛋白尿である。

　腎性蛋白尿は、糸球体の病変によってもたらされる糸球体性蛋白尿と、尿細管の機能障害によって出現する尿細管性蛋白尿に分けられる。糸球体性蛋白尿は、糸球体におけるサイズバリアとチャージバリアが崩れる病態が起きたときに、血中のアルブミンが原尿中に多量に出現し、これが尿細管のアルブミン再吸収量を上回り、蛋白尿となるものである。糸球体の傷害が高度であるときにはアルブミン以上の大きさの高分子蛋白も尿中に検出されるようになる。

　原尿中には通常でも少量のアルブミンと、それ以下の大きさ（分子量10,000～45,000）の低分子蛋白が糸球体から濾過されて存在する。これらの蛋白質は近位尿細管で再吸収を受けるため、通常は尿検査で検出されることはない。しかし、尿細管に病変が存在し、再吸収能が低下する場合には、アルブミンも低分子蛋白も尿中排泄が増加する。低分子蛋白は通常の試験紙法による尿検査では検出されないが、SDS-PAGEやELISA法などの分析法によって検出される。このように、尿細管の再吸収障害によって出現する尿蛋白を、尿細管性蛋白尿として糸球体性蛋白尿と区別している。尿中に出現する腎性蛋白尿が糸球体性蛋白尿であるのか、あるいは尿細管性蛋白尿であるのかを評価することによって、病変の存在部位が明らかとなる。

　しかし、糸球体性蛋白尿が長く続く場合、原尿が尿細管を通過していくにしたがって濃縮し、尿細管細胞障害を惹起するため、高度の糸球体蛋白尿の持続例では病期が進行するにしたがって尿細管性蛋白尿も出現するようになる。

　尿細管性蛋白尿は、代表的なものとしてレチノール結合蛋白やβ_2ミクログロブリン、α_1ミクログロブリンなどの低分子蛋白があげられる。これらの蛋白は、急性尿細管壊死や腎毒性物質の投与、尿細管間質性病変などにより出現する。

5.3.3 微量アルブミン尿

　尿中に排泄される蛋白の約6割はアルブミンであるが、この排泄は体位や運動、血圧などの生理的変動によって増減があり、また日内変動も観察されている。正確な排泄量を評価するためには24時間蓄尿と、測定日を変えた複数回の測定が必要である。スポット尿の場合は同時に尿中クレアチニン値を測定して、その比で表す（尿中アルブミン値/尿中クレアチニン値：UA/C比）。

　ヒトでは40歳以上の無症候の一般住民の調査で、微量なアルブミン尿（微量アルブミン尿）、マクロアルブミン尿（顕性アルブミン尿）、尿試験紙法で蛋白が1+以上の尿は、それぞれ13.7%、7.7%、4.4%であると報告されている[18]。また、試験紙法の1+の蛋白尿では、その約6割以上が微量なアルブミン尿を示すとされている。糸球体障害の早期診断には試験紙法による蛋白検出では十分でないことから、ヒトでは微量アルブミン尿についての診断的意義が検討され、糖尿病や高血圧は微量アルブミン尿の高いリスク因子であり、特に糖尿病の場合は腎機能の低下が起こる以前の段階で尿中に微量アルブミンが観察されるため、この項目が糖尿病の早期診断指標となっている。

　糖尿病によって進行する糖尿病性腎症は第1期（腎症前期）から第5期（透析療法期）までに区分されており、第2期である早期腎症期では微量アルブミン尿が検出される。第2期は自覚症状のない期間で、微量アルブミン尿検出の時点で適切な生活指導と治療が行われれば第1期に戻る可能性があるため、微量アルブミン尿の検出は糖尿病性腎症患者では重要な検査の1つとなっている。

　日本腎臓学会の定義では、尿中アルブミン量は正常なヒトで1日量では30mg以下、微量アルブミン尿は30～299mg、顕性アルブミン尿は300mg以上、スポッ

第3章

ト尿では尿中クレアチニン比（UA/C比）で、正常なヒトは30mg/g未満、微量アルブミン尿は30～299mg/g、顕性アルブミン尿では300mg/g以上としている[19]。

　動物においても微量アルブミン尿の検出は、腎疾患（糸球体疾患）やCKDの予後を判断するのに利用可能であるとされている。微量アルブミン尿はヒトの場合と同様に、正常を超える量ではあるが試験紙法では検出できない（30mg/dL以下）濃度のものを指している。スポット尿では比重による換算[20]や、クレアチニン濃度との比で表すUA/C比による評価が行われる。24時間尿量と尿比重との間には相関性があるが、尿中クレアチニン濃度との相関性に比べればやや安定性が低く、クレアチニン濃度による補正の方が適していると考えられている[21]。

　その臨床的意義については、麻酔・手術後のICU（集中治療室：intensive care unit）にいるイヌとネコでは微量アルブミン尿を示す割合が多いことや、イヌでは予後予測に関連している可能性が示されている[22]。

　また、糖尿病のイヌでは微量アルブミン尿とUP/C比の増加が観察されており、そのうち糖尿病と副腎皮質機能亢進症の両方を発症している症例では微量アルブミン尿のみが観察されることから、早期診断マーカーとしての可能性が論じられている[23]。内臓リーシュマニア症のイヌの報告でも、高窒素血症を伴わない段階から持続的な微量アルブミン尿が観察されている[24]。

　CKDのネコでは、微量アルブミン尿は血中クレアチニン値や年齢、UP/C比と同様に生命予後を予測する独立した因子であると報告されている[12]。このとき、UP/C比とUA/C比は強く相関しているため両者を各々同時に測定する意義は少ないが、UA/C比は顕著な蛋白尿になる前段階での微量な蛋白排泄を正確に検出することができる利点があるとされている。

5.4 尿中 N-acetyl-β-D-glucosaminidase

　尿中に含まれる蛋白のなかには尿中酵素も存在する。N-acetyl-β-D-glucosaminidase（NAG）は、近位尿細管上皮に存在するリソソームに含まれる水解酵素の1つである。分子量は110,000～140,000で、N-acetyl-β-glucosamidineをN-acetyl-D-glucosamineに加水分解する酵素であり、細胞内の核やリボソームで産生されて、その多くはリソソーム内に貯蔵されている[25]。一部はミトコンドリアにも存在する。

　NAGは分子量が大きいために糸球体から排泄することはなく、近位尿細管が傷害されたときに尿中に漏出する。このため医学領域では早くから尿細管傷害のバイオマーカーとして、その尿中排泄が使用されてきた。動物でもイヌやネコ、ウシでの臨床応用が報告されている[2,3,26-28]。

　また、NAGにはアイソザイム（A、I、B）が存在し、尿細管細胞傷害の急性期にはアイソザイムBが増加することから、尿中NAG排泄に加えてアイソザイムの分析が行われることもある。

5.4.1 尿中NAG排泄測定の意義と測定方法

　尿中酵素の1つであるNAGは細胞内のリソソームの水解酵素であり、腎臓に限らず生体内では前立腺やそのほかの臓器に存在している。しかし分子量が大きいため血中のNAGは腎臓の糸球体基底膜を通過せず、尿中に出現するNAGは近位尿細管細胞傷害時に上皮細胞より逸脱してきたものと解釈されている。このことは実際に急性腎障害の実験動物モデルにおいてNAGの尿中濃度が血中濃度とは無関係に高値を示すことと、NAGアイソザイム分析において血中NAGアイソザイムと尿中NAGアイソザイムの電気泳動移動度が異なることによって証明されてきた。したがって、尿中に出現するNAGは、血中に存在するNAGとは無関係に尿細管上皮細胞の傷害マーカーであると考えられており、医学領域においては尿細管障害の確立されたバイオマーカーとして利用されている[29,30]。

　尿中NAGは、急性の尿細管傷害時に早期から出現し、慢性期になるとNAGの産生母体である尿細管上皮細胞の荒廃にしたがって減少するとされている。鉛やカドミウム、造影剤、アミノグリコシド系抗生剤、非ステロイド性抗炎症薬（non-steroidal anti-inflammatory drugs：NSAIDs）などの薬物性腎傷害や、虚血による尿細管傷害時に尿中排泄量の増加を認める[31]。このような尿細管傷害時の増加だけでなく、ネフローゼ症候群を呈する糸球体腎炎や糖尿病性腎症などの糸球体傷害時にも尿中NAG排泄の増加がみられることが知られている。NAGの尿中排泄動態には、糸球体から排泄される高濃度の蛋白尿の尿細管に対する傷害が関連していると考えられている。一方、Ⅰ型糖尿病においてはアルブミン尿出現の独立したリスク因子であると報告されている[32]。

　尿中NAGの測定は主に合成基質液を用いた基質法であり、検体中のNAGが基質を加水分解することによって生じる検体の吸光度増加速度を測定するものである。用いる基質の種類によって、若干の測定値の違いがある。尿pHが4.0以下あるいは8.0以上のときにはNAGが失活して低値を示すので、重度の細菌尿で尿中pHが

アルカリ化する場合には注意が必要である。尿中沈渣に含まれる細胞などの影響を避けるために、測定に使用する尿検体は通常冷却遠心機による遠心後の上清を使用する。測定に関しては速やかに測定に供することが勧められる。ヒトの尿では室温3日で活性が半減するため、冷蔵あるいは冷凍が必要である[33]。ネコの尿中NAGについて、−20℃ 4回までの冷凍・解凍では測定値に変化がないという報告[5]もあるが、NAG活性の高い尿では凍結保存による酵素活性の低下が著しく、正確な測定値を得るためにはなるべく早い測定を心がけ、凍結は−80℃での保存が望まれる。

尿中NAG排泄の日内変動については、ヒトの早朝尿で高く午後に低くなる傾向を示すことが知られている[34]。この現象は、尿中NAG活性を尿中クレアチニン濃度で除して得られるNAG指数として表すことによって尿量の影響を少なくすると小さくなる。また、NAG指数の日内変動変化幅は参照値の上限よりも小さい。一方、NAG指数算出に使用される尿中クレアチニン濃度は食後上昇するため、検体の採取は絶食後に行われることが望ましい。NAGは前立腺にも存在していることから、尿検体に精液混入があった場合や、前立腺炎では高値を示す[33]。

5.4.2 動物の尿中NAG排泄

健康なイヌの尿中NAG排泄については、未去勢の雄イヌで高いとされているが[35]、これはヒトの場合と同様に精液の混入によるものと考えられている。Uechiらの報告[36]では、カテーテルで採尿した検体では有意な雌雄差は認められないとされている。また、イヌとネコの尿中NAG排泄には有意な日内変動もみられないとされている[36,37]。しかし、雄の尿中NAG活性は膀胱穿刺尿の測定においても精子の混入による高値がみられるとする報告もある[38]。いずれにしても精液が混入した場合の雄の尿の高値は、高い場合でも尿中NAG指数の参照範囲上限を大きく上回ることは少ない。

獣医学領域においても尿中NAG排泄は、イヌやネコの腎疾患時のバイオマーカーとして利用されてきた[2,3,5,39,40]。

イヌの腎乳頭壊死などのAKIの際の尿細管障害の早期診断マーカーや、子宮蓄膿症の外科手術後の腎障害、各種急性腎疾患の指標として利用されてきた[2,39,41]。NAGの尿中排泄が亢進する要素としては、尿細管におけるリソソーム代謝の活性化に伴う排泄増加があるが、尿細管細胞の傷害による逸脱を表すものと考えられている[42]。

イヌの子宮蓄膿症の際の腎不全はしばしば経験する合併症であるが、Heineら[39]は尿中NAG排泄が増加しているイヌの症例で子宮摘出後に尿中排泄が低下したことを、Satoら[2]は子宮蓄膿症のイヌの一部に、尿中NAG排泄の増加がみられる症例が子宮蓄膿症の外科手術後に高窒素血症を発症したことを報告している。

また、腎盂腎炎を伴った尿路感染症と伴わない尿路感染症の症例では、腎盂腎炎を伴う症例で尿中NAG排泄が高値になることが示されている。糖尿病の尿糖出現時には高濃度の尿中の糖が尿細管上皮に傷害を与えることが想定されるが、実際糖尿病のイヌでは尿糖出現時の尿中NAG排泄は非出現時よりも高値を示すことが報告されている[2]。

ネコの尿中NAG排泄に関しても、慢性腎疾患症例のなかに高値を示すものがいることや、反対にネコ下部尿路疾患では高くならないこと、サルファ剤投与の急性腎障害の例では3日目以降に高値を示すことが示されている[3]。

CKDのネコにおけるNAGの尿中排泄については健康なネコに比べて高いが、高窒素血症が高度になってきても高い値を示さない場合もある。このことについては、CKDに罹患したネコの調査で、血中クレアチニン濃度と尿中NAG指数には有意な相関性がないことが報告されている[5]。これはNAGがGFRのバイオマーカーではなく、尿細管上皮細胞のリソソームに存在する酵素で、尿細管細胞の傷害によって逸脱してくる細胞傷害マーカーであることに関連している。この現象は、CKDが進行した末期腎不全状態の腎臓では、尿中NAGの産生母体である尿細管細胞が荒廃して減少していることに関連しているとされている。実際に腫瘍細胞浸潤によって腎臓のネフロンの荒廃が高度な動物では、尿中NAG排泄は低値を示す[27]。医学領域においても、尿細管病変のピークを過ぎるとNAGが枯渇して低値を示すことが知られている。

5.4.3 尿中NAGアイソザイム

尿中NAGにはアイソザイムA（acid）型とアイソザイムB（basic）型が存在し、通常はアイソザイムA型が8割を占めているが、尿細管上皮細胞の傷害時にアイソザイムB型が増えてくるとされている[31]。ヒトの場合はAとBの間にわずかにI分画も認められる。

動物では、ネコのサルファ剤投与による急性腎障害の例でも尿中NAG排泄が増加するのに伴ってアイソザイムB型も増えてくることが報告されている[3]。健康なネコではアイソザイムAとBの比率はヒトとほぼ同様に8：2であるが、腎臓の傷害によってNAGの尿中排泄が増

第3章

加しているときのアイソザイム分析ではアイソザイムBの割合が増えている。

5.5 尿中肝臓型脂肪酸結合蛋白質（L-FABP）

L型脂肪酸結合蛋白質（liver type fatty acid binding protein：L-FABP）は分子量約14,000の蛋白質で、腎臓の近位尿細管細胞の細胞質に存在している[43]。腎臓のほかには、肝臓や大腸などに存在している。L-FABPは腎臓の近位尿細管でアルブミンと同時に再吸収された遊離脂肪酸を細胞内のミトコンドリアやペルオキシソームへ輸送し、β酸化を促進してよりその細胞毒性を緩和しているとされている[44]。

5.5.1 尿中L-FABPの臨床的意義

L-FABPは、腎臓での虚血や微小循環障害、尿蛋白の出現時に尿中排泄が多くなることや[45]、尿細管間質障害の程度と相関して排泄が増えるとされている[47]。L-FABPはヒトの近位尿細管が傷害を受けたときに発現誘導され、有害な過酸化脂質を尿細管腔へと排出させて腎保護作用を示すとされている[47]。L-FABPは腎臓のほかに肝臓にも局在するため、肝疾患患者の血中濃度は健常なヒトより高いものの、尿中濃度は差がみられないことが報告されている[16]。したがって、尿中のL-FABPの高値は腎疾患の有効なバイオマーカーであると解釈されている。

医学領域では尿細管障害性マーカーとして保険収載されており、正常アルブミン尿の糖尿病患者でも高値を示すとされている[29]。Ⅰ型糖尿病患者では腎症早期であってもL-FABPが高値を示す例では、その後に引き続く微量アルブミン尿の出現や死亡リスクが有意に高いことが報告されている[48]。Ⅱ型糖尿病患者でも尿中L-FABPは健常なヒトよりも高値で、病期の進行とともに高くなっていく[43]。

また、尿中L-FABPは慢性腎疾患症例の進行度と強く相関し、尿蛋白や尿中α_1-ミクログロブリンなどのほかのバイオマーカーと比べると進行予測に対する感度と特異度が上回っていると報告されている[49]。

AKIの症例についても、血中のクレアチニン濃度が上昇する前に高値を示しめすことが知られており、術後AKIの症例では術後3～4時間という短期間に高値を示すことが報告されている[50]。

5.5.2 動物の尿中L-FABP

動物の尿中L-FABPの臨床的意義については、医学領域の基礎研究として実験動物での尿中排泄の動態が研究されているが、近年イヌやネコについての尿中バイオマーカーとしても研究が進んできた。まだ報告数は少なく、尿中バイオマーカーとしての臨床的意義はあるものの、さらに症例数を重ねた検証が必要である。

これまでの研究で、実験的に発症させたAKIモデル動物での有効性とともに、CKDのイヌにおけるL-FABPの有用性について報告されている[51,52]。このなかで腎疾患のあるイヌでは腎疾患のないイヌよりも尿中L-FABP排泄が有意に高いことと、腎疾患のイヌでは血清クレアチニン濃度や血中尿素窒素、尿比重、UP/C比と尿中L-FABPが有意な相関性を示すことが報告されている。特に尿中L-FABPの変動と、UP/C比との相関性が高いとされている。このような検証から、今後はL-FABPも、尿中の有効なバイオマーカーの1つとして獣医学領域においても臨床活用されていくものと思われる。

5.6 尿中好中球ゼラチナーゼ結合性リポカリン（NGAL）

NGALはヒトの尿細管傷害性バイオマーカーとして近年臨床応用されてきた分子量25,000の小分子蛋白であり、傷害を受けた尿細管細胞より尿中に排泄される。糖尿病性腎症では尿中アルブミン出現よりも早い時期から尿中に排泄されることから早期診断マーカーとして利用され、さらには病態進行の予後予測にも有効であるとされている[29,53]。

5.6.1 尿中バイオマーカーとしてのNGALの臨床的意義

NGALはlipocalin2（LCN2）とも呼ばれ、好中球の分泌顆粒に含まれ、gelatinase B（MMP-9）と結合する蛋白として同定された[47,54]。NGALは好中球のmatrix metalloproteinase-9（MMP-9）に共有結合している蛋白で、腎臓の発生の段階で腎組織のネフロン分化に必要な因子であり、成体になってからは腎臓が傷害を受けたときに腎臓でのNGAL遺伝子発現が著しく増加することが観察されている[55,56]。

NGALはリポカリンスーパーファミリーに属する蛋白質であるが、ラクトフェリンと同じように鉄結合蛋白の1つである。鉄をキレートすることにより、大腸菌や結核菌の増殖を強力に抑制することが示されている[57-59]。鉄を含まないNGAL単体やsiderophoreとの複合体はキレート作用を発揮することにより生体内での細菌感染に対する宿主の生体防御機能の一端を担っているとされている。

その一方で、大腸菌由来のsiderophoreと3価の鉄と結合して複合体を形成した場合には、鉄供与体となることが知られている。NGALの示す鉄供与体としての作用は、リンパ球などのアポトーシスとも関連しているなど、腎臓以外の作用についても注目されている[47]。

したがって、尿路における細菌感染などによって好中球が増加する病態では、腎臓の病変とは関係なく増加する場合があることに注意が必要である。また、その名称についても、lipocalin 2（LCN2）やsiderocalin、oncogene 24p3、neu-related protein、24kDa superinducible protein（Sip24）などがあることにも留意が必要である[47]。

NGALの臨床的意義について報告したのは2003年にMishraら[55]であるが、その後、森らは急性腎不全のヒトの症例で、NGALが血中にも尿中にも腎組織中にも多量に蓄積し、血清クレアチニン値とも高い相関性を示すことを報告している[47]。このことはNGALがAKIにおける新たなバイオマーカーになりうる可能性を示しているが、その後の研究でも外科手術後のAKIに関して、術後2時間で血中・尿中のNGAL濃度が上昇した症例では、術後1〜3日後に血清クレアチニン濃度の上昇を認め、AKIと診断されたと報告されている[60]。

また、糖尿病性腎症の症例では、アルブミン尿が出現する前からNGALの尿中排泄が増加しており、病態進行とともに増えていくことから腎予後予測マーカーになるという報告もある[53]。

一方、CKDの進行との関連については、糖尿病性腎症の進行に対して、炎症性ケモカインCXCL12、心臓疾患マーカーであるN-terminal pro-B-type natriuretic peptide（NT-proBNP）とNGALの値が高くなるとCKD進行率が値の高くない患者の約2倍となったこと、糖尿病のないCKDの患者では、高感度トロポニンT、NT-proBNP、尿中NGALの値が高いほど、その進行率が高くなったと報告されている[61]。

5.6.2 動物の尿中NGAL

イヌとネコの尿中NGALについては、X染色体連鎖型遺伝性腎症のイヌにおける研究で初期の段階からほかの尿中バイオマーカーと同様に排泄の増加がみられることが報告されている[7]。その後の研究でもイヌにおいてもヒトと同様に、尿中NGAL排泄はAKIの鋭敏なバイオマーカーであることが報告されている[62-65]。また、実験的に作出されたイヌの腎臓の虚血再灌流モデルでAKIの病態を発症させた場合に、血中ならびに尿中NGAL排泄は虚血再灌流後2時間から上昇を始め、12時間でピークを迎え、そのときの腎臓の組織内でNGAL発現の増加が明らかであったことも示されてきた[66]。

NGALは尿中ではモノマーあるいはダイマー、一部はNGAL/MMP-9複合体として存在する。健康なイヌと腎泌尿器病のイヌの尿中NGALの分子構造を調べた研究では、尿中にはモノマーもダイマーも検出され、特に腎疾患のあるイヌでは健康なイヌよりもモノマーが検出される割合が多く、膿尿を示す場合にダイマーの検出が多くなると報告されている[67]。また、NGAL/MMP-9複合体は、膀胱炎の症例だけでなく、腎障害の症例でも検出されている。

一方でNGALが好中球由来のバイオマーカーであることから、全身性の炎症や腎臓以外の臓器に激しい炎症がある場合のAKIでは尿細管障害のバイオマーカーとしての特異性が影響を受ける可能性がある[65]。したがって、他の尿中あるいは血中バイオマーカーと組み合わせて測定することが望ましい。

包皮炎などの尿道の感染がある場合には、好中球の混入が尿中NGAL濃度に影響を与える可能性がある。実際に尿路感染症のイヌでは高い尿中NGAL排泄を示すことが報告されている[68]。

CKDにおけるNGAL測定の意義については医学領域ではその有用性が認められているが、イヌでも腎疾患をもたないものと比較すると腎疾患のイヌでは高値を示すことが知られている。

先に述べたX染色体連鎖型遺伝性腎症のイヌの研究でも、病期の早いステージから高いNGALの尿中排泄が認められている[7]。なお、血中NGAL濃度については、CKDの経過中に死亡したイヌで、生存している個体よりも高値を示していることが報告されている[69]。これについては血中のNGALの起源が腎臓だけに限らないことから、直接的な腎臓の病態を反映しているわけではないと思われる。

いずれにしてもNGALのみの測定に限らず、他のバイオマーカーも含めたバイオマーカーのパネル化によって、CKDの急性増悪の検出などが可能性となってくる。

一方、ネコの尿中NGAL排泄に関しては、Wangらの研究[70]でCKDに罹患したネコでは健常なネコに比べて尿中排泄が多いことが報告されている。この報告では、CKDの病期が進行しているIRIS（International Renal Interest Society）ステージ3と4では、ステージ2よりも高い排泄量を示すことと、進行性に腎機能が低下している個体では、安定している個体よりNGALの尿中排泄が増えていることが報告されている[70]。また、ネコの尿中NGALの分子構造を調べた研究では、イヌ

第3章

と同様にネコの尿中にNGALのモノマーとダイマー、NGAL/MMP-9複合体、MMP-9モノマーが検出されている[71]。

NAGモノマーとMMP-9モノマーの検出が多かったネコでは、クレアチニン値やBUN、無機リン濃度の値が有意に高く、腎臓の病態を反映しているとされている。また、ダイマーはイヌの場合と同様に膿尿に多くみられている。

第3章5の参考文献

1) Biomarkers Definitions Working Group. Biomarkers and surrogate endpoints: Preferred definitions and conceptual framework. *Clin Pharmacol Ther*. 2001; 69: 89-95.
2) Sato R, Soeta S, Miyazaki M, et al. Clinical availability of urinary N-acetyl-β-D-glucosaminidase index in dogs with urinary disease. *J Vet Med Sci*. 2002; 64: 361-365.
3) Sato R, Soeta S, Syuto B, et al.: Urinary Excretion of N-acetyl-β-D-glucosaminidase and its isoenzymes in cats with urinary disease. *J Vet Med Sci*. 2002; 64: 367-371.
4) Smets PMY, Lefebvre HP, Kooistra HS, et.al. Hypercortisolism affects glomerular and tubular function in dogs. *Vet J*. 2012; 192: 532-534.
5) Jepson RE, Vallance C, Syme HM, et al. Assessment of urinary N-acetyl-β-Dglucosaminidase activity in geriatric cats with variable plasma creatinine concentrations with and without azotemia. *Am J Vet Res*. 2010; 71: 241-247.
6) Hrovat A, Schoeman JP, de Laat B, et al. Evaluation of snake envenomation-induced renal dysfunction in dogs using early urinary biomarkers of nephrotoxicity. *Vet J*. 2013; 198: 239-244.
7) Nabity MB, Lees GE, Cianciolo R, et al. Urinary biomarkers of renal disease in dogs with X-linked hereditary nephropathy. *J Vet Intern Med*. 2012; 26: 282-293.
8) Segev G, Palm C, LeRoy B, et al. Evaluation of neutrophil gelatinase-associated lipocalin as a marker of kidney injury in dogs. *J Vet Intern Med*. 2013; 27: 1362-1367.
9) Steinbach S, Weis J, Schweighauser A, et al. Plasma and urine neutrophil gelatinase-associated lipocalin (NGAL) in dogs with acute kidney injury or chronic kidney disease. *J Vet Intern Med*. 2014; 28: 264-269.
10) Lees GE, Brown SA, Elliott J, et al. Assessment and management of proteinuria in dogs and cats. *J Vet Intern Med*. 2005; 19: 377-385.
11) Jacob F, Polzin DJ, Osborne CA, et al. Evaluation of the association between initial proteinuria and morbidity rate or death in dogs with naturally occurring chronic renal failure. *J Am Vet Med Assoc*. 2005; 226: 393-400.
12) Syme HM, Markwell PJ, Pfeiffer, D, et al. Survival of cats with naturally occurring chronic renal failure is related to severity of proteinuria. *J Vet Intern Med*. 2006; 20: 528-535.
13) King JN, Tasker S, Gunn-Moore DA, et al. Prognostic factors in cats with chronic kidney disease. *J Vet Intern Med*. 2007; 21: 906-916.
14) Roura X, Elliott J, Grauer GF(Elliott J, Grauer GF, Westropp JL, eds. Proteinuria. In: BSAVA Manual of Canine and Feline Nephrology and Urology (third ed.). BSAVA. 2017; 50-59.
15) 井上司，淺沼克彦，関卓人ら．ポドサイトを標的とした基礎研究の新展－Podocytologyがひらく新しい慢性腎臓病治療戦略－．*日薬理誌*．2014; 143：27-33.
16) 下澤達雄，宿谷賢一，菊池春人ら．尿糞便検査．In: 金井正光監修．臨床検査法提要（改訂第35版）．金原出版．2020; 115-188.
17) Lyon SD, Sanderson MW, Vaden SL, et al. Comparison of dipstick, sulfosalicylic acid, urine protein creatinine ratio, and species-specific ELISA methodologies for detection of albumin in canine and feline urine samples. *J Am Vet Med Assoc*. 2010; 236：874-879.
18) Konta T, Hao Z, Abiko H, et al. Prevalence and risk factor analysis of microalbuminuria in Japanese general population: The Takahata study, *Kidney International*. 2006; 70: 751-756.
19) 尿所見の評価法．In: 日本腎臓学会/編．CKD診療ガイド2012. 2012; 25-28.
20) Whittemore JC, Gill VL, Jensen WA, et al. Evaluation of the association between microalbuminuria and the urine albumin-creatinine ratio and systemic disease in dogs. *J Am Vet Med Assoc*. 2006; 229: 958-963.
21) 星史雄．蛋白尿による腎臓障害の診断．動物臨床医学．2011; 20（3）：25-69.
22) Vaden SL, Turman CA, Harris TL, et al. The prevalence of albuminuria in dogs and cats in an ICU or recovering fromanesthesia. *J Vet Emerg Crit Care*. 2010; 20(5): 479-487.
23) Mazzi A, Fracassi F, Dondi F, et al. Ratio of urinary protein to creatinine and albumin to creatinine in dogs with diabetes mellitus and hyperadrenocorticism. *Vet Res Commun*. 2008; 32(Suppl 1): 299-301.
24) Dias AFLR, Sorte ECB, Maruyama FH, et al. Monitoring of serum and urinary biomarkers during treatment of canine visceral leishmaniasis. *Vet World*. 2020; 13(8): 1620-1626.
25) 伊藤正男，井村裕夫，高久史麿/編．In: 医学大辞典（第2版）（電子版）．医学書院．2009.
26) Sato R, Nakajima N, Soeta S, et al. Urine N-acetyl-β-D-glucosaminidase activity in healthy cattle. *Am J Vet Res*. 1997; 58: 1197-1200.
27) Sato R, Sano Y, Sato J.et al.: N-acetyl-β-D-glucosaminidase activity in urine of cows with renal parenchymal lesions. *Am J Vet Res*. 1999; 60: 410-413.
28) 佐藤れえ子，山村和紀，赤川理津子ら．黒毛和種牛糖尿病例の尿中N-アセチル-β-D-グルコサミニダーゼ活性とアイソザイム．*日獣会誌*．1995; 48: 391-395.
29) 稲熊大城，秋山真一，湯澤由起夫．特集：糖尿病性腎症　バイオマーカーの進歩．*日腎会誌*．2017; 59(2): 65-73.
30) Parikh CR, Lu JC, Coca SG, et al. Tubular proteinuria in acute kidney injury: a critical evaluation of current status and future promise. *Ann Clin Biochem*. 2010; 47(Pt 4): 301—312.
31) 湯澤由紀夫，伊藤功．腎疾患；診断と治療の進歩　II 検査データの読み方　4 尿中NAG, 尿中β2ミクログロブリン—尿細管障害・AKIとバイオマーカー．日内会誌．2008; 97: 971-978.
32) Kern EF, Erhard P, Sun W, et al. Early urinary markers of diabetic kidney disease:a nested case-control study from the Diabetes Control and Complications Trial(DCCT). *Am J Kidney Dis*. 2010; 55(5): 824—834.
33) 長井幸二郎，土井俊夫．CKDとAKIの臨床検査．日内会誌．2013; 102: 3125-3132.
34) 斎藤薫，加藤広海，米田勝紀ら．尿路疾患患者における尿中NAG活性の検討－第1報－．*日泌尿会誌*．1985; 75(10): 1595-1601.
35) Reusch C, Vochezer R, Weschta E. Enzyme activities of urinary alanine aminopeptidase (AAP) and N-acetyl-β-D-gluucosaminidase (NAG) in healthy dogs. *J Vet Med*

Assoc. 1991; 38: 90-98.
36) Uechi M, Terui H, Nakayama T, et al. Circadian variation of urinary enzyme in the dog. *J Vet Med Sci*. 1994; 56(5): 849-854.
37) Uechi M, Uechi H, Nakayama T, et al. The circadian variation of N-acetyl-β-D-gluucosaminidase and γ-glutamyl transpeptidase in clinically healthy cats. *J Vet Med Sci*. 1998; 60(9): 1033-1034.
38) Raab WP : Diagnostic value of urinary enzyme determinations. *Clin Chem*. 1972; 18: 5-25.
39) Heiene R, Moe L, Molmen G : Calculation of urinary enzyme excretion, with renal structure and function in dogs with pyometra. *Res Vet Sci*. 2001; 70: 129-137.
40) Grauer GF, Greco DS, Behrend EN, et al. Estimation of quantitative enzymuria in dogs with gentamicin-induced nephrotoxicosis using urine enzyme creatinine ratios from spot urine samples. *J Vet Intern Med*. 1995; 9: 324-327.
41) Clemo FAS : Urinary enzyme evaluation of nephrotoxicity in the dog. *Toxicol Pathol*. 1998; 26: 29-32.
42) Loor JD, Daminet S, Smets P, et al. Urinary Biomarkers for Acute Kidney Injury in Dogs. *Vet Intern Med*. 2013; 27: 998-1010.
43) 岡﨑正晃, 及川剛, 菅谷健. CKDバイオマーカー：尿中L-FABP 一分子機構から臨床的意義まで一. *日薬理誌*. 2015; 146: 27-32.
44) Veerkamp JH、van Kuppevelt THMSM, Maatman RGHJ, et al. Structural and functional aspects of cytosolic fatty acid-binding proteins. *Prostaglandins Leukot Essent Fatty Acids*. 1993; 49: 887-906.
45) Kamijo-Ikemori A, Sugaya T, Sekizuka A, et al. Amelioration of diabetic tubulointerstitial damage in liver-type fatty acid-binding protein transgenic mice. *Nephrol Dial Transplant*. 2009; 24: 788-800.
46) Kamijo A, Sugaya T, Hikawa A, et al. Urinary excretion of fatty acid-binding protein reflects stress overload on the proximal tubules. *Am J Pathol*. 2004; 165(4): 1243-1255.
47) 森潔, 向山政志, 笠原正登ら. 新規バイオマーカーからみた尿細管間質性腎障害. *日腎会誌*. 2011；53(4): 596 － 599.
48) 菅谷健. 尿中バイオマーカーのパネル化による疾患管理戦略. *PHARM STAGE*. 2010; 10(5): 55-58.
49) Kamijo A, Sugaya T, Hikawa A, et al. Clinical evaluation of urinary excretion of liver-type fatty acid binding protein as a marker for monitoring chronic kidney disease : A multi-center trial. *J Lab Clin Med*. 2005; 145: 125-133.
50) Portilla D, Dent C, Sugaya T, et al. Liver fatty acid-binding protein as a biomarker of acute kidney injury after cardiac surgery. *Kidney Int*. 2008; 73: 465-472.
51) Takashima S, Nagamori Y, Ohata K, et al. Clinical evaluation of urinary liver-type fatty acid-binding protein for the diagnosis of renal diseases in dogs. *J Vet Med Sci*. 2021; 83(9): 1465-1471.
52) Sasaki A, Sasaki Y, Iwama R, et al. Comparison of renal biomarkers with glomerular filtration rate in susceptibility to the detection of gentamicin-induced acute kidney injury in dogs. *J Comp Pathol*. 2014; 151: 264-270.
53) de Carvalho JA, Tatsch E, Hausen BS, et al. Urinary kidney injury molecule-1 and neutrophil gelatinase-associated lipocalin as indicators of tubular damage in normoalbuminuric patients with type 2 diabetes. *Clin Biochem*. 2016; (49)3 :232－236.
54) Kjeldsen L, Johnsen AH, Sengelϕv H, et al. Isolation and primary structure of NGAL, a novel protein associated with human neutrophil gelatinase. *J Biol Chem*. 1993; 268: 10425 － 10432.
55) Mishra J, Ma Q, Prada A, et al. Identification of neutrophil gelatinaseassociated lipocalin as a novel early urinary biomarker for ischemic renal injury. *J Am Soc Nephrol*. 2003; 14: 2534 － 2543.
56) Mishra J, Mori K, Ma Q, et al. Neutrophil gelatinase-associated lipocalin a novel early urinary biomarker for cisplatin nephrotoxicity. *Am J Nephrol*. 2004; 24: 307 － 315.
57) Flo TH, Smith KD, Sato S, et al. Lipocalin 2 mediates an innate immune response to bacterial infection by sequestrating iron. *Nature*. 2004; 432: 917-921.
58) Berger H, Togawa A, Duncan GS, et al. Lipocalin 2-deficient mice exhibit increased sensitivity to Escherichia coli infection but not to ischemia-reperfusion injury. *PNAS*. 2006; 103(6): 1834-1839.
59) Saiga H, Nishimura N, Kuwata H, et al. Lipocalin 2-dependent inhibition of mycobacterial growth in alveolar epithelium. *J Immunol*. 2008; 181: 8521-8527.
60) Mishra J, DentC, Tarabishi R, et al. Neutrophil gelatinase-associated lipocalin (NGAL) as a biomarker for acute renal injury after cardiac surgery. *Lancet*. 2005; 365: 1231-1238.
61) Anderson AH, Xie D, Wang X, et al. Novel risk factors for progression of diabetic and nondiabetic CKD : findings from the chronic renal insufficiency cohort (CRIC) study. *Am J Kidney Dis*. 2020; 77(1): 56-73.
62) Jung HB, Kang MH, Park HM. Evaluation of serum neutrophil gelatinase-associated lipocalin as a novel biomarker of cardiorenal syndrome in dogs. *J Vet Diagn Invest*. 2018; 30: 386-391.
63) Lee YJ, Hu YY, Lin YS, et al. Urine neutrophil gelatinase-associated lipocalin (NGAL) as a biomarker for acute canine kidney injury. *BMC Vet Res*. 2012; 8: 248-257.
64) Van Den Berg MF, Schoeman JP, Defauw P, et al. Assessment of acute kidney injury in canine parvovirus infection: comparison of kidney injury biomarkers with routine renal function parameters. *Vet J*. 2018; 242: 8-14.
65) Monari E, Troía R, Magna L, et al. Urine neutrophil gelatinase-associated lipocalin to diagnose and characterize acute kidney injury in dogs. *J Vet Intern Med*. 2020; 34: 176-185.
66) Cao J, Lu X, Gao F, et al. Assessment of neutrophil gelatinase-associated lipocalin as an early biomarker for canine renal ischemia-reperfusion injury. *Ann Transl Med*. 2020; 8(22): 1491-1500.
67) Hsu W-L, Chiou H-C, Tung K-C, et al. The different molecular forms of urine neutrophil gelatinase-associated lipocalin present in dogs with urinary diseases. *BMC Vet Res*. 2014; 10: 202-209.
68) Daure E, Belanger MC, Beauchamp G, et al. Elevation of neutrophil gelatinase-associated lipocalin (NGAL) in non-azotemic dogs with urinary tract infection. *Res Vet Sci*. 2013; 95(3): 1181-1185.
69) Hsu W-L, Lin Y-S, Hu Y-Y, et al. Neutrophil gelatinase-associated lipocalin in dogs with naturally occurring renal diseases. *J Vet Intern Med*. 2014; 28: 437-442.
70) Wang I-C, Hsu W-L, Wu P-H, et al. Neutrophil gelatinase-associated lipocalin in cats with naturally occurring chronic kidney disease. *J Vet Intern Med*. 2017;31 :102-108.
71) Wu P-H, Hsu W-L, Tsai P-SJ, et al. Identification of urine neutrophil gelatinase-associated lipocalin molecular forms and their association with different urinary diseases in cats. *BMC Vet Res*. 2019; 15: 306-315.

表5　ネフロンの各部位毎の機能検査法

機　能	検　査　法
腎血漿流量（RPF） 腎血流量（RBF）	PAHクリアランス、PSP試験
糸球体濾過量（GFR）	イヌリンクリアランス、チオ硫酸ナトリウムクリアランス、 内因性および外因性クレアチニンクリアランス、 <u>血中尿素窒素（BUN）</u>、<u>血中クレアチニン濃度</u>
近位尿細管 　分泌能 　再吸収能	PAH分泌極量（TmPAH）、PSP試験 ブドウ糖再吸収極量（TmG）
遠位尿細管 　濃縮能	<u>尿比重</u>、<u>尿浸透圧</u>、浸透圧クリアランス、水制限試験

下線部はルーティン検査として実施されている検査

6 腎機能検査

6.1 イントロダクション

　腎機能検査は、一般的には腎臓の排泄機能を評価することによって行われる。腎臓の機能としては排泄機能のほかに、血圧の調整やビタミンD、インスリン代謝、エリスロポエチン産生などの重要な機能を果たしているが、日常の臨床検査では排泄機能についての評価が行われる。

　排泄機能としての腎機能検査は、ネフロンの各部位ごとのそれぞれの機能について実施されるが、表5に示すようにそれぞれの機能の検査法が異なっている。しかし、実際の日常的な臨床検査では糸球体濾過量（glomerular filtration rate：GFR）がもっぱら測定されて腎機能の指標として使用されている。表5からもわかるようにGFRだけでは複雑な腎機能のすべてを反映することは不可能であり、特に尿細管機能についてはGFRとは別に評価を行う必要がある。

　また、GFRを表すものとして日常的に使用される検査項目としては血清クレアチニン値と血中尿素窒素（BUN）があげられるが、これらの指標は血液検査から読み取れるために簡便であり日常的に使用されている。しかし、これらの検査値は両腎の稼働しているネフロンの機能を合計したものの約2/3が失われて初めて異常値となることから感度の低い検査項目であり、初期のGFRの低下を反映できない。このことを、日常の検査のなかで理解しておく必要がある。また、血清クレアチニン値は動物の保有している筋肉量に左右される。BUNも腸管内出血や摂取する蛋白量、肝機能などの腎臓以外の要素によって検査値が変動する難点がある。両者は食後に血中レベルが高値になるために、血液検査は一定期間の絶食後に行う必要がある。

　血清クレアチニン値やBUNは以上のように簡便な検査法であることから日常的なスクリーニングとして使用されるが、腎機能の精査にあたっては以前から腎クリアランス試験が行われてきた。本項では、これらの腎機能検査法の概略と検査にあたっての留意点について解説し、医学領域で応用されている血清クレアチニン値を用いた推算糸球体濾過量（estimated glomerular filtration rate：eGFR）についても説明する。

6.2 腎クリアランス試験の原理と実際

　腎クリアランスは、血漿中に存在するある物質を尿中に排泄するために必要な単位時間あたりの血漿量を指している[1]。具体的には指標となる物質について、その物質の単位時間あたりの尿中への排泄量を尿量と尿中濃度から計算し、その値を血漿濃度で除して得られる値（mL/min）である。個体間の比較が容易になるように、通常は体重や体表面積あたりの値として表記する（mL/min/kgまたはmL/min/m^2）。このようにして実施した腎クリアランス試験で評価が可能なのは、腎血漿流量（renal plasma flow：RPF）とGFRである。RPFは実際には糸球体や尿細管の毛細血管を循環する血液のほかに、一部（約10％程度）は腎被膜・被膜下や髄質組織などそのほかの腎実質を還流して行く血液が含まれているので、腎クリアランス試験で評価されるRPFはそれらの血流を除いた有効腎血漿流量（effective renal plasma flow：ERPF）である。

　腎クリアランス試験を実施するときの指標となる物質は、RPFを評価するものとしては1回の腎循環により糸球体と尿細管から尿中に排泄される物質、一方GFR指

腎泌尿器病の診断

表6 これまで報告されているイヌのGFR（mL/min/kg）の加重平均分析[2]

	研究数	平均GFR測定の数	加重平均GFR	95%信頼区間[a]
腎イヌリンクリアランス	3[3-5]	8	3.91	3.55〜4.27
血漿イヌリンクリアランス	2[5,6]	2	3.81	ND
腎内因性クレアチニンクリアランス	5[3-5,7,8]	10	3.73	3.22〜4.24
腎外因性クレアチニンクリアランス	3[3,5,9]	7	3.59	3.11〜4.06
血漿外因性クレアチニンクリアランス	4[5,9-11]	8	4.85[b]	3.05〜6.64[c]
血漿イオヘキソールクリアランス	5[12-16]	12	3.05	2.45〜3.64

a. CI（95%）は最低でも5つの平均測定値を記載しているGFR測定法について計算している
b. 極端な測定値を示す研究[9]を除外した後の加重平均GFRは3.30
c. 極端な測定値を示す研究[9]を除外した後のCI（95%）は2.96-3.64
(Reproduced with permission of von Hendy-Wilson VE et al., The Veterinary Journal 188: 156-165, 2011)

表7 これまで報告されているネコのGFR（mL/min/kg）の加重平均分析[2]

	研究数	平均GFR測定の数	加重平均GFR	95%信頼区間
腎イヌリンクリアランス	5[17-20]	5	3.04	2.59〜3.49
血漿イヌリンクリアランス	4[6,19,21,22]	7	3.05	2.67〜3.44
腎外因性クレアチニンクリアランス	5[17,21-24]	6	2.92	2.66〜3.18
血漿外因性クレアチニンクリアランス	4[19,25-28]	7	2.86	2.28〜3.45
血漿イオヘキソールクリアランス[a]	5[12,24,28-30]	8	2.52	2.19〜2.86

a. 血清総イオヘキソール（内因性または外因性）濃度を記載している報告のみを加重平均分析に含めている
(Reproduced with permission of von Hendy-Wilson VE et al., The Veterinary Journal 188: 156-165, 2011)

第3章

標物質は尿細管からは排泄されず糸球体からのみ排泄される物質である。表5に示すようにRPFの指標物質はパラアミノ馬尿酸（p-aminohippuric acid：PAH）が使われ、GFRの指標物質としてはイヌリン、クレアチニン、チオ硫酸ナトリウムがあげられる。これらのGFR指標物質のなかでそのクリアランス値が最もGFRに近似するものはヒトではイヌリンであり、国際的にもゴールドスタンダードとして使用されている。チオ硫酸ナトリウムは一部尿細管からも排泄があるのでGFR指標物質としては使用されなくなってきた。クレアチニンもイヌでは一部尿細管からの分泌があるもののわずかであり、内因性のクレアチニン排泄を利用してクリアランスが行える利点があることから、医学や獣医学領域の両方で使用されてきた。

一方、PAHによるRPFの測定は、近年ではPAHを測定する臨床検査機関がなくなったことから、現在では臨床現場では測定されておらず、研究的に一部の研究機関で測定が行われている。表6と7には、これまで報告されてきたイヌとネコのGFRの値を示した[2-30]。

6.2.1 指標物質の単回投与と持続投与

腎クリアランス試験では指標物質を単回で投与する場合と、一定のクリアランス時間中持続点滴によって指標物質の血中濃度を一定に保ちながらクリアランスを実施する方法がある。

クリアランスの精度を高めるためにはクリアランス時間中に指標物質の血中濃度が一定である方が望ましいが、臨床的に応用する場合は単回の投与で指標物質の血中濃度が吸収・分布相から排泄相に切り替わって排泄率が一定になった時点でクリアランス時間が設定される。

クレアチニンクリアランスでは、体外からのクレアチニン投与を行わない内因性クレアチニンクリアランスと、一定のクレアチニン溶液を体内に投与してクリアランスを測定する外因性クレアチニンクリアランスとがある。外因性クレアチニンクリアランスでは、尿クリアランスと血漿クリアランスの両方が実施可能である。

クリアランス時間については、医学領域では24時間蓄尿による内因性クレアチニンクリアランスが行われてきた。24時間の蓄尿は理想ではあるが、もっと短時間での評価を行う短時間法も実施されている。実際には1時間の蓄尿や、2時間の蓄尿などの短時間法が行われる。獣医学領域では、臨床的に蓄尿がルーティン検査として実施しにくく、後述する血漿クリアランスによる評価が行われている。

第3章

6.2.2 尿クリアランスと血漿クリアランス

尿クリアランス試験では、クリアランス中の指標物質の尿中排泄を評価するために、尿量と尿中濃度を測定する必要がある。そのために蓄尿が必要になってくる。動物での蓄尿は困難が多く、日常的に尿クリアランスの測定を行うことはできない。そのため、短時間の蓄尿時間を設定するか、あるいは血漿クリアランスの測定が実施される。

血漿クリアランスは、指標物質を投与して蓄尿をせずに指標物質の血中濃度からクリアランス値を計算する方法である。クレアチニンやイオヘキソールなどのGFR指標物質による血漿クリアランスの測定が実施される。

血漿クリアランスはGFRだけでなくRPFの測定にも適しているが、臨床ではGFRの精査のために行われる。クリアランス物質としては、イヌリン、イオヘキソール、クレアチニンがあげられる。

イヌリンはこれまでGFRのゴールドスタンダードとして扱われてきているが、実施にあたっては手技や測定がやや煩雑であることと、イヌにおいては血漿クリアランスの測定のために投与したイヌリンのうち約40％しか尿中に排泄されず、胆汁への排泄が考えられるという報告もあり[31]、小動物臨床においての使用実績は少ない。イオヘキソールについては血漿クリアランスに適している反面、脱水状態の動物への投与で腎毒性が発現しないか懸念も示される。この点については、実際の障害に関する報告はないとされている[31]。しかし、腎機能の予備能力の少ない脱水状態の動物に投与することは、急激な腎機能低下を招く可能性があるために避けるべきである。また、国内においては、利用可能な血中濃度測定検査機関がないこともあり、日常の検査項目としては応用しにくい。

クレアチニンは、外因性クレアチニンクリアランスとして以前から測定されている。クレアチニンは尿細管からの排泄がわずかながらあるとされているが無視できる程度であり、クリアランス物質として利用されてきた。この尿細管からのクレアチニンの分泌には動物の種差があり、ヒトとイヌではわずかながら分泌が認められるもの[32-34]、ネコでは糸球体からのみの排泄になると報告されている[35-37]。ただし、クレアチニンは体内での分布容積が大きいので半減時間が長くなり、クリアランス時間が長時間となる[35-37]。また、投与するためのクレアチニン溶液は市販されていないため、臨床家が利用する場合には作成する必要がある。

外因性クレアチニンクリアランスには、その分布容積の大きさを考慮して投与後10時間までの採血を実施するIRISが推奨する方法と、投与後1時間までに排泄相に切り替わった初期の時点で複数回採血を行う血漿クリアランス法などがあり、標準化はされていない。クリアランス時間中の採血回数は多いほど、より正確なGFRを推定できるが、頻回の採血は動物に過度の負担をかけることと、貧血にも留意しなければならないため、多くの場合2回の採血が行われている。

6.2.3 腎クリアランス値に影響を与える因子

腎クリアランス試験では、同じ動物に対して実施した際にその結果が変動することがある。腎クリアランス値の変動は、クリアランス試験全体における手技上の誤差や、動物側の問題によって発生する。手技上の誤差やばらつきは、尿クリアランス試験を実施する際の採尿操作の正確性や、あるいは指標物質の速やかで完全な投与が実施されたかどうか、そして速やかなサンプル採取と正確な時間の記録が行われているかにより発生する。このような誤差は、採尿に関する誤差としては10％程度、そのほかの全体的な手技の正確性の有無により最大で30％になることもある。そのため、毎回同様の正確な手技が求められる。

動物側の問題としては、動物の脱水状態や絶食の有無、あるいはアドレナリン分泌の影響が大きい。なかでも蛋白質摂取と脱水は、クリアランス試験の値に影響を与える。見かけ上、明らかな脱水が認められない症例でも、疾患を有している動物は3％前後の脱水状態にあることが多く、腎機能の測定を実施する前に水和が必要である。また、尿クリアランスの場合は、クリアランス時間中の尿量確保によって採尿誤差を少なくするためにも水和は必要である。一般的には試験前に十分水和させる目的で一定量の給水を実施したり、体重の3％程度の輸液を行ったりする。また、動物が食事をした後では、GFRが生理的に変動するので試験前には十分な絶食期間が必要である。食事のなかでも蛋白質の摂取は、食後のGFRの増加につながるので注意が必要である[38]。一般的には、試験実施日の前夜からの絶食を行う。

また、腎クリアランス値を個体間で比較するために体重あたり（mL/min/kg）や体表面積あたり（mL/kg/m^2）に換算して表記されるが、肥満の動物では体重あたりに換算した際にクリアランス値が低くなりやすく、体表面積あたりで表す方が肥満の影響を受けにくいとされている。しかし、体表面積も体重から計算されており、厳密に考えるならば肥満動物用の体表面積算出式を使った換

算が必要である[39,40]。

6.3 BUNと血清クレアチニン値

日常の臨床検査のなかで腎臓機能に関する検査項目として、BUNと血清（血漿）クレアチニン値が測定される。しかし、これらの項目はGFRの指標ではあるが、GFRが全体の25％以下に低下するまで明らかな上昇を示さない[41]。したがって、これらの指標は初期のGFRの低下を反映することはできない。GFRが25％以下になってからは、血中クレアチニン値のわずかな上昇でもGFRの低下が極めて重度であり、この時期では両者は加速度的な直線性の負の関連性を示す（図35）[42]。したがって、血液検査によって測定されるBUNとクレアチニン濃度は臨床的には簡便な腎機能評価ツールとして日常的に利用されているが、測定値の評価に際しては絶えずこの点を留意することが重要である。

6.3.1 BUN

血液中の蛋白以外の窒素化合物には尿素や尿酸、クレアチニン、アミノ酸、アンモニアなどが含まれているが、BUN（blood urea nitrogen）は全血中の尿素窒素を表している。血清中の尿素窒素を測定しているのでSUN（serum urea nitrogen）が正しいが、慣用的にBUNと呼ばれている。血清中と血漿中の濃度は、ほとんど差がないとされ、血漿を用いた検査も実施される。

BUNは体内における蛋白代謝の結果産生されて腎臓から排泄されるため、腎臓での排泄能とともに、肝臓における蛋白代謝の影響を受ける。BUNの値は摂取する蛋白質の量に左右され、蛋白含有量の多い食事を摂取している個体のBUNは、少ない食事を摂取している個体より高値を示し、GFRが低下したときに蛋白含有量の多い食事をしている個体では少ない個体に比べて早期に血中濃度が上昇する。食後の血中濃度の上昇も明らかなので、測定する場合は絶食後に行う。

また、BUNはクレアチニンと比べて腎臓における尿細管での尿流の増大によっても影響を受けやすく、輸液によって尿流が増加するとGFRが増えていなくても血中レベルが低下する。これは、輸液による尿流の増加により、尿細管からのBUNの再吸収が低下するからである。一方、腎臓での血流が低下すると、浸透圧物質としてBUNと水の尿細管からの再吸収が増加し、血中ではクレアチニン濃度が低くてもBUNが高いという現象がみられる。心不全に伴う高窒素血症の多くは、このタイプである。

このように腎臓の排泄能とは別の理由でBUNの変動

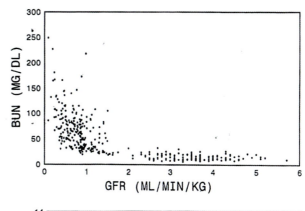

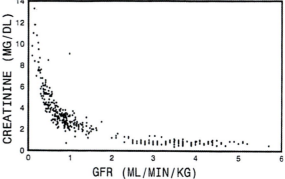

図35 GFRとBUN、血中クレアチニン濃度の関係[42]
(Reproduced with permission of Finco DR. Evaluation of renal functions. In: Osborn CA, Finco DR, eds. Canine and feline nephrology and urology. Wolters Kluwer Health, Inc. 1995; 216-229.)

がみられるが、その理由は大きく2つに分かれる。1つは食事と栄養代謝に関連したもので、もう1つは組織・蛋白質の異化亢進である。前者は上述のように高蛋白食を給与されている個体や食後の測定では高値を示し、低栄養・低蛋白食の給与や蛋白代謝を行う肝臓の重度の疾患では低値を示す。また、後者は、組織の異化亢進による尿素窒素の異常産生として、消化管出血や悪性腫瘍、高熱、筋損傷などがあげられる。また、これらとは別に、腎前性の因子として、脱水による一過性の高値もしばしば観察される所見である。

薬物の影響としては、異化亢進性に働く薬物としてグルココルチコイドやアザチオプリン、テトラサイクリンがあり、BUNの増加がみられたとされているが、実際にはこれらの薬物の影響はわずかでイヌやネコでの作用については不明である。

6.3.2 血清クレアチニン濃度

血清クレアチニン濃度は、BUNほど食事の影響を受けない検査項目として知られている。また、図35のように全体のGFRが25％以下に低下した際のGFRとの相関性は、BUNよりもクレアチニン濃度の方が比較的

第3章

良好である。しかし、どちらも初期のGFRを検出できない点では同様である。また、質の悪いペットフードを与えている場合には、食後の血中濃度の上昇がみられるので、BUNと同様に検査前の絶食が必要である。なお、尿毒症の臨床徴候は、クレアチニンよりもBUNと関連しているという報告もある[42]。

クレアチニン濃度とBUNを比較した場合、クレアチニン濃度の方はBUNのように尿細管における尿流の変化に影響を受けにくい点が検査値として信頼できるとされている。イヌではわずかな尿細管からのクレアチニン分泌があるがクリアランスに影響するほどではなく、また血清のクレアチニン濃度に影響を与えない。

血中のクレアチニン濃度に影響を与えるものとして、動物の筋肉量があげられる。クレアチニン濃度は幼イヌや若齢犬では成犬に比べて低く、犬種間の差としては小型犬の方が超大型犬よりも低い値を示す。犬種の特異性としては、グレーハウンドは他の犬種よりもやや高いクレアチニン値を示す。ネコではバーマンがやや高いクレアチニン値を示す。

ただし、悪液質で筋肉量の減少している動物では、腎機能が低下していても低いクレアチニン濃度を示す。この現象が特に問題になるのは、CKDに罹患している老齢ネコの場合である。このようなネコでは多くの場合削痩して筋肉量が低下している個体が多く、クレアチニン濃度も低値を示すものが多い。このような症例では、クレアチニン濃度以外の検査項目によって腎機能をモニターする必要がある。

また、クレアチニン濃度の測定については以前からJaffe法やJaffe法変法による比色法が用いられてきた。この方法では血中に存在するクロモゲン（糖、ケトン体、アスコルビン酸、ピクリン酸など）も測定されるために、実際のクレアチニン値より若干高い値を示す。

現在日本で用いられている測定法は酵素法であり、ヒトではJaffe法で測定した値よりも酵素法では0.2mg/dL低くなるとして補正している。海外ではJaffe法での測定が多いので、文献引用する際にはこの点も留意する。一方、尿中クレアチニン濃度を測定する際には、Jaffe法でも酵素法でも差がない。したがって、酵素法で測定した採尿を伴うクレアチニンクリアランスは、Jaffe法で測定したものよりも少し高い値を示す。

6.4 GFRのバイオマーカー

医学領域では、AKIやCKDにおけるバイオマーカーの研究が進められてきた。これらのバイオマーカーは血中あるいは尿中に見出され、疾患の早期診断や治療効果、予後予測の重要な因子として使用されている。新規のバイオマーカーに関する研究も進んできており、メタボローム解析やプロテオーム解析あるいはmiRNAプロファイルなどの手法を活用したバイオマーカー研究も活発に行われている。

このようなバイオマーカーの研究により糸球体障害バイオマーカーとして尿中IV型コラーゲン、尿中セルロプラスミン、尿中トランスフェリンなどが候補としてあげられるが、GFRそのものに対する正確なバイオマーカー、すなわち血清クレアチニン濃度に変化がない場合でもGFRを推測できるものは未だ明らかになっていない[43]。

獣医学領域においても同様であるが、近年の研究ではバイオマーカーとしてシスタチンCとSDMAの臨床応用が進められてきた。

6.4.1 シスタチンC

シスタチンCは、分子量13.4kDaの低分子蛋白で、全身の有核細胞から絶えず一定量産生されるシスタチン・スーパーファミリーの1つである。シスタチンCは広く全身の体液内に存在し、細胞外液内のシスタチンCは蛋白と結合することなくすべて腎臓の糸球体から尿中へ濾過され、そのほとんどが近位尿細管で吸収されてアミノ酸に分解されるため、血中には戻らない。その血中濃度はGFRに依存し、筋肉量や性差、年齢の影響を受けないとされる[44]。

ヒトではGFRが30～40mL/minまで下がらないと血清クレアチニン濃度が変化しないのに対し、シスタチンCは、GFRが60～70mL/minの早期腎障害をも検知できるとされている[45]。同時にシスタチンCの血中濃度は腎機能の重度の低下の際には頭打ちとなってしまうため、クレアチニン濃度が2mg/dLを越えるような病態では測定意義は低くなり、クレアチニン濃度のみで腎機能は評価されることが多い。また、腎臓以外の影響因子として、ステロイドやシクロスポリンなどの薬剤投与や甲状腺機能低下症があり、これらによって高値を示すことが知られている。また、一部の腫瘍疾患（メラノーマや大腸癌）では血中濃度が高値を示す。

一方、尿中でのシスタチンC排泄量の増加は尿細管障害マーカーとして、糖尿病性腎症の早期診断マーカーあるいは腎機能の予後予測マーカーとして使用されている[46,47]。

シスタチンCの血中濃度に関して、腎臓以外で影響を及ぼす因子として、ヒトでは年齢や性別、喫煙、血中CRP濃度などが報告されており[48]、高齢者、男性、喫煙者で高く、血清CRP濃度との関連性が示唆されている。

獣医学領域では、2002年にAlmyら[49]によって測定されて以来、健康なイヌと腎疾患のイヌにおける臨床応用の可能性について研究されてきた。その結果、健康なイヌに比べて腎疾患のイヌでは高値を示し、血清クレアチニン濃度の上昇前にGFRの低下を予測できると報告された[50-52]。これらの研究からシスタチンCは体重が15～20kg未満のイヌにおいて、GFRを表す指標として有用であるとされている。それ以上の大型犬では、シスタチンCの血中濃度とGFR低下との相関性が不安定になることから、小型犬種における臨床応用が推奨されている。

ネコではイヌよりも報告数が少ないが、2012年に星がネコシスタチンCモノクローナル抗体を用いELISA法によるキットを開発し、実験的な腎障害モデルネコと自然発症のCKDに罹患したネコにおける測定結果を報告している[53]。その結果、健常なネコよりも腎障害モデルネコとCKDに罹患したネコでは有意に高い血中濃度を示した。しかし、GhysらはCKDに罹患したネコでのシスタチンC測定を実施して、シスタチンCは健常なネコに比べてCKDに罹患したネコで高いものの両者間には測定値が重なる部分が多いこと、またGFRの増減に関して血清クレアチニン濃度よりも有利な証拠を示せなかったことを報告している[54]。このような相違については、星らがネコモノクローナル抗体を使用した測定系であるのに対し、Ghysらの報告はヒト用抗体を使用したネフェロメトリー法で行われていることなど、実験設定の相違による部分も大きいと思われる。今後、ネコ専用のシスタチンC測定系の普及によって臨床データが集積され、このバイオマーカーの有効性が確認されていくものと思われる。

また、健常なネコと病気に罹患したネコとの測定値のオーバーラップについては、シスタチンCだけではなく、後述のSDMAも含めて今後解決されなければならない問題である。現在のところ、2者間の重なりがない切れ味のよいバイオマーカーは存在していないので、今後の研究が待たれる。

6.4.2 SDMA

対称性ジメチルアルギニン（symmetric dimethylarginine：SDMA）は、アミノ酸の1つであるアルギニンが腎臓でメチル化されできる代謝物であり、同時に産生される非対称性ジメチルアルギニン（asymmetric dimethylarginine：ADMA）と異なり一酸化窒素（NO）合成酵素を阻害しない。生体内の蛋白代謝によって産生されるSDMAは、血流で運ばれて腎臓の糸球体からすべて濾過され、尿細管での再吸収や分泌を受けずに尿中へと排出される。したがって、その排泄は糸球体濾過量（GFR）のよい指標となると考えられている。

医学領域では、血中のSDMA濃度はGFRや血清クレアチニン濃度と高い相関性をもつとされている[55]。また、ヒトでは腎臓病のほかに糖尿病や高血圧、脂質代謝異常で増加することが知られている。さらに、SDMAはヒトの心血管性疾患の発生と関連していることが報告され、それはGFRと独立して心血管性疾患の病態と関連する可能性があると報告されている[56]。

獣医学領域においても、血中のSDMA濃度はイヌとネコにおいて、イオヘキソール負荷による血漿クリアランスで評価されたGFRと良好に関連し、また筋肉量の少ないイヌでは血清クレアチニン濃度よりも高い感度でCKD症例を検出できたと報告されている[57,58]。このほかにも、イヌとネコにおいて血中SDMA濃度とGFRの関係性について、クレアチニン濃度の上昇よりも早くCKDの進行を検知できたと報告されている[59,60]。

このような研究成果に基づいて、IRISではCKDのステージ分類に関して、血清クレアチニン濃度だけではなく、SDMAと両者によるステージ分類を改訂版として提唱している。IRISではクレアチニンとSDMAの両者間で値に乖離がみられた場合は、クレアチニンに関しては動物の筋肉量の影響がないかを、またSDMAに関しては溶血検体では測定時に低値が出やすいことに留意するよう勧告している。SDMAに関しては、動物個体内の変動や検査機関による変動があることも知られている。

いずれにしても、今後さらに多くの症例での検討により、SDMAの有用性が検証されていくと思われるが、GFRの評価に際してはSDMAだけをみるのではなく、クレアチニンも含めてより多角的な評価をして行く必要がある。

第3章6の参考文献

1) 伊藤正男, 井村裕夫, 高久史麿/編集. 医学大辞典（第2版）（電子版）. 医学書院. 2009.
2) von Hendy-Wilson VE, Pressler BM. An overview of glomerular filtration rate testing in dogs and cats. *The Veterinary Journal*. 2011; 188: 156-165.
3) Finco DR, Coulter DB, Barsanti JA. Simple, accurate method for clinical estimation of glomerular filtration rate in the dog. *Am J Vet Res*. 1981; 42: 1874-1877.
4) Krawiec DR, Badertscher 2nd RR, Twardock AR, et al. Evaluation of 99mTc-diethylenetriaminepentaacetic acid nuclear imaging for quantitative determination of the glomerular filtration rate of dogs. *Am J Vet Res*. 1986; 47: 2175-2179.

5) Watson AD, Lefebvre HP, Concordet D, et al. Plasma exogenous creatinine clearance test in dogs: comparison with other methods and proposed limited sampling strategy. *J Vet Intern Med*. 2002; 16: 22-33.
6) Fettman MJ, Allen TA, Wilke WL, et al. Single injection method for evaluation of renal function with 14C-inuline and 3H-tetraethylammonium bromide in dogs and cats. *Am J Vet Res*. 1985; 46: 482-485.
7) Bovee KC, Joyce T. Clinical evaluation of glomerular function: 24-hour creatinine clearance in dogs. *J Am Vet Med Assoc*. 1979; 174: 488-491.
8) Narita T, Sato R, Tomizawa N. Safety of reduced-dosage ketoprofen for long-term oral administration in healthy dogs. *Am J Vet Res*. 2006; 67: 1115-1120.
9) Labato MA, Ross LA. Plasma disappearance of creatinine as a renal function test in the dog. *Res Vet Sci*. 1991; 50: 253-258.
10) Cortadellas C, Del Palacio MJ, Talavera J. Glomerular filtration rate in dogs with leishmaniasis and chronic kidney disease. *J Vet Intern Med*. 2008; 22: 293-300.
11) Panciera DL, Lefebvre HP. Effect of experimental hypothyrodisim on glomerular filtration rate and plasma creatinine concentration in dogs. *J Vet Intern Med*. 2009; 23: 1045-1050.
12) Goy-Thollot I, Chafotte C, Besse S, et al. Iohexol plasma clearance in healthy dogs and cats. *Vet Radiol Ultrasound*. 2006; 47: 168-173.
13) Lefebvre HP, Craig AJ, Braun JP. GFR in the dog: breed effect. In: Proceedings of the 16th ECVIM-CA Congress. Amsterdam, Netherlands. 2006; 261.
14) O'Dell-Anderson KJ, Twardock R, Grimm KA, et al. Determination of glomerular filtration rate in dogs using contrast-enhanced computed tomography. *Vet Radiol Ultrasound*. 2006; 47: 127-135.
15) Bexfield NH, Heiene R, Gerritsen RJ, et al. Glomerular filtration rate estimated by 3-sample plasma clearance of iohexol in 118 healthy dogs. *J Vet Intern Med*. 2008; 22: 66-73.
16) Kongara K, Chambers P, Johnson CB. Glomerular filtration rate after tramadol, parecoxib and pindolol following anaesthesia and analgesia in comparison with morphine in dogs. *Veterinary Anesthesia and Analgesia*. 2009; 36: 86-94.
17) Ross LA, Finco DR. Relationship of selected clinical renal function tests to glomerular filtration rate and renal blood flow in cats. *Am J Vet Res*. 1981; 42: 1704-1710.
18) Uribe D, Krawiec DR, Twardock AR, et al. Quantitative renal scintigraphic determination of the glomerular filtration rate in cats with normal and abnormal kidney function, using 99mTc-diethylenetriaminepentaacetic acid. *Am J Vet Res*. 1992; 53: 1101-1107.
19) Brown SA, Haberman C, Finco DR. Use of plasma clearance of inulin for estimating glomerular filtration rate in cats. *Am J Vet Res*. 1996; 57: 1702-1705.
20) McCellan JM, Goldstein RE, Erb HN, et al. Effect of administration of fluids and diuretics on glomerular filtration rate, renal blood flow, and urine output in healthy awake cats. *Am J Vet Res*. 2006; 67: 715-722.
21) Rogers KS, Komkov A, Brown SA, et al. Comparison of four methods of estimating glomerular filtration rate in cats. *Am J Vet Res*. 1991; 52: 961-964.
22) Miyamoto K. Evaluation of plasma clearance of inulin in clinically normal and partially nephrectomized cats. *Am J Vet Res*. 2001: 1332-1335.
23) Brown SA, Finco DR, Boudinot FD, et al. Evaluation of a single injection method, using iohexol for estimation glomerular filtration rate in cats and dogs. *Am J Vet Res*. 1996; 57: 105-110.
24) Miyamoto K. Use of plasma clearance of iohexol for estimating glomerular filtration rate in cats. *Am J Vet Res*. 2001; 572-575.
25) van Hoek I, Vandermeulen E, Duchateau L, et al. Comparison and reproducibility of plasma clearance of exogenous creatinine, exo-iohexol, endo-iohexol, and 51-Cr-EDTA in young adult and aged healthy cats. *J Vet Med Intern Med*, 2007; 21: 950-958.
26) van Hoek IM, Lefebvre HP, Paepe D, et al. Comparison of plasma clearance of exogenous creatinine, exo-iohexol, and endo-iohexol over a range of glomerular filtration rates expected in cats. *J Feline Med Surg*. 2009; 1028-1030.
27) van Hoek I, Lefebvre HP, Peremans K, et al. Short- and long-term follow-up of glomerular and tubular renal markers of kidney function in hyperthyroid cats after treatment with radioiodine. *Domestic Animal Endocrinology*. 2009; 36: 45-56.
28) Heine R, Reynold BS, Bexfield NH, et al. Estimation of glomerular filtration rate via 2- and 4-sample plasma clearance of iohexol and creatinine in clinically normal cats. *Am J Vet Res*. 2009; 70: 176-185.
29) Becker TJ, Graves TK, Kruger JM, et al. Effects of methimazole on renal function in cats with hyperthyroidism. *J Am Anim Hosp Assoc*. 2000; 36: 215-223.
30) Goodman JA, Brown SA, Torres BT, et al. Effects of meloxicam on plasma iohexol clearance as a marker of glomerular filtration rate in conscious healthy cats. *Am J Vet Res*. 2009; 70: 826-830.
31) Finch N, Heiene R (BASVA ed). Early detection of chronic kidney disease. In: BASVA Manual of canine and feline nephrology and urology. Gloucester. 2017; 130-142.
32) 白井洸, 高杉昌幸／訳 (de Wardener HE ed). 腎臓（第4版）. 医歯薬出版. 1978; 31-90.
33) O'Connell JB, Romeo JA, Mudge GH. Renal tubular secretion of creatinine in the dog. *Am J Physiol*.1962; 203: 985-990.
34) Swanson RE, Hakim AA. Stop-flow analysis of creatinine excretion in dogs. *Am J Physiol*. 1962; 203: 980-984.
35) Eggleton MG, Habib YA. The mode of excretion of creatinine and inulin by the kidney of the cat. *J Physiol*. 1951; 112: 191-200.
36) Osbaldiston GW, Fuhrman W. The clearance of creatinine, inulin, para-aminohippurate and phenosulphothalein in the cat. *Can J Comp Med*. 1970; 34: 138-141.
37) Ross LA, Finco DR. Relationship of selected clinical renal function tests to glomerular filtration rate and renal blood flow in cats. *Am J Vet Res*. 1981; 42: 1704-1710.
38) White JV, Finco DR, Crowell WA, et al. Effect of dietary protein on functional, morphologic, and histologic changes of the kidney during compensatory renal growth in dogs. *Am J Vet Res*. 1991; 52: 1357-1365.
39) Laroute V, Chetboul V, Roche L, et al. Quantitative evaluation of renal function in healthy Beagle puppies and mature dogs. *Res Vet Sci*. 2005; 79: 161-167.
40) India FL, MSDarcy HS, MVScShelley AB, et al. Quantitative urinalysis in healthy Beagle puppies from 9 to 27 weeks of age. *Am J Vet Res*. 2000; 61: 577-581.
41) Finco DR. Kidney functions. In: Kaneko JJ, Harvey JW, Bruss ML, eds. Clinical biochemistry of domestic animals. Academic Press Inc. 1997; 441.
42) Finco DR. Evaluation of renal functions. In: Osborn CA, Finco DR, eds. Canine and feline nephrology and urology. Wolters Kluwer Health, Inc. 1995; 216-229.
43) 稲熊大城, 秋山真一, 湯澤由紀夫. バイオマーカーの進歩.

日腎会誌. 2017; 59: 65-73.
44) Grubb AO. Cystatin C-Properties and use as diagnostic marker. Adv Clin Chem. 2000; 35: 63-99.
45) 平田純生. 腎機能の正しい把握が投与設計の基本. ファルマシア. 2015; 51：863-867.
46) Garg V, Kumar M, Mahapatra HS, et al. Novel urinary biomarkers in pre-diabetic nephropathy. Clin Exp Nephrol. 2015; 19: 895-900.
47) Kim SS, Song SH, Kim IJ, et al. Urinary cystatin C and tubular proteinuria predict progression of diabetic nephropathy. Diabetes Care. 2013; 36: 656-661.
48) Knight EL, Verhave JC, Spiegelman D, et al. Factors influencing serum cystatin C levels other than renal function and the impact on renal function measurement. Kidney Int. 2004; 65: 1416-1421.
49) Almy FS, Christopher MM, King DP, et al. Evaluation of cystatin C as an endogenous marker of glomerular filtration rate in dogs. J Vet Intern Med. 2002; 16: 45-51.
50) Antognoni MT, Siepi D, Porciello F, et al. Use of serum cystatin C determination as a marker of renal function in the dog. Vet Res Commun. 2005; 29: 265-267.
51) Miyagawa Y, Akabane R, Ogawa M, et al. Serum cystatin C concentration can be used to evaluate glomerular filtration rate in small dogs. J Vet Med Sci. 2020; 82: 1828-1834.
52) Iwasa N, Takashima S, Iwasa T, et al. Serum cystatin C concentration measured routinely is a prognostic marker for renal disease in dogs. Res Vet Sci. 2018; 119: 122-126.
53) 星史雄. システタチンCの臨床的意義. 日本獣医腎泌尿器学会誌. 2012; 15：27-36.
54) Ghys LFE, Paepe D, Lefebvre HP, et al. Evaluation of cystatin C for the detection of chronic kidney disease in cats. J Vet Intern Med. 2016; 30: 1074-1082.
55) Kielstein JT, Salpeter SR, Bode-Boeger SM, et al. Symmetric dimethylarginine (SDMA) as endogenous marker of renal function - A meta-analysis. Nephrol Dial Transplant. 2006; 21: 2446-2451.
56) Shiu LAY, Shi LL, Hung SHSL, et al. Effect of l-arginine, asymmetric dimethylarginine, and symmetric dimethylarginine on ischemic heart disease risk: A Mendelian randomization study. Am Heart J. 2016; 182: 54-61.
57) Nabity MB, Lees GE, Boggess MM, et al. SDMA assay validation, stability, and evaluation as a marker for early detection of chronic kidney disease in dogs. J Vet Intern Med. 2015; 29: 1036-1044.
58) Braff J, Obare E, Yeramiil M, et al. Relationship between serum symmetric dimethylaraginine concentration and glomerular filtration rate in cats. J Vet Intern Med. 2014; 28: 1699-1701.
59) Hall JE, Yeramilli M, Obare E, et al. Comparison of serum symmetric dimethylarginine and creatinine as kidney function biomarkers in cats with chronic kidney disease. J Vet Intern Med. 2014; 28: 1676-1683.
60) Yeramilli M, Yeramilli M Obare E, et al. Symmetric dimethylarginine (SDMA) increases earlier than serum creatinine in dogs with chronic kidney disease (CKD). J Vet Intern Med. 2014; 28: 1084-1085.

7 尿の細菌培養と薬剤感受性試験

尿細菌培養(ならびに薬剤感受性試験)は尿中の細菌の存在を証明するための最も信頼性の高い方法であり、尿路感染症の疑いのある症例において、病因菌の同定や適切な治療薬剤の選択のために行われる。尿細菌培養は、理想的には尿路感染症が疑われるすべての症例で行われることが望ましい。

本項では、尿細菌培養および薬剤感受性試験の意義、方法、解釈、注意点などについて述べる。検査のタイミングや適応症例の詳細については 第10章「尿路感染症」を参照してほしい。

7.1 尿の細菌培養

尿路感染症の病因菌は、ほとんどの場合、好気培養で検出することが可能であり、前立腺などに膿瘍が形成されているような場合を除き、嫌気培養は必要としない。尿細菌培養では、実際には細菌が存在していても培養が難しい場合や、抗菌薬や白血球、保存方法、尿比重低下などの影響を受けて、結果が陰性となる場合がある。一方、汚染菌によって偽陽性の結果が得られる場合もあるため、同定された細菌の形態が尿沈渣の塗抹所見(特に、グラム染色所見)と矛盾していないかの確認も必要である。

尿は本来、無菌的であるが、採尿の過程で皮膚、遠位尿道、生殖器から細菌が混入する可能性がある。そのため、尿検体を培養に用いる場合には、汚染度合いを考慮しての判断が必要となる。尿検体の汚染リスクは採尿方法によって異なり、膀胱穿刺、カテーテル採尿、自然／圧迫排尿の順に高くなる。したがって、獣医学的な禁忌がない限り、尿のサンプル採取は最も無菌的な採尿方法である膀胱穿刺によって行うべきである。

また、抗菌薬投与後は細菌の検出率が低下する可能性があるため、尿の採取は抗菌薬の投与前に行うことが望ましい。既に抗菌薬を投与されている症例では、最終投与後24時間以上経過し、抗菌薬の血中濃度が低下した時期に採取するようにする。

採取された尿は速やかに検査に供するか、困難な場合には冷蔵保存して24時間以内に細菌培養を開始する[1]。外部検査機関に送付する場合には、滅菌容器に尿を採取し、定められた方法で送付する。採尿量が少ない場合には、遠心分離後に尿沈渣の上部を滅菌綿棒やシードスワブなどで採材する方法もあるが、汚染のリスクが高まる

第3章

ことから推奨されない。また、尿の定量培養（後述）を行う場合には遠心前の尿を提出する必要がある。

尿細菌培養の方法には定性的な培養方法（定性培養）と定量的な培養方法（定量培養）がある。

定性培養では、汚染菌も含めて検体中に存在するすべての細菌を増殖させ、その後、分離と同定を行うため、尿中の細菌の有無について評価することはできるが、汚染菌と病因菌の鑑別が困難な場合がある。そのため、尿を検体とする場合には、定量培養によって検体中の菌量を明らかにすることが推奨される。

定量培養は外部の検査機関に依頼するか、市販のディップスライド培地（図36）を用いて院内で行うことも可能である。定量培養による細菌数は1mLあたりのコロニー形成単位（colony forming unit：CFU）で表され、有意な増殖と判断される細菌数は採尿方法やイヌ・ネコによって異なる（表8）[2,3]。

膀胱穿刺尿の定量培養では、細菌数が10^3CFU/mL以上であれば、著しい細菌尿、すなわち、「感染」と判断され、10^2CFU/mL以下の場合には常在菌の「汚染」によるものである可能性が高いと判断される。一般的にグラム染色標本の1,000倍視野で細菌が認められた場合の細菌数は10^5CFU/mL以上であり、膀胱穿刺尿ではその時点で細菌尿と判断できる。やむをえず、カテーテル採尿で採尿した場合、「感染」と判断するにはより多くの細菌数を必要とするが、ある程度は菌量の多少によって、病因菌かどうかの推測が可能である。しかしながら、自然排尿／圧迫排尿の検体における結果は信頼性が低いため、培養サンプルとしては適していない。

7.2 薬剤感受性試験

薬剤感受性試験は、抗菌薬に対する細菌の感受性を調べる試験であり、治療薬剤を決定するうえで重要な検査である。さらに、薬剤耐性菌の検出においても重要な役割を果たしている。

薬剤感受性試験の結果が得られるまでには数日を要するため、初期の治療薬剤の選択は病因菌を臨床徴候や発生状況から推察し、経験的に行われることが多い。しかしながら、薬剤感受性検査を実施することで、効果が期待できない抗菌薬を継続して投与した結果、薬剤耐性菌が出現するのを防ぐことができる。さらに、効果が期待できる薬剤へ変更することで、その後の治療法を大きく改善できる可能性がある。

薬剤感受性試験には大きく分けると拡散法と希釈法があり、拡散法として、ディスク拡散法と濃度勾配ストリップ法、希釈法として、微量液体希釈法と寒天平板希釈

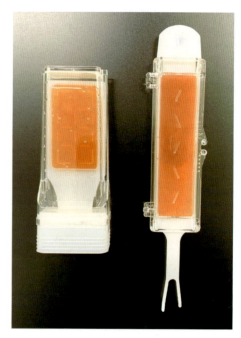

図36　ディップスライド培地

法がある。現在、日本で普及している薬剤感受性測定法は、微量液体希釈法（図37）とディスク拡散法（図38）である[4]。

微量液体希釈法は最も精密で正確な方法であり、検査機関では、主に微量液体希釈法が実施されている。一方、ディスク拡散法は希釈法をもとに制定された定性的な方法である。ディスク拡散法は院内で実施することも可能であるが、希釈法に取って代わるものではなく、あくまでより正確な検査結果を待つまでのつなぎととらえるべきである。

薬剤感受性試験は、アメリカの臨床検査標準協会（Clinical and Laboratory Standards Institute：CLSI）、欧州抗微生物薬感受性試験委員会（European Union Committee on Antimicrobial Susceptibility Testing：EUCAST）、日本化学療法学会によって、標準的な検査手順、解釈法が示されている、動物のサンプルを受託している検査機関のほとんどはCLSIに準拠している。

微量液体希釈法（図37）は、マイクロタイタープレートを用いて2段階希釈した薬剤濃度の液体培地に一定量の細菌の懸濁液を加えて、培養後、菌の発育を肉眼で確認し、菌の発育を認めない最小の抗菌薬濃度（minimum inhibitory concentration：MIC）を測定する。MIC値は抗菌薬の細菌に対する抗菌力を示す指標の1つであり、MIC値が小さい方が*in vitro*での抗菌力が強いと判断される。

最終的な薬剤感受性試験の結果は、S（Susceptible：

表8 イヌとネコの定量的尿培養結果の解釈[2,3]

	有意な細菌の繁殖		感染が疑われる		汚染	
	イヌ	ネコ	イヌ	ネコ	イヌ	ネコ
膀胱穿刺	≧1,000	≧1,000	100〜1,000	100〜1,000	≦100	≦100
カテーテル	≧10,000	≧1,000	1,000〜10,000	100〜1,000	≦1,000	≦100
自然/圧迫排尿	≧100,000	≧10,000	10,000〜90,000	1,000〜10,000	≦100,000	≦1,000

グラム染色×1,000で菌がみえたら10^5 CFU/mL以上　　　　　　　　　　　　　　　　　　　　(CFU/mL)

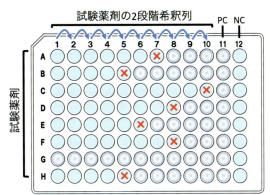

図37　微量液体希釈法
マイクロタイタープレートを用いて2段階希釈した薬剤濃度の液体培地に一定量の細菌の懸濁液を加えて培養後、菌の発育を肉眼で確認し、菌の発育を認めない最小の抗菌薬濃度（MIC：minimum inhibitory concentration）を測定する。細菌と抗菌薬の組み合わせごとに定められた基準のMIC値（ブレイクポイント）を基に感受性（S）、中間（I）、耐性（R）の判定を行う。

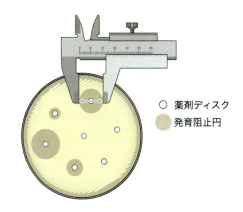

図38　ディスク拡散法
定められた濃度の抗菌薬を染み込ませた薬剤ディスクを用い、細菌を塗抹した平板培地上にディスクをのせ、培地中に薬剤を拡散させる方法。ディスクの周囲に形成される発育阻止円の直径を測定することにより、感受性（S）、中間（I）、耐性（R）の判定を行う。

感受性）、I（Intermediate：中間）、R（Resistant：耐性）で表される。「S」とは推奨される投与方法、投与量で、その抗菌薬が到達しうる体内濃度での菌の増殖を阻止でき、治療による臨床効果が期待できると解釈され、「R」は通常の投与スケジュールで、その抗菌薬が到達しうる体内濃度での菌の増殖を阻止できず、治療による臨床効果が期待できないことを意味する（表9）。

感受性、耐性の判断の基準となるMIC値はブレイクポイントと呼ばれ、抗菌薬に対する感受性と耐性の境目の値を意味する。ブレイクポイントは抗菌活性物質の体内動態や抗菌活性の特性に留意し、蓄積された膨大な臨床試験結果をもとに決定され、細菌と抗菌薬の組み合わせごとに定められている。したがって、薬剤間でMIC値だけを比較して、それが最も小さい抗菌薬を選択することは一般的に誤りである。

ディスク拡散法（図38）は、定められた濃度の抗菌薬を染み込ませた薬剤ディスクを用い、細菌を塗抹した平板培地上にディスクをのせ、培地中に薬剤を拡散させる方法で、ディスクの周囲に形成される発育阻止円の直径を測定することにより、感受性（S）、中間（I）、耐性（R）の判定を行う。阻止円の基準（ブレイクポイント）は厳密には細菌と抗菌薬の組み合わせごとに定められているため、菌種が不明な場合には、微量液体希釈法での結果と異なった結果となる可能性がある。

薬剤感受性試験は、結果を正しく解釈する必要がある。多くの検査機関ではCLSIに準拠した判定基準（ブレイクポイント）が用いられているが、この基準は主にヒトの感染症病原菌に対して設定されており、動物由来の病原細菌の記載が限られていること、また、血中の移行性、組織の移行性にも差があるため、薬剤感受性試験の判定結果が「S」であることは、獣医学領域における治療効果を保証するものではなく、「R」であるからといって、全く効果がないという解釈はできないという点は理解しておく必要がある。

最終的に治療に有効な薬剤を選択するには使用経験、薬剤の作用機序、耐性菌を誘導するリスク、体内移行、

第3章

表9　薬剤感受性試験結果の判定結果と解釈

判定結果	解釈
感受性（S：Susceptible）	・一般的に推奨される用法、用量によって達成される血中濃度によって、菌の増殖が抑制され、臨床的有効性が期待できる。
中　間（I：Intermediate）	・SとRの中間的な抵抗性を有しており、一般的には治療に選択しない。 ・ただし、感染部位への移行性が高い場合や通常の用量よりも高用量で投与可能な場合には菌の増殖が抑制できる可能性がある。
耐　性（R：Resistant）	・通常の投与方法で到達しうる血中濃度では菌の増殖が抑制されず、臨床的有効性は期待できない。

副作用、コストなどを加味して総合的に判断することが必要である。特に、尿路感染症の場合、尿中に高濃度で排泄される抗菌薬（フルオロキノロン系、β-ラクタム系、アミノグリコシド系など）は、血中よりも尿中濃度が高くなる場合がある。したがって、治療がうまくいっていると判断される場合、すなわち、臨床徴候の改善と尿中の細菌数の明らかな減少が認められる場合には、薬剤感受性試験の結果が「R」であっても抗菌薬の変更は必要ない。

第3章7の参考文献

1) Patterson CA, Bishop MA, Pack JD, et al. Effects of processing delay, temperature, and transport tube type on results of quantitative bacterial culture of canine urine. *J Am Vet Med Assoc*. 2016; 248: 183-187.
2) Bartges, JW. Diagnosis of urinary tract infections. *Vet Clin North Am Small Anim Pract*. 2004; 34: 923-933.
3) Lulich JP, Osborne CA, Bacterial urinary tract infection. in: Ettinger SJ, Feldman EC, ed. Textbook of veterinary internal medicine, 4th ed. WB Saunders. Philadelphia. 1999; 1775-1788.
4) 動物用抗菌剤研究会編. 第1章 感染症診療総論. In: 犬と猫の尿路感染症診療マニュアル. インターズー. 2017; 1-31.

8 前立腺液のサンプリング法と分析

8.1 前立腺液と組織のサンプリング法
8.1.1 前立腺液

前立腺は直腸に指を挿入することで、直腸の腹側に触知できる臓器である。ただし、前立腺が巨大化すると腹腔内へ落ち込むために、直腸からは触知できないこともある。また、老齢なイヌや、前立腺が巨大化すると、恥骨前縁よりも頭側へ落ち込むことで、腹壁からも触知できることがある。

前立腺を触知できたら、サイズや左右の対称性、前立腺表面の形状、痛み、可動性、波動感、骨盤腔の占拠状況、その他臓器との位置関係などを確認する。左右対称にサイズが大きくなっており、痛みを伴わない場合は、良性の過形成が最も一般的に考えられる。左右不対称性に形状が変化している場合は、腫瘍や嚢胞、膿瘍を疑う必要がある。さらに、波動感がある場合は、液体の貯留が考えられる。可動性の減少は腫瘍や炎症などの可能性があり、痛みを伴う場合は炎症や感染などを考慮しておくなど、触診から得られる情報も多い。これらの情報は、この後に行う検査をどのように進めていくかにも関連し、極めて重要な検査である。

また、用指での触診は、前立腺液採取にも外力性カテーテル法とともに用いられる。カテーテルを超音波ガイド下で、前立腺尿道部に配置し、前立腺を直腸からマッサージする。同時に、尿道に配置したカテーテルを吸引する。組織が脆弱な場合は、それだけで採材可能な場合がある。また、吸引するだけで採材できない場合は、前立腺マッサージをしたのち、体温程度に温めた滅菌生理食塩液を10～15mL程度流し入れ、吸引するということを5～10回程度繰り返す。これをスピッツ管に入れ、採材試料とする。この採材試料の検査法は前立腺の検査法の項にて後述する。

炎症や膿瘍、腫瘍の場合、前立腺マッサージは痛みや破裂を招くリスクがあるため、注意する。また、前立腺液が採取できない可能性、尿道内の感染や病変などが混入する可能性があるため、結果を解釈する際には考慮しておく必要がある[1,2]。また、外力性カテーテル法では前立腺内の限局する病変を正確に反映しないこともある。痛みが強い場合などで症例が落ち着かない場合には、鎮静や麻酔下で行うことを検討する。カテーテルで尿道を損傷することもあるため、慎重に行う。実施後に出血な

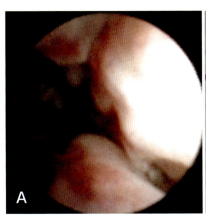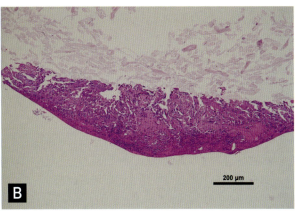

図39　前立腺癌の尿道鏡検査
A：尿道内に腫瘍が浸潤し、表面は隆起し、内腔には出血が認められる。
B：尿道鏡検査で組織を採取し、病理組織学的検査の組織像である。前立腺癌であった。（提供：賀川由美子先生／ノースラボ）

どが起こる可能性を、飼い主にインフォームドコンセントをしておく必要がある。

　射精による精液の採取は以前より行われてきた方法であるが、精巣や精巣上体、尿道の病変や感染の影響を受け、前立腺特異的な評価が難しいといわれている。前立腺マッサージと同様に、他の組織の病変の混入やサンプルが採取できないことがあり、特に感染の確認には、この方法は現在でも議論の余地がある。

　細針吸引生検（FNA）もまた、経皮的に採材を行うことができる方法である。超音波ガイド下で病変部を確認し、前立腺の細胞、液体、膿などを採取する。採取されたサンプルは、細胞学的な検査や微生物学的検査に供する。この方法は、最も侵襲や死亡率が少なく、特異性が高いといわれている[3]。一方で、膿が腹腔内へ漏出することや、移行上皮癌が疑われる場合は、針が通過した部位への腫瘍の播種などのリスクも報告されている[4]。膀胱頸部まで腫瘍と考えられる病変があるような場合は、移行上皮癌を除外しきれないため、FNAによる採材は避け、カテーテルでの採取をまずは行う。膿瘍や囊胞の場合には、中の液体が穿刺部位から腹腔内へ漏出しないように、できる限りすべて吸引する。このような方法で囊胞や膿瘍が改善するという報告もされているが[5,6]、もし大量に膿が漏出した場合は早急な外科的介入が必要とされるため、FNAは鎮静や軽い麻酔下で行うことも検討する。一般的に、死亡などのリスクが少なく、局所の病変を正確に採取できる可能性が高いことから、前立腺の細胞学的、細菌学的検査のためにはFNAが最も推奨される採材法となっている。また、できる限り複数回採材する。

8.1.2 組織

　超音波ガイド下でのFNAによる細胞診の正確性によって、組織生検自体を診断のために実施する機会はやや減少傾向であるといわれている[7]。組織学的検査のために前立腺組織を採取するのは、細胞診で前立腺腫瘍に対する明確な結果が得られない場合となる。組織は、超音波ガイド下のコアニードル生検、あるいは、下腹部の小切開または腹腔鏡下による切開生検や切除生検によって採材することも可能である[8]。コアニードル生検は出血が持続する可能性があるため、採材後も注意が必要である。切除生検や切開生検は、切除部位を縫合することで、出血を早期にコントロールできる。

　また、尿道鏡による生検が可能な場合もある。前立腺部の腫瘍で、尿道内まで浸潤している場合などは、尿道鏡下で確認しながら、組織を採材することができる（図39）。ただし、採取量が少ないことが多いため、診断が難しい場合もある。尿道内へ腫瘍が浸潤していない場合、表面の尿道粘膜の採取のみでは、組織学的評価は困難である。

8.2 前立腺液の検査法

　外力性カテーテル法を用いた尿路における採材は、前立腺の細胞だけでなく、尿道内の細胞も同時に採取することになる。膀胱や尿道の移行上皮細胞と前立腺の上皮細胞は、正常であれば形状の違いがあるものの、尿中に長く浮遊していた細胞や、腫瘍化した細胞では、クロマチンが粗造に変性するなどにより評価が困難なときもある。また、FNAで得られた細胞よりも、細胞の鮮度が乏しいため、腫瘍と判断する際には、細胞を採取した方法も記載しておくことも必要である（図40）。最終的には、細胞診や組織学的検査だけでなく、全身症状や血液検査、画像診断を組み合わせて、総合的に診断を下すべきである。

　外力性カテーテル法で得られた細胞浮遊液はスピッツ管に分注し、1,500rpm×5分間、あるいは1,000rpm×10分間で遠心分離して上清を破棄する。複数回繰り

第3章

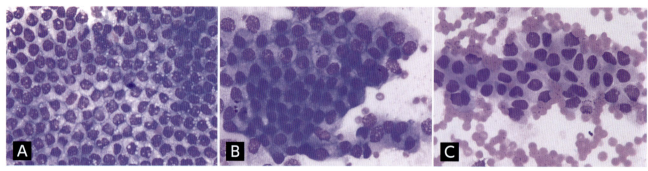

図40　FNAと外力性カテーテル法で得られた正常な前立腺細胞の比較
A：FNAによって得られた正常な前立腺細胞：細胞は新鮮で、核は小型であり、細胞質に空胞が存在する。均一なシート状で、蜂の巣状にきれいに配列する。
B：外力性カテーテル法によって得られた正常な前立腺細胞：Aよりは細胞の新鮮度が落ちるが、Cよりはやや新鮮な細胞が得られている像。均一シート状ではあるが、周囲の細胞はクロマチンが粗造である。
C：外力性カテーテル法によって得られた正常な前立腺細胞：Cよりも細胞の新鮮度が低い像。破壊された細胞が認められる。

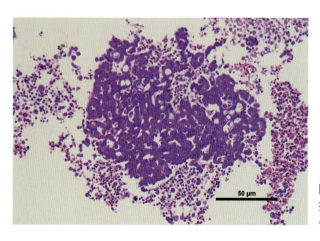

図41　外力性カテーテル法による採材標本
採取した沈渣を収集、固定し、病理組織学的検査に供した組織像である。前立腺癌であった。（提供：賀川由美子先生／ノースラボ）

返し採材した場合には、複数のスピッツ管に分かれて存在する沈渣を、最終的に1本のスピッツ管に集める。上清を破棄して、沈渣だけになったところに、4％パラフォルムアルデヒドリン酸緩衝液（4％PFA）を、細胞が浮遊しないようにゆっくり流し入れて固定する。これを病理組織学的検査に供する（図41）。沈渣が多い場合は、4％PFAを注ぐ前に、細胞塗抹標本を作製し、ライト・ギムザ染色して細胞診を実施する（図42）。

膿などが採取された場合も、前述同様に遠心分離し、沈渣を塗抹して、ライト・ギムザ染色をする（図43）。細菌が存在する場合には、微生物学的検査のために、培養、同定、薬剤感受性試験を必ず行う。

（図42と43は次ページに掲載）

第3章8の参考文献

1) Barsanti JA, Shotts EB Jr, Prasse K, et al. Evaluation of diagnostic techniques for canine prostatic diseases. *J Am Vet Med Assoc*. 1980; 177(2): 160.
2) Klausner JS, Johnston SD, Bell FW. Canine prostatic disorders. In: Bonagura J. Kirk's current veterinary therapy XII. Saunders. Philadelphia. 1995: 1103.
3) Powe JR, Canfield PJ, Martin PA. Evaluation of the cytologic diagnosis of canine prostatic disorders. *Vet Clin Pathol*. 2004; 33(3): 150.
4) Nyland TG, Wallack ST, Wisner ER. Needle-tract implantation following US-guided fine-needle aspiration biopsy of transitional cell carcinoma of the bladder, urethra, and prostate. *Vet Radiol Ultrasound*. 2002; 43(1): 50.
5) Boland LE, Hardie RJ, Gregory SP, Lamb CR. Ultrasound-guided percutaneous drainage as the primary treatment for prostatic abscesses and cysts in dogs. *J Am Anim Hosp Assoc*. 2003; 39: 151-159.
6) Bussadori C, Bigliardi E, D'Agnolo G, Borgarelli M, Santilli RA. The percutaneous drainage of prostatic abscesses in the dog. *Radiol Med*. 1999; 98: 391-394.
7) Johnston SA, Tobias KM. Veterinary Surgery: Small Animal Expert Consult - E-BOOK. Elsevier Health Sciences. Kindle版. No.151582-151583.
8) Holak, P, Adamiak Z, Jałyński M, Chyczewski M. Laparoscopy-guided prostate biopsy in dogs - a study of 13 cases. *Pol J Vet Sci*. 2010; 13: 765-766.

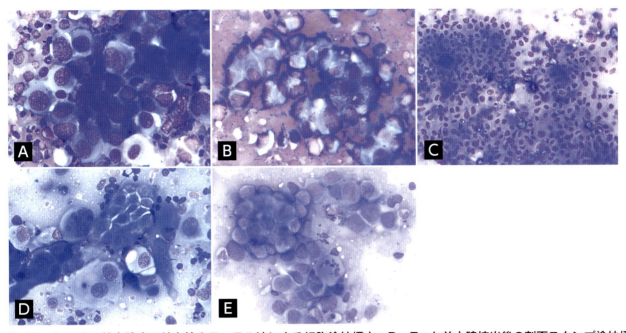

図42　A〜C：前立腺癌の外力性カテーテル法による細胞塗抹標本、D・E：と前立腺摘出後の割面スタンプ塗抹標本
A：細胞は不規則な配列を呈し、大型核、核の大小不同、クロマチンの粗造となり、異形成の強い細胞が存在する。
B：ブドウの房状、あるいは腺房様に配列した細胞が存在する。核小体不同症を伴いながら核小体が4個以上存在する細胞や、多核巨細胞、大型核を有する細胞が存在している。
C：前立腺癌で石灰沈着の認められる症例では、細胞内にカルシウムが結晶化して沈着している像が認められる場合もある。
D：摘出臓器の割面スタンプ塗抹標本の画像。外力性カテーテル法による細胞よりも新鮮な細胞が得られる。核小体不同症、核小体の不正、各不同症を伴う多核巨細胞が出現している。
E：摘出臓器の割面スタンプ塗抹標本の画像。細胞分裂像が散見される。

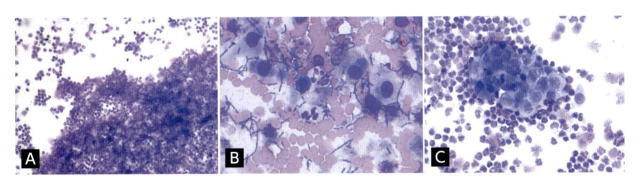

図43　前立腺膿瘍の外力性カテーテル法による細胞塗抹標本
A：多数の好中球の集簇が観察される。
B：細菌と好中球による連鎖桿菌の貪食像。
C：上皮の異形成は軽度である。

第4章 腎泌尿器の画像検査

1～4：夏堀 雅宏、 5：山﨑 寛文

1 各種モダリティの診断的意義

現在、国内の動物病院で利用される画像検査のモダリティとして、X線、超音波、X線CT、MRI、核医学検査（PET/シンチグラフィ）がある。ここでは、紙面の都合から、泌尿器系の検査に対する各種モダリティの特徴を紹介するにとどめる。撮像法および正常と異常との鑑別法を含む読影上のより技術的、あるいは適用と禁忌を含む詳細な情報については参考文献（1、2）をぜひご参照されたい。

1.1 X線検査：単純および造影検査法
1.1.1 単純X線検査

単純X線検査は、腹部X線画像は主に腹腔内脂肪と実質臓器（水）および消化管内ガスとその漿膜面との境界などから、腹腔内臓器の存在および存在部位（位置）、サイズ、形状、X線不透過性、境界の明瞭さという尺度で正常と異常の鑑別を行うことができる。

〈圧迫撮影〉

腹部圧迫によるX線検査は腎臓のような臓器の描出に役立つ。X線画像は関心領域をX線透過性のへらなどで圧迫し、重複する消化管を視野から排除し、X線通過領域を細くすることで散乱線の発生を抑え、その圧迫を加えた部位の画質が改善される。VD像では仰臥位の腹部に対し、右または左腎臓の部位を圧迫して撮影することで、腎臓のみえ方は劇的に改善する。圧迫撮影の際、X線の出力条件（管電圧）を通常の10～15％程度減少させることで、露出過剰を防ぐことができる。特殊な圧迫装置はヒトの撮影用アクセサリーとして購入できるが、極めて高価なことが多い。比較的安価な木製・プラスチック製の調理用の適切なサイズのへらやスプーンで代用できる。

1.1.2 造影X線検査

造影検査は、上部尿路については静脈性尿路ヨード系造影剤を投与し、その造影剤の腎臓内での移動および排泄過程を観察することで形態およびある程度の機能的評価を行うことができる。下部尿路については、尿道から逆行性に造影剤を投与して異常な形態の有無を評価する方法である。なお、造影検査は必ず造影前の単純X線画像が比較参照画像となる。

1.2 超音波検査

超音波検査は比較的ピンポイントで腎臓、尿管、膀胱についての横断像（Bモード）による形態の評価ととも

にドップラー画像による血流情報を得ることができるのみならず、必要に応じてFNAやバイオプシーあるいは膀胱穿刺による採尿によって生体試料を得てその試料の成分および病理組織学的検査につなげることが可能である（超音波ガイド下検査）。

1.3 X線検査と超音波検査の比較

泌尿器系は大きく上部尿路と下部尿路に分けられる。上部尿路は腎臓および尿管であり、下部尿路は膀胱および尿道である。主に上部尿路のX線評価では、腹部単純X線像（右ラテラル像、VD像）および排泄性尿路造影（EU）あるいは静脈性尿路造影（IVP）の実施により行われるが、その前後の腹部超音波も併せて実施されることは少なくない。

一般的に、X線画像は超音波画像に比べて全体的あるいは網羅的および客観的であるのに対して、超音波検査は検査者の知識、技術的背景とともに、画質を含め操作者依存性が高いモダリティといえる。超音波検査像はより詳細な解剖学的構造の断面および血流情報等が得られる一方で、得られる画像が横断像であることから、より検査者の走査技術に従った、主観的な画像情報に近くなることをしばしば経験する。このことから、超音波検査は少なくとも一定レベル以上のスキルおよび十分な経験のある者が行うことが望ましい。

また、下部尿路については膀胱の評価は超音波検査が比較的容易である一方で、骨盤腔内の尿道の評価および尿道全体の形態および機能的評価については、造影検査法がより適切と思われる。造影検査では検査技術が重要であるが、たとえ技術が未熟であったとしても、比較的最新のパルス撮影機能を装備したデジタルX線装置（DR）は下部尿路機能を評価するうえで極めて有用である。

1.4 CT検査

造影剤を投与することが多く、また撮像中の動きによって深刻なアーチファクトを生ずる。このためこの検査には全身麻酔が推奨される。つまり、検査対象は全身麻酔に耐えられることが要求される。しかしながら、開腹術を含む何らかの外科処置が要求される可能性が高い症例については、術前の手術支援としての画像情報として極めて有効性が高い。

1.5 MRI検査

MRIによる動物の腎臓の評価法はまだ一般的とはいいがたい。その最大の理由は撮像中の体動によるアーチファクトである。腎臓は呼吸とともに動く横隔膜の影響で診断価値の高いMRI検査を行うことの意義は、麻酔下の検査であっても現段階では低いといわざるを得ない。

1.6 核医学検査

一度の検査で左右の腎臓のそれぞれの機能（腎血流、糸球体濾過速度、腎血漿流量を含む分腎機能）を評価できる唯一の検査法であり、一般的には腎シンチグラフィによって評価される。これによって、腎臓の摘出が可能か、あるいは腎臓を温存するのが望ましいかの判断が比較的容易にできるようになった。

本項は、臨床上最も経験しうる代表的な尿路系または尿路系と間違えうる疾患症例の画像とその特徴を中心とした各種モダリティの画像について組み合わせて一覧（アトラス）化することで、読者にそれぞれの症例を直感的、疑似的に経験していただくことを主眼に作成した。

2 上部尿路の評価法

2.1 単純X線画像による評価

腹部単純X線画像（横隔膜頭側縁から股関節までを含む画像）によって通常は評価される。単純X線画像では腎臓の形態およびサイズを比較的速やかに評価することができる最もよい方法である。

腎臓は、後腹膜腔内に存在し、その周囲は脂肪に覆われており、そのことによって腎臓の形態が評価できる。腎臓を単純X線画像で評価するには、検査前の絶食あるいは浣腸などが要求されることがある。

2.2 腎臓に関する評価項目

X線検査における腎臓の評価項目はX線読影の原則と同じ6項目である。しかしながら、下記X線検査項目上ですべて正常範囲内と判断された場合でも、腎疾患がないとはいえない。すなわちX線検査は偽陰性所見が多い診断法であることを忘れてはならない。

2.2.1 腎臓のサイズ

腎臓のサイズは長軸に関してVD像でのみ、第二腰椎（L2）椎体長との比較により評価する。L2椎体長×2.5〜3.5がイヌの正常サイズ、L2椎体長×2.4〜3.0がネコの正常サイズである。ただし、ネコの場合は実測値が4.0〜4.5cmである。ラテラル像では後腹膜腔内で腎臓が下向きに動いたり、左右腎臓からフィルム（センサー）までの距離が異なって拡大率が変化してしまうた

第4章

表1　腎臓のサイズによる鑑別診断リスト

	正常サイズ	小さいサイズ	大きいサイズ
正常な形状と 正常な境界構造	・正常 ・アミロイド症 ・糸球体腎炎 ・急性腎盂腎炎 ・家族性腎疾患	・低形成 ・糸球体腎炎 ・アミロイド症 ・家族性腎疾患	・代謝性肥大 ・リンパ肉腫 ・水腎症 ・腎虫症 　(*Dioctophyma renale*) ・アミロイド症 ・糸球体腎炎 ・腎周囲偽嚢胞 ・孤立性大嚢胞 ・腎被膜下出血
不整な形状と 不整な境界構造	・限局性の異常 　：腎梗塞、膿瘍 ・びまん性の異常 　：慢性腎盂腎炎、 　　多発性腎嚢胞	・末期腎疾患 ・異型性（形成不全）	限局性： 　原発性または転移性腫瘍、 　血腫、腎周囲偽嚢胞、 　腎被膜下出血 びまん性： 　多発性嚢胞腎、リンパ肉腫

めに、再現性のある評価法とはいえない。

　左右腎臓は基本的にサイズは同程度だが、ポジショニングによる歪みのためにわずかに異なって認められることがある。

〈異常所見からの鑑別診断〉

　サイズ、形状、位置、辺縁（平滑か粗造か）および境界（明瞭か不明瞭か）の所見に基づいて、表1の鑑別診断リストを理解しておくことが重要である。

2.2.2 腎臓の形状

　腎臓は豆様の形状である。ちなみにインゲン豆（隠元豆）は英語で「kidney bean」と呼ばれる。これは腎臓のような豆という意味だが、「腎臓が豆様の形状である」と「豆が腎臓みたいだ」という表現では、どちらが先かという疑問をよびそうである。

　腎臓は右腎と左腎で構成され、それぞれの腎臓は中央部が凹んで腎盂（腎盤）を構成しているのが特徴となっている。ネコの腎臓はイヌほど細長くはなく、より丸みを帯びてみえる。

2.2.3 腎臓の位置

　腎臓は後腹膜腔内に位置しており、右腎は左腎よりも頭側に位置する。

　右腎臓の頭極は肝臓尾状葉の腎圧痕に接しており、このため単純X線画像上は、その間に脂肪が含まれたりしない限り、一般的にその境界が不明瞭（シルエット効果）である。左腎は右腎に比べ後腹膜腔内ではよりルーズに結合しており、そのため変位しやすい。ネコの腎臓はイヌの腎臓に比べ相対的に尾側に位置しており、そのため観察しやすい。ラテラル像では右腎の尾極が左腎の頭極と重複した陰影として観察されることが多い。この不透過性が増加した陰影を、異常なマスまたは正常な腎臓と解釈してはならない。

2.2.4 腎臓の数

　腎臓は通常左右あわせて2つである。腎臓があたかも増えた、または複数あるかのように読み誤ってはいけない。また、実際に、副腎が腫大した場合には、左右の腎臓が複数あるかのようにみえることもある。

2.2.5 腎臓の境界

　腎臓はその周囲の脂肪とのコントラストによって境界が明瞭で辺縁は平滑な構造であり、腎臓外側にかけて卵円形、通常内側は凹んだ構造を示す。

2.2.6 腎臓の不透過性

　腎臓の不透過性は均一な軟部組織性の不透過性構造であるが、ときとして腎盂領域には脂肪のX線透過性によって黒く認められる場合がある。

3 造影X線検査法

　X線造影検査法には陽性造影法、陰性造影法、および二重造影法がある。また、上部尿路の評価には排泄性尿路造影法が用いられ、膀胱などの下部尿路に対しては逆行性尿路造影法（図1）が用いられる。

・**陽性造影法**（図1A）

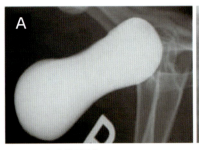 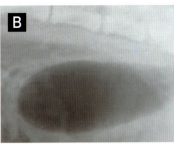 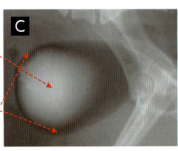

図1　膀胱造影法
A：陽性造影法。陽性造影剤（硫酸バリウム、ヨード系）使用。目的とする部位は白く描出され、X線不透過性を上げる。
B：陰性造影法。空気を膀胱内に注入した状態。陰性造影剤としては、空気や二酸化炭素が使用される。目的とする部位は黒く描出され、X線透過性を上げる。
C：二重造影法。陽性造影剤と陰性造影剤を併用し、白と黒で目的とする部位を描出し、X線透過性および不透過性を上げる。

陽性造影剤の投与により目的部位のX線不透過性を上げることで、X線画像では白く描写される。

・**陰性造影法**（図1B）
陰性造影剤の投与により目的部位のX線透過性を上げることで、X線画像では黒く描写される。

・**二重造影法**（図1C）
陽性造影剤と陰性造影剤の併用により、X線透過性と不透過性を上げることで、二重のコントラストが生まれることを利用した方法。X線画像では白い部分と黒く描写される部分で構成される。この方法は日本人によって考え出された。

・**排泄性尿路造影（EU）／静脈性尿路造影（IVP）**
腎臓・尿管の可視化および、腎血流、腎実質〜集合管系および尿管の機能に対し最もよく使われる造影法である。尿管の異常については、造影剤による尿管の可視化が不可欠である。尿管はその速やかな蠕動運動のために、排泄性尿路造影でのX線撮影では、通常尿管の一部のみが撮影される。

3.1 排泄性尿路造影の手技

排泄性尿路造影は以下の手順に従い実施する。
① 消化管内容物を除去するために動物は24時間の絶食が必要、ただし水の給与は自由。
② 動物の脱水状態を検査し、臨床的脱水の徴候が認められない場合にのみ実施する。必要な場合には造影前または検査中に輸液をしながら、または脱水を防ぐために検査後に輸液を実施する。
③ 検査2〜4時間前には洗浄浣腸を実施する。
④ 造影剤投与前に単純X線（ラテラル像およびVD像）撮影を実施する。ラテラル像によって消化管内容物が除去されていることを確認する。
⑤ 消化管内容物の除去が不十分な場合、内容物が除去されるまで単純X線検査を続け、内容物が除去されていたらVD像を撮影する。
⑥ 単純X線画像からの経時的な変化を比較する。造影検査の場合、単純X線検査よりも管電圧を約5％上げる。
⑦ 適切な造影剤用量を投与する。現在、イオン性水溶性トリヨード剤が一般的である。イオタラム酸ナトリウム（コンレイ）、およびメグルミンジアトリゾ酸ナトリウム（HypaqueやRenografin）はこれまでに利用されてきた造影剤だが、イオン性ヨード剤は高浸透圧性であり、症例の脱水を助長してしまうために、現在は相対的に浸透圧の低い非イオン性ヨード剤（イオパミドールやイオヘキソール）がハイリスクの症例に使用できる。ヨード系造影剤の至適投与量は800mgI/kgで最大投与量は1,600mgI/kgとされるが、日本国内ではその半量くらいで実際されることが多い（目安として、どの造影剤でも2mL/kg前後）。投与された造影剤はそのほとんどが糸球体濾過で尿中排泄される。
⑧ 動物をVDポジションで保定し、造影剤をボーラスで急速注入する（Time＝0）。
⑨ 投与開始10〜20秒後に最初の撮影を実施する（図2A、B）。
⑩ 造影剤投与終了後には、速やかに以下の撮影を実施する。①投与5分後、②投与20分後、③投与40分後（図2C〜E）、④必要に応じて投与3〜15分後に尿管開口部を椎骨に重ならないようにVD斜位像で撮影する（図38、43も参照）。
⑪ 造影剤投与後の適切な静脈内輸液を実施する。

3.2 排泄性尿路造影像の解釈

排泄性尿路造影像は、生理学的に造影剤が尿路を経由して排泄されるために、以下の4つの連続的な相（動脈相、腎実質相、腎盂相、膀胱相）で構成される。

第4章

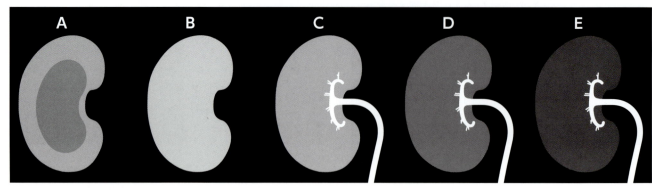

図2　排泄性尿路造影における腎実質相と腎盂相での腎陰影の特徴のイメージ
影剤投与後、A：5秒、B：20秒、C：5分、D：20分、E：40分。
Aの動脈相とBの尿細管相を合わせて腎実質相、C〜Eが腎盂相（排泄相）である。

3.2.1 動脈相（arteriogram phase）

　動脈血が腎臓内を正常に通過するかどうかを判定するために撮影する。動脈相は極めて短時間で終了するが、VD像では造影剤投与中に観察される（図2A）。異常な血流や虚血部位がこの時期の撮影で観察される。もし図2C以降である腎盂相（排泄相）が出現しない場合には、その原因には様々な理由があるが、このときに撮影した動脈相の画像が唯一、腎動脈が正常であるか否かを判定するものとなる。

3.2.2 腎実質相（ネフログラム：nephrogram）

　動脈相に次いで造影剤は糸球体濾過され尿細管内に濃縮される。この相では腎実質が評価できるが、この相は通常造影剤の投与開始20秒くらいで始まる。造影剤投与後の腎実質のX線不透過性およびその経時変化は腎実質相の不透過性パターンと呼ばれる（表2）。これらの変化のパターンは背景となる病態生理学を読み解く鍵となることがある。排泄性尿路造影において役立つ腎実質相の造影パターン（造影剤投与後の腎実質の不透過性およびその経時変化）とその解釈に関する分類を表3に示す。

3.2.3 腎盂相（pyelogram phase）

　腎盂相では造影剤が腎実質で濃縮され集合管系を経て腎盂に貯留した結果であり、腎盂陥凹（憩室）、腎盂、尿管で構成される。この相は造影剤投与後1〜5分で開始する。腎盂相では腎実質相から濃縮された造影剤が、腎盂に貯留する。腎盂はそのサイズ、形状、輪郭および不透過性で評価される。必要に応じ、腹部圧迫撮影を行うことで腎盂の輪郭を強調することができる。
　正常のイヌの腎盂の内径は2mm以下、腎盂陥凹部のスペースは1mm以下の幅であり、近位尿管の内径は2.5mm以下である。これらのサイズを超えてみられる腎盂の拡張は機械的な閉塞（水腎症）または腎炎（腎盂腎炎）の証拠となる。水腎症は通常境界明瞭な腎盂陥凹の拡張を伴い、一方で腎盂腎炎では腎盂陥凹はしばしば不整で歪んでいる。腎盂と尿管に認められる充填欠損陰影は、マス、結石、尿管線維症および狭窄によって生じる。腎盂や腎盂陥凹の不整構造や歪みは、腎腫瘍とも関連することもある。腎盂相では尿管損傷および尿の漏出、尿管瘤、異所性尿管などの有無を評価する。排泄性尿路造影前にあらかじめ逆行性膀胱陰性造影を実施することによって、異所性尿管（尿管開口部の異常）の評価がしやすくなる（図38も参照）。

3.2.4 膀胱相（cystogram phase）

　腎臓より排泄された造影剤が膀胱内に受動的に貯留する最終相である。様々な理由で病変様のアーチファクトや、逆に病変がマスクされてしまうこともあるために排泄性尿路造影においては膀胱の評価に十分に注意しなければならない。臨床徴候で膀胱に問題があると考えられる場合には、逆行性膀胱造影も、追加的検査として要求される。

3.3 腎臓および尿管造影の条件と補足

〈腎臓・尿管内を造影するための条件〉
- 適切な投与量
- 造影剤は静脈内に投与し、血管外に投与しない
- 適切な腎血流量
- 造影剤を濾過する機能的糸球体の存在
- 尿細管における水の再吸収（造影剤の濃縮）
- 集合管系の疎通性

表2　基本となる4つの腎実質相の不透過性のパターン

① 正常パターン	
	初期に高い不透過性となり、経時的に徐々に不透過性が減少する
② 造影剤に対する有害な生体反応（副作用）として、全身性の低血圧、急性尿細管障害、壊死、急性腎不全	
	投与初期により不透過性となるが、その後のX線不透過性が継続するか、あるいはより不透過性が亢進し続ける
③ 原発性腎疾患	
	初期のX線不透過性は弱く、次第に不透過性は消失する（多尿性腎不全）か、または不透過性が継続する（糸球体またはびまん性腎疾患）。このパターンは不適切な投与用量でも生じる
④ 急性閉塞性、または既にショックなどの全身性低血圧	
	初期の不透過性に乏しいが、その後次第にX線不透過性が増加する

表3　状態による腎実質相の不透過性の違い

状態	造影剤投与直後	経時的変化
正常	高いか、ある程度高い	減少
ショック（造影剤による副作用など）	高いか、ある程度高い	不変あるいは増加
不適切な造影剤の投与	低い	減少
尿崩症、多尿性腎不全	低い	減少
糸球体性腎不全	低い	不変
びまん性腎不全	低い	不変
低血圧	低い	増加
腎性貧血	低い	増加
急性尿管閉塞	低い	増加
急性血管閉塞	増加を認めない	増加
腎臓剥離	増加を認めない	増加
血管外投与	増加を認めない	増加

〈排泄性尿路造影の適応（指示条件）〉

・腎臓が単純X線画像で認識されない
・血尿および膿尿の持続
・異所性尿管など先天異常を疑う場合（尿失禁の持続）
・腎臓の拡大または不整な形状
・マス効果による腎臓の変位（圧排）
・腎臓／尿管内結石
・不明瞭な後腹膜腔（尿管漏出または破裂を疑う場合）
・腎機能の評価

〈排泄性尿路造影の禁忌条件〉

・臨床的脱水状態
・造影剤に対する過敏症
・多発性骨髄腫（Bence Jones蛋白の沈殿・凝集による急性尿細管閉塞を引き起こすことがある）
・腎不全および肝不全を合併している場合（腎不全単独あるいは肝不全単独では禁忌ではない）

※補足：高窒素血症（アゾテミア：azotemia）について

これまで多くの文献で高窒素血症は排泄性尿路造影について禁忌条件と説明されている。しかしながら、動物に十分水分補給がされて脱水症状を示していない場合には禁忌とはならない。もし高窒素血症が膀胱破裂などによって腎後性に発生した場合、造影剤投与後の腎実質および集合管系のX線不透過性が亢進する。

一方で、BUNが80〜100mg/dLまたはそれ以上の状態が腎性に生じている場合、または原発性腎機能不全に基づいている場合、排泄性尿路造影によって腎臓および集合管系の不透過性を上昇させることができないため、排泄性尿路造影を実施する価値は低いと考えられる。

排泄性尿路造影検査は腎機能を調べる検査であるため腎不全のみでは禁忌とはならないが、一方で造影剤の使用による一過性の可逆的もしくは不可逆的な急性腎障害による腎不全の例がヒトで報告されているため、明らかに腎不全を示唆する動物には造影剤の投与の際には十分な輸液による水和の確保などによる予防が必要となる[10]

第4章

4 腹部X線検査と腎泌尿器の造影検査
4.1 成犬の腹部正常X線画像（RL/VD像）

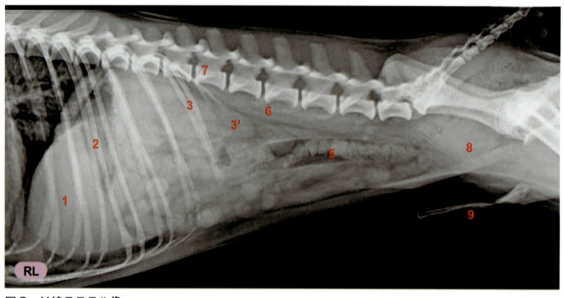

図3　X線ラテラル像
1：肝臓、2：胃および胃内容物、3：右腎臓、3'：左腎臓、4：脾臓、5：結腸、6：腰最長筋、7：第一腰椎（L1）、8：膀胱、9：陰茎および陰茎骨。
この症例は、腰椎が6椎体のみ認められる腰椎欠損である。

4.1.1 撮影方向
　ラテラル像（側方像・横臥位）には右下で撮影するRL像と左下で撮影するLL像があり、左右特筆の必要がない場合はラテラル像と表記する。右側臥位、左側臥位でもよいがRL像/LL像の表現がより一般的である。
　同様に仰臥位撮影ではVD像、伏臥位撮影ではDV像と表記する。

4.1.2 イヌの腹部X線画像撮影時のポイント
　頭側縁は胸骨剣状突起から頭側に2～3指から、尾側縁は大腿骨大転子あたりまで撮影する。
　可能な限り消化管内容物がない状態での撮影が診断的意義の高いX線画像となる。また、撮影のタイミングは最大呼気時である。

ラテラル像（図3）
　胸骨と脊椎棘突起は撮影台に対して同じ高さであって、撮影台に平行であることを確認する。最良な腹部ラテラル像は左右の肋骨頭、横突起、腸骨および大腿骨頭がほぼ同位置で重複している。

VD像（図4）
　左右にローテーションが起こらないように、V字マットの使用が効果的である。最良な腹部VD像は、胸骨と脊椎棘突起は同一直線状に重複し、脊椎背側棘突起は頭側から尾側にかけて直線状に観察され、骨格は左右対称となる。

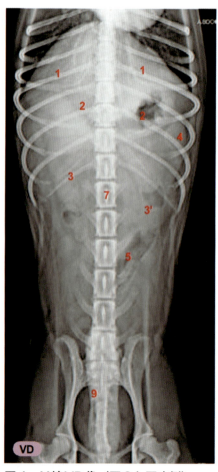

図4　X線VD像（図3と同症例）
1～9は図3と同様。

4.2 成ネコの腹部正常X線画像（RL/VD像）

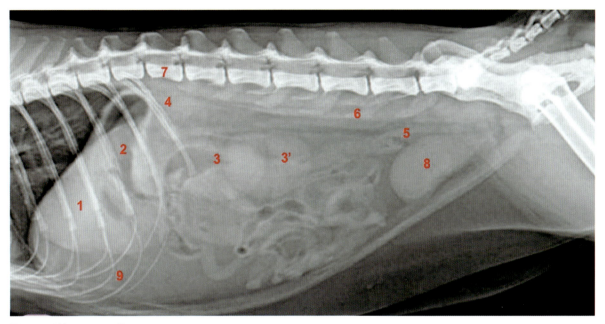

図5　X線ラテラル像
1：肝臓、2：胃および胃内容物、3：右腎臓、3'：左腎臓、4：脾臓、
5：結腸、6：腰最長筋、7：第一腰椎（L1）、8：膀胱、
9：肝鎌状間膜下の脂肪。

4.2.1 ネコの腹部X線画像読影時のポイント

　ネコの腹部X線画像は一般に、比較的豊富な腹腔内脂肪のために、脂肪と各臓器とのコントラストが高いことで視認性が高い（腹部漿膜面のディテールは比較的明瞭である）。このため、イヌに比べて各臓器の境界が比較的明瞭に観察される（図5、6）。

　腹部X線画像は主に腹腔内脂肪と実質臓器（水のデンシティ*）および消化管内ガスとその漿膜面との境界などから、腹腔内臓器の存在および存在部位（位置）、サイズ、形状、X線不透過性、境界の明瞭さという尺度で正常と異常の鑑別を行うことができる。
＊X線学的には、空気、脂肪、水、骨、金属の5種のデンシティのどれにあてはまるかを評価する。一般的に実質臓器は水のデンシティに相当する。

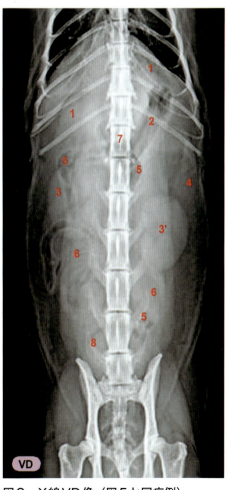

図6　X線VD像（図5と同症例）
1～9は図5と同様。

4.3 後腹膜腔の異常（後腹膜腔内に液体の漏洩を示唆する病態）

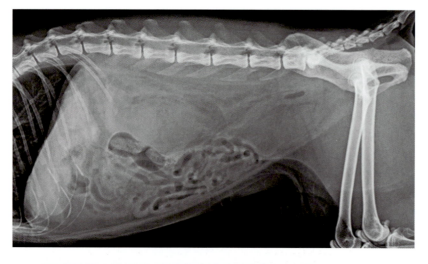

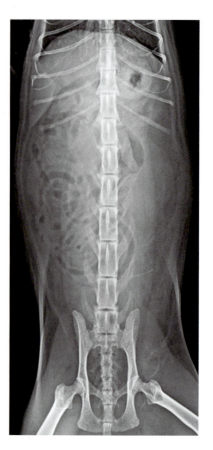

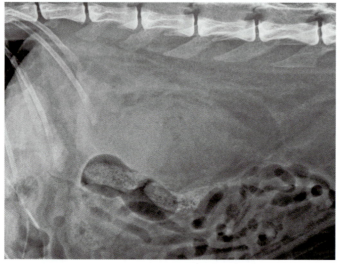

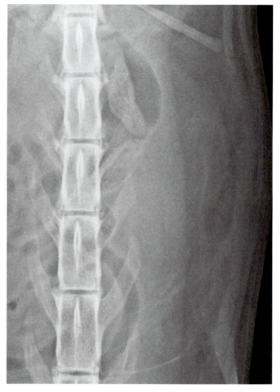

図7　頻尿で最近は乏尿となってきた日本ネコの腹部X線画像（RL/VD像）および拡大図
後腹膜腔内の不透過性の亢進と、腎臓や大腰筋周囲の境界、腎臓周囲の後腹膜腔内脂肪に線状または網状の不透過性構造によりこの領域の不透過性の亢進と、腎臓の輪郭は不明瞭化または一部消失していることに注目。

鑑別診断リスト：後腹膜腔内の漏出液・出血・膿瘍・上部尿路損
　　　　　　　　傷に伴う尿漏れ

　この段階で後腹膜腔内に液体の漏洩が示唆されるが、確定診断できずより詳細な状況を把握するためには超音波検査が指示される（→次のページも参照）。

腎泌尿器の画像検査

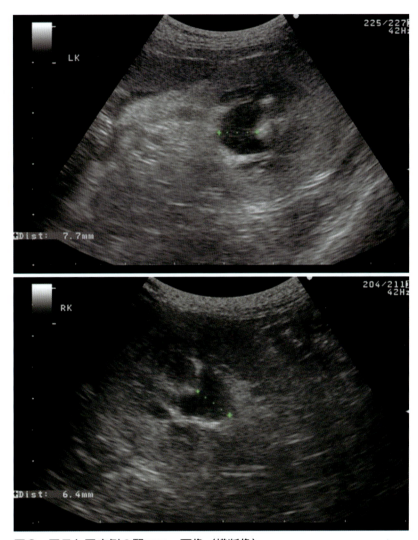

図8　図7と同症例の腎エコー画像（横断像）
左腎（上段）、右腎（下段）ともに、顕著な腎盂の拡張が認められる。

4.3.1 本症例のポイント解説

腹部単純X線所見

　腹部漿膜面のディテールは軽度に低下とともに、後腹膜腔内は線状、網状の不透過構造のために、腎臓、腰最長筋、ならびに膀胱の漿膜面のディテールは消失している。加えて後腹膜腔は拡大し消化管を右腹側に圧排している。腎臓、尿管領域、および膀胱内部に石灰化構造は認められない。左腎の輪郭はやや不明瞭なものの、その長軸サイズは正常値上限を超えている。また、腹部腹側領域の被毛は部分的にその不透過性が亢進し、線状のラインとして観察される。

超音波検査所見（腎臓のみ）

　左腎は軽度の腫大がみられるが、その被膜面は平滑で、皮質エコーレベルの上昇がみられる。腎盂のサイズは左7.7mm、右6.4mmと両側性にその拡大がみられる。明らかな音響陰影を伴う構造は腎臓内に認められない。

画像診断

　両側性腎盂拡大であり、何らかの機械的な閉塞に伴う腎盂～近位尿管領域の拡大と考えられる。機械的な閉塞の原因には感染巣や肉芽腫、出血、結石が考えられ、その部位を特定するために腎盂から尿管領域にかけて、内腔の拡大部について詳細に観察することで閉塞部位を特定できる場合がある。本症例は　両側性慢性腎盂腎炎に伴う腎盂-尿管領域の機械的な閉塞が疑われた。

　また、腹部X線画像で体壁腹側に線状の不透過性構造が認められるが、これは超音波検査後にX線撮影を行っていたため、腹部腹側の被毛が濡れていることによる。

第4章

4.4 低形成もしくは萎縮と異所性腎・代償性肥大

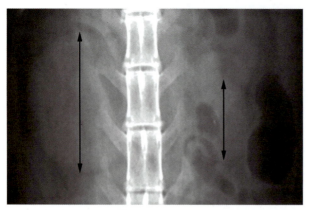

図9 頻尿で最近は乏尿となってきた日本ネコの腹部X線画像／VD像拡大図
後腹膜腔内の不透過性の亢進と、腎臓や大腰筋周囲の境界、腎臓周囲の後腹膜腔内脂肪に線状または網状の不透過性構造によりこの領域の不透過性の亢進と、腎臓の輪郭は不明瞭化または一部消失していることに注目。

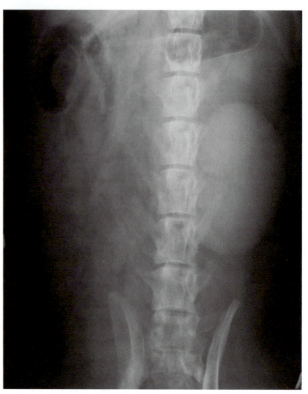

図10 低形成の右腎と代償性肥大を示す左腎の腎実質相
大きな形状で平滑な輪郭の左腎と、ほぼその位置、形状の特定が困難な右腎に注目。このイヌに高窒素血症などの臨床症状は認められない。

4.4.1 腎低形成

若い動物で認められる先天性、遺伝性または家族性腎疾患であり、腎臓はX線画像でその境界が平滑あるいは粗雑化して認められる。身体検査、病歴および血液検査より原発性腎疾患を示すか、高窒素血症を示さない場合にはX線所見で偶発所見として検出される。

排泄性尿路造影（EU）では腎実質相の腎臓のX線不透過性が不十分だが下部尿路への正常な排泄が観察される。

4.4.2 腎萎縮

腎低形成が先天的な形成異常によるものに対し腎萎縮とは後天的な病因による腎サイズの縮小を意味する。原因には、腎動脈の狭窄や塞栓、閉塞性尿路障害に伴う進行性腎機能障害（腎実質の破壊・消失）の結果、嚢胞性腎疾患に伴う腎血管の障害、慢性腎盂腎炎や糸球体・尿細管を含む慢性腎疾患の結果腎不全となる過程で認められる。X線画像や超音波画像では時間の経過とともにサイズの縮小が進行性に認められる場合には判断しやすいが若い動物で腎機能異常が認められない場合には、低形成と判断されやすい。したがって、若いときの健診の記録の有無によって萎縮か低形成か判断が分かれる場合もある。なお、萎縮の顕著な腎臓は末期腎または終末腎と呼ばれる（4.8参照）。

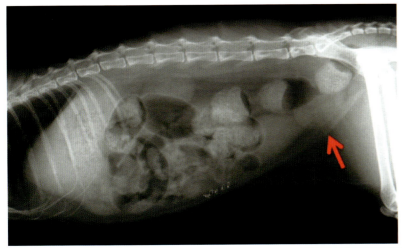

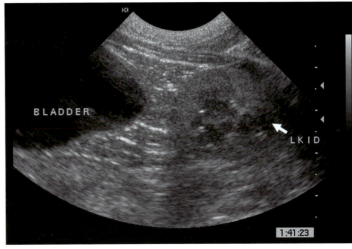

図11 異所性腎（Ectopic kidney）を認めたネコの腹部ラテラル像と下図はその超音波画像
膀胱の尾側に腎臓が認められる（矢印）。

4.4.3 異所性腎

　異所性腎は、片側または両側性に発生する腎臓の先天的な位置異常であり、その病因は不明である。腎臓の正常な位置への移動を妨げる根本的な原因については、原始腎組織形成中の損傷による尿管芽または後腎間葉の成長等の不良により腎臓が異常な位置に留まるという仮説がある。獣医学領域では異所性腎のほとんどは、偶発所見として診断される。腎臓は通常の位置ではなく、腹部の別の場所で認められる。膀胱近くの骨盤腔内に認められる例や、異所性腎が正中を越えて反対側の腎臓と部分的に癒合する例も報告される。
　異所性腎のネコは無症状から様々な症状を呈する可能性があり、その症状の程度は腎機能異常の程度による。

4.4.4 代償性肥大

　腎無形成あるいは重度の低形成の場合、対側の腎臓が代償性に正常よりも大きくなる。腎臓は大きいが、その形状および境界は正常である。

注：腹部単純X線像で腎臓が認められない場合は、体脂肪が消失しているためか、他臓器組織とのシルエット効果（輪郭の消失；特に右腎）、慢性腎疾患による萎縮か極度の低形成であることが考えられる。排泄性尿路造影（EU）は腎臓の位置を確認するために有効である。このように腎臓の有無および形態を確認するためには腹部超音波検査がよく利用されるが、異常に小さな腎臓の場合には、超音波検査であっても見逃してしまう場合がある。

4.5 急性腎盂腎炎 Acute Pyelonephritis

腎臓の感染症では、重症度と慢性の程度でX線像上の見え方は異なる。腎臓の全体的な形態の変化は慢性化、あるいは治癒した例でよく認められる（4.6参照）。

腎盂腎炎は主に膀胱内の細菌感染に由来する感染症であり、片側性あるいは両側性でもみられる。両側性で認められる場合には、敗血症や急性腎障害のリスクがあるので早期診断が求められる。

急性に発症した腎盂腎炎では、腎臓のサイズがわずかに拡大し、不整な形状となる。腎盂腎炎では近位尿管の拡張を伴う腎盂および腎臓憩室の拡張や不整構造が観察される。

ネコの急性腎盂腎炎は、大腸菌などの通性好気性細菌が原因となり、確定診断には腎臓組織の細菌培養が必要となるが、通常は確定診断に至らないまま尿の細菌培養と抗生剤の感受性試験を行い、適切な抗生物質で治療されることが少なくない。

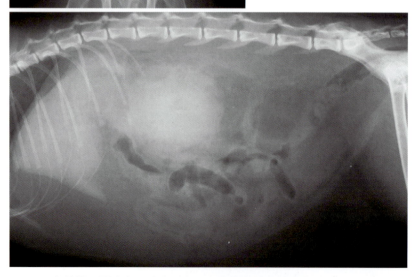

図12　急性腎盂腎炎を示唆するネコの腹部単純X線画像（VD/RL像）
左右共に腎臓は腫大し、膨化または円形化を示す。腎臓の境界は比較的平滑である。

4.6 慢性腎盂腎炎 Chronic pyelonephritis

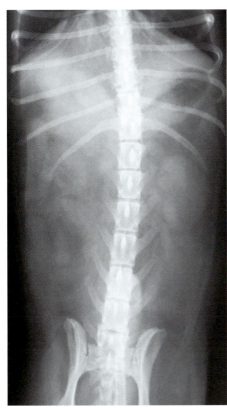

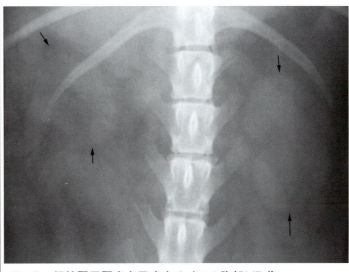

図13　慢性腎盂腎炎を示唆するイヌの腹部VD像
腎臓の萎縮および変形が認められる（右図中の矢印で挟まれた腎臓のサイズおよび形状に注目）。慢性感染症の結果である。

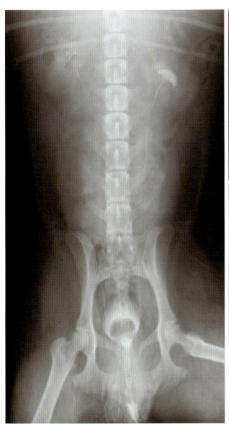

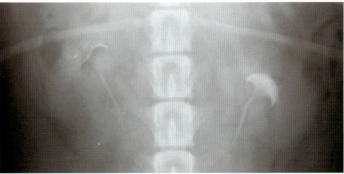

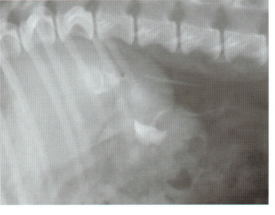

図14　慢性腎盂腎炎と診断されたイヌの排泄性尿路造影像（腎盂相）
拡張した腎盂に注目。

第4章

4.7 腎梗塞 Renal infarction

腎梗塞は腎皮質への血流が限局性に破綻することによって生じる。この原因には、腎盂腎炎、外傷、腫瘍、低血圧、脱水が知られ、またはその他不明な原因によって生じる。腎梗塞は偶発的に認められることが多い。腎臓は、動脈の側腹経路がないために、血栓による傷害に対し、他臓器に比べ梗塞を起こす感受性がより高い。

多くは加齢とともに多発性に認めることが多く、血液生化学検査で異常が認められない例でも観察されることがある。

X線画像や超音波画像では、梗塞初期の形態変化はほとんど認められず、造影検査やドップラー画像などの断層像で楔状、あるいは円錐形の虚血領域のみを認める。梗塞が進行することにより腎実質は壊死・消失および線維化に伴い円錐形に凹んだ特徴的形状を示す。この形態異常は梗塞の元となる虚血領域の大きさや数が多いほど結果的にジャガイモのような凹凸を示す。

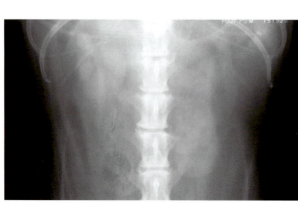
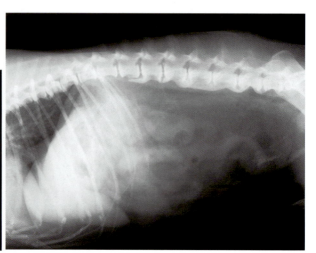

図15　高窒素血症で来院したイヌの腹部VD像（一部拡大像）およびRL像
腎臓の萎縮、変形ならびに膀胱内の尿結石に注目。

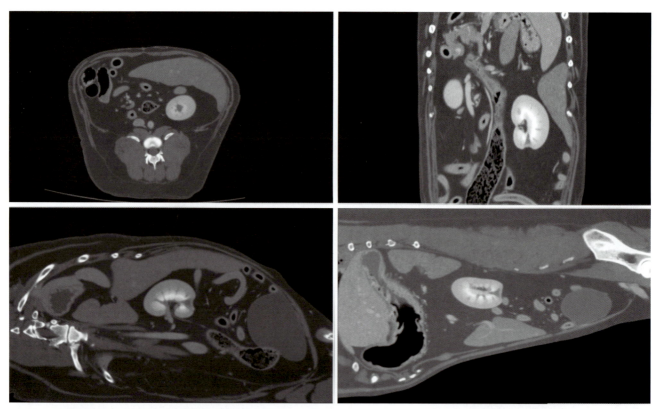

図16　左腎臓尾極に陳旧性の腎梗塞が認められた例（CT画像）
腎梗塞では腎臓の血流を支配する円錐状の領域が虚血によって、壊死するとともに時間とともに細胞が線維組織に置換され、結果として表面がくぼみ、断面では楔状の陥凹部として認識される。なお、右腎は小さく腎萎縮と判断された。

4.8 末期腎・終末腎 End-stage kidneys

慢性腎疾患（家族性腎疾患、中毒性腎臓傷害、腎盂閉塞、慢性腎盂腎炎またはネフローゼ症候群）の結果として生じる。通常は両側性腎疾患として観察されるが、片側性疾患としても認められる（図17）。

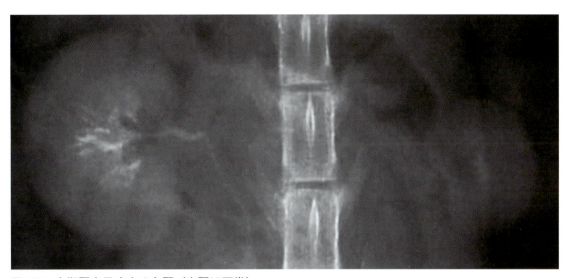

図17　末期腎を示唆する左腎（右腎は正常）
萎縮、変形とともに造影剤によって増強されないことは、血流を含めた腎臓の機能が著しく低下あるいは消失していることを示唆する。

4.9 カルシウム代謝異常における腎皮質の石灰化

血中リン濃度は、細胞外液へのリンの流入と腎臓からの排泄による出納バランスによって狭い範囲に維持されており、主に腎臓からの排泄障害によって高リン血症になる。その原因のほとんどが腎不全による。重度の腎機能障害になるとカルシウムとリンが結合し、腎皮質の血管壁などの組織でこれらの結晶が形成（石灰化）され、単純X線画像で腎皮質がより明瞭に認められることがある。

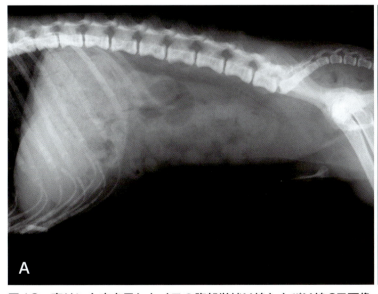
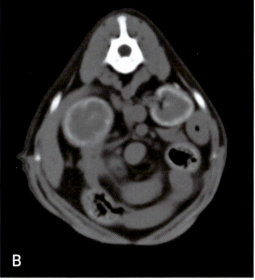

図18　高リン血症を示したイヌの腹部単純X線およびX線CT画像
A：全身性の骨の不透過性亢進および腎臓の不透過性亢進像に注目。B：CT画像では腎皮質に沿った顕著な石灰化が認められる。

第4章

4.10 腎結石 Renal calculus

腎結石は腎臓内で形成されるミネラルや塩からなる硬い沈着物であり、多くの場合シュウ酸カルシウムが腎臓で形成され、尿路を介して体外に排出される。ほとんどの結石は、尿管に向かって移動し始めるまで、何の徴候や症状も引き起こさない。このためにX線画像や超音波画像では偶発所見として認められることが多い。

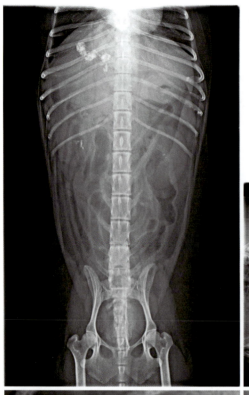
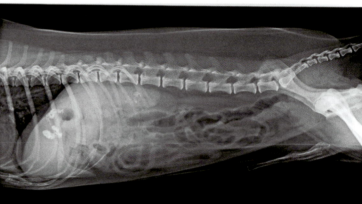
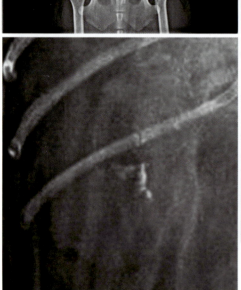
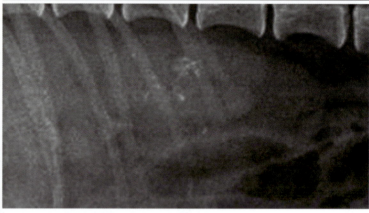

図19　腎結石を認めた雄イヌの例
左右腎実質に点状石灰が存在し、特に右腎は腎盂に沿って複数の微小石灰化が認められ、併せて腎臓の萎縮、変形が認められる。

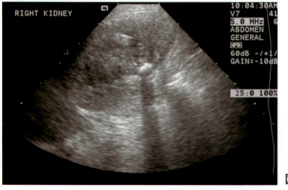

腎結石を示唆する特徴的な音響陰影（アコースティックシャドウ）

腎実内の高エコー性結節（結石：中央）とその部位から遠位方向への直線状の低信号領域（シャドウ）は、その結石部位とその周囲組織における音響インピーダンスの差が大きいことを示す。

図20　腎結石を示す超音波画像例

4.11 排泄性尿路造影検査：腎臓

図21　排泄性尿路造影検査像（拡大）
A、B：正常例、C、D：水腎症

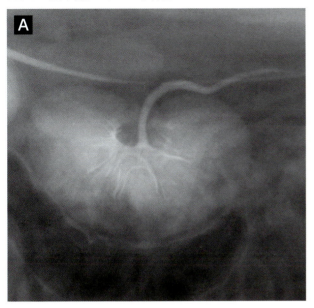
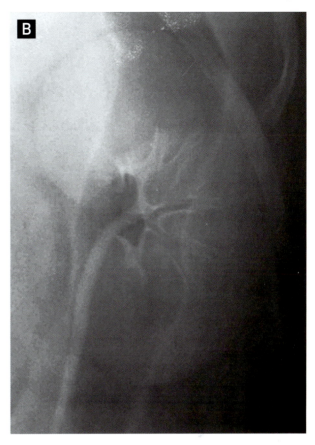
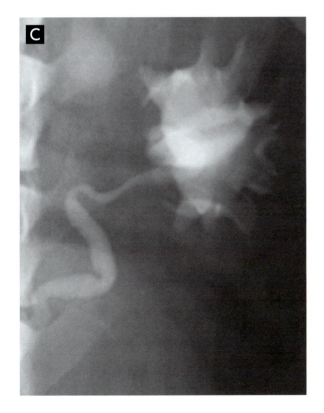
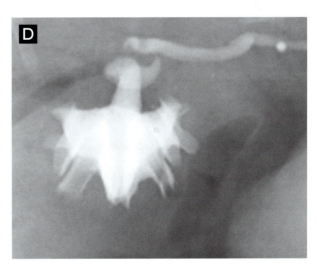

　C、Dの腎臓、腎盂、尿管は明らかに異常である。いずれも腎盂相を示したものであるが、A、Bは正常例である。C、Dの例では腎臓のサイズは著しく拡張し、腎盂の幅は極めて広い。尿管も拡張し、蛇行が認められる。これらは水腎症の特徴的な所見である。

第4章

4.12 水腎症 Hydronephrosis

　腎集合管系または尿管における部分的または完全な尿排泄障害（尿閉）は、閉塞部位よりも近位領域の拡張を引き起こす。閉塞によって尿産生は停止することがないために尿の腎臓内への逆流が生じ、この結果、腎盂および腎集合管系の拡張、腎実質の虚血、そして進行性の腎皮質萎縮への転帰をたどる。

　水腎症の原因は、先天性あるいは後天性である。先天性の例は腎臓の異常な位置、尿路の狭窄や閉鎖あるいは尿管瘤による圧迫、異所性尿管や他の先天異常による尿管の不完全閉塞または捻転に由来して発症する。

　後天性水腎症は尿結石や腫瘍、または炎症性肉芽腫による尿管の閉塞、過失による尿管結紮、尿管狭窄、および腎虫による寄生虫感染（*Dioctophyma renale*）の結果発症する。

　したがって、水腎症の検査画像上の特徴は、①腎臓サイズの拡大、②腎盂の拡張であるが、その原因（閉塞・狭窄部位）によって、③尿管拡張も認められる場合がある。

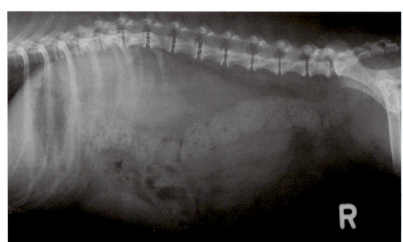
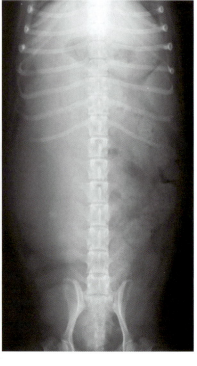

図22　異常に拡大した右腎に注目
このマス効果（拡大した腎臓による消化管の圧排）のため、消化管は左腹側に大きく変位している。この画像は、避妊手術時に誤って右尿管を結紮し、尿管の機械的な完全閉塞を生じた結果、著しい水腎症となってしまった例である。この例では、この単純X線像のみでは腎臓由来腫瘍との鑑別が困難かもしれない。

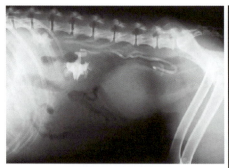
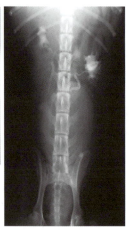
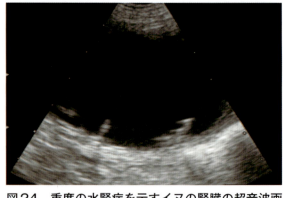

図23　水腎症例の排泄性尿路造影像
異常に拡大した左右の腎臓と腎盂・尿管の拡張とともに、尿管の蛇行に注目。

図24　重度の水腎症を示すイヌの腎臓の超音波画像
顕著にかつほぼ均等に無エコー領域となった拡大した腎盂は尿排泄に関連する継続的な圧力の存在を示唆する。

4.13 ネコの多発性嚢胞腎 Polycystic kidney disease（PKD）

本疾患はペルシャネコの常染色体性遺伝性疾患であると報告されていたが、現在では広く多くのネコ種に認められる。緩徐性進行性で不可逆性の病態経過を経て、慢性腎臓病を呈する。獣医学関連の文献では過去30年にわたり報告されており、責任遺伝子が *PKD1* であることがわかってきた。画像診断上の特徴は、腎臓（およびしばしば肝臓）への嚢胞形成である。腎臓は腫大し、腎実質内には大小不同の多くの液体を含む嚢胞が形成される。嚢胞の腫大によって正常な腎実質は圧迫され、このことが腎不全の発症に関与していると考えられている。

PKDは最終的に他の腎疾患の最終転帰と同様腎不全を生じる。この障害は出生後に検出可能で、多数の小嚢胞が徐々に進行性に腫大し最終的には多発性に異常に腫大する。この嚢胞は正常な腎組織に侵襲し腫大しながら腎機能を低下させる。嚢胞のサイズは1mm未満から1cm以上に拡大する。しばしば高齢のネコで腎不全徴候を示すがその発症平均年齢は7歳であり、未発症のネコでも、徐々に腎機能の低下に伴い削痩する。若齢でも急速に進行するタイプは、大きな嚢胞を多数形成し、腎臓の容積が著しく増加する。

PKDの臨床徴候は他の慢性腎疾患と同様に、嗜眠傾向、食欲低下、多飲多尿、体重減少、および散発的な嘔吐などの非特異的症状である。

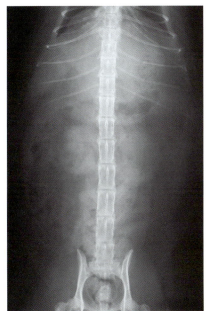

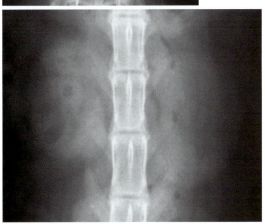

図25 多尿のペルシャネコの腹部単純VD像（上図）および腎臓領域の拡大像（下図）
腎臓は正常なサイズだが、腎臓の外側縁にわずかな形状の変化が認められる。

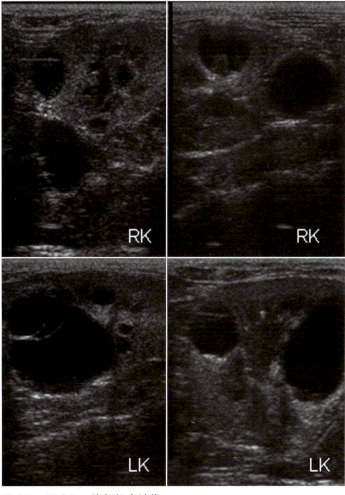

図26 図25の腹部超音波像
左右腎臓の実質内に認められた大小様々な複数の腎嚢胞に注目
腎臓は正常な輪郭を喪失し、実質内部は無エコー性の物質を含む嚢胞に進行性、非可逆性に置換されている。単純、または造影後のX線画像に比べ、超音波画像の特異的所見は、PKDの確定診断に極めて有効である。

第4章

4.14 上部尿路のCT検査
4.14.1 尿路系のCT検査

　尿路系のCT検査では多時相撮影することによって、動脈相での血流、腎盂相までの過程、および排泄相での尿管から膀胱内への造影剤の移動、および腎臓の尿産生能力について評価可能となる。

全身麻酔、仰臥位固定、呼吸停止下における腹部4相撮影

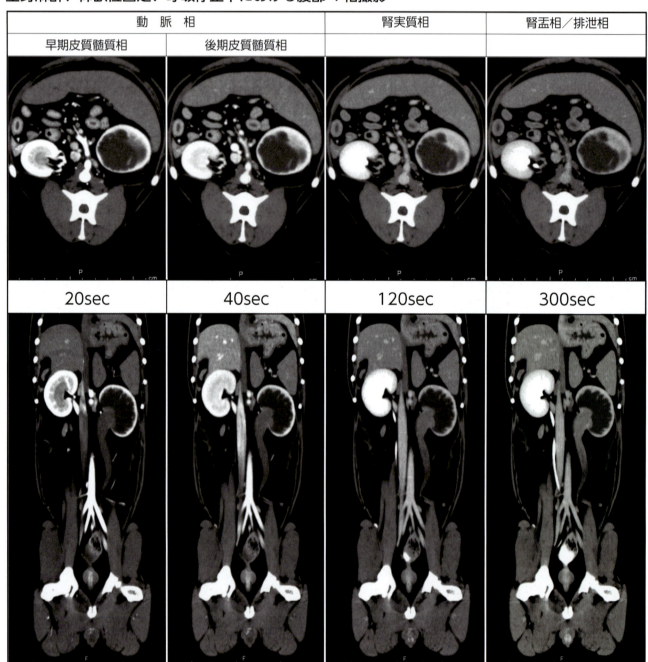

図27　左尿管腫瘍を示したイヌの多時相CT画像（イオヘキソール（300mgI）2mL/kgを20秒間で静脈内投与）
左腎盂〜尿管内を広範に占拠する軟部組織性の充実性組織に注目。
正常部位では、動脈相では腎皮質が明瞭に造影増強され、経時的に腎髄質〜腎盂〜尿管へと移動する様子が描写される。
本症例は切除後の病理組織学的検査で、線維肉腫と診断された。

4.15 腎破裂　Renal rupture
4.15.1 腎破裂
　通常、鈍性外傷または貫通性外傷の結果生じる。腎破裂は排泄性尿路造影によって最も効果的・決定的に評価できる。後腹膜腔内の液体によるX線不透過性に対する他の鑑別診断は後腹膜腔内出血である。

4.15.2 腎破裂の単純X線所見
　液体の不透過性が後腹膜腔内に観察され、腎境界溝像の部分的または全体的な消失（シルエット効果）が認められる。後腹膜腔の拡大を認める。

4.15.3 腎破裂の排泄性尿路造影所見
　造影剤の腎実質から後腹膜腔内への漏出が認められる。しばしば損傷した腎臓内に不均一なX線不透過性構造が認められる。

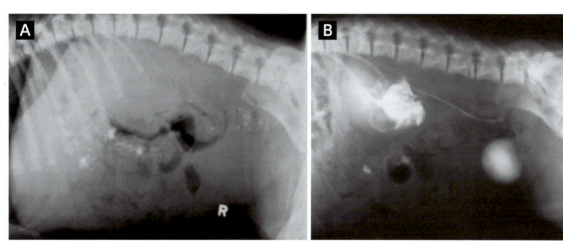

図28　イヌの腹部単純X線像（A）および静脈性尿路造影剤投与5分後のラテラル像（B）
単純X線画像では、後腹膜腔のX線不透過性の増加と漿膜面のディテールの消失に注目。また、造影後の画像では、腎臓から後腹膜腔内への造影剤の漏出にも注目。これは腎破裂による尿の後腹膜腔内への漏出および出血の結果である。

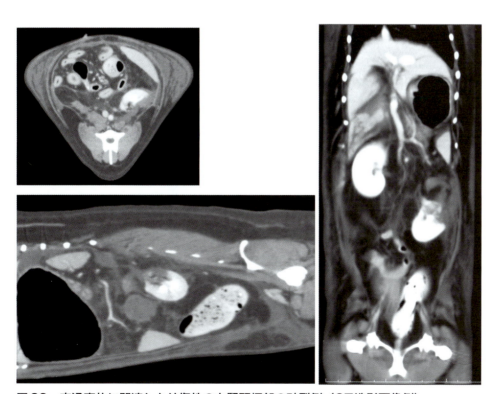

図29　交通事故に関連した外傷性の左腎頭極部の破裂例（CT造影画像例）
左腎頭極半分は崩壊し腎臓の形態を喪失している。加えてその周囲および後腹膜腔内には液体（出血）が貯留している。

第4章

4.16 腎嚢胞・腎周囲偽嚢胞・腎腫瘍
4.16.1 腎嚢胞　Renal cyst

　腎臓内に形成された嚢胞であり、内部に液体、血液、あるいは膿瘍を貯留する。通常は腎機能に無関係に認められるが、後天的に悪性腫瘍を伴ったり腎嚢胞が多発することで腎臓の機能が低下することもある。このために、悪性腫瘍や多発性腎嚢胞との鑑別が必要である（図30）。X線画像では見逃されることが多く、嚢胞の存在確認には超音波検査が勧められる。

4.16.2 腎周囲偽嚢胞　perirenal pseudocyst

　腎周囲偽嚢胞は、腎臓を囲む被膜下に液体が蓄積し、一見、腎臓が腫大したようにみえる状態である。ただし、真の膜被覆がないため、厳密には嚢胞ではないと考えられている。ネコの場合、腎周囲偽嚢胞は腎臓を囲む液体で満たされた線維性嚢胞で、上皮で覆われていない（図31）。同様に、単純X線画像では腎腫大と判断されやすく、超音波検査が勧められる（図32）。

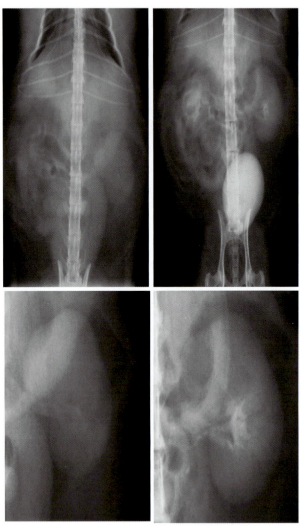

図30 ネコの腹部単純および静脈性尿路造影後のVD像（いずれもその拡大像を下段に図示）
左腎頭極の腫大・変形と造影欠損領域の存在に注目。また、この所見のみでは腎腫瘍を特定する十分な根拠とはなりえず、腎嚢胞の可能性も否定できない。

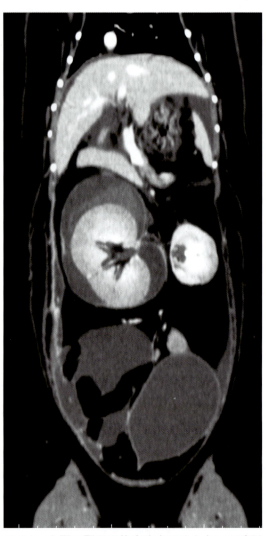

図31 右腎の腎周囲偽嚢胞を認めたネコの造影CT画像
腎被膜下あるいは被膜外の液体を満たした嚢胞構造に注目。
右腎周囲に拡大した被膜と腎臓皮質との間に多量に貯留した液体を認める。一方、小さな左腎は腎萎縮と判断された。

4.16.2.1 腎周囲偽囊胞の単純X線所見
- 囊胞が小さければ異常は認められない。
- 囊胞が大きく、または複数存在する場合には腎腫大ならびに境界構造が不整となる。

4.16.2.2 腎周囲偽囊胞の排泄性尿路造影所見
- 腎実質相では囊胞領域のX線不透過性が低い。集合管系では、囊胞によって変形しない限り、異常は認められない。

4.16.3 腎腫瘍 Renal tumor

腎腫瘍は片側または両側に発生する。イヌでは腎細胞癌が、ネコではリンパ腫が最も一般的に認められる。腎臓の腫瘍のほとんどは高齢の動物にみられるが、腎リンパ腫は若いネコにも認められ、腎芽腫は比較的若いイヌに認められる。

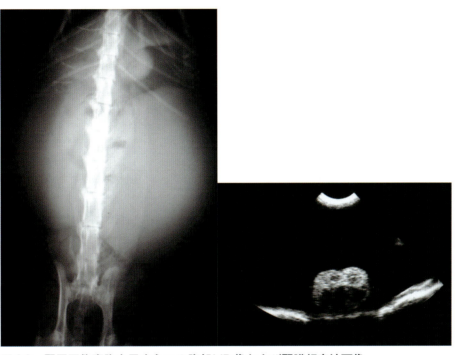

図32　腎周囲偽囊胞を示すネコの腹部VD像および腎臓超音波画像
囊胞は腎被膜下または被膜外での囊胞形成であり、片側性または両側性に発症する。老齢の雄ネコに多発する。

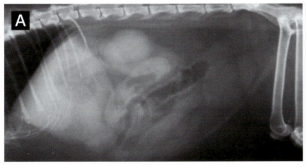
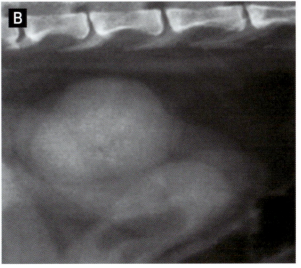

図33　図30と同症例の腹部ラテラル像（A）および腎臓部分の拡大像（B）
左腎頭極の部分的な腫大・変形と不整な形状に注目。これは左腎に発症した腎臓癌であった。ラテラル像で左腎は右腎よりも尾側に位置することに注目。

4.17 腹腔内巨大腫瘤（腎臓腫瘍）

腹膜腔内に巨大腫瘤を認めた場合、腎臓由来であるかどうかあるいは腎臓が巻き込まれているかどうかを判断する際に静脈性尿路造影検査を行う場合がある。それは造影検査を行うことによって腎実質の大きさ、腎盂および尿管の位置や形状、膀胱との尿管開口部の評価を行うことが可能なためである。

腹腔内の巨大腫瘤を示すイヌに対し、静脈性尿路造影を実施した。目的は腫大した臓器の同定および尿排泄機能の確認である（図34）。

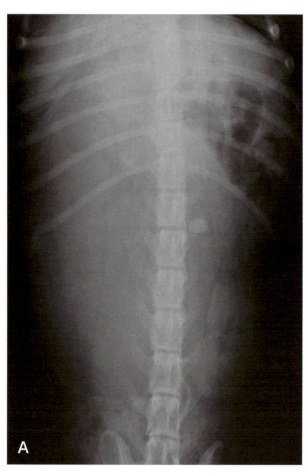
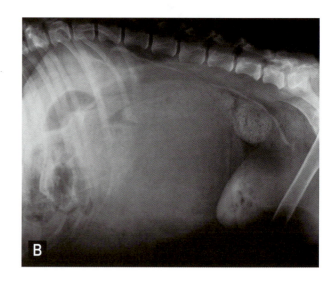

図34　造影剤投与後の腎盂相における画像
軟部組織性の不透過性構造を示す巨大腫瘤は腹腔内中央右側領域を広範に占拠し、消化管をその周囲に局在させている。左腎はその腫瘤によってVD像では著しく尾外側に変位し（A）、ラテラル像では頭側に変位している（B）。尿管は左腎からのみ確認される。これは、超音波ガイド下生検診断の結果、右腎に発症した巨大腎腫瘍（腎癌）であった。腹腔内に発症した巨大腫瘤は往々にしてその臓器組織の特定に戸惑う場合があるが、造影撮影、および超音波診断、または他のモダリティによる撮像で確認・確定することができることがある。

4.18 尿管 Ureter

尿管の評価のための通常の腹部単純X線像(ラテラル・VD像)では、横隔膜から股関節を含めた画像を利用する。しかしながら、異所性尿管が疑われる際には尿道・会陰領域を含めた画像を利用する必要がある。

正常な尿管は平滑筋の収縮により通常内腔を閉じており、腎盂から近位尿管内に尿が移動するタイミングで尿管は拡張し、雨のしずくのように比較的速やかに膀胱内に尿を移送する。一方、異常な尿管では、結石や腫瘍による狭窄、停滞による尿管拡張など、造影剤の異常な停滞を認めることで異常部位を認識する。

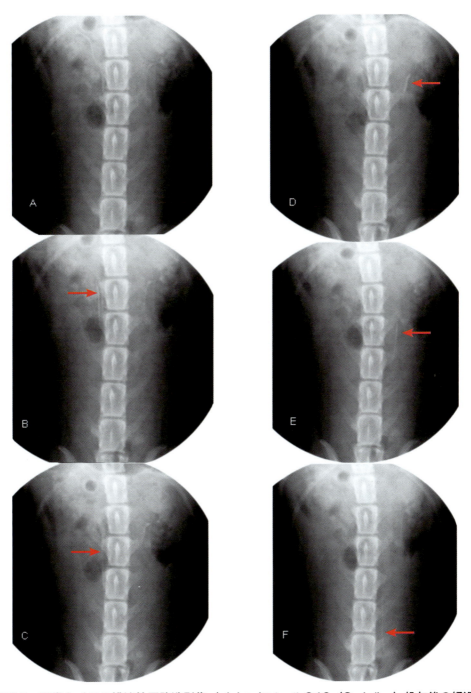

図35　正常なイヌの排泄性尿路造影像（イオヘキソール240（2mL/kg）投与後の経過（撮像速度：8fps））

正常なイヌでは腎盂に一定量貯留したのちに尿管内に押し出された尿が、尿管のパルス状の蠕動に伴い、しずくが滴るように滴々と膀胱に向けて排泄される状態が観察される。正常なEUにおける腎盂相では、通常尿管内に排泄される造影剤が同時に尿管全体を描出することがないことに注目。

4.19 尿管結石 Urolithiasis

　X線不透過性結石が腹部単純X線像で観察されることがある。さらに尿管が完全閉塞でなければ排泄性尿路造影（EU）、または腹部超音波検査によって尿管内結石の確認できる。EUでは造影された尿管内に存在する局所的な造影欠損陰影が観察されることで確認される。または超音波検査では拡張した尿管とともにその原因として尿管内に音響陰影（アコースティックシャドウ）を示す構造物が認められることでも確認される。ただし、複数の結石の場合、尿管拡張の遠位端にない結石はみつけにくい。

　尿管拡張は尿管結石の存在箇所よりも近位で認められる。また、尿管結石症では水腎症を合併することが少なくない。

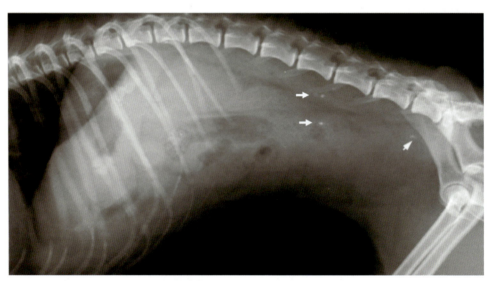

図36　尿管結石を示唆するイヌの腹部単純ラテラル像
第四〜五腰椎腹側領域の後腹膜腔内および骨盤腔内に観察される3つの微小石灰化陰影（矢印）に注目。このうち2つは下行結腸と重複している。このために、尿管結石と結腸内容物との鑑別が必要であり、確定診断には排泄性尿路造影（EU）または腹部超音波検査で尿管内結石を確認する必要がある。

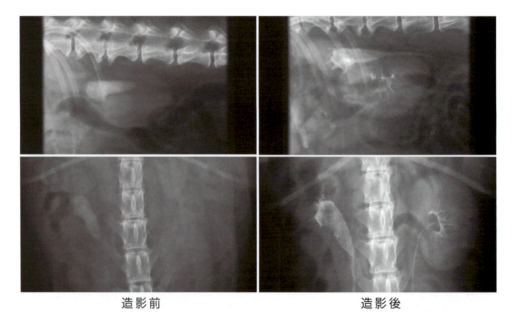

造影前　　　　　　　　　　　　　造影後

図37　左腎の腎盂〜近位尿管にかけて石灰化が認められたイヌの造影前後のX線画像
石灰化が認められるが、造影剤も罹患部位の尿管を走行している。

4.20 尿管造影

　尿管全体を描写するための最適な技術として、バルーンカテーテルによる逆行性陰性膀胱造影とともに排泄性尿路造影を実施することである。このことで比較的早期の腎盂相において尿管の膀胱開口部である乳頭部を比較的明瞭に描出することができる。

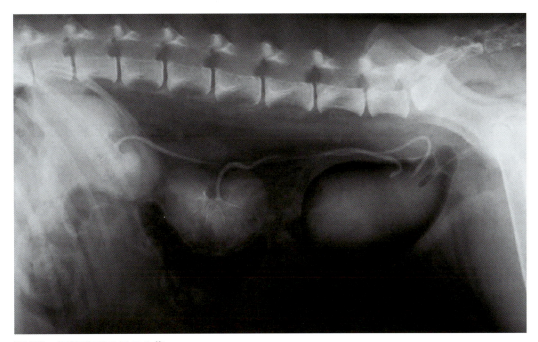

図38　尿管造影ラテラル像

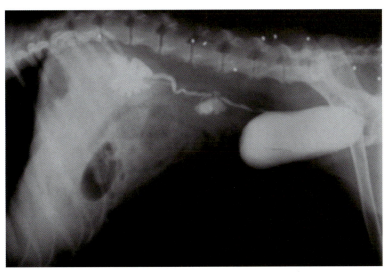

図39　散弾銃を撃たれたイヌの排泄性尿路造影（EU）腎盂相における腹部X線画像

腹腔および後腹膜腔内の漿膜面のディテールの消失および左腹壁には皮下気腫が観察される。左尿管中央-遠位領域における尿管外への造影剤の漏洩に注目。この部位で散弾が尿管を通過し、裂傷を引き起こしている。また腎盂および尿管全体が軽度に拡張していることから、尿管の漏洩部位における出血・炎症等による尿管狭窄や、外傷性の尿管運動性の低下や拡張による尿の部分的な排出障害が示唆される。

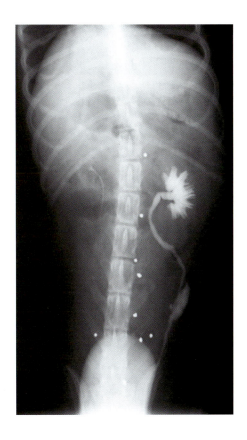

第4章

4.21 異所性尿管 Ectopic ureter

異所性尿管は先天的に尿管の開口部が膀胱ではなく、尿道に直接開口することで発症する。小さな頃から継続する尿失禁を示す雌イヌはこの疾患を考慮すべきである。

なお、異所性尿管は膀胱壁内から尿道に開口する例と、直接尿道内に開口する例がある。また異所性尿管の発症には性差があり、雄に比べ雌はそのリスクが4〜20倍高いともいわれる。好発犬種にはレトリーバー、プードル、シベリアン・ハスキー、ニューファンドランド、ウェスト・ハイランド・ホワイト・テリア、テリアなどが含まれる。

画像診断上の特徴として、尿管の拡張および蛇行であり、尿管開口部が直接尿道内に開口していることを示すことで診断は決定的となる。異所性尿管は、片側性および両側性が知られる。

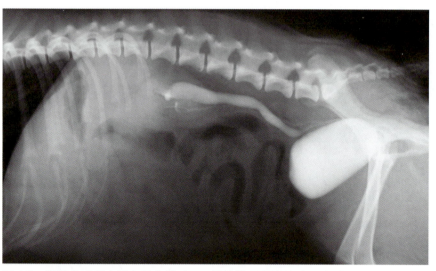
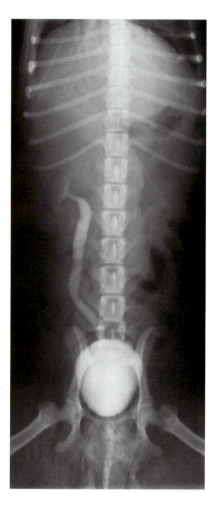

図40 継続する尿失禁を示す雌イヌの排泄性尿路造影（EU）像。腎盂相以降の腹部X線画像

著しい左尿管および腎盂の拡張と蛇行に注目。膀胱内を陰性造影しない場合には、このように尿管開口部が明確に尿道内にあるかどうかを明らかにすることが難しい。

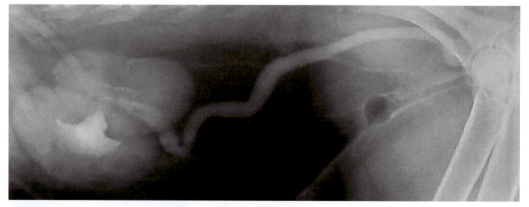

図41 異所性尿管を示すイヌの排泄性尿路造影検査画像

尿失禁を繰り返す若齢雌イヌ。膀胱はあらかじめ逆行性に陰性造影しておき、膀胱頸部にバルーンカテーテルを留置することで尿管開口部を比較的確実に証明することが可能となる。この症例では左右2本の尿管が膀胱の背側を通過して骨盤腔内に走行していることが示されている。

腎泌尿器の画像検査

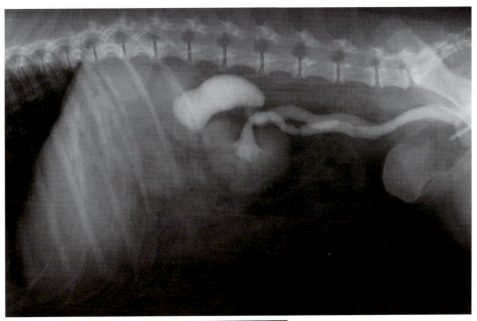

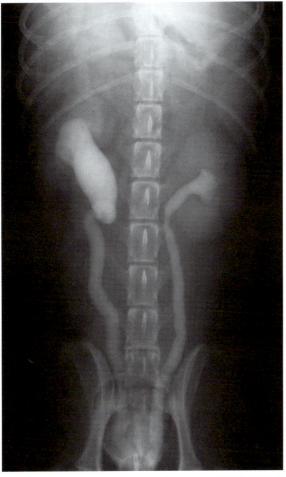

図42 継続する尿失禁を示す雌イヌの逆行性陰性膀胱造影および排泄性尿路造影（EU）像。腎盂相における腹部X線画像

著しい左右尿管および腎盂の拡張と蛇行に注目。尿管が膀胱遠位背側の尿道付近に開口しており、両側性異所性尿管と診断された。

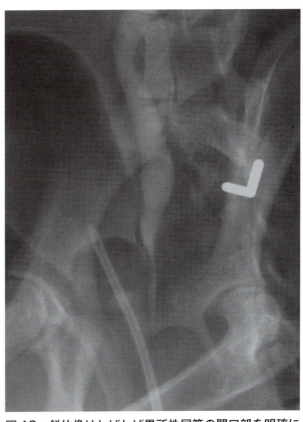

図43 斜位像はしばしば異所性尿管の開口部を明確に示すことができる

第4章

4.22 膀胱 Bladder
4.22.1 膀胱

膀胱（The urinary bladder）および尿道は一般的に「下部尿路」と呼ばれる。

膀胱評価には以下のX線画像が利用される。
- 単純X線画像
  - RL像およびVD像
- 膀胱造影像
  - 陽性膀胱造影
  - 陰性膀胱造影
  - 二重膀胱造影

4.22.2 膀胱の単純X線画像

通常の腹部単純X線画像（RL像およびVD像）では横隔膜から股関節までが含まれる画像で膀胱を評価する。膀胱は腎臓から排泄された尿の一時的貯蔵部位および、膀胱内に貯留した尿を尿道内へ排出する臓器として機能する。膀胱は頭部、体部、頸部の3箇所に分割される（図44）。

- 頭部：膀胱頭側領域の鈍い盲端部
- 体部：頭部と体部の中間部分
- 頸部：膀胱尾側領域の膀胱三角と呼ばれる部位

しかしながら、これら3箇所の境界はあいまいである。

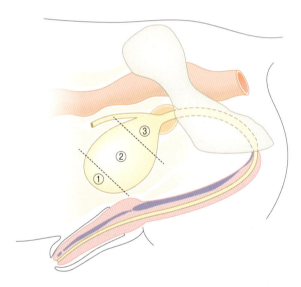

図44　膀胱領域の模式図
膀胱は大雑把に①頭部、②体部、③頸部の領域に分割される。

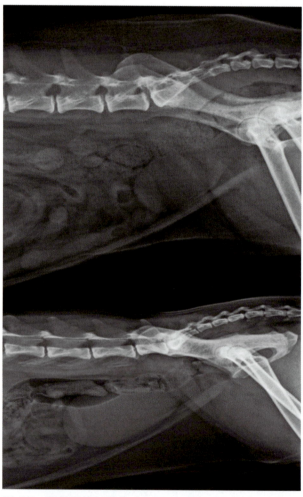

図45　腹部単純X線像（ラテラル像）におけるイヌ（上図）およびネコ（下図）の正常な腹部尾側領域
ネコの膀胱はイヌに比べ膀胱頸部が長く、相対的に頭側に伸張した位置に認められることに注目。

腎泌尿器の画像検査

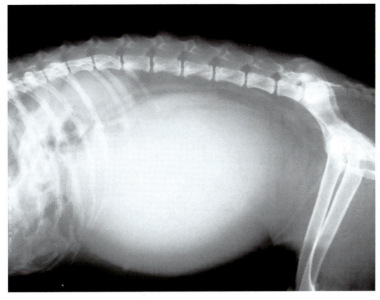

図46 繰り返す尿失禁を示すメスのラブラドール・レトリーバーの腹部単純X線像（ラテラル像）
異常に拡張した膀胱とそれによる著しいマス効果による周辺臓器の圧排に注目。

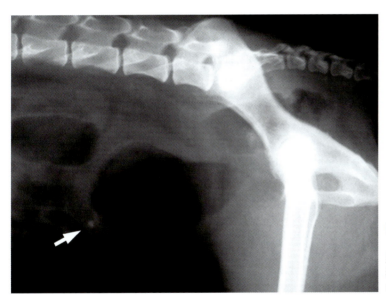

図47 図46と同症例の陰性膀胱造影像（ラテラル像）
膀胱の著しい肥厚とともに粘膜面の粗雑および不整な表面、頭側膀胱壁内の石灰化陰影（矢印）に注目。これらの所見から、慢性膀胱炎が示唆される。

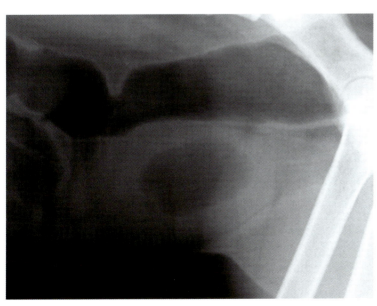

図48 腹部単純X線像（ラテラル像）、膀胱領域の拡大図
膀胱中央部に観察される楕円形のX線透過性領域およびその周囲の小さな円形X線透過性構造に注目。これは、膀胱内のガスであり、膀胱内に意図的または意図せずして最近注入されたガス、もしくはそのような履歴がない場合は糖尿などに関連して発生したガス産生菌によるガスの可能性を考慮する。

第4章

第4章

4.23 膀胱炎 Cystitis

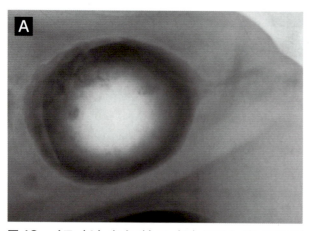
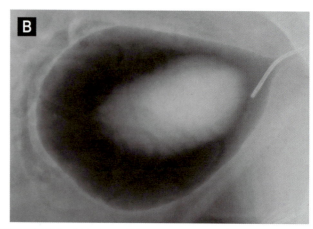

図49　イヌ（A）およびネコ（B）にそれぞれ実施された二重膀胱造影像（ラテラル像）
粘膜面の平滑性の消失と粗雑および不整な表面構造とともに、膀胱壁の不均一な肥厚に注目。陽性造影剤辺縁および周囲に不整な境界の複数の造影欠損陰影が認められる。いずれも膀胱炎の所見に一致する。

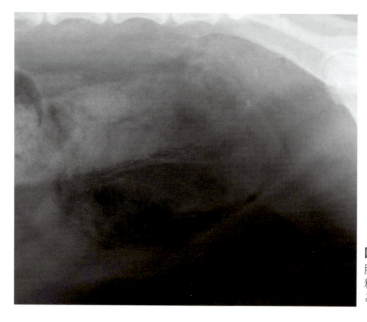

図50　雌イヌの単純X線像（ラテラル像）
膀胱内のX線透過性構造とともに、不整な粘膜、および粘膜下のX線透過性陰影に注目。気腫性膀胱炎であり、このイヌは高血糖を示していた。

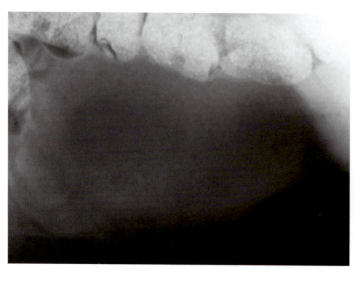

図51　糖尿病のネコの単純X線像（ラテラル像）
膀胱内のX線不透過性に注目。膀胱内は、無数の微小なガスを含んだ円形または蜂の巣構造を伴い、X線透過性は相対的に増加している。この円形のX線透過性構造は、膀胱内部に発生した気泡である。このネコは慢性糖尿病に伴う、気腫性膀胱炎と診断された。

4.24 傍前立腺嚢胞　Paraprostatic cyst

　傍前立腺嚢胞（paraprostatic cyst）は雄に発症し、本来はミュラー管の遺残である前立腺小室内に尿を含む液体が貯留した結果、非常に大きなサイズまで拡大し、しばしば膀胱と間違えられるために注意が必要である。この嚢胞は通常、その内部が液体に満たされており、よく前立腺背側正中に接触し、腹部尾側領域や骨盤腔内、あるいは会陰ヘルニアのヘルニア嚢内に位置することが報告されている。この傍前立腺嚢胞はしばしば膀胱の尾側に認められ、あたかも膀胱が複数存在するように観察されることがある。超音波検査もしくは膀胱造影によっていずれかが膀胱であるかを鑑別できる。

　雄イヌには子宮の原器であるミュラー管の遺残物が、前立腺小室として痕跡程度に存在する。しかしながら胎子の頃の内性器分化の際、ミュラー管抑制因子（AMH）やテストステロンなどの作用が何らかの原因で阻害されると、ミュラー管の退縮が不十分となり、大きな嚢胞状構造として遺残することがあるといわれる。

　巨大化した嚢胞は尿路感染症や尿結石、排尿障害などの原因となる場合があるため、切除が望ましい。

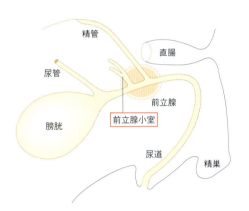

図52　雄イヌの下部尿路の模式図

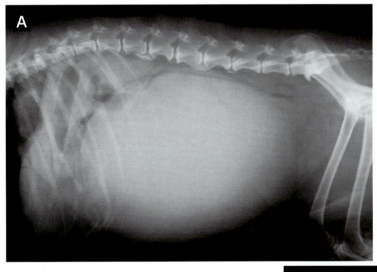

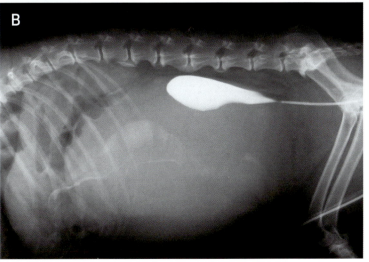

図53　腹囲膨満を示したイヌの単純X線（A）
　　　および逆行性尿路造影ラテラル像（B）
一見、異常に拡張した膀胱のようにみえるが、巨大化した傍前立腺嚢胞であることが尿路造影によって証明された。陽性造影された小さな膀胱はこの巨大嚢胞の背側に認められる。

4.25 膀胱結石 Cystic calculi

尿結石はどれもいくらかX線不透過性だが、結石がその周囲の構造物や液体よりもX線不透過性と同程度かわずかに低い場合にはX線画像上で認識することはできない。X線透過性結石はその化学組成やサイズにより認識が困難だが、膀胱二重造影法によって最もよく描写し、ほかの造影欠損像との鑑別が可能になる。

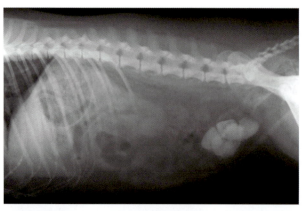
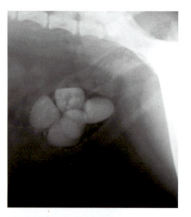
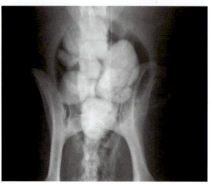

図54 同一症例の雄イヌの陰性膀胱造影像（ラテラル像およびVD像）および摘出された膀胱結石

膀胱壁の著しい肥厚とともに粘膜面の粗雑および不整な表面、膀胱壁表面の石灰化および微小結石構造に注目。これらの所見より、複数の膀胱結石を伴う慢性膀胱炎と診断される。

4.26 膀胱腫瘍 Bladder tumor

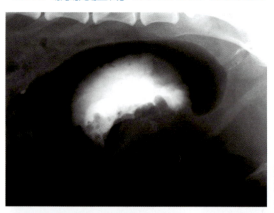

図55 血尿を示す8歳の雄イヌの二重膀胱造影（ラテラル像）

膀胱体部腹側に観察される、膀胱壁由来の軟部組織性腫瘤に注目。この症例は移行上皮癌であった。

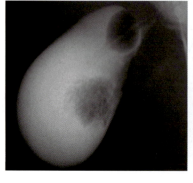
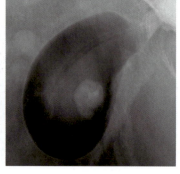

図56 図55と同症例の陽性および陰性膀胱造影像

膀胱体部および尾部腹側に連続して観察される膀胱壁の肥厚と粘膜面の不整構造、そして挿入したバルーンカテーテルとは異なるX線不透過性の膀胱内部の境界が粗雑な造影欠損陰影（陽性造影）およびX線不透過性構造（二重造影）に注目。膀胱腫瘍が示唆される。

腎泌尿器の画像検査

4.27 尿膜管の異常 urachal abnormalities
4.27.1 尿膜管憩室　urachal diverticulum

イヌやネコの膀胱における先天異常として尿膜管低形成がよく認められ、これらは胎子が十分に成長するまでに発症する。この先天異常の程度は膀胱頭側の小さな尿膜管憩室として認められる程度から、尿膜管遺残としてこの部位から尿が排泄される程度まで観察される。尿膜管憩室はその大多数で臨床徴候を示さず偶発所見として認められるが、血尿、排尿困難、尿道閉塞の例でも認められる。

この診断は膀胱頭側縁の変形を伴う異常を単純X線画像または二重膀胱造影または陽性膀胱造影検査で膀胱を十分に拡張することで下される。

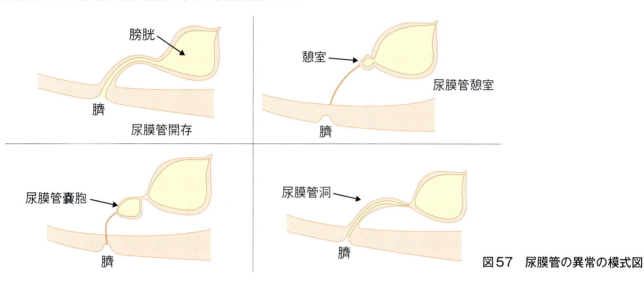

図57　尿膜管の異常の模式図

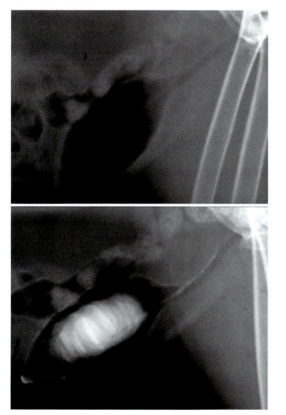

図58　軽度の尿膜管遺残症（尿膜管憩室）を示唆するネコの陰性および二重膀胱造影像
血尿を主訴で来院した雌ネコ、2歳。
膀胱頭側縁に突出した憩室様のスペースに注目。このような先天異常は膀胱炎の原因になりやすいと考えられている。

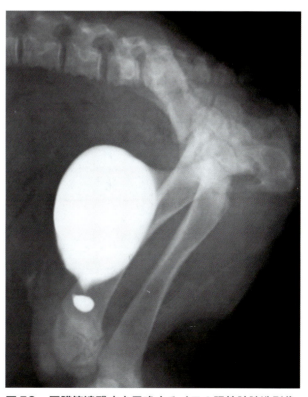

図59　尿膜管遺残症を示唆するイヌの陽性膀胱造影像
雌の雑種犬、6カ月齢。膀胱頭側縁に遊離して観察される楕円形の造影剤重点箇所に注目。この形態より、尿膜管嚢胞または尿膜管憩室が疑われる。

第4章

4.28 膀胱破裂 bladder rupture

膀胱破裂が示唆される場合は腹部外傷を伴う場合である。膀胱壁の分断はよく交通事故によって起こるが、銃創や膀胱手術、腫瘍、重度感染に続発しても発症する。

陽性造影は陰性造影に比べ、情報量は多く、膀胱から腹腔内への尿の漏洩を確定するためには陽性造影法が推奨される。

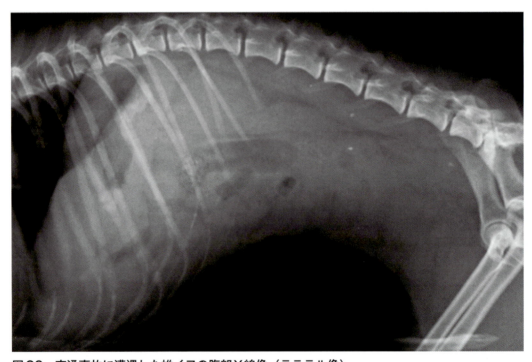

図60　交通事故に遭遇した雄イヌの腹部X線像（ラテラル像）
腹部尾腹側領域における漿膜面のディテールの消失とともに、シルエット効果による膀胱および前立腺の境界の消失に注目。このイヌは直ちに逆行性陽性尿路造影が実施された。

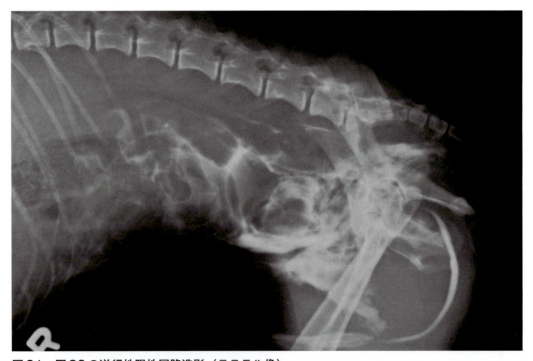

図61　図60の逆行性陽性尿路造影（ラテラル像）
注入した造影剤が腹腔内および鼠径領域に拡散していることに注目。外傷性膀胱破裂および鼠径ヘルニアの合併症が疑われる。

4.29 尿道 urethra

膀胱および尿道は一般に「下部尿路」と呼ばれる。尿道評価には以下のX線画像が利用される。
・単純X線画像（RL/VD像）
・尿道造影像

4.29.1 単純X線画像

単純X線画像で尿道を評価する際には会陰領域を含めた画像を撮影する。したがって通常の腹部画像（横隔膜から大転子まで）よりも尾側領域を含める必要がある。雄イヌでは、陰茎尿道を撮影するために後枝を前方に牽引して撮影する。この撮影法はしばしば「側方会陰尿道像」(lateral perineal view または batt shot) と呼ばれる。

正常の尿道は単純X線像では観察できない。このため、詳細な評価のために尿道造影が必要となる。

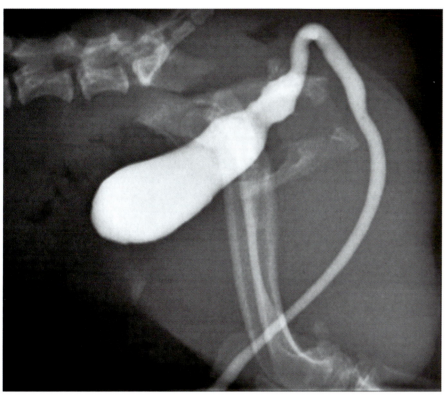

図62 交通事故で骨盤骨折を示したイヌの逆行性尿道造影像

このイヌは6時間前に車に轢かれて来院し、単純X線画像では腹腔内は均一の液体の不透過性を示し、漿膜面のディテールは消失していた。このために尿道断裂の有無を把握するために逆行性尿道造影が実施された。膀胱は一部が骨盤腔内に認められ、尿道も会陰部において湾曲が認められるものの、造影剤の漏洩や造影欠損像が認められないから尿道および膀胱は正常に保たれていることが示された。しかしながら尿管の断裂の有無については順行性尿路造影で確認する必要がある。

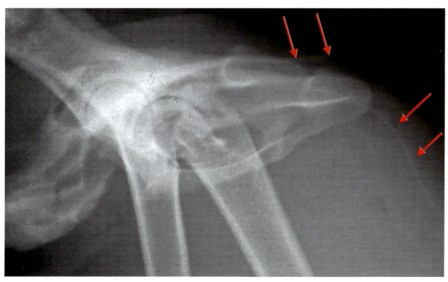

図63 持続的に繰り返す尿失禁を主訴に来院した雌のシェットランド・シープドッグの逆行性尿路造影像

このイヌは外部生殖器形成異常を示し、外尿道孔が2つ形成されていた（矢印）。どちらの尿道口からも排尿できる状態であった。しかしながらその病理組織学的な詳細は不明である。

第4章

4.30 尿道結石 urethral calculi

尿道結石はそれが十分な大きさとX線不透過性を有している場合に単純X線画像上に描出される。X線透過性の尿道結石は逆行性陽性尿道造影によって造影欠損陰影として描出される。結石はイヌでしばしば坐骨弓または陰茎骨基部に認められ、その結石のタイプは膀胱内に観察されるものと同一である。

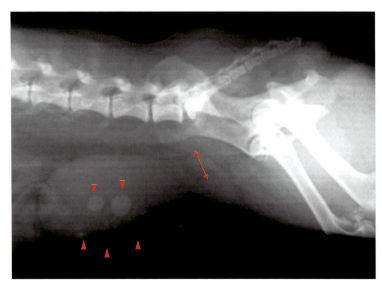

図64 膀胱結石および尿道結石による血尿および尿失禁を示す雌イヌの単純X線像
膀胱内には大小多数のX線不透過性結石（矢頭）が観察され、膀胱頸部は大きく拡張している（矢印）。このことから、骨盤尿道付近にも比較的大きな結石の存在が示唆された。

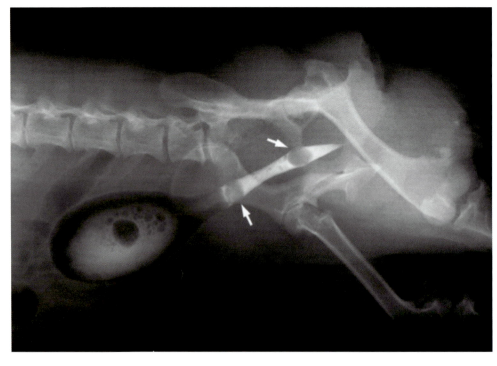

図65 図64と同一症例の二重膀胱造影像を示す
造影欠損陰影により膀胱結石および尿道結石が確認され、尿道内には2つの大きな結石が認められた（矢印）。このイヌはこの後、いずれの結石も膀胱内に押し戻され、膀胱切開によって結石はすべて取り除かれた。

腎泌尿器の画像検査

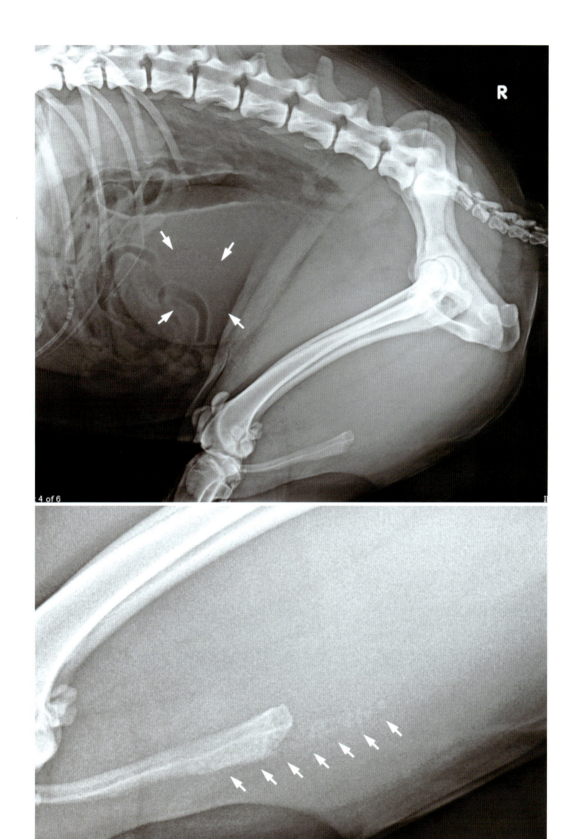

**図66 会陰部および陰茎尿道内の尿道結石を観察するための撮影法
(側方会陰尿道像: lateral perineal view または batt shot) および陰茎尿道部の拡大図**

後肢を頭側に牽引することで、陰茎尿道から会陰領域までの視認性を向上させることができる。膀胱内および、陰茎尿道内の無数の淡いX線不透過性を示す結石の存在に注目（矢印）。
(結石の陰影がみえない人は、この画像を遠くに離して見直してみてほしい。)

第4章

4.31 尿道炎 urethritis

尿道炎（urethritis）は通常単純X線画像では異常陰影を示さない。不整な粘膜構造は尿路造影時に観察されることがあり、それは肥厚および不整構造の程度や炎症の慢性化の程度に依存している。粘膜の壊死を伴う重篤な尿道炎の例では造影剤の尿管外漏出が観察されることがある。

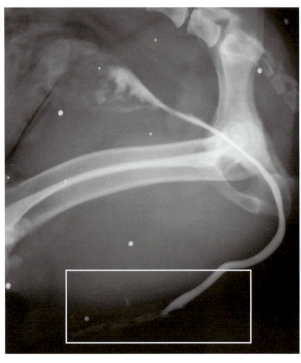
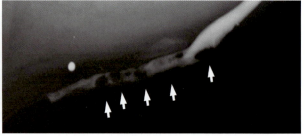

図67　排尿困難を示す雄イヌの逆行性尿道造影像およびその陰茎尿道部分の一部拡大図
陰茎尿道内の多数の円形〜類円形の造影欠損像（矢印）に注目。これは肉芽腫性尿道炎と診断された。

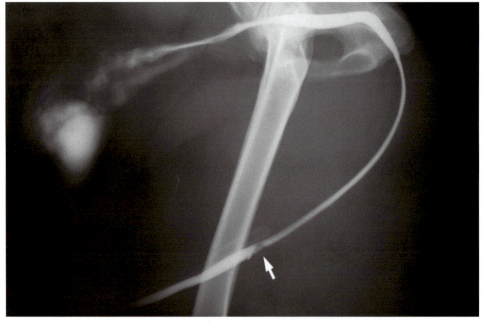

図68　尿道狭窄を示すイヌの逆行性尿路造影
陰茎尿道基部の位置で尿道内に造影欠損陰影を認め、その位置において尿道内腔が狭窄している（矢印）。これは過去のカテーテル挿入の際に尿道内損傷を生じ、瘢痕収縮したものと考えられた。

腎泌尿器の画像検査

4.32 尿道断裂 urethral rupture

逆行性尿道造影は尿道断裂（urethral rupture）を確定する方法として優れている。膀胱頸部の破裂や裂傷の際には腹腔内に造影剤が漏出する。尿道遠位領域における破裂の際には骨盤腔や会陰領域に造影剤が漏出する。

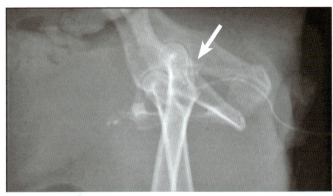

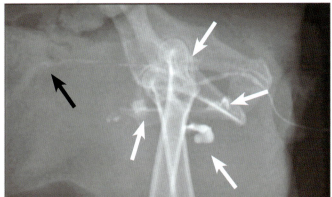

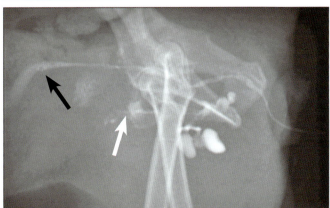

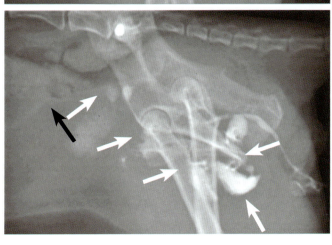

図69　交通事故で骨盤骨折のヒストリーを主訴に来院した排尿困難を示す雄ネコの逆行性尿道造影の撮影画像：上から下にかけて断続的に撮影された。
骨盤尿道内の少なくとも5箇所において漏洩した造影剤が確認される（白矢印）。正常な尿道は結腸腹側を結腸に平衡に走行している（黒矢印）。

第4章

4.33 尿道腫瘍 urethral tumor

尿道原発性腫瘍は起こりえるが、多くは膀胱や前立腺、尿管、子宮または腟由来の腫瘍からの浸潤であることが多い。粘膜の不整構造および、管腔内圧の上昇が尿道造影時の共通所見である。尿道腫瘍のほとんどは悪性上皮系腫瘍（移行上皮癌［TCC］）または扁平上皮癌［SCC］)である。しかしながら尿道由来の平滑筋腫瘍も報告されている。

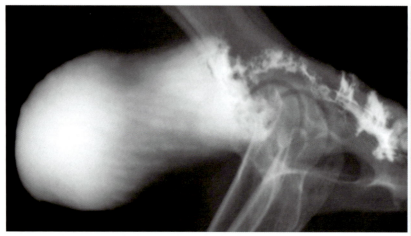
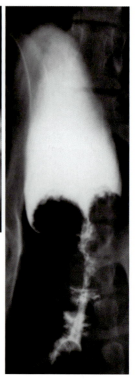

図70　排尿困難を示す雌イヌの逆行性尿路造影像
膀胱頸部から尿道内に広範に浸潤した不整な粘膜境界の造影欠損陰影に注目。この例は移行上皮癌（TCC）であった。

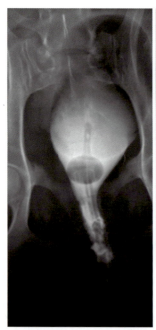
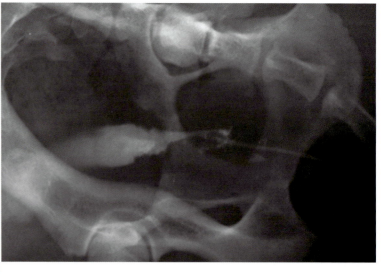

図71　頻尿および血尿を主訴に来院した雌イヌの逆行性尿路造影
図70と同様に膀胱三角領域から尿道腔内にかけて不整な粘膜表面を示す造影欠損陰影に注目。尿検査およびFNAにより、TCCが疑われた。

第4章1〜4の参考文献

1) 獣医放射線学教育研究会/編. 犬と猫のベーシック画像診断学 腹部編. 緑書房. 2020; 9.
2) 夏堀雅宏. 特集 診断シリーズ—疾患から見た検査の考え方— Vol.3 腎・泌尿器疾患＜後編＞ [X線検査 X線造影検査]. SA Medicine. 2012; 14(3): 16-48.
3) 夏堀雅宏 造影検査をするなら知っておくべきX線検査で使う造影剤の基礎知識 伴侶動物画像診断. June 2017; 2-6.
4) Hattery RR, Williamson B, Hartman GW, et al, Intravenous Urographic Technique, *Radiology*. 1998; 167(3): 593-599.
5) Miller DL, Chang R, Wells WT, et al, Intravascular Contrast Media: Effect of Dose on Renal Function. *Radiology*. 1998; 167(3): 607-11.
6) Wallack ST. Excretory urogram/Intravenous pyelogram (IVP). The hand book of Veterinary Contrast Radiography. San Diego Veterinary Imaging Inc. 2003; 112-120.
7) Lamb CR and Gregory SP, Ultrasonographic findings in 14 dogs with ectopic ureter. *Veterinary Radiology and Ultrasound*. 1998; 39(3): 218-223.
8) Silverman S, and Long CD, The Diagnosis of Urinary Incontinence and Abnormal Urination in Dogs and Cats, Clinical Radiology. *Veterinary Clinics of North America: Small Animal Practice*. 2000; 30(2): 427-448.
9) Perondi F, Puccinelli C, Lippi I, Della Santa D, Benvenuti M, Mannucci T, Citi S. Ultrasonographic Diagnosis of Urachal Anomalies in Cats and Dogs: Retrospective Study of 98 Cases (2009–2019). *Vet Sci*. 2020 Sep; 7(3): 84.
10) 谷口義典, 寺田典生. 造影剤による腎障害. *日腎会誌*. 2016; 58(7): 1079–1082.

5 内視鏡検査

5.1 泌尿器内視鏡

　泌尿器領域における内視鏡検査は、管腔内の直接可視化により他の画像検査とは異なる情報を得ることができ、多くの疾患の診断、治療に有用である。膀胱、尿管および近位尿道は開腹アプローチによっても評価可能であるが、内視鏡検査は下部尿路全域、生殖器を低侵襲で評価することができ、場合によっては片側性の腎出血や尿管出血などの上部尿路疾患の評価も可能である。また、内視鏡下では生検を実施することができるほか、結石の回収や破砕、止血処置などの治療も可能な場合がある[1,2]。
　泌尿器内視鏡が適応となる泌尿器疾患、臨床徴候を表に示す（表4）。

5.1.1 機器

　内視鏡システムには光源、カメラ、ビデオモニター、画像保存システム（静止画、動画）で構成される。硬性内視鏡システムには様々な長さと太さのスコープがある（図72）。中型〜大型の雌イヌでは最大径2.7mm、小型の雌イヌ、雌ネコおよび会陰尿道造瘻を行った雄ネコで

表4　泌尿器内視鏡が適応となる泌尿器疾患、臨床徴候

- 血尿
- 有痛性排尿困難
- 頻尿
- 排尿痛
- 尿漏れ
- 排尿時間の延長
- 尿道閉塞
- 再発性尿路感染症
- 尿石症
- 尿路腫瘍
- 外陰部からの排液
- 陰茎からの排液

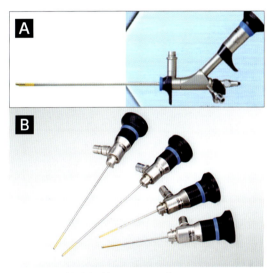

図72　硬性内視鏡のスコープ
A：最大径2.7mm。操作チャネルから生検鉗子などの挿入が可能である。
B：直径1.9mm。様々な長さ、視野角度のラインナップがある。操作チャネルはないため、観察のみに使用される。
（画像提供：オリンパス（株））

は直径1.9mmのスコープが使用される。雄イヌでは、解剖学的構造から硬性内視鏡で尿道全域を観察することは困難であり、局所的な観察に限定される。操作チャネルから鉗子を挿入することにより組織サンプルを採取することが可能である。また操作チャネルからバスケット鉗子（図73）や焼灼用チップを挿入することもでき、治療の実施も可能である[3]。また8Frの尿道カテーテルが挿入可能な雄イヌの場合には、軟性の尿管鏡や直径2.8mmの極細径内視鏡（図74）を使用し尿道全域を観察することが可能である。

第4章

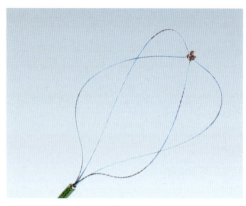

図73　バスケット鉗子
結石摘出の際に使用される。操作チャネルから挿入可能であり、硬性鏡、極細径内視鏡どちらでも使用できる。
（画像提供：オリンパス（株））

図74　極細径内視鏡（直径2.8mm）
内視鏡先端は屈曲可能であり、観察できる範囲は広い。操作チャネルがある。
（画像提供：オリンパス（株））

ただしこれらの内視鏡システムは人医療機器であり動物薬事を取得していないため、その点に注意して使用する必要がある。

5.1.2 準備・手順

泌尿器内視鏡検査は、動物を仰臥位、伏臥位、もしくは横臥位で保定して実施する。

検査に際しては尿路の医原性感染を防止するため、無菌操作を徹底することが重要である。まず、内視鏡挿入部位周辺は毛刈りを行い、外科手術時と同様に消毒する。検査中は滅菌手袋を着用するとともに、使用する内視鏡は滅菌消毒済みのものを使用する。スコープの先端に滅菌された水性潤滑剤を十分に塗布したうえで内視鏡を挿入し、還流チャネルから滅菌生理食塩液を注入することで腔内を十分に拡張させ、視野を確保しながら内視鏡を進めていく。

この際、先に腔内の徹底的な観察・評価を完了し、その後に必要に応じて生検や結石の除去などの追加処置を行うことで、二次出血により視界が遮られることを防ぐことができる。

5.1.3 合併症・処置後管理

内視鏡検査の際に無菌操作を徹底して実施したとしても、スコープの粘膜への物理的刺激により医原性感染の可能性がある。したがって処置後5～7日間は広域スペクトラムの抗菌薬の投与を行うことが勧められている[4]。

検査実施後に不快感や頻尿を呈する場合には2～3日間の非ステロイド性抗炎症薬やオピオイドの使用を検討する。

また、検査実施後には感染や疼痛・炎症を伴わない一

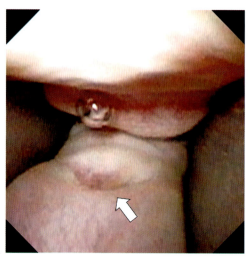

図75　正常な雌の外尿道口（矢印）
外陰部よりスコープを進めるとやや腹側に外尿道口が観察できる。

時的な血尿を呈することもあるため、飼い主へ事前に説明しておく必要がある。

5.1.4 泌尿器内視鏡の実際

泌尿器内視鏡で観察される正常像や病変像、それに関連する他の画像所見、泌尿器内視鏡による治療を図75～82に示す。

5.2 泌尿器科関連の腹腔鏡

近年、小動物医療においても腹腔鏡を用いた検査や内視鏡外科処置が浸透してきている。腹腔鏡は、腹腔内の観察および組織生検を行う診断的手技や様々な手術法の選択肢を広げる。

腹腔鏡アプローチの利点としては、低侵襲性と拡大で

腎泌尿器の画像検査

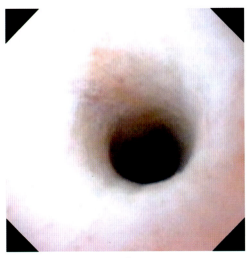

図76　正常な雄の尿道
滅菌生理食塩液を注入しながらスコープを進めると腔内を観察しやすい。

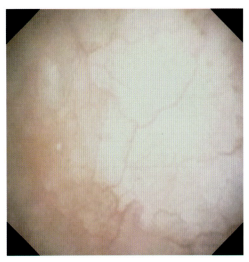

図77　正常な膀胱粘膜
膀胱壁の血管の走行が確認できる。

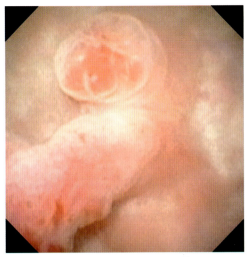

図78　膀胱の腫瘤（ポリープ状）
膀胱粘膜より有茎状の腫瘤が確認できる。生検鉗子で採材し、病理組織検査に提出したところ、「増殖性膀胱炎」と診断された。

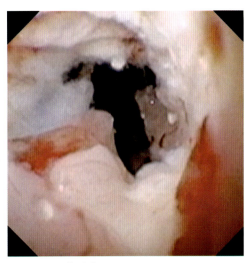

図79　尿道腫瘍
尿道粘膜全周に異常を認め、尿道内腔は狭くなっている。生検鉗子で採材し、病理組織学的検査に提出したところ、「移行上皮癌」と診断された。

鮮明な視野の確保がある。微細な血管や膜構造までみながら繊細な手術手技を実現でき、開腹手術であっても確認困難な位置の可視化も可能となるため、結果として入院期間の短縮や術後感染率を低減することとなり生体への負担を軽減できる。また、モニターに映し出された術野の映像を共有できるため教育的効果も大きい。

一方で、関連機器の費用が高額であることや初期学習段階での麻酔時間増加が導入や継続の障害となる。またその手段は難易度が高く重大な合併症（臓器損傷や出血）を起こしうるため、術者のトレーニングが欠かせない。

表5に泌尿器科関連で腹腔鏡が適応となる処置の例を示す。

5.2.1 機器

腹腔鏡システムには、光源装置、気腹装置、腹腔鏡（硬性鏡）、ビデオカメラ装置とモニター、画像保存システム（動画、静止画）で構成される。カメラは様々な外径、長さ、視野角度のものがあり、獣医療では外径が3mmか5mm、先端の視野角度が0°か30°のものが主に用いられている。術野確保には、トロッカーやラッププロテクターを用い、手術は各種鉗子やシーリングデバイスを用いて行う。これらの内視鏡システムは人医療機器であり動物薬事を取得していないため、その点に注意して使用する必要がある。

第4章

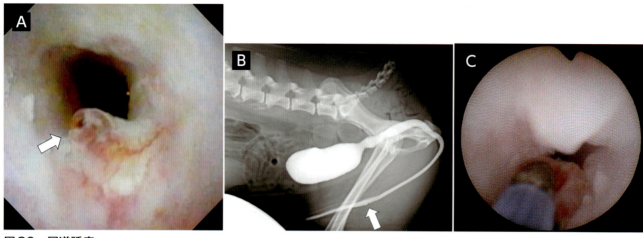

図80 尿道腫瘤
A：症例は腫瘤先端部（矢印）からの出血により血尿となり、重度貧血を呈していた。内視鏡下生検により「粘膜過形成を伴う慢性尿道炎」と診断された。
B：尿道腫瘤のX線造影所見。造影欠損（矢印）が腫瘤の存在する位置である。
C：出血に対する内視鏡下処置。硬性内視鏡の操作チャネルから焼灼用チップを挿入し止血処置を行い、血尿は改善した。

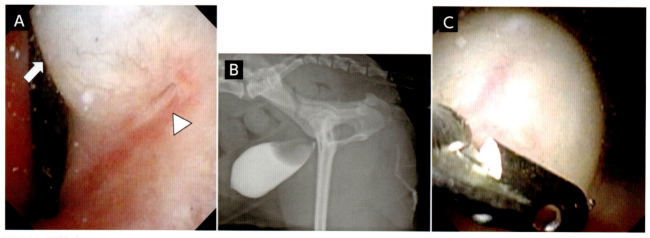

図81 尿管瘤
A：膀胱内腔から尿管瘤（矢印）、尿管開口部（矢頭）が確認できる。極細径内視鏡スコープを膀胱内で180°反転して観察している。症例は尿管瘤のため水腎を呈していた。
B：尿管瘤症例の逆行性尿路造影X線検査。膀胱三角部に辺縁平滑な造影欠損像を認める。
C：尿管瘤に対する内視鏡下処置。内視鏡下で生検鉗子により膀胱粘膜側から尿管瘤を破ることで尿管瘤は消失し、水腎は改善した。

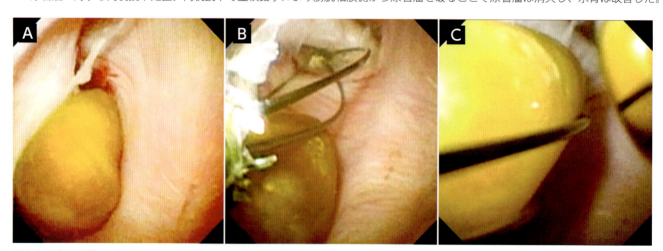

図82 ネコの腎盂内結石
A：開腹手術中に尿管切開部位から極細径内視鏡スコープを腎臓内に進め観察している。
B、C：内視鏡下結石摘出。内視鏡下でバスケット鉗子を使用することで安全に腎盂結石摘出が可能である。

表5 泌尿器科関連で腹腔鏡が適応となる処置

腹腔鏡アシスト下で行う処置	腹腔鏡による内視鏡手術
・腎生検	・卵巣・子宮摘出
・腹膜透析用カテーテル設置	・潜在精巣摘出
・膀胱切開（膀胱結石摘出）	・リンパ節生検
・膀胱固定術	・腎臓尿管摘出
・膀胱瘻チューブ設置	
・鼠径ヘルニア整復	

5.2.2 泌尿器関連の腹腔鏡の実際

腹腔鏡を使用して実施可能な泌尿生殖器関連の基本的な処置を以下に示す。

5.2.2.1 腹腔鏡アシストによる膀胱結石摘出

膀胱結石や膀胱に押し戻せる尿道結石の摘出は、腹腔鏡アシストによる利点が大いに活かされる術式である。2つの皮膚小切開を行って、腹腔鏡と鉗子によって膀胱を腹壁に誘導する術式や、1つの皮膚小切開から膀胱を皮膚固定し、膀胱に直接腹腔鏡を挿入する術式も報告されている[5-7]。

腹腔鏡補助膀胱結石摘出は低侵襲であり、膀胱の粘膜表面および尿道近位部の鮮明な画像を提供する。膀胱結石の取り残しリスクを軽減でき、腹腔の尿汚染が減少させられるメリットもある。

2016年のACVIM (American College of Veterinary Internal Medicine Consensus Statement) には、イヌとネコの尿路結石に対する治療指針が記載されており、膀胱結石の摘出は低侵襲的に実施することが推奨されていることから、今後さらに腹腔鏡が使用される機会が増えることが予想される[8]。

腹腔鏡補助下膀胱結石摘出術

酪農学園大学/鳥巣至道先生の指導による変法を図83、84で紹介する。

5.2.2.2 腹腔鏡下卵巣・卵巣子宮摘出術（図85）

不妊手術として腹腔鏡下で卵巣もしくは卵巣子宮摘出術が選択される機会が増加している。先に述べた腹腔鏡下手術の利点である拡大された鮮明な視野が得られ、卵巣や卵巣動静脈などの血管構造、卵巣提索や間膜などの解剖構造が非常に明瞭に観察できる。また、疼痛刺激となりやすい卵巣牽引も腹腔内で愛護的に行える点も低侵襲性と評価される。体腔の深い大型イヌや腹腔内脂肪の多い成犬など、開腹下手術では視野や操作の制約が大きい状況でも、腹腔鏡では確かな視野を得られ、出血状況も確認できる。

一方で、嚢胞化した卵巣や病的に拡大子宮では、腹腔鏡下手術では対応困難な場合もあるため慎重に適応を検討すべきである。

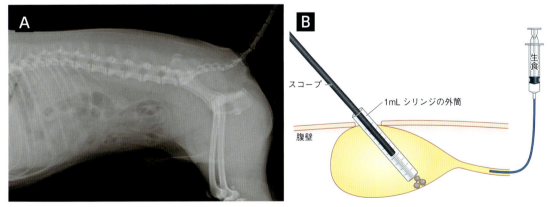

図83　膀胱結石の雄イヌのX線像とスコープによる膀胱内観察の模式図
A：多発した膀胱結石のある雄イヌ、6歳のX線像
　　多くの結石がある場合には手術での結石の取り残しのリスクがある。このような場合には、腹腔鏡補助下での結石摘出が有用である。
B：スコープによる膀胱内観察のイメージ

第4章

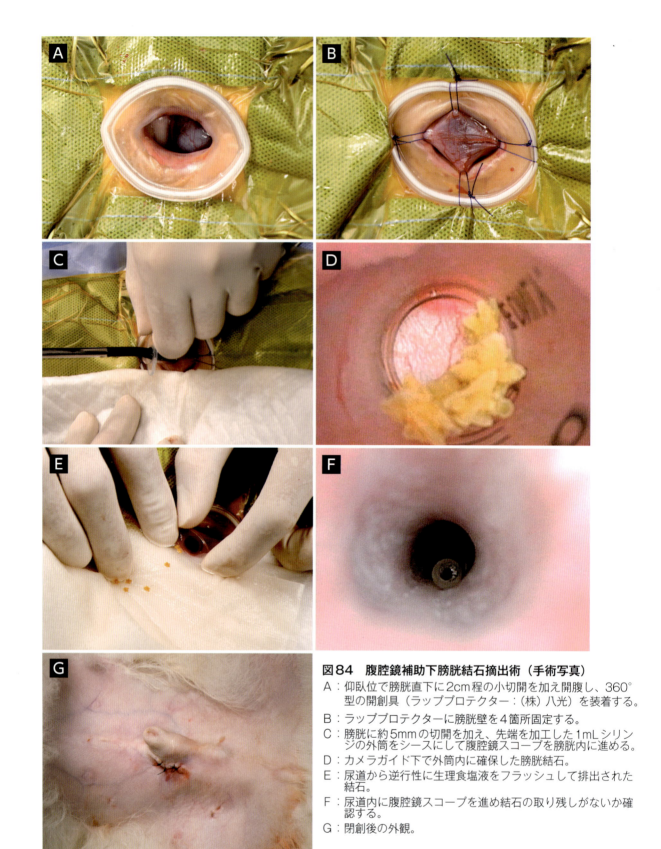

図84　腹腔鏡補助下膀胱結石摘出術（手術写真）

A：仰臥位で膀胱直下に2cm程の小切開を加え開腹し、360°型の開創具（ラッププロテクター：（株）八光）を装着する。
B：ラッププロテクターに膀胱壁を4箇所固定する。
C：膀胱に約5mmの切開を加え、先端を加工した1mLシリンジの外筒をシースにして腹腔鏡スコープを膀胱内に進める。
D：カメラガイド下で外筒内に確保した膀胱結石。
E：尿道から逆行性に生理食塩液をフラッシュして排出された結石。
F：尿道内に腹腔鏡スコープを進め結石の取り残しがないか確認する。
G：閉創後の外観。

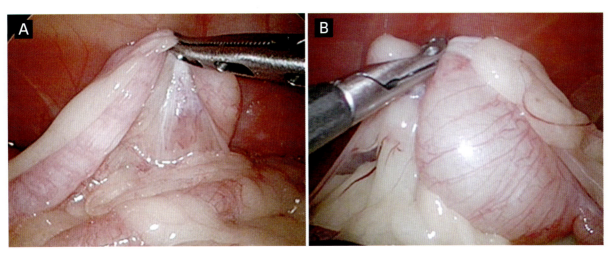

図85　卵巣子宮摘出術
A：右子宮角と卵巣（シベリアン・ハスキー）
B：卵巣動静脈と子宮水腫を伴った子宮角（トイ・プードル）

第4章5の参考文献

1) Adams LG, Berent AC, et al. Use of laser lithotripsy for fragmentation of uroliths in dogs: 73 cases (2005-2006). *J Am Vet Med Assoc*. 2008; 232(11): 1680-1687.
2) Messer JS, Chew DJ, et al. Cystoscopy: Techniques and clinical applications. *Clin Tech Small Anim Pract*. 2005; 20(1): 52-64.
3) Elwick KE, Melendez LD, et al. Neodymium: Yttrium-aluminum-garnet (Nd: YAG) laser ablation of an obstructive ure-thral polyp in a dog. *J Am Anim Hosp Assoc*. 2003; 39(5): 506-508.
4) Byron J, Chew D. Diagnostic urologic endoscopy. In: Bartges J, David JP, ed. Nephrology and Urology of Small Animals. kindle版．
5) Rawlings CA, Mahaffey MB, Barsanti JA, et al. Use of laparpscopic-assisted cystoscopy for removal of urinary calculi in dogs. *J Am Vet Med Assoc*. 2003; 222(6): 759-761.
6) Pinel CB, Monnet E, Reems MR. Laparoscopic-assisted cystotomy for urolith removal in dogs and cats - 23 cases. *Can Vet J*. 2013; 54(1): 36-41.
7) Fransson BA, Myhew PD. Laparoscopic-assisted cystoscopy for urolith removal and mass resection. In: Fransson BA, Myhew PD, ed. Small Animal Laparoscopy and Thoracoscopy. Wiley Blackwell,New Jersey. 2015; 195-206.
8) Lulich JP, Berent AC, Adams LG, et al. ACVIM small animal consensus recommendations on the treatment and prevention of uroliths in dogs and cats. *J.Vet.Internal Med*. 2016; 30(5): 1564-1574.

第5章

腎泌尿器系の病理組織診断

1〜2.5：矢吹　映、2.6：代田 欣二

1 細胞診

1.1 尿沈渣の細胞診（ドライ・マウント）

1.1.1 標本作製

採取された尿は、量にかかわらず500×gあるいは1,500rpm（スイング型ローター）で遠心分離する。血漿分離用の卓上型遠心機などを用いると遠心力が強すぎて細胞が破壊される。スライドグラスは必ず洗浄済みのグレードを使用する。沈渣のスメアはスライドグラス同士をすり合わせて作製するのが一般的である（すり合わせ法）。細胞数が少ないときは引きガラス法で最後まで引き切らずに止める方法（liner smear法）によって細胞を集積することもできるが、この方法には細胞形態が不良になりやすい欠点がある。集細胞遠心装置（サイトスピン®、オートスメア®）を用いることができれば理想的である。

作製したスメア標本はドライヤーの冷風で乾燥させ、ライト・ギムザ染色やメイグリュンワルド・ギムザ染色などのロマノフスキー染色を行う。液体中の細胞のスメア標本はギムザ染色に過染することが多いため、染色時間を変えた複数の標本を用意しておくとよい。

1.1.2 炎症性疾患

好中球が主体の化膿性炎が最も多く、細菌感染が起こっている場合には好中球に変性所見や細菌の貪食像が認められる（図1）。細菌はロマノフスキー染色でも確認できるが、グラム染色の方が豊富な情報を得られる（図2）。ただし、尿沈渣のグラム染色は細菌の見逃しや誤認が起こりやすいため、適切な診断にはある程度の熟練を要する。炎症細胞とともに剥離した移行上皮細胞が観察されることも多いが（図3）、移行上皮細胞に二次的

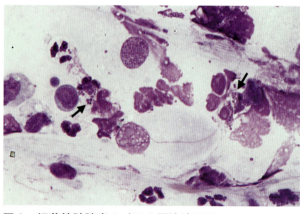

図1　細菌性膀胱炎のイヌの尿沈渣のスメア（メイグリュンワルド・ギムザ染色）
好中球は核融解を起こしており、球菌の貪食像も観察される（矢印）。

腎泌尿器系の病理組織診断

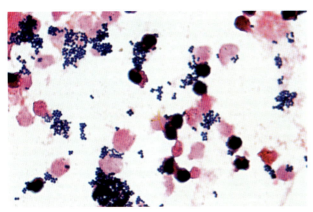

図2　細菌性膀胱炎のイヌの尿沈渣のスメア（ギムザ染色）
無数のグラム陽性球菌が観察される。ブドウ球菌に典型的な房状の菌の集塊である。

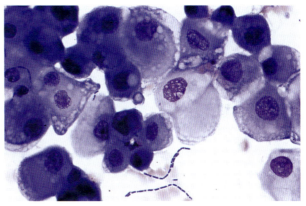

図3　細菌性膀胱炎のイヌの尿沈渣のスメア
　　　（メイグリュンワルド・ギムザ染色）
大小不同の移行上皮細胞が観察される。二次的な変化を起こしており、核のクロマチンが凝集している。周囲には桿菌が観察される。

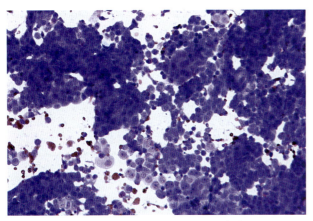

図4　膀胱に移行上皮癌をもつイヌの尿沈渣のスメア
　　　（メイグリュンワルド・ギムザ染色）
無数の腫瘍細胞が尿中に脱落している。

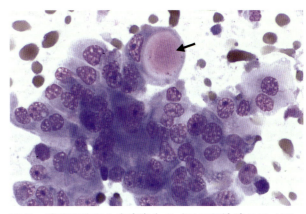

図5　膀胱に移行上皮癌をもつイヌの尿沈渣のスメア
　　　（メイグリュンワルド・ギムザ染色）
細胞質に赤色の大型封入物が観察される（矢印）。

な変化が強い場合は腫瘍性変化との鑑別が難しいことがある。また、膀胱や尿道の粘膜に炎症性の扁平上皮化生が起こっている場合には、多数の角化上皮細胞が観察されることがある。

1.1.3 腫瘍性疾患

　移行上皮癌が最も多い。細胞間の結合性がゆるむために、沈渣に脱落する細胞の数は多い（図4）。悪性の腫瘍細胞は一般的に大小不同を示すことが多いが、移行上皮細胞は正常でも大きさが様々であるため、巨大細胞の出現がない限りは細胞の大小不同で悪性度の評価を行うことはできない。また、尿中に脱落した移行上皮細胞は変性して核クロマチンの凝集を示すため、クロマチンの凝集で悪性度の評価を行うこともできない。
　核／細胞質比（N／C比）は一般的な悪性腫瘍細胞と同様に高くなる。細胞質は好塩基性が強く（青く濃染）、

赤色で均質あるいは顆粒状の大型封入物が観察されることがある（図5）。核には、顕著な大小不同、巨大核、大きさが異なる複数の核、大型の核小体、異常核分裂像といった核異型が認められる。強い核異型性を示す場合は一見して悪性腫瘍と診断されるが（図6）、尿中に遊離した移行上皮細胞の核は膨化や変性を起こしやすく、移行上皮癌であっても細胞診では悪性と確定できないこともある。
　そのほかの腫瘍として、前立腺癌、リンパ腫、まれに扁平上皮癌などでも尿中に腫瘍細胞が認められる（図7）。前立腺癌や扁平上皮癌は細胞診では移行上皮癌と鑑別が難しいことも多い。平滑筋肉腫や横紋筋肉腫といった間葉系の腫瘍が発生することもあるが、間葉系の腫瘍細胞は尿中にほとんど脱落しないため細胞診で診断することは難しい。

第5章

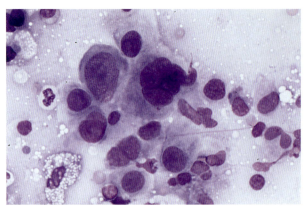

図6　膀胱に移行上皮癌をもつイヌの尿沈渣のスメア
　　　（メイグリュンワルド・ギムザ染色）

腫瘍細胞はN/C比が高く、核には顕著な大小不同、粗いクロマチン、多核、大型の核小体、鋳型核といった強い核異型が認められる。

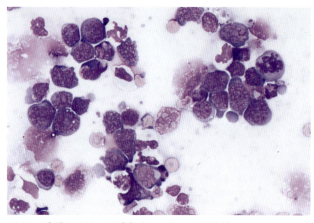

図7　膀胱にリンパ腫をもつイヌの尿沈渣のスメア
　　　（メイグリュンワルド・ギムザ染色）

N/C比が非常に高い大型のリンパ球が多数観察される。周囲にはlymphoglandular bodiesと呼ばれる好塩基性の細胞質断片が観察される。異常な有糸分裂像も観察される。

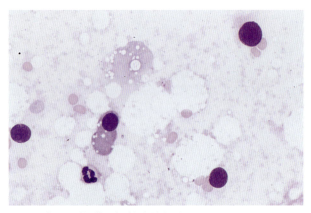

図8　ネコの腎臓の細針生検標本
　　　（メイグリュンワルド・ギムザ染色）

細胞質に空胞をもつ尿細管上皮細胞が観察される。尿細管上皮細胞は脆弱であるため裸核細胞になりやすい。

1.2.2 正常

　通常、採取される細胞は尿細管上皮細胞である。糸球体が採取されることもあるがまれである。尿細管は走行する部位により細胞の構造が異なる。

　細針生検が適切に実施されれば、皮質から採取される率が最も高いのは近位尿細管上皮細胞である。やや広い細胞質を有する類円形の細胞で、集塊状や散在性に観察される。ネコの近位尿細管上皮細胞は正常でも脂肪滴を多く含む特徴があり、細胞診でも細胞質に明瞭な空胞が観察される（図8）。尿細管上皮細胞は比較的脆弱であり、スライドグラスのすり合わせの圧挫によって細胞が壊れて裸核になりやすい。細胞が壊れると背景には脂肪滴が散乱する。

1.2 腎蔵の細胞診
1.2.1 サンプリング

　画像検査において腎臓の腫大、腫瘤あるいは腎臓周囲の低エコー領域（腎臓型リンパ腫に特徴的な所見）が認められた場合は細針生検の適応である。穿刺に際しては細心の注意を払う必要がある。できるだけ鎮静下で実施し、事前に凝固系の異常がないことを確認することが望ましい。毛刈りと皮膚の消毒を行い、超音波ガイド下で皮質の表層を穿刺する。皮質の深層や髄質は弓状動脈や葉間動脈といった太い血管が走行するので穿刺してはならない。リンパ腫であれば24～25Gの細い針を用いた非吸引法で良好なサンプルが得られる。

　腫瘤性病変の場合は、腎嚢胞もしくは腎膿瘍との鑑別を事前に注意深く行う。特に、腎膿瘍の可能性がある場合は安易に穿刺してはならない。

1.2.3 腫瘍性疾患

　腎細胞癌（腎腺癌）は、超音波検査で腫瘤病変として確認されることが多い。腫瘍細胞は核が層状に重なって認められることが多く、強い異型性を示していれば細胞診でも悪性の上皮系腫瘍であることが確認できる（図9）。腎芽腫や移行上皮癌が腎臓に発生することもあるが、細胞診で腎細胞癌と区別することは困難である。血管肉腫、線維肉腫、未分化肉腫といった間葉系の腫瘍が発生することもあり、異型性の強い紡錘細胞が観察されれば疑われる。

　腎臓型リンパ腫は、片側性あるいは両側性の腎腫大として認められる。ネコに多く、イヌではまれである。他の部位に発生するリンパ腫と同じく、大型のリンパ球が多く観察される（図10）。ネコのリンパ球は細胞質に空胞を認めることも多い。腫瘍性のリンパ球は脆弱であるた

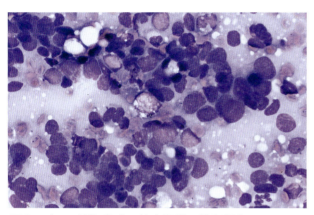

**図9　イヌの腎細胞癌。摘出組織の捺印標本
　　　（メイグリュンワルド・ギムザ染色）**
N/C比が非常に高い腫瘍細胞が多数観察される。細胞が層状に集積しやすいため細胞の配列は不明瞭である。核はクロマチンが粗く、大小不同性を認める。

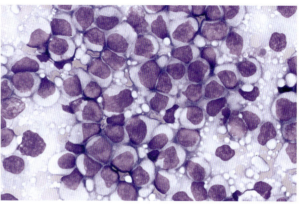

**図10　ネコの腎臓型リンパ腫の細針生検標本
　　　（メイグリュンワルド・ギムザ染色）**
大型のリンパ球が無数に観察される。周囲には崩壊したリンパ球の細胞質断片（lymphoglandular bodies）が無数に観察される。

め、崩壊したリンパ球の核影（smudge cell/basket cell）やリンパ球の細胞質断片（lymphoglandular body）が観察されることも多い。

1.3 前立腺の細胞診
1.3.1 サンプリング

　サンプルの採取は、精液採取、前立腺マッサージ液の採取および前立腺の細針生検により行われる。精液採取は非侵襲的に前立腺を評価できるが、実施には慣れや経験を必要とする。前立腺マッサージ液の採取は比較的簡便であり、最初に評価する方法として適している。一方で、膀胱や尿道の粘膜も同時に採取されることが多いため、慎重な診断が要求される。実施前には膀胱を十分洗浄し、事前に採取した尿、マッサージ前の洗浄液、マッサージ後の洗浄液の3つをサンプルとして採取する。各サンプルの沈渣を比較することで、観察される細胞が前立腺マッサージにより脱落したものかどうかを評価する。

　なお、カテーテル挿入には医原性感染のリスクがあるため、実施に際しては無菌操作に細心の注意を払う。前立腺炎や前立腺腫瘍では圧痛を示すことがあり、実施に際して鎮静が必要なこともある。

　細針生検は確実に前立腺を評価できる方法であるが、細菌性の前立腺炎や前立腺膿瘍で安易に穿刺を行うと腹膜炎を誘発するため、これらを事前に否定しておく必要がある。

1.3.1.1 前立腺マッサージの方法
① 尿道カテーテルを挿入し、尿を抜去して膀胱を空にする（抜去した尿をサンプル1とする）。
② 5～10mLの滅菌生理食塩液で膀胱を数回洗浄する。
③ 最後の生理食塩液をすべて回収する（サンプル2）。
④ 尿カテーテルを抜去する。
⑤ 直腸に指を挿入し、直腸を介して前立腺を1分程度マッサージする。マッサージを行う際には前立腺を背側に持ち上げるように腹壁を手のひらで固定しておく。
⑥ 尿カテーテルを再度挿入し、前立腺尿道よりも手前の尿道にカテーテルの先端が位置するところで止める。
⑦ 5～10mLの生理食塩液をやや勢いよくフラッシュすることで前立腺尿道に脱落した細胞を膀胱内に押し流す。この際にカテーテルが抜けないように注意する。
⑧ カテーテルを膀胱内に進め、生理食塩液をすべて回収する（サンプル3）。
注：医原性の感染を防ぐために器具類はすべて滅菌された新品を使用し、実施する前には外陰部周囲、包皮内、露出した陰茎などを低刺激性の消毒液（5％クロルヘキシジン液の100～200倍希釈など）を用いて洗浄、消毒しておく。

1.3.2 正常および過形成

　正常な前立腺上皮は、円形の核を有する類円形もしくは正方形の小型細胞である。一般的な上皮細胞と同じくシート状の細胞塊として観察されるが、典型的な前立腺上皮は蜂の巣様の配列を示す。良性の過形成では、採取される前立腺上皮細胞の形態は正常な前立腺と同様であり、典型例では異型性を示さない蜂の巣状のシート状

第5章

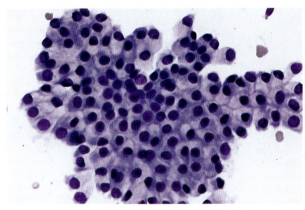

**図11 イヌの肥大した前立腺の細針生検標本
　　　（メイグリュンワルド・ギムザ染色）**
N/C比が低く、悪性所見を示さない均一な細胞が蜂の巣状に配列している。前立腺の良性過形成に典型的な所見である。

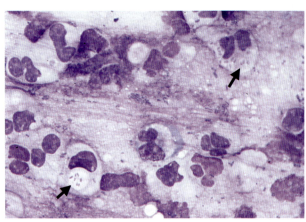

**図12 前立腺肥大を示すイヌで行った前立腺マッサージ液の沈渣スメア
　　　（メイグリュンワルド・ギムザ染色）**
多数の変性好中球が観察され、細菌の貪食像も認められる（矢印）。

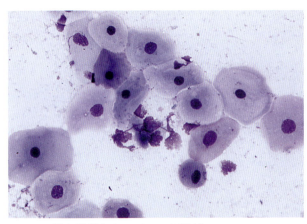

**図13 潜在精巣をもつイヌの尿沈渣のスメア
　　　（メイグリュンワルド・ギムザ染色）**
悪性所見を示さない扁平上皮細胞が多数観察される。潜在精巣はセルトリ細胞腫と診断された。

細胞塊が観察される（図11）。過形成の場合、前立腺マッサージでは前立腺上皮細胞はほとんど剥離しないため、観察される上皮細胞は膀胱や尿道粘膜の移行上皮であることが多い。このため、前立腺過形成の確定診断には前立腺の細針生検が必要になる。

1.3.3 前立腺炎

　感染性の前立腺炎がほとんどである。精液あるいは前立腺マッサージ液中に多数の好中球が認められれば前立腺炎が疑われる。好中球には核変性や細菌の貪食像を認めることもある（図12）。細菌性の膀胱炎を併発していることが多く、前立腺マッサージ液では膀胱の炎症と前立腺の炎症を見分けることが難しい。ただし、細菌性の前立腺炎で前立腺を穿刺すると感染が腹腔内に播種する可能性があるので、前立腺マッサージ液あるいは尿の沈渣に炎症を認める場合は安易に前立腺を穿刺してはならない。

1.3.4 扁平上皮化生

　精巣のセルトリ細胞腫（まれに間細胞腫）では、血中エストロゲン濃度が上昇することで前立腺上皮の扁平上皮化生を起こすことがある。この場合、細針生検の標本や尿沈渣には異型性を示さない扁平上皮細胞が多数観察される（図13）。慢性的な刺激や慢性炎症が原因で扁平上皮化生を起こすこともある。

1.3.5 腫瘍性疾患

　前立腺の腫瘍は腺癌が最も多い。腫瘍細胞は剥離しやすく、前立腺マッサージでも多数の細胞が脱落する。ただし、前立腺マッサージでは尿道の移行上皮細胞が混在するため細胞の由来の鑑別には注意が必要である。腫瘍細胞はシート状、塊状あるいは孤立性に認められる。細胞は大小不同を示し、方形もしくは円形など様々な外形を示す。N/C比は高く、細胞質は濃染する。細胞質に赤色で顆粒状の大型封入物を認めることもある（図14）。核は中等度から高度の核異型を示し、大小不同、粗いクロマチン、大型の核小体、鋳型核、異常核分裂などを認める（図15）。

　一方、前立腺癌でも顕著な悪性所見を示さず細胞診では悪性と診断できないこともある。前立腺癌が膀胱に浸潤したり、移行上皮癌が前立腺に浸潤したりすることがあるが、基本的に細胞診で前立腺癌と移行上皮癌を明確に区別することは難しい。前立腺には、線維肉腫、平滑筋腫、平滑筋肉腫といった間葉系の腫瘍が発生することもあるが、これらの間葉系の細胞は前立腺マッサージで

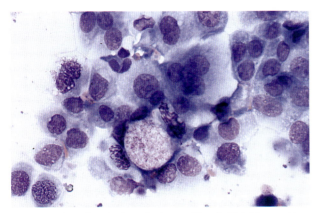

図14 前立腺肥大を示すイヌで行った前立腺マッサージ液の沈渣スメア（メイグンワルド・ギムザ染色）
N/C比が高く、好塩基性の強い腫瘍細胞が多数観察される。赤色顆粒状の大型封入物も観察される。

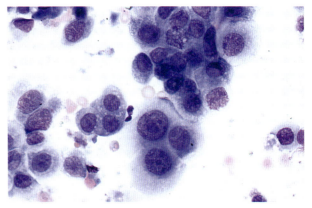

図15 前立腺肥大を示すイヌで行った前立腺マッサージ液の沈渣スメア（メイグンワルド・ギムザ染色）
図14と同一の症例。核には、大小不同、粗いクロマチン、大型の核小体、核小体の大小不同といった強い核異型が認められる。

は剥離し難いため、疑われる場合は細針生検が必要である。

2 腎生検（コア生検）

腎疾患の治療において、具体的な診断名を下すことは治療方針の決定や予後の判定に重要である。特に持続性の腎性蛋白尿を示す糸球体疾患では、腎生検が確定診断のための唯一の検査法であり、その診断結果は治療方針を大きく左右する。しかし、腎生検は安易に実施すると適切な病理診断ができないばかりか、大きな合併症を引き起こすリスクがある。腎生検を適切に行うためには、正しい解剖学的知識と適切なサンプリング法を習得する必要がある。

2.1 腎生検の適応 [1,2]
2.1.1 高度な蛋白尿

蛋白尿は糸球体疾患でみられる典型的な臨床病理学的所見であり、特にイヌで遭遇する機会が多い。低アルブミン血症を伴って皮下浮腫や腹水を示す（ネフローゼ症候群）こともあるが、蛋白尿が唯一の臨床徴候であることも多い。腎生検の適応を判断するために必要なのは、認められる蛋白尿が腎性の蛋白尿であることを正しく診断することである。腎性の蛋白尿は、腎前性（ヘモグロビン、ミオグロビン、Bence Jones蛋白など）および腎後性（感染、炎症、腫瘍、結石など）の要因がなく、かつ蛋白尿が持続（2週間間隔で3回以上）することで診断される。腎生検の適応を判断するためには、尿蛋白/クレアチニン（UP/C）比の測定が必須である。表1には腎生検が適応となるUP/C比のグレードをまとめた。

2.1.2 急性腎障害

急性腎障害（acute kidney injury：AKI）の原因や腎実質の損傷の程度を知るためには、腎生検による病理診断は有用な情報を提供する。しかしながら、重篤な尿毒症を示している症例では、麻酔や出血のリスクが高いため腎生検による病理診断は積極的には推奨されない。一方、回復期および安定期に入った症例の場合、腎臓の損傷と修復の程度を知るために腎生検が行われることもある。

2.1.3 慢性腎臓病

慢性腎臓病（chronic kidney disease：CKD）は、窒素血症が重度でなく（IRISステージ3の前半まで）、原因不明かつ予測がつかない進行を認める場合には、腎生検によりその原因を明らかにできるかもしれない。ただし、安易に腎生検を実施するのではなく、CKDの進行の原因を十分に精査することが先決である。その結果、治療方針の決定に必要と判断された場合にのみ腎生検は推奨される。

2.1.4 腫瘍性疾患

超音波検査やCTなどの画像診断により腎臓の腫瘍が疑われる場合は腎生検の適応となる。ただし、ネコの腎臓型リンパ腫など細針生検（細胞診）で確定診断が可能なことも多いため、コア生検は細針生検で診断がつかない場合のみ実施される。

第5章

表1 尿蛋白／クレアチニン比（UP/C比）による腎生検の適応

UP/C比	蛋白尿の程度	腎生検の適応
＜ 0.5	非蛋白尿	・糸球体疾患は疑われない ・腎生検の適応ではない
0.5 〜 2.0	軽度〜中等度	・糸球体疾患の可能性を考慮する ・鑑別診断を進めながらUP/C比を反復測定する（2週間以上×3） ・6週間を超えてUP/C比が0.5以上を示せば腎生検を考慮する
2.0 〜 3.5	高度	・糸球体疾患が疑われる ・鑑別診断を進めながらUP/C比を反復測定する（2週間以上×3） ・6週間を超えてUP/C比が2.0以上を示せば腎生検の適応
＞ 3.5	重度	・糸球体疾患が強く疑われる ・腎生検による早急な確定診断が推奨される

表2 腎生検の禁忌

- IRISステージ4の慢性腎臓病（場合によりステージ3以上）
- 尿毒症
- 重度の窒素血症
- 重度の貧血
- 止血異常
- 非ステロイド性抗炎症薬の投与5日以内
- 管理困難な高血圧
- 重度の水腎症
- 大型および多発性の腎嚢胞
- 腎周囲嚢胞
- 広範囲の化膿性腎炎
- 未経験の施術者
- 不完全な不動化

文献2）をもとに作成

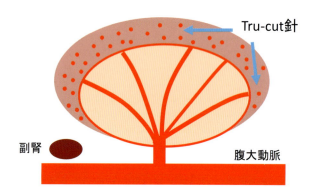

図16 Tru-cut針で穿刺する部位
皮質のみ穿刺する（青矢印）。髄質には太い動脈が走行するため、髄質を穿刺すると出血のリスクが高く、診断に必要な糸球体も存在しない。赤点：糸球体、赤線：動脈。

2.2 腎生検の禁忌（表2）[2]

重度の窒素血症および尿毒症を起こしている症例では腎生検はリスクが高く推奨されない。病態の進行したCKDの症例で腎生検による病理検査を行っても糸球体や間質には硬化性病変が顕著であり、治療や予後判定に有用な情報は得られないことが多い。また、止血異常がみられる症例では腎生検は出血のリスクが高く禁忌である。非ステロイド性抗炎症薬の投与を受けている患者も出血のリスクが高い。水腎症、腎嚢胞、腎周囲嚢胞、化膿性腎炎（腎盂腎炎）でも腎生検は禁忌である。

2.3 腎生検の方法

腎生検の方法にはいくつかあるが、術者が慣れた方法で安全かつ確実に実施できれば問題ない。いずれの方法でも穿刺するのは皮質のみであり、髄質を穿刺すると葉間動脈など太い血管を傷つけて大量出血を起こすリスクがある（図16）。皮質の色調は、イヌでは暗赤褐色もしくは小豆色である。皮質のみを穿刺すると、穿刺後の出血量は少なく、数10秒〜1分程度の圧迫で止血できる。ネコではほとんど出血しないこともある。

2.3.1 器具
2.3.1.1 細針生検

21〜25Gまで様々な太さの注射針が使用される。太い針ほど血液の混入が多く、必ずしも針の太さと採取される細胞の量は比例しない。細針生検には吸引法と非吸引法ある。ネコの腎臓型リンパ腫では25Gあるいは24Gの注射針を用いた非吸引法で診断に十分な量の細胞が採取される。

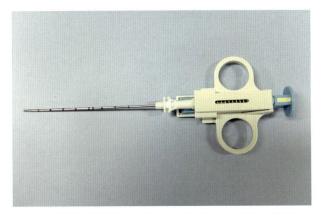

図17 筆者が使用しているセミオートマチックTru-cut針
(スターカット　スタンダードタイプ　16G×90mm、(株)タスク)

2.3.1.2 コア生検

コア生検針は各種発売されているが、安全かつ診断に十分な量の皮質組織が採取されればどの生検針を使用しても問題ない。主流はTru-cutタイプの生検針で、マニュアル、セミオートマチック、オートマチックの3種類がある。小動物臨床で最も一般的に使われているのはセミオートマチックである。

生検針の太さは18、16、14Gがあり、太いほど採取される組織の量は多い。18Gでは採取される糸球体の数が少なく、組織が断片化していることが多いが、14Gでは良質のサンプルが採取されることが報告されている[2]。一方で、14Gで腎生検を行うと16Gや18Gに比べて髄質を穿刺しやすいことも指摘されている[3,4]。

筆者は16G×9cmのセミオートマチックTru-cut針を使用している（図17）。Tru-cutタイプの生検針はストローク長を1cmもしくは2cmで使用できるが、2cmの長ストロークで少ない穿刺回数よりも1cmの短ストロークで複数回の穿刺することが推奨されている[5]。2cmの長ストロークでは髄質の穿刺や腎臓の貫通といったリスクがあり、多量出血のリスクがある。筆者は1cmのストローク長で4～5本の組織を採取している。

2.3.2 コア生検の方法

コア腎生検にはいくつかの方法があるが、どの方法にも一長一短があり、実施する施設の設備や術者の技量に合わせて選択する。

2.3.2.1 盲目的腎生検

超音波ガイドを使わずに経皮的に腎臓を穿刺する方法である。ネコは、体型によっては経皮的に腎臓を手指で保持できるため、盲目的な穿刺も可能とされている。

2.3.2.2 超音波ガイド下腎生検

超音波ガイド下で経皮的に腎臓を穿刺する方法である。欧米では比較的多く実施されており、2005年に発表されたイヌとネコの腎生検に関する後ろ向き研究では、イヌは48.1%（136/238頭）、ネコは40%（26/65頭）で超音波ガイド下経皮的腎生検が実施されている[4]。体重5kg以下のイヌでの実施は禁忌とされている[1,2]。

本法で腎皮質を的確に採取するには相応の技術と経験が必要である。ヒトではベッドサイドで局所麻酔により実施されるが、イヌやネコで安全に実施するためには全身麻酔による完全な不動化が必要である。

施術後は指で腹壁を約5分間圧迫し、過度の出血がないかをエコー下で確認する[2,3]。重篤な出血が起きた場合は迅速に輸血あるいは開腹による止血を行う必要があり、これに対処できない施設では安易に実施すべきではない。

2.3.2.3 外科的腎生検

アプローチ法やサンプリング法に違いはあるが、上記のイヌとネコの腎生検に関する後ろ向き研究ではイヌは44.5%（126/238頭）、ネコは46.1%（30/65頭）で外科的腎生検が実施されている[4]。一般的な外科手術が可能と判断される症例には適応できるため、5kg以下のイヌでも実施可能である。

アプローチ法としては腹部正中切開と側腹部小切開（Keyhole法）の2通りがある。腹部正中切開は、腎臓を露出するために切開面を大きくとる必要があるが、左右腎臓のみならず腹腔内臓器を肉眼的に精査できる利点がある。側腹部小切開の利点は切開面を小さくできることである。側腹部小切開は、通常は左側腎臓にアプローチする。

サンプリング法には楔形生検とコア生検針を用いる方法がある。楔形生検は術野の限られる側腹部小切開には適応できず縫合止血も必要であるが、確実に皮質組織のみを豊富に採取できる利点がある。

2.3.2.4 腹腔鏡による腎生検

腹腔鏡による腎生検は、低侵襲（傷口が小さい）で実施でき、止血を目視で確認できる利点がある。一方、腹腔鏡下でコア生検針を使用すると髄質を穿刺しやすいという指摘もある[1]。

第5章

表3　報告されている腎生検の合併症

- 動静脈瘻
- 腎臓以外の組織の穿刺
- 腎臓の嚢胞形成
- 死亡
- 出血肉眼的あるいは顕微鏡的血尿
- 腎臓内あるいは腎臓周囲の血腫
- 腹腔内出血（腹腔内の血管や臓器の損傷）
- 水腎症
- 血栓症とそれに続く腎梗塞
- 感染
- 腎臓の瘢痕形成および線維化

文献2）をもとに作成

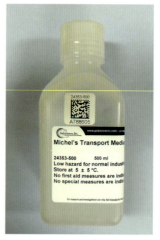

図18　凍結切片用の組織の輸送液
（Michel's Transport Medium、Polysciences, Inc.）
凍結用の組織を最長で5日間まで室温で保存できるため、組織を検査機関に送付するために使用される。

2.4 腎生検の合併症と腎生検後の管理

　腎生検には様々な合併症が報告されている（表3）。顕微鏡的血尿は20～70％の症例で起きるが、通常は48～72時間以内に改善する[2]。臨床上問題となる合併症は出血である。前述の後ろ向き研究によると、イヌで9.9％（38/283頭）、ネコで16.9％（11/65頭）の割合で輸血を必要とする重度の出血が起きている[4]。死亡率はイヌで2.5％（7/283頭）、ネコで2％（2/65頭）である。この研究では、腎生検は比較的高率に重篤な合併症を誘発していることを示しているが、その発生率は施設により大きく異なっている。合併症の多い施設では全身麻酔ではなく鎮静下で腎生検を実施することが多く、かつ腎生検を受けた症例のBUNおよび血漿クレアチニン値が他の施設に比べて高いことが明らかにされている。この調査結果からも、腎生検を実施する前には凝固系検査を含む十分な臨床検査を行い、生検の方法にかかわらず全身麻酔下で実施すべきであろう。

　施術後は24時間のケージレストを行い、貧血や血尿の有無を注視する。また、腎盂内に血餅が形成されるのを防ぐために、積極的な静脈内輸液により利尿を促す必要がある。施術後72時間は自由な運動の制限も推奨される[3]。

2.5 サンプルの取り扱い

　コア生検針から組織を外すときは組織を傷つけないように注意しなければならない。注射針などで無理に外すと組織が過度に伸展したり崩れたりすることがある。18Gのように細い生検針では滅菌生理食塩液の噴射水流を用いるとよい。16～14Gのように太い生検針では生理食塩液を十分に浸したガーゼで軽くぬぐうことでも簡単に組織は外れる。

　採取した腎組織に十分量の皮質が含まれているかを確認することは非常に重要である。最も推奨されているのは採取した組織を実体顕微鏡で観察して糸球体の有無を確認することであるが、これを実施できる施設は少ない。実体顕微鏡がない場合は、採取された組織の色調と穿刺後の出血量を確認することが重要である。

　採取したサンプルは、光学顕微鏡用、電子顕微鏡用および凍結切片用に分けて処理を行う。1～2本の組織を分割する工夫も行われているが[1]、実際には4～5本の組織を採取して分割せずに処理する方が確実である。光学顕微鏡用には、2～3本の組織を10％中性緩衝ホルマリン液で固定する。電子顕微鏡用には、1本の組織を2～3％緩衝グルタルアルデヒド液で固定する。凍結切片用には、1本の組織を専用のコンパウンド（OCTコンパウンド）に包埋し、ドライアイス・アセトンや液体窒素・イソペンタンを用いて急速凍結する。Michel液に組織を投入すると、凍結切片用の組織を室温で輸送することも可能である（図18）。

第5章1～2.5の参考文献

1) Lees GE, Bahr R. Renal biopsy. In: Bartges J, Polzin DJ. Nephrology and Urology of Small Animals. Wiley-Blackwell. 2011; 209-214.
2) Vaden SL, Brown CA. Renal biopsy. In: Elliott J, Grauer F. BSAVA Manual of Canine and Feline Nephrology and Urology (2nd ed). British Small Animal Veterinary Association. 2007; 167-177.
3) Vaden SL. Renal biopsy of dogs and cats. *Clin Tech Small*

4) Vaden SL, Levine JF, Lees GE, Groman RP, et al. Renal biopsy: a retrospective study of methods and complications in 283 dogs and 65 cats. *J Vet Intern Med*. 2005; 19: 794-801.
5) Groman RP, Bahr A, Berridge BR, Lees GE. Effects of serial ultrasound-guided renal biopsies on kidneys of healthy adolescent dogs. *Vet Radiol Ultrasound*. 2004; 45: 62-69.

2.6 腎生検の病理

腎生検の主な適用疾患は糸球体疾患であることから、本項では糸球体疾患の病理について解説する。

糸球体疾患の重要な徴候は蛋白尿であるが、これを単なる徴候ととらえるべきではない。傷害を受けた糸球体から漏出した血漿蛋白質や脂肪酸などの血漿成分が尿細管を通過する過程で尿細管・間質障害を誘発・増悪することから、蛋白尿そのものが治療対象となる[1]。蛋白尿を引き起こしている糸球体疾患を確定する唯一の方法が腎生検である。

糸球体疾患の病理診断と腎生検の臨床的重要性に関して以下の事項を認識する必要がある。

① 持続性蛋白尿を呈する症例では糸球体に異常（糸球体疾患）がある。
② 糸球体疾患は単一の疾患ではなく、病理学的検査によってのみその病気の本態を診断できる。
③ 病理発生機序から免疫介在性および非免疫介在性疾患に分類される。
④ 糸球体腎炎は免疫介在性疾患である。
⑤ 蛋白尿の原因となる糸球体疾患の病理診断をもとに、エビデンスに基づいた管理・治療ができる。
⑥ 糸球体疾患は慢性腎臓病（CKD）の原因疾患である。
⑦ 蛋白尿が持続すると腎組織傷害が進行し腎機能低下が進行する。
⑧ 機能ネフロン数の減少（1/3程度の減少）は残存ネフロンの代償性機能亢進を引き起こし、糸球体の過剰濾過、糸球体高血圧、糸球体肥大からさらなる残存ネフロンの荒廃を招き、腎機能低下が進行する。

2.6.1 糸球体の構造の特徴

糸球体疾患の病理・病態を理解するには、糸球体の基本構造の理解が必要で、病態を理解するための重要な構造的特徴として以下があげられる（図19）。
① 輸入細動脈と輸出細動脈の口径は異なり、後者が細い。その結果、糸球体毛細血管に生じる血管抵抗が濾過圧を生む。
② メサンギウムはメサンギウム細胞とその周囲のメ

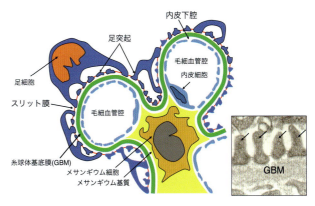

図19 糸球体の構造。右図は足突起（矢印）の電子顕微鏡像

サンギウム基質（細胞外基質）で構成される領域で、毛細血管内皮下腔に連続する。メサンギウム基質はPAS陽性である。
③ メサンギウム細胞は糸球体の細胞外基質を産生し増殖活性が高い。
④ 毛細血管を内張する血管内皮細胞と足細胞の間には糸球体基底膜（glomerular basement membrane：GBM）が存在するが、内皮細胞とメサンギウムとの間に基底膜は存在しない。
⑤ GBMは足細胞と血管内皮細胞で産生されている。主たる構成分はⅣ型コラーゲンで、Ⅳ型コラーゲンのα3、α4、α5鎖で形成される三重ラセン分子（プロトマー）が立体的に連結し網目状構造を形成している（第7章3「糸球体疾患」の図4参照）。GBMは陰性にチャージしており、PAS陽性である。
⑥ 糸球体表面を覆う足細胞は最終分化細胞で、再生しない。足細胞末梢の足突起の間には選択的濾過に重要なスリット膜が存在し、最終濾過障壁を形成している。
⑦ 糸球体疾患における蛋白尿は、GBM障害（GBMのサイズバリアとチャージバリアの破綻）、足細胞の異常（スリット膜構造ないしスリット膜関連分子の異常、足細胞のGBMからの剥離・脱落）に起因する[2,3]。

2.6.2 糸球体病変の観察に必要な病理検査法（表4）

生検腎組織の厳密な病理検査には、光学顕微鏡観察、免疫染色（主に蛍光抗体法immuno-fluorescence：IF）、電子顕微鏡観察（electron microscopy：EM）が必要であるが、疾患によっては光学顕微鏡観察のみで診断可能な場合もある。通常は、これらの検査所見をもとに病理診断を行う（図20）。

第5章

表4 糸球体疾患の病理診断に必須な病理検査法と観察対象

光学顕微鏡観察（パラフィン切片）
1. HE 染色
2. PAS 反応：基底膜（GBM）、メサンギウム基質（領域）の観察
3. PAM（過ヨウ素酸メセナミン銀染色）／JMS（ジョーンズのメセナミン銀染色）：基底膜の観察
4. マッソン・トリクローム染色：糸球体内沈着物（免疫沈着物、血漿成分）

電子顕微鏡観察（EM）
1. 基底膜：肥厚・菲薄化、断裂、層板状変化など
2. 免疫沈着物（dense deposits DD）：
   沈着有無、局在部（上皮下、内皮下、メサンギウム内、傍メサンギウム領域）
3. 異常物質沈着：アミロイド、膠原線維など
4. 細胞病変：足細胞（足突起の消失、空胞化、変性、剥離）

免疫染色（主に蛍光抗体法 IF）
1. 主に新鮮凍結組織を用いた凍結切片を用いる
2. 免疫グロブリンや補体沈着の有・無（免疫介在性／非免疫介在性糸球体疾患の鑑別）
3. IF パターンによる病型分類（毛細血管パターン、メサンギウムパターン／顆粒状、塊状パターン）
   （パラフィン切片でも実施可能な場合があるが、陰性の場合は判断しない。電子顕微鏡観察と合わせて判断する。）

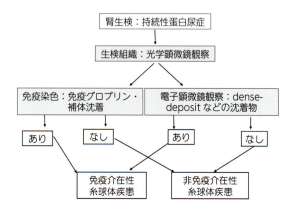

図20　腎生検の病理検査と診断　　　　　　　　図21　糸球体病変の分布、広がり

2.6.3 糸球体病変を表す病理学用語・所見

① 腎臓内の障害糸球体分布：
　びまん性（diffuse）、巣状（focal）（図21）。

② 糸球体内での病変の広がり：
　全節性（global）ないし分節性（segmental）（図21）。

③ 硬化（sclerosis）：
　糸球体の細胞外基質（基底膜様物質、メサンギウム基質）が異常に沈着して毛細血管腔が閉塞する状態。

④ 線維化（fibrosis）：
　本来糸球体に存在しない間質型コラーゲンが沈着し、膠原線維が形成されている状態。

⑤ 硝子化（hyalinosis）：
　好酸性無構造な物質（硝子物質）が沈着すること。

⑥ 癒着（adhesion）：
　糸球体係蹄とボウマン嚢の癒着（不可逆的変化）。

⑦ 富核（糸球体における細胞増殖）：
　糸球体固有細胞（主にメサンギウム細胞）の増殖および血液細胞（好中球、単球・マクロファージ）の血管内およびメサンギウム内浸潤。

⑧ 管内性増殖：
　毛細血管内およびメサンギウムに細胞増殖ないし白血球浸潤が起こること。

⑨ 半月（crescent）：
　ボウマン嚢内壁に沿った細胞増殖（細胞性半月体）ないし細胞外基質増生（線維性半月体）により形成された半月様構造。

⑩ スパイク：
　GBMが増生して形成された櫛葉状ないし棘状の突起。

⑪ 糸球体の活動性病変：
　糸球体のメサンギウム細胞増殖、フィブリノイド壊死、核崩壊、細胞性半月、硝子血栓、内皮下沈着物（ワイヤーループ）、白血球浸潤、毛細血管内腔狭小化を伴う管内細胞増殖、GBM断裂。

表5 一次性糸球体疾患の分類

発生機序	疾患
非免疫介在性疾患	微小変化
	巣状分節性糸球体病変
免疫介在性疾患	びまん性糸球体腎炎
	▶膜性腎症
	▶増殖性糸球体腎炎
	・メサンギウム増殖性糸球体腎炎
	・管内増殖性糸球体腎炎
	・膜性増殖性糸球体腎炎
	・管外増殖性糸球体腎炎
	（半月体形成性／壊死性糸球体腎炎）
終末像	▶硬化性糸球体腎炎

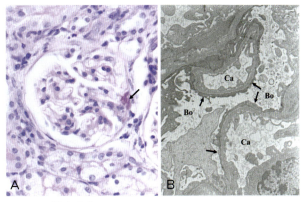

図22　微小変化
A：光学顕微鏡で硝子滴が足細胞にみられるが（矢印）、そのほかに著変がない。
B：電子顕微鏡的に足突起の消失がびまん性にみられる（矢印）。
Ca：糸球体毛細血管、Bo：ボウマン囊腔。

⑫ 糸球体の慢性病変：
線維性半月、糸球体硬化、癒着。

2.6.4 糸球体疾患の病理分類（表5）

動物の糸球体疾患の病理分類・診断名はヒトのWHO分類に準じているが[4,5]、ヒトの疾患のように各々の臨床的特徴（臨床徴候、治療に対する反応など）の詳細は不明である。現在、腎性持続性蛋白尿があることを前提に、ヒトの疾患との病理形態学的類似性から後述のような病理分類が一般的に採用されている。

また、ヒトの糸球体疾患は腎糸球体に病変が原発する一次性（原発性）疾患と全身性エリテマトーデス（systemic lupus erythematosus：SLE）などの全身性疾患に随伴する二次性（続発性）疾患に分類されている[4]。動物においても同様に、一次性、二次性の病態が考えられるが、現在のところ病理診断においてはそのような細分類はない。生検腎組織の所見のみから一次性・二次性を判断することはできないが、臨床的に明らかに感染症や全身性疾患に続発したことが疑われる場合、すなわち二次性糸球体疾患が考えられる場合は、それらの基礎疾患の治療を進めるべきである（第7章3「糸球体疾患」参照）。

2.6.4.1 一次性糸球体疾患

一次性糸球体疾患には、病理発生に自己抗体、補体、免疫複合体などの免疫学的機序の関与がないとされる微小変化および巣状分節性病変と免疫学的機序が関与するびまん性糸球体腎炎がある。前2者は、主に足細胞の傷害が病態に影響することからポドサイトパチー（podocytopathy：足細胞病）と呼ばれる糸球体疾患に包含されるようになってきた[6]。

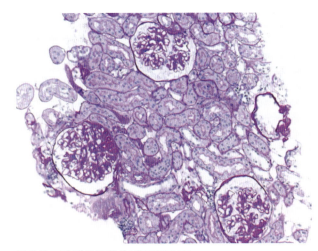

図23　巣状分節性糸球体硬化症

微小変化（minimal change；図22）

光学顕微鏡的な変化は軽微である。診断にはEMが不可欠で、糸球体内に電子密な沈着物（dense deposits：DD）がなく、足突起の消失がびまん性に認められることが特徴である。進行すると糸球体硬化に進展する。IFでは免疫グロブリン（Ig）や補体の沈着はない。

巣状分節性糸球体病変（図23）

分節性に傷害された糸球体が巣状に存在する病変で、様々な病態が存在する。このうち、分節状に糸球体硬化が認められる巣状分節性糸球体硬化症（focal segmental glomerulosclerosis：FSGS）は代表的な疾患で、進行すると硬化は全節性となり病変分布もびまん性となる。IFではIgや補体の特異的沈着はない。ヒトでは様々な病型に分類されているが、動物では分類されていない[7]。

第5章

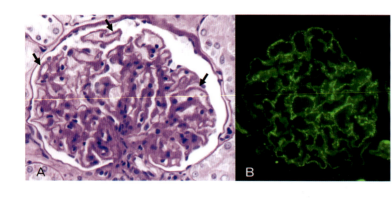

図24 イヌの膜性腎症
A：糸球体の基底膜はびまん性に肥厚しており、黒矢印で示すように基底膜にスパイクが頻繁に認められる（PAS反応）。
B：糸球体におけるIgGの顆粒状沈着（蛍光抗体法）。

びまん性糸球体腎炎

病理発生に免疫複合体沈着、自己抗体、補体の活性化異常などの免疫学的機序が関与する免疫介在性疾患である[8]。GBMを含む糸球体係蹄壁の病変、細胞増殖の有無、増殖細胞の種類、EMにおけるDDの沈着部位、IFでのIg、補体沈着パターンから各病型に分けられる。

▶膜性腎症（図24）

糸球体に細胞増殖を認めず、GBMの全節性肥厚が特徴的に認められる。また、PAS染色やPAM染色標本では、GBMにおけるスパイク形成が確認できる。また、スパイクの間や肥厚した基底膜内にトリクローム染色で赤染する蛋白性沈着物が確認できることがある。EMでは上皮下（GBMと足突起の間）にDDが存在し、GBMがDDを取り囲むように増生（肥厚）するが、これがスパイクに相当する構造である。進行して肥厚が高度になるとDDはその中に包埋され変性し、不明瞭となる。また、同時に足細胞の足突起の消失も全節性に認められる。IFでは糸球体毛細血管壁に沿ったIgおよび補体の顆粒状沈着が観察されるのが特徴である。イヌやネコで多く、蛋白尿やネフローゼ症候群の原因として重要な疾患である。

近年、ヒトの膜性腎症には足細胞の細胞膜に存在するホスフォリパーゼA_2受容体（PLA$_2$R）などの自己抗原に自己抗体が結合しDDが*in situ*で形成される一次性膜性腎症（自己免疫疾患）と、従来考えられてきたような循環免疫複合体が糸球体にトラップされて沈着する二次性の膜性腎症があることがわかってきた。ヒトでは一次性の疾患が多いことが明らかにされつつあるが[9]、イヌで足細胞にPLA$_2$Rが存在することは示されているものの、膜性腎症の病態に関与しているか未だ不明である[10]。EMにおいて、一次性では上皮下のみにDDが沈着するが、二次性では上皮下のみならず、内皮下やメサンギウムにもDDの沈着がみられる。

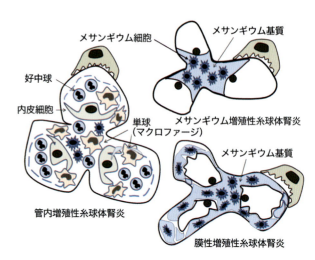

図25 増殖性糸球体腎炎

▶増殖性糸球体腎炎（図25）

糸球体での細胞増殖を特徴とする糸球体腎炎で、下記のように細分化される。

＜メサンギウム増殖性糸球体腎炎＞

メサンギウム細胞の増殖を特徴とし、通常、基質の増加を伴う。糸球体には炎症性細胞の浸潤はほとんどなく、基底膜の肥厚もない。IFではIgや補体がメサンギウムに認められ、EMでDDがメサンギウムに認められる。動物では臨床的意義は明確でない。ヒトのIgA腎症で多い病型である[4]。

＜管内増殖性糸球体腎炎（図26）＞

ヒトでは臨床的に血尿、蛋白尿、高血圧、浮腫などの急性腎炎症候群を呈するが、イヌやネコでの発生はごくまれで、実際に発生がまれなのか、飼い主が気がつかないためなのか不明である。組織学的には管内性増殖が特徴で、毛細血管腔は狭小化する。いわゆる活動性病変を示し、糸球体は著しく腫大し、ボウマン嚢腔に充満する。EMで上皮下やメサンギウムに沈着物が認められ、IF

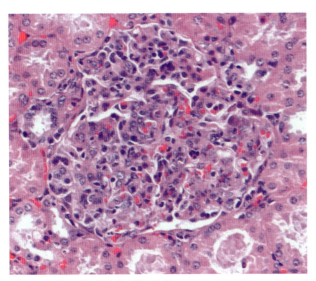

図26 管内増殖性糸球体腎炎

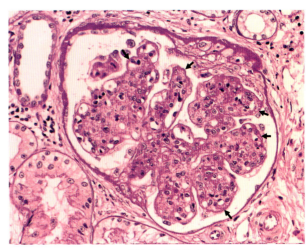

図27 ネコの膜性増殖性糸球体腎炎（PAS反応）
糸球体には細胞増殖によるメサンギウムの拡大、係蹄壁の肥厚・二重化（矢印）、糸球体係蹄の分葉化がみられる。

ではIgや補体が毛細血管壁とメサンギウムに認められる。ヒトではEMで上皮下に「hump」と呼ばれる大きなDDが認められるが、動物での「hump」の存在は明らかではない。

＜膜性増殖性糸球体腎炎（図27）＞

膜性増殖性糸球体腎炎（membranoproliferative glomerulonephritis：MPGN）は、糸球体におけるメサンギウム細胞の増殖、メサンギウム基質の増生および基底膜二重化（double contour, tram-track appearance）を伴う毛細血管壁の肥厚を特徴とし、糸球体係蹄の分葉化がみられる。EMでDDは内皮下やメサンギウムに認められ、メサンギウム細胞の内皮下への侵入（mesangial interposition）がみられる。IFでは免疫グロブリンと補体が毛細血管壁やメサンギウムに証明される。動物ではイヌに多く蛋白尿やネフローゼ症候群の原因疾患であることがわかっている[11]。ヒトでは進行性であると考えられているが、動物の場合も腎機能が低下した症例に認められることが多い[12]。ヒトでは臨床的に低補体血症を伴うことも臨床的特徴である[13]。

ヒトのMPGNは病理学的にⅠ〜Ⅲの亜型に分類されており、このうちⅡ型は形態学的にdense deposit disease（DDD）と呼ばれ、病因論的にC3腎炎に包含されている[14]。いずれの病型においてもIFでIgと補体の沈着（免疫複合体沈着）がある場合と、Ig沈着はなくC3のみ沈着する病型（C3腎炎）がある。補体のみ沈着している病型では、補体制御因子の異常があり、糸球体での補体の持続的活性化が病因であるとされている[15]。

＜管外増殖性糸球体腎炎
（半月体形成性／壊死性糸球体腎炎）＞

糸球体の強い炎症像と壊死、細胞性半月などがみられる。ヒトでは種々の血管炎や抗GBM腎炎（抗GBM自己抗体による糸球体腎炎）などでこのタイプの病変がみられる。抗GBM腎炎ではIFにおいてGBMに沿った線状のIgG沈着が特徴である。動物では抗GBM腎炎の報告がないが、筆者はイヌの疑い症例を経験したことがある（図28）。

▶硬化性糸球体腎炎（図29）

ほとんどの糸球体が硬化し、原因となった糸球体疾患が推測できないほど進行したものである。様々な糸球体腎炎やFSGSの終末像と解釈され、非特異的病態であり、生検などの対象になる病態ではない。EMやIFによる観察でも特異的像はない。

2.6.4.2 二次性糸球体疾患

ヒトでは糖尿病やSLEなど、二次性糸球体疾患の原因疾患がよく知られており、動物においても教科書的には糸球体腎炎が続発する感染性疾患などがあげられている[16]。ヒトではSLEに随伴する糸球体腎炎は一括してループス腎炎と呼ばれるが、病理形態学的に膜性腎症である場合にはループス膜性腎炎というように、病理学的診断名を適用する。イヌでループス腎炎に類似した症例が報告されている[17]。

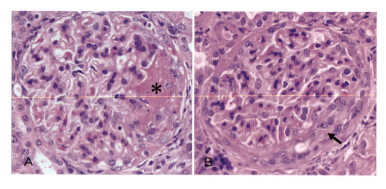

図28　管外増殖性糸球体腎炎
A：糸球体係蹄の壊死（＊）
B：細胞性半月体形成（矢印）。

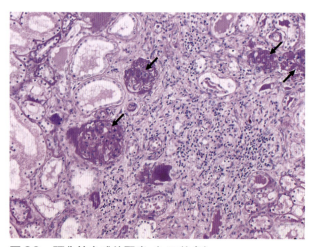

図29　硬化性糸球体腎炎（HE染色）
ほとんどの糸球体は硬化し（矢印）、間質は線維しリンパ球浸潤が浸潤している。

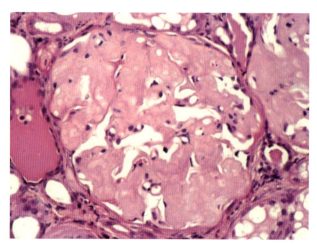

図30　糸球体アミロイドーシス（HE染色）
アミロイドは均一無構造で好酸性を示す。

2.6.4.3 そのほかの糸球体疾患

糸球体アミロイドーシス（図30）

腎アミロイドーシスは全身性アミロイドーシスの一分症として多くの動物種に認められ、そのほとんどはAAアミロイドーシスである。

イヌとネコでは腎臓におけるアミロイドの分布が異なっており、イヌでは糸球体に沈着することが多く（糸球体アミロイドーシス）、蛋白尿の原因となり、進行すると毛細血管腔の狭小化をきたし、最終的には慢性腎不全から尿毒症に陥る。糸球体アミロイドーシスでは、アミロイドがメサンギウムやGBMに沿って沈着する。アミロイドはコンゴーレッド（congo red：CR）染色陽性で、EMでは径7～15nmの分岐のない細線維物質として認められる。確定診断にはCR染色とEMが必要である。ネコでは糸球体アミロイドーシスのほか、乳頭部や髄質外層が主たる沈着部位であることが多い[18]。

チャイニーズ・シャー・ペイの家族性アミロイドーシスではAAアミロイドが全身に沈着し、腎臓では糸球体に加え髄質にも高率に沈着する[19]。家族性アビシニアンアミロイドーシスでは腎臓での沈着はほぼ必発であり、沈着頻度は糸球体より髄質間質で高い[20]。また、髄質でのアミロイド沈着から乳頭壊死を伴うものがある[21]。シャムネコの家族性アミロイドーシスにおけるアミロイドの主要沈着部位は肝臓である[22]。

チアノーゼ腎症（Cyanotic glomerulopathy）

チアノーゼ性先天性心疾患に随伴する腎疾患で、蛋白尿、腎機能の低下、多血症を伴う[23]。糸球体毛細血管の増生・拡張およびメサンギウム細胞増殖による糸球体の著しい肥大が特徴である（図31）。ネコで報告されている[24]。

Ⅲ型コラーゲン糸球体症

Ⅲ型コラーゲン糸球体症（collagen type Ⅲ glomerulopathy）は、膠原線維糸球体沈着症（collagenofibrotic glomerulopathy）ともいう。本来糸球体に存在しないⅢ型コラーゲン（線維性間質型コラーゲン）が糸球体メサンギウムや糸球体毛細血管壁に出現・沈着する糸球体

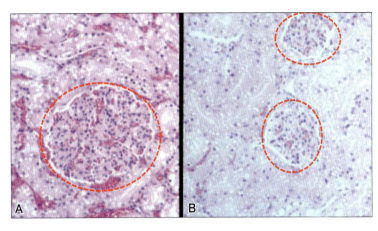

図31 チアノーゼ腎症
A：ファロー四徴症のネコ（11カ月齢）の腎糸球体。
B：同齢の正常なネコの糸球体。
　　AはBに比較して、糸球体が著しく大きい。

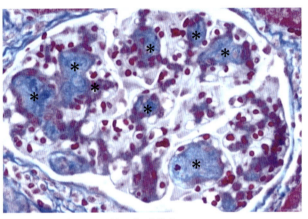

図32 Ⅲ型コラーゲン糸球体症
マッソントリクローム染色で糸球体内に青染する膠原線維がみえる（*）。

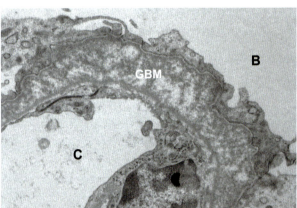

図33 アルポート症候群類似疾患におけるGBM病変（断裂、網状化）
C：毛細血管腔、B：ボウマン嚢腔。

疾患で、組織像は一見糸球体アミロイドーシスに類似している[25]。動物ではブタ[26]、イヌ[27]、ネコ[28]、アカゲザル[29] に報告されている。トリクローム染色で糸球体内に濃青色に染まる膠原線維が確認でき、EMでは縞模様をもつ膠原細線維が確認できる。また、免疫染色で間質型コラーゲンであるⅢ型コラーゲンの沈着が確認される（図32）。

アルポート症候群類似疾患

　アルポート症候群はGBMの主たる構成成分であるⅣ型コラーゲンの遺伝的異常によるヒトの遺伝性疾患で、IF陰性で、EMで特徴的なGBMの断裂、多層化、網状化が認められる[2]（図33）。進行すると糸球体硬化に進行するが、光学顕微鏡的には病変が軽微な病期があり、EMが診断に必須である。ヒトでは多くの病型があるが、X連鎖顕性の遺伝形式をとる病型が最も多い。動物でもイヌに類似疾患が存在し、中でもX連鎖顕性の遺伝形式をとるサモエドの腎症は古くから研究されているが、ヒトでみられる難聴はみられてない[30,31]。

2.6.5 イヌの腎生検における糸球体疾患の病型の頻度

International Veterinary Renal Pathology Serviceからの報告では、免疫介在性糸球体疾患（膜性腎症型：27.4％、膜性増殖性腎炎型：27.4％）が54.8％、非免疫介在性糸球体疾患（巣状分節性糸球体硬化：30.9％、アミロイド症：14.3％）が45.2％である[5]。

第5章 2.6 の参考文献

1) Nangaku M. Mechanisms of tubulointerstitial injury in the kidney: Final common pathways to end-stage renalfailure. *Intern Med*. 2004; 43: 9-17.
2) Shu JH, Minear JH. The glomerular basement membrane as a barrier to albumin. *Nat Rev Nephrol*. 2013; 9: 109.
3) Daehn IS, Duffield JS. The glomerular filtration barrier: a structural target for novel kidney therapies. *Nat Rev Drug Discov*. 2021; 20: 770-788.
4) Churg J, Bernstein J, Glassock RJ. Renal Disease: Classification and Atlas of Glomerular Diseases, 2nd ed. New York. 1995.

5) Cianciolo RE, Mohr FC, Aresu L, Brown CA, James C, Jansen JH, Spangler WL, van der Lugt JJ, Kass PH, Brovida C, Cowgill LD, Heiene R, Polzin DJ, Syme H, Vaden SL, van Dongen AM, Lees GE. World Small Animal Veterinary Association Renal Pathology Initiative: Classification of Glomerular Diseases in Dogs. *Vet Pathol*. 2016; 53: 113-135.

6) Kopp JB, Anders HJ, Susztak K, Podestà MA, Remuzzi G, Hildebrandt F, Romagnani P. Podocytopathies. *Nat Rev Dis Primers*. 2020; 6: 68.

7) D'Agati VD, Fogo AB, Bruijn JA, Jennette JC. Pathologic classification of focal segmental glomerulosclerosis: a working proposal. *Am J Kidney Dis*. 2004; 43: 368-382.

8) Couser WG. Basic and translational concepts of immune-mediated glomerular diseases. *J Am Soc Nephrol*. 23, 381-399 (2012)

9) Ronco P, Beck L, Debiec H, Fervenza FC, Hou FF, Jha V, et al.: Membranous nephropathy. *J Nat Rev Dis Primers*. 2021; 7: 69.

10) Sugahara G, Kamiie J, Kobayashi R, Mineshige T, Shirota K. Expression of phospholipase A2 receptor in primary cultured podocytes derived from dog kidneys. *J Vet Med Sci*. 2016; 78: 895-899.

11) Klosterman ES, Moore GE, Galvao deBrito, DiBartola SP, Groman RP, Whittemore JC, et al. Comparison of signalment, clinicopathologic findings, histologic diagnosis, and prognosis in dogs with glomerular disease with or without nephrotic syndrome. *J Vet Intern Med*. 2011; 25: 206-214.

12) Asano T, Tsukamoto, A, Ohno K, Ogihara K, Kamiie J. Shirota K. Membranoproliferative glomerulonephritis in a young cat. *J Vet Med Sci*. 2008; 71: 1373-1375.

13) Alchi B and Jayne D. Membranoproliferative glomerulonephritis. *Pediatr Nephrol*. 2010; 25: 1409-1418.

14) Cook HT, Pickering MC. Histopathology of MPGN and C3 glomerulopathies. *Nat Rev Nephrol*. 2015; 11: 14-22.

15) Sethi S, Fervenza FC. Membranoproliferative glomerulonephritis - a new look at an old entity. *N Engl J Med*. 2012; 366: 1119-1131.

16) Vaden SL. Glomerular Disease. *Top Companion Anim Med*. 2011; 26: 128-134.

17) Amerman HK, Cianciolo RE, Casal ML, Mauldin E. German Shorthaired Pointer dogs with exfoliative cutaneous lupus erythematosus develop immune-complex membranous Glomerulonephropathy. *Vet Pathol: Online First*. 2023; May 24.

18) Vaden SL, Levine JF, Lees GE, Groman RP, Grauer GF, Forrester SD. Renal biopsy: a retrospective study of methods and complications in 283 dogs and 65 cats. *J Vet Intern Med*. 2005; 19: 794-801.

19) Segev G, Cowgill LD, Jessen S, Berkowitz A, Mohr CF, Aroch I: Renal amyloidosis in dogs: A retrospective study of 91 cases with comparison of the disease between Shar-Pei and non-Shar-Pei Dogs. *J Vet Intern Med*. 2012; 26: 259-268.

20) DiBartola SP, Tarr MJ, Benson MD. Tissue distribution of amyloid deposits in Abyssinian cats with familial amyloidosis. *J Comp Pathol*. 1986; 96: 387-398.

21) Boyc JT, Dibartola SP, Chew DJ, Gasper PW. Familial renal amyloidosis in Abyssinian cats. *Vet Pathol*. 1984; 21: 33-38.

22) Niewold TA, van der Linde-Sipman JS, Murphy C, Tooten PC, E Gruys E. Familial amyloidosis in cats: Siamese and Abyssinian AA proteins differ in primary sequence and pattern of deposition. *Amyloid*. 1999; 6: 205-209.

23) Inatomi J, Matsuoka K, Fujimaru R, Nakagawa A, Iijima K. Mechanisms of development and progression of cyanotic nephropathy. *Pediatr Nephrol*. 2006; 21: 1440-1445.

24) Shirota K, Saitoh Y, Une Y. Momura Y. Glomerulopathy in a cat with cyanotic congenital heart disease. *Vet Pathol*. 1987; 24: 280.

25) Imbasciati E, Gherardi G, Morozumi K, Gudat F, Epper R, Basler V, Mihatsch MJ. Collagen type III glomerulopathy: a new idiopathic glomerular disease. *Am J Nephrol*. 1991; 11: 422-429.

26) Shirota K, Masaki T, Kitada H, Yanagi M, Ikeda Y, Une Y, Nomura Y, Jothy S. Renal glomerular fibrosis in two pigs. *Vet Pathol*. 1995; 32: 236-241.

27) Kobayashi, R, Yasuno K, Ogihara K, Yamaki M, Kagawa Y, Kamiie J, Shirota K. Pathological characterization of collagenofibrotic glomerulonephropathy in a young dog. *J Vet Med Sci*. 2009; 71: 1137-1141.

28) Nakamura S, Shibata S, Shirota K, Abe K, Uetsuka K, Nakayama H, Goto N, Doi K. Renal glomerular fibrosis in a cat. *Vet Pathol*. 1996; 33: 696-699.

29) Fujisawa-Imura K, Takasu N, Tsuchiya N, Matsushima S, Inagaki H, Torii M. Spontaneous collagenofibrotic glomerulonephropathy in a young cynomolgus monkey. *J Toxicol Pathol*. 2004; 17: 279-282.

30) Lees GE. Kidney diseases caused by glomerular basement membrane type IV collagen defects in dogs. *J Vet Emerg and Crit Care*. 2013; 23: 184-193.

31) Sugahara G, Naito I, Miyagawa Y, Komiyama T, Takamura N, Kobayashi R, Mineshige T, Kamiie J, and Shirota K. Pathological features of proteinuric nephropathy resembling Alport syndrome in a young Pyrenean Mountain dog. *J Vet Med Sci*. 2015; 77: 1175-1178.

第6章

先天性の腎尿路奇形と遺伝性腎疾患

佐藤 れえ子

1 イントロダクション

　腎臓と尿路の先天的な異常や奇形は、イヌやネコの診療において時々遭遇する病態である。母体内での胎子発生の過程で、正しい時期に正しい方向に分化が進行しないことが原因になるが、何が引き金になるかということは医学でも獣医学でも不明な部分が多い。また、胎子発生の進行する時期に母体の病原体への感染や、化学物質に曝露されたことが一因になる場合、特定の遺伝子異常によるものなど、その原因は多岐にわたる。

　近年の分子生物学研究のめざましい発展に伴い、いろいろな臓器の先天性異常が出現する分子メカニズムが次第に明らかになってきた。獣医学領域においても、イヌやネコの先天性腎疾患の多くの部分に遺伝子変異が関連している証拠が示されるようになった。また、先天性の尿路奇形であっても家族性の発生報告や遺伝性を示す報告があることから、今後の遺伝子異常に関する研究の発展に伴い、将来的には先天性尿路奇形が遺伝病の範疇に括られる可能性もあると考えられている。

　この章では、先天性尿路奇形と遺伝性腎疾患を理解するうえで必要な腎臓の発生の仕組みとその分子メカニズムの概略と、これらの疾患の種類と家族性の発症が報告されているイヌとネコの品種、そして現段階で明らかになっている病因について解説する。また、いくつかの先天性代謝異常のなかには尿中に多量のシュウ酸や尿酸などが排泄され、結石による尿路閉塞性の腎不全や、シュウ酸塩の腎臓への沈着による腎不全を生後早期から発症する病態が存在する。それらの先天性代謝異常における腎疾患についても先天性の原因としてとらえて解説する。

　これらの先天性腎疾患や尿路奇形のある動物では、病態の程度により出生後早期に尿毒症になるものや、成体になるまで症状が認められない、あるいは気づかないものも多い。これらの動物では症状の軽重はあるものの、成長とともに慢性腎臓病（chronic kidney disease：CKD）として進行する。ヒトにおいても、動物においても、CKDの原因として、先天性腎疾患は重要である。

2 腎臓の発生

　先天性尿路奇形を考えるうえで、胎子の腎臓がどのようにして発生するのかを知る必要がある。図1に示すように、腎臓は胎子期に中間中胚葉から作られ、原始的なネフロンを有する前腎となるが、後に消失する。この退縮中に腎発生の2段階目として前腎の尾側に中間中胚葉から中腎が作られる。中腎も後に退行変性して消失するが、複数のネフロンを形成して一時期機能する。中腎の尿管に相当する中腎管（ウォルフ管）は体軸に沿って尾側に伸長し、尿管芽という突起ができる。尿管芽は周囲

第6章

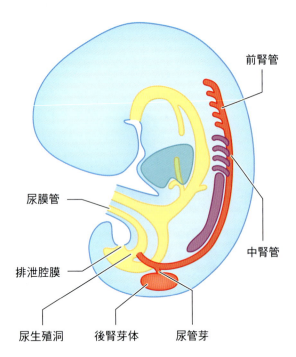

図1 腎臓の発生

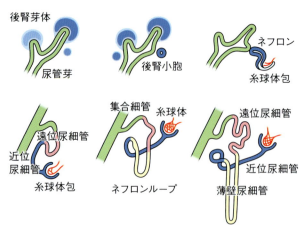

図2 ネフロンの発生

の間葉系細胞の中へと侵入し、後腎形成が開始される[1]。

尿管芽は後腎間葉細胞を凝集させ、尿管芽の周囲に帽子状の構造を形成させ（C字体）、後腎細胞は尿管芽の枝分かれを誘導する。後腎間葉細胞自体は上皮性の管構造へと分化していく[1]。後腎間葉細胞はC字体から分化してS字状になり、近位尿細管、ヘンレループ、遠位尿細管となり、血管前駆細胞を取り込みながら最終的に尿管芽と融合する。一方、尿管芽は集合管へと分化していく[1]。このように後腎では尿管芽と後腎間葉細胞がさらに分化して多数のネフロンを形成し、最終的な腎臓になってゆく（図2）。後腎間葉細胞は、多分化能を有した前駆細胞集団とされている。尿管芽や後腎間葉細胞の分化異常は、腎臓の低形成や異形成の原因となる。

これら一連の発生の段階における分子メカニズムについても、近年の研究で多くの遺伝子が関係していることが明らかになってきた。ウォルフ管から尿管芽が発芽するためにはGDNF（glial-cell-line-derived neurotrophic factor）遺伝子発現が必要で、この遺伝子がコードするGDNFは後腎間葉から分泌される。GDNFはTGF-βファミリーに属する液性因子で、ウォルフ管から尿管芽を発芽進展させるために必須の因子である[1]。尿管芽にはGDNFの受容体分子であるRet（ret proto-oncogene）とその共同受容体のGfral（GDNF family receptor α1）が発現していて、間葉で分泌されたGDNFは、このRetを介して尿管芽へとシグナルを伝えるとされている。したがってこれらの遺伝子発現に障害がある場合には、正常な腎臓の分化ができなくなり、先天性腎疾患や尿路奇形の原因となる。図3には、発生過程で働く遺伝子と、ノックアウトすることによって障害が発生する時期を示してある[1]。

後腎間葉細胞から尿管が分化して行く際に、間葉細胞の上皮化、すなわち間葉‐上皮転換（mesenchymal epithelial transition：MET）が起きる。この際にはWntシグナルの伝達系が必要であり、この遺伝子発現の異常は腎臓の分化に障害を与える。腎臓の発生の詳細については、第1章「泌尿器の発生とその異常および解剖・組織」を参照のこと。

3 疾患の定義

生まれながらに腎臓泌尿器系に形態異常がみられる疾患は、先天性の腎・尿路の奇形や、先天性腎疾患と呼ばれてきた。英文では「congenital」、「familial」、「inherited」の用語が使われ、これらはそれぞれ疾患の原因や発生状況を表している。

「congenital」は先天性という意味であり、このなかには遺伝性の病態も、非遺伝性の病態も含まれる。すなわち生殖細胞の段階で親から遺伝子変異を受け継ぐ場合のほかに、出生までの妊娠期間中に母体に加えられた何らかの影響が胎児の腎臓の発生に影響を及ぼし病的異常

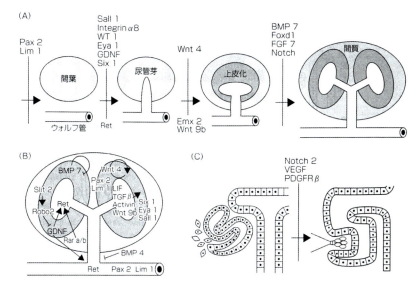

図3 腎臓の発生と遺伝子
A：遺伝子のノックアウトにより障害が起こる時期
B：腎臓発生の分子メカニズム。矢印は分化・増殖を促進する遺伝子。T印は逆に分化・増殖に対して抑制方向に機能する遺伝子。
C：S字体から糸球体への発生に必須な遺伝子。
（高里実，西中村隆一．腎臓発生の分子機構．日本内科学会雑誌．2005; 94: 138-144. より転載）

が出現する場合も含まれている。「inherited」は遺伝したという意味なので、遺伝子異常がはっきりしている場合に多く使用される。一方で「familial」は家族性という意味で、血縁関係のある動物の集団に現れる腎疾患のときに用いられる用語であるが、実際には「inherited」と「familial」は重なっている。

　腎臓と尿路の奇形は様々な形態異常を示す疾患を指しており、具体的には、「腎無形成」や「低形成腎」、「異形成腎」、「異所性腎」、「異所性尿管」などが含まれる。先天性腎疾患には糸球体基底膜障害を主徴とする家族性糸球体腎症あるいは遺伝性糸球体腎症と呼ばれてきたものや、膜性増殖性糸球体腎炎を主徴とする家族性糸球体腎炎、家族性尿細管間質性疾患、多発性囊胞腎、アミロイド腎症などが含まれる。

4 病因

　先天性腎疾患と尿路奇形（異常）は、表1に示したように遺伝性のものと非遺伝性の原因に大きく分けられる。遺伝性には責任遺伝子が同定されているものもあるが、遺伝子変異部位の特定はできないものの家系調査により遺伝形式が特定されているもの、そして家族性と呼ばれるものが含まれる。非遺伝性のものには発生段階での異常により腎臓の無形成や形成不全が起きる場合、妊娠中に母体にウイルス感染などの病原体の曝露があった場合や、特定の栄養素の不足によるものなどがあげられる。しかし発生の項でも示したように、胎子発生の段階での遺伝子発現異常が腎臓の形成に影響を及ぼし腎臓の無形成や低形成・異形成を招くことが示されるようにな

表1 先天性腎・尿路の奇形と先天性腎疾患の原因

遺伝性
・責任遺伝子の明らかなもの
・遺伝形式のわかっているもの
・家族性に現れるもの

非遺伝性
・腎臓の発生時の異常、奇形（一部遺伝性）
・感染、化学物質、栄養障害

ってきたのと、その発現異常の一部が遺伝的である報告もあることから、この部分は非遺伝性と断言することはできない。

　医学領域では、先天性腎尿路疾患は先天性腎尿路異常、囊胞性腎疾患、尿細管障害、遺伝性腎疾患などに区分されている。先天性の尿路の異常（奇形）は、腎臓の無形成や異形成に伴って患側の尿路に起きやすい。ネコでは、腎臓の無形成は患側の尿管や子宮の無形成を伴う。異所性尿管は日常的にしばしば遭遇するイヌとネコの尿路異常であるが、イヌでは関連する遺伝形質の存在が示唆されているものの、特定の遺伝子変異はまだ明らかにされていない。したがって、表に示す遺伝性と非遺伝性の区別も、今後の研究の進展のなかで変わってゆくものと考えられる。

　一方、ヒトの先天性腎尿路異常の原因は多因子的であり、染色体異常も含む遺伝的要因と環境因子などが複数関連しているとされている[2-5]。低形成・異形成腎のうち遺伝異常が原因であるのは15％程で、そのほかは原因が不明とされている。そして母体の環境因子として、

第6章

コカイン、エタノール、ゲンタマイシン、非ステロイド性抗炎症薬、レニン-アンジオテンシン系阻害薬などの薬物摂取、胎内感染症、糖尿病などで発生率が高いと報告されている。

イヌやネコの先天性腎泌尿器異常に関して、これらの環境因子についての資料は少ないが、母体の感染による先天性腎疾患の実験的報告がある[6]。妊娠期のネコ汎白血球減少症ウイルス感染とイヌヘルペスウイルス感染では、胎子の腎異形成が起きると報告されており、イヌヘルペスウイルス感染症では、生まれた子イヌは虚弱で腎臓の点状出血が認められている[6]。また、ヒツジ胎子の尿管結紮モデルでも腎の異形成が起きることが示されている[7]。このモデルは、在胎早期のヒツジで胎子尿管を結紮するもので、これにより腎臓は異形成を起こすことが報告されている。しかし、イヌとネコにおける尿管狭窄は極めてまれとされている[6]。このほかに、母ネコのタウリン欠乏が胎子の腎異形成と関連しているという報告もある[8,9]。しかし、これらの因子は先天性腎尿路異常の原因となりうるものの、一般的な要因ではないと考えられる。

4.1 先天性尿路奇形
4.1.1 腎無形成・低形成腎・異形成腎
4.1.1.1 疾患の定義

腎無形成は、胎生期の異常により腎臓が形成されないことを意味している[10]。胎生期の尿管芽の未発達や尿管原基の退縮、後腎間葉への尿管芽の侵入障害によって起きる。これには、片側性の場合と両側性の場合がある。腎の無形成では、同側の尿管の無形成を伴う。

低形成腎は矮小腎と同義語で、形成不全腎とも表現される。単位領域のネフロン密度は正常腎と同様だがネフロン数が減少し、矮小化した腎臓を指している[10]。異形成腎のように幼若組織は認められない。

異形成腎は、腎臓の形態形成、分化・構築化の異常を表すもので、低形成腎とは異なる。組織学的には胎生期の原始集合管や軟骨、幼若糸球体、幼若尿細管、まばらな線維組織などがみられる[10]。このような異形な組織はびまん性あるいは部分的にみられ、囊胞がみられるものもある。

4.1.1.2 原因と疫学・遺伝的背景
腎無形成

胎生期における尿管芽の発達異常が原因であり、同側の尿管の無形成を伴う。また、生殖器の奇形を伴うこともあり、ネコでは約30％に子宮形成不全を合併し、ラグドール種で多いとされる。右側に発症しやすいという報告もある[11]。ビーグル、ドーベルマン・ピンシャー、シェットランド・シープドッグ、キャバリア・キング・チャールズ・スパニエルでは、家族性の腎無形成が疑われた血統がある[6]。

しかし腎無形成の原因は必ずしも遺伝的要因により発生するものでないのは前述の通りである。報告されている品種以外でも、家族性ではない孤発奇形の腎無形成がある。

低形成腎

後腎間葉細胞でのネフロン形成が途中で止まる、あるいは後腎間葉への尿管芽の侵入が少ないことによりネフロン数の少ない小さい腎臓となる。異形成腎とは異なり、異形な組織を含んでいない。しかし、低形成腎と異形成腎は臨床的には区別し難い。一般的には尿路異常は伴わない。

異形成腎

尿管芽や後腎間葉細胞の分化異常によって起きる。組織学的には、部分的あるいは全体的に原始集合管・軟骨・幼若糸球体・幼若尿細管などがみられる。間葉細胞は多分化能を有しているため骨、軟骨、平滑筋、皮膚などに分化することが可能である。しかし、腎臓の発生の過程では間葉細胞の分化は間葉-上皮転換により厳密に制御されており、骨や軟骨などの組織が混入することはない[12]。

原因については明らかではないが、ヒトでは前述のヒツジ胎子・尿管結紮モデルの研究結果から尿路閉塞が腎臓の異形成に深く関与していると考えられている。しかし、イヌやネコについては、その原因はまだ不明である。

異形成腎の動物では、二次的な変化として組織学的に正常糸球体の代償性肥大、間質の線維化、囊胞性の糸球体萎縮、尿細管間質性腎炎、異栄養性石灰沈着などが観察されている[6]。ラサ・アプソ、シー・ズー、ソフトコーテッド・ウィートン・テリア、スタンダード・プードル、チャウ・チャウ、ボクサー、ゴールデン・レトリーバー、ミニチュア・シュナウザーなどの犬種で、家族性の発生が観察されている[6]。無形成の場合と同様に、他の犬種での孤発症例もみられる。

4.1.1.3 病態生理と臨床徴候

両側性の腎無形成では生存できないが、片側性の無形成で反対側の腎臓が正常に分化発達していれば正常な動物と変わりなく成長できる。低形成と異形成の場合も、片側性なのか両側性か、また腎臓の異常部分の広がりの

程度や、異形成の重症度により予後が異なり、生存期間は数カ月〜数年、場合によっては平均寿命まで生きるなどの差がみられる。いずれにしても生後成長の過程で腎臓の病変はCKDとして進行し、腎臓の線維化が進んでいく。重症例では、生後すぐに尿毒症の症状を示すものもある。重度の異形成腎では生後数週間で尿毒症の症状と、腎性続発性上皮小体機能亢進症を示す個体もある。

腎性続発性上皮小体亢進症は、CKDにおける合併症の1つで、骨代謝が活発な幼齢動物の場合には頭骨・上顎・下顎骨に外骨膜性異常造骨を起こす疾患である。CKDの動物の腎臓ではビタミンDの活性型への水酸化が減少し、腸管と尿細管からのカルシウム再吸収も低下し、体内でのカルシウムバランスは負に傾く。一方で尿細管からのリン排泄が減少して高リン血症となり、反応性に上皮小体からの持続的なPTH分泌が進行する。これによって骨における破骨細胞の骨吸収が増加して脱灰が進み、その部分が線維組織に置換された線維性骨炎の状態となる。軟部組織には、カルシウム沈着による石灰化が生じる。若い動物では骨代謝が活発で、頭部や上顎・下顎骨に外骨膜性異常造骨が起きやすい。これに対して幼齢動物よりも骨代謝が活性化していない成体では外骨膜性異常造骨は起きにくく、頭部、上顎や下顎からの脱灰と線維化により顎の硬さを維持できなくなり、いわゆるラバージョーの状態を示す。

臨床徴候の現れ方は、他の先天性腎泌尿器疾患の場合とおおよそ同様であるが、以下のような特徴がある。

- 片側性の腎無形成は、症状が現れにくい
- 低形成腎では、腹部の触診時に小さな腎臓を触知することもあるが、矮小化が軽度の症例では気づきにくい
- 軽度の異形成腎では無症状のこともある
- 症状の現れる時期や気づく時期には差がみられるが、多くは数週間〜5歳までに観察されることが多い
- 希釈尿（水様の尿）、蛋白尿、血尿などの尿所見の異常が観察されることがある
- 希釈尿は現れやすい症状の1つ
- 同胎の動物よりも成長が悪い（成長障害）
- 高窒素血症の現れる時期は、腎臓の病変の重症度により異なる
- 重度の病変を有する動物では、離乳後から一般状況の悪化や尿毒症の症状を現す
- 腎性続発性上皮小体亢進症を示す場合もある
- 腎臓以外の器官の形成不全の症状

以上の症状のうち、希釈尿は現れやすい症状の1つである。尿細管の形成障害によるナトリウムと水の再吸収障害が原因で、これにより動物は多飲傾向になり脱水しやすい。蛋白尿も観察される場合があるが、先天性の糸球体障害を示す動物の蛋白尿ほど重度ではない。成長障害は、CKDの進行に伴い尿毒素による侵襲、成長ホルモンの作用不全、代謝性アシドーシスなどによって引き起こされる。このほかに、腎臓以外の尿管、膀胱、尿道、生殖器の発生異常を伴う場合もあることから、それらの器官の異常による症状の有無についても観察する必要がある。水腎症を示しているときには、腎臓以降の尿路閉塞の有無を把握する必要がある。

4.1.1.4　診断法と治療法・予防法

稟告

診断には、先天性を疑うかどうか、発症の過程を詳細に聞き取る必要がある。これは、一般的に腎臓以外の家族性疾患や先天性疾患の際の診断の場合と同様である。家族性の発症がある場合には、その家系の繁殖を中止することが予防につながるので、家系調査は有用である。

画像検査

腎臓の無形成や低形成を疑う場合には、画像検査が重要である。排泄性尿路造影検査や超音波検査、CT検査が有用である。詳細は、第4章「腎泌尿器の画像検査」を参照のこと。

血液検査と尿検査

高窒素血症を生後早期から示すかどうかは、症例によって差がみられる。血清クレアチニン値で糸球体濾過値（glomerular filtration rate：GFR）を評価する場合は重度のGFR低下がない場合には異常値を示さないので、早期のGFR低下を評価したい場合にはSDMA（対称性ジメチルアルギニン）の測定や腎クリアランス試験を実施する。

高窒素血症よりも、尿検査の異常の方がより早期に現れやすい。希釈尿の証拠（水様の尿、低比重尿、低浸透圧尿）、蛋白尿、血尿などの所見を観察する。尿細管の障害が重度の場合には尿中β_2-ミクログロブリンやNAG（N-acetyl-β-D-glucosaminidase）が高値を示す。

治療法と予防法

無症状の場合は治療の必要はないが、定期的な腎機能のモニタリングと尿検査による観察が必要であり、発症した場合にはCKDの治療法に準じた治療が行われる。特に尿細管での水の再吸収が低下している症例に対して

第6章

は、水分補給が必要で脱水を改善させる必要がある。ナトリウムの喪失が重度である動物に食事療法を併用する場合には、ナトリウム含有量について注意する必要がある。

ヒトの低形成・異形成腎の患者に対する薬物療法として、2016年に発表された「低形成・異形成腎を中心とした先天性腎尿路異常（CAKUT）の腎機能障害進行抑制のためのガイドライン」では、腎機能低下進行を抑制する目的でアンジオテンシン変換酵素（angiotensin conveting enzyme:ACE）阻害薬や球形吸着炭を投与することは「エビデンスの程度は弱いものの提案する」とされている。イヌとネコにおけるこれらの薬物療法が低形成・異形成腎の症例に有用であるかどうかの調査はないので今後の研究成果が待たれるが、CKDに対する支持療法として投薬される場合もある。

4.1.2 異所性腎
4.1.2.1 定義と原因

異所性腎は、腎変位や変位腎、腎位置異常と同義語で、腎逸所症ともいわれる。これは、腎臓が本来あるべき位置にない場合に使用される。その原因は、腎臓の発生段階で尾側仙骨部に形成された後腎が、ネフロン形成を継続しながら頭側の腰部へ移動することが何らかの原因で妨げられたときに起きる。

後腎は、当初仙骨部位に形成されるが、胎子の下半身の成長に伴い結果的に成体の腎臓の固有位置である腰部まで移動する。この時期には胎子の腹腔内の背側腸間膜間に卵黄動脈・腸間膜動脈などによる動脈叢が存在し、後腎はその間を移動することになる。これらの血管の異常や、過剰動脈の存在、血管との癒着などにより腎臓の移動が妨げられたときに異所性腎となる。

4.1.2.2 疫学と病態生理

イヌとネコでは、異所性腎はまれな疾患であり、好発品種は特定されていない。ヒトでは900人に1人程度の発生とされ、生殖器の奇形を伴うことも多いとされる。

異所性腎は、片側と両側の場合があり、左右が交差する場合や正中で両側の腎臓が癒合する場合もある。異所性腎は胎生期の後半に起きる病態であるため、多くは腎臓の組織形態や機能は正常と変わらないが、やや小型であることが多い。異所性腎では、片側の腎臓が骨盤腔内にとどまる骨盤腎が多く、また、異所性尿管を伴う場合がある。異所性腎の報告はイヌとネコでみられるが、ネコでは片側性の報告が多い。しかし、まれに両側性の場合もある[13]。また、ネコの異所性腎は、雌よりも雄で

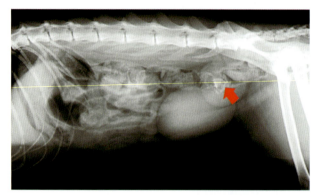

図4　左腎が異所性腎であったネコの排泄性尿路造影所見
→の部分は左腎を示しており、膀胱の尾側に位置している（骨盤腎）（提供：青木　忍先生）

の報告が多いとされる[14]。

異所性を示す腎臓は、正常部位にある腎臓に比べて尿の流出が滞りやすく、尿石症や尿路感染、水腎症などのリスクがあるとする文献もある[15,16]。しかし、多くは正常な腎臓と変わらぬ腎機能と尿排泄を示すことが多く、尿流の流出障害の出現は、異所性尿管を伴って開口部位に異常があるかどうかによって異なってくると考えられる。

4.1.2.3 臨床徴候と診断・治療法

腎臓の位置異常があっても、腎臓自体の機能が保たれていることが多いので、症状を示すものは少ない。腎臓のサイズは、正常な場合とやや小型の場合がある。最も多い骨盤腎では、直腸と隣接して腎臓が存在するために、軽度の排便障害を示すことがある。明らかな異常所見を示さないので、偶然に健康診断や避妊手術のときに発見されることも多い。血液検査では異常所見を認めないことが多い。しかし、症例によっては尿路感染症や尿石症を併発している場合もあるので、注意深い尿検査や画像検査が重要である。

診断は、画像検査によって行われる。排泄性尿路造影や超音波検査、CT検査によって、位置の異常が確認される（図4）。腎臓の異常な回転や血管系の異常を確認するためには、CT検査が有効である。鑑別診断には、腹部腫瘤の鑑別として、腫瘍、異物、腎無形成、妊娠などがある[15]。また、異所性腎の動物では生殖器系の異常を伴うこともあるので、生殖器系の検査も十分に行う必要がある。

無症状の場合は積極的な治療は行われないが、腎臓の位置によっては外科手術による腎臓の位置補正が必要な場合もある。しかし、異所性腎では血管系の発生異常に

より腎臓に出入りする血管系の異常や、短い尿管などのために腎臓の可動範囲が限られているので、正常の腎臓の位置まで移動させることは困難である。また、尿石症や、水腎症を併発している場合は、積極的な治療が必要となる。

4.1.3 異所性尿管
4.1.3.1 定義と原因

異所性尿管は尿管異所開口と同義語で、尿管が膀胱の正常な位置に開口せずに他の部位に開口しているものを指している。片側あるいは両側の尿管が膀胱三角よりも遠位に開口し、膀胱内あるいはその後方の膀胱外の尿道や生殖器に開口する。前述したように、他の先天異常に合併することが多い。

異所性尿管は腎臓の発生時に中腎や後腎組織の分化異常によって起きる。後腎管が異常な位置から発生するか、異常な様式で移動して、尿管口の位置異常となる[17]。腎無形成、異形成腎、水尿管、水腎症を伴うことがある。最終的に膀胱と尿道になる尿生殖洞も異常に発達し、そのほかの解剖学的異常（尿膜管遺残や膀胱低形成）を招く[17]。

異所性尿管は、壁外性（膀胱外）または壁内性（膀胱内）に分類される。壁外性異所性尿管は膀胱壁に入らずに尿道、腟、または腟前庭に開口する。壁内性異所性尿管は一般に膀胱三角の正常な部位に入るが、開口せずに膀胱粘膜の下を進んで遠位部に開口する[18]。まれに、膀胱三角から離れた部位で膀胱に開口する壁内異所性尿管もある。

4.1.3.2 疫学・遺伝的背景と病態生理

ヒトでは女性に多く、男女の比率はおおよそ1:3である[10]。イヌでも雌イヌに多く発生し、その比率は雄イヌの4〜20倍とされている[18,19]。イヌの全体的な発生率は0.016％[18]で、片側性のことが多いが、雄イヌは両側異所性尿管の発生率が高い[20]。重複異所性尿管が、まれな例として報告されている[21,22]。尿管末端が盲端の場合や、狭窄がある場合は患側の腎臓は水腎症となる。

好発犬種は、ラブラドール・レトリーバー、ゴールデン・レトリーバー、シベリアン・ハスキー、ウエスト・ハイランド・ホワイト・テリア、ニューファンドランド、トイ・プードル、ソフトコーテッド・ウィートン・テリア、エントレブッハー・マウンテン・ドッグ、そのほかのテリアである[18,23]。北アメリカのエントレブッハー・マウンテン・ドッグでは、雌よりも雄の罹患が多く、特定の遺伝子の異常がかかわっている可能性がある[24,25]。

ネコでは、異所性尿管はまれである。また、イヌの異所性尿管と異なり、雄と雌での発生はほぼ同率である[26-29]。ネコでは雌雄とも壁外性が多いとされているが、片側性と両側性の両方の報告がある[29,30]。ネコの種類は、ドメスティック・ショートヘア[30]、ヒマラヤン[31]、ペルシャ[32]、メインクーン[33]でそれぞれ報告がある。前述のようにイヌでの発生の雌雄比は雌の方が多いとされているが、このようなイヌとネコの差は、雄イヌと雌イヌの異所性尿管の開口部の違いにより起きている可能性がある[27,31]。

異所性尿管は雌イヌでは尿道に、雄イヌでは前立腺尿道付近に開口する場合が一番多い[6]。特に、雄のイヌでは外尿道括約筋の近位に開口するタイプの異所性尿管が多い。したがって、雄イヌでは雌イヌに比べて尿失禁が起きづらい。これまでの報告では異所性尿管の診断が尿失禁を中心に行われてきたものが多く、尿失禁が観察されやすい雌イヌの報告例が多かったことが原因であると考えられている。

4.1.3.3 臨床徴候と診断・治療法

最も多い臨床徴候は、尿失禁である。異所性尿管の子イヌでは、離乳後に尿失禁が認識されることが多い。しかし、尿管の開口する部位によっては、前述の雄イヌのように失禁が観察されない場合もある。雄イヌでは子イヌのうちは失禁がみられず、成犬になってから失禁が現れることもある[34,35]。

イヌでは会陰部や包皮に尿やけや、湿性皮膚炎がみられることがあり、ネコでも同様である。また、尿管の開口部位や開口の形状によっては尿路感染を起こすこともあり、その場合には細菌尿が認められる。異所性尿管のイヌでは、64％に尿路感染症がみられるという報告もある[34]。

診断には、画像検査を実施する。排泄性尿路造影検査やCT検査が有効である。超音波検査は、異所性尿管の場合は補助的なものとなる。

治療は、異所開口している尿管の開口部位や狭窄・嚢腫形成（尿管瘤）の有無によって異なってくる。開口部の狭窄や嚢腫形成により尿の流出障害があり水腎症や水尿管となっている場合には、早期の外科手術が適応される。外科手術の必要のない症例では、失禁に対するコントロールと、尿路感染症や腎機能低下に対する定期的なモニターを行う。

4.1.4 尿管瘤

尿管瘤は尿管の遠位端が拡張して嚢腫を形成したもの

第6章

で、以前は尿管開口部の狭窄が原因で周囲が拡大したものと考えられていた。しかし、医学領域では狭窄が原因ではなく、尿管開口部が囊状に拡張した先天的異常であると考えられるようになってきた。すなわち膀胱粘膜下の先天的構造異常によって膀胱内尿管が囊胞状に拡張したもので、尿生殖洞へのウォルフ管および尿管芽の吸収過程の異常に起因するとされている[36]。

尿管瘤には、囊胞様拡張が膀胱内だけにあるタイプ（膀胱内型尿管瘤：intravesical ureterocele）と、膀胱頸部や尿道まで拡張が認められるタイプ（異所性尿管瘤：ectopic ureterocele）がある[37]。異所性尿管瘤は、異所性尿管と関連している。片側性の場合と、両側性の場合がある。尿管瘤はイヌでも以前から報告されているが、ネコでは少ない[6,38]。雄イヌよりも雌イヌの発生頻度が高い。ネコでの尿管瘤の報告は少ないが、特に膀胱内型尿管瘤の発生はまれである。

症状は失禁が一番多い症状であるが、尿の流出障害による水腎症や水尿管を示すこともある。尿の流出障害がない場合は、腎機能の異常を示さない難治性の尿失禁がみられる。また、尿路感染症のリスクが高い。

治療には、外科手術が必要となる。

4.1.5 尿膜管開存症（尿膜管遺残）・尿膜管憩室

4.1.5.1 定義と原因

尿膜管開存症（同義語：尿膜管遺残：patent urachus）は、胎生期に臍と膀胱をつないでいる尿膜管が出生後も閉鎖せずに、一部または全部が腔を残している奇形である[10]。ヒトでは3：1で、男児に多い。

尿膜管憩室（urachal diverticulum）は、尿膜管のうち膀胱に接する部分のみが残存しているもので、膀胱尖部に小孔によって交通している[10]。

これらの疾患は、イヌやネコでもしばしば観察される。

4.1.5.2 疫学・遺伝的背景と病態生理

尿膜管開存症は、新生子イヌ・子ネコ、若齢の動物でみつかることが多い[39,40]。尿膜管開存症では、完全に開通している場合と一部だけ残っているものがある。尿膜管の一部が残った場合は、尿膜管囊胞を形成する。尿膜管憩室は膀胱頭側部に膀胱粘膜である移行上皮に裏打ちされた憩室として存在する。

尿膜管憩室の大きさは顕微鏡的な微少なものから肉眼的に明らかなものまであるが、成犬、成猫になってから診断されることが多い。尿路疾患の病歴のないイヌの34％に尿膜管憩室があったとする報告[41]や、下部尿路疾患のある成ネコの23％に尿膜管憩室を認めたという報告もある[42]。ネコでは尿膜管開存症よりも、尿膜管憩室の方が多い[43,44]。

先天的な素因が関連しているかどうかにかかわらず、尿膜管憩室は尿路閉塞などの後天的な原因によって顕在化しやすい。尿石症や尿路閉塞、膀胱炎などによって膀胱内圧が亢進することにより、顕微鏡的な憩室が拡張・伸展するものと考えられている[45]。

後天的な尿膜管憩室は、ネコの品種や年齢に関係なく認められる。雄ネコの方が雌ネコよりも発生頻度が高いとされるが、これは尿閉の発症割合が雄で高いことと関連していると思われる[42,44]。いずれにしても、後天的な原因で起きる尿膜管憩室は先天的なものよりも多いとされている[44]。

4.1.5.3 臨床徴候と診断・治療法

完全に尿膜管が開存している場合は、尿が臍から漏出する。臍炎や感染を起こしやすく、感染性の排液や膿の分泌、患部の腫脹・発赤などがみられる。小さな尿膜管囊胞や尿膜管憩室には目立った症状はなく、偶然発見されることがある。尿膜管憩室では尿路感染を起こしやすく、失禁や下部尿路疾患の症状を起こす場合もある。

診断は画像検査によって行われる。尿路感染を併発した動物では、尿検査で細菌尿や血尿、蛋白尿を認める。尿路感染症は再発しやすく、放置せずにその都度治療し、完治後も再発しやすいために定期的なモニタリングが必要となる。

重度の尿膜管憩室や尿膜管開存症は、外科手術の対象となる。

4.1.6 その他の尿路奇形

その他の尿路奇形としては、先天的に尿管粘膜、平滑筋に輪状あるいは不定形の皺壁を生じる「尿管弁」や、尿路と他の臓器が交通する「尿道直腸瘻」・「尿道腟瘻」、あるいは「尿道憩室」などがあり、イヌやネコでも報告されている。

4.2 遺伝性（家族性）腎疾患

遺伝性腎疾患は遺伝性腎炎や家族性腎炎（腎症）などとして、古くからイヌやネコでの臨床例の報告がみられる。ネコよりもイヌでの報告が多い。これまでの研究のなかで、責任遺伝子が特定されているもの（表2）と、遺伝子の特定までは至らないが、家族性で遺伝形式が推定されているものがある（表3）。

この項では、イヌとネコの糸球体病変が主体の遺伝性

表2 イヌの遺伝性（家族性）腎疾患（1）

遺伝性糸球体腎症・糸球体腎炎		犬種	遺伝形式
糸球体基底膜障害			
	サモエド	X染色体顕性遺伝　*COL4A5*遺伝子 exon35
	イングリッシュ・コッカー・スパニエル	常染色体潜性遺伝　*COL4A4*遺伝子 exon3
	ブル・テリア	常染色体顕性遺伝
	ドーベルマン・ピンシャー	遺伝形式不明
	ダルメシアン	常染色体顕性遺伝
	ブル・マスチフ	常染色体潜性遺伝
	その他の犬種	ロットワイラー、ニューファンドランドなど
膜性増殖性糸球体腎炎			
	ソフト・コーテッド・ウィートン・テリア（ポドサイト障害）	*NPHS1*遺伝子変異、*KIRREL2*遺伝子変異
	バーニーズ・マウンテン・ドッグ	常染色体潜性遺伝の疑い
巣状分節性糸球体硬化症			
	ミニチュア・シュナウザー	遺伝形式不明

表3 イヌの遺伝性（家族性）腎疾患（2）

家族性腎疾患		犬種	遺伝形式
アミロイド腎症			
	チャイニーズ・シャー・ペイ	常染色体潜性遺伝　*HAS2*遺伝子変異
	イングリッシュ・フォックスハウンド	遺伝形式不明
	ビーグル	遺伝形式不明
多発性嚢胞腎			
	ブル・テリア	常染色体顕性遺伝　*PKD1*遺伝子 exon29
	ケアーン・テリア	常染色体潜性遺伝
	ウエスト・ハイランド・ホワイト・テリア	常染色体潜性遺伝
遺伝性尿細管間質性腎炎			
	ノルウェージャン・エルクハウンド	遺伝形式不明
尿細管障害			
ファンコーニ症候群	バセンジー	遺伝形式不明

疾患と、アミロイド腎症、嚢胞腎、遺伝性の尿細管間質性腎炎、尿細管機能障害に分けて解説する。

4.2.1 イヌの遺伝性（家族性）腎疾患
4.2.1.1 遺伝性糸球体腎症・糸球体腎炎

　これまでの報告では、糸球体腎症を表す症例の腎病変の病理組織学的所見から、糸球体基底膜障害や膜性増殖性糸球体腎炎、巣状分節性糸球体硬化などとして報告されてきた。しかし、これまでの報告では電子顕微鏡検査が行われていない研究があることや、医学領域では近年ポドサイト（podocyte：糸球体足細胞）障害の存在が明らかになったが獣医学領域ではまだ十分に検討されて

第6章

おらず、最近になってから少数の報告が出始めていることから、以前の病理組織学的区分に組み込まれている病態も今後は新たな区分に振り分けられる可能性がある。

糸球体基底膜障害

この疾患は、以前から家族性の糸球体腎症や遺伝性腎炎などとして知られているもので、病態的には糸球体基底膜（glomerular basement membrane：GBM）の障害やポドサイト障害、膜性増殖性糸球体腎炎などを示す。特定の犬種の家系における発生が報告されている。原因となる遺伝子が判明しているものと、未だ不明なものがある。

▶サモエドの家族性糸球体腎症
＜原因＞

この犬種では、以前から家族性に表れる糸球体腎症が観察されていたが、数々の交配試験により、X染色体にリンクした顕性遺伝形式であることが示され、雄イヌでの発症が多く報告されてきた[11]。その後の研究から、サモエドの糸球体病変はGBMの障害であることが明らかとなり、COL4A5遺伝子のexon35における遺伝子変異が原因であることが明らかになった[46]。この遺伝子はX染色体にあり、糸球体基底膜（GBM）のIV型コラーゲンのα5鎖をエンコードしている。

GBMの緻密層にIV型コラーゲンからなる細線維が小孔を形成しており、size barrierとして機能している。緻密層はIV型コラーゲンを骨格にしており、内・外透明層に非コラーゲン性糖蛋白を認める。このような構造からなるGBMでは、IV型コラーゲンの存在は必須で、その欠乏は根本的な構造ならびに機能の異常を招く。罹患しているサモエドでは、COL4A5遺伝子の変異によりGBMのIV型コラーゲン形成に必要なα3/α4/α5ヘテロトリマーが欠乏することになり、IV型コラーゲンの構造変化をもたらしGBMの脆弱化を招く。脆弱なGBMは、糸球体毛細血管の高い圧力に耐えられないが、糸球体外の毛細血管には病変は起こらないとされている[11]。

この病態はヒトの進行性遺伝性腎炎であるアルポート症候群に類似しており、サモエドの家族性糸球体腎症はそのモデル疾患として考えられてきた。アルポート症候群はX連鎖型遺伝形式と常染色体顕性遺伝形式、常染色体潜性遺伝形式をとる3つのパターンに分かれるが、X連鎖型の割合が高く、全体の9割を占める。サモエドの糸球体腎症は、このX連鎖型と類似し、その病態モデルとされている。

＜病態生理と臨床徴候＞

遺伝子変異をもつ雄の子イヌではGBMの脆弱化がおき、生後2〜3カ月齢には蛋白尿や糖尿、等張尿がみられ、生後6〜9カ月までに尿毒症を示す[11,46]。これらの雄の罹患子イヌは、腎不全により死亡する。

前述のように、雄の罹患子イヌでは、BGMにおけるα3/α4/α5ヘテロトリマーの完全な欠如によりIV型コラーゲン分子のネットワークが破綻し、GBMの脆弱化につながる。腎臓における病変は罹患子イヌでは初期から観察され、典型例では光学顕微鏡レベルで異常のみられない糸球体でも、電子顕微鏡による観察ではGBMの重複・重層化やGBM緻密層（IV型コラーゲンにより形成されている）の分裂などが生後1カ月からでも観察される[11,46]。罹患したイヌが成長するに従い生後4〜5カ月になると光学顕微鏡レベルでも病変が観察されるようになり、生後8〜10カ月までにはGBMの肥厚やメサンギウムの拡大、糸球体硬化、糸球体周囲の線維化などが起きる。

ヘテロ型の変異をもつ雌の子イヌでは無症状に過ごす期間が長いが、健康な子イヌよりも増体が悪いこともある。また、ヘテロ型の変異をもつ雌の子イヌでも腎臓におけるGBMの軽度な異常は観察され、交配した場合にはキャリアとして子孫に変異を遺伝させる。生後2〜3カ月で軽度の蛋白尿を示すが、成犬になるまで目立った臨床徴候を示さず、罹患した雄の子イヌのように腎不全で死に至ることはないとされている[11]。

一方で、37頭のキャリアの雌イヌの臨床観察では、5歳までは普通の健康犬と変わらない状態で成長するが、全頭で生後2〜3カ月までには蛋白尿を示し、7カ月で糸球体に巣状分節性糸球体硬化症の所見を呈する子イヌもあったと報告されている[47]。これらのキャリアの雌イヌは長く生存する例もみられるが、腎不全で死亡する例もみられる。腎臓の免疫組織化学検査では、GBMのIV型コラーゲンのNC1ドメインに対する抗NC1抗体は罹患した雄イヌでは陰性で、キャリアの雌イヌはモザイク型の陽性を示すとされている。

＜診断と治療＞

診断には、遺伝疾患としての家族歴の聞き取り聴取が重要である。本疾患がX連鎖遺伝形式をとる疾患であることから、症例と血縁の雄イヌでの発症の有無を調べる。本疾患に特異的な血液・尿検査所見はないが、罹患した雄イヌでは生後早期からの蛋白尿や糖尿などが観察され、生後3〜4カ月で低アルブミン血症が現れる。蛋白尿が重度でネフローゼ症候群の症状がある場合には、高コレ

ステロール血症がみられる。

　診断には、腎臓の病理組織学的な評価が重要である。前述の糸球体における異常所見や、免疫組織化学検査によるⅣ型コラーゲンα-5染色、*COL4A5*遺伝子exon35の遺伝子変異の検出が診断に有用である。ただし、遺伝子検査については、変異部位が1箇所だけとは限らないので、臨床的に使用することは難しい。実際にサモエド以外の犬種で、サモエドと同様な病変をもつ家系に、*COL4A5*遺伝子exon9の変異が認められたという報告もある[46]。

　治療に関しては原因療法が困難であるので、補助的な治療としてレニン-アンジオテンシン系阻害薬の投与が行われる。ヒトのアルポート症候群では、腎機能障害進行抑制の目的でレニン-アンジオテンシン系阻害薬が投与されている。また、ヒトではシクロスポリンが蛋白尿軽減の目的で使用されたことがあるが、蛋白尿軽減は一過性であり長期投与による慢性腎毒性もあることから現在では使用を推奨されていない。そして獣医学領域においても、治療効果は確認されていない。

▶イングリッシュ・コッカー・スパニエルの
　家族性糸球体腎症

<原因>

　サモエドと同様に糸球体におけるGBMを構成するⅣ型コラーゲンの形成不全により腎症を発症するもので、原因は*COL4A5*遺伝子exon3における遺伝子変異による。この遺伝子の変異によりGBMのⅣ型コラーゲン形成に必要なα3/α4/α5ヘテロトリマーが欠乏することになり、サモエドと同様にⅣ型コラーゲンの構造変化をもたらす[46]。

　サモエドと異なるのは、この遺伝子変異は常染色体潜性遺伝形式で遺伝していく点である。この病態は、ヒトの常染色体潜性型アルポート症候群のモデル疾患とされている。

<病態生理と臨床徴候>

　腎臓における病態はサモエドの糸球体病変と同様であるが、常染色体潜性遺伝であるため、雄イヌと雌イヌの両方で発症し、性差は認められない。病態は進行性で、病理組織学的にはサモエドと同様に糸球体のGBMの肥厚・重層化・開裂が認められ、進行性に糸球体硬化症、糸球体周囲の線維化、二次的には病変が尿細管・間質まで拡大する。症状の重度度は、罹患個体により異なる。

　症状は多くの場合、生後1年までに明らかになる[46]。生後5～8カ月までに蛋白尿が認められ、尿の濃縮能は低下する。成長は健康犬に比べて悪く、生後7～17カ月までに高窒素血症となる。

<診断と治療>

　診断はサモエドの場合と同様に家族歴の聞き取りと、病理組織学的診断が中心となる。また、治療に関しても同様であり、対症療法としてレニン-アンジオテンシン系阻害薬の投与が考慮される。

▶ブル・テリアの遺伝性腎炎

　ブル・テリアには、常染色体顕性遺伝形式の遺伝性腎炎が知られている[48]。家族性の発症で、1～8歳までのブル・テリアで報告されている[46]。臨床的には、持続性の蛋白尿や、血尿が観察され、慢性腎臓病（CKD）として経過する。

　腎臓では、糸球体硬化症やメサンギウム領域の拡大、糸球体周囲の線維化、ボウマン嚢の嚢胞性拡張、間質の線維化が観察される。GBMと尿細管基底膜（tubular basement membrane：TBM）の肥厚がみられ、電子顕微鏡での観察ではGBMの多層化、辺縁のヒダ状不整、空胞化、高電子密度沈着物（electron-dense deposit）がみられ、糸球体基底膜障害の範疇に属する[46]。しかし、これらの病変はⅣ型コラーゲン欠乏によるものではなく、免疫組織化学検査では糸球体にⅣ型コラーゲンが認められる。

　ブル・テリアでは、このような糸球体腎炎のほかに、遺伝性に多発性嚢胞腎を呈する血統があり、一部のブル・テリアでは、2つの病態を同時に示す場合がある。

▶ドーベルマン・ピンシャーの家族性糸球体腎症

　ドーベルマン・ピンシャーのある家系で、GBMの障害を伴う家族性腎症の報告がみられる[49]。この家系での発症は、1頭の共通する雄イヌに起因しているとされている。

　腎病変としては、電子顕微鏡による観察でGBMの不規則な肥厚や基底膜緻密層の菲薄化が観察されており、糸球体基底膜障害が疑われている[50]。罹患したイヌは強い蛋白尿を示す。罹患したイヌには雌雄で発生に差はみられていない。また、罹患した雌イヌでは右側腎臓・尿管の無形成を示し、そのうちの一部では右側子宮角の無形成であった[49]。

▶ダルメシアンの家族性糸球体腎症

　常染色体顕性遺伝形式の糸球体腎症が報告されている[51]。病理組織学的には分節性糸球体硬化症、尿細管・間質

第6章

の炎症、線維化が観察されている。電子顕微鏡によるGBMの観察では、辺縁のヒダ状不整化や空胞化、高密度沈着物を認め、糸球体基底膜障害の病態を示している。しかし、Ⅳ型コラーゲンの欠乏は認められない[51]。

罹患個体では、若齢からの蛋白尿が認められている。腎疾患の発症平均年齢は生後18カ月という報告がある[46]。

▶ブル・マスチフの家族性糸球体腎症

ブル・マスチフでも常染色体潜性遺伝形式の家族性糸球体腎症が知られている[52]。これらのブル・マスチフでは、分節性糸球体硬化症が観察されている。

発症の年齢は様々であり、CKDとして進行する。高度の蛋白尿を示すものもあるが、死亡する少し前まで臨床的に元気に過ごす個体もみられる。病理組織学的には、巣状分節性の糸球体硬化を示すヒトの巣状分節性糸球体硬化症の所見に類似している。メサンギウム領域へのコラーゲン沈着と細胞浸潤やボウマン嚢の高度な拡張による糸球体の萎縮がみられる。二次的病変としては、間質の線維化と尿細管の萎縮などが観察されている。

ブル・マスチフの糸球体腎症は、従来糸球体基底膜障害として扱われてきているが、GBMの電子顕微鏡検査所見が不明である。前述のヒトの巣状分節性糸球体硬化症は糸球体上皮細胞障害（podocyte disease：ポドサイト障害）によるものであることが近年の研究で明らかになっており、これに酷似する病変を有するブル・マスチフにおいても巣状分節性糸球体硬化症の病態が糸球体上皮細胞の障害に起因するかどうか検討する必要がある。そのうえで、ブル・マスチフの糸球体腎症がどの病態の範疇に属するかを決定することが求められる。

これらの犬種のほかに、糸球体基底膜障害を疑われている犬種は、ロットワイラーやニューファンドランドなどがあげられるが、日本に導入されているこれらの犬種における発症率は不明である。

膜性増殖性糸球体腎炎

▶ソフトコーテッド・ウィートン・テリアの家族性糸球体腎症

ソフトコーテッド・ウィートン・テリア（SCWT）の家系には膜性増殖性糸球体腎炎を示す血統がある。この血統で発症したイヌの一部では同時に蛋白漏出性腸症（protein-losing enteropathy：PLE）を示し、その病態が糸球体腎症に影響を与えていると考えられている。

＜原因と病態生理＞

SCWTでは、PLEや蛋白漏出性腎症（protein-losing nephropathy：PLN）が多く観察されてきた。この2つの疾患について、SCWT222頭を調査した過去の研究では、雌と雄の発症比率は1.6：1で雌の方が多く、どちらも成犬になってから発症している[53]。PLNとPLE罹患グループの診断時の年齢の平均値はどちらも中年齢になってからであるが、PLE発症群の方が有意に若かった。この調査では188頭の血統分析の結果、共通の雄の祖先が特定できたが、遺伝形式は不明であった。

これらのPLN症例の腎病変では、膜性ないし膜性増殖性糸球体腎炎像を示し、巣状分節性糸球体硬化症を示すものもみられ、ボウマン嚢との癒着、ボウマン嚢の肥厚・線維化を示していた。また、尿細管腔の蛋白円柱と尿細管萎縮、間質の線維化が観察されている。PLNを発症しているSCWTでは、一部に未熟な糸球体をもつ腎異形成の症例も報告されている[46,54,55]。

PLNを発症している一部の症例では、同時にPLEを発症しているものが認められている。両者の因果関係については不明な点が多いが、慢性メサンギウム増殖性糸球体腎炎を起こすヒトのIgA腎症では、潰瘍性大腸炎やクローン病を併発するものが報告されており、腸管から血中への抗原の移行と、免疫複合体の腎臓糸球体への沈着が関連していると考えられている[56-59]。SCWTのPLNでも免疫組織化学検査によって糸球体メサンギウム領域へのIgAならびにIgM沈着が顕著に観察されることから、病理組織学的にはSCWTの糸球体腎症はヒトのIgA腎症の動物モデルとして一部では考えられてきた[46]。したがってPLEの存在の持続は、進行性に腎病変を悪化させる可能性があるものと考えられている。前述のようにPLNとPLE発症グループの診断時年齢の平均値はPLE発症群の方が有意に若いことからも、原発はPLEの発症であり、その継続がPLNの発症と進行に関連しているものと思われる。

一方でSCWTに関しては近年の研究のなかで、ポドサイト障害がPLNの主原因である可能性を示唆する報告が示されている。糸球体上皮細胞（ポドサイト）は、糸球体内皮細胞とGBMを覆って保護しており、足突起を発達させてそれぞれの突起の間にスリット膜をもち濾過障壁としての機能を果たしている。糸球体疾患の際には、最初にこのポドサイトが障害を受け、スリット膜の分子構造の変化と足突起の細胞骨格であるアクチン骨格の分布が変化し、足突起消失が起きるとされている[60]。ポドサイトの細胞骨格である蛋白は複数存在するが、これらの蛋白質の遺伝子異常による欠損や減少が蛋白尿とポドサイトの剥離を起こし、巣状分節性糸球体硬化症の病態を招くことが明らかとなってきた[61]。SCWTにお

いても最近の研究で、スリット膜蛋白であるnephrinとNeph3をエンコードしている遺伝子（*NPHS1*と*KIRREL2*）の変異によって引き起こされる病態であることが報告されている[61]。IgA腎症に関しても、その進行と悪化には様々な要素が関連しており、ポドサイト障害もその1つと考えられていること[62]からも、SCWTの腎病変にはポドサイト障害が関連していると考えられる。

＜臨床徴候と診断・治療＞

特異的な臨床徴候はないが、持続的蛋白尿による低アルブミン血症のある場合は浮腫、腹水や胸水、体重減少などがみられることがある。そのほかに多飲・多尿も認められ、一部のイヌでは血栓症の報告がある[53]。また、PLNを発症したイヌの多くで、アトピーや膿皮症、外耳道炎などの皮膚疾患の病歴をもっていると報告されている[53]。PLEを発症したイヌでは、消化器症状を伴っている。

診断は、家族歴と病歴の聴取、腹部超音波検査による腎臓と消化管の精査と、腎生検や消化管内視鏡検査と生検により行われる。PLNを発症したイヌの血液検査では、低アルブミン血症、高コレステロール血症、高窒素血症が観察される。PLEのSCWTでは、低アルブミン血症だけでなく血清総蛋白質濃度の低下、低コレステロール血症が観察され、PLNとPLEを合併している症例では、血清総蛋白質濃度、アルブミン・グロブリン濃度、コレステロール濃度の平均値は両者の中間値を示していたと報告されている[53]。

また尿検査では、UP/C比はPLEのみを発症しているSCWTでは異常値を示さないが、PLNを発症したイヌでは高値を示し、PLNとPLEを合併している症例ではさらに高値を示したとの報告がある[53]。

治療は、蛋白尿に対してACE阻害薬の投与が行われるが、PLEを発症しているものではPLEに対する治療を行うことが、PLNの症状の安定化には必要である。両者を合併している症例では、PLE用の療法食の投与も考慮される。

▶バーニーズ・マウンテン・ドッグの
　家族性糸球体腎症

バーニーズ・マウンテン・ドッグでは、以前から家族性の糸球体腎症が観察されている。病態としては膜性増殖性糸球体腎炎を呈し、ヒトの膜性増殖性糸球体腎炎I型に似ているとされている[46]。遺伝形式は、常染色体潜性遺伝が疑われている。罹患したイヌは、2～5歳までに発症して尿毒症の症状を呈する。高度の蛋白尿と、低蛋白血症、高コレステロール血症が観察されている。

腎病変としては、糸球体の電子顕微鏡所見でGBMの多層化、内皮細胞下の高電子密度沈着物が観察されており、免疫組織化学検査ではIgMと補体成分の沈着が糸球体で認められている。これらのバーニーズ・マウンテン・ドッグの多くでは、*Borrelia burgdorferi*に対する高抗体価を示していたが、糸球体に病原体は証明されておらず、両者の関係については不明である。

巣状分節性糸球体硬化症

▶ミニチュア・シュナウザーの
　巣状分節性糸球体腎症

ミニチュア・シュナウザーでは、家族性に巣状分節性糸球体硬化症を呈する家系の報告がみられる[63]。これらの症例では蛋白尿を示しているが、高窒素血症は重度ではなく、示さない症例もいる。血縁関係のミニチュア・シュナウザーでの発症が報告されているため家族性が疑われるが、現在までにはっきりとした原因は明らかになっていない。

腎臓における病変では、電子顕微鏡検査によりGBMの病変を伴わないポドサイト障害が認められており、広範なポドサイトの脱落が認められる。糸球体への脂質沈着も観察される。

4.2.1.2 アミロイド腎症

アミロイドーシス（アミロイド症）は、全身の様々な臓器や組織にアミロイド沈着が原発性あるいは続発性に生じて機能障害を起こす疾患であり、全身性に沈着が起きるタイプと、局所に起きるものがある。アミロイドは、病的な条件のもとで蛋白質の立体構造が変化して線維状に凝集したもので、βシート構造をとりやすいため分解されにくく不溶性である。アミロイドーシスを起こすアミロイドには、免疫グロブリンL鎖由来のアミロイドL（AL）や血清由来のアミロイドA（AA）が知られている。これまでに動物でもAAアミロイドーシスやALアミロイドーシスが全身性アミロイドーシスとして報告されてきた。AAアミロイドーシスは、イヌとネコでも家族性アミロイドーシスとして認められてきた。

腎臓はアミロイド沈着の好発部位であり、アミロイド腎症（腎アミロイド症）は、原因にかかわらずアミロイド蛋白が糸球体、尿細管、間質や血管に沈着し腎機能障害を呈する。このようなアミロイド腎症の発症に、特定の遺伝子が関与している家族性のものが、ヒトと動物で報告されている。

第6章

▶チャイニーズ・シャー・ペイのアミロイド腎症
＜原因と病態生理＞

　チャイニーズ・シャー・ペイでは、以前からヒトの家族性地中海熱（familial Mediterranean fever：FMF）に似た家族性のアミロイド腎症が報告されていた。ヒトのFMFは炎症経路の1つであるインフラマソームの働きを抑えるパイリンの異常で発症する自己炎症性疾患である[64]。発作性の発熱や、随伴症状として漿膜炎による激しい疼痛を特徴としている。その疾患関連遺伝子として*MEFV*遺伝子が知られているが、その発症メカニズムは明らかではなかった。その後の研究で、*MEFV*遺伝子がコードしているパイリンが炎症の持続に関連していることが示唆されるようになった。この自己炎症性疾患には炎症やアポトーシスに関連する蛋白複合体であるインフラソームの活性化が重要で、その活性化はパイリンがインフラソームに結合することによってもたらされる。健常なヒトではパイリンは制御蛋白質と結合していて不活性型となっているが、遺伝子異常によって制御蛋白との結合が外れて、インフラマゾームと結合して絶えず炎症性経路の活性化が持続することがFMFの病態につながっているとされている[65]。

　また、遺伝的な浸透率が高くないことや典型的な家族性地中海熱の症状を呈しながらも*MEFV*遺伝子に疾患関連変異を認めない症例が少なくないことから、発症には他の因子も関与していると考えられている[66]。発症した患者では、CRPや血清アミロイドA濃度の高値が観察されている。

　一方チャイニーズ・シャー・ペイでは、古くから「シャー・ペイ熱」としての報告がある[67]。再発性の発熱と、脛骨足根関節の腫脹が特徴で、この点がヒトのFMFの症状に類似している。雌に発症が多いのと、発熱を示す個体が必ずしも腎アミロイドーシスにならないこと、蛋白尿はすべての症例で認められるわけではないことなどが報告されている。

　北アメリカで飼育されているチャイニーズ・シャー・ペイで発熱を繰り返すもののうち23％程がアミロイド腎症を発症しているとされている[67]。実際に蛋白尿を示す症例は、発熱を繰り返すシャー・ペイの25〜43％という報告があり[68]、このことは後述するようにアミロイド沈着が髄質を中心に起こることと関連していると思われる。

　これまでの研究で、このような症状を呈する症例では、*hyaluronic acid synthase 2（HAS2）*遺伝子に部分的重複箇所（14.3 kb、16.1 kb）が発見されており、16.1kbの重複は発熱の症状発現と有意に関連していた[69]。*HAS2*は、皮膚の主要構成成分であるヒアルロン酸合成の律速酵素で、極端に皮膚のたるみ（シワ）の多いシャー・ペイでは、この遺伝子の変異が多い。現在ではシャー・ペイ熱は*HAS2*遺伝子異常による「シャー・ペイ自己炎症性疾患」（Shar-Pei Autoinflammatory Disease：SPAID）として分類されている。

　*HAS2*遺伝子異常は、アミロイド腎症、関節炎、外耳炎、小水疱性ヒアリン症に関連している。このようなチャイニーズ・シャー・ペイのアミロイドーシスは、常染色体潜性遺伝形式であるとされている[46]。チャイニーズ・シャー・ペイの家族性アミロイドーシスは若い年齢でCKDを発症させるが（平均年齢4歳）、罹患した多くのイヌではそれ以前から数日間で治まる発熱や関節の腫脹（特に脛骨足根関節）がみられている。

　チャイニーズ・シャー・ペイのアミロイド腎症では、アミロイドの沈着は特に髄質を中心に高度に観察されるが、すべての罹患したイヌで糸球体へのアミロイド沈着が認められるわけではない。この点はアビシニアンのアミロイド腎症と類似しているが、シャー・ペイではアビシニアンと異なり糸球体にも沈着が観察される個体も多い。これらのアミロイドを分析すると、アミロイドA蛋白質が検出されている。罹患したイヌでは腎臓へのアミロイド沈着のほかに、肝臓や脾臓、消化管、甲状腺などの臓器にもアミロイド沈着が認められるものがいる。肝臓への沈着が高度の場合には、肝破裂を起こす危険性がある。

＜臨床徴候と診断・治療＞

　蛋白尿は前述のようにすべての症例で観察されるわけではないが、糸球体へのアミロイド沈着が明瞭な症例ではネフローゼ症候群の症状を示す。腎臓以外の症状として、治療しなくても数日で治まる発熱を繰り返したり、関節の腫脹がみられる。関節の腫脹は、特に脛骨足根関節に多い。診断は家族歴と、このような腎臓以外の症状の出現の有無を含めた病歴の把握が重要となる。アミロイド沈着が重度のものでは、超音波検査で腎臓の輝度の増加を認める。

　治療は腎臓に対する治療と、腎外症状に対する治療が対症療法的に実施される。コルヒチンやジメチルスルホキシド（DMSO）が使用されたが効果は少なく、CKDが進展してからは効かないとされる。第7章3「糸球体疾患」の項を参照。

先天性の腎尿路奇形と遺伝性腎疾患

▶その他の犬種におけるアミロイド腎症

その他の犬種については、イングリッシュ・フォックスハウンドとビーグルでの家族性のアミロイド腎症が報告されている[70,71]。ビーグルの場合はアミロイド腎症以外にも、GBMの障害による糸球体腎症の報告もある[72]。

4.2.1.3 多発性嚢胞腎

多発性嚢胞腎は、両側の腎臓に大小様々なサイズの腎嚢胞が複数認められる進行性疾患で、嚢胞内には嚢胞液が分泌され、嚢胞は経時的に大きくなっていく。以前から家族性に発症がみられていたが、近年、ブル・テリアで関連する遺伝子異常が特定されるようになった。この病態は、ヒトの常染色体顕性多発性嚢胞腎（autosomal dominant polycystic kidney disease：ADPKD）と類似しており、ブル・テリアのほかにネコやラットでも同様の遺伝性の多発性嚢胞腎が観察されている。

▶ブル・テリアの多発性嚢胞腎
<原因と病態生理>

ブル・テリアでは以前から多発性嚢胞腎の発症がみられていたが、Gharakhaniらの研究により、ヒトのADPKDの責任遺伝子と同じ*PKD1*遺伝子exon29のミスセンス変異が原因と特定された[73]。ブル・テリアの多発性嚢胞腎は、常染色体顕性遺伝の形式を示す。変異部位は、*PKD1*遺伝子のc.9772で、G>Aのnon-synonymous mutation（非同義変異）を起こす。これによりコードされているポリシスチン蛋白に異常を招き、嚢胞形成へと進行するとされている。この変異は、ヘテロ型であり、ホモ型では重度で胎生死や出生直後の死亡になるものと思われる。

初めて報告されたのは1994年で、血縁関係にある8頭のブル・テリアでの発症である[74]。腎臓では両側で複数の嚢胞液を含んだ大小様々な嚢胞が観察され、その直径は5mm～2.5cmと様々である。

嚢胞は尿細管と集合管から発生しており、尿細管上皮細胞で内張りされている。嚢胞液は透明無色から淡褐色、あるいは混濁している。嚢胞液は、嚢胞出血が過去にあった場合には褐色となる。嚢胞の周囲は結合組織で囲まれ、腎実質では細胞浸潤と線維化がみられる。嚢胞は、特に皮質や皮髄境界部に多くみられる。同様に*PKD1*遺伝子変異により多発性嚢胞腎を発症するペルシャネコでは同時に肝嚢胞が観察されるものもあるが、ブル・テリアでは肝嚢胞は観察されていない。

<臨床徴候と診断・治療>

後述する多発性嚢胞腎のペルシャネコと同様に、腎疾患の症状の発症は中年齢以降である。尿検査では、蛋白尿や血尿が認められるが、程度には個体差がある。前述の遺伝性腎炎を併発している症例では、蛋白尿が明瞭である。一方で、尿路感染や尿路の炎症をもたない症例では、尿検査で蛋白尿と尿沈渣中に赤血球が認められても、上皮細胞数が少ない症例もある。

診断は超音波検査と、家族歴の聴取によって行われる。超音波検査では生後2カ月未満でも腎嚢胞を検出可能であり、若齢から両腎での複数の嚢胞の存在は本症を疑わせる根拠となる。治療は、症状にあわせた対症療法となる。

家族性の多発性嚢胞腎はブル・テリアのほかに、ケアン・テリア[75]とウエスト・ハイランド・ホワイト・テリア[76]でも認められており、これらは常染色体潜性遺伝で肝嚢胞を併発する症例がある。

4.2.1.4 遺伝性尿細管間質性腎炎

遺伝的な尿細管間質性疾患を示す犬種としては、ノルウェージャン・エルクハウンドがあげられる。

▶ノルウェージャン・エルクハウンドの
遺伝性尿細管間質性腎炎[6,46]
<原因と病態生理>

ノルウェージャン・エルクハウンドでは、以前から家族性に生後すぐに腎障害を発症する家系が知られていた。早い個体では生後12週間までに発症し、腎異形成が疑われる家族性疾患として知られてきた。雌雄ともに同じ頻度で発症しているが、その遺伝形式は不明である。

腎病変としては非炎症性の尿細管間質性腎症が観察される。間質の線維化と糸球体の虚脱や糸球体硬化、集合管の過形成などがみられるが幼若な（胎生期の）糸球体は認められず、個体により重症度は様々である。進行性に悪化し、糸球体硬化や間質の線維化が進行する。

<臨床徴候と診断・治療>

重症なものでは、12週齢までに蛋白尿や等張尿、糖尿、高窒素血症が出現する。等張尿や低張尿の症例では、多飲多尿の所見が現れる。ノルウェージャン・エルクハウンドでは、他の犬種に比べて糖尿を示す個体が多いとされているが、詳しくは不明である。一部に糖尿や高アミノ酸尿などを示す個体があったものの、他の症状のないノルウェージャン・エルクハウンドとの間に統計的な有意差は認められていない。

本疾患における長期的な予後は不良であるが重症度に

第6章

第6章

は差があり、治療はそれぞれの症例の重症度にあわせた対症療法が主体となる。

4.2.1.5 尿細管障害

先天性の尿細管障害を招く疾患には、ファンコーニ症候群や、腎性尿崩症、尿細管性アシドーシスなどが含まれるが、家族性に発症する犬種の報告が存在する。

▶バセンジーのファンコーニ症候群

ファンコーニ症候群は先天性のものと後天性のものに分かれるが、先天性のものは遺伝性疾患が主で、後天性のものはレプトスピラ症、薬物投与、原発性上皮小体機能低下症、銅蓄積性肝障害および様々な毒物による尿細管障害である。また最近では様々な原料のジャーキー摂取に関連した本疾患が各国で報告されており、本邦での症例も報告されている[77]。バセンジーでは、遺伝性疾患としてのファンコーニ症候群を示す血統がある[78,79]。

＜原因と病態生理＞

罹患しているバセンジーでは、糸球体機能は正常だが、近位尿細管の複数の機能障害が認められ、アミノ酸、糖、リン、重炭酸イオンの尿中排泄増加を認める[80]。

バセンジー以外の犬種でも散発しているが、血統的には特定されていない。後天性の原因で発症している場合と、区別して治療する必要がある。

バセンジーのファンコーニ症候群は常染色体潜性遺伝形式であり[81]、FAN1遺伝子の突然変異（chr3:38013703-38014019: 317 bp deletion）によるものである[81]。北アメリカのバセンジーでの罹患率は10～16％程であるとされている[80,82]が、我が国では飼育頭数が少なく、その発症率は不明である。発症年齢は4～7歳であり[80]、成犬になってから症状に気づくため、繁殖に使用される危険性がある。

尿細管障害の種類と重症度は個体によって様々であるが、近位尿細管の機能障害により尿中にブドウ糖や蛋白、アミノ酸、カリウム、ナトリウム、リン酸、重炭酸などが再吸収されずに排泄されてしまうことから、代謝性アシドーシスや低カリウム血症などを発症する。重症度には差があり、必ずしもこれらの症状のすべてを示さないものもある。

＜臨床徴候と診断・治療＞

臨床徴候の発現に気づくのは中年齢以降のことが多いが、多飲多尿、筋力の低下などがみられる。尿検査では、糖尿、アミノ酸尿、酸性尿がみられ、血液検査では代謝

表4　ネコの遺伝性（家族性）腎疾患

家族性腎疾患	品　種	遺伝形式
アミロイド腎症		
	アビシニアン	常染色体顕性遺伝の疑い
	シャムネコ	遺伝形式不明
	オリエンタル・ショートヘア	遺伝形式不明
多発性嚢胞腎		
	ペルシャネコ・その他のネコ種	常染色体顕性遺伝 PKD1遺伝子 exon29

性アシドーシスの所見を示す。また、低カリウム血症が観察される。尿糖陽性の症例では糖尿病が疑われることが多く、鑑別診断では高血糖を伴わない糖尿を確認する必要がある。血統的にこの疾患が疑われる個体では、若年期からの定期的な尿検査が必要である。

治療は対症療法になるが、ファンコーニ症候群を罹患したバセンジーのための治療プロトコルとして代謝性アシドーシスを示す症例に重炭酸の補給が行われる[83,84]。

4.2.2 ネコの遺伝性腎疾患

ネコにおいてもイヌと同様に、家族性の腎疾患が以前から知られている。代表的なものとしては、アビシニアンのアミロイド腎症とペルシャネコの多発性嚢胞腎である（表4）。このほかにも糸球体腎症が疑われる報告もあるが、イヌよりも報告数は少ない。

4.2.2.1 アミロイド腎症

▶アビシニアンのアミロイド腎症

アビシニアンでは家族性のアミロイド腎症と、増殖性糸球体腎症を示すものがいる。後者は常染色体潜性遺伝する病態で、報告例は少ない[85]。本稿では、アミロイド腎症について記載する。

＜原因と病態生理＞

代表的なネコにおける家族性腎疾患として、アミロイド腎症が知られている。アビシニアンのアミロイド腎症は、古くから家族性の報告がみられているが、アミロイド沈着の程度や病態の進行度に個体差が大きく、特定の遺伝形式を決定することは困難であった。その後の研究で、常染色体顕性遺伝形式であることが強く疑われるようになってきた。遺伝性ではない自然発症のネコの全身性アミロイドーシスは平均年齢7歳で発症し雄の発生が雌の2倍であるが、これに対してアビシニアンの家族

アミロイド腎症は、1〜5歳で発症し、雌雄比は1.4：1で、雌で多くみられる[86]。しかし、雌雄同程度の発生率であるともいわれている[46]。

アビシニアンの家族性アミロイド腎症の場合、実際に腎臓へのアミロイド沈着は生後9〜24カ月でみられるという報告がある[86]。腎臓へのアミロイド沈着は、チャイニーズ・シャー・ペイのアミロイド腎症と同様に、髄質を中心にみられる。一部の糸球体にアミロイド沈着を起こすこともあるが、大部分は髄質で観察される。このため、蛋白尿が認められない症例もある。

髄質での重度のアミロイド沈着により腎乳頭部では血流障害が起き、重度の場合は乳頭壊死を起こす。髄質におけるアミロイド沈着は腎実質の血流障害を起こし、尿細管間質性腎炎、間質の線維化を招く。また、腎臓以外の副腎や甲状腺、消化管、肝臓、膵臓などの臓器にも、アミロイド沈着を起こすことがある。

＜臨床徴候と診断・治療＞

アビシニアンのアミロイド腎症では、腎臓へのアミロイドの沈着の程度により臨床徴候は様々である。急速に沈着が進行する症例もみられる一方で、腎臓でのアミロイド沈着はあるものの軽度で、高齢まで生存してアミロイド腎症以外の原因で死亡する場合もある[86]。また、臨床徴候としての蛋白尿の出現と程度は、糸球体にどの程度沈着が起きるかによって異なり、明瞭な蛋白尿を示さないか、あるいは軽度のものもある。このため、診断は難しい。血清アミロイドA（SAA）濃度が高値を示す場合もある。アミロイドの沈着程度により病態の進行度は異なるが、沈着のある症例ではCKDとして病態が進行するので、疑いのある症例では定期的な腎機能のモニターと尿検査を行う。

腎生検は直接腎臓の病変を探れる手段ではあるが、アビシニアンの腎臓へのアミロイド沈着が髄質を中心としているので、腎皮質に対する腎生検材料では髄質に対するアミロイドの有無を判断できない。画像検査では、腎臓の大きさに特異的な所見はなく、正常の範囲内であったり、やや大きいあるいは小さいなど様々である。髄質のアミロイド沈着が高度の場合は、超音波検査で腎髄質の輝度の増加が観察される。

治療法に関しては、シャー・ペイでコルヒチンやジメチルスルホキシド（DMSO）が使用されたが効果は少なく、CKDが進展してからは効かないとされている。ネコにおいても特異的なものは無く、症状に応じたCKDに対する対症療法が中心となる。

▶その他のネコのアミロイド腎症

シャムネコやオリエンタル・ショートヘアでも、家族性のアミロイド腎症が認められている[87]。これらのネコではアビシニアンと異なり、アミロイドの最も激しい沈着部位は肝臓で、甲状腺にも沈着がみられる。アミロイド沈着は全身性に生じ腎臓にもみられるが、肝臓への沈着の方が重度で、これらのネコのなかには肝破裂と腹腔内出血を起こして死に至るものもある。このようなアビシニアンとの違いは、沈着したアミロイドA蛋白のアミノ酸配列の違いによる可能性が示唆されている[88]。しかし、その違いの原因は、実際にはまだ明らかにはなっていない。

4.2.2.2 多発性囊胞腎

ペルシャネコと、その近縁の長毛種ネコでは遺伝性の多発性囊胞腎が知られていた。現在では、我が国において、ペルシャネコだけではなく様々なネコ種や、日本ネコ系雑種などの純血種以外のネコにおいても遺伝性の多発性囊胞腎が発症している。

＜原因と疫学・遺伝的背景＞

多発性囊胞腎は、両側の腎臓に複数の腎囊胞を形成する疾患である。ペルシャネコとその近縁の長毛種ネコでは、以前から常染色体顕性遺伝の多発性囊胞腎が知られている。この疾患は、1967年にSilvestroらによって初めて報告された先天性腎疾患である[89]。

その後の研究で、この疾患はヒトの難病である常染色体顕性多発性囊胞腎（autosomal dominant polycystic kidney disease：ADPKD）と原因遺伝子や病態が類似しており、発症までに長い年月を要する点も同じことから、ペルシャネコにみられる常染色体顕性遺伝の多発性囊胞腎は、ヒトのADPKDのモデル疾患であると考えられている。

ヒトのADPKDの原因遺伝子は*PKD1*と*PKD2*であり、その変異箇所は複数報告されているが、ペルシャネコの場合は*PKD1*遺伝子のexon29、c10063部位のC＞Aのヘテロ型ナンセンス変異の1箇所だけが現在までに特定されている[90]。この部位は本来C/Cであるホモ接合型であるべきだが、多発性囊胞腎のネコではC/Aのヘテロ接合型のナンセンス変異を示す。このため同部位はストップコドンとなり、コードしている蛋白質のポリシスチン1（polycystin1：PC1）産生に障害をきたすことが病態発生の引き金となっている。

世界各国で超音波検査によって実施された多発性囊胞腎の疫学的調査では、ペルシャネコやペルシャネコと近

第6章

表5　*PKD1*遺伝子変異陽性ネコの種類と陽性率[94]（2008〜2015年）

種　類	陽性数	陰性数	陽性率（%）	合計数
ペルシャネコ	36	43	46	79
エキゾチック・ショートヘア	16	55	23	71
スコティッシュ・フォールド	37	32	54	69
アメリカン・ショートヘア	16	18	47	34
マンチカン	6	10	38	16
メインクーン	2	2	50	4
日本ネコ系雑種	26	22	54	48
洋ネコ系雑種	8	3	73	11

縁のネコ種での陽性率は37〜49％で、ペルシャネコ以外の品種での陽性率は、16％程度であると報告されている[91-93]。

　これらの報告は主に腎臓の超音波検査によって診断された結果であるが、我が国ではSatoらによって2008〜2015年に*PKD1*遺伝子検査による調査が行われ、その結果、ペルシャネコでは36％の陽性率であり、スコティッシュ・フォールドでも同程度の値を示した[94]。そのほかのネコ種としては、エキゾチック・ショートヘアやアメリカン・ショートヘアでも遺伝子変異陽性ネコがみられ、日本ネコ系の雑種でも高い陽性率を示していた。この報告は、遺伝子検査依頼のあった検体の分析結果であることから、任意に各ネコ種の検体の陽性率を調べた場合と結果が異なることが想定されるが、少なくとも我が国ではペルシャネコ以外の様々なネコ種あるいは雑種のネコにおいても*PKD1*遺伝子変異陽性ネコが広く存在することが明らかとなった（表5）。

＜病態生理＞

　ヒトのADPKDもネコの多発性嚢胞腎も、両側の腎臓に形成された腎嚢胞が数と大きさを徐々に増し、次第に腎実質を圧迫して腎機能の低下を招く。両者ともCKDとして徐々に進行し、高窒素血症や臨床徴候が現れるのは中年齢以降である。多発性嚢胞腎のネコでは、発症する年齢は7歳前後と報告されている[95]。

　ゆっくりとした嚢胞形成の理由として、ヒトでもネコでも遺伝子変異の「ツーヒット説」が提唱されている。生殖細胞の段階で親から引き継いだ遺伝子対の片方にヘテロ型の変異（ワンヒット）を有し、生後に腎臓の尿細管細胞（体細胞）の残った正常遺伝子に何らかの原因によって変異（体細胞変異）が起き（ツーヒット）、その細胞の遺伝子はホモ型の変異をもつようになり、嚢胞細胞として増殖を繰り返すようになるという説である。

　これまでの研究で、ADPKDの病態進展にはツーヒット説が関与していることが明らかとなった[96-98]。体細胞にツーヒットが起きる時期は様々であり、このことは、ゆっくりと進行する多発性嚢胞腎の特徴を説明する理由になっている。このように*PKD1*遺伝子にヘテロ型の変異をもって生まれてきた子ネコは、時間的な進行の程度は様々であっても、必ず嚢胞の数と大きさは増し、最終的には高窒素血症を発症する。

　その後の研究で、ヒトのADPKDではツーヒット説だけでなく、腎毒性物質の負荷や腎臓の病的変化の存在など他の因子も関連して嚢胞が形成されるのではないかというサードヒット説も検証され始めている。ネコにおいても、多発性嚢胞腎の経過途中で他の疾患に罹患して全身状態が悪い症例では嚢胞腎の進行も早くなる傾向を観察しており、この点は今後の検討が必要である。

　*PKD1*遺伝子のコードしている蛋白であるPC1は、*PKD2*のコードしているPC2とともに尿細管細胞の繊毛でPC複合体を形成し、カルシウムイオンの細胞内への流入を行っている。PC2は、カルシウムを通過させる陽イオンチャネル蛋白である。*PKD*遺伝子に変異をもつヒトのADPKDではPCの産生に支障をきたし、結果として尿細管細胞内へのカルシウムイオンの取り込みが低下し、細胞内シグナル伝達系に障害をきたす。細胞内のカルシウムイオンが低下しているためにホスフォジエステラーゼ（PDE）活性が抑制され、結果としてアデニル酸シクラーゼ（AC）で産生されるcAMPに対して、PDEで分解されるcAMPが低下し、嚢胞細胞内

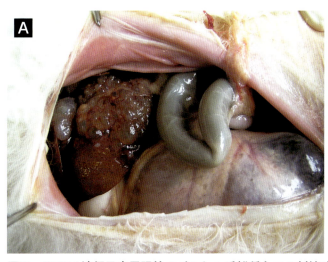 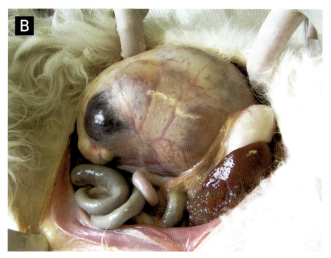

図5 *PKD1*遺伝子変異陽性のペルシャ系雑種ネコの剖検時の腎臓と肝臓
A：腫大変形した右腎と多発性の囊胞を有する肝臓を示している。B：腫大した右腎の外観を示す。

のcAMPの上昇を招くと考えられている[99]。このことが囊胞細胞の増殖を常に促進しているとされている。そのため、ADPKDの囊胞細胞内のカルシウムイオン低下が、囊胞形成の重要な原因であると考えられている。

また、形成された囊胞内には絶えず囊胞液の分泌が行われている。これには囊胞細胞の管腔側に発現している膜蛋白であるCFTR（cystic fibrosis transmembrane conductance regulator）が関与している。CFTRは上皮などの細胞膜に存在する重要なクロライドチャネルの1つであり、ATPの結合部位をもつ細胞膜貫通蛋白である。細胞内情報伝達物質cAMP依存性蛋白質キナーゼのリン酸化と、ATPの加水分解が起こることで最大限に活性化され、cAMP誘導クロライドイオン分泌を起こす。このようにして囊胞内でのクロライドと水の輸送が継続して囊胞拡大が継続すると考えられている。

ネコの多発性囊胞腎でも囊胞細胞にCFTRが確認されており、同様の関与が示唆される。実際の臨床例における経時的な囊胞サイズの観察でも、囊胞は次第に大きさを増していくのがわかる。囊胞液は透明であるが、病期が進行すると囊胞出血を起こすことがあり、その場合には赤褐色の囊胞液を認める。また、囊胞感染の場合は、囊胞液は混濁する。病期の進行した症例の腎臓では、囊胞の拡大により実質が減少し線維化が進行する。

囊胞は腎臓だけでなく、肝臓や膵臓などの腹腔臓器に観察されることもある。肝囊胞は単囊胞だったり、房状の複数の囊胞形成が観察されたりする（図5）が、肝囊胞があっても臨床徴候を示すことはほとんどない。しかし、症例によっては、巨大な肝囊胞を形成する場合もまれにある。また、腎臓以外の臓器に囊胞を認める割合は高くない[94]。Satoら[94]の調査では、*PKD1*遺伝子変異陽性で多発性囊胞腎のネコで肝囊胞を併発しているネコの割合は、159頭のうち20頭（12.6％）でペルシャネコが多かった。調査したペルシャネコのなかで肝囊胞を併発しているネコの割合は、31％であった。

＜臨床徴候と診断＞

罹患したネコでは、幼少期から腎臓に囊胞が認められる。出生後早期の超音波検査での腎囊胞の検出率は4カ月齢以下では75％、9カ月齢以降では91％と報告されており、生後10カ月齢以降の検診が推奨されている[100]。囊胞の数や大きさには個体差があるので、小さな囊胞の場合には見過ごされることも多いが、1歳未満の若齢猫でも既に両腎に複数の囊胞を有している症例もあり、生後かなり早期から小さい囊胞は形成されると考えられている（図6）。一方、高齢になってから初めて高窒素血症を発症して診断されることもある。

囊胞が複数存在しても、初期のうちは高窒素血症も観察されず、臨床徴候も示さない。罹患したネコはCKDとしてゆっくりと病態を進行させるが、その進行速度には差がみられる。両腎に囊胞があるもののゆっくりと進行するタイプでは、高窒素血症は中年齢以降あるいは10歳を過ぎてから認められる。一方、比較的若齢のうちに急速に囊胞の数と大きさが拡大して高窒素血症が進行するタイプもみられる[94]。いずれにしても腎囊胞の増数と拡大により腎実質は圧迫されて線維化が進行する。腎囊胞は尿細管から発生するため、尿細管での水や電解質の再吸収が障害されて多尿傾向となる。末期になって高窒素血症が顕著になれば、脱水も進行してくる。ネコのPKDでは囊胞拡大により腎臓が大きくなるために、進行した症例では腹部の触診で、腫大して硬くない腎臓

第6章

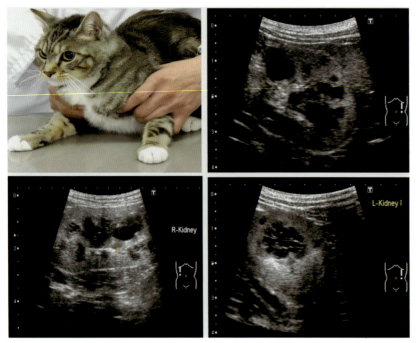

図6　*PKD1*遺伝子変異陽性の短毛種雑種ネコの腎臓の超音波所見
症例は1歳未満で左右の腎臓に多数の腎嚢胞が観察された。左上図は症例で左下図は右腎の超音波像、右図は左腎の超音波像。左腎の1部の嚢胞では嚢胞同士が融合している様子が観察される。

を触知できるようになる。

　症状の発現までの時間は前述のように個体によって様々であり、CKDとしてゆっくりと進行するが、尿石症や尿路感染症などの他の因子が負荷された場合には経過が早い。特に嚢胞感染は影響が大きく、安定した状態を長く維持するためには、嚢胞感染させないように注意する必要がある。不必要な嚢胞穿刺や、無菌操作が徹底されていない穿刺は感染のリスクを増やす。嚢胞感染が進行して嚢胞が破裂した場合は、膿性の腹水がみられる。

　ネコの多発性嚢胞腎の診断は、前述のように腎臓の超音波検査によって診断される場合が多い。しかし、遺伝性の多発性嚢胞腎を確定診断するためには、*PKD1*遺伝子の遺伝子検査が必要である。血液サンプルや口腔粘膜のスワブ検体を用いて実施されるPCR-RFLP法が行われる。このようなPCR-RFLP法による遺伝子検査により、出生後早期でも検査が可能である。研究的に検索を実施する場合には、ダイレクトシークエンス法により変異箇所の配列を確認する。いずれにしても、ごく少量の全血検体で、これらの検査は可能である。ただし、口腔スワブ検体では粘膜のスクレイピングが不十分であると十分なDNAが抽出されず偽陰性となるため、検体の採取には注意が必要である。また、母乳を飲んでいる子ネコでの口腔粘膜の検体についてもコンタミネーションを生じる可能性があるので、離乳後の血液サンプルの方が確実である。

　ネコの多発性嚢胞腎の診断のための遺伝子検査では、前述のように*PKD1*遺伝子のexon29、c10063部位のC>Aのヘテロ型ナンセンス変異の有無が調べられるが、これまでの調査で両側の腎臓に同様の多発性嚢胞を有するネコで、この箇所の遺伝子変異を有さないネコも少数ながらみられる。ヒトのADPKDでも*PKD1*遺伝子の複数箇所の変異が認められて発症していることや、*PKD2*遺伝子変異による症例もいることから、ネコにおいても*PKD2*遺伝子も含めた前述以外の変異箇所が存在するものと思われ、今後の研究が待たれる。

　また、ネコの多発性嚢胞腎における経過観察の指標として、総腎容積（total kidney volume：TKV）が用いられる。嚢胞数と嚢胞液の増加により、多発性嚢胞腎の症例では病期が進行するに伴って腎臓は腫大傾向を示す。TKVはヒトのADPKDにおける病態進行マーカーであり、病態の診断や治療薬の効果判定にも応用されている。ヒトではTKV測定はMRI検査で行われるが、CT検査でも実施されている。

　獣医学領域においては、これらの検査法は麻酔による症例の不動化が原則であり、CKDステージが進んだ症例には負担である。現実的な対応としては、鎮静下でのCT検査が短時間で実施可能である。TKVの測定はネコにおいても、治療の際の評価項目あるいは病態進行のマーカーとして有用であり、可能であれば経過を追って測定すべき項目である。

　超音波検査で測定する場合には、必ず腎臓の同じ断面を描出して縦横の長さを計測することが求められる。したがって、腎臓の長軸断面は腹大動脈を目印に、腎動脈が腎臓に流入する血管極が描出される断面で計測するの

が理想である。また、短軸長径を測定する断面は腎盂から尿管の出口がわかるような短軸面で測定する。可能であれば、熟練した同じオペレーターが毎回実施することが望ましい。そして、楕円体容積計算法にしたがって以下の計算式でTKV測定を行う。左右の腎臓でそれぞれ測定し、合計してTKVとする。

$$推定腎容積 = \pi/6 \times 長軸長径 \times 長軸短径 \times 短軸長径$$

＜治療と予防＞

治療に関しては、これまで囊胞の増加を抑制できる治療薬は存在せず、CKDに対する対症療法が実施されてきた。

ヒトのADPKDでは、ソマトスタチンアナログ（オクトレオチド）やmTOR阻害薬（シロリムス、エベロリムス）などの臨床治験が実施され、現在ではバソプレッシンV_2拮抗薬（トルバプタン）が日本では保険適用されている。バソプレッシン自体は囊胞細胞の増殖を刺激するとともに、V_2受容体レセプターに結合することによりcAMPを刺激する。したがって、バソプレッシンV_2受容体拮抗薬は、これらの作用を抑制し、ADPKD患者の腎臓の囊胞拡大を抑制することが証明されている[101,102]。

ネコの場合にもトルバプタン投与が、TKVを治療効果マーカーとしながら投与した場合に一定の効果が示されており、治療薬の候補として認識されている。

予防に関しては、遺伝性疾患であることから、交配前に遺伝子検査を実施し、*PKD1*遺伝子変異を有しているネコの繁殖を中止し、遺伝子変異のないネコのみで繁殖させることが重要である。しかし、前述のように、既知の遺伝子変異陰性の症例も少数いることは認識する必要がある。

4.3 腎泌尿器疾患を伴う先天性代謝異常

先天性代謝異常症のなかには、尿中に大量のシュウ酸やキサンチン、尿酸などが排泄されるために、尿路結石や腎臓への沈着あるいは尿路閉塞により腎不全となる場合があり、それらの代謝異常についても先天性の腎泌尿器疾患の範囲として認識する必要がある。

4.3.1 イヌの先天性代謝異常
4.3.1.1 高尿酸尿症

ダルメシアンやイングリッシュ・ブルドッグでは、先天性の高尿酸尿症が認められている。

ダルメシアンでは、常染色体潜性遺伝形式で発症し、原因遺伝子は*SLC2A9*遺伝子で、ミスセンス変異（G616T：C188F）が認められている[103]。この遺伝子のコードする蛋白は、もともとグルコーストランスポーターに分類されていたGLUT9であるが、尿酸排泄トランスポーターでもあることがわかり、肝細胞でGLUT9は尿酸を取り込み、アラントインに変換するように働く。変異をもつダルメシアンでは、アラントインへの変換量が少なく、尿中に多量の尿酸塩が排泄される。ダルメシアンではホモ接合型で、尿酸排泄トランスポーターの機能不全が発症している。また、ダルメシアンでは近位尿細管での尿酸の再吸収も少なく、結果として尿中尿酸排泄量が他の犬種の約10倍になる。ダルメシアンは、ヒトの尿酸輸送障害の病態モデルとされている。

イングリッシュ・ブルドッグとブラック・ロシアン・テリアでも同様の病態が報告されており、*SLC2A9*遺伝子のミスセンス変異（C181F）のホモ接合型である[104]。これらのイヌでは出生時に腎臓に障害があるわけではないが、絶えず尿酸塩や尿酸結石のための尿路閉塞のリスクにさらされており、注意深いモニターが必要となる。

4.3.1.2 高シュウ酸尿症

腎障害を起こす先天性の高シュウ酸尿症は、ヒトと動物の両方で報告されている。

ヒトの原発性高シュウ酸尿症は発症機序により1型、2型、3型の区別があり、イヌにも、1型に当てはまる報告がある。

ヒトの原発性高シュウ酸尿症（primary hyperoxaluria：PH）1型は、alanine：glyoxylate aminotransferase；AGT）の欠損により、肝臓にグリオキシル酸が蓄積する常染色体潜性遺伝形式の遺伝病である。病因遺伝子は、AGXT遺伝子である。グリオキシル酸はシュウ酸の前駆物質で生体にとっては有害である。グリオキシル酸はAGT/SPT（serine: pyruvate aminotransferase）によって無害なグリシンになるが、AGTの働きが足りないと代謝されてシュウ酸が蓄積し、不溶性のシュウ酸カルシウムが腎臓やその他の全身臓器に沈着して多臓器不全を引き起こす。

イヌでは、チベタン・スパニエルでヒトの1型に類似した遺伝性の病態が報告されている[105,106]。この報告では3頭の同胎犬のうち2頭に発症し、罹患しているチベタン・スパニエルでは肝臓におけるAGT活性が正常犬よりも著しく低下し、高度のシュウ酸カルシウム結晶の腎臓への沈着で末期腎不全になっていた。ヒドロキシピルビン酸還元酵素（GRHPR）活性に問題はなかったこ

第6章

とから、このチベタン・スパニエルの高シュウ酸尿症は、ヒトのPH1型に相当する病態であると考えられている。

チベタン・スパニエル以外のイヌでは、フィンランドで飼育されているコトン・ド・テュレアールの遺伝性の高シュウ酸尿症が報告されている[107]。コトン・ド・テュレアールはマダガスカル原産の犬種で、コトン・ド・レユニオンにマルチーズやビジョン・フリーゼなどを交配した犬種である。この犬種ではAGXT遺伝子のc.996 G>Aの変異によって発症していると考えられている[107]。変異を有している子イヌは生後3～4週間で発症しており、腎臓におけるシュウ酸塩の高度な沈着と尿細管壊死が観察されている。フィンランドの同種犬118頭の遺伝子検査では、8.5％がキャリアであったと報告されている[107]。イヌの原発性高シュウ酸尿症は、雄の方が雌よりも発症頻度が高く、7週齢～1歳までに急性腎不全を発症するとされている[6]。また、神経と筋の障害を示す場合もある[6]。

一方、ヒトのPH2型は、肝臓のグリオキシル酸還元酵素/ヒドロキシピルビン酸還元酵素（GRHPR）の欠損により肝臓にグリオキシル酸が蓄積する常染色体潜性遺伝形式の遺伝病であり、病因遺伝子は*GRHPR*遺伝子である。3型はnon PH1/non PH2と呼ばれるもので、10番染色体q24.2にある*HOGA1*遺伝子（*DHDPSL*遺伝子）変異によるものである。この遺伝子はミトコンドリア内のヒドロキシプロリンからグリオキシル酸への代謝経路にある酵素蛋白をコードしていて、結果としてグリオキシル酸の蓄積を招き高シュウ酸尿症を呈する。イヌではこれまで2型、3型の報告はないが、ネコでは後述するように2型の病態が観察されている。

4.3.1.3 高キサンチン尿症

高キサンチン尿症はイヌとネコではまれな病態であり、イヌではヒポキサンチンとキサンチンを尿酸に転換する酵素であるキサンチンオキシダーゼ阻害薬のアロプリノール投与に関連したキサンチン結石の発症がみられる。しかし先天性の高キサンチン尿症として、キャバリア・キング・チャールズ・スパニエルと、ダックスフンドで家族性高キサンチン尿症が報告されている[108,109]。

キャバリア・キング・チャールズ・スパニエルの家族性高キサンチン尿症は常染色体潜性遺伝で、尿道結石と腎不全を生後7カ月で発症したキャバリアの子イヌでは、尿中へのヒポキサンチンとキサンチン排泄量は健康犬の約30倍と60倍であったと報告されている[108]。この報告では、症例の両親と雌の同胎犬も高キサンチン尿症であった。高キサンチン尿症の動物では、まだ高窒素血症を呈していなくても、キサンチン結石や尿路閉塞による急性腎不全に対する注意が必要である。

4.3.2 ネコの先天性代謝異常

4.3.2.1 高シュウ酸尿症

ネコでは、ヒトのPH2型に相当する先天性の高シュウ酸尿症が認められている。生後5～9カ月のうちに尿細管へのシュウ酸塩結晶の高度沈着により急性腎不全を発症し、高シュウ酸尿とL-グリセリン酸尿を呈したネコの報告があり、この症例では腎不全のほかに筋力低下などの症状も観察されている[110]。L-グリセリン酸尿は、D-グリセリン酸デヒドロゲナーゼの欠乏によって起きる。このような先天性の高シュウ酸尿症を示したネコでは、肝臓におけるD-グリセリン酸デヒドロゲナーゼ活性の低下が証明されており、ヒトのPH2型に相当する病態であると考えられている[111]。

4.3.2.2 高キサンチン尿症

ネコでは、遺伝性キサンチン尿症が報告されている[112]。この高キサンチン尿症は、遺伝性のキサンチンオキシダーゼ欠損により、高キサンチン尿症とキサンチン結石を発症するもので、キサンチンデヒドロゲナーゼ（*XDH*）遺伝子解析の結果が報告されている[113]。高キサンチン尿症とキサンチン結石を有しているヒマラヤンの雌ネコで、*XDH*遺伝子多型のヘテロ接合体であったことが示されている。

キサンチンオキシダーゼはヒポキサンチンをキサンチンへ触媒し、キサンチンを尿酸へと生成する反応を触媒している。キサンチンオキシダーゼ欠損や作用低下によりキサンチン結石が形成され、尿路閉塞や腎不全を若齢で発症する。ヒトでは先天性代謝異常としてXDH欠損症が認められているが、これは常染色体潜性遺伝形式をとり、まれな疾患とされている。ネコにおいても、原因遺伝子の解析も含めて未だ不明な点が多い。

第6章の参考文献

1) 高里実，西中村隆一．腎臓発生の分子機構．*日本内科学会雑誌*．2005; 94: 138-144.
2) Nicolaou N, Renkema KY, Bongers EM, et al. Genetic, environmental, and epigenetic factors involved in CAKUT. *Nature Rev Nephrol*. 2015; 11: 720-731.
3) Weber S, Moriniere V, Knüppel T et al. Prevalence of mutations in renal developmental genes in children with renal hypodysplasia: Results of the ESCAPE study. *J Am Soc Nephrol*. 2006; 17: 2864-2870.
4) Warady BA, Chadha V. Chronic kidney disease in children:

5) dos Santos Junior ACS, de Miranda DM, Simões e Silva AC. Congenital anomalies of the kidney and urinary tract: an embryogenetic review. *Birth Defects Res C Embryo Today*. 2014; 102: 374-381.
6) 筒井敏彦/監訳. 小動物の小児科. In: Peterson ME, Kutzler MA, eds. Small animal pediatrics. 文永堂. 2012; 390-403.
7) Glick PL, Harrison MR, Noall RA, et al. Correction of congenital hydronephrosis in utero III. Early mid-trimester ureteral obstruction produces renal dysplasia. *J Pediatr Surg*. 1983; 18: 681-687.
8) Lulich JP, Osborne CA, Lawler DF, et al. Urologic disorders of immature cats. *Vet Clin North Am Small Anim Pract*. 1987; 17: 663-696.
9) Greco DS. Congenital and inherited renal disease of small animals. *Vet Clin North Am Small Anim Pract*. 2001; 31: 393-399.
10) 伊藤正男, 井村裕夫, 高久史麿 編集. 医学大辞典 (第2版) (電子版). 医学書院. 2009.
11) Finco DR. Congenital, Inherited, and Familial Renal Diseases. In: Osborne CA, Finco DR, eds. Canine and Feline Nephrology and Urology. Williams & Wilkins. 1995; 471-504.
12) 「腎・泌尿器系の希少・難治性疾患群に関する診断基準・診療ガイドラインの確立」研究班編集. 低形成・異形成腎. In: 低形成・異形成腎を中心とした先天性腎尿路異常 (CAKUT) の腎機能障害進行抑制のためのガイドライン. 診断と治療社. 2016; 6-12.
13) Rajabioun M, Sedigh HS, Mirshahi A. Bilateral simple ectopic kidney in a cat. *Vet Res Forum*. 2017; 8: 175–177.
14) Lulich JP, Osborne CA, Lawler DF, et al. Urologic disorders of immature cats. *Vet Clin North Am Small Anim Pract*. 1987; 17: 663–696.
15) Brückner M, Klumpp S, Kramer M, et al. Simple renal ectopia in a cat. *Tierarztl Prax Ausg K Kleintiere Heimtiere*. 2010; 38: 163–166.
16) Webb AI. Renal ectopia in a dog. *Aust Vet J*. 1974; 50: 519–521.
17) Ludwig LL, Bonczynski JS, Morgan RV. Diseases of the Ureter. In: Rhea Morgan ed. Handbook of Small Animal Practice (5th ed). Elsevier Saunders. 2008; 520-521.
18) Anders KJ, McLoughlin MA, Samii VF, et al. Ectopic ureters in male dogs: review of 16 clinical cases (1999-2007). *J Am Anim Hosp Assoc*. 2012; 48: 390-398.
19) Steffey MA, Brockman DJ. Congenital ectopic ureters in a continent male dog and cat. *J Am Vet Med Assoc*. 2004; 224: 1607-1610.
20) Noel S, Hamaide A. Surgical Management of Ectopic Ureters: Clinical Outcome and Prognostic Factors for Long-Term Continence. British Small Animal Veterinary Congress. 2014.
21) Novellas R, Stone J, Pratschke K, et al. Duplicated ectopic ureter in a nine-year-old Labrador. *J Small Anim Pract*. 2013; 54: 386-389.
22) Newman M, Landon B. Surgical treatment of a duplicated and ectopic ureter in a dog. *J Small Anim Pract*. 2014; 55: 475-478.
23) Reichler IM, Specker CE, Hubler M, et al. : Ectopic ureters in dogs: clinical features, surgical techniques and outcome, *Vet. Surg*. 2012;41:515-522.
24) North C, Kruger JM, Venta PJ, et al. Congenital ureteral ectopia in continent and incontinent-related Entlebucher mountain dogs: 13 cases (2006-2009). *J Vet Intern Med*. 2010; 24: 1055-1062.
25) Fritsche R, Dolf G, Schelling C, et al. Inheritance of ectopic ureters in Entlebucher Mountain Dogs. *J Anim Breed Genet*. 2014; 131: 146-152.
26) Ho LK, Troy GC, Waldron DR. Clinical outcomes of surgically managed ectopic ureters in 33 dogs. *J Am Anim Hosp Assoc*. 2011; 47: 196-202.
27) Ghantous SN, Crawford J. Double ureters with ureteral ectopia in a domestic shorthair cat. *J Am Anim Hosp Assoc*. 2006; 42: 462–466.
28) Steffey MA, Brockman DJ. Congenital ectopic ureters in a continent male dog and cat. *J Am Vet Med Assoc*. 2004; 224: 1607–1610, 1605.
29) Holt PE, Gibbs C. Congenital urinary incontinence in cats: a review of 19 cases. *Vet Rec*. 1992; 130: 437–442.
30) Ghantous SN, Crawford J. Double ureters with ureteral ectopia in a domestic shorthair cat. *J Am Anim Hosp Assoc*. 2006; 42: 462-466.
31) Mauro FM, Singh A, Reynolds D, et al. Combined use of intravesicular ureteroneocystostomy techniques to correct ureteral ectopia in a male cat. *J Am Anim Hosp Assoc*. 2014; 50: 71-76.
32) Popp JP, Trebel B, Schimke E, et al. Bilateral ectopic ureter in a Persian cat - a possible cause of urinary incontinence. *Tierarztl Prax*. 1991; 19: 530-534.
33) Crivellenti LZ, Meirelles AEWB, Rondelli MCH, et al. Bilateral extraluminal ectopic ureters in a Maine Coon cat. *Arq Bras Med Vet Zootec*. 2013; 65: 627-630.
34) Stone EA, Mason LK. Surgery of ectopic ureters: types method of correction and postoperative results. *J Am Anim Hosp Assoc*. 1990; 26: 81-88.
35) McLoughlin MA, Chew DJ. Diagnosis and Surgical Management of Ectopic Ureters. *Clin Tech Small Anim Pract*. 2000; 15: 17-24.
36) 「腎・泌尿器系の希少・難治性疾患群に関する診断基準・診療ガイドラインの確立」研究班編集. 低形成・異形成腎を中心とした先天性腎尿路異常 (CAKUT) の腎機能障害進行抑制のためのガイドライン. 診断と治療社. 2016; 41-42.
37) Glassberg KI, Braren V, Duckett JW, et al. Suggested terminology for duplex sustems, ectopic ureters and ureteroceles, *J Urol*. 1984; 132: 1153-1154.
38) Eisele JG, Jackson J, Hager D. Ectopic ureterocele in a cat. *J Am Anim Hosp Assoc*. 2005; 41: 332-335.
39) Rahal SC, Mamprim MJ, Torelli SR. What is your diagnosis? Patent urachus. *J Am Vet Med Assoc*. 2004; 225: 1041-1042.
40) Laverty PH, Salisbury SK. Surgical management of true patent urachus in a cat. *J Small Anim Pract*. 2002; 43: 227-229.
41) Groesslinger K, Tham T, Egerbacher M, et al. Prevalence and radiologic and histologic appearance of vesicourachal diverticula in dogs without clinical signs of urinary tract disease. *J Am Vet Med Assoc*. 2005; 226: 383-386.
42) Osborne CA, Kroll RA, Lulich JP, et al. Medical management of vesicourachal diverticula in 15 cats with lower urinary tract disease. *J Small Anim Pract*. 1989; 30: 608-612.
43) Remedios AM, Middleton DM, Myers SL, et al. Diverticula of the urinary bladder in a juvenile dog. *Can Vet J*. 1994; 35: 648-650.
44) Osborne CA, Kruger JM, Lulich JP, et al. Feline Lower Urinary Tract Diseases, In: Ettinger SJ, Feldman EC, eds. Textbook of Veterinary Internal Medicine (5th ed.). WB Saunders Company. 2000; 1718.
45) Battershell D. Traumatic diverticulum of urinary bladder. *J Am Vet Med Assoc*. 1969; 155: 67-68.
46) Chew DJ, DiBartola SP, Schenck PA, eds. Familial Renal Diseases of Dogs and Cats. In: Canine and Feline Nephrology and Urology (2nd ed). Elsevier. 2011; 197-217.

47) Baumal R, Thorner P, Valli VE, et al. Renal disease in carrier female dogs with X-linked hereditary nephritis. Implications for female patients with this disease. *Am J Pathol*. 1991; 139: 751-764.

48) Hood JC, Robinson WF, Huxtable CR, et al. Hereditary nephritis in the bull terrier: evidence for inheritance by an autosomal dominant gene. *Vet Rec*. 1990; 126: 456-459.

49) Wilcock BP, Patterson JM. Familial glomerulonephritis in Doberman pinscher dogs. *Can Vet J*. 1979; 20: 244-249.

50) Picut CA, Lewis RM. Juvenile renal disease in the Doberman Pinscher: ultrastructural changes of the glomerular basement membrane. *J Comp Pathol*. 1987; 97: 587-596.

51) Hood JC, Huxtable C, Naito I, et al. A novel model of autosomal dominant Alport syndrome in Dalmatian dogs. *Nephrol Dial Transplant*. 2002; 17: 2094-2098.

52) Casal ML, Dambach DM, Meister T, et al. Familial glomerulonephropathy in the Bullmastiff. *Vet Pathol*. 2004; 41: 319-325.

53) Littman MP, Dambach DM, Vaden SL, et al. Familial protein-losing enteropathy and protein-losing nephropathy in Soft Coated Wheaten Terriers: 222 cases（1983-1997）. *J Vet Intern Med*. 2000; 14: 68-80.

54) Nash AS, Kelly DF, Gaskell CJ. Progressive renal disease in Soft-coated Wheaten Terriers: Possible familial nephropathy. *J Small Anim Pract*. 1984; 25: 479–487.

55) Eriksen K, Grondalen J. Familial renal disease in Soft-coated Wheaten Terriers. *J Small Anim Pract*. 1984; 25: 489–500.

56) 新井修, 柴田憲邦, 久保木眞ら. IgA 腎症に合併したクローン病の1例. *日消誌*. 2013; 110: 1265-1271.

57) 副島昭, 中林公正, 北本 清ら. 潰瘍性大腸炎の経過中に IgA 腎炎を併発した興味ある1症例. *日内会誌*. 1988; 77: 685-689.

58) Presti ME, Neuschwander-Tetri BA, Vogler CA et al. Case report: Sclerosing cholangitis, inflammatory bowel disease, and glomerulonephritis（A case report of a rare triad）. *Digestive Diseases and Sciences*. 1997; 42: 813-816.

59) Wilcox GM, Aretz HT, Roy MA, et al. Glomerulonephritis associated with inflammatory bowel disease. Report of a patient with chronic ulcerative colitis, sclerosing cholangitis, and acute glomerulonephritis. *Gastroenterology*. 1990; 98: 786-791.

60) 淺沼克彦, 日高輝夫, 富野康日己. 腎障害におけるポドサイトの役割. *日内会誌*. 2012; 101: 1092-1101.

61) Vaden SL, Littman MP, Cianciolo RE. Familial renal disease in soft-coated wheaten terriers. *J Vet Emerg Crit Care*. 2013; 23: 174-183.

62) 厚生労働科学研究費補助金難治性疾患等政策研究事業（難治性疾患政策研究事業）「難治性腎障害に関する調査研究」班編集. IgA 腎症と糸球体障害. In: エビデンスに基づく IgA 腎症診療ガイドライン 2020. 東京医学社. 2020; 14-15.

63) Yau W, Mausbach L, Littman MP, et al. Focal Segmental Glomerulosclerosis in Related Miniature Schnauzer Dogs. *Vet Pathol*. 2018; 55: 277-285.

64) Chae JJ, Wood G, Richard K, et al. The familial Mediterranean fever protein, pyrin, is cleaved by caspase-1 and activates NF-kappaB through its N-terminal fragment. *Blood*. 2008; 112: 1794–1803.

65) 岸田大, 矢崎正英, 中村昭則. 家族性地中海熱の診断と治療. *信州医誌*. 2019; 67: 229-240.

66) Gershoni-Baruch R, Shinawi M, Leah K, et al. Familial Mediterranean fever: prevalence, penetrance and genetic drift. *Eur J Hum Genet*. 2001; 9: 634–637.

67) Winston JA, Vaden SL. Familial Shar-Pei fever. *Clin Brief*. 2013; 11: 61-65.

68) Vaden SL. Common Familial Renal Diseases of Dogs and Cats. *Western veterinary conference*. 2006.

69) Olsson M, Meadows JRS, Truvé K, et al. A novel unstable duplication upstream of HAS2 predisposes to a breed-defining skin phenotype and a periodic fever syndrome in Chinese Shar-Pei dogs. *PLoS Genet*. 2011; 7: e1001332.

70) Mason NJ, Day MJ. Renal amyloidosis in related English foxhounds. *J small anim Pract*. 1996; 37: 255-260.

71) Bowles MH, Mosier DA. Renal amyloidosis in a family of beagles. *J Am Vet Med Assoc*. 1992; 201: 569-574.

72) Rha JY, Labato MA, Ross LA, et al. Familial glomerulonephropathy in a litter of beagles. *J Am Vet Med Assoc*. 2000; 216: 46-50, 32.

73) Gharahkhani P, O'Leary CA, Kyaw-Tanner M, et al. A non-synonymous mutation in the canine Pkd1 gene is associated with autosomal dominant polycystic kidney disease in Bull Terriers. *PLOS ONE*. 2011; 6: e22455.

74) Burrows AK, Malik R, Hunt GB, et al. Familial polycystic kidney disease in bull terriers. *J Small Anim Pract*. 1994; 35: 364-369.

75) McKenna SC, Carpenter JL. Polycystic disease of the kidney and liver in the Cairn Terrier. *Vet Pathol*. 1980; 17: 436-442.

76) MacAloose D, Casal M, Patterson DF, et al. Polycystic kidney and liver disease in two related West Highland White Terrier litters. *Vet Pathol*. 1998; 35: 77-81.

77) Igase M, Baba K, Miyama TS, et al. Acquired Fancomi syndrome in a dog exposed to jerky treats in Japan. *J Vet Med Sci*. 2015; 77: 1507-1510.

78) Bovée KC, Joyce T, Reynolds R, et al. The Fanconi syndrome in Basenji dogs: A new model for renal transport defects. *Science*. 1978; 201: 1129-1130.

79) Bovée KC, Joyce T, Blazer-Yost B, et al. Characterization of renal defects in dogs with a syndrome similar to the Fanconi syndrome in man. *J Am Vet Med Assoc*. 1979; 174: 1094-1099.

80) Cowgill LD. Diseases of the kidney. In: Ettinger S, ed. Textbook of veterinary internal medicine. WB Saunders. 1983; 1793-1879.

81) Giger U, Brons A, Mizukami K, et al. Update on Fanconi Syndrome and Cystinuria. *World Small Animal Veterinary Association World Congress Proceedings*. 2015.

82) Farias F, Mhlanga-Mutangadura T, Taylor JF, et al. Whole genome sequencing shows a deletion of the last exon of Fan1 in Basenji Fanconi syndrome. *Proceedings from the Advances in Canine and Feline Genomics and Inherited Diseases Conference*. 2012; 51.

83) Yearley JH, Hancock DD, Mealey KL. Survival time, lifespan, and quality of life in dogs with idiopathic Fanconi syndrome. *J Am Vet Med Assoc*. 2004; 225: 377-383.

84) Gonto S. Fanconi disease management protocol for veterinarians. 2014. www.basenji.org/ClubDocs/fanconiprotocol2003.pdf.

85) Littman MP. Genetic basis for urinary tract diseases. In: Elliott J, Grauer GF, Westropp JL, eds. BSAVA Manual of Canine and Feline Nephrology and Urology（third ed）. BSAVA. 2017; 172-184.

86) DiBartola SP. Renal Diseases of the cat. *Atlantic Coast Veterinary Conference*. 2003.

87) Van der Linde-Sipman JS, Niewold TA, Tooten PC, et al. Generalized AA-amyloidosis in Siamese and Oriental cats. *Vet Immunol Immunopathol*. 1997; 56: 1-10.

88) Niewold TA, van der Linde-Sipman JS, Murphy C, et al. Familial amyloidosis in cats: Siamese and Abyssinian AA proteins differ in primary sequence and pattern of deposition. Amyloid. 1999; 6: 205-209.

89) Silvestro D. On a case of bilateral polycystic kidney in a cat. *Acta Med Vet（Napoli）*. 1967; 13: 349-361.

90) Lyons LA, Biller DS, Erdman CA, et al. Feline polycystic kidney disease mutation identified in PKD1. *J Am Soc Nephrol*. 2004; 15: 2548-2555.

91) Barrs VR, Gunew M, Foster SF, et al. Prevalence of autosomal dominant polycystic kidney disease in Persian and related-breeds in Sydney and Brisbane. *Aust Vet J*. 2001; 79: 257–259.

92) Barthez PY, Rivier P, Begon D. Prevalence of polycystic kidney disease in Persian and Persian related cats in France. *J Feline Med Surg*. 2003; 5: 345-347.

93) Cannon MJ, Mackay AD, Barr FJ, et al. Prevalence of polycystic kidney disease in Persian cats in the United Kingdom. *Vet Rec*. 2001; 149: 409–411.

94) Sato R, Uchida N, Kawana Y, et al. Epidemiological evaluation of cats associated with feline polycystic kidney disease caused by the feline PKD1 genetic mutation in Japan. *J Vet Med Sci*. 2019; 81: 1006-1011.

95) Eaton KA, Biller DS, DiBartola SP, et al. Autosomal dominant polycystic kidney disease in Persian and Persian-cross cats. *Vet Pathol*. 1997; 34: 117-126.

96) Qian F, Germino GG. "Mistakes happen": somatic mutation and disease. *Am J Hum Genet*. 1997; 61: 1000-1005.

97) Qian F, Watnick TJ, Onuchic LF, et al. The molecular basis of focal cyst formation in human autosomal dominant polycystic kidney disease type I. Cell. 1996; 87: 979-987.

98) Brasier JL, Henske EP. Loss of the polycystic kidney disease (PKD1) region of chromosome 16p13 in renal cyst cells supports a loss-of-function model for cyst pathogenesis. *J Clin Invest*. 1997; 99: 194-199.

99) Torres VE, Harris PC. Strategies targeting cAMP signaling in the treatment of polycystic kidney disease. *J Am Soc Nephrol*. 2014; 25: 18-32.

100) Bonazzi M, Volta A, Gnudi G, et al. Comparison between ultrasound and genetic testing for the early diagnosis of polycystic kidney disease in Persian and Exotic Shorthair cats. *J Feline Med Surg*. 2009; 11: 430–434.

101) Reif GA, Yamaguchi T, Nivens E, et al. Tolvaptan inhibits ERK-dependent cell proliferation, Cl⁻ secretion, and in vitro cyst growth of human ADPKD cells stimulated by vasopressin. *Am J Physiol Renal Physiol*. 2011; 301: 1005-1013.

102) Torres VE, Chapman AB, Devuyst O, et al. Tolvaptan in patients with autosomal dominant polycystic kidney disease. *N Engl J Med*. 2012; 367: 2407-2418.

103) Bannasch D, Safra N, Young A, et al. Mutations in the SLC2A9 gene cause hyperuricosuria and hyperuricemia in the dog. *PLoS Genet*. 2008; 4: e1000246.

104) Karmi N, Safra N, Young A, et al. Validation of a urine test and characterization of the putative genetic mutation for hyperuricosuria in Bulldogs and Black Russian Terriers. *Am J Vet Res*. 2010; 71: 909-914.

105) Jansen JH, Arnesen K. Oxalate nephropathy in a Tibetan spaniel litter. A probable case of primary hyperoxaluria. *J Comp Pathol*. 1990; 103: 79-84.

106) Danpure CJ, Jennings PR, Jansen JH. Enzymological characterization of a putative canine analogue of primary hyperoxaluria type 1. *Biocim Biophys*. 1991; 1096: 134-138.

107) Vidgren G, Vainio-Siukola K, Honkasalo S, et al. Primary hyperoxaluria in Coton de Tulear. *Anim Genet*. 2012; 43: 356-361.

108) van Zuilen CD, Nickel RF, van Dijk TH, et al. Xanthinuria in a family of Cavalier King Charles spaniels. *Vet Q*. 1997; 19: 172-174.

109) Delbarre F, Holtzer A, Auscher C. Xanthine urinary lithiasis and xanthinuria in a dachshund. Deficiency, probably genetic, of the xanthine oxidase system. *CR Acad Sci Hebd Seances Acad Sci*. 1969; 269: 1449-1452.

110) McKerrell RE, Blakemore WF, Heath MF, et al. Primary hyperoxaluria (L-glyceric aciduria) in the cat: a newly recognised inherited disease. *Vet Rec*. 1989; 125: 31-34.

111) Danpure CJ, Jennings PR, Mistry J, et al. Enzymological characterization of a feline analogue of primary hyperoxaluria type 2: a model for the human disease. *J Inherit Metab Dis*. 1989; 12: 403-414.

112) Furman E, Hooijberg EH, Leidinger E, et al. Hereditary xanthinuria and urolithiasis in a domestic shorthair cat. *Comp Clin Path*. 2015; 24: 1325-1329.

113) Tsuchida S, Kagi A, Koyama H, et al. Xanthine urolithiasis in a cat: a case report and evaluation of a candidate gene for xanthine dehydrogenase. *J Feline Med Surg*. 2007; 9: 503-508.

第7章

腎臓の病気

1：桑原 康人、 2、4：星 史雄、 3.1：代田 欣二
3.2～3.4：矢吹 映、 5：小林沙織、 6：佐藤れえ子

1 急性腎障害

　急性腎障害（acute kidney injury：AKI）とは、腎臓の急性疾患の軽症から重症なものまでを含み、連続した機能的かつ実質的障害を包括する疾患概念である。すなわちAKIとは1つの疾患名というよりは、腎臓に起こる急性疾患を、広く、連続的に包括したものといえる。
　AKIのための厳密な定義は獣医学において定められていないが、国際獣医腎臓病研究グループ（International Renal Interest Society：IRIS）は、AKIの領域を図1のように示している。すなわち正常な腎臓が何らかの障害を受け、明らかな症状のない機能障害を起こし、それが進行して症状のある機能障害になり、さらに進行すれば腎不全になる。そして症状のある機能障害までは可逆性であるが、これ以降は不可逆性になり、慢性腎臓病（chronic kidney disease：CKD）ステージ1に移行するか、ステージ2から4に移行するか、死の転帰をとる。またこの図には記されていないが、医学領域ではCKDから腎不全へ向かう矢印、すなわちCKDの症例に起こる急性増悪もAKIに入れられており、今後、この図に

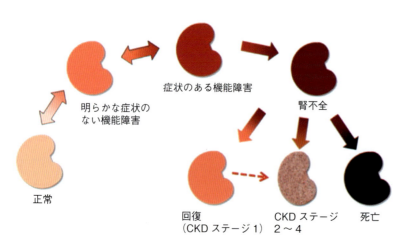

図1　AKIの領域
www.iris-kidney.com/pdf/4_ldc-revised-grading-of-acute-kidney-injury.pdf

表1　IRIS AKI Grading Criteria（IRISによるグレード分類）

AKIグレード	血清クレアチニン濃度	臨床徴候
グレードⅠ	< 1.6 mg/dL (<140μmol/L)	非窒素血症性AKI： a．AKIの診断（既往歴、臨床所見、検査所見、画像所見、臨床的な乏尿/無尿、輸液反応性*）および/あるいは、 b．48時間以内に0.3mg/dL（26.4μmol/L）以上、血清クレアチニン濃度が上昇する進行性非窒素血症 c．6時間を超えて認められる乏尿（1mL/kg/hr未満）あるいは無尿
グレードⅡ	1.7～2.5 mg/dL (141～220μmol/L)	軽度AKI： a．AKIの診断および静的あるいは進行性の窒素血症 b．48時間以内に0.3mg/dL（26.4μmol/L）以上、血清クレアチニン濃度が上昇する進行性窒素血症、あるいは輸液反応性*
グレードⅢ	2.6～5.0 mg/dL (221～439μmol/L)	中等度～重度AKI： a．AKIの診断および窒素血症の増悪および機能的腎不全
グレードⅣ	5.1～10.0 mg/dL (440～880μmol/L)	
グレードⅤ	> 10.0 mg/dL (> 880μmol/L)	

*輸液反応性：6時間を超えて> 1 mL/kg/hrの尿生成の増加および/あるいは48時間を超えて血清クレアチニン濃度のベースラインへの低下が認められるもの

（IRISより転載）

もCKDから腎不全へ向かう矢印が書き加えられていくと思われる。

1.1 AKIの診断

医学ではAKIを早期に診断するために、集中医療と腎関連学会のメンバーが中心になって、RIFLEの診断基準[1]、AKINの診断基準[2]、次いでKDIGOの診断基準[3]をまとめ、現在、KDIGOの診断基準が広く使われている。これに呼応して獣医学領域ではIRISがIRIS AKI Grading Criteriaを発表している。また、医学ではKDIGOの診断基準を満たすより前にAKIを診断するために、尿中NGALや尿中L-FABPといった早期診断バイオマーカーが保険適応となり、より早期にAKIをみつけて対応をする試みもなされているが、獣医学領域では早期診断バイオマーカーはまだ研究段階である。

獣医学領域ではAKIの診断基準は、IRISが発表しているIRIS AKI Grading Criteriaのなかにあるものが唯一のものであるため、IRIS AKI Grading Criteriaの表を和訳して転載する（表1）。IRIS AKI Grading Criteriaのグレード Ⅰ は血清クレアチニン濃度1.6mg/dL未満の非窒素血症性AKIで、a．既往歴、臨床所見、検査所見、画像所見、臨床的な乏尿または無尿および輸液反応性からAKIと診断されるもの、b．48時間以内に0.3mg/dL以上の血清クレアチニン濃度の上昇が認められるもの、c．6時間を超えて尿量が1mL/kg/hr未満の乏尿または無尿が認められるもの、これらa、b、cいずれかを満たすものとされている。また、十分な輸液負荷によってAKIの所見が消失するもの（腎前性）も含まれる。グレードⅡは血清クレアチニン濃度1.7から2.5mg/dLの軽度窒素血症性AKIで、グレードⅠと同様の所見からAKIと診断される。グレードⅢは血清クレアチニン濃度2.6から5.0mg/dL、グレードⅣは5.1から10.0mg/dL、グレードⅤは10.0mg/dLを超える中等度から重度の窒素血症性AKIで、グレードⅠと同様の所見からAKIと診断され、窒素血症の増悪および機能的不全がみられるものとされている。

以上のようにグレード分類を行うことで、AKIをより早く検出するとともに、AKI検出後も連続して随時グレード分類を行い、現在みている症例がどの段階にあるかを決定し、それが悪化していくのか、改善していくのかによって、治療法を見直したり、予後を判断したりすることが可能になる。ただし、AKIのグレード分類は早期診断を目指して確立されてきたため、AKIの原因は追究せず、1つのグレードに様々な原因で起こるAKIが包含されている。したがってAKIの治療法や予後を判断するには、次に述べるAKIの原因を個々に鑑別することがより重要になる。

またAKIは院内でも院外でも発症し、院内での発症、

第7章

表2　腎灌流量の低下を起こす原因

①有効循環血液量の減少
重度な下痢や嘔吐、出血、アジソン病、熱中症、急性膵炎、尿崩症、糖尿病性ケトアシドーシス、高浸透圧高血糖症候群、利尿薬の投与など
②全身血圧の低下
麻酔薬の投与、ショックなど
③心拍出量の減少
心疾患など
④糸球体前方血管の障害
腎動脈梗塞、NSAIDsの投与、敗血症、高カルシウム血症、造影剤の投与、門脈圧亢進症など
⑤糸球体後方血管の障害
RAS阻害薬の投与、腎静脈血栓症、腹部コンパートメント症候群など

すなわちリスクの高い手術後やICUでの管理中の発症の場合は、頻繁に血清クレアチニン濃度の測定を行ったり、尿量をモニタリングしたりすることによってグレードⅠやⅡのAKIを診断することが可能になる。一方、院外での発症、すなわち外来症例の場合は、来院前の血清クレアチニン濃度が不明なことも多く、そもそも症状が発現してから来院するので来院時にはグレードⅡ以上のより重いグレードに達しており、これまで急性腎不全として扱ってきたのと同様の領域のものしか診断できないことが多い。

1.2 AKIの原因

AKIの原因には様々なものがあるが、その原因が腎臓機能を障害する機序によって分類すれば、腎前性、腎性、腎後性という3つに分類することができる。ただし、1つの原因が複数の機序にまたがって腎障害を起こすこともあるので注意が必要である。

1.2.1 腎前性AKI

腎灌流量（圧）は交感神経系、レニン-アンジオテンシン系（renin angiotensin system：RAS）、抗利尿ホルモン、尿細管糸球体フィードバックなどの複数の機序によって自動調節されている。この自動調節能で代償しきれず腎灌流量が低下すると、糸球体内圧が低下し、糸球体濾過量（glomerular filtration rate：GFR）が減少する。この状態が腎前性AKIである。腎前性AKIは、腎実質の器質障害を伴っていないため、腎灌流量が改善すればGFRは速やかに元に戻るが、回復が遅れると器質障害を伴い腎性AKI（虚血性AKI）へと移行する。また、CKDの動物では自動調節能が既に最大限に使われているため、腎前性AKIを起こしやすい状態にあるといえる。腎灌流量の低下を起こす原因を表2に示す。①有効循環血液量の減少は重度な下痢や嘔吐、出血、アジソン病、熱中症、急性膵炎、尿崩症、糖尿病性ケトアシドーシス、高浸透圧高血糖症候群、利尿薬の投与などによって、②全身血圧の低下は麻酔薬の投与、ショックなどによって、③心拍出量の減少は心疾患などによって、④糸球体前方血管の障害は腎動脈梗塞、非ステロイド性抗炎症薬（non-steroida anti-inflammatory drugs：NSAIDs）の投与、敗血症、高カルシウム血症、造影剤の投与、門脈圧亢進症などによって、⑤糸球体後方血管の障害はRAS阻害薬の投与、腎静脈血栓症、腹部コンパーメント症候群などによって起きる。このうち心疾患は、心拍出量の減少だけでなく、うっ血性心不全による腎静脈圧の上昇、心原性肺水腫による低酸素血症などによってもAKIを起こすので注意が必要である。また、敗血症では糸球体前方血管の障害による腎灌流量の低下だけでなく、過剰な免疫反応、活性酸素やミトコンドリア異常、凝固異常などが複合してAKIを起こすと考えられている。高カルシウム血症では初期は腎血管収縮による腎灌流量の低下がAKIの主因で可逆性であるが、高カルシウム血症が持続し腎臓の石灰沈着および損傷が重度になると不可逆性の腎不全となる。造影剤による造影剤腎症の主因は未だ確証されていないものの、造影剤投与による腎血管収縮が大きな要因の1つとされている。ただし造影剤が直接、尿細管細胞を傷害する機序も推察されている。腹部コンパーメント症候群は、外傷による腹腔内出血、後腹膜血腫、腸管浮腫などによって腹腔内圧が上昇する病態の総称で、それによって腎灌流量が減少してAKIを起こす。

1.2.2 腎性AKI

腎性AKIは腎実質の器質的障害によってGFRが低下した状態で、障害部位により尿細管性、糸球体性、間質性、腎内血管性に分けることができる。このうち臨床的に頻度が高い障害部位は尿細管で、従来からAKIの主病変は急性尿細管壊死（acute tubular necrosis：ATN）とされてきたが、最近は壊死まで進行しているものは少なく、急性尿細管障害（acute tubular injury：ATI）が主病変のことが多い。腎性AKIの障害部位による分類と原因を表3に示す。

①尿細管は、虚血、腎毒性物質、尿細管閉塞によって障害される。このうち虚血性AKIは腎灌流量の低下を

表3 腎性AKIの障害部位による分類と原因

①尿細管		
虚血性		
腎毒性	外因性	・腎灌流量の低下を起こす原因（表2参照）＋器質障害 ・抗菌薬（アミノグリコシド系、アムホテリシンBなど） ・抗腫瘍薬（シスプラチンなど） ・重金属（水銀など） ・有機化合物（エチレングリコールなど） ・植物アルカロイド（ユリ【ネコ】やブドウ【イヌ】など） ・造影剤　など
	内因性	・ヘモグロビン（不適合輸血、体外循環下開心術など） ・ミオグロビン（横紋筋融解症[熱中症など]）　など
尿細管閉塞性		・Bence Jones 蛋白（多発性骨髄腫） ・尿酸（腫瘍溶解症候群） ・メトトレキサート　など

②糸球体
・急速進行性糸球体腎炎 ・溶連菌感染後糸球体腎炎 ・ループス腎炎 ・ライム病【イヌ】 ・リーシュマニア症【イヌ】など

③間質
・薬物（抗菌薬[βラクタム系など]、NSAIDs、利尿薬[フロセミド、サイアザイドなど]、PPI[アロプリノールなど]） ・全身性エリテマトーデス ・感染症（腎盂腎炎、レプトスピラ感染症など）　など

④腎内血管
・悪性高血圧 ・DIC ・TMA（溶血性尿毒症症候群など）　など

起こす原因に器質障害が加わって起きる。したがって先に腎前性AKIのところで示した腎灌流量の低下を起こす原因がすべてここに含まれる。尿細管に障害を起こす腎毒性物質としては、外因性としてアミノグリコシド系やアムホテリシンBなどの抗菌薬、シスプラチンなどの抗腫瘍薬、水銀などの重金属、エチレングリコールなどの有機化合物、ユリやブドウなどの植物アルカロイド、造影剤などがある。内因性としては、不適合輸血や体外循環下開心術などのときにみられるヘモグロビンや、横紋筋融解症などのときにみられるミオグロビンなどがある。尿細管閉塞は多発性骨髄腫や、腫瘍溶解症候群や、メトトレキサートの投与などで起こる。多発性骨髄腫ではBence Jones蛋白が遠位尿細管でTamm-Horsfall蛋白と結合し円柱を形成して尿細管を閉塞する。腫瘍溶解症候群では糸球体から濾過された尿酸が尿細管で結晶化して尿細管を閉塞する。

②糸球体性はヒトでは免疫介在性の急速進行性糸球体腎炎や溶連菌感染後糸球体腎炎やループス腎炎が有名であるが、動物ではまだよくわかっていない。イヌではボレリア菌によるライム病や、リーシュマニア原虫によるリーシュマニア症で急性糸球体腎炎が多く報告されている[4]。

③間質は、間質でⅠ～Ⅳ型のアレルギーを起こすβラクタム系などの抗菌薬や、NSAIDsや、フロセミドなどの利尿薬や、プロトンポンプ阻害薬（proton pump inhibitor：PPI）や、尿酸生成抑制薬のアロプリノールなどの投与で障害される。その他、全身性エリテマトーデスや、感染症などでも障害される。間質を障害する感染症としては、イヌやネコでは腎盂腎炎やレプトスピラ感染症があげられるが、腎盂腎炎もレプトスピラ感染症も敗血症として腎障害を起こす機序の方が重要視されている。

④腎内血管は悪性高血圧、DIC、血栓性微小血管症（thrombotic microangiopathy：TMA）などで障害される。このうちTMAには、腸管出血性大腸菌O-157感染症による溶血性尿毒症症候群などが含まれ、溶血性

第7章

表4 腎後性AKIの主な原因

ネコ	・尿道栓子による雄の尿道閉塞 ・シュウ酸カルシウム結石などによる両側尿管閉塞 ・交通事故による尿路損傷
イヌ	・結石による尿道閉塞 ・膀胱三角部や前立腺や尿道の腫瘍 ・尿路外腫瘍

尿毒症症候群はイヌでも数例報告されているが[5]、動物におけるTMAはまだよくわかっていない。

1.2.3 腎後性AKI

　腎後性AKIは尿路内または尿路外の圧迫によって尿路閉塞を起こした場合および尿路の損傷によって尿が尿路外の体内に漏れ出た場合に起こる。腎後性AKIは通常は可逆性だが、閉塞性のもので、その解除が遅れ尿細管圧上昇が長引けば、尿細管細胞が損傷を受け腎性AKIに移行する。腎後性AKIの具体的な原因としては、ネコでは尿道栓子による雄の尿道閉塞や、シュウ酸カルシウム結石などによる両側尿管閉塞や、交通事故による尿路損傷などがあげられる。イヌでは結石による尿道閉塞や、膀胱三角部や前立腺や尿道の腫瘍や、尿路外腫瘍に起因するものが多い（表4）。過去10年で、ネコの尿管閉塞によるAKIの発生が増加しており、CKDがあると片側の尿管閉塞でも腎後性AKIをきたすため、ネコではCKDの急性増悪にも尿管閉塞が関与している可能性がある。

1.3 AKIの管理法

　AKIのグレード分類でAKIであることを診断後、腎前性および腎性AKIの原因を現在もっていないか、これからその原因をもちAKIをさらに悪化させる可能性がないかを精査し、さらに腎後性AKIの可能性も検討する。その結果、原因が検出されれば、原因を除去し、AKIのさらなる進展を抑え、AKIの寛解を目指す。しかし、除去しきれない原因も多く、除去できるにしても時間がかかったり、ある原因を診断・除去するために行った行為が、AKIの新たな原因や悪化因子になることも多い。このような状況下で、すべてのAKIの症例に共通して実施すべき治療は、腎灌流量を回復・維持することであり、その治療の中心が輸液療法になる。

1.3.1 輸液療法

　AKIにおける輸液療法は、体液量とその組成を正常化し、有効循環血液量を改善させて、腎灌流量を回復・維持し、尿生成をうながすことを目的として実施する。細胞外液量の不足に対しては、乳酸加リンゲル液などの晶質液をボーラスまたは持続点滴で投与し、2〜4時間以内の補正を目指す。細胞外液の補充のために生理食塩液を大量に用いると、高クロル性アシドーシスを引き起こすことがあるので注意が必要である。また、循環血液量を増加させるために投与される合成コロイド溶液には、それ自体が尿細管障害を引き起こす可能性が示唆されており、必要最低限の使用にとどめる。初期の十分な輸液負荷を行った結果、AKIの所見が消失すれば、輸液反応性、腎前性AKIと判断できる。

　細胞外液補充後に細胞内液の不足も予測される場合は、自由水（5％ブドウ糖液）の投与も実施する。維持輸液には、不感蒸泄による自由水喪失を補うための5％ブドウ糖液と、尿や消化管からの喪失を補うための電解質溶液を、患者に応じた比率で使用する。

　初期輸液あるいは維持輸液にカリウムを添加するかどうかは、個々の患者ごとに決定する必要がある。一般的に乏尿状態の患者にはカリウムの添加は禁忌になる。重度な高カリウム血症（＞8mmol/L）の場合は、尿閉解除までなど短期の場合はグルコン酸カルシウムの投与を実施し、より長期的にはグルコース-インスリン療法で致死的な不整脈を防ぐ。利尿期にあるAKI患者では多量のカリウムが尿中に排泄されるので、カリウム不足を補うためにカリウム添加が推奨される。

　一方、当初に予定した輸液量でAKIの所見が消失しない場合は、過剰輸液にならないように注意深く輸液療法を行う必要がある。体液量の過剰は、腎静脈圧を上昇させ、非乏尿性のAKIを乏尿性あるいは無尿性のAKIへ移行させるので、定期的な脱水量の推定、体重測定、呼吸状態の観察を行い、過剰輸液を起こさないように注意する。ヒトにおいても動物においても、AKI時に過剰輸液を行うことは、患者の死亡率を高め、予後を悪化させるという明確なエビデンスが存在する[6]。

　いったん、過剰輸液に陥れば、利尿薬によって過剰な体液を尿として排泄させるか、それが難しい場合には腎代替療法によって速やかに体外に除去する必要がある。

1.3.2 利尿薬投与

　AKIの治療、特に乏尿性AKIの治療において、利尿薬と腎臓の血管を広げる薬剤が積極的に使用されてきた。しかし、近年、マンニトール、ループ利尿薬、ドーパミンの使用は効果が不確実なことに加え、リスクを増大させるという報告が多数なされるようになってきている[7]。

したがって、これらの薬剤の投与は、肺水腫や浮腫などの体液過剰を是正する目的以外では、必要最低限の使用にとどめるべきである。

1.3.3 腎代替療法

腎代替療法には間欠的血液透析、持続的血液透析濾過、腹膜透析があり、その絶対的適応は、重度な体液過剰、重度な高カリウム血症、重度な代謝性アシドーシス、重度な尿毒症症状である。腎代替療法は、体液、電解質、酸-塩基平衡の異常が内科療法で管理できない場合に直ちに検討されるべきとされてきたが、最近のヒトの多施設ランダム化比較試験では「AKIに対して早期の血液浄化療法開始が予後を改善するエビデンスは乏しい」ことが明らかになってきている[8]。したがって血液浄化療法の導入は、個々の臨床徴候や病態によって、症例ごとに適切な時期に決定し、飼い主の了承が得られれば躊躇なく実施する。

第7章1の参考文献

1) Bellomo R, Ronco C, Kellum JA, et al. Acute renal failure - definition, outcome measures, animal models, fluid therapy and information technology needs: the Second International Consensus Conference of the Acute Dialysis Quality Initiative (ADQI) group. *Crit Care*. 2004; 8: R204-212.
2) Mehta RL, Kellum JA, Shah SV, et al. Acute Kidney Injury Network: report of an initiative to improve outcomes in acute kidney injury. *Crit Care*. 2007; 11: R31.
3) Khwaja A. KDIGO Clinical Practice Guidelines for Acute Kidney Injury. *Nephron Clin Pract*. 2012; 120: c179-c184.
4) Goldstein RE, Brovida C, Femandez-del Palacio MJ, et al. Consensus recommendations for treatment for dogs with serology positive glomerular disease. *J Vet Intern Med*. 2013; 27: S60-S66.
5) Dell'Orco M, Bertazzolo W, Pagliaro L, et al. Hemolytic-uremic syndrome in a dog. *Vet Clin Pathol*. 2005; 34: 264-269.
6) Bellomo R, Ronco C, Kellum JA, et al. Acute renal failure - definition, outcome measures, animal models, fluid therapy and information technology needs: the second international consensus conference of the Acute Dialysis Quality Initiative (ADQI) group. *Crit Care*. 2004; 8: R204-R212.
7) McClellan JM, Goldstein RE, Erb HN, et al. Effects of administration of fluids and diuretics on glomerular filtration rate, renal blood flow, and urine output in healthy awake cats. *Am J Vet Res*. 2006; 67: 715-722.
8) Zarbock A, Kellum JA, Schmidt C, et al. Effect of early vs delayed initiation of renal replacement therapy on mortality in critically ill patients with acute kidney injury: the ELAIN randomized clinical trial. *JAMA*. 2016; 315: 2190-2199.

2 慢性腎臓病

2.1 イントロダクション

ヒトでは、2000年初頭、生活習慣病由来の二次性腎疾患の激増による末期腎不全の透析患者が増加の一途をたどり、医療費の増大をもたらしていた。また、蛋白尿(アルブミン尿)陽性または腎機能の低下は、心血管イベント(脳・心血管疾患)発症に対する独立した重要なリスクファクターであり、そのリスクは末期腎不全に至るリスクより高いとの疫学的証拠(エビデンス)が蓄積していた[1]。

一方、腎疾患特異的な治療や慢性の腎疾患に共通の腎保護療法の進歩・普及により、蛋白尿減少や腎機能改善による末期腎不全と心血管イベントの抑制が可能[2,3]との証拠が多数報告されたにもかかわらず、慢性の腎疾患の早期発見・早期介入は必ずしも行われていない現状があった。

このような背景から、蛋白尿などの腎疾患の徴候、または腎機能低下を包含する病態として、アメリカ腎臓協会から慢性腎臓病の概念が提唱された。

慢性腎臓病(chronic kidney disease:CKD)という用語が初めて使用されたのは2001年に発表されたアメリカK/DOQI(Kidney Disease Outcome Quality Initiative)による「CKDにおける貧血のための診療ガイドライン」である[4]。その後2002年に発表された「CKDの評価法、分類法、層別化に関する診療ガイドライン」によりCKDの定義と重症度分類が示され、本格的にCKDという用語が使用されることになった[5]。

この定義と分類は国際腎臓病ガイドラインKDIGO(Kidney Disease:Improving Global Outcome)による部分的改訂を経て、2005年に承認され、国際的な疾患名として確立された。CKDとは慢性(3カ月間以上)に経過する腎臓病全体を指す言葉であり、このなかには慢性糸球体腎炎や腎硬化症も含まれる。こうした疾患の原因に関係なく、腎機能低下に基づくステージ分類がCKDの概念に包括された。

2.2 CKDの概念としての特異性

前述の背景がゆえにCKDは、従来の疾患や症候群の概念とは異なっている。CKDの定義である蛋白尿などの腎疾患の徴候、または腎機能低下という基準は、ほとんどの慢性の腎疾患に該当する。すなわち、CKDの実体は、多様な一次性、二次性腎疾患を含み、個々の症例の臨床像、経過、および予後はCKDに共通なものでなく、むしろ原疾患に依存している。また、腎機能の系統

第7章

表5 IRISによるイヌとネコのCKDのステージ分類[6]

	イヌ		ネコ	
	血清Cre濃度 (mg/dL)	SDMA(μg/dL)	血清Cre濃度 (mg/dL)	SDMA(μg/dL)
ステージ1	< 1.4	< 18	< 1.6	< 18
ステージ2	1.4〜2.8	18〜35	1.6〜2.8	18〜25
ステージ3	2.9〜5.0	36〜54	2.9〜5.0	26〜38
ステージ4	> 5.0	> 54	> 5.0	> 38

http://www.iris-kidney.com. より一部翻訳して掲載

注意：
ステージ1のイヌ（Creが＜1.4mg/dL）、またはネコ（Creが＜1.6mg/dL）の血清（血漿）SDMAが、持続的に＞18μg/dLである場合、ステージ2と診断しなければならない。また同様に、ステージ2のイヌ（Creが1.4〜2.8mg/dL）、またはネコ（Creが1.6〜2.8mg/dL）の血清（血漿）SDMAが、持続的に＞35μg/dLである場合はステージ3と、ステージ3のイヌやネコ（Creが2.9〜5.0mg/dL）の血清（血漿）SDMAが、イヌで持続的に＞54μg/dLである場合、またはネコで持続的に＞38μg/dLである場合はステージ4と診断しなければならない。

表6 蛋白尿によるサブステージ

蛋白/クレアチニン比[7]		
	尿蛋白/クレアチニン比	
分類	イヌ	ネコ
尿蛋白（P）	> 0.5	> 0.4
ボーダーライン尿蛋白（BP）	0.2〜0.5	0.2〜0.4
非尿蛋白（NP）	< 0.2	< 0.2

文献7）のAmerican College of Veterinary Internal Medicine (ACVIM)の蛋白尿に関する合意声明に基づく

的異常を基盤とする慢性腎炎、ネフローゼ症候群、慢性腎不全などの腎症候群とも異なり、機能面での統一性もない。したがって、CKDの診断・病期診断は、腎疾患の病因と症候を縦軸とすると、いわば横軸としての段階づけ（staging）のような概念といえる。しかし、同じ病期のCKDでも、末期腎不全と心血管イベントのリスクは病因ごとに異なる。

一方、CKDの治療には、原疾患に特異的な治療法と慢性腎不全の進行抑制のための非特異的な共通治療法（降圧、レニン-アンジオテンシン系（renin-angiotensin system：RAS）阻害薬、低蛋白食、貧血改善、活性炭吸着療法など）があり、CKDはおおむね共通治療法が適用される疾患群である。

このように、CKDの概念は厳密な意味での疾患や腎症候群とは異なり、包括的概念で、腎疾患の診断名というよりは、腎疾患全般の病期に対する概念であり、個々の症例では、病因診断、腎機能や合併症などの病態診断へ進む契機と考えるべきである。

2.3 イヌおよびネコのCKDの定義

イヌやネコの慢性腎臓病（chronic kidney disease：CKD）も、ヒトのCKDと同様にヒトのCKDが発表された1年後の2003年に、CKD病期分類システムがIRIS（International Renal Interest Society）により作成され、アメリカおよびヨーロッパの獣医腎泌尿器学会で発表・承認された。

イヌやネコのCKDは、死亡の原因としてよくみられる重要な疾患であり、通常3カ月、もしくはそれ以上の長期間にわたり持続する、片側もしくは両側の腎臓の構造的または機能的な進行性の異常が存在する疾患と定義される。この定義から明らかなように、CKDは、「原因には言及せずに、機能的ネフロン数が慢性的に減少し、腎臓の各種機能が進行性に障害され、最終的に糸球体濾過量（glomerular filtration rate：GFR）が正常な排泄機能を維持できなくなる疾患」のことである。

また、CKDは、単一の疾患概念ではなく、腎臓に軽微な構造的病変があるものから両腎臓のネフロンの大規模な損失に至るものまで、非常に広範囲な疾患を含んでいる。

2.4 CKDのステージ分類

前述の通り、イヌとネコのCKDは、IRISのガイドラインに従って、腎臓機能、蛋白尿、および血圧に基づいて4つのステージに病期分類される（表5〜7）[6,7]。

このステージ分類では、腎臓機能は、血清クレアチニン濃度（Cre）と対称性ジメチルアルギニン（Symmetric

表7 イヌとネコのIRIS[6]動脈圧(AP)ステージ

APステージ	収縮期血圧	拡張期血圧
ステージ0	< 150 mmHg	< 95 mmHg
ステージI	150〜159 mmHg	95〜99 mmHg
ステージII	160〜179 mmHg	100〜119 mmHg
ステージIII	> 180 mmHg	> 120 mmHg

文献6) http://www.iris-kidney.com. より一部翻訳して掲載

IRIS血圧サブステージ（大部分のイヌとすべてのネコ）

収縮期圧 mmHg	血圧サブステージ	将来の標的器官傷害のリスク
< 140	血圧正常	最小限
140〜159	前高血圧	低い
160〜179	高血圧	中等度
> 180	著しい高血圧	高い

しかしながら、若干の種類のイヌ（特にサイト・ハウンド）は、他の品種より高い血圧を示す傾向がある。もし利用できるなら、種類に特異的な参照範囲を使用するのが好ましい。「高血圧の品種」の将来の標的器官傷害のリスクの分類は、以下のように調整されるかもしれない。

最小のリスク	品種に特有の参照範囲を上回る収縮期圧< 10mmHg
低リスク	品種に特有の参照範囲を上回る収縮期圧 10〜20mmHg
中等度のリスク	品種に特有の参照範囲を上回る収縮期圧 20〜40mmHg
高リスク	品種に特有の参照範囲を上回る収縮期圧> 40mmHg

蛋白尿と同様に、既存の標的器官傷害の所見がない場合、特定のカテゴリーの範囲内の血圧表示の持続の実証は、重要である。ここの増加の「持続」は、これらの血圧サブステージで以下の時間軸上になされる複数の測定に関して判断されなければならない。

高血圧	1〜2週の間に測定した収縮期圧が 160〜179mmHg
高度な高血圧	1〜2週の間に測定した収縮期圧が> 180mmHg

dimethylarginine：SDMA）濃度に基づいて行われ、ステージ分類の実施する際には、症例は絶食し十分な水分補給ができているときに測定された2つのクレアチニンおよびSDMAに基づく必要があり、理想的には、クレアチニンはCKDの進行性を評価するために数週間後に再測定されるべきである。このシステムでCKDをステージ分類することにより、診断、治療、および予後判断を行ううえで、診療ガイドラインを応用するのが容易となる。

さらに、IRISのステージ分類は、血圧測定と尿蛋白/クレアチニン比（UP/C比）によりサブステージに分類され、末期腎不全へと至るリスクがより明確に分類されている。UP/C比測定の注意点としては、尿沈渣が不活性であり、尿培養では無菌であることが確認されるべきである[6]。また、UP/C比は著明に上昇していない限り（または0.2未満である場合）、尿蛋白は、少なくとも2週間にわたり2〜3回のUP/C比再検査により確認される必要がある。これらの測定の平均が、非蛋白尿性、ボーダーライン上の蛋白尿性、もしくは蛋白尿性として、症例を分類すべきである（表6）[7]。

また、尿蛋白と同様に、血圧も数週間にわたって2〜3回測定する必要がある（表7）[6]。

2.5 CKDの原因と病態生理

CKDの原因に関しては、一次性の腎疾患、および二次性の腎疾患を含め多種多様に存在し、先天性・遺伝性、家族性腎症、免疫介在性、アミロイドーシス、腎盂腎炎、慢性尿路閉塞（狭窄）、尿路感染症、腎毒性物質、腎虚血、腫瘍、代謝性疾患を含み、通常、確定することが非常に困難である（表8）。

腎臓自体は、一度障害を受けるとその障害部位のネフロンは機能低下に陥り、完全に機能回復することはない。ただし、障害されていないネフロンは量的質的な代償作用をもっており、見かけ上の腎機能は回復したかのようにみえるのが通常である。

しかし、障害されたネフロンの周囲では炎症により線維化が亢進し、やがてそれが腎臓全体の機能不全へとつながっていく。

表8　CKDの原因

先天性	腎低形成・異形成
遺伝性	嚢胞腎
家族性腎症	イヌ：ジャーマン・シェパード、サモエド、ブル・テリア、ケアーン・テリア、シー・ズー、ラサ・アプソ、バセンジー、ビーグル、チャウ・チャウ
	ネコ：アビシニアン、ペルシャネコ
免疫疾患	糸球体腎炎、全身性エリテマトーデス
アミロイドーシス	
腎盂腎炎	
慢性尿路閉塞	
感染症	FIP感染症、レプトスピラ症
腎毒性物質	尿細管、糸球体、間質への障害
腎虚血	
腫瘍	
その他	高カルシウム血症、ビタミンD過剰症、低カリウム性腎症など

2.6 CKDの臨床徴候

臨床徴候は、そのステージおよびサブステージにより、または個体により多種多様であり、種々の症状が現れる。多飲/多尿、脱水、食欲不振、嘔吐、下痢、高窒素血症、代謝性アシドーシス、高リン血症、高カリウム血症（ネコでは低カリウム血症）、腎性貧血、尿毒症、口内炎、尿毒症性胃炎、全身性高血圧、尿毒症性肺炎、尿路感染症などである。いずれも、ステージの進行に合わせて徐々に重度の症状を示すようになる。

すなわち、ステージ1では、糸球体濾過量がほんの少し低下してくるが、多くの臨床徴候は認められず、腎臓の尿濃縮能が低下して多飲多尿となり、尿比重の低下を示す。

ステージ2は、ステージ1に加えて、上皮小体機能亢進症などのカルシウムとリンの代謝異常や尿中へのカリウム排泄の過剰と食欲の低下から低カリウム血症などの適応異常が観察される。

ステージ3になると、代謝性アシドーシス、腎性貧血、尿毒症性胃炎、骨痛などの全身性徴候を示す尿毒症が発現してくるようになる。

ステージ4は、最終ステージとなり、ステージ3で観察される全身性の臨床徴候が強くなり、尿毒症性クライシスの危険性が増大してくる。

2.7 CKDの診断法

CKDの診断は、腎機能検査、血清電解質濃度、酸-塩基状態、尿検査、画像診断を含む複数の検査結果の検討が必要である。

腎臓疾患は、通常、低下した腎臓機能または腎臓疾患のマーカーに基づいて疑われる。腎臓疾患のマーカーは、血液、血清生化学的評価、尿検査、画像診断、または病理学的診断（表9）[8] から認識される。また、腎臓病を示唆する所見は、身体検査や病歴（例：左右腎臓のサイズの差、形状の変化、尿量の変化）からもみつけることができる。

診断上の注意としては、慢性腎臓病（CKD）と急性腎障害（acute kidney injury：AKI）を明確に区別する必要がある。AKIとCKDは、治療法および予後が異なるため、区別する必要があるが、AKIとCKDは、一部の症例では、一緒に発生する可能性がある（いわゆる、慢性腎臓病での急性増悪）。

一般的に、AKIは可逆的であるが、CKDは不可逆的かつしばしば進行性の疾患である。CKDは、3カ月以上続いて長期間存在する慢性的な腎疾患として定義される[8]。CKDの継続時間は、病歴から推定するか、もしくは身体検査所見または画像診断または腎臓病理学的

表9　腎臓障害マーカー[*,8]

血液マーカー	尿マーカー	画像マーカー
・血中尿素窒素濃度 ・高リン血症 ・高カリウム血症や低カリウム血症 ・代謝性アシドーシス ・低アルブミン血症 ・血清クレアチニン濃度	・障害された尿濃縮力 ・円柱尿　・腎性血尿 ・不適切な尿のpHのレベル ・不適切な糖尿　・シスチン尿 ・比重　・量　・結晶　・尿蛋白	・腎臓のサイズ ・腎臓の形状 ・腎臓の位置

*マーカーは腎臓損傷の証拠である腎臓由来のものであることを確認する必要がある。例えば、尿蛋白漏出に起因する低アルブミン血症は、腎臓病の証拠であるが、一方、肝不全による低アルブミン血症はそうではない。

表10 AKIとCKDの身体検査と検査室的特徴

CKDの特徴	AKIの特徴	区別の信頼性*
3カ月以上の体重減少	正常なBCS	++
3カ月以上の減少した食欲	最近の食欲減少	++
粗剛な被毛	健常な被毛	+
3カ月以上のPU/PD	最近の尿量変化	++
3カ月以上の尿毒症性口臭		+
小さい腎臓サイズ	正常な/大きな腎臓	+++
腎性骨異栄養症		+++
著しい高窒素血症にもかかわらず軽度の臨床徴候		++
低再生性貧血		++

略語/BCS：ボディ・コンディション・スコア、PU/PD：多尿／多飲。* 信頼性：＋＝弱い、＋＋＝中等度、＋＋＋＝強い

診断を通して診断される腎臓の構造変化から推定される（表10）。簡便には、Cre、SDMA、UP/C比、血圧の測定でIRIS分類に従えばよさそうであるが、IRIS分類では、ステージ1が分類できないため、上記の詳細な検査の後、CKDであることを診断したうえで、IRISの分類で病期を決定し、その病期に従って適切な治療を行うことになる。

2.8 CKDの治療法

CKDの治療は、原因となる腎臓の疾患を疾患特異的な治療法により治療する（例：免疫介在性の糸球体疾患に対する抗免疫療法など）ことは、いうまでもないが、CKDの原因を特定することは、極めて困難であり、仮に特定できたとしても、その原因を除去することができるとは限らない。

また、前述している通り、CKDの治療には、原疾患に特異的な治療法と慢性腎不全の進行抑制のための非特異的な共通治療法があるが、CKDはおおむね共通治療法が適用される疾患群であるため、治療目標は、「個体の延命とクオリティ・オブ・ライフ（quality of life：QOL）の維持」になる。現実的には以下の4つの目標があげられる。

① 適切な栄養とエネルギー摂取の維持
② 尿毒症の発現と重篤度の軽減
③ 合併症による致死率の低下
④ 進行性腎障害の遅延

IRISでは、CKD推奨治療法を示している。このIRISのCKDの治療には、以下の注意点がつけられている。

これらの治療は、治療に対する個々の症例の反応が連続的にモニターされ、その結果にあわせて調整される必要がある。いくつかの治療は、イヌやネコには許可されておらず、推奨されている投与量は臨床的観察に基づくものである。獣医師は、すべての治療を行う前に、それぞれの症例における治療の危険性と有益性の比率を評価する義務がある。

IRISのCKD推奨治療法では、ステージごとに必要となる治療法に関して記載されている。その治療法の概要は、次の通りである。

① まず、すべての腎毒性をもつ可能性のある薬を中止する。
② 腎前性・腎後性のすべての異常を確認し、治療する。
③ X線検査・超音波検査を用いて腎盂腎炎や腎臓尿結石症などの治療可能な疾患を治療する。
④ 血圧と尿蛋白／クレアチニン比（UP/C比）をモニターする。
⑤ 食事を腎臓病用療法食に変更する。

このほかに、脱水、高血圧、蛋白尿、リン酸塩摂取、代謝性アシドーシス、貧血、消化器症状の管理に関してステージごとに記載されている。詳細は、IRISのホームページ（iris-kidney.com）を確認されたい。

2.8.1 CKDの食事療法

標準的な治療は、CKDステージ3～4のイヌと、CKDステージ2～4のネコに腎臓病用療法食の食事を推奨することである。いくつかの臨床試験の結果は、CKDの尿毒症による早期の死亡を予防するか、または遅延させる際に、腎臓病用療法食は栄養を維持、または改善する有益な効果を示している[9-12]。

「腎臓病用療法食」という用語は、単に食事の蛋白質含量の制限された食事として誤解されている面もあるが、腎臓病用療法食は、蛋白質制限と同等以上に重要で効果

第7章

的な食事成分の変更が含まれている。したがって、より低い蛋白質含有量の維持食、またはシニア用の食事の給与は、腎臓病用療法食の代用にはならない。

標準的な腎臓病用療法食は、蛋白質、リン、ナトリウム含量を減少し、ビタミンBと水溶性食物線維含量とカロリー密度を増加し、酸-塩基平衡を調整するために干渉作用をもつ物質を加え、ω-3多価不飽和脂肪酸と抗酸化剤を添加している。特に、ネコの腎臓病用療法食は十分にカリウムを補充している。

食事療法に対する栄養的な反応は、体重、ボディ・コンディション・スコア（body condition score：BCS）、食物摂取（カロリー摂取）、血清アルブミン濃度、血液の血球容積、およびQOLをモニターすることにより定期的に評価する必要がある。

主要な目標は、十分な食物摂取量、安定した体重、およびボディ・コンディション・スコアを9段階のうち5近くに保つことである。

栄養目標を達成していない症例は、尿毒症の合併症、脱水、CKDの進行、代謝性アシドーシス、貧血、電解質異常、尿路感染症、および非尿路疾患を評価する必要がある。食習慣を調べ、症例が自発的に十分量の食事を摂取できないときには、栄養チューブの留置を真剣に考えるべきである。胃または食道の造瘻チューブを介した摂食は、カロリーと水さらには薬剤の十分な給与を行う単純で有効な方法である。

2.8.2 尿毒症の消化器症状の管理

CKDステージ3～4のイヌやネコでは、食欲の低下、嘔気、嘔吐、尿毒症性口内炎、消化管出血、下痢、および出血性大腸炎を含むCKDの胃腸合併症が一般的となる。これらのCKDの合併症に対する治療は、主に対症療法である。食欲不振、悪心、および嘔吐の管理は、通常、①H_2拮抗薬を使用して、胃の酸性度を制限し、②制吐薬を使用して吐き気と嘔吐を抑制し、③スクラルファートを使用して、粘膜の保護をする。これらの治療でH_2拮抗薬（ファモチジンおよびラニチジン）は、最も一般的に使用されるが、副作用がほとんどないにもかかわらず、それらの有効性は証明されていない。

H_2拮抗薬の使用にもかかわらず、食欲不振、吐き気、または嘔吐が持続する場合には、制吐薬が使用される。CKDの症例に一般に使われる制吐薬は、メトクロプラミド、5-HT3受容体拮抗薬（オンダンセトロン塩酸塩、ドラセトロン・メタンスルホン酸塩など）、ニューロキニン（NK1）受容体薬（マロピタント・クエン酸塩）である。

ヒトの尿毒症における研究では、尿毒症の悪心および嘔吐を減らすために、5-HT3受容体拮抗薬（オンダンセトロン）が、メトクロプラミドの2倍有効であることが示されている[13,14]。

また、消化管の潰瘍や出血が疑われるときは粘膜保護薬（スクラルファートなど）を追加する必要がある。

2.8.3 高リン酸血症の管理

体内の過剰なリンの蓄積は、腎性続発性上皮小体機能亢進症、組織の石灰化、およびCKDの進行を促進する。また、血清リン濃度の増加は、CKDのヒト、ネコ、およびイヌで、死亡率の増加と強く相関しており、リン濃度の高い食事は、CKDの死亡率を上昇させる[15,16]。したがって、リンの蓄積と高リン血症を抑えることは、CKDの重要な治療目標となる。

無機リンは腎臓が第1排泄路であるため、腎臓機能が低下するとリンが貯留し、その結果、死に帰結する。しかし、腎臓機能の低下に比例してリン摂取量を減らすことで、その悪い結末を予防することが可能となる。

通常CKDステージ1、2のイヌやネコでは、残存するネフロンでリンの再吸収を減少させることにより、尿中排泄を増加させ、血中リン濃度を正常範囲内にとどめる。この代償作用は、線維芽細胞増殖因子23（FGF23）と上皮小体ホルモン（パラソルモン：PTH）の腎臓のリン酸排泄作用の結果である。

血中の無機リン濃度が正常範囲内でも、FGF23とPTH濃度の増加があれば、体内のリン蓄積が起こる。CKDステージ3、4になったイヌやネコでは、この代償機構は、破綻してくることになる。

リンの蓄積と高リン血症は、CKDのある時点（おそらくCKDステージ2）で、CKDの進行を促進し始める。CKDのヒトでも、早期のリン蓄積の指標である血漿FGF23濃度は、CKDの進行を予測することが示されている[17]。

CKDステージ2～4のイヌやネコで、リン蓄積とCKD進行との相関性が高く、無機リン管理の重要性が支持されている。治療目標は、IRISの推奨するステージごとの目標範囲内に血中無機リン濃度を維持することである（表11）。目標範囲は、専門家の意見に基づき確立されたが、臨床試験での評価はなされてはいない[16]。この目標は、明白な高リン血症に先行するリン蓄積の制限にあるため、血中の無機リン濃度の目標範囲は、通常の正常範囲の上限よりは低い値となっている。

ネコの場合に限定して、FGF23が高い場合には初期の腎臓病用の療法食に切り替える必要がある。

表11 血清リン濃度の推奨目標

CKD ステージ[16] のための調整範囲	
CKD ステージ	血清リン濃度の目標
ステージ 2	3.5 ～ 4.5 mg/dL
ステージ 3	3.5 ～ 5.0 mg/dL
ステージ 4	3.5 ～ 6.0 mg/dL

血中の無機リン濃度を下げる最初の方法は、食事性リンを減らすことであり、通常は、腎臓病用療法食が用いられる。現在製造されている腎臓病用療法食は大幅にリン含有量に減少させてあり、多くの場合、CKDステージ3の血中リン濃度の目標値を達成することができる。

食事療法を開始後、約4～6週ごとに、血中無機リン濃度を測定すべきである。もし、目標の血中無機リン濃度が達成されていない場合、消化管内リン酸塩結合薬を検討すべきである。また、ごく早期から高リン酸血症を考え、極端すぎるリン摂取の制限を行った場合、高カルシウム血症を起こすことが報告されていており、腎臓病を悪化させる可能性が否定できない。いずれにせよ、FGF23をモニターのうえ、リン制限を行うかどうかを決定すべきである。消化管内リン酸塩結合薬の種類、使用法に関しては、第14章2「慢性腎疾患の薬物療法」を参照されたい。

2.8.4 代謝性アシドーシスの管理

代謝性アシドーシス治療は、症例の血液ガス分析に基づいているべきである。

代謝性アシドーシスは、CKDステージ2、3のネコの10％未満で、または尿毒症のネコの約50％で発生することが報告されている[18]。代謝性アシドーシスはCKDの進行と蛋白質の利用率低下を促進する原因とみなされている[19,20]。最近、ヒトのCKDの重炭酸塩治療は、CKDの進行を遅延し、栄養状態を改善することが報告されている[21]。

血液pH値や血中重炭酸塩濃度が正常範囲以下に低下した場合、アルカリ化療法は、CKDのステージ1～4のイヌやネコに適用される。最も簡便なアルカリ化療法は、腎臓病用の療法食の使用である。一般的な維持食に比べて、一般的なCKDのイヌおよびネコに処方される療法食は、蛋白質含量が少なくなるように設計されている。食事性蛋白質含量の減少は、腎臓への酸負荷を軽減して、水素イオンの産生、アンモニアの生成を低下させることができる。腎臓の酸負荷に関係する主なものはメチオニン、シスチンなどの含硫アミノ酸を含む蛋白質であり、この含硫アミノ酸の含有量は、植物性蛋白質に比べ動物性蛋白質ではより多く含まれている。したがって、一般的な腎臓病用療法食では、蛋白質成分として主に植物性蛋白質を多く使用している。また、食事性の蛋白質だけではなく、利用できる摂取エネルギー量が不十分な場合には、内因性の体蛋白質が異化され水素イオンの産生が増加することになる。実は、尿中の尿素産生量と総水素イオンの排泄量には直接的な正比関係が存在している。蛋白代謝が増加すればするほど体はアシドーシスとなり、酸血症となる。したがって、一般的に市販されている腎臓病用の療法食は、血液をアルカリ化し食事性の酸負荷を減らすような成分の組み合わせで設計されている。

単独の食事療法では不十分な場合、重炭酸ナトリウムまたはクエン酸カリウムなどのアルカリ化塩の投与が推奨される。クエン酸カリウムは、1つの薬剤でアシドーシスと低カリウム血症を治療できるため非常に有用である。この治療でも、約2週間ごとに血液ガス分析を行い、血液pHが正常範囲になるまで、投薬量を調整すべきである。

2.8.5 低カリウム血症の管理

CKDのステージ2、3のネコでは、低カリウム血症は一般的であり、その発症率は20～30％と報告されている。また、CKDのステージ4では、著しい糸球体濾過率の減少が高カリウム血症を促進する可能性があるため、一般的にはさほど認識されていない[18,20,22]。

CKDのネコの低カリウム血症の原因は、完全には解明されていないが、カリウム摂取量不足、尿中排泄の増加、および食事中の塩類制限に起因するレニン-アンジオテンシン-アルドステロン系活性化の増強が考えられる[23]。また、高血圧の治療薬であるアムロジピンは、CKDのネコに低カリウム血症を促進する可能性がある[24]。

低カリウム血症の症状は、低カリウム血症性ミオパチー、進行性腎障害、多飲／多尿（PU/PD）を示し、仮に腎臓病用療法食のカリウム含有量を増加させても、臨床症状の発現は減らせるが、低カリウム血症は改善されていない状態である。

低カリウム血症のネコでは、根本的にカリウムを補充する必要がある。経口補給はカリウム投与の最も安全で好ましい経路であり、注射療法は、一般的に低カリウム血症の緊急的な回復が必要な症例にのみ用いられる。最高30mEq/Lの塩化カリウムが、皮下投与に使用できる量である。経口補給のよい選択肢としては、グルコン酸

第7章

カリウムまたはクエン酸カリウムがあるが、塩化カリウムは、血液が酸性化するので推奨されない。特に、クエン酸カリウムは、カリウムの補給とともに血液をアルカリ化できる利点をもった優れた薬である。

もし、低カリウム血症性のミオパチーが存在する場合、通常、カリウム投与を開始後、1～5日以内に解消されるが、その後のカリウム投薬量は、症例の臨床症状の観察と1～2週間ごとの血清カリウム濃度測定により調整されるべきである。

カリウムが少なく、酸を多く含む食事の給与は、ネコの腎機能を減弱し、形質細胞性の尿細管間質性病変に関係しており[25-29]、CKDのネコには、予防的にカリウムの経口投与を行うことが推奨されている[30]。しかし、正常な血清カリウム濃度のネコへの予防的なカリウム補充の価値は確立されていない。

2.8.6 水和の維持

脱水は、一般的なCKDの合併症であり、しばしば腎機能の悪化と急性尿毒症の発症の原因となる。代償性多飲は脱水を予防できるが、良質で十分な飲料水を供給しない、あるいは水分摂取量を制限する、体液喪失の原因となる併発性の症状（例：発熱、嘔吐または下痢）は、脱水を促進することになる。慢性的な脱水は、食欲不振、嗜眠、衰弱、便秘、および腎前性高窒素血症を促進する可能性があり、AKIの発症をうながす可能性がある。AKIによる腎臓機能の新たな喪失は、CKD進行の重要な原因となる。

輸液療法は、臨床的な脱水症例に実施される。目標は、脱水の補正と予防、そして、その臨床的な効果である。必要な輸液の急劇な補正は、脱水の重症度と症例の必要性に応じて、静脈内、または皮下投与で行われる。皮下輸液療法の主な利点は、食欲と活動性を改善し、便秘を減少させる。すべてのCKD症例に輸液療法の必要性があるわけではないので、皮下輸液投与を行うかどうかは、症例ごとに熟考されるべきであり、皮下投与療法は、イヌよりもネコで有益性が高いと思われる。

長期投与の場合は、均衡のとれた電解質溶液（例：乳酸リンゲル液）を必要に応じて1～3日ごとに皮下投与する。投与する量は、症例の大きさに依存し、一般的な大きさ（体格）のネコでは、1回分につき約75～100mLを必要とする。症例の臨床的効果が不十分な場合、投与量は慎重に増加させる必要があるが、過剰な投与は、症例への輸液過負荷となる場合がある。バランスのとれた電解質溶液は、自由水を供給しないので、より生理的に適切なアプローチは栄養チューブを介して水分を供給することである。さらに、過剰なナトリウム摂取は腎臓に有害であり、過剰な塩分摂取は抗高血圧薬の効果を損なう可能性が示唆されている[31]。

長期的な皮下輸液療法への応答は、水和状態、臨床徴候、および腎機能を連続的に評価することによりモニターされる必要がある。臨床徴候と腎臓機能の検出可能な改善が補液療法に伴わない場合、長期治療の必要性は再評価されるべきである。

2.8.7 CKDの貧血管理

CKDの貧血は、CKDステージ3、4のイヌやネコでは一般的であり、主に十分なエリスロポエチン（erythropoietin：EPO）を産生できないことで生じるが、自然発症の失血、栄養不足、および赤血球寿命の減少も、一因となる。CKDによる腎性貧血の治療法として、EPO療法は一般に最も有効な治療法であるが、最適な治療を行うには、貧血に関与しているすべての因子に対処する必要がある。多くのCKDの貧血では、慢性の消化管出血が一因となる場合が多い。消化管出血を示唆する徴候は、高窒素血症の重症度に合致しない激しい貧血、異常に急速なヘマトクリット（Ht）値の低下、血中の尿素窒素/クレアチニン比率の上昇があげられる。また、鉄欠乏やH_2受容体拮抗薬とスクラルファートによる試験的治療により貧血が改善する場合は潜在性の消化管出血の間接的な証拠となる。

EPOの不足から生じる腎性貧血の場合、EPO投与は、Ht値の用量依存的増加をもたらし、約2～8週間以内に貧血とその臨床症状が改善する[32]。最初は、EPOが腎性貧血に効果的であるが、EPOに対する抗体が発現すると、その作用が失われる。抗EPO抗体が発現しているにもかかわらずEPO投与を続けると、症例自身が内因性に産生したEPOをも不活化し、不応性貧血と赤色骨髄の低形成を発現し[32]、さらに貧血を亢進する可能性もある。

抗EPO抗体の有無を調べる検査は現在使用できないが、貧血を改善するためにEPOの投薬量が増加する現象は、抗EPO抗体の発現を強く示唆している。また、骨髄中の骨髄芽球/赤芽球比の増加は、EPO抵抗性が抗体形成から生じている裏づけになる。したがって、EPO投与は、通常は満足なQOLを維持するために、貧血改善が必要である重度のCKDステージのために保存され、Ht値が約22％未満のイヌやネコにのみ推奨されている。

EPO療法の注意点としては、EPO投与は急激な赤血球の再生を誘導し、その際に鉄の需要が極めて高くなり、

貯蔵鉄はほとんど消費される。したがって、EPO治療中は、すべての症例に鉄の補給（最低でも、EPO治療開始時に鉄デキストラン（50～300mg）の筋肉内注射）が推奨される。組換え型・ヒトエリスロポエチンによるEPO療法の詳細は、他の文献を参照されたい[8]。

最適なHt値の治療目標はCKDをもつイヌやネコでは確立されていないが、費用対効果の高い合理的な目標は、正常範囲の下限となるだろう。ヒトの研究では、正常範囲下端にHt値を維持することは、高いHt値を維持することと同等の効果を持つことが示唆されている[33]。一度Ht値が目標範囲内に安定したら、Ht値は最低3カ月ごとに測定すべきである。

2.8.8 カルシトリオール療法

一般的にCKDの症例はカルシトリオール（活性型ビタミンD_3：VD_3）濃度が減少しており、早期のCKDであれば、VD_3の生産の低下は、リン摂取量の制限により改善できる。しかし、CKDが進行するに従って、VD_3補給が必要となる[34]。

CKDにおけるVD_3療法の効果は、上皮小体ホルモン（PTH）とミネラル代謝の影響と信じられてきたが[35]、最近、PTHとミネラル代謝に無関係な腎臓の作用（レニン-アンジオテンシン系の活性抑制、全身的なビタミンD受容体の活性化、および糸球体肥大に関連するポドサイトの消失など）が、認識されてきている[36,37]。

VD_3の作用は、ヒトでもイヌでもCKDの進行を抑制し、生存時間を増加させることができる[38,39]。しかし、ネコでは、CKDの臨床経過を変えるような劇的な効果は認められていない。CKDのネコでは、VD_3の使用は、現時点では支持できる証拠はない。また、VD_3治療中は、血清リン濃度と理想的にはイオン化カルシウム濃度をモニターする必要がある。なぜなら、CKDの場合、血中総カルシウム濃度はイオン化カルシウム濃度を正確に反映していない可能性があるためである[40]。

VD_3の投与は、24時間ごとに2.0～2.5ng/kgの投与量で行うのが一般的であるが、決して5.0ng/kg/dayを超えるべきではない[8]。適切なVD_3の投与量を決めるためには、やはりイオン化カルシウムとPTHの濃度を測定する必要がある。適切な投与量は、高カルシウム血症を誘発することなくPTHを最小限に抑える投与量である。

また、VD_3はカルシウムとリンの消化管吸収を高めるため、食事と一緒に与えてはいけない。空腹時の投与が高カルシウム血症のリスクを減少させることができる。VD_3療法が高カルシウム血症を誘発した場合には、投与量を半分にするか、もしくは、2日に1回の投与にする必要がある[41]。

このように、ヒトとイヌでは、ある程度カルシトリオール療法のエビデンスが示されてきたが、なぜかIRISの2023年の修正では、完全にその治療法には触れられていない。

2.8.9 蛋白尿の管理

蛋白尿はイヌやネコのCKDの進行と関連している[42,43]。蛋白尿を改善することは、ヒトのCKDの進行を遅くするが、イヌやネコで、この効果を支持する証拠は不十分である[44,45]。それにもかかわらず、IRISでは、尿蛋白/クレアチニン比（UP/C比）がイヌで0.5、ネコで0.4を超えるCKDのステージ2、3、4の症例と、UP/C比が2.0を超えるステージ1のイヌやネコでは、蛋白尿を改善する目的の治療法が推奨されている[7]。

CKDのイヌやネコにおける蛋白尿の標準的な管理は、理想的には正常範囲内にUP/C比を戻すことが目標であるが、UP/C比は簡単には低下しないため、現実的な目標として、治療以前のUP/C比の値から半減させることを目指して、腎臓病用療法食とRAS抑制薬（アンジオテンシン変換酵素阻害薬：angiotensin converting enzyme inhibitors；ACEI、もしくはアンジオテンシンⅡ受容体拮抗薬：angiotensin receptor blocker；ARB）による治療法を開始することになっている。

また、2023年の修正されたIRISの推奨治療法では、一番目に使用する薬物としては、ARBがよいとされている。さらに、蛋白質喪失性腎症を発症している場合、抗血栓治療の第一選択薬は、あくまでクロピドグレルであり、その代わりにアスピリンを使用してもよいとされている。

時折RAS抑制薬療法は、腎機能の著しい低下と関連しているので、治療開始前と治療開始後1～2週間で、クレアチニンを測定すべきである。クレアチニンが高値であるか、またはクレアチニンの進行性の増加がある場合は、治療計画の再評価を行うべきである。イヌのCKD進行におけるエナラプリルの有益な効果は、2.0mg/kg/dayの投薬量を使用することと報告されている[47]。RAS抑制薬療法は、副作用として高カリウム血症が発症する可能性があるので、血清カリウム濃度は頻繁にモニターされるべきである。

2.8.10 腎性高血圧症の管理

腎性高血圧症は、イヌやネコのCKDにおける一般的な合併症であり、重度の長期間の高血圧症は腎臓、眼、

第7章

神経、および心臓の合併症をもたらす。しかし、腎臓が進行性に障害される具体的な血圧の値は、まだ知られていない。

腎性高血圧症の治療の目的は、収縮期圧を＜160mmHgに下げて、標的器官（中枢神経系、網膜、心臓）の傷害のリスクを最小化することである。また、IRISでは、標的器官の傷害リスクを管理するうえで、イヌやネコの高血圧を4段階に分類している（表7）[6]。この血圧は、理想的には数日～数週間に測定された少なくとも2回の独立した測定値により確認すべきである[48]。

標的器官に傷害がある場合、持続的な高血圧を示していなくても治療すべきである。また、高血圧症の管理では、低血圧を起こさないようにしながら、緩徐に、かつ持続的に血圧を下げることが重要である。

高血圧を段階的に管理する方法は、次の通りであり、イヌとネコでは若干の違いがある。

初めに、イヌでもネコでも食事性ナトリウムを下げるのが必要となる。食事性ナトリウムを下げることが血圧を低下させるというエビデンスはないが、他の薬物の効果を最大限にし、腎臓の障害を最小限にするためには必要である。

次に薬物投与であるが、これに関してはイヌとネコに若干の違いがみられイヌでは初めにアンジオテンシン変換酵素阻害薬（ACEI）の投与を行うのが推奨されており、降圧効果が低いようであれば、ACEIの投与量を2倍にする。それでも、効果がない場合には、ACEIとカルシウム拮抗薬（calcium channel blocker：CCB）を併用する。それでもさらに効果が不十分であれば、アンジオテンシンⅡ受容体拮抗薬（ARB）またはヒドララジンを組み合わせる。一方、ネコでは第一選択薬はCCBまたはARBである。降圧効果が低いようであれば、CCBを使用している場合は投与量を倍にし、ARBを使用している場合はCCBを併用する。いずれも、注意点としては、水和していない状態の症例にこれらの薬が使用された場合、急激な糸球体濾過量の減少を起こすことがあるため、注意が必要である。

イヌやネコの高血圧症は、通常一生涯の治療薬を必要とし、時々治療薬の調整を必要とする。また、血圧が安定化した後でも生涯、最低3カ月ごとに定期的なモニタリングが必要となる。

2.9 CKDの予後

CKDのステージ3、4のイヌでは、病気は進行傾向がある。

ほとんどの重度のCKDのイヌは死亡するか、その疾患のために安楽死させられる。イヌは通常、腎臓病の重症度に応じて、数カ月から1年または2年生存する。これは治療である程度、改善できる可能性があるが、蛋白尿と高血圧が合併している場合は、比較的短期間に予後不良となる場合が多い[42,49]。

一方、CKDのネコは、その症例により臨床経過は様々であり、あるネコはイヌと同様な進行経過であるが、多くのネコではよりゆっくり進行する経過をとる。あるネコでは、何年間も安定した腎機能を保ち、CKDとは無関係の原因で死亡する場合もある[12]。しかし、イヌと同様に、蛋白尿は予後不良因子となる。

第7章2の参考文献

1) Manjunath G, Tighiouart H, Coresh J, Macleod B, Salem DN, Griffith JL, et al. Level of kidney Function as a risk factor for cardiovascular outcomes in the elderly. *Kidney Int*. 2003; 63: 1121-1129.
2) Hovind P, Tarnow L, Rossing P, Carstensen B, Parving HH. Improved survival in patients obtaining remission of nephrotic range albuminuria in diabetic nephropathy. *Kidney Int*. 2004; 66: 1180-1186.
3) Ibsen H, Wachtell K, Olsen MH, Borch-Johnsen K, Lindholm LH, Mogensen CE, et al. Albuminuria and cardiovascular risk in hypertensive patients with left ventricular hypertrophy: the LIFE Study. *Kidney Int Suppl*. 2004; 60(92): S56-58.
4) IV NKF-I(DOQI Clinical Practice Guidelines for Anemia of Chronic Kidney Disease: update 2000. *Am J Kidney Dis*. 2001; 37: 182-238
5) National Kidney Foundation. K/DOOI clinical practice guidelines for chronic kidney disease: evaluation, classification, and stratification. *Am J Kidney Dis*. 2002; 39: S1-266.
6) International Renal Interest Society (IRIS) Ltd. iris-kidney.com.
7) Lees GE, Brown SA, Elliott J, et al. Assessment and management of proteinuria in dogs and cats: 2004 ACVIM forum consensus statement (small animal). *J Vet Intern Med*. 2005; 19: 377-385.
8) Polzin D. Chronic kidney disease. In: Ettinger S, Feldman E, ed. Textbook of veterinary internal medicine. Saunders. 2010; 2036-2067.
9) Jacob F, Polzin DJ, Osborne CA, et al. Clinical evaluation of dietary modification for treatment of spontaneous chronic renal failure in dogs. *J Am Vet Med Assoc*. 2002; 220(8): 1163-1170.
10) Plantinga EA, Everts H, Kastelein AMC, et al. Retrospective study of the survival of cats with acquired chronic renal insufficiency offered different commercial diets. *Vet Rec*. 2005; 157: 185-187.
11) Elliott J, Rawlings JM, Markwell PJ, et al. Survival of cats with naturally occurring chronic renal failure: effect of dietary management. *J Small Anim Pract*. 2000; 41: 235-242.
12) Ross SJ, Osborne CA, Kirk CA, et al. Clinical evaluation of dietary modification for treatment of spontaneous chronic kidney disease in cats. *J Am Vet Med Assoc*. 2006; 229: 949-257.
13) Israel R, O'Mara V, Meyer BR. Metoclopramide decreases

renal plasma flow. *Clin Pharmacol Ther*. 1986; 39: 261-264.

14) Perkovic LD, Rumboldt D, Bagatin Z, et al. Comparison of ondansetron with metoclopramide in the symptomatic relief of uremia-induced nausea and vomiting. *Kidney Blood Press Res*. 2002; 25: 61-64.

15) Boyd LM, Langston C, Thompson K, et al. Survival in cats with naturally occurring chronic kidney disease (2000-2002). *J Vet Intern Med*. 2008; 22: 1111-1117.

16) Elliot J, Brown S, Cowgill L, et al. Symposium on phosphatemia management in the treatment of chronic kidney disease. Louisville. Vetoquinol. 2006.

17) Fliser D, Koleritis B, Neyer U, et al. Fibroblast growth factor 23 (FGF23) predicts progression of chronic kidney disease: The mild to moderate kidney disease (MMKD) study. *J Am Soc Nephrol*. 2007; 18: 2601-2608.

18) Elliot J, Barber P. Feline chronic renal failure: Clinical findings in 80 cases diagnosed between 1992 and 1995. *J Small Anim Pract*. 1998; 39: 78-85.

19) Nath K. The tubulointerstitium in progressive renal disease. *Kidney Int*. 1998; 54: 992-994.

20) DiBartola S, Rutgers H, Zack P, et al. Clinicopathologic findings associated with chronic renal disease in cats: 74 cases (1973-1984). *J Am Vet Med Assoc*. 1987; 190: 1196-1202.

21) de Brito-Ashurst I, Varagunam M, Raftery MJ, et al. Bicarbonate supplementation slows progression of CKD and improves nutritional status. *J Am Soc Nephrol*. 2009; 20: 2075-2084.

22) Buranakarl C, Mathur S, Brown SA. Effects of dietary sodium chloride intake on renal function and blood pressure in cats with normal and reduced renal function. *Am J Vet Res*. 2004; 65: 620-627.

23) Lulich J, Osborne C, O'Brien T, et al. Feline renal failure: questions, answers, questions. *Compendium on Continuing Education for the Practicing Veterinarian*. 1992; 14: 127-152.

24) Henik R, Snyder P, Volk L. Treatment of systemic hypertension in cats with amlodipine besylate. *J Am Anim Hosp Assoc*. 1997; 33: 226-234.

25) Dow S, Fettman M, LeCouteur R, et al. Potassium depletion in cats: renal and dietary influences. *J Am Vet Med Assoc*. 1987; 191: 1569-1575.

26) Dow S, Fettman M, Smith K, et al. Effects of dietary acidification and potassium depletion on acid-base balance, mineral metabolism and renal function in adult cats. *J Nutr*. 1990; 120: 569-578.

27) Theisen S, DiBartola S, Radin M, et al. Muscle potassium content and potassium gluconate supplementation in normokalemic cats with naturally occurring chronic renal failure. *J Vet Intern Med*. 1997; 11: 212-217.

28) Adams L, Polzin D, Osborne C, et al. Correlation of urine protein/creatinine ratio and twenty-four-hour urinary protein excretion in normal cats and cats with surgically induced chronic renal failure. *J Vet Intern Med*. 1992; 6: 36-10.

29) DiBartola S, Buffington C, Chew D, et al. Development of zchronic renal disease in cats fed a commercial diet. *J Am Vet Med Assoc*. 1993; 202: 744-751.

30) Dow S, Fettman M. Renal disease in cats: the potassium connection. In: Kirk R, ed. Current veterinary therapy xi. Philadelphia. WB Saunders. 1992; 820-822.

31) Weir M, Fink JC. Salt intake and progression of chronic kidney disease: an overlooked modifiable exposure? a commentary. *Am J Kidney Dis*. 2005; 45: 176-188.

32) Cowgill L, James K, Levy J, et al. Use of recombinant humans erythropoietin for management of anemia in dogs and cats with renal failure. *J Am Vet Med Assoc*. 1998; 212: 521-528.

33) Singh AK, Szczech L, Tang KL, et al. Correction of anemia with epoetin alfa in chronic kidney disease. *N Engl J Med*. 2006; 355: 2085-2098.

34) Gutierrez O, Isakova T, Rhee E, et al. Fibroblast growth factor-23 mitigates hyperphosphatemia but accelerates calcitriol deficiency in chronic kidney disease. *J Am Soc Nephrol*. 2005; 16: 2205-2215.

35) Nagode L, Chew D, Podell M. Benefits of calcitriol therapy and serum phosphorus control in dogs and cats with chronic renal failure: both are essential to prevent or suppress toxic hyperparathyroidism. *Vet Clin North Am*. 1996; 26: 1293-1330.

36) Andress DL. Vitamin D in chronic kidney disease: a systemic role for selective vitamin receptor activation. *Kidney Int*. 2006; 69: 33-43.

37) Freundlich M, Quiroz Y, Zhang Z, et al. Suppression of renin-angiotensin gene expression in the kidney by paracalcitol. *Kidney Int*. 2008; 74: 1394-1402.

38) Shoben AB, Rudser KD, de Boer IA, et al. Association of oral calcitriol with improved survival in nondialyzed CKD. *J Am Soc Nephrol*. 2008; 19: 1613-1619.

39) Cheng S, Coyne D. Vitamin D and outcomes in chronic kidney disease. *Curr Opin Nephrol Hypertens*. 2007; 16: 77-82.

40) Schenck PA, Chew DJ. Determination of calcium fractionation n dogs with chronic renal failure. *Am J Vet Res*. 2003; 64: 1181-1184.

41) Hostutler RA, DiBartola SP, Chew DJ, et al. Comparison of the effects of daily and intermittent-dose calcitriol on serum parathyroid hormone and ionized calcium concentrations in normal cats and cats with chronic renal failure. *J Vet Intern Med*. 2006; 20: 1307-1313.

42) Jacob F, Polzin DJ, Osborne CA, et al. Evaluation of the association between initial proteinuria and morbidity rate or death in dogs with naturally occurring chronic renal failure. *J Am Vet Med Assoc*. 2005; 226: 393-400.

43) SymeHM, MarkwellPJ, PfeifferD, et al. Survival of cats with naturally occurring chronic renal failure is related to severity of proteinuria. *J Vet Intern Med*. 2006; 20: 528-535.

44) King JN, Gunn-Moore DA, Se'verine Tasker S, et al. Tolerability and efficacy of benazepril in cats with chronic kidney disease. *J Vet Intern Med*. 2006; 20: 1054-1064.

45) Grauer G, Greco D, Getzy D, et al. Effects of enalapril versus placebo as a treatment for canine idiopathic glomerulonephritis. *J Vet Intern Med*. 2000; 14: 526-533.

46) Plumb DC. Plumb's veterinary drug handbook. 6th edition. Ames(IA). Blackwell Publishing. 2008; 130-131.

47) Grodecki KM, Gains MJ, Baumal R, et al. Treatment of X-linked hereditary nephritis in Samoyed dogs with angiotensin converting enzyme (ACE) inhibitor. *J Comp Pathol*. 1997; 117: 209-225.

48) Brown SA, Atkins C, Bagley R, et al. Guidelines for the identification, evaluation, and management of systemic hypertension in dogs and cats. *J Vet Intern Med*. 2007; 21: 542-558.

49) Jacob F, Polzin D, Osborne C, et al. Association between initial systolic blood pressure and risk of developing a uremic crisis or of dying in dogs with chronic renal failure. *J Am Vet Med Assoc*. 2003; 222: 322-329.

第7章

3 糸球体疾患

3.1 糸球体疾患の発生機序

糸球体疾患には、免疫学的機序（免疫介在性）と非免疫学的機序によるものがある。前者には糸球体腎炎、後者には足細胞傷害に起因する疾患、代謝異常、循環障害に起因する疾患がある。

3.1.1 免疫学的発生機序による糸球体腎炎

糸球体腎炎は免疫介在性疾患であり、下記の3つの発生機序が考えられている。

3.1.1.1 免疫複合体（immune complex：IC）が関与するもの

糸球体腎炎では、免疫染色（主に蛍光抗体法：immunofluorescence；IF）で糸球体に免疫グロブリン（Ig）や補体が同じパターンで沈着していることが確認されることから、それらはICとして沈着していると考えられる。電子顕微鏡的に糸球体内に確認される電子密な沈着物DD（dense deposit）はICが沈着・集積したものとみなされており、そのICの糸球体内沈着ないし形成機序には以下の①、②がある[1]。

①血中を循環する免疫複合体（circulating immune complex：CIC）が糸球体にトラップされて沈着する場合（図2A）

糸球体に沈着するCICは、抗原・抗体比が同程度ないしわずかな抗原過剰域で形成された可溶性ICであり、内皮下腔（血管内皮細胞とGBMの間）やメサンギウム内に沈着する。抗原としては様々な物質が考えられるが、感染体由来抗原、自己抗原などが考えられ、イヌやネコでも糸球体腎炎を合併する感染症が知られている[2]（表12）。

②糸球体構成成分（自己抗原）あるいは糸球体に付着ないし沈着した外因性ないし内因性（自己）抗原（planted antigen：PA）に血中の特異抗体が結合し、糸球体内でICが形成される局所免疫複合体形成 in situ IC formation（図2B、C）。

ヒトの膜性腎症のうち一次性膜性腎症ないし特発性膜性腎症と呼ばれる病態では、足細胞の足突起表面の自己抗原（phosphlipase A_2 receptor：PLA_2R など）に自己抗体が結合し、in situ で上皮下にICが形成されることが明らかになっている。イヌの足細胞にPLA_2R が発現していることは報告されているものの、動物の膜性腎症で同様の自己免疫が関与する病態があるかどうかはわかっていない[3]。また、微生物など何らかの抗原刺激によって形成されたCICの糸球体沈着による膜性腎症もあり、これらはヒトでは二次性（続発性）膜性腎症と呼ばれる。

さらに、ヒトの溶連菌感染後急性糸球体腎炎におけるstreptococcal pyrogenic exotoxin B、小児の膜性腎症における塩基性ウシアルブミン（陽性荷電物質）は糸球体に付着する planted antigen（PA）として報告されており、糸球体局所において特異抗体が結合しIC形成が起こると考えられている。また、ヒトの全身性エリテマトーデス（systemic lupus erythematosus：SLE）に合併するループス腎炎ではヌクレオソーム（ヒストン結合DNA）がPAとなる可能性が指摘されている。イヌにおいてもイヌ糸状虫抗原がPAとなり糸球体基底膜（glomerular basement membrane：GBM）に結合し in situ でICが形成され、糸球体障害が誘発されるとの報告がある[4,5]。

なお、糸球体におけるIC沈着・形成によって惹起される炎症反応や細胞傷害は、ICの補体結合性、Igクラス、IC量に依存し、一般に内皮下やメサンギウムに沈着・集積したICは、補体活性化を介して炎症反応、固有細胞増殖や細胞外基質増生を引き起こすが、膜性腎症にみられるような上皮下のICは補体活性化から膜侵襲性複合体（membrane-attack complex：MAC）を生じるが、それらは細胞を溶解せず炎症性サイトカイン様作用をもつsublytic MACであり、足細胞の細胞骨格異常、酸化ストレスや細胞外基質産生を促進し、GBMでのスパイク形成を引き起こす[1]。

3.1.1.2 抗糸球体基底膜抗体（自己抗体）によるもの

糸球体基底膜（GBM）に対する自己抗体による自己免疫疾患である。ヒトではグットパスチャー症候群、急速進行性糸球体腎炎症候群などがあり、包括的に抗GBM腎炎とされている。組織学的には糸球体に細胞性半月形成を伴う増殖性ないし壊死性病変が形成され、病理形態学的には壊死性半月体形成性糸球体腎炎となる[1]。IFではIgが糸球体毛細血管壁に沿って連続性線状に沈着する特徴的な像が観察されるが、厳密な診断には血中の抗糸球体基底膜抗体を証明する必要がある。ヒトのグットパスチャー症候群では糸球体傷害に加え肺出血を伴うが、これはGBMと肺胞基底膜のIV型コラーゲンの構造が同様であり、α3鎖のNC1ドメインに対する自

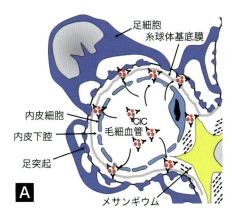
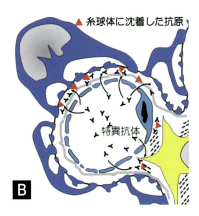
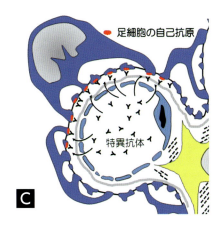

図2　免疫複合体が関与する糸球体腎炎の発生機序
A：血中を循環する免疫複合体（circulating immune complex：CIC）の沈着。
B：糸球体に付着ないしトラップされた抗原に血中の特異抗体が結合し、ICが形成される局所免疫複合体形成 in situ IC formation。
C：足細胞の抗原（自己抗原）に血中の特異抗体が結合し、ICが形成される局所免疫複合体形成 in situ IC formation

表12　イヌおよびネコにおいて糸球体疾患を随伴すると報告されている疾患

イヌ	ネコ
腫瘍	
白血病、リンパ腫、肥満細胞腫、真正多血症、全身性組織球症、他の腫瘍	白血病、リンパ腫、肥満細胞腫、他の腫瘍
感染症	
細菌性	
ボレリア症、バルトネラ症、ブルセラ症、心内膜炎、腎盂腎炎、子宮蓄膿症、膿皮症、他の慢性細菌感染症	慢性細菌感染症、マイコプラズマ性多発性関節炎
原虫性	
バベシア症、ヘパトゾーン症、リーシュマニア症、トリパノソーマ症	
リケッチア性	
エールリヒア症	
ウイルス性	
イヌアデノウイルスⅠ型	ネコ免疫不全ウイルス感染症、ネコ白血病ウイルス感染症、ネコ伝染性腹膜炎
寄生虫	
イヌ糸状虫症	イヌ糸状虫症
真菌性	
ブラストミセス症、コクシジオイデス症	
非感染性炎症性疾患	
慢性皮膚炎、炎症性腸疾患、膵炎、歯周病、多発性関節炎、全身性エリテマトーデス（SLE）、他の免疫介在性疾患	膵炎、胆管肝炎、慢性進行性関節炎、全身性エリテマトーデス（SLE）、他の免疫介在性疾患
その他（ホルモン、化学物質など）	
コルチコステロイド過剰、スルファメトキサゾール・トリメトプリム、高脂血症、慢性インスリン投与、先天性C3欠損、ワクチン過剰摂取	アクロメガリー、水銀中毒

参考文献2）を改編

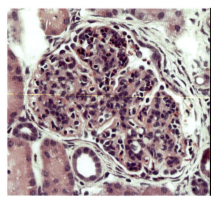
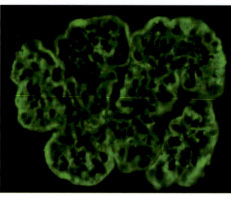

図3
ブタの遺伝性dense deposit diseaseのHE所見（左）とC3沈着（蛍光抗体法）
（提供：Prof. Johan Høgset Jansen / Norwegian University of Life Sciences）

己抗体によりGBMと肺胞基底膜が傷害を受けるためである[6]。

文献的に動物における発生報告はされていない。筆者はIF像と光顕像で疑わしい生検症例を経験しているが、肺出血は未確認で自己抗体は証明できていない。

3.1.1.3 補体の活性化異常によるもの

補体はC1〜C9と呼ばれる血漿蛋白質で、これらの活性化にはICを起点とする古典的経路classical pathway（CP）、LPSなどの微生物の表面成分などとの接触を起点とする副経路alternative pathway（AP）、血清蛋白質であるマンノース結合レクチン（mannose-binding lectin：MBL）がマンノース、フコース、または細菌や酵母の細胞壁、ウイルスと結合した場合に生じるレクチン経路lectin pathway（LP）がある。

いずれの経路においても補体成分の連鎖反応によって最終的にC5b-C9複合体（膜侵襲性複合体MAC）が活性化部位で形成され、細胞膜を貫通する孔が形成されることにより細胞が溶解する。また反応途中でC3aやC5aといったアナフィラトキシンが生成され、局所に炎症を誘導することが知られている。このように補体は自然免疫の一機構として備わっているが、生体では不必要に活性化されないためにH因子やI因子に代表される補体制御因子により活性化は厳密に制御されている。

このような補体の活性化は、IC沈着や抗GBM抗体による糸球体腎炎の発生に密接に関連しており、ICが内皮下やメサンギウム内に沈着する場合には、補体活性化を介して炎症反応や固有細胞の増殖などが起こる。一方、膜性腎症のように上皮下に形成ないし沈着したICによる補体活性化は、足細胞の障害、GBM物質の産生増加からスパイク形成を招く[1]。

さらにヒトではH因子、F因子などの補体制御因子の異常・欠損によりC3の異常活性化が誘導され、糸球体の障害をきたす疾患群の存在が明らかにされ、包括的にC3腎症とされている[7,8]。C3腎症は基本的に糸球体にIgの沈着を伴わず、C3沈着のみを伴う腎症で、病理形態学的に膜性増殖性糸球体腎炎II型（dense deposit disease：DDD）と他の型の糸球体腎炎を含む。イヌやネコではC3腎症の存在は明らかではないが、動物ではブタ遺伝性H因子欠損によるDDDがよく知られている[9]（図3）。

3.1.2 非免疫学的機序による糸球体疾患
3.1.2.1 足細胞傷害に起因する疾患

ヒトの原発性糸球体疾患のうち、微小変化（minimal change：MC）と巣状分節性糸球体硬化症（focal segmental glomerulosclerosis：FSGS）は足細胞の障害による疾患（足細胞病：podocytopathy）と呼ばれている。前述したように、これらの疾患ではIFで免疫グロブリンや補体の特異的沈着はなく、電子顕微鏡的にもDDの沈着を伴わない。したがって、これらの疾患における足細胞傷害の機序には抗体、免疫複合体、補体の活性化は関与しないことから、非免疫学的機序による糸球体疾患とした。

イヌやネコにおいても病理形態学的にMCやFSGS病変が認められ、基本的に足細胞に異常が認められるが、形態学的な細分類や原因・発生機序は解明されていない。

ヒトのFSGSは硬化部位などにより細分類されており、さらに病因論的に、一次性（特発性）と二次性（続発性）に分けられる[10,11]。一次性は血中の液性因子circulating factors（血中に存在し、GBMを通過して足細胞を障害する因子、本体は未確定）の関与が疑われ、二次性については、原因別に家族性／遺伝子変異（足細胞関連蛋白質遺伝子）genetic FSGS、ウイルス性（HIV-1など）virus-associated FSGS、薬剤性（ビスホスフォネート、インターフェロン、アントラサイクリン系抗生物質など）medication-associated FSGS、糸球体の構造的・機能的適応反応（ネフロン減少、異常血行動態に対する反応）

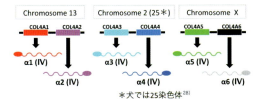
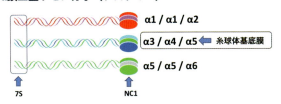
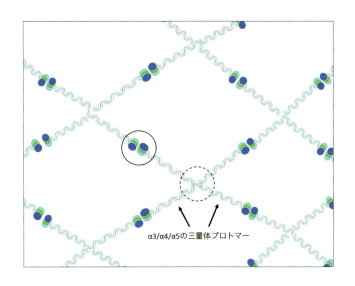

図4 ヒトのアルポート症候群の発生機序
A：Ⅳ型コラーゲンはα1、α2、α3、α4、α5、α6のラセン状のポリペプチドα鎖によって構成されている。基底膜を構成するのはこれらのα鎖による3種類の三重ラセン分子（プロトマー）で、糸球体基底膜のⅣ型コラーゲンはα3/α4/α5からなる。
B：糸球体基底膜ではプロトマーがC末端のNC1ドメインで2分子が重合し（実線囲み）、N末端の7Sで4分子が重合する（点線囲み）ことにより網目状のネットワークを形成している。

adaptive FSGS、さらにAPL1（アポリポ蛋白質[1]遺伝子リスクバリアント）APL1FSGSなどがリストアップされている。

また、MCでは従来からT細胞の機能異常が病理発生に関与するとされている。一方、FSGSではT細胞機能異常は確認されていないものの、実験的に特発性FSGSおよびMCでは末梢血CD_{34}細胞が免疫学的病理発生機序として関与すると推測されている。

Massら[12]は、MCと特発性FSGSは表現型が異なるものの、病因論的な共通性、形態学的・臨床経過の連続性などから、両疾患は足細胞傷害を起点とした同一疾患であるとしている。しかしながら動物では原因に言及した研究はない。

3.1.2.2 代謝異常、循環障害
糸球体アミロイドーシス

腎アミロイドーシスは全身性アミロイド症の一分症として多くの動物種に認められ、そのほとんどは急性相蛋白質であるSAA（serum amyloid A）を前駆蛋白質とするAAアミロイドーシスである。イヌとネコでは腎臓における分布が異なっており、イヌでは糸球体に沈着することが多く（糸球体アミロイドーシス）蛋白尿の原因となり、ネコでは糸球体アミロイドーシスのほか、乳頭部や髄質外層が主たる沈着部位であることが多い[13]。しかし、この腎臓におけるアミロイドの局在の違いは何によるのかわかっていない。

AAアミロイドーシスは慢性炎症に続発することから続発性アミロイドーシスと呼ばれている。ヒトの家族性地中海熱は反復性炎症を特徴とする遺伝病で、腎不全に至るAAアミロイドーシスが最も重症な合併症である[14]。一方、チャイニーズ・シャー・ペイにはヒトの家族性地中海熱に似た家族性チャイニーズ・シャー・ペイ熱（自己炎症性疾患）があり、この炎症刺激がAAアミロイドーシスに関連すると推測されている[15,16]。

その他の特殊な糸球体疾患
▶アルポート症候群類似疾患

ヒトのアルポート症候群はGBMの主たる構成成分であるⅣ型コラーゲン（ⅣCol）のα3、α4、α5鎖の異常に起因する遺伝性疾患で、α鎖の連結に異常を来しGBMに特徴的な形態異常が起こる（図4）[17]。ヒトではいくつかの病型があるが、X染色体に存在するα5鎖遺伝子の異常に起因し、X連鎖顕性遺伝形式をとる病型が最も多い[6]。イヌでもアルポート症候群類似の糸球体疾患が報告されているが[18]、このうちX連鎖顕性遺伝形式をとるサモエドの腎症が古くから研究されている。糸球体の病変はヒトのそれと同様であるが、ヒトでみられる難聴の合併は報告されていない[19,20]。

▶チアノーゼ腎症

チアノーゼ腎症はチアノーゼ性先天性心疾患患者に認められる蛋白質漏出性腎疾患で、病理学的に糸球体肥大・巨大化をきたし、腎機能の低下を招く[21]。動物ではネコの症例の報告がある[22]。糸球体の異常には、随伴す

る二次性多血症における血液高粘稠化による糸球体毛細血管圧の上昇やエンドセリン、エリスロポエチンの関与が疑われている[23,24]。

▶Ⅲ型コラーゲン糸球体症
（膠原線維糸球体沈着症）

Ⅲ型コラーゲン糸球体症（Collagen type Ⅲ glomerulopathy Col Ⅲ GP）は、膠原線維糸球体沈着症（collagenofibrotic glomerulopachy）ともいい、本来糸球体に存在しないⅢ型コラーゲン（線維性間質型コラーゲン）が糸球体メサンギウムや糸球体係蹄壁内皮下に出現・沈着する糸球体疾患である[25]。イヌなど動物にも散発性発生が報告されているが[26,27]、Ⅲ型コラーゲンの糸球体沈着メカニズムは確定されていない。イヌの遺伝性Col Ⅲ GPでは、Ⅲ型コラーゲンが糸球体メサンギウム細胞から産生されると推測されている[28]。

第7章 3.1 の参考文献

1) Couser WG: Basic and translational concepts of immune mediated glomerular diseases. *J Am Soc Nephrol*. 2012, 23: 381-399.
2) Vaden SL. Glomerular Disease. *Top Companion Anim Med*. 2011; 26: 128-134.
3) Sugahara G, Kamiie J, Kobayashi R, Mineshige T, Shirota K. Expression of phospholipase A2 receptor in primary cultured podocytes derived from dog kidneys. *J Vet Med Sci*. 2016; 78: 895-899.
4) Aikawa M, Abramowsky C, Powers KG, Furrow R. Dirofilariasis. IV. Glomerulonephropathy induced by *Dirofilaria immitis* infection. *Am J Trop Med Hyg*. 1981; 30: 84-91.
5) Grauer GF, Culham CA, Dubielzig RR, Longhofer SL, Grieve RB. Experimental *Dirofilaria immitis*-associated glomerulonephritis induced in part by in situ formation of immune complexes in the glomerular capillary wall. *J Parasitol*. 1989; 75: 585-593.
6) Mao M, Alavi MV, Labelle-Dumais C, Gould DB. Type IV collagens and basement membrane diseases: Cell biology and pathogenic mechanisms. *Curr Top Membr*. 2015; 76: 61-116.
7) Cook HT, Pickering MC. Histopathology of MPGN and C3 glomerulopathies. *Nat Rev Nephrol*. 2015; 11: 14-22.
8) Sethi S, Fervenza FC. Membranoproliferative glomerulonephritis - a new look at an old entity. *N Engl J Med*. 2012; 366: 1119-1131.
9) Jansen JH, Høgåsen K, Mollnes TE. Extensive complement activation in hereditary porcine membranoproliferative glomerulonephritis type II (porcine dense deposit disease). *Am J Pathol*. 1993; 143: 1356-1365.
10) D'Agati VD, Fogo AB, Bruijn JA, Jennette JC. Pathologic classification of focal segmental glomerulosclerosis: a working proposal. *Am J Kidney Dis*. 2004; 43: 368-382.
11) Rosenberg AZ, Kopp JB. Focal segmental glomerulosclerosis. *Clin J Am Soc Nephrol*. 2017; 12: 502-517.
12) Mass RJ, Deegens JK, Smeets B, Moeller MJ, Wetzels JF. Minimal change disease and idiopathic FSGS: manifestations of the same disease. *Nat Rev Nephrol*. 2016; 12: 768-776.
13) Vaden SL, Levine JF, Lees GE, Groman RP, Grauer GF, Forrester SD. Renal biopsy: a retrospective study of methods and complications in 283 dogs and 65 cats. *J Vet Intern Med*. 2005; 19: 794-801.
14) Ben-Chetrit E, Backenroth R. Amyloidosis induced, end stage renal disease in patients with familial Mediterranean fever is highly associated with point mutations in the MEFV gene. *Ann Rheum Dis*. 2001; 60:146-149.
15) Segev G, Cowgill LD, Jessen S, Berkowitz A, Mohr CF, Aroch I: Renal amyloidosis in dogs: A retrospective study of 91 cases with comparison of the disease between Shar-Pei and non-Shar-Pei Dogs. *J Vet Intern Med*. 2012; 26: 259-268.
16) Metzger J, Nolte A, Uhde A-K, Hewicker-Trautwein M, Distl O. Whole genome sequencing identifies missense mutation in MTBP in Shar-Pei affected with Autoinflammatory Disease (SPAID). *BMC Genomics*. 2017; 18: 348.
17) Gubler MC. Inherited diseases of the glomerular basement membrane. Nat Clin Pract Nephrol. 2008; 4: 24-37.
18) Sugahara G, Naito I, Miyagawa Y, Komiyama T, Takemura N, Kobayashi R, Mineshige T, Kamiie J, Dhirota K. Pathological features of proteinuric nephropathy resembling Alport syndrome in a young Pyrenean Mountain dog. *J Vet Med Sci*. 2015; 77: 1175-1178.
19) Lees GL. Kidney diseases caused by glomerular basement membrane type IV collagen defects in dogs. *J Vet Emerg Crit Care*. 2013; 23: 184-193.
20) Grodecki KM, Gains MJ, Baumal R, Osmond DH, Cotter B, Valli VE, Jacobs RM. Treatment of X-linked Hereditary Nephritis in Samoyed Dogs with Angiotensin Converting Enzyme (ACE) Inhibitor. *J Comp Pathol*. 1997; 117: 209-225.
21) Gupte PA, Vaideeswar P, Kandalkar BM. Cyanotic nephropathy - a morphometric analysis. *Congenit Heart Dis*. 2014; 9: 280-285.
22) Shirota K, Saitoh Y, Une Y, Nomura Y. Glomerulopathy in a cat with cyanotic congenital heart disease. *Vet Pathol*. 1987; 24: 280-282.
23) Inatomi J, Matsuoka K, Fujimaru R, Nakagawa A, Iijima K. Mechanisms of development and progression of cyanotic nephropathy. *Pediatr Nephrol*. 2006; 21: 1440-1445.
24) 生駒雅昭, 小板橋靖. チアノーゼ型先天性心疾患に伴う腎疾患-チアノーゼ腎症（cyanotic glomerulopathy）-. 日児腎誌. 2006; 19: 104-110.
25) Imbasciati E, Gherardi G, Morozumi K, Gudat F, Epper R, Basler V, Mihatsch MJ. Collagen type III glomerulopathy: a new idiopathic glomerular disease. *Am J Nephrol*. 1991; 11: 422-429.
26) Kobayashi R, Yasuno K, Ogihara K, Yamaki M, Kagawa Y, Kamiie J, Shirota K. Pathological characterization of collagenofibrotic glomerulonephropathy in a young dog. *J Vet Med Sci*. 2009; 71: 1137-1141.
27) Kamiie J, Yasuno K, Ogihara K, Nakamura A, Tamahara S, Fujino Y, Ono K, Shirota K. Collagenofibrotic glomerulonephropathy with fibronectin deposition in a dog. *Vet Pathol*. 2009; 46: 688-692.
28) Rørtveit R, Lingaas F, Bønsdorff T, Eggertsdóttir AV, Grøndahl AM, Thomassen R, Fogo AB, Jansen JH. A canine autosomal recessive model of collagen type III glomerulopathy. *Lab Invest*. 2012; 92: 1483-1491.
29) Lowe JK, Guyon R, Cox ML, Mitchell DC, Lonkar AL, Lingaas F, Andre C, Galibert F, Ostrander EA, Murphy KE. Radiation hybrid mapping of the canine type I and type IV collagen gene subfamilies. *Funct Integr Genomics*. 2003; 3: 112-116.

3.2 糸球体疾患の診断

ネコでは糸球体疾患の情報が少ないため、3.2、3.3ではイヌについて記述する。

3.2.1 臨床徴候

糸球体疾患の典型的な症状は高度な蛋白尿であり、特に免疫複合体性糸球体腎炎と腎アミロイドーシスで顕著である。初期および軽症例では特別な症状を示さないが、重症例ではネフローゼ症候群（4主徴：蛋白尿、低アルブミン血症、浮腫および高コレステロール血症）を示す。進行して腎不全にいたると、多飲多尿、活動性の低下、食欲不振、嘔吐、口腔内の潰瘍などを示す。重篤な低アルブミン血症が持続すると、血栓塞栓症を起こすことがある。これには、血中フィブリノーゲン濃度の上昇、尿中への凝固因子（アンチトロンビンⅢ）の喪失、血小板の接着能および凝集能の活性化などが関与している。

過去の報告では、ネフローゼ症候群のイヌの15～25%に血栓塞栓症が発生することが示されている[1]。血栓塞栓症が起きる部位は様々であるが、チアノーゼや呼吸困難がみられる場合は肺血栓塞栓症が疑われる。腸間膜動脈、腎動脈、腸骨動脈、冠状動脈、脾動脈、上腕動脈などに血栓塞栓症が起こることもあり、塞栓した部位により症状は異なる。

高血圧を併発することも多く、重篤な高血圧では、網膜/脈絡膜症を起こすことにより、突然の失明、網膜剥離、網膜出血もしくは前房出血を認める。脳症を起こすと発作やけいれんがみられる。左心室肥大、心不全および腎不全の進行も高血圧の合併症として起きる。

3.2.2 問診および身体検査

病歴、シグナルメント、血縁、飼育環境、薬物の曝露歴など詳細な聞き取りを行う必要がある。イヌの糸球体疾患は続発性に発生することが多いため、特に病歴や基礎疾患に関する情報は重要である。

身体検査は、一般的な聴診、触診およびTPR測定だけでなく、血圧も評価しなければならない。ただし、血圧は測定法や機器の性能に左右されるため、信頼性のある測定値が得られることが前提である。高血圧を認める場合は、眼底検査も実施する必要がある。

3.2.3 血液検査

全血球計算は糸球体疾患に特異的な検査ではないが必ず実施する。血液化学は、血中尿素窒素、クレアチニン、リン、カルシウム、電解質（ナトリウム、カリウム、クロール）、総蛋白質、アルブミン、グルコース、アラニンアミノトランスフェラーゼ（ALT）、アルカリホスファターゼ（ALP）、ビリルビン、コレステロールを測定する。蛋白質の尿中への喪失により筋肉量が減少してクレアチニンが上昇しないことも多いので、対称性ジメチルアルギニン（symmetric dimethylarginine：SDMA；筋肉量に影響を受けない）も測定することが望ましい。炎症の評価も重要であり、C反応性蛋白（C-reactive protein：CRP）の測定も行う。そのほかに基礎疾患や併発疾患の評価に重要と思われる項目は測定する。重症例では血液ガスの測定も必要である。

3.2.4 尿検査

糸球体疾患の診断の要である。尿試験紙、比重、尿沈渣といった一般的な尿検査は必ず実施する。蛋白尿が必発の臨床徴候であるため、尿蛋白/クレアチニン比（UP/C比）の測定も必須である。尿試験紙のみで蛋白尿を評価することはできない。UP/C比を測定する前には必ず尿沈渣を観察し、感染や炎症を除外しておく必要がある。尿沈渣の観察で細菌を認めた場合には、必ず尿の培養・感受性検査を実施する。明らかな細菌尿がなくても、尿沈渣に白血球の増数を認めた場合も尿の培養検査を実施する。

さらに、低比重尿（USG＜1.025）、高窒素血症、副腎皮質機能亢進症および糖尿病の症例ではオカルト感染の可能性があるため、鑑別診断のために尿培養を実施することが推奨されている[2]。

3.2.5 X線および超音波検査

腎臓のサイズや内部構造を評価する。初期には腎臓の皮質が肥大することがあるが、進行するとむしろ腎臓は萎縮する。腎臓の正確なサイズを評価するためには、X線のVD像で腎臓の長軸を第二腰椎の長軸（L2）と比較する（正常の参照値：2.5～3.5/L2）。

低アルブミン血症（Alb＜2.0g/dL）や重度の蛋白尿（UP/C比＞3.5）、高血圧を示す症例では、腹水や胸水の存在、各種臓器の腫大にも注意を払う必要がある。非糸球体性の蛋白尿の鑑別のためには、尿石の有無にも注視する必要がある。低アルブミン血症を示す症例では、炎症性腸疾患、膵炎、腹膜炎などとの鑑別のためにもX線および超音波検査による精査は重要である。

3.2.6 その他の臨床病理検査

基礎疾患や併発疾患の洗い出しが非常に重要である。感染症の検査、特にイヌ糸状虫症の検査は必須である。地域によってはライム病も考慮すべきである。海外渡航

第7章

表13 イヌの糸球体疾患の治療

糸球体疾患の種類	治療法
免疫介在性糸球体腎炎*	一般的な慢性腎臓病の治療＋免疫抑制療法
非免疫介在性糸球体腎炎**	一般的な慢性腎臓病の治療
腎アミロイドーシス	一般的な慢性腎臓病の治療（ほとんどは予後不良）

＊：腎生検による病理検査では免疫複合体性糸球体腎炎と診断される
＊＊：腎生検による病理検査では非免疫複合体性糸球体腎炎と診断される

歴があるイヌではエールリヒア症やリーシュマニア症も考慮する。そのほかにも、感染性疾患、炎症性疾患、循環器疾患、内分泌疾患（特に副腎皮質機能亢進症）、腫瘍性疾患、免疫介在性疾患などを徹底して除外、鑑別する必要がある。免疫介在性疾患の有無は治療法にも大きくかかわるため、抗核抗体やリウマチ因子の評価も必要である。多発性関節炎を疑う場合には、診断に関節液検査が必要である。

低アルブミン血症を示す症例では、肝疾患、消化管からの蛋白質の喪失、栄養不良など腎性以外の要因を除外する必要がある。高窒素血症を示す症例では、糸球体疾患以外の原因で起きた急性腎障害に低アルブミン血症が続発している可能性がある。レプトスピラ症は低アルブミン血症を伴う腎不全を引き起こすことがあり、急性腎障害に続発した急性膵炎でも低アルブミン血症が起きる。

3.2.7 腎生検

糸球体疾患の確定診断および病型の決定は腎生検でのみ可能である。腎生検を実施する根拠はUP/C比の値で決まる。UP/C比が3.5を超える蛋白尿は重度な蛋白尿であり、糸球体疾患が強く示唆される。急速な病態の悪化の恐れがあり、早急に治療方針を決定する腎生検による確定診断を行うことが推奨される。一方、UP/C比が正常値よりも高いが3.5を超えない場合はネフローゼ症候群などにより急速に病態が悪化する可能性が低い。そのため、基礎疾患の鑑別や治療を進めながらUP/C比の測定を繰り返す。基礎疾患の治療を行っても6週間以上UP/C比の高値が続く場合は糸球体疾患の可能性があり、腎生検の適応となる。

腎生検の実施には全身麻酔が必要である。そのため、麻酔リスクについては十分な配慮が必要である。血液凝固異常がある症例でも腎生検は禁忌である。また、高血圧の症例では事前に降圧しておいた方がよい。すでに腎不全が進行している症例では組織の線維化が著しいため、腎生検を行っても糸球体疾患が診断できないことが多い。慢性腎臓病のIRISステージが4（血漿クレアチニン値＞5.0mg/dL）の症例では腎生検は禁忌であり、ステージ3の（血漿クレアチニン値2.9～5.0mg/dL）の後半でも症例の全身状態によってはリスクが高い。

3.3 糸球体疾患の治療

糸球体疾患はイヌの慢性腎臓病の原因疾患の1つである。したがって、糸球体疾患の治療の基本は慢性腎臓病の治療である（表13）。免疫介在性の糸球体疾患では、通常の慢性腎臓病の治療に加えて免疫抑制療法も適応になる。非免疫介在性の糸球体腎炎では免疫抑制療法を実施する根拠はない。腎アミロイドーシスでは免疫抑制療法は禁忌である。

3.3.1 一般的治療

通常の慢性腎臓病の治療を行う[3,4]。全身状態、臨床徴候、基礎疾患および併発疾患により必要な治療が異なるため、詳細な臨床検査を実施して個々の症例の病態を把握することが重要である。最も重要なのは基礎疾患の治療と管理である。

3.3.2 蛋白尿に対する治療

蛋白尿の治療の基本はレニン-アンジオテンシン系（RAS）の阻害である。治療への介入はUP/C比により決定され、UP/C比が持続的に0.5以上を示す場合は適応となる（表14）。RAS阻害薬には、アンジオテンシン変換酵素阻害薬（ACEI）とアンジオテンシン受容体拮抗薬（ARB）がある。イヌの蛋白尿に対する第一選択薬は長年にわたりACEIとされていたが、近年はARBであるテルミサルタンが使用されるようになり[4,5]、2023年に改訂されたIRISのCKDの推奨治療ガイドラインでも第一選択薬がARBに変更された[3]。なお、ACEIの種類の使い分けに明確な決まりはないが、一般的にはベナゼプリルもしくはエナラプリルが使用されている。

治療効果の判定は投薬開始の2～4週間後に行う。UP/C比が0.5以下あるいは投薬前の50％以下に下がれば十分な効果があったと判定される。効果がみられない

腎臓の病気

表14　イヌの糸球体疾患の治療に使用されるレニン–アンジオテンシン系阻害薬

薬剤	適応	用量	備考
ACEI			
エナラプリル	蛋白尿、高血圧	0.5 mg/kg、経口、24時間毎	増量は0.5 mg/kg/日ずつ、最大投与用は2.0 mg/kg/日、12時間毎の投与も可能
ベナゼプリル	蛋白尿、高血圧	0.5 mg/kg、経口、24時間毎	増量は0.5 mg/kg/日ずつ、最大投与用は2.0 mg/kg/日、12時間毎の投与も可能
ラミプリル	蛋白尿、高血圧	0.125 mg/kg、経口、24時間毎	増量は0.125 mg/kg/日ずつ、最大投与用は0.5 mg/kg/日、通常は24時間毎の投与
ARB			
テルミサルタン	蛋白尿、高血圧	1.0 mg/kg、経口、24時間毎	増量は0.25 mg/kg/日ずつ、最大投与用は5 mg/kg/日、通常は24時間毎の投与

ACEI：アンジオテンシン変換酵素阻害薬、ARB：アンジオテンシン受容体拮抗薬　　　　文献4) より抜粋

場合は、全身状態、年齢、腎不全の程度に留意しながら薬用量を段階的に上げる（表14）。ARB単独で効果が得られない場合、ARBとACEIが併用されることもある[3]。ただし、ヒトではACEIとARBを併用すると腎不全の増悪リスクが高いことが明らかにされており[6]、IRISのガイドラインでも、ARBとACEIの併用は安易に行わず、必要であれば腎泌尿器疾患を専門とする獣医師のコンサルテーションのもとに実施することが望ましいとされている[3]。

　RAS阻害薬の使用に際しては、急性腎障害の発生に留意する必要がある。これは、血圧の低下ならびに輸入細動脈の拡張に伴い糸球体へ流入する血液が減少することで発生する。脱水のある症例では急性腎障害のリスクが高いため、事前に水和しておく必要がある。また、進行した慢性腎臓病（IRISステージ3の後半または4）の症例では安易にRAS阻害薬を投与せず、投与する際は副反応の有無を慎重にモニターする。血漿クレアチニン値が投薬開始前より30％以上（あるいは0.5mg/dL以上）の上昇を示した場合には直ちに投薬を中止し、慎重な経過観察を行う。RAS阻害薬は、アンジオテンシンの作用を抑制することで副腎皮質からのアルドステロン分泌も抑制する。そのため、高カリウム血症を誘発することがあり、電解質（ナトリウム、カリウム、クロール）のモニターも重要である。

3.3.3　食事療法

　基本的には腎疾患用の療法食が推奨される[4]。ただし、腎疾患用の食事は蛋白質制限によるカロリー不足を補うために脂肪の含有量が高いことがあり、症例によっては膵炎のリスクを高める。筆者は、膵炎のリスクを認める症例については経験的に消化器用の低脂肪食を処方している。

3.3.4　ω-3脂肪酸

　ω-3脂肪酸には抗炎症作用、血栓形成抑制作用、蛋白尿の軽減といった効果が期待される。食事中のω-3脂肪酸は、ω-6：ω-3の割合が5：1になるまで強化することが望ましいとされており[4]、通常、腎疾患用の療法食にはω-3脂肪酸が強化されている。一般食を使用する場合は食事に添加してもよい。ω-3脂肪酸はフィッシュオイルのサプリメントに豊富に含まれており、ω-3の多価脂肪酸として0.25～0.5 g/kg/dayの食事への添加が推奨されている[4]。

　一方、ω-3脂肪酸であるエイコサペンタエン酸（eicosapentaenociacid：EPA）およびドキサヘキサエン酸（docosahexaenoic asid：DHA）のサプリメント中の含有量は製品により異なる。正確な含有量が表示されている製品を使用することが望ましく、その場合はEPAが40mg/kg、DHAが25mg/kgとなるように食事に添加することが推奨されている[7]。製品によってはビタミンA、D、Eといった脂溶性ビタミンが添加されており、このような製品を大量に投与すると過剰症の恐れがある。ω-3脂肪酸のサプリメントを単独で使用す

第7章

る場合は、酸化の予防のために－20℃以下で保存することが推奨されている[4]。

3.3.5 高血圧の治療

高血圧の合併症は、眼、循環器、腎臓、脳などに起こる。収縮期血圧が持続的に160mmHg以上を示す場合は降圧治療の適応となる。収縮期血圧が180mmHg以上で、眼底の出血、網膜の剥離、発作などの明らかな合併症を示している場合は、即座に治療を開始する。興奮によって180mmHg以上を示す症例も経験されるため、合併症がない症例では治療について慎重な判断が必要である。治療の基本はナトリウムの摂取制限であり、腎疾患用の療法食はナトリウム制限が行われている。降圧薬の第一選択はACEIであり（表14）、ACEIに著効がみられなければ、カルシウムチャネル拮抗薬（アムロジピン）への切り替え、あるいは併用を行う。RAS阻害薬の使用に際しては、蛋白尿の治療と同様に急性腎障害の発生に留意する必要がある。

3.3.6 抗血栓療法

低アルブミン血症が持続すると血栓塞栓症のリスクが高まるため、抗血栓療法が必要になる。血漿アルブミン濃度が2.0g/dLを持続的に下回る場合は抗血栓療法を行う。抗血栓薬としては、従来から低用量アスピリンの投与（1～5mg/kg、経口、1日1回）が行われてきたが、2023年に改訂されたIRISのCKDの推奨治療ガイドラインでは、クロピドグレル（1.1～3mg/kg、経口、1日1回）が第一選択に変更された[3]。

3.3.7 輸液療法

脱水や全身状態の程度により輸液療法が必要なことがある。重度の低アルブミン血症では血漿膠質浸透圧の低下を原因として浮腫や腹水貯留を示すが（underfill）、一方で血管外へ水が漏出するため循環血液量は減少していることがある。そのため、浮腫や腹水貯留を示しているにもかかわらず静脈内輸液が必要になることがある。ただし、肺水腫などのリスクも伴うため、実施に際しては慎重な判断が必要とされる。静脈内輸液は晶質液（乳酸リンゲル、生理食塩液など）で行う。晶質液の静脈内輸液によっても体液のバランスや血行動態を修正できない症例では、血漿膠質浸透圧を上昇させるために膠質液（コロイド、アルブミンなど）の投与が行われることもある[4]。

ヒトでは尿細管におけるナトリウムポンプの異常も浮腫や腹水貯留の原因として知られている[8]。すなわち、ナトリウムポンプの異常によりナトリウムの排泄が抑制されると血流量の増加に伴う血管内圧の上昇が起こり、結果として血管外に水が漏出する（overfill）。イヌではoverfillはまだ証明されていないが、低アルブミン血症を伴わずに浮腫を示している場合は血管の静水圧が上昇している可能性があり、このような症例で安易に静脈内輸液を行うと危険である。

3.3.8 利尿薬の投与

浮腫や腹水貯留といったネフローゼ症候群の徴候を示し、明らかな症状（肺水腫や多量の胸水・腹水貯留による呼吸不全など）を示す症例では利尿薬の投与が必要になる。利尿薬としては、フロセミドあるいはスピロノラクトンを使用する。

肺水腫や高カリウム血症を併発している症例ではフロセミドが推奨される。1mg/kg（6～12時間ごと）の投与から始め、必要に応じて0.5～1mg/kgずつ増量する。2mg/kgで単回投与した後に2～15μg/kg/minで持続的静脈内投与する方法もある[4]。

胸水あるいは腹水のある症例に対してはスピロノラクトンが推奨されている[4]。1mg/kg（12～24時間ごと）の投与から始めて必要に応じて1mg/kgずつ増量する。

3.3.9 免疫抑制療法
3.3.9.1 適応

免疫介在性の糸球体腎炎が適応である[9]。腎生検による病理組織学的検査で免疫複合体性糸球体腎炎（ほとんどの免疫介在性糸球体腎炎は病理組織学的検査で免疫複合体性糸球体腎炎の型を示す）と診断されても、非活動的（非ネフローゼ症候群、非進行性の腎不全、少量あるいは痕跡的な免疫複合体）な場合は安易に実施するのではなく、実施の必要性を慎重に検討する。

腎生検が実施できない場合、重度の低アルブミン血症（＜2.0g/dL）、ネフローゼ症候群、高窒素血症の急速な進行を示す症例が免疫抑制療法の適応になる[10]。末期腎不全（IRISステージ4）や腎アミロイドーシスが疑われる症例では免疫抑制療法は禁忌である。免疫抑制療法には副反応や合併症のリスクがあり（表15）、難治性の感染性疾患をもつイヌでは安易に免疫抑制療法を実施してはならない。

3.3.9.2 薬剤

イヌの免疫介在性糸球体腎炎の治療に使用される免疫抑制薬を表15に示している。WSAVA（world small animal veterinary association）Renal Standardization

表15　イヌの糸球体疾患で使用される免疫抑制薬

薬剤	適応	用量	副反応および合併症
ミコフェノール酸モフェチル	免疫介在性糸球体腎炎	10mg/kg、経口、12時間毎	消化管不調
シクロフォスファミド	免疫介在性糸球体腎炎	パルス投与：200〜250mg/m^2、経口、3週間毎 連続投与：50 mg/m^2、経口、週に4日間	消化管不調、骨髄抑制、出血性膀胱炎、感染症
アザチオプリン	免疫介在性糸球体腎炎	2mg/kg、経口、24時間毎、1〜2週間 その後は1〜2 mg/kg、経口、48時間毎	消化管不調、骨髄抑制、急性膵炎、消化器障害、肝毒性、感染症、悪性腫瘍
クロラムブシル	免疫介在性糸球体腎炎	0.2mg/kg、経口、24〜48時間毎	消化器不調、骨髄抑制
シクロスポリン	免疫介在性糸球体腎炎	5〜20mg/kg、経口、12時間毎 消化器不調の予防のためには低用量から始めて漸増する。	消化器不調、歯肉の過形成
プレドニゾロン	免疫介在性糸球体腎炎	1mg/kg、経口、12時間毎で開始し、可能な限り速やかに漸減する。単独では使用しない。	多飲多尿、筋消耗、パンティング、被毛の変化、体重増加、肝酵素の上昇、消化管潰瘍、高脂血症、感染症、副腎機能の抑制、血栓塞栓症

文献9）より抜粋

表16　イヌの免疫介在性糸球体疾患に対する免疫抑制療法[9]

甚急性かつ進行性の早い症例

推奨1．ミコフェノール酸モフェチルの単独投与あるいはプレドニゾロンとの併用
推奨2．シクロフォスファミドの単独投与あるいはプレドニゾロンとの併用

病状が落ち着いており進行の緩やかな症例

推奨1．ミコフェノール酸モフェチルの単独投与
推奨2．クロラムブシルの単独投与あるいはアザチオプリン（隔日投与）との併用
推奨3．シクロフォスファミドとプレドニゾロンの併用
推奨4．シクロスポリンの単独投与

プレドニゾロンを併用する場合は、可能な限り速やかに漸減する

Project（RSP）からは、免疫抑制療法に関するコンセンサス・ステートメントが発表されている[9]。表16には、WSAVA-RSPにより推奨されている免疫抑制薬の組み合わせを示している。このステートメントで第一選択として推奨されている免疫抑制薬はミコフェノール酸モフェチルである。ステロイドは合併症や増悪のリスクが高いことが指摘されており、イヌの免疫介在性糸球体腎炎の治療薬としては推奨されていない[9]。

ただし、免疫介在性多発性関節炎や免疫介在性溶血性貧血といったステロイド療法が有効な疾患をもつ症例や重篤なネフローゼ症候群の症例では使用を妨げるものではない。使用する場合は単独ではなく補助的に用い、可能な限り速やかに漸減して休薬することが推奨されている[9]。

3.3.9.3 効果の判定

UP/C比が治療開始前の50％以下に軽減すれば効果ありと判定される。UP/C比の低下を認めない場合でも、治療前に比べて血漿クレアチニン値の25％以上の低下、血漿アルブミン値の明らかな上昇（2.0g/dL以上あるいは治療前に比べて50％以上の上昇）を認めた場合は効果があったと判定される。UP/C比が0.5以下になれば寛解とみなされる。治療開始から8〜12週間が経過しても効果がみられない場合は免疫抑制薬の変更を考慮する。3〜4カ月が経過しても明らかな効果がみられない場合は免疫抑制療法を中止し、一般的な慢性腎臓病の治療のみにとどめた方がよい[9]。

3.3.9.4 副反応と合併症

定期的なモニターを行い、好中球減少症（＜3,000個/μL）、重篤な消化器症状、膵炎、肝障害、全身性の感染症、長期投与による腎障害などを認めた場合は免疫抑制療法を中止する[9]。

3.3.10 腎アミロイドーシスに対する治療

基礎疾患、特に炎症性疾患を認める場合にはその治療が重要である。しかしながら、根治的な治療法はなく、腎不全に対する支持療法が中心となる。アミロイド溶解剤であるジメチルスルホキシド（dimethy lsulfoxide：DMSO）の投与がイヌの腎アミロイドーシスで効果を認めたという報告もあるが[11]、DMSOの効果については不明な点が多く、腎アミロイドーシスに対する治療法としては議論の余地がある。

3.4 予後

最も予後が悪いのは腎アミロイドーシスである。腎アミロイドーシスと診断された91頭のイヌ（18頭のチャイニーズ・シャー・ペイ、73頭の非シャー・ペイ犬種）に関する後ろ向き研究では、生存期間に犬種による違いはなく、生存期間の中央値は5日（0～443日）であり、30日以上の生存率はわずか20％である[12]。生存期間が極端に短いのは、安楽死されたイヌが多く含まれていることに起因するが、これは裏を返せば腎アミロイドーシスが予後不良で安楽死の決定因子となっていることを意味している。

ネフローゼ症候群も予後不良因子である。糸球体疾患のイヌでネフローゼ症候群（78頭）と非ネフローゼ症候群（156頭）の予後を比較した研究では、生存期間の中央値はネフローゼ症候群で12.5日（0～2,783日）、非ネフローゼ症候群で104.5日（0～3,124日）と報告されている[13]。このことから、イヌの糸球体疾患ではネフローゼ症候群の予防および改善が治療のキーポイントとなることが明らかである。

第7章 3.2～3.4 の参考文献

1) DiBartola SP, Westroop JL. Glomerular disease, In: Nelson RW and Couto CG eds. Small Animal Internal Medicine (5th ed). Elsevier. 2014; 653-662.
2) IRIS Canine GN Study Group Diagnosis Subgroup: Consensus recommendations for the diagnostic investigation of dogs with suspected glomerular disease, *J Vet Intern Med*. 2013; 27: S19-26.
3) IRIS: IRIS treatment recommendations for CKD. http://www.iris-kidney.com/guidelines/recommendations.html. 2023
4) IRIS Canine GN Study Group Standard Therapy Subgroup: Consensus recommendations for standard therapy of glomerular disease in dogs, *J Vet Intern Med*. 2013; 27: S27-43.
5) Bugbee AC, Coleman AE, Wang A, et al. Telmisartan treatment of refractory proteinuria in a dog, *J Vet Intern Med*. 2014; 28: 1871-1874.
6) Mann JF, Schmieder RE, McQueen M, et al. Renal outcomes with telmisartan, ramipril, or both, in people at high vascular risk (the ONTARGET study): a multicentre, randomised, doble-blind, controlled trial Lancet. 2008; 372: 547-553.
7) Parker VJ, Freeman LM. Focus on nutrition: Nutritional management of protein-losing nephropathy in dogs. *Compend Contin Educ Vet*. 2012; 34: E6.
8) Doucet A, Favre G, Deschênes G. Molecular mechanism of edema formation in nephrotic syndrome: therapeutic implications. *Pediatr Nephrol*. 2007; 22: 1983-1990.
9) IRIS Canine GN Study Group Established Pathology Subgroup.; Consensus recommendations for immunosuppressive treatment of dogs with glomerular disease based on established pathology. *J Vet Intern Med*. 2013; 27: S44-54.
10) IRIS Canine GN Study Subgroup on Immunosuppressive Therapy Absent a Pathologic Diagnosis.: Consensus guidelines for immunosuppressive treatment of dogs with glomerular disease absent a pathologic diagnosis. *J Vet Intern Med*. 2013; 27: S55-59.
11) Spyridakis L, Brown S, Barsanti J, et al. Amyloidosis in a dog: treatment with dimethylsulfoxide. *J Am Vet Med Assoc*. 1986; 189: 690-691.
12) Segev G, Cowgill LD, Jessen S, et al. Renal amyloidosis in dogs: a retrospective study of 91 cases with comparison of the disease between Shar-Pei and non-Shar-Pei dogs. *J Vet Intern Med*. 2012; 26: 259-268.
13) Klosterman ES, Moore GE, de Brito Galvao JF, et al. Comparison of signalment, clinicopathologic findings, histologic diagnosis, and prognosis in dogs with glomerular disease with or without nephrotic syndrome. *J Vet Intern Med*. 2011; 25: 206-214.

4 尿細管間質疾患

4.1 尿細管間質性腎炎
4.1.1 イントロダクション

1898年、Councilmanがジフテリアと猩紅熱で死亡し、腎臓の間質に著しい細胞浸潤を認めた剖検例を急性間質性腎炎（acute interstitial nephritis：AIN）という名称で報告した[1]。その後、糸球体に変化がみられず、尿細管・間質領域に主たる病変が存在するものは尿細管間質性腎炎（tubulointerstitial nephritis：TIN）として扱われるようになった。

TINは病理学的概念であり、病理組織学的に、浮腫や細胞浸潤などの急性病変を主体とする急性尿細管間質性腎炎（acute tubulointerstitial nephritis：ATIN）と、間質線維化、尿細管の萎縮などの慢性変化を主体とする

表17　WHO尿細管間質血管病変分類改訂版[3]

炎症性尿細管間質性疾患
1. 感染症
① 細菌性急性、慢性腎盂腎炎、尿細管間質性腎炎および腎膿瘍、② 真菌、③ ウイルス（サイトメガロウイルス、アデノウイルスなど）、④ 寄生虫、⑤ 結核など
2. 薬剤性
① 急性腎毒性尿細管障害（アミノ配糖体、セフェム、カルバペネム、免疫抑制薬など） ② 過敏性尿細管間質性腎炎（βラクタム、キノロン、抗結核薬など） ③ 慢性腎毒性尿細管障害（抗癌剤、鎮痛薬、免疫抑制薬、リチウムなど）
3. 免疫異常（抗尿細管基底膜抗体、免疫複合物、細胞性免疫、即時型過敏症）
① 抗尿細管基底膜病、② ループス腎炎、③ シューグレン症候群、④ IgG4 関連腎症、⑤ 薬剤（NSAIDs など）
4. 全身疾患
① サルコイドーシス、② ANCA 関連腎炎、③ アレルギー性肉芽腫性血管炎、④ Wegene 肉芽腫症、⑤ 慢性関節リウマチ、⑥ 川崎病など
閉塞性尿細管間質性疾患
1. 水腎症、2. 逆流性腎症、3. 膿腎症、4. 乳頭壊死
代謝性尿細管間質性疾患
1. 高カルシウム性腎症、2. 痛風腎、3. オキサローシス、4. 低カリウム性腎症、5. 浸透圧性腎症、6. Fabry 病、7. 糖原病、8. 糖質・脂質・硝子滴変性、胆汁性、鉄、銅など
腫瘍性あるいは増殖性尿細管間質性疾患
1. 骨髄腫腎、2. 軽鎖沈着症、3. 血液疾患などの浸潤
糸球体疾患や血管病変などによる続発性尿細管間質性疾患
先天性尿細管間質性疾患
1. 家族性若年性ネフロン癆、2. 髄質嚢胞症、3. 多嚢胞腎
尿細管輸送障害
放射線腎症
血管疾患
1. 高血圧、2. 血栓・塞栓・梗塞、3. 抗リン脂質抗体症候群
腎動脈狭窄
腎増殖性血管症・血栓性血管症
腎血管炎
その他

慢性尿細管間質性腎炎（chronic tubulointerstitial nephritis：CTIN）に分類されていたが、急性でも様々な程度に線維化病変を伴う場合があり、また慢性でも炎症細胞浸潤を主に認めるものもあるため、急性・慢性の鑑別は病理組織所見のみでは明確でない場合もある。

しかし、最近では病理組織学的所見と臨床経過を合わせて、急性あるいは慢性と診断される傾向にある[2]。基礎疾患や誘因から分類するWHOの分類が広く用いられる[3]（表17）。

しかし、原因を特定できない場合もあれば、糸球体病変や血管病変との関連性を明確にできないこともあり、ATINやCTINという名称があいまいに使用されている。

4.1.2 尿細管間質性疾患の定義

尿細管間質性腎炎は病理組織学的な疾患概念であり、尿細管間質の炎症を主体とする腎病変の総称であり、多彩で広範な病因、病態、臨床的所見を呈する[2,4]。本来、尿細管疾患と間質性疾患は原因や病態が異なり、間質性腎炎と呼ばれることが多かったが、尿細管と間質の病変は相互に影響して形成されることから、尿細管間質性腎炎として扱われるようになった。

本病変には、主に尿細管や間質が障害される場合だけ

第7章

でなく、糸球体病変や血管性病変に続発した二次性の障害も含まれており、極めて多様な原因で発生する。その臨床像は、原因となる病態や障害の程度により多彩だが、病理組織学的な変化には共通点が多くみられる。

その発症機序としては、間質には非常に多くの毛細血管が走っており、ネフロンを構成する尿細管も毛細血管と並んで走行している。この尿細管と毛細血管のどちらかが、なんらかの原因で障害されることが本病変の発症のきっかけと考えられている。しかし、それらが完全に区別されることはなく、多くの場合は、一次的に尿細管が障害を受け、二次的に毛細血管が障害を受け、血管から血液が漏れ出し、間質に白血球などの細胞が浸潤してくると考えられている。すなわち、両方の障害が重なり合い、本病変が形成されている。

病理学的に、急性尿細管間質性腎炎は浮腫や細胞浸潤などの急性病変を主体とし、慢性尿細管間質性腎炎は、間質の線維化や尿細管の萎縮などの慢性病変を主体とする[5]。しかし、急性においても種々の程度で慢性病変を認め、また慢性であっても一部には急性病変を認める場合もあり、病理所見のみで鑑別することは困難であり、臨床経過を考慮して総合的に判断する必要がある。急性尿細管間質性腎炎では一般に糸球体病変は軽微であるが、慢性尿細管間質性腎炎では腎障害の進行に伴い、糸球体の巣状分節性硬化、全節性硬化、糸球体係蹄の虚脱などの虚血性変化、糸球体周囲の線維化などを認める。

尿細管間質性疾患は、尿細管および間質の損傷を共通の特徴とする臨床的に不均一な疾患群である。罹病期間の長い重症例では、腎臓全体が侵され、糸球体機能障害をきたし、腎不全に至る場合さえある。尿細管間質性疾患の主なカテゴリーには、以下がある。

- 急性尿細管壊死
- 急性または慢性尿細管間質性腎炎
- 造影剤腎症
- 鎮痛薬腎症
- 逆流性腎症
- 骨髄腫腎
- 代謝性腎症など

4.1.3 尿細管間質性腎炎の原因

尿細管間質性腎炎は、原発性の場合もあるが、糸球体損傷や腎血管障害から二次的に発症することもある。また、原発性尿細管間質性腎炎は、急性と慢性に分類でき、急性から慢性に移行する場合もあるが、原因は、各々異なっている。

4.1.3.1 急性尿細管間質性腎炎の原因

ATINの原因としては、感染症、薬剤の副作用、アレルギー性の薬物反応が多く、感染性の病気としては、急性腎盂腎炎があげられるが、多くは予後良好な疾患である[6,7]。

しかし、ATINが何回か繰り返されているなかで、CTIN（もしくは、慢性腎臓病）へと移行し、進行性の疾患となる場合もある。また、なかでも薬剤性（ペニシリン系・アミノグリコシド系抗生物質、鎮痛薬など）のものや[8]、急性尿細管壊死、腎乳頭壊死などによるものは、急激な腎機能低下や急性腎障害（acute kidney injury：AKI）を呈することがあるので注意が必要である。薬物過敏反応に起因する薬剤性ATINの場合は、疑いのある薬によるリンパ球刺激試験（Lymphocyte Stimulation Test：LST）が陽性の場合、その薬物が原因と考えているのが現状である[9,10]。近年ATINは増加傾向にあり、薬物に関連するものが多くを占めるとの報告もある[11]。

また、ATINとぶどう膜炎を併発する特発性腎眼症候群も発症する。これらの疾患は治療の面からも鑑別が必要となる。

4.1.3.2 慢性尿細管間質性腎炎の原因

CTINは、緩徐な間質の浸潤と線維化、尿細管の萎縮と機能障害、および数年にわたる緩徐な腎臓機能の悪化がもたらされる。疾患としては多彩であり、原因別に、遺伝性、特定の感染症、免疫介在性疾患、薬剤、重金属、尿路異常、膀胱尿管逆流現象、代謝異常、腫瘍、虚血、中毒（ハーブの慢性曝露）、続発性、その他に分類されるが、病因が不明であることも少なくない[12-15]。

CTINは、ATINに比べ糸球体損傷（糸球体硬化症など）の同時関与が一般的にみられ、腎臓の病理組織変化のみでは鑑別できないものも多く、臨床像や発症様式と比べて真の原因を判断する必要がある。

詳細が研究されているCTINは、①鎮痛薬腎症、②代謝性腎症、③重金属腎症、④逆流性腎症、⑤骨髄腫腎、⑥遺伝性嚢胞性腎疾患である。ただし、逆流性腎症および多発性骨髄腫は尿細管間質性障害を引き起こす場合もあるが、主要病変は糸球体にある場合が多い。また、⑦抗菌薬（シスプラチン、アミノグリコシド系）は、ある一定量以上の薬剤を使用すると、個体の免疫学的特異性とは関係なく、用量依存的に惹起されるTINを中毒性TINと呼ぶ。アミノグリコシド系抗菌薬は糸球体で濾過された後近位尿細管に取り込まれ、その細胞内濃度は血中濃度の数倍に濃縮され、ホスホリパーゼ活性を抑制し、細胞傷害をきたすと考えられている。⑧免疫抑制薬

であるシクロスポリンは、長期使用により糸球体、尿細管間質ともに障害され、特にネフローゼ症候群の治療では、その使用頻度から、シクロスポリン腎症が問題となる。

4.1.4 臨床徴候・検査所見
4.1.4.1 急性尿細管間質性腎炎の臨床徴候・検査所見

ATINの徴候は非特異的な場合があり、腎不全症状が発生するまで認められないことが多い。多くは尿濃縮能障害、およびナトリウム再吸収障害による多飲多尿および頻尿を起こす。

ATINの徴候の発現は、毒性物質への最初の曝露から数週間と長い場合もあれば、2回目の曝露から3〜5日間と短い場合もある。潜伏期間の幅が極端に広く、短いものでリファンピシンの1日から、長いものでは非ステロイド性抗炎症薬（NSAIDs）の18カ月にも及ぶ[16-18]。

また、原因によって異なるが、ATIN全般的には発熱、関節痛、薬疹などがある。

薬剤性ATINの早期の徴候は、発熱、蕁麻疹を主徴とするが、薬剤性ATINの古典的な三主徴である発熱、発疹、好酸球増多がすべてそろう症例は10％未満である。

ATINでは腹痛、体重減少、および間質の浮腫に起因する両側性の腎臓腫大も発生することがあり、誤って腎癌、多発性嚢胞腎の徴候とみなされることもある。高血圧は、腎不全が起きた場合を除き、まれである。

血液検査で比較的急速に上昇する血清クレアチニン、BUN、薬剤性では好酸球増加、血清IgE増加がみられることが多い。尿検査所見では蛋白尿、血尿、無菌性膿尿を伴う活性化した尿沈渣の出現（白血球円柱など）、尿中NAGase活性、尿細管性蛋白尿（β_2ミクログロブリンなど）の上昇に尿細管機能異常（電解質の分画排泄率）を認めた場合、TINの可能性を考えるべきである。

4.1.4.2 慢性尿細管間質性腎炎の臨床徴候・検査所見

CTINでは、ほとんどの症例は全く無症状で経過し、健康診断などで偶然実施された血液検査でのBUNやクレアチニンの上昇により慢性腎臓病としてみつかることも多く、重度な腎障害で発見される場合も少なくない。また、尿細管機能障害の症状は、尿細管・間質の傷害部位は症例ごとに異なり、近位尿細管、遠位尿細管、腎髄質集合管の傷害が種々の程度に、または傷害の部位が重複することが多く、複合的な症状が出る場合がある。

一般的には多飲多尿、頻尿、口渇などの尿濃縮障害に基づく症状が多く、慢性腎不全が進行すれば、食欲不振、呼吸困難などの尿毒症徴候を呈するようになる。

検査所見では、一般的に尿所見は乏しく、蛋白尿は軽度で無菌性膿尿を認めることはあるが、血尿はまれである。画像検査では、腎臓障害の程度に応じて、腎臓萎縮や皮質の菲薄化を認める。また、逆流性腎症や閉塞性腎症では、腎盂や腎杯の拡張を認める。特に子イヌのCKDでは先天性の腎尿路奇形が多いため、画像検査が重要となる。また、重症度により、エリスロポエチン（erythropoetin：EPO）産生細胞の減少や機能障害により、比較的早期から腎性貧血を呈することが多い。低カリウム血症がある場合には、筋力低下などの徴候を呈することもある。

4.1.5 尿細管間質性腎炎の診断
4.1.5.1 急性尿細管間質性腎炎の診断

ATINの診断は、病歴、臨床所見、血液化学検査、尿検査、画像検査によって推定される。

ATINに特異的な診断マーカーはないが、血液検査では比較的急速に上昇する血清クレアチニン、BUNと、特に薬剤性では好酸球増加、血清IgE増加がみられることが多いが、それだけでは確定診断にはならない。ただし、好酸球がなければ、本症の可能性は低くなる[19-21]。また、カリウム再吸収の異常に起因した低カリウム血症、および近位尿細管での重炭酸塩の再吸収または遠位尿細管での酸の排泄における障害に起因するアニオンギャップ正常の代謝性アシドーシスなどがある。

尿検査では、蛋白尿は通常最小限であるが、NSAIDs、アンピシリン、リファンピシン、インターフェロンαまたはラニチジンによって誘発されたATINと糸球体疾患の併発ではネフローゼ・レベルに達する場合がある[16-18]。

尿沈渣では、赤血球、白血球、白血球円柱などの活動性腎炎症の徴候である活動性尿沈渣（active urinary sediment）が認められ、培養しても細菌が検出されない（無菌性膿尿）のが一般的であり、著明な肉眼的血尿や変形赤血球はまれである。薬剤性ATINでは尿中好酸球の増加もみられるが、特異性は高くない[19-21]。なお、尿中好酸球の検出にはWright染色より感度のよいHansel染色での検査が勧められ、補助診断となると報告されている[22]。

画像検査は、TINと他の疾患を鑑別する際に必要となり、特に超音波検査では、高輝度の腫大した腎臓を認める。薬剤性ATINの場合の原因薬物の同定には、薬物リンパ球刺激試験（drug-induced lymphocyte stimulation test：DLST）が有用であるが、絶対的なものではない。原因と考えられる薬剤がある場合、その薬

剤を中止した後に腎機能が回復すれば、腎生検を施行せずに薬剤性のATINと診断して問題ない。

CTINの診断では、尿を濃縮できず多尿をきたし低比重尿となり、尿の酸性化が低下しファンコーニ症候群様の所見（腎性糖尿、アミノ酸尿など）もみられ、徐々に腎機能が低下してくる。いずれにせよ、臨床所見とルーチンの臨床検査所見でTINに特異的なものはほとんどない。このため、①危険因子の存在（特に、発症と推定薬剤の使用との時間的関連性）、②特徴的な尿検査所見の存在（特に無菌性膿尿）、③中等度の蛋白尿の存在、④尿細管機能障害の所見（尿細管性アシドーシス、ファンコーニ症候群）、⑤腎不全の程度と釣り合わない濃縮障害の存在があれば、本症を強く疑い、確定診断を得るために腎生検を行う。

腎生検

確定診断には、腎生検による病理組織学的診断が必須であるが、以下の症例にのみ実施される。
① 進行性の腎障害があるが診断が不確定である症例
② 原因と推定される薬剤の中止後も腎機能の改善がみられない症例
③ 臨床所見・検査所見から早期であることが示唆される症例
④ 薬剤性ATINと推定され、その治療としてステロイドを考えている症例

病理所見としては、ATINでは、尿細管の萎縮や消失、間質の浮腫による著明な拡大、典型的にはリンパ球主体とした軽度の小円形細胞、好酸球、多形核白血球の間質内浸潤などの急性炎症が特徴である。重症例では、尿細管基底膜内側を覆う細胞間隙への炎症細胞の浸潤が認められる（尿細管炎）。また、β-ラクタム系抗菌薬、スルホンアミド系薬、感染（抗酸菌、真菌）による肉芽腫性反応が認められることもあるが、非乾酪性肉芽腫の存在はサルコイドーシスを示唆する。

4.1.5.2 慢性尿細管間質性腎炎の診断

CTINの所見は一般にATINのそれと類似するが、尿中の赤血球と白血球はまれである。CTINは潜行性に発症し、間質の線維化がよくみられるため、画像検査では非対称に縮小した腎臓に瘢痕形成の所見を認めることがある。CTINの場合は、診断目的で腎生検による病理組織学的検査が行われることは頻繁ではないが、TINの特性と進行度を明確化するうえで役立っている。

CTINは、慢性経過をとり、糸球体は正常から完全な破壊まで様々であり、二次的に糸球体硬化が出現してくる場合が多い。腎臓の間質にリンパ球を主体とする炎症細胞浸潤や線維化がみられ、尿細管が萎縮、消失が著しく、尿細管管腔の直径は一様でないが、均一な円柱を伴う著明な拡張を呈する場合がある。これらの病理学的変化は原因、罹患した時期により質・量ともに大きく変化する。

4.1.6 尿細管間質性腎炎の治療
4.1.6.1 急性尿細管間質性腎炎の治療

ATINおよびCTINとも、第1に原因の除去、基礎疾患の治療が重要である。薬剤性の場合には疑わしい薬剤を中止する。急性の場合は、原因の除去により速やかに腎機能の回復を認めることが多い。免疫介在性ATINと薬剤性ATINでは、ステロイドで回復を促進できる可能性があり、原因の除去後数日経っても腎機能が回復しない免疫介在性と薬剤性のATINの場合には、薬剤の中止から2週間以内の間質の線維化が起きる以前に、ステロイドを投与した場合に最も効果的である。プレドニゾロンの投与量は、1mg/kg1日1回、経口投与である。しかし、ステロイド療法は有効とする報告が多いものの、エビデンスとなる比較対照試験がなく、投与量などの治療法は確立していない。ステロイドの投与を行っても腎機能が回復しない場合には、シクロフォスファミド2mg/kg/dayを追加することも提唱されているが[23]、これもエビデンスはない。

NSAIDs誘発性ATINは、他の薬剤性ATINと比較してステロイドに対する反応が低く、ステロイド療法を開始する以前に、腎生検による病理組織学的検査によりATINを確定すべきである。

また、重症な緊急症例では一時的に血液浄化療法を必要とすることもある。

4.1.6.2 慢性尿細管間質性腎炎の治療

CTINでも同様に原因の除去、原疾患の治療が基本であるが、間質の線維化に対する根本的治療法は確立していない。

細胞浸潤が比較的多い症例では理論的にステロイドの使用も考慮されるが、ATINと比べると効果は期待できない。

CTINで進行性腎障害がある場合は、慢性腎臓病の進行に対する対症療法が中心となる。すなわち、血圧コントロールや慢性腎臓病の各種症状に対する対症療法として、降圧療法・抗蛋白尿療法・リン吸着療法（カルシウム拮抗薬、アンジオテンシン変換酵素[ACE]阻害薬、ア

表18 ファンコーニ症候群の原因

先天性		デント病、シスチン症、チロシン血症、ガラクトース血症、ウィルソン病、眼脳腎症候群（Lowe症候群）、遺伝性フルクトース不耐症、ミトコンドリア筋症、嚢胞腎
後天性	薬物	アミノグリコシド、シスプラチン、イホスファミド、変性テトラサイクリン
	重金属	鉛、水銀、カドミウム
	症候性	間質性腎炎、上皮小体機能亢進症、ビタミンD欠乏性くる病、多発性骨髄腫、ネフローゼ症候群

ンジオテンシンII受容体拮抗薬、リン吸着剤など）が必要となる。

シクロスポリン腎症は、CTINの重要な原因の1つであり、長期のシクロスポリン投与により生じた腎病変は、薬物の中止により血管病変は軽快するが、CTINは改善しないことが報告されており[24]、長期使用にあたっては十分な注意が必要な薬物である。

4.1.7 尿細管間質性腎炎の予後

予後は、病因および診断時の疾患の可逆性の可能性によって様々である。

薬剤性ATINでは、腎機能は原因薬剤の中止後、通常6～8週以内に回復するが、一般的に腎臓に若干の瘢痕形成が残存する。腎機能の回復が不完全な場合、ベースラインを上回る持続性の高窒素血症を伴い、慢性腎臓病に移行することがある。

NSAIDs誘発性ATINの場合、予後は、他の薬剤に起因するATINの場合と比較して通常不良である。

そのほかのATINの場合は、原因が認識され、その原因が除去されれば、組織学的病変と腎機能は、通常可逆的に回復するが、重症例では、炎症が止まった後も線維化が進行し、慢性腎臓病に移行する。原因にかかわらず、不可逆的病変であるか否かは、以下によって示唆される。
① 散在性ではなくびまん性の間質への浸潤
② 有意に多い間質の線維化
③ プレドニゾン治療に対する反応の遅延
④ 3週間以上持続する急性腎機能障害
⑤ 既にCTINとなっている状態

CTINの予後は、原因とともに不可逆的な線維化の発生前に病気の進行を認識し、阻止できるかに依存するが、多くのCTINでは、既に不可逆的な線維化が起こっているため進行性は止められない。特に、原因が、多数の遺伝性（嚢胞性腎疾患など）、代謝性（シスチン症など）、中毒性（重金属など）の場合には、是正できないことが多く、その場合は通常、CTINは慢性腎臓病として末期腎不全に進行していく。

4.2 ファンコーニ症候群
4.2.1 疾患の定義

ヒトでは、ファンコーニ症候群（Fanconi's syndrome）は、糖尿、リン酸尿、汎アミノ酸尿、および重炭酸塩の喪失を引き起こす近位尿細管の再吸収能の欠陥が原因となる症候群であり、その発生は、近位尿細管の上皮細胞のエネルギー産生の低下により再吸収する機構（チャネルや輸送体など）が機能しなくなり、その結果、糖、アミノ酸、リン酸、重炭酸塩を再吸収できずに種々の症状を認めるようになる。

ファンコーニ症候群はイヌでも報告され、バセンジーは最も一般的に罹患しやすい犬種である[25-28]。バセンジーのファンコーニ症候群は、すべてのバセンジーの10%～30%でみられる遺伝性疾患であり、2011年に、この症候群の遺伝子検査が利用できるようになっている[29]。特発性、および遺伝性ファンコーニ症候群は、他の犬種でもまれに報告されており、後天性ファンコーニ症候群はゲンタマイシンを含む多くの薬物、種々の中毒症による急性尿細管壊死と原発性上皮小体機能低下症の結果として発症が報告された[30-33]。近年では、中国で製造されたチキン・ジャーキー・トリートを食べたイヌに後天性ファンコーニ症候群の多くの症例が確認されている[34-38]。

ネコにおける後天性ファンコーニ症候群は、消化器型リンパ腫、または炎症性大腸疾患の治療を受けているネコで報告されており、それらはすべてクロラムブシルの治療を受けていた。尿にはアミノ酸と糖が確認されたが、クロラムブシルを中止したところ、75%のネコで糖尿は消失している[39]。

4.2.2 原因

ファンコーニ症候群の原因は表18に示すように、多岐にわたる。

第7章

ヒトの遺伝性ファンコーニ症候群は、通常、他の遺伝性疾患、特にシスチン症に合併する場合が多い。シスチン症は、シスチンが細胞内および組織内に蓄積する常染色体潜性の遺伝性代謝性疾患であるが、シスチン尿症のように尿中への過剰な排泄は生じない。尿細管の機能障害以外のシスチン症の合併症は、眼疾患、肝腫大、甲状腺機能低下症などが臨床徴候となる。

また、ヒトではシスチン症以外にも、ウィルソン病、遺伝性フルクトース不耐症、ガラクトース血症、眼脳腎症候群（Lowe症候群）、ミトコンドリア細胞症、およびチロシン血症を合併することもあるが、その遺伝形式は合併疾患により異なっている。

一方、後天性のファンコーニ症候群は、腎毒性を有する様々な薬剤によって引き起こされる可能性があり、抗癌化学療法薬（ストレプトゾシン、シスプラチンなど）、抗菌薬（テトラサイクリン、ゲンタマイシン、セファロスポリンなど）などがあげられ、これは動物でも通常にみかけられる。

また、そのほかにも疾患に続発的にも発症するものもあり、ウィルソン病[40]、ネフローゼ症候群、腎盂腎炎、アミロイドーシス、腫瘍（多発性骨髄腫）、高グロブリン血症、上皮小体機能亢進症、上皮小体機能低下症、ビタミンD欠乏症、低カリウム血症、重金属による中毒（銅、水銀、有機水銀化合物など）、中国製チキン・ジャーキー・トリートによる中毒でも発症することが報告されている。

さらに、バセンジーでは甲状腺、副腎皮質などの内分泌異常に伴う尿細管機能低下をもたらす何らかの遺伝性素因が推定されている。

疫学

ファンコーニ症候群は、主にイヌで発症するが、ネコでも発症する。また、バセンジーは、ファンコーニ症候群の好発犬種であり、3歳頃に糖尿を伴うリン酸塩尿や腎臓でのナトリウム再吸収の抑制が始まり、4歳頃にはアミノ酸尿がみられるようになる。このファンコーニ症候群は遺伝性と思われるが、その発症に性差は報告されておらず、遺伝様式もまだ不明のままである[25-28]。そのほかの報告のある品種は、ボーダー・テリア、ノルウェージャン・エルクハウンド、ヨークシャー・テリア、ラブラドール・レトリーバー、コッカー・スパニエル、ダックスフンド、ウィペット、シェットランド・シープドッグである。雑種でも報告があるが、必ずしも遺伝性ではない。

4.2.3 病態生理

ファンコーニ症候群は、糖、リン、アミノ酸、重炭酸塩、尿酸、水、カリウム、ナトリウムの再吸収障害など、近位尿細管の輸送機能に障害が生じる[26]。

最も明白な所見としては、糖の再吸収異常は、糖尿を起こし、それとともに浸透圧性の利尿が引き起こされることである。

また、糖尿が出現する以前に等張尿が排泄され、これは腎性尿崩症の結果である[41]。また、アミノ酸再吸収の異常は、個体によって変化するが、多くの種類のアミノ酸が関与しており、一般的にシスチン過剰排泄を含むが、シスチン排泄の増加は軽微な要素でしかない。さらに、重炭酸塩、ナトリウム、カリウム、尿酸塩にも、異常な再吸収による排泄過剰が起こる。

基本的な病態生理学的異常は不明であるが、尿細管上皮のミトコンドリア障害が関与していると考えられ、その結果、ATP産生が低下し、Na-K-ATPaseが機能しなくなり、細胞内外のナトリウムイオンの電気化学的勾配が減少し、種々の物質の再吸収が低下することになる。すなわち、糖、アミノ酸、リン酸イオン、重炭酸イオン、カリウムイオンの再吸収障害と水素イオンの排泄低下が生じる。

発育不良、腎性糖尿、尿細管性アシドーシス、低カリウムイオン血症などの障害が生じる。また、尿中へのリン排泄過多により、血清リン濃度も低下し、若い症例ではくる病がもたらされ、近位尿細管におけるビタミンDの活性型への変換の低下により、さらに病態は悪化する。

4.2.4 ファンコーニ症候群の臨床病理

症例により差違はあるが、尿中にアミノ酸全般が増加する汎アミノ酸尿、腎性糖尿（paradoxical glucosuria）、尿細管性蛋白質尿が特徴的であり、また、リン酸、カリウム、カルシウムが尿中に増加する。血液検査では、低カリウム血症、高クロル血症、代謝性アシドーシスを呈し、基礎疾患によってはBUNの低値を認める。

4.2.5 ファンコーニ症候群の臨床徴候

遺伝性ファンコーニ症候群に罹患したバセンジーの臨床的な徴候の発症は、4～8歳の幼犬期から成犬期に発症し、雌雄の差は認められない[26]。臨床徴候は、多飲多尿、体重減少、被毛粗剛、虚弱、脱水、低カリウム血症、近位尿細管性アシドーシス（Ⅱ型）、低リン血症性くる病で成長が妨げられ骨格異常（矮小化など）が起こる。

また、尿細管間質性腎炎が発症し、進行性腎不全（慢性腎臓病）を招来し、脱水とアシドーシスを伴う腎不全

で死に至る場合もある。シスチン症を伴う場合は、発育不良（発育遅滞）がみられ、網膜に斑状の色素脱失が認められる。

遺伝性の素因がある犬種では、定期的に糖尿を評価することにより、臨床徴候の発症以前に診断することができる[26]。

後天性ファンコーニ症候群は、ほとんどは成犬で発症し、圧倒的に多飲多尿、体重の減少、被毛の粗剛などが観察され、糖尿を示し、Ⅱ型尿細管性アシドーシスを発症する。また、低リン血症、および低カリウム血症を示すこともある。

ファンコーニ症候群のイヌは、近位尿細管の障害に加え、抗利尿ホルモンに抵抗性を示し、腎性尿崩症となり、尿濃縮障害を起こすことがある。しかし、身体検査上は、脱水と筋肉の脆弱性が目立つが、異常を認めず健康診断でみつかるケースもある。

4.2.6 診断

ファンコーニ症候群の診断は腎臓の尿細管機能の異常、特に血糖値が正常であるにもかかわらず糖尿が検出され、リン酸尿、およびアミノ酸尿を示すことによる。

症状として多飲多尿などの徴候を示し、ファンコーニ症候群を疑う場合は、尿中のアミノ酸の定量、糖、電解質、蛋白質の測定、血液の糖、電解質、酸-塩基平衡の分析を行う。尿成分の分析は、24時間排尿量もしくは尿中クレアチニン比が用いられる。検査で、等張尿、腎性糖尿、および汎アミノ酸尿、蛋白尿、電解質異常、アシドーシスがみられれば、本症と診断できる。同じくアミノ酸尿を呈するシスチン尿症とは、より多くの種類のアミノ酸が尿中に増加することで鑑別できる。

4.2.7 治療・予後

ファンコーニ症候群の進行は様々であり、通常は臨床徴候の発症後の数カ月以内に腎不全になるが、長い間安定している症例もある[26]。急性の尿毒症の場合は、一般的な緊急治療としては、静脈内輸液療法や慢性腎不全に適した他の治療・管理のため集中治療が必要となり、電解質や酸-塩基異常を適切に調節する必要がある。もし、原因（腎毒性物質など）がわかれば、それを除去することが第一選択の特異的治療法となる。

病態安定後の治療は、症状により対症療法が行われるが、尿細管障害は治癒しないので、治療はすべて支持療法となる。代謝性アシドーシス、尿路感染症、高窒素血症のモニターは、定期的に行われなければならない。

代謝性アシドーシスの管理は、最も重要な対症療法であり、一般的には、Gontoプロトコルとして知られている管理手順に従って行われる[26]。このプロトコルは、集中的なモニタリング、電解質異常、代謝アシドーシスの治療を含んでいる。このプロトコルで、近位尿細管での重炭酸塩の慢性的な喪失は、重炭酸ナトリウム（8～12mg/kg、PO、BID）、もしくはクエン酸カリウム（40～75mg/kg、PO、BID）によって管理される。アルカリ化の目標は、正常範囲の血液重炭酸濃度（18～24mEq/L）と血漿カリウム濃度（4～6mEq/L）を維持しなければならない。

アシドーシスやカリウム欠乏が重度な場合には、アシドーシス補正に併せてカリウム補給のために、炭酸水素カリウム、もしくはクエン酸カリウムが必要になる。特にカリウム補給が必須な場合には、さらにグルクロン酸カリウム、もしくはアスパラギン酸カリウムの補充も必要となる。

低リン血症性くる病の場合には、リン酸、およびビタミンDの投与を行う。

また、腎不全の進行が顕著な場合には、慢性腎臓病の対症的な治療も必要となる。ファンコーニ症候群を示す多くの動物は、多飲多尿であり、尿中に多量の水溶性ビタミンが失われるため、定期的に水様性ビタミンを食事に加えること、アミノ酸の補給を行うことも重要となる。生存期間は健常動物と比べて実質的に変わらない（生存期間の中央値診断から5.25年）[26]。本症候群の死因は、腎不全が一番多く、発症動物の40％が腎不全で死亡する。

4.3 尿細管性アシドーシス
4.3.1 イントロダクション

腎臓の尿細管は、2つのプロセスによって酸-塩基恒常性を調整している。すなわち①濾過されたHCO_3^-の80～90％の近位尿細管での再吸収と、②尿緩衝液としての滴定酸の排泄と遠位尿細管（主に集合管）でのアンモニウム排泄である[42]。これらのプロセスのいずれかが障害された場合に、尿細管性アシドーシス（renal tubular acidosis：RTA）が発症する。

4.3.2 尿細管性アシドーシスの定義

尿細管性アシドーシスは、先天性あるいは後天性の腎尿細管機能異常により、尿中への酸排泄が障害され、アシデミアを生じる症候群である。このうち遠位尿細管における水素イオン排泄障害によるRTAが遠位尿細管性アシドーシス（Distal RTA：Ⅰ型RTA）、近位尿細管での重炭酸イオン再吸収能低下によるRTAが近位尿細管性アシドーシス（Proximal RTA：Ⅱ型RTA）、遠位

第7章

表19　ヒトの尿細管性アシドーシスの原疾患

Ⅰ型	Ⅱ型	Ⅳ型
原発性（全身疾患なし） ● 遺伝性 ● 弧発性 ● 家族性（全身疾患あり） ● 常染色体顕性遺伝 　・Ehlers-Danlos 症候群 　・遺伝性楕円赤血球症 　・マルファン症候群 　・常染色体潜性遺伝 　・鎌状赤血球症	原発性 ● 遺伝性 ● 弧発性 ● 遺伝性全身疾患 　・シスチン尿症 　・チロシン尿症 　・家族性果糖不耐症 　・ガラクトース血症 　・糖原病Ⅰ型 　・ウィルソン病 　・Lowe 症候群	原発性 ・原発性副腎不全 ・先天性副腎過形成 ・アルドステロン合成酵素欠損症 ・糖尿病 ・アンジオテンシン変換酵素阻害薬 ・非ステロイド性抗炎症薬 ・シクロスポリン ・HIV 感染症 ・尿路閉塞
二次性 ・シェーグレン症候群 ・慢性関節リウマチ ・全身性エリテマトーデス ・高カルシウム尿症 ・高カンマグロブリン血症 ・肝硬変 ・尿路閉塞 ・イホスファミド ・アムホテリシンB ・トルエン	二次性 ・多発性骨髄腫 ・アミロイドーシス ・腎移植 ・夜間発作性血色素尿症 ・脱炭酸酵素阻害薬 ・イホスファミド ・鉛 ・カドミウム ・水銀 ・銅 ・上皮小体機能亢進症 ・ビタミンD欠損	アルドステロン抵抗性 ・尿細管間質疾患 ・偽性低アルドステロン症 ・アミロライド ・スピロノラクトン ・トリアムテレン ・トリメトプリム ・ペンタミジン
その他	その他	その他

尿細管での水素イオン排泄障害と近位尿細管での重炭酸イオン再吸収障害を合併した状態をHybridⅠ型RTA（Ⅲ型RTA）、アルドステロン欠乏あるいは作用不全により遠位尿細管におけるカリウムイオンと水素イオンの排泄が障害されるものを高カリウム血性Ⅰ型RTA（HyperKⅠ型RTA、Ⅳ型RTA）と呼ぶ。ただし、Ⅲ型は乳幼時期に多くみられるⅠ型RTAの重症型とされ、現在では用いられていない。

4.3.3 尿細管性アシドーシスの原因

尿細管性アシドーシスは、腎臓の尿細管の異常が原因となって血液が酸性に傾く状態が引き起こされる疾患である。原因は、遺伝子の異常、多発性骨髄腫などの全身疾患の続発症、薬剤の副作用に伴うもの、ホルモンの異常に伴うものなど多岐にわたる（表19）。尿細管性アシドーシス（RTA）は、いずれも、アシドーシスと電解質異常が生じる病態であり、以下の3種類のタイプに分類される。

①遠位尿細管性のⅠ型RTAであり、腎臓における水素イオンの排泄障害によって発症する、②近位尿細管性のⅡ型RTAであり、重炭酸塩の再吸収障害によって発症する、③アルドステロンの産生増加、もしくは反応亢進により遠位尿細管で水素イオンの排泄障害とカリウムの分泌不全によるⅣ型RTAである。

各タイプによって、発症のメカニズムは異なるが、症状はどのタイプであってもほぼ共通している。無症状の場合もあれば、電解質異常の症候を呈する場合や、慢性腎臓病に進行する場合もある。

4.3.4 尿細管性アシドーシスの病態生理
4.3.4.1 遠位尿細管性アシドーシス

通常、遠位尿細管は、水素イオン-アデノシントリホスファターゼ（H^+-ATPase）ポンプによって作られる急な濃度勾配に対して、水素イオンを排出することが可

表20 I型RTAの原因

一次性	遺伝子異常によるもの	Anion exchanger type1(HCO_3^-/Cl^-交換輸送体)異常、H^+-ATPase異常
二次性	自己免疫疾患	シェーグレン症候群、全身性エリテマトーデス(SLE)、慢性活動性肝炎
		原発性胆汁性肝硬変、血管炎、クリオグロブリン血症
	カルシウム代謝異常	高カルシウム尿症、原発性上皮小体機能亢進症、甲状腺機能亢進症
		ビタミンD中毒、原発性高シュウ酸尿症
	他の腎疾患	腎盂腎炎、間質性腎炎、閉塞性尿路障害、移植腎
	遺伝性疾患	糖尿病、Ehlers-Danlos症候群、Marfan症候群
	薬物性腎炎	水銀、アムホテリシンB、リチウム、鎮痛薬、トルエン

能である。さらに、これらの尿細管は、酸の漏れを阻止するため密着結合をもっており、それらは水素イオンを捕獲しアンモニアを生成し、アンモニウムイオンを排出することが可能である[43]。

遠位尿細管性アシドーシス(distal RTA：I型RTA)では、遠位尿細管のH^+-ATPaseの特異的な障害や、尿細管の水素イオン透過性亢進によるpH勾配形成障害、ナトリウム再吸収低下による電位依存性水素イオン分泌障害などの機序により、水素イオンの分泌障害が生じる[42,44]。このような水素イオンの排泄障害がI型RTAの原因であり、表20に示す様々な疾患で生じる。

著明なアシドーシスが存在していても尿pHが5.5～6.5以下になることはない。I型RTAによるアシドーシスは、持続的に高い尿pH(5.5以上)の尿を排泄する。アシドーシスが亢進しても、ある程度重炭酸イオンは尿中へ失われ、血漿重炭酸イオン濃度はさらに低下する。

血漿重炭酸イオン濃度は15mEq/L未満であることが多く、さらに低カリウム血症、高カルシウム尿症、およびクエン酸塩の排泄低下が存在する。尿中重炭酸イオンはナトリウム、カリウムなどの陽イオン分泌をうながすため、ナトリウム喪失による体液量が減少し、二次性アルドステロン症(血漿レニン活性上昇、血漿アルドステロン濃度上昇)、低カリウム血症を引き起こす。また、高い尿pHとアシドーシスによるカルシウム再吸収抑制による高カルシウム尿症と、尿路結石の阻害物質である尿中クエン酸の排泄低下は、骨軟化症、尿路結石などの頻度をあげる。また、この状態では、低カルシウム血症のため、二次性上皮小体機能亢進症をきたす。

獣医学領域では、I型RTAは、ネコでは腎盂腎炎と肝リピドーシスで、イヌでは免疫介在性溶血性貧血、レプトスピラ感染症、ゾニサミド治療症例で報告されている[45-47]。

基本的には、I型RTAはまれであり、成熟個体に発症し、原発性(遺伝性)の場合と続発性の場合がある。原発性(遺伝性)の症例は、通常は若い時期に発症し、ほとんどが常染色体顕性である。続発性のI型RTAは、薬剤(主に、アムホテリシンB、イホスファミド、リチウム)、または高ガンマグロブリン血症を伴う自己免疫疾患(特にシェーグレン症候群、または関節リウマチ)、腎石灰化症、慢性閉塞性尿路疾患、薬剤、肝硬変などの疾患によって引き起こされる。

4.3.4.2 近位尿細管性アシドーシス

近位尿細管性アシドーシス(proximal RTA：II型RTA)は、近位尿細管での重炭酸イオン再吸収障害がその本態である[43]。その障害部位としてはNa^+/H^+交換輸送体異常、Hポンプの異常、Na/HCO_3^-共輸送体異常、炭酸脱水酵素異常、および輸送体のエネルギー源となるNa-K-ATPaseの異常により生じる。原因疾患を表21に示す。

臨床的には、①炭酸脱水酵素(carbonic anhydrase II：CA II)の遺伝子異常、もしくは②Na^+/HCO_3^-共輸送体(Na^+/HCO_3^-Cotransporter type 1：NBC-1)をコードする遺伝子*SLC4A4*の異常が報告されている。①CA IIの異常では、発達障害、砕骨細胞の酸分泌障害による骨吸収障害の結果として、大理石骨病、RTAを呈し、常染色体潜性遺伝である。②NBC-1は眼の中にも発現しており、*SLC4A4*異常で白内障、緑内障を伴う常染色体潜性遺伝のII型RTAを呈する。常染色体顕性遺伝のII型RTAの原因遺伝子は同定されていないが、眼の症状を伴わないことから、Na^+/H^+交換輸送体(Na^+/H^+Exchanger type 3：NHE3)の異常による可能性が示唆されている。

II型RTAでは、尿酸性化障害だけでなく、汎アミノ

第7章

表21　II型RTAの原因

一次性	原発性	
	酸-塩基調節酵素の遺伝子異常	CAII活性低下、NBC-1活性低下
二次性	遺伝子疾患	シスチン尿症、Lowe症候群、ウィルソン病、チロシン血症、ガラクトース血症、遺伝性果糖不耐症
	カルシウム代謝異常	副甲状腺機能亢進症、ビタミンD欠乏症、ビタミンD依存症
	他の腎疾患	多発性骨髄腫、アミロイドーシス、移植腎、ネフローゼ症候群、シェーグレン症候群
	薬物性、中毒性腎炎	変性テトラサイクリン、ストレプトゾトシン、鉛、水銀、カドミウム

酸尿、糖尿、リン酸尿など近位尿細管の再吸収能全般が障害されるファンコーニ症候群の形をとることが多い。II型RTAでは、近位尿細管の重炭酸イオン再吸収障害のため、遠位尿細管に到達する重炭酸イオンは増大するが、遠位尿細管におけるH^+分泌能は小さいため、重炭酸イオンが尿中へ漏出し、代謝性アシドーシスを呈する。アシドーシスが進行すると、糸球体から濾過される重炭酸イオンが減少するため、近位尿細管への重炭酸イオン負荷が減少し、障害された近位尿細管でも対応できるようになることから、尿中への重炭酸イオン喪失はなくなる。このため、血中重炭酸イオン濃度は一定の値を下回ることはない。遠位尿細管での尿酸性化能は正常であるため、アシドーシスが存在した状態では尿pHは5.5以下になり、重炭酸イオンの排泄は低下することになる。血漿重炭酸濃度が正常の場合は、尿pHは7.0以上になり、血漿重炭酸濃度が既に欠乏している場合には、尿pHは5.5未満となる。近位尿細管でのナトリウムイオンと重炭酸イオン再吸収が障害されると遠位尿細管へのナトリウムイオンと重炭酸イオン負荷量が増大するため、遠位尿細管におけるナトリウム再吸収、カリウム分泌が亢進し、低カリウム血症をきたす。

　II型RTAは、近位尿細管の全般的な機能障害の一部として生じる場合があり、その場合は糖、尿酸、リン、アミノ酸、クエン酸、カルシウム、カリウム、蛋白の尿中排泄量が増加する可能性がある。骨軟化症、骨減少症が発症する場合もある。その機序には、高カルシウム尿症、高リン酸尿症、ビタミンD代謝異常、続発性副甲状腺機能亢進症など関与する。II型RTAは非常にまれであるが、①ファンコーニ症候群、②多発性骨髄腫に起因する軽鎖腎症、③薬物曝露（通常は、アセタゾラミド、スルホンアミド系薬剤、イホスファミド、期限切れのテトラサイクリン、ストレプトゾシン）、④そのほかの病因（ビタミンD欠乏症、続発性上皮小体機能亢進症を伴う慢性の低カルシウム血症、重金属の曝露、および遺伝性疾患［例：フルクトース不耐症、ウィルソン病、眼脳腎症候群［Lowe症候群］、シスチン症］）の病態をもつ症例があり、頻度が高い。

4.3.4.3 Hybrid I型RTA

　Hybrid I型RTA（III型RTA）はI型とII型の両方の要素をもったRTAで、I型RTAで重炭酸イオンの尿中喪失を伴うものを指していたが、幼少期に多くみられるI型RTAの重症型とされたが、現在ではこの病型は用いられていない。

4.3.4.4 高カリウム血症性I型RTA

　高カリウム血症性I型RTA（Hyper K I型RTA、IV型RTA）は遠位尿細管におけるアルドステロン作用の低下がその本態である。遠位型（I型）RTAと異なり、高カリウム血症が特徴である。アルドステロン作用の低下は、アルドステロンの絶対的欠乏（低アルドステロン血症）、尿細管のアルドステロン反応性低下の2つのタイプがある（表22）。

　生理的にはアルドステロンは集合尿細管の固有細胞の管腔側ナトリウムチャネル、血管側Na-K-ATPaseの活性を増加させることによりナトリウム再吸収とカリウム分泌を亢進させる。また、α介在細胞のH^+ATPaseの活性を増加させ、水素イオン分泌を促進する。アルドステロン作用が欠乏するとこれら輸送系が障害され、カリウムイオンと水素イオンの排泄が障害される。高い尿pHは滴定酸の排泄よりもアンモニウム排泄をより阻害し、代謝性アジドーシスとなる。さらにアシドーシスでは、細胞内よりカリウムが細胞外液に漏出するため高カリウム血症が増強される。高カリウム血症は、近位尿細管でのアンモニウム産生を抑制し、ヘンレループの太い上行脚、集合尿細管でのアンモニウム輸送を障害するため、さらにアシドーシスが増悪する。このタイプのRTAは、獣医学では報告が見当たらないが、特発性の

表22 Ⅳ型RTAの原因

アルドステロン欠乏	グルココルチコイド欠乏を伴う		・アジソン病 ・両側副腎摘出 ・21β-ヒドロキシラーゼ欠乏症
	グルココルチコイド欠乏を伴わない	遺伝性アルドステロン合成欠如	コルチコスデロン・メチルオキシダーゼ欠乏症
		アルドステロン分泌不全	ヘパリン投与
		低レニン性低アルドステロン症 (GFR低下を伴う)	・糖尿病性腎症 ・間質性腎炎 ・多発性骨髄腫 ・閉塞性尿路障害 ・移植腎 ・全身性エリテマトーデス（SLE） ・薬剤（β-ブロッカー、鎮痛薬）
		アンジオテンシンⅡ不足	ACE阻害薬、ARB
アルドステロン抵抗性			偽性低アルドステロン症Ⅰ型 (Cheek-Perry症候群)

Ⅳ型RTAをもつネコも報告されおり[48]、注意深く診断されていないだけの可能性があり、今後の報告に注意する必要がある[42,44]。

遠位尿細管における滴定酸とアンモニウムの排泄は、重炭酸イオン再吸収量に比べ極めて少ないため、腎機能障害がないとアシドーシスにはならない。通常、代謝性アシドーシスが存在する場合、血清pHを適切に反映し尿pHは5.5未満であるが、Ⅳ型RTAではアシドーシス存在下でも尿pHは低下しない。低レニン性低アルドステロン症を呈することが多いが、尿細管のホルモン反応性が低下している例では血漿レニン活性、血漿アルドステロン活性とも正常なことがある。

本疾患はRTAのなかで最も頻度の高い病型であり、典型的には、慢性間質性腎炎で生じるレニン-アルドステロン-尿細管系の機能障害（低レニン性低アルドステロン症）に続発する形で発症する。

Ⅳ型RTAに寄与するそのほかの因子としては、以下がある。

① ACE阻害薬の使用
② Ⅰ型、Ⅱ型のアルドステロン合成酵素欠乏
③ アンジオテンシンⅡ受容体拮抗薬の使用
④ 慢性腎臓病に起因
⑤ 先天性副腎過形成（特に21-水酸化酵素欠損症）
⑥ シクロスポリンの使用
⑦ ヘパリンの使用
⑧ 間質性腎障害（例：SLE、閉塞性尿路疾患などに起因）
⑨ カリウム保持性利尿薬（例：アミロライド、エプレレノン、スピロノラクトン、トリアムテレン）
⑩ NSAIDsの使用
⑪ 閉塞性尿路疾患
⑫ そのほかの薬剤（例：ペンタミジン、トリメトプリム）
⑬ 原発性副腎機能不全
⑭ 偽性低アルドステロン症Ⅰ型
⑮ 体液量の増加
⑯ 重篤な疾患　など

4.3.5 尿細管性アシドーシスの臨床徴候

軽症のRTAは無症候性であるが、進行すると意識障害、頭痛、過換気、吐き気、嘔吐、成長障害を起こし、通常は尿の濃縮障害による多飲多尿、脱水、カリウムなどの電解質異常による筋力低下、けいれん発作、麻痺、知覚障害、不整脈、成長障害、腎石灰化などの症状が発現する。重度の電解質異常はまれであるが、生命を脅かす可能性もある。Ⅰ型RTAでは、特に腎尿石症、および腎臓の石灰化が発生する[42,43]。

Ⅰ型RTAの特徴は、尿pHの増加（>6.0）と高塩素血症性代謝性アシドーシスである。Ⅱ型RTAが比較的軽度な全身性代謝性アシドーシスであるのに対し、Ⅰ型RTAでは、遠位尿細管に全く緩衝能力を備えていないためにより重篤な代謝性アシドーシスとなる。

また、Ⅱ型RTAでは、電解質排泄を伴う尿への水分喪失から細胞外液量減少の症状が出現する。Ⅰ型・Ⅱ型

第7章

表23 尿細管性アシドーシスの特徴と病型分類

	I型RTA（まれ）	II型RTA（非常にまれ）	IV型RTA（一般的）
機序	水素イオンの排泄障害	重炭酸塩の再吸収障害	アルドステロンの分泌または活性の低下
血清カリウム	低下	正常～低下	上昇
TTKG	＞2	＞2	＜6
血漿重炭酸イオン（HCO_3^-）濃度	10～15mM/L	8～20mM/L	10～15mM/L
尿pH（アシドーシス存在下）	＞5.5	＜5.5	種々
尿pH（塩化アンモニウム負荷時）	＞5.5	＜5.5	＞5.5
尿アンモニウムイオン（NH_4^+）排泄量	低下	正常	低下
尿中カルシウム	増加	正常	増加
尿中クエン酸	低下	正常か増加	正常
重炭酸負荷時のFE HCO_3^-（％）	＜3～5％	＞10～15％	＜5％
重炭酸イオン（HCO_3^-）補充量	少量	大量	少量～中等量
腎石灰化	多い	まれ	まれ
カリウム補充の必要性	なし	あり	カリウム制限

TTKG＝（尿中K濃度／血清K濃度）×（血清浸透圧／尿浸透圧）

RTAの症例は、低カリウム血症を発症する場合があり、具体的には筋力低下、反射反応低下、全身性の麻痺などがみられる。若い症例では特に骨障害（例：全身性の骨痛、骨軟化症、くる病）が、II型・I型RTAでも発生する。また、IV型RTAは通常、無症候性で軽度のアシドーシスのみを伴うが、高カリウム血症が重度の場合には、不整脈や全身性の麻痺を起こすことがある。

4.3.6 尿細管性アシドーシスの診断

アニオンギャップが正常な代謝性アシドーシス（血漿重炭酸イオン低値・血液pH低値）と原因不明の高カリウム血症を呈する症例で疑われる。カリウム製剤、カリウム保持性利尿薬、慢性腎臓病などの顕著な理由がなく、持続性高カリウム血症を呈する症例では、IV型RTAを疑うべきである。

血液・尿のpH測定と、血漿・尿の電解質濃度、浸透圧を測定することによって診断できる。確定診断に、塩化アンモニウム、重炭酸塩、ループ利尿薬の負荷試験後に検査が必要になる。動脈血ガス分析にてRTAの確定の補助とし、代償性代謝性アシドーシスの原因としての呼吸性アルカローシスを除外する。全症例で血清電解質、BUN、クレアチニン、尿pHが測定される。

さらに、血清カリウム値が高値を示すIV型RTAと、低値を示すI型・II型RTAを鑑別する必要がある。

Transtubular K gradient（TTKG）は、皮質集合管のアルドステロン反応性を間接的に示すよい指標であり、低カリウム血症にもかかわらずTTKG＞2であれば腎臓からの喪失を示し、高カリウム血症にもかかわらずTTKG＜6であれば腎臓での反応性低下を示す。また、疑われているRTAの病型に応じて、さらなる誘発試験などを実施する。

RTAの病型診断は、検査結果と尿細管性アシドーシスの病型分類（表23）から診断基準に従って診断される[44]。

4.3.6.1 I型RTAの診断

I型RTAは、全身性アシドーシスの存在下で尿pHが5.5以上であれば確定できる。血液pHが7.3以下にもかかわらず尿pHが5.5以下にならない場合、I型RTAと診断する。

アシドーシスは酸負荷試験により誘発されたものでもかまわない。負荷試験を行う場合には、塩化アンモニウムを100mg/kg、経口投与し、投与前と、投与後、1時間ごとに6時間まで尿pHを測定することによって行われる。正常な腎臓は、6時間以内に尿pHが、イヌでは5.0以下、ネコでは5.5以下に低下させる能力をもっている。

既に血液pHが7.3未満の代謝性アシドーシスがある場合、負荷試験の必要はない。また、重度なアシドーシスがある場合は、危険なので本試験を行ってはいけない。

4.3.6.2 Ⅱ型 RTA の診断

重炭酸負荷試験は近位尿細管における重炭酸イオンの再吸収能を診る検査である。重炭酸塩を静脈内点滴（炭酸水素ナトリウム、0.5〜1.0mEq/kg/hr）しながらの尿 pH および重炭酸塩排泄率を測定する。もしくは、重炭酸ナトリウム（2〜3mEq/kg/day）を数日投与して、血中重炭酸イオン濃度を正常化した時点で、重炭酸イオンの分画排泄率（FE HCO_3^-）＝（尿 HCO_3^- 濃度×血漿 Cre 濃度／尿 Cre 濃度×血漿 HCO_3^- 濃度）×100（％）を計算する。

Ⅱ型 RTA では、尿 pH は 7.5 以上に上昇し、重炭酸塩の分画排泄率は 15％以上である。また、重炭酸塩の静脈内投与は、低カリウム血症につながる可能性があるため、点滴の開始前に十分量のカリウム製剤を投与すべきである。

4.3.6.3 Ⅳ型 RTA の診断

Ⅳ型 RTA は、Ⅳ型 RTA に合併する病態の既往歴をもち、長期にわたる高カリウム血症、および正常または軽度に低下した重炭酸イオン濃度によって確定する。ほとんどの症例で、血漿レニン活性、およびアルドステロン濃度が低く、コルチゾール値は正常である。

4.3.7 尿細管性アシドーシスの治療

RTA の治療は病型によって異なるが、アルカリ療法による pH と電解質平衡の是正で構成される。アルカリ剤（重炭酸ナトリウム）補充によるアシドーシスの補正は、Ⅱ型で大量、Ⅳ型で中等量、Ⅰ型では少量の補充でアシドーシスの補正が可能である。また、カリウム、カルシウム、およびリンの代謝に関連する併発異常の治療も必要となる。

炭酸水素ナトリウム、炭酸水素カリウム、クエン酸カリウムなどのアルカリ化剤は、比較的正常な血漿重炭酸濃度（22〜24mEq/L）を達成するうえで有用である。持続性低カリウム血症が存在するか、あるいはナトリウムによりカルシウム排泄が増加することから、カルシウム結石が存在する場合は、クエン酸カリウムで代用することができる。

また、骨軟化症、またはくる病に起因する骨変形を軽減するための補助として、ビタミン D、および経口カルシウムサプリメントも必要となる場合がある。

4.3.7.1 Ⅰ型 RTA の治療

遠位尿細管性アシドーシス（Distal RTA：Ⅰ型 RTA）の治療は、アルカリ源を投与することによる。高度のアシドーシスが補正された状況であれば、炭酸水素ナトリウムの補充は、1日の酸産生量と同量とする。また、炭酸水素ナトリウムの代わりにクエン酸カリウムを補充してもよい。カリウム補給は、脱水、および続発性アルドステロン症が重炭酸塩療法により是正された場合には通常は必要ない。アシドーシス補正により、低カリウム血症、高カルシウム尿症は改善し、骨病変は治療できる。また、尿中クエン酸の排泄低下によって尿中のカルシウム溶解度は低下し、腎臓に結石を併発させることが多いが、クエン酸の投与により尿中カルシウムの溶解度を増すことができる。

したがって、Ⅰ型 RTA の治療にはアルカリ剤とクエン酸の配合剤を用いるのが合理的で、1日2回のクエン酸カリウムとクエン酸ナトリウムの合剤の経口投与（1〜5mEq/kg/day）がより好ましい可能性がある。

4.3.7.2 Ⅱ型 RTA の治療

近位尿細管性アシドーシス（Proximal RTA：Ⅱ型 RTA）の治療は、アシドーシスの補正に伴い、尿中への重炭酸イオン漏出も増大するため、Ⅰ型 RTA に比べ大量の炭酸水素ナトリウム補充が必要となる。特に重炭酸イオン排泄閾値の重度な低下（12mM 以下）により炭酸水素ナトリウムの大量投与によるアシドーシスの改善が難しい症例では、サイアザイド系利尿薬を併用し、循環血液量を減少させることによって重炭酸イオン排泄閾値の上昇をはかる。また、炭酸水素ナトリウムの補充に伴いカリウムが細胞内に移行し低カリウム血症を増悪させるため、カリウムの補充に留意する必要がある。

全般的な近位尿細管障害（ファンコーニ症候群）を合併した症例では、高カルシウム尿症による低カルシウム血症、高リン尿症による低リン血症を伴い、骨軟化症、尿路結石などの症状を呈し、また、骨疾患は、カルシウムやリンおよびビタミン D の補充により血漿リン濃度を正常化することにより治療する。

血漿中の重炭酸イオン濃度を正常範囲まで回復させることは不可能であるが、血液重炭酸イオン濃度が低下していると発育遅滞のリスクがあることから、約 22〜24mEq/L に維持するため、食事の酸負荷を上回る量の重炭酸塩補充を行うべきである。

しかしながら、過剰な重炭酸塩補充は、炭酸水素カリウムの尿中喪失を増加させるため、クエン酸塩を炭酸水素ナトリウムの代替とすることが可能である[44]。

クエン酸カリウム 1 錠（540mg）は、5mEq のカリウムと 1.7mEq のクエン酸塩で構成され、それが代謝されると 5mEq の重炭酸イオンを産生することができる[49]。

カリウム製剤、またはクエン酸カリウムは、炭酸水素ナトリウム投与時に低カリウム血症を呈した症例で必要となる場合があるが、血清カリウム濃度が正常または高値の症例には推奨できない。調整が困難な症例では、低用量のヒドロクロロチアジドの投与により、近位尿細管の輸送機構が活性化できる。

4.3.7.3 Ⅳ型RTAの治療

高カリウム血症性Ⅰ型RTA（Ⅳ型RTA）は原因（表22）により基本的な治療方針が異なる。Ⅳ型RTAでは高カリウム血症が存在し、また腎機能低下を伴っていることが多いため、さらに重度な高カリウム血症に陥りやすい。炭酸水素ナトリウム補充によるアシドーシス是正が高カリウム血症の治療にもなるが、高度の高カリウム血症には食事や飲み物のカリウム制限を行い、カリウム吸着性のレジンイオン交換樹脂、もしくは、カリウム排泄性利尿薬（フロセミドなど）を投与することが有効である。アルカリ化は必ずしも必要ない。

アルドステロンの絶対的欠乏に基づく病態で高カリウム血症を是正できない場合（低レニン性低アルドステロン症症例など）には、外因性ミネラルコルチコイドである酢酸フルドロコルチゾンが有効である。しかし、ナトリウム貯留による逸水傾向となるため、利尿薬の併用が必要となりやすく、コントロール不良の高血圧、心不全症例は慎重に使用すべきである。

4.4 その他
4.4.1 腎性尿崩症
4.4.1.1 イントロダクション

腎原発性尿崩症（nephrogenic diabetes insipidus：NDI）という用語は、尿の濃縮機構は濃縮尿を生産するために抗利尿ホルモン（ADH）に反応することができないどんな障害でも含まれる。

ADHは視床下部で産生され、下垂体後葉に保管されて、高浸透圧または血液量不足に反応して血行へ放出される[50]。放出の後、ADHは、腎臓集合管と集合尿細管の側底膜の受容体に付着し、尿細管の管腔表面が遊離水に浸透するようになり、それにより、血漿より濃縮した尿の生成を促進する。

4.4.1.2 腎性尿崩症の定義

腎性尿崩症（NDI）は、バソプレッシン（ADH）に対する尿細管の反応障害により尿が濃縮できずに、大量の希釈尿の排泄される疾患である。遺伝性に発生する場合と、腎臓の濃縮能を障害する病態に続発する場合がある。

4.4.1.3 腎性尿崩症の原因
遺伝性NDI

先天性NDIは、動物の詳細な報告はないが、ヒトではADH受容体の不足に起因するまれな疾患である。出生直後の明らかな臨床徴候は、重篤な多飲多尿と低張尿の尿比重（1.001〜1.005）、尿浸透性＜200mOsm/kgである。ヒトでは、頻度の高い遺伝性NDIはX連鎖性であり、ヘテロ接合体の女性の発生率は一定でなく、遺伝子の変異はアルギニン・バソプレッシン（AVP）受容体2の遺伝子が障害されている。ヘテロ接合体の女性では、全く症状がみられない場合もあれば、様々な程度の多飲多尿がみられる場合もあり、男性と同等の重症になることもある。

まれな症例では、NDIはアクアポリン2遺伝子に変異を及ぼす常染色体潜性、または常染色体顕性遺伝に起因し、男性、および女性のいずれにも発生する可能性がある。

後天性NDI

イヌやネコで発症するNDIは、ほとんど後天性に発症するものであり、尿細管間質性疾患または薬剤によって髄質または遠位ネフロンが損傷を受け、尿濃縮能が損なわれる結果、腎尿細管がバソプレッシンに対して感受性を失ったことで発症する。

後天性NDIの原因は、毒素（例：大腸菌エンドトキシン）、薬物（例：グルココルチコイド、化学療法薬）、代謝性（例：低カリウム血、高カルシウム血症）、尿細管損傷（例：腎臓の嚢胞性疾患、細菌性腎盂腎炎）、または髄質の濃度勾配の変化（例：髄質の機能停止）に起因する受容体への干渉から生じる[51]。また、イヌではレプトスピラ症で急性腎不全発現の11日前に後天性NDIが起こったと記録されている[52]。

この疾患の要因としては以下のものがある。
① 常染色体顕性多発性嚢胞腎
② ネフロン癆と髄質嚢胞腎の複合
③ 鎌状赤血球腎症
④ 閉塞性尿管周囲線維症の開放
⑤ 髄質海綿腎
⑥ 腎盂腎炎
⑦ 高カルシウム血症
⑧ アミロイドーシス
⑨ 特定の悪性腫瘍（例：骨髄腫など）
⑩ 薬剤（例：リチウム、デメチルクロルテトラサイクリン、アムホテリシンB、デキサメタゾン、ドパミン、イホスファミド、オフロキサシン、オルリスタット）

⑪ 慢性低カリウム血症性腎症
⑫ 特発性NDI

　軽度の後天性NDIは、老齢/重症症例、または急性・慢性の腎機能不全を有する症例のいずれにも起こる。

4.4.1.4 腎性尿崩症の臨床徴候

　多飲多尿、脱水のほか、高ナトリウム血症に関連する徴候がみられる。また、多飲多尿は、飼い主が気づかないことがあり、重度の脱水症が初期症状となることがある。大量の希釈尿の生成が特徴である。

　症例は典型的に良好な口渇反応を有し、血清ナトリウム値は、ほぼ正常を維持するが、適切な水分摂取が難しい環境にある症例は、典型的に極度の脱水のために高ナトリウム血症を発症する。

　高ナトリウム血症は神経症状を引き起こす場合があり、具体的には神経筋の興奮性亢進、けいれん発作、昏睡などがある。

4.4.1.5 腎性尿崩症の診断

　多飲多尿を呈するすべての症例でNDIが疑われ、飲水量、尿量、尿浸透圧、および血清電解質の測定と修正水分制限試験による尿浸透圧変化に基づいて診断される[50,53]。

飲水量、尿量、尿浸透圧、および血清電解質

　水分制限をすることなく、飲水量、尿量、尿浸透圧、および血清電解質を測定する。

　NDI症例では、飲水量または尿量が50mL/kg/day以上を示し、水利尿によって尿浸透圧が低下し、300mOsm/kg未満の場合もある（正常個体では、水和状態にもよるが1,000mOsn/kg程度）。ただし、尿量が明らかに多いのにもかかわらず、浸透圧が1,000mOsm/kg程度を保っている場合には、溶質利尿の可能性が高く、他の疾患（糖尿病など）を除外診断する必要がある。また、血清電解質はナトリウム濃度が高くなっていないか、ナトリウムとカリウムのバランスがとれているかを調べる必要がある。

　血清ナトリウム濃度は、水分を十分に摂取している症例では軽度に上昇するが、水分摂取が不十分な症例では劇的に上昇していることがある。

修正水制限試験

　診断は最大尿濃縮能と外因性バソプレッシンに対する反応を評価する修正水制限試験によって確定される。修正水制限試験の方法の詳細に関しては、他の成書を参照されたい。

　NDI症例の尿の最大浸透圧は異常低値を示す。中枢性尿崩症とNDIの鑑別も修正水制限試験の後半部分の外因性バソプレッシン（水溶性バソプレッシンもしくはデスモプレシン）の投与し、尿浸透圧を測定することで可能である。中枢性尿崩症の症例では、外因性バソプレッシン投与後の尿浸透圧が上昇し正常化する。NDI症例では、通常、尿浸透圧の上昇はほとんどなく最小限の増加のみである。

4.4.1.6 腎性尿崩症の治療

　NDIの治療は、原因療法の可能性の高い腎毒性物質の中止が基本であるが、原因がみつからない場合や、既に代謝されている場合もあり、対症療法しかないことが多い。

　対症療法は、ほとんどの場合十分な自由飲水と低ナトリウム低蛋白療法食だけで問題ない。食事性ナトリウムおよび蛋白質の制限は、腎臓が毎日尿を排出しなければならない溶質の量を減らし、体液の水分損失をさらに減らすことができる[53]。

　しかし、それでも症状が重度な症例では、飲水量の増加により食事がとれなくなることがあり、その場合には尿量を低下させるためサイアザイド系利尿薬を投与する必要がある。すなわち、クロロサイアザイド（20〜40mg/kg、PO、BID）、ヒドロクロロチアジド（2mg/kg、PO、BID）の投与である。

　食事制限への利尿薬の追加は、穏やかな脱水、軽度の液体増加、近位尿細管でのナトリウム再吸収を引き起こし、20〜50％の尿量減少が起こる[53]。サイアザイド系利尿薬は、集合管のバソプレッシン感受性細胞の水の移送を低下させることにより、逆説的に尿量を減少させることができる。また、アミロライド、およびNSAIDsも有用な可能性がある。

　内科的治療が、飼い主のQOL維持のためのオプションではなく、多飲多尿が許容される場合には、動物は十二分な自由飲水のみで生活を維持することができる。

4.4.1.7 予後

　遺伝性NDIの症例では、治療が早期に開始されない場合、脱水により永続的な脳損傷を起こしうる。また、早期に治療を行った場合でも、症例は頻回の脱水のために、発育は遅延することが多い。

　NDIの合併症は、尿管拡張以外は、いずれも十分な水分摂取により予防が可能である。

第7章

4.4.2 腎性糖尿

4.4.2.1 イントロダクション

通常、グルコースは自由に糸球体で濾過されて、ナトリウムイオンの共輸送体の促進拡散により近位尿細管に再吸収される。再吸収機構は、血糖値がイヌで180〜220mg/dL、ネコで260〜310mg/dLの閾値をもち、その血糖値の場合に最大再吸収能力をもっている[54]。

血糖値が腎臓の最大輸送量（例：ストレス、または真性糖尿病による高血糖）を超える場合に、糖尿が生じる。

4.4.2.2 腎性糖尿の定義

腎性糖尿（renal glucosuria）は、高血糖を伴わずに尿中にグルコースが認められる病態であり、グルコース再吸収機構における後天性または遺伝性の単独の欠陥に起因するか、そのほかの尿細管疾患に伴う近位尿細管障害によって発生する[25,26,30,54]。

遺伝性腎性糖尿は、通常グルコース最大輸送量（グルコースを再吸収できる最大速度）の減少と、それに続いて起こる尿中へのグルコース漏出が関与する。ヒトの遺伝性腎性糖尿の場合は、通常、ヘテロ接合体でもある程度の糖尿がみられ、不完全潜性遺伝の形式をとる。

後天性の腎性糖尿は、腎臓機能などの異常を伴わずに発症するか、もしくはファンコーニ症候群のように近位尿細管機能の広範な異常の一部として起こる場合がある。また、種々の全身性疾患に併発する場合もあり、これには、シスチン症、ウィルソン病、遺伝性チロシン血症、眼脳腎症候群（Lowe症候群）があげられる。

動物の腎性糖尿はまれであるが、スコテッシュ・テリア、バセンジー、ノルウェージャン・エルクハウンドと雑種のイヌで報告されている[54-56]。

4.4.2.3 腎性糖尿の臨床徴候

腎性糖尿は、通常無症候性で、重篤な続発症もないが、持続性の糖尿は浸透圧利尿を起こし、多飲多尿を生じるが、イヌでは徴候がないことも多い。

また、近位尿細管機能に広範な異常を伴っている場合には、体液量減少、低成長、筋力の低下、低リン血症性くる病、白内障・緑内障などの眼の病変を認め、眼脳腎症候群（Lowe症候群）、またはウィルソン病で認められるカイザー・フライシャー輪などがみられる場合がある。このような所見が認められる場合には、糖尿以外の再吸収障害も検索すべきである。

4.4.2.4 腎性糖尿の診断

診断は、連続的な血液グルコース測定、または長期血糖値を反映する血清フルクトサミン濃度もしくはグリコアルブミン濃度を評価し、糖尿の理由としての高血糖を除外したうえで、尿中のグルコースを検出する必要がある[57]。もし、高血糖が存在する病態（血糖値がイヌで180mg/dL以上、ネコで260mg/dL以上）であれば、血糖値が正常化するのを待って、改めて尿のグルコースを検査し診断される。

尿検査紙がグルコースオキシダーゼ法でない場合には、排泄された糖がグルコース以外のペントース、フルクトース、スクロース、マルトース、ガラクトース、ラクトースに反応することもあり、これを除外するため、すべての臨床検査測定でグルコースオキシダーゼ法を用いるべきである。

4.4.2.5 腎性糖尿の治療

一次性腎性糖尿の場合治療はないが、尿中に過剰に排泄されている物質が尿糖以外にない場合には、長期予後は、適当な水分摂取と併用して尿感染症の制御をすることで良好であり、治療は基本的に不要である。

何頭かのイヌにおいて、腎性糖尿はファンコーニ症候群の最初の徴候であるとの報告もあり、糖以外の物質が過剰に排泄されていないか検査することが勧められる。

第7章4の参考文献

1) Councilman WT. Acute interstitial nephritis. *J Exp Med III*. 1989; 27-422.
2) Rastegar A, Kashgarian M. The clinical spectrum of tubulointerstitial nephritis. *Kidney Int*. 1998; 54: 331-327.
3) Rossert J. Drug-induced acute interstitial nephritis. *Kidney Int*. 2001; 60: 804-817.
4) 重松秀一ら監訳．腎疾患の病理アトラス−尿細管間質疾患と血管疾患のWHO分類．2005; 3-11．東京医学社．
5) Neilson EG. Pathogenesis and therapy of interstitial nephritis. *Kidney Int*. 1989; 35: 1257-1270.
6) Ivanyi B, Hamilton-Dutoit SJ, Hansen HE, Olsen S. Acute tubulointerstitial nephritis: Phenotype of infiltrating cells and prognostic impact of tubulitis. *Virchows Arch*. 1996; 428: 5-12.
7) Nolan CM, Abernathy RS. Nephropathy associated with methicillin therapy: Prevalence and determinants in patients with staphylococcal bacteremia. *Arch Intern Med*. 1977; 137: 997-1000.
8) Handa SP. Drug-induced acute interstitial nephritis: report of 10 cases. *CMAJ*. 1986; 135: 1278-1281.
9) Joh K, Aizawa S, Yamaguchi Y, Inomata I, Shibasaki T, Sakai O, Hamaguchi K. Drug-induced hypersensitivity nephritis: Lymphocyte stimulation testing and renal biopsy in 10 cases. *Am J Nephrol*. 1990; 10: 222-230.
10) Rossert J. Drug-induced acute interstitial nephritis. *Kidney Int*. 2001; 60: 804-817.
11) Clarkson MR, Giblin L, O'Connell FP, O'Kelly P, Walshe JJ,

11) Conlon P, O'Meara Y, Dormon A, Eileen Campbell, Donohoe J. Acute interstitial nephritis: clinical features and response to corticosteroid therapy. *Nephrol Dial Transplant*. 2004; 19: 2778-2783.
12) Kleinknecht D. Interstitial nephritis, the nephrotic syndrome, and chronic renal failure secondary to nonsteroidal anti-inflammatory drugs. *Semin Nephrol*. 1995; 15: 228-235.
13) Porile JL, Bakris GL, Garella S. Acute interstitial nephritis with glomerulopathy due to nonsteroidal anti-inflammatory agents: A review of its clinical spectrum and effects of steroid therapy. *J Clin Pharmacol*. 1990; 30: 468-475.
14) Mori Y, Kishimoto N, Yamahara H, Kijima Y, Nose A, Uchiyama-Tanaka Y, Fukui M, Kitamura T, Tokoro T, Masaki H, Nagata T, Umeda Y, Nishikawa M, Iwasakaet T. Predominant tubulointerstitial nephritis in a patient with systemic lupus nephritis. *Clin Exp Nephrol*. 2005; 9: 79-84.
15) Tornroth T, Heiro M, Marcussen N, Franssila K. Lymphomas diagnosed by percutaneous kidney biopsy. *Am J Kidney Dis*. 2003; 42: 960-971.
16) De Vriese AS, Robbrecht DL, Vanholder RC, Vogelaers DP, Lameire NH. Rifampicin-associated acute renal failure: Pathophysiologic, immunologic, and clinical features. *Am J Kidney Dis*. 1998; 31: 108-115.
17) Covic A, Goldsmith DJ, Segall L, Stoicescu C, Lungu S, Volovat C, Covic M. Rifampicin-induced acute renal failure: A series of 60 patients. *Nephrol Dial Transplant*. 1998; 13: 924-929
18) Covic A, Golea O, Segall L, Meadipudi S, Munteanu L, Nicolicioiu M, Tudorache V, Covic M, Goldsmith, DJ. A clinical description of rifampicin-induced acute renal failure in 170 consecutive cases. *J Indian Med Assoc*. 2004; 102: 2-5.
19) Corwin HL, Bray RA, Haber MH: The detection and interpretation of urinary eosinophils. *Arch Pathol Lab Med*. 1989; 113: 1256-1258.
20) Nolan CR 3rd, Anger MS, Kelleher SP. Eosinophiluria: A new method of detection and definition of the clinical spectrum. *N Engl J Med*. 1986; 315: 1516-1519.
21) Corwin HL, Korbet SM, Schwartz MM. Clinical correlates of eosinophiluria. *Arch Intern Med*. 1985; 145: 1097-1099.
22) Kodner CM, and Kudrimoti A. Diagnosis and management of acute interstitial nephritis. *Am Fam Physician*. 2003; 67: 2527-2534.
23) Neilson EG. Pathogenesis and therapy of interstitial nephritis. *Kidney Int*. 1989; 35: 1257-1270.
24) Hamahira K, Iijima K, Tanaka R, et al. Recovery from cyclosporine-associated arteriolopathy in childhood nephrotic syndrome. *Pediatr Nephro*. 2001; 16: 723-727.
25) Noonan CH, Kay JM. Prevalence and geographic distribution of Fanconi syndrome in Basenjis in the United States. *J Am Vet Med Assoc*. 1990; 197: 345.
26) Yearley JH, Hancock DD, Mealey KL. Survival time, lifespan, and quality of life in dogs with idiopathic Fanconi syndrome. *J Am Vet Med Assoc*. 2004; 225: 377.
27) Carmichael N, Lee J, Giger U. Fanconi syndrome in dog in the UK. *Vet Rec*. 2014; 174(4): 357-358.
28) Bovee KC, Joyce T, Reynolds R, et al. The Fanconi syndrome in Basenji dogs: a new model for renal transport defects. *Science*. 1978; 201: 1129.
29) Basenji Club of America. Fanconi syndrome in dogs. Available at http://www.caninegeneticdiseases.net/Fanconi/basicFAN.htm2015
30) Brown SA, Rakich PM, Barsanti JA, et al. Fanconi syndrome and acute renal failure associated with gentamicin therapy in a dog. *J Am Anim Hosp Assoc*. 1986; 22: 635.
31) Appleman EH, Cianciolo R, Mosenco AS, et al. Transient acquired Fanconi syndrome associated with copper storage hepatopathy in 3 dogs. *J Vet Intern Med*. 2008; 22: 1038.
32) Eubig PA, Brady MS, Gwaltney-Brant SM, et al. Acute renal failure in dogs after the ingestion of grapes or raisins: a retrospective evaluation of 43 dogs (1992-2002). *J Vet Intern Med*. 2005; 19: 663.
33) Hill TL, Breitschwerdt EB, Cecere T, et al. Concurrent hepatic copper toxicosis and Fanconi's syndrome in a dog. *J Vet Intern Med*. 2008; 22: 219.
34) Hooper AN, Roberts BK. Fanconi syndrome in four non-basenji dogs exposed to chicken jerky treats. *J Am Anim Hosp Assoc*. 2011; 47: e178.
35) Thompson MF, Fleeman LM, Kessell AE, et al. Acquired proximal renal tubulopathy in dogs exposed to a common dried chicken treat: retrospective study of 108 cases (2007-2009). *Aust Vet J*. 2013; 91: 368.
36) Major A, Schweighauser A, Hinden SE, et al. Transient Fanconi syndrome with severe polyuria and polydipsia in a 4-year old Shih Tzu fed chicken jerky treats. *Schweiz Arch Tierheilkd*. 2014; 156: 593.
37) Hooijberg EH, Furman E, Leidinger J, et al. Transient renal Fanconi syndrome in a Chihuahua exposed to Chinese chicken jerky treats. *Tierarztl Prax Ausg K Kleintiere Heimtiere*. 2015; 43: 188.
38) Igase M, Baba K, Shimokawa-Miyama T, et al. Acquired Fanconi syndrome in a dog exposed to jerky treats in Japan. *J Vet Med Sci*. 2015; 77(11): 1507-1510.
39) Reinert NC, Feldman DG. Acquired Fanconi syndrome in four cats treated with chlorambucil. *J Feline Med Surg*. 2016; 18(12): 1034-1040.
40) Appleman EH, Cianciolo R, Mosenco AS, Bounds ME, Al-Ghazlat S. Transient Acquired Fanconi Syndrome Associated with CopperStorage Hepatopathy in 3 Dogs. J Vet Intern Med. 2008; 22: 1038?1042.
41) Bovee KC. Genetic and metabolic diseases of the kidney. *KC Bovee Canine nephrology*. 1984; 339.
42) Soriano JR. Renal tubular acidosis: The clinical entity. *J Am Soc Nephrol*. 2002; 13: 2160.
43) Roth KS, Chan JC. Renal tubular acidosis: a new look at an old problem. *Clin Pediatr (Phila)*. 2001; 40: 533.
44) DiBartola SP. Metabolic acid-base disorders. SP DiBartola Fluid, electrolyte and acid base disorders in small animal practice. ed 4. 2012; 253. Elsevier.
45) Cook AK, Allen AK, Espinosa D, et al. Renal tubular acidosis associated with zonisamide therapy in a dog. *J Vet Intern Med*. 2011; 25: 1454.
46) Martinez SA, Hostutler RA. Distal renal tubular acidosis associated with concurrent leptospirosis in a dog. *J Am Anim Hosp Assoc*. 2014; 50: 203.
47) Shearer LR, Boudreau AE, Holowaychuk MK. Distal renal tubular acidosis and immune-mediated hemolytic anemia in 3 dogs. *J Vet Intern Med*. 2009; 23: 1284.
48) Torrente C, Silvestrini P, de Gopegui RR. Severe life-threatening hypokalemia in a cat with suspected distal renal tubular acidosis. *J Vet Emerg Crit Care (San Antonio)*. 2010; 20: 250.
49) DiBartola S. Renal tubular disorders. 4ed. In: Feldman SJ. Textbook of veterinary internal medicine. vol 2. WB Saunders. 1995; 1801.
50) Sands JM, Bichet DG. Nephrogenic diabetes insipidus. *Ann Intern Med*. 2006; 144: 186.
51) Cohen M, Post GS. Water transport in the kidney and nephrogenic diabetes insipidus. *J Vet Intern Med*. 2002; 16: 510.
52) Etish JL, Chapman PS, Klag AR. Acquired nephrogenic dia-

betes insipidus in a dog with leptospirosis. *Ir Vet J*. 2014; 67: 7.
53) DiBartola SP. Disorders of sodium and water: Hypernatremia and hyponatremia. In: DiBartola SP. Fluid, electrolyte, and acid-base disorders in small animal practice. ed 4. Elsevier Saunders. 2012; 45.
54) Bartges JW. Disorders of renal tubules. ed 5. In: Ettingersj, Feldman EC.Textbook of veterinary internal medicine. vol 2. WB Saunders. 2000; 1704.
55) Heiene R, Bjorndal H, Indrebo A. Glucosuria in Norwegian elkhounds and other breeds during dog shows. *Vet Rec*. 2010; 166: 459.
56) Finco DR. Familial renal disease in Norwegian Elkhound dogs: physiologic and biochemical examinations. *Am J Vet Res*. 1976; 37: 87.
57) Thoresen SI, Bredal WP. Serum fructosamine measurement: a new diagnostic approach to renal glucosuria in dogs. *Res Vet Sci*. 1999; 67: 267.

5 中毒・薬剤性腎障害

5.1 イントロダクション

中毒性腎障害とは、重金属や薬剤などの外因性物質やミオグロビンなどの代謝性毒素のような内因性物質によって生じる腎障害である。

腎臓が中毒性物質の標的臓器になる理由は、以下に分類される[1]。
① 他の臓器に比べて単位重量あたりの血流量が多く、血管表面積が広いため、中毒性物質の到達量が多いこと
② 主要排泄経路であり、中毒性物質が尿細管上皮細胞内に蓄積しやすいこと
③ 腎髄質が著しい高浸透圧環境のため、髄質や間質で中毒性物質が濃縮され、中毒性物質濃度が毒性域に上昇しやすいこと
④ 生理的に低酸素環境のため、腎障害の悪循環に陥りやすいこと
⑤ 中毒性物質の代謝によって、強力な細胞傷害性を有する活性酸素種が産生されること、など

これら①〜⑤の詳細について以下に説明を加える。

① 他の臓器に比べて単位重量あたりの血流量が多く、血管表面積が広いため、中毒性物質の到達量が多い
腎臓は、他の臓器に比べて単位重量あたりの血管内皮細胞の表面積が広い。また、尿生成のためには大量の血液を必要とする。そのため、腎臓には心拍出量の20％もの大量の血液が流れ込む結果、単位重量あたりの血流量が多く、中毒性物質が他の組織よりも急速に、かつ高濃度で腎臓に送達されるため、腎障害が生じやすい。

② 中毒性物質は、代謝過程で変化体となり体外排泄される場合と未変化体のまま体外排泄される場合がある。排泄経路としては、腎排泄、肝排泄（胆汁とともに消化管に排泄され、その後、糞便排泄される）、揮発性物質であれば肺排泄、皮膚からの汗、唾液腺や乳腺からの排泄などがある。水溶性の中毒性物質やイオン化した中毒性物質の主な消失経路は腎排泄、すなわち尿中排泄である。多くは、糸球体濾過によって尿細管に排泄され、再吸収されずにそのまま尿中に排泄される。

腎臓における物質の排泄過程は、**(1) 糸球体での濾過、(2) 近位尿細管での分泌・再吸収、(3) 遠位尿細管による再吸収・濃縮**の3段階からなり[2]、それぞれの過程で細胞傷害を引き起こす。

(1) 糸球体での濾過過程での細胞傷害

糸球体濾過で排出される物質の量は、物質の血中蛋白結合率と腎血流量や糸球体濾過量によって決定される。糸球体濾過量は、輸入細動脈や輸出細動脈の収縮性によって調節されている糸球体内圧が決定因子となっている。

血中蛋白結合率が高い中毒性物質はサイズバリアによって、糸球体で濾過されないため、体外への排泄遅延が生じる[2]ため、糸球体のみならず全身性の血管内皮細胞を傷害する可能性が高くなる。その結果、糸球体を中心とした病変が作られる。血管の収縮や拡張に関与するレニン-アンジオテンシンⅡやプロスタグランジンの調節を介して腎血流量および糸球体濾過量を減少させる中毒性物質もまた、尿中への排泄を遅延させる。結果として、中毒性物質の血中濃度が上昇し、結果として、作用・副作用の発現を増強することにつながる。また、中毒性物質によって糸球体の直接傷害が生じた場合は、糸球体の濾過機能障害が起こり、糸球体性蛋白尿やネフローゼ症候群が認められる。

(2) 近位尿細管での分泌・再吸収での細胞傷害

尿細管は、物質輸送を最大の目的として機能発達してきた。尿細管上皮細胞は管腔側と間質を隔てる障壁であり、特定の物質だけを能動的に輸送する性質を有している。尿細管上皮細胞は、効率のよい物質輸送のための構造を有しており、特に近位尿細管でその構造が発達している。尿細管上皮細胞における管腔側の刷子縁（微絨毛）

と血管側（基底膜）の側底細胞膜の陥入によって細胞膜の面積を増やし、輸送能力を上げている[3]。

　中毒性物質の一部は、糸球体から尿細管に濾過され、残りは糸球体を通過して輸出細動脈内に流れ込み、近位尿細管を取り巻く毛細血管網へ到達する。中毒性物質は、近位尿細管上皮細胞を介して管腔側へ分泌、尿中へ排泄される。腎臓の尿細管を通じての中毒性物質の移動は、経細胞輸送と傍細胞輸送の2つの経路を介する。経細胞輸送の場合、中毒性物質の毛細管網から尿細管細胞内への輸送や管腔側への分泌にはエネルギーが必要で、中毒性物質は濃度勾配に逆らって移動する。この輸送には、両細胞膜に局在する輸送体（トランスポーター）が関与する[4-6]。側底細胞膜に局在する輸送体には陰イオン性物質を分泌する有機酸（アニオン）系輸送体と陽イオン性物質を分泌する有機塩基（カチオン）輸送体がある。刷子縁にはP糖蛋白質と呼ばれる輸送体が局在する。能動輸送系で排泄される中毒性物質の腎クリアランスは、一般に糸球体濾過量よりも大きい。また、傍細胞輸送の場合には、尿細管上皮細胞内の取り込みを介さず、タイトジャンクションを経由して管腔内の尿中へ中毒性物質は移動する。

　このように尿細管上皮細胞の基底膜側・管腔側とも細胞膜に多くの輸送系が存在するため、中毒性物質が上皮細胞内に取り込まれやすく障害を引き起こす。すなわち、毛細血管網から尿細管上皮細胞内へ輸送された中毒性物質は、一時的あるいは永久的に尿細管上皮細胞に蓄積するため、細胞死や尿細管壊死を引き起こし、細胞に対し直接毒性を示す。

(3) 遠位尿細管による再吸収・濃縮過程での細胞傷害

　遠位尿細管は、電解質やミネラル、重炭酸、水素イオンの交換の場であり、体液成分の調節に中心的な役割を果たし、尿を濃縮する機能を有している。

- 糸球体濾過、あるいは尿細管での分泌により尿中排泄された中毒性物質は主に遠位尿細管で再吸収される。この再吸収は、近位尿細管とは異なり、水の吸収によって生じる濃度勾配を利用した受動拡散によるものであり、エネルギーを必要としない。再吸収されやすい物質の性質は、低分子、脂溶性、非イオン化分子とされる。
- 障害機序：尿濃縮によって髄質深部の間質液では、中毒性物質が極めて高濃度となり、血中濃度の100倍に達することもある[7]。そのため、高濃度の中毒性物質が腎障害を惹起し、尿細管壊死や間質性腎炎を生じさせる。さらに、遠位尿細管遠位部における尿中pHの酸性化が、原尿中の中毒性物質の溶解度を下げ析出物を生じさせる。その析出物が尿細管閉塞障害を引き起こすことがある。

③ 腎髄質の最も重要な働きは濃縮尿の生成である。濃縮尿を作り出す遠位尿細管の仕組みとして、ヘンレループが作る対向流増幅系が存在する。腎髄質のヘンレループは、下行脚と上行脚が向かい合う構造をしており、下行脚では徐々に尿が濃縮され、上行脚では逆に尿の希釈が行われる。その結果、ループの先端部に浸透圧物質が蓄積され、腎髄質の間質の浸透圧が腎乳頭の先端に向かって著しく高くなる環境を生み出している。そのため、尿細管・集合管内の中毒性物質が腎髄質に到達した場合、濃縮され、高濃度になり腎毒性を示すことになる。

④ 腎臓は体の低酸素状態をいち早く察知するための仕組みとして、そもそも生理的に低酸素環境となっている[8,9]。この感知機構によって、腎臓は酸素濃度の低下を検知し、血管収縮や腎髄質での造血作用をもつエリスロポエチンの分泌によって、適切な酸素量を確保する。腎臓の酸素供給は、尿細管周囲毛細血管によって行われている。しかし、動脈から静脈へ酸素が直接流入する動静脈酸素シャントの経路が存在するため、酸素が毛細血管内に到達せず組織の酸素供給が行われないため、腎臓は酸素の取り込み効率が悪い環境となっている。さらに、腎臓はエネルギー需要の高い臓器であるため、酸素の消費量が多い。そのため、腎臓での酸素不足が生じると、腎虚血や細胞内の酸化ストレスや炎症反応、血管内皮細胞の損傷によって腎障害が引き起こされる。

⑤ 腎臓での活性酸素（フリーラジカル）の産生部位は、主に腎血管や尿細管上皮細胞などで、細胞膜に存在するNADPHオキシダーゼ、ミトコンドリアの電子伝達系、細胞質のキサンチンオキシダーゼを介して、非常に毒性の高い活性酸素が産生される。高エネルギーを必要とする腎臓は、特に酸素消費量の多い臓器であり、多くの活性酸素に絶えず曝露されているため、活性酸素や過酸化脂質に対する防御系が存在する。しかし、中毒性物質によって活性酸素種が過剰量になると酸化ストレス状態となり、腎血管やネフロン、腎間質が障害される[10]。また、中毒性物質が、細胞内カルシウムの恒常性維持機構を障害すると、細胞内カルシウム濃度の増大を招き、活性酸素種の過剰産生を招きうる。

第7章

表24　腎障害の内因性物質

疾　患	内　因
ヘモグロビン血症	溶血（溶血性疾患・輸血反応）
ミオグロビン血症	横紋筋融解症・重度の筋肉変性・熱射病などの高熱
高カルシウム血症	悪性腫瘍随伴、上皮小体機能亢進症、アジソン病、ネコの特発性高カルシウム血症
低カリウム血症	尿細管アシドーシス、アルドステロン症、利尿薬の長期使用
高尿酸尿症	遺伝性、肝機能障害
高シュウ酸尿症	遺伝性

5.2 中毒性腎症

　一般に、中毒性物質による腎障害によって腎機能が低下したものを中毒性腎症と呼ぶ。中毒性物質による腎障害では、腎臓を構成する糸球体、尿細管、間質、血管などいずれも障害の標的となる。中毒性物質によって様々な障害パターンをとることが知られている。
① 腎血流低下に伴う腎障害
② 糸球体傷害主体の腎障害
③ 尿細管・間質障害主体の腎障害
④ 血管内皮細胞障害による腎障害

　これらの腎障害によって、急性腎不全を招く。糸球体毒性、尿細管毒性、間質毒性は直接型、腎血管毒性や電解質・酸-塩基平衡の異常による腎障害は間接型、尿路閉塞性腎障害は閉塞型腎障害に分類される。

① 腎血流量低下に伴う腎障害

　中毒性物質によって、脱水、血圧低下時など腎血流量減少や腎血行動態の変化が生じ、糸球体濾過量が低下することで腎障害が生じる。糸球体濾過量の決定因子の1つである糸球体内圧と、糸球体内圧を調節する輸入細動脈および輸出細動脈の収縮性の変化が腎障害に関与している。通常、糸球体内圧が低下すると、傍糸球体細胞からレニンが分泌され、血中のアンジオテンシンⅡ濃度が増加することで輸出細動脈が収縮する。その結果、糸球体内濾過圧の低下に歯止めがかかり、糸球体濾過量が維持されるが、これらの機構に影響を与える中毒性物質は、腎血流量や糸球体濾過量を減少させて腎毒性を示す。

② 糸球体傷害主体の腎障害

　中毒性物質が直接糸球体、血管内皮細胞を傷害することによって濾過機能障害が生じる。そのため、蛋白尿やネフローゼ症候群を発症する可能性がある。

③ 尿細管・間質障害主体の腎障害

　前述した尿細管の特性から、中毒性物質により尿細管は直接、障害されやすい。代表的な尿細管障害の病理組織学的所見は尿細管壊死や間質性腎炎が代表的である。尿細管壊死は中毒物質の直接の毒性による傷害が多いとされる。また、尿細管腔に中毒性物質が移行後、尿の濃縮に伴う中毒性物質の濃度上昇のために析出する結果、尿細管を閉塞させ腎後性障害と呼ばれる急性腎不全を引き起こす閉塞型腎障害も生じうる。

④ 血管内皮細胞による腎障害

　中毒性物質によっては、尿細管細胞の機能障害などから、種々の電解質の輸送障害、その結果、酸-塩基平衡の障害が招かれる。さらに、腎間質に分布する毛細血管内皮細胞を傷害する。中毒性物質の場合、腎間質を中心に炎症が広がっていく。

5.2.1 内因性物質による中毒性腎障害

　内因性物質は、少量では問題を起こさないが、量的に生体の排泄閾値を超えた場合、あるいはそれらの物質に対する免疫耐性が低下した場合に腎組織に障害を生じさせることが知られている。内因性物質による腎障害は、溶血や横紋筋融解症で生じるヘモグロビン血症や高ミオグロビン血症、高カルシウム血症、高尿酸血症、高シュウ酸血症や低カリウム血症・高カリウム血症などで生じうる[11]。ただ、イヌやネコでの内因性物質による腎障害の頻度は高くない。内因性物質の種類と疾患を表24に示す。

　内因性物質による腎障害の発症機序を以下に示す[12,13]。

ヘモグロビン血症（hemoglobinemia）

　溶血すると壊れた赤血球からヘモグロビンが漏出する（遊離ヘモグロビン）。軽度の溶血であれば、血中のハプトグロビンが遊離ヘモグロビンと強く結合し肝臓へ運搬

腎臓の病気

された後に代謝を受けて処理されるため、血清の結合能を超えるまでは問題は生じない。しかし、重度の溶血の場合は、処理しきれなかった遊離ヘモグロビンは腎臓へと向かう。遊離ヘモグロビンはアルブミンの分子量に相当するため、正常な機能を有する糸球体では濾過を受けにくいが、濾過機能の低下があった場合は糸球体を通過する。遊離ヘモグロビンは尿細管上皮細胞で再吸収されて、細胞内でヘムとグロビンに分解される。ヘムが尿細管上皮細胞に対し毒性を示すため、尿細管機能障害を惹起する。

ミオグロビン血症（myoglobinemia）

高熱や損傷による骨格筋の組織破壊・壊死によって筋線維に含まれるミオグロビン（筋肉ヘモグロビン）が血中へ逸脱する。遊離したミオグロビンは血中のα_2グロブリンと結合するがかなり弱い結合であり、また結合能もヘモグロビンに比較して小さく、分子量も小さいため、ミオグロビンは尿中に排泄されやすい。そのため、ヘモグロビンに比べミオグロビンによる腎傷害が起こりやすいとされている。

糸球体を通過したミオグロビンは尿細管上皮細胞で再吸収されるが、高濃度の場合は尿細管での再吸収が間に合わず尿中排泄されることになる。酸性尿ではミオグロビンはグロビンとヘマチンに分解されるが、ヘマチンは尿細管腔内で尿酸と結晶を形成して析出物となり、閉塞性腎障害を生じさせる。また、ミオグロビンは腎臓の血管収縮を起こして腎血流量を低下させ、腎前性腎障害も惹起する。

さらに、尿細管壊死には、血中のミオグロビンとヘムによる鉄イオンや活性酸素種の過剰産生や、活性化マクロファージによる腎臓でのマクロファージ細胞外トラップ（macrophage extracellular traps：METs）放出が関与することが指摘されている。

高カルシウム血症

高カルシウム血症（hypercalcemia）は腸管と骨からの吸収が腎臓での排泄を超えたときに生じる。腎障害の機序として、以下があげられる。

① 高カルシウム血症により直接的ならびに間接的に細動脈および輸入細動脈の収縮が惹起され、腎血流量を低下させる結果腎虚血が引き起こされ、尿細管障害を起こす
② 腎組織への石灰化が生じ、髄質に蓄積することによって尿細管を圧迫し、尿濃縮力の低下を招く
③ カルシウム結晶形成による尿細管閉塞
④ 腎集合管における抗利尿ホルモン・バソプレッシンの感受性の低下による続発性腎性尿崩症の惹起

長期にわたる重度の高カルシウム血症は、虚血性腎障害、軟部組織の石灰化、および不可逆的な腎機能低下を引き起こし、尿石症を増加させるカルシウム尿症を生じさせる可能性がある。また、高カルシウム血症は、腎臓だけではなく、胃腸、心血管系、および神経系にも組織へのカルシウム沈着によって有害な影響を及ぼす。高カルシウム血症の1,641頭のイヌと119頭のネコを対象としたある研究では、中等度から重度の高カルシウム血症の原因として、上皮小体機能亢進症（イヌ）、ビタミンD中毒症（イヌ）、悪性腫瘍（イヌやネコ）、特発性（ネコ）が多かったと報告されている[14]。他には、副腎皮質機能低下症、急性または慢性腎臓病、骨髄炎や骨肉腫などの溶骨性疾患、肉芽腫性疾患（ブラストミセス症、ヒストプラズマ症など）が原因となる。臨床徴候は、無症状であることも多いが、血清カルシウム濃度が15mg/dLを超える場合には食欲不振、嗜眠、筋力低下、筋肉のけいれん、発作、不整脈、嘔吐、下痢、便秘、多尿症、多飲症、および下部尿路徴候がみられるようになる。

治療は、後出のビタミンD中毒症を参照のこと。

低カリウム血症

一般に、血清カリウム濃度<3.5mEq/Lを低カリウム血症（hypokalemia）と呼ぶ。臨床徴候は、多尿、多飲、筋力低下が一般的で、麻痺、頸部の腹屈（ネコ＞イヌ）、消化器症状、および心不整脈が認められることがある。多飲多尿は、抗利尿ホルモンに対する腎臓での反応性の低下に起因する[15]。

長期間の低カリウム血症の場合に、尿細管上皮細胞の空胞変性、近位尿細管の機能障害や尿細管萎縮、間質の線維化や嚢胞形成が認められる[16]。186頭の低カリウム血症を呈したネコでの研究では、血清カリウム濃度の減少とともに、慢性腎臓病になる確率が高くなったという報告がなされている[17]。

低カリウム血症の治療では、基礎疾患の特定と治療、およびカリウム補給を実施する。

5.2.2 外因性物質による中毒性腎障害

外因性物質には、薬剤（非ステロイド性抗炎症薬、抗菌薬、抗腫瘍薬、造影剤）、重金属（鉛、水銀、カドミウムなど）、有機毒（エチレングリコール、除草剤：パラコート）、植物（ユリ科：ネコ）、果物（ブドウ：イヌ）、放射線などが含まれる。このうち、薬剤性腎障害が最も

第7章

頻度が高い。薬剤性腎障害については項を改めて記述する。

〈診断〉

第1に原因の同定が必要であり、飼い主からの稟告聴取が重要である。イヌやネコは身近に存在するあらゆるものを誤食する可能性がある。飼い主が服用している薬剤を誤食する場合もあるため、飼い主や家族の薬剤使用歴などの聞き取りも忘れてはならない。誤食した毒物や薬物の種類およびその量、誤食からどの程度の時間が経過しているかなど詳細に聴取する。

検査としては、身体検査、尿検査、血液検査、画像検査を進め、尿比重の低下、蛋白尿の出現・増悪や腎機能、尿量の評価を行い、腎機能低下が認められた際は中毒性腎障害を疑うことが肝要である。救急対応が必要な症例では、必要な処置を優先して実施する。

〈治療〉

急性中毒時の治療は、一般に「全身管理」、「中毒性物質の吸収阻害」、「解毒」、「中毒性物質の排泄の促進」を目的に実施される。

まず、腎障害の疑いのある物質の摂取や曝露を直ちに中止させる。また、薬剤であれば、疑わしい薬剤を中止して腎保護療法を行う。

全身管理、中毒性物質の排泄促進のためには、輸液療法を実施しながら他の療法を併用する。

中毒性の吸収阻害のためには、催吐および胃洗浄による消化管除染を行う。中毒性物質の誤食後1〜2時間以内であれば効果的である。

活性炭は、強力な吸着力によって中毒性物質を吸着し糞便とともに体外に排出することができる。イヌやネコに対して、活性炭の初回投与は下剤を併用して1〜4g/kg 内服させ、その後必要に応じて下剤なしの活性炭0.5〜2g/kgを8時間おきに2回まで追加投与する。カプセルの場合は、粉末の状態にしてから投与する必要がある。ただし、アルコール類やエチレングリコール、鉄、リチウムなどは活性炭に吸着されにくいため、効果は乏しい。また、腸閉塞や消化管の穿孔や通過障害が疑われる場合は避けた方がよい。なお、ソルビトールなどの下剤と併用するとよい（急性腎障害時あるいは腎機能低下時は、高マグネシウム血症を起こしやすいため、マグネシウム含有下剤は避ける）。

解毒は、解毒剤や拮抗薬による中毒性物質の中和によって行われる。解毒薬が使用できる場合は、臨床徴候および予後を改善させる可能性があるため、飼い主に症例が誤食したものがわかるような製品袋や薬物などを持参してもらうことで有益な情報が得られる。

上記の治療を実施しても病態が進行していく場合は、透析による血液浄化療法を実施する。

5.2.2.1 重金属中毒

鉛中毒

鉛中毒（lead poisoning）は、鉛含有ペンキの粉塵や塗料がイヌやネコの被毛や肉球に直接付着したものを摂取した場合に発症しうる。また、鉛製品を異食性により摂取することでも起こる。

鉛は、2〜10%が消化管で緩徐に吸収され、摂取した鉛の大部分は胆汁や尿中に排泄される。消化管での吸収後は軟部組織や骨組織に沈着し、神経毒性、消化器毒性、造血毒性を示す。腎近位尿細管上皮に取り込まれた鉛は、核内封入体を形成し蓄積することで直接毒性を示すとともにミトコンドリアも傷害する。その結果、慢性尿細管間質性腎炎やファンコーニ症候群様の症状が認められる。

▶ 臨床徴候および診断法

急性例では、嘔吐、食欲不振などの消化器症状、ふるえやけいれんなどの神経徴候を呈し、重篤になる場合が多い。ある程度の量の鉛を誤食した場合は、消化管内に鉛が残存していることも多いため、X線検査で不透過性異物がないか確認する。血中鉛濃度が0.4ppm（μg/dL）以上で疑われる臨床徴候があれば鉛中毒と診断される（正常では0.1ppm以下）[18]。また、血液塗抹標本では、多数の有核赤血球、イヌでの好塩基性斑点、小球性低色素性貧血が観察されることがある。

▶ 治療法

治療は、胃腸管からの鉛の除去、キレート療法、支持療法、再曝露の防御である。消化管内に鉛が残存する場合は、外科的除去や催吐、カテーテル注入、浣腸などを検討する。硫酸マグネシウムなどの浸透性下剤は胃腸管を刺激することで排便をうながし便中の鉛排泄を増加させる。マグネシウム含有下剤は、胃腸管内で鉛をキレートするため、鉛の腸管吸収を阻害する効果がある。その後に、血液および体組織からの鉛の除去にキレート剤を用いる[18,19]。鉛キレート剤として、サクシマー（国内未販売、10mg/kg、経口投与、8時間おきを5日間、以降12時間おきを2週間）、EDTAカルシウム二ナトリウム（25mg/kg、皮下注射、6時間おきを2〜5日間、組織の壊死を避けるために、希釈して4箇所の異なる部位に

分割注射)、ジメルカプロール (2.5 ～ 5.0mg/kg、筋肉内投与、4 ～ 8時間おき)、D-ペニシラミン (30 ～ 110mg/kg/日、6時間おきを7日間経口投与) が使用されているが、これらのキレート剤は腎毒性を有するため使用には注意が必要である。また、サクシマー以外は、消化管に鉛が残留している場合は、鉛吸収を促進するため使用しない。血中鉛濃度をモニターしながら治療を続ける。活性炭は鉛をあまり吸着しないので役に立たない。チアミンの投与は組織への鉛の蓄積を減らす効果があるといわれている。

▶予後

早期に曝露源の除去やキレート剤の投与を行い、血中の鉛濃度を十分減らすことができれば予後は良好である。しかし、組織が広範囲に損傷している場合、特に神経系の場合は奏功しない場合が多い。

カドミウム中毒

カドミウムに汚染された水や植物の摂取、メッキや電池などの摂取によってカドミウム中毒 (cadmium poisoning) が生じる。

体内に取り込まれたカドミウムの50 ～ 70％は、肝臓と腎臓でメタロチオネインと結合して蓄積される。カドミウムは、近位尿細管上皮細胞内のリソソーム内に蓄積し、一部は細胞質に移行してミトコンドリアや細胞内のカルシウム代謝に影響を与えて細胞死をもたらす[1]。尿細管変性と間質の線維化が認められる。ファンコーニ症候群と類似した症状が認められる。

水銀中毒 (mercury poisoning)

有機水銀に比べ無機水銀の腎毒性が強い。生体内高分子のSH基と結合することにより毒性を発揮する。中枢神経系、胃腸、肺、腎臓が主な標的臓器である。

腎障害の機序は不明だが、近位尿細管上皮細胞内に蓄積して強い毒性を示す (尿細管壊死)。慢性毒性では、糸球体腎炎を起こす。また、集合管にあるアクアポリンを阻害し多尿を引き起こす。ネコにおける慢性曝露試験では、メチル水銀を約20 ～ 25mg/kg摂取した時点で水銀中毒による臨床徴候が発現している[20]。中毒症状には、食欲不振、嘔吐や下痢、運動失調、眼振、失明、発作などの神経徴候がみられる。また、ファンコーニ症候群様の症状が認められる。

治療としては、曝露源の除去や活性炭の投与、キレート剤の投与を行う。キレート剤は、鉛中毒で前述したサクシマーとD-ペニシラミンが使用される[21]。

予後は、水銀中毒で生じる腎臓や神経系の病変の多くは不可逆的傷害を受けるが、支持療法を続けることで数カ月後には改善する症例も存在する。

5.2.2.2 有機毒

エチレングリコール中毒

エチレングリコール中毒 (ethylene glycol poisoning) は、甚急性の著しい中枢神経系の抑制と、進行性で用量依存性の代謝性アシドーシス、致死的な近位尿細管毒性を生じる[1]。エチレングリコールは無色無臭の甘みをもつ液体で、一般に、自動車の不凍液や一部の保冷剤、工業用溶剤に含まれる。特に、不凍液は、純度95 ～ 97％の高濃度エチレングリコールを含む。甘いため、動物が好んで摂取し、中毒の原因となる。

ネコでは動物のなかで最もエチレングリコール中毒に感受性が高く、イヌの2倍以上であり致死率が高い。エチレングリコール中毒症は、イヌで59 ～ 70％、ネコで96 ～ 100％の死亡率と関連している[22,23]。95％エチレングリコールの致死量は、イヌでは4.4 ～ 6.6mL/kg以上、ネコでは1.4mL/kg以上とされるが、少量の摂取でも重篤な腎不全に陥り死亡する可能性がある[22]。

エチレングリコールの経口吸収は早く、0 ～ 60分以内に急速かつ完全に消化管から吸収され組織中に均一に分布する。摂取後3時間以内に最大血中濃度に達し、16 ～ 24時間以内に代謝または排泄される[24]。吸収されたエチレングリコールの約50％は未変化体のまま尿中に排泄され、残りは肝臓と腎臓で代謝され、尿および呼気中に排泄される。

エチレングリコールは、肝臓のアルコール脱水酵素によって毒性の強いグリコアルデヒドに代謝され、糖代謝と神経伝達を変化させる。この時点でホメピゾールや20％エタノールでアルコール脱水酵素を阻害することによって、代謝の進行を中断できる。グリコアルデヒドは、細胞毒性を有するグリコール酸に変化し、さらにグリオリック酸に代謝される。その後、いくつかの経路によって、シュウ酸、グリシン、ギ酸塩、馬尿酸塩、二酸化炭素などに代謝される。

代謝産物によって、代謝性アシドーシスや尿細管上皮細胞障害が生じ、中枢神経抑制、急性腎不全、低カルシウム血症などの症状を引き起こす。シュウ酸は、血中カルシウムと結合してシュウ酸カルシウム結晶を形成し、近位尿細管へ沈着、損傷や閉塞を起こすことによって近位尿細管を傷害し腎不全を生じさせる。二次性の肺水腫や出血性胃腸炎がよく観察される。

第7章

▶臨床徴候

血清エチレングリコール濃度が、イヌでは50mg/dL以上、ネコでは20mg/dL以上の場合、中毒症状がみられる[25]。しばしば3つの段階に分けられる。

・ステージ1（酩酊）

摂取後30分〜12時間で発生する。中枢神経系の抑うつ、運動失調、眼球振戦や嘔吐、多渇が、頻繁にみられる。

・ステージ2（代謝性アシドーシス）

摂取後12〜24時間で発生する。中枢神経系の徴候が治まる可能性があり、多くのイヌは正常にみえる一方、ネコはうつ状態のままで多くはすぐステージ3へ移行する。重度の代謝性アシドーシスが起こり、脱水となる。エチレングリコール代謝物が心筋毒性を示し、頻拍、呼吸促迫や肺水腫が認められる。

・ステージ3（乏尿性腎不全）

通常、イヌでは摂取後24〜72時間に発生する。ネコは摂取後12〜24時間に発生する。尿細管におけるシュウ酸カルシウム結晶の沈殿および代謝物による直接的な尿細管損傷によって、乏尿性急性腎不全および最終的には無尿性腎不全が生じ死に至る。

▶検査所見

尿検査では、摂取3時間以内に比重1.008〜1.012の等張尿となり、その後シュウ酸カルシウム結晶が検出される（ネコ：3時間以内、イヌ：6時間以内）。シュウ酸カルシウム結晶は一水和物および二水和物が観察されるが、平らな六角形である杭柵型の一水和物が一般的に認められる。

血液検査では、pHの低下（代謝性アシドーシス）、摂取12時間以降にBUNやクレアチニンの上昇が認められる。腎臓超音波検査では、皮質や髄質のエコー源性の増加や、ハローサインが観察される。

▶治療法

エチレングリコールの解毒の治療として、ネコでは摂取2〜3時間、イヌでは8〜12時間であれば救命が可能とされるが、それ以降は致死的である。

解毒剤としては、アルコール脱水素酵素を阻害しエチレングリコール代謝を抑制するホメピゾール（ネコ：125mg/kg、15〜30分かけて静脈内投与、その投与後12・24・36時間で31.3mg/kg、以降12時間おき、イヌ：20mg/kg、15〜30分かけて静脈内投与、その投与後12・24時間で15mg/kg、36時間で5mg/kg、以降12時間おき）や、アルコール脱水素酵素に対して高親和性でエチレングリコールと競合して代謝を遅延させる20％エタノール（5.5mL/kg、ボーラスで静脈内投与、4時間おきを5回、その後6時間おきを4回）がある[26]。

もしくは、イヌとネコの両方に対して、30％エタノールを1.3mL/kgのボーラスで静脈内投与した後、1時間あたり0.42mL/kgを48時間にわたり定速注入する。ホメピドールは、エタノールと異なり、中枢神経抑制や低血糖、代謝性アシドーシスなどの重大な副反応が少ない点で海外では好まれて使用されている。併用して、電解質や酸-塩基平衡、灌流量を維持するための輸液療法を実施する。乏尿や無尿の場合は、腹膜透析や血液透析を検討する。

エチレングリコール中毒の一般的な後遺症である低血糖は、4〜6時間ごとに血糖値を監視しながら2.5〜5.0％のブドウ糖を補給することで治療する。重度の低カルシウム血症（総カルシウム＜7mg/dL、イオン化カルシウム＜0.7mmol/L）の是正には、血清イオン化カルシウム濃度をモニターしながら、10％グルコン酸カルシウムを20〜30分かけて緩徐に静脈内投与する（イヌでは50〜150mg/kg、0.5〜1.5mL/kg、ネコでは94〜140mg/kg、0.94〜1.4mL/kg）。カルシウム製剤の静脈内投与中は心電図を継続的に監視する必要がある[26]。徐脈がみられる場合は、投与を中止する。エチレングリコール中毒の場合、代謝性アシドーシスは必発し、輸液療法だけで是正されることは少ない。輸液療法で改善されず重度の持続性アシドーシス（pH＜7.1〜7.15、HCO_3^-＜10〜12mEq/L）の場合には重炭酸ナトリウムを使用する。投与する重炭酸ナトリウムの量は、重炭酸ナトリウム＝基礎欠乏量（mEq）×体重（kg）×0.3で得られた値の25〜35％を、5〜10分間かけてゆっくりボーラス静脈内投与するか、1〜2時間かけて定速投与する。中枢神経症状によって過剰な二酸化炭素を排出できない場合は、重炭酸ナトリウム投与は二次性呼吸性アシドーシスを引き起こす可能性があるため注意する。投与後でも血液ガスによるpHが7.2未満の場合は重炭酸ナトリウムの追加投与を検討する。

▶予後

イヌでは摂取8〜12時間以内に積極的な治療ができれば予後は中等度から良好である。ただし、高窒素血症、乏尿・無尿がある場合や、大量の摂取の場合は、時間経過とともに予後は悪化する。ネコでは、摂取3時間以内に解毒剤を使用すれば救命の可能性があるが、時間がそれ以上経過し高窒素血症などの症状がある場合は致死率が増加する。血清シュウ酸濃度が上昇するにつれ、予後

表25　ユリ科植物中毒の臨床病理学的所見

摂取後	臨床徴候	臨床病理的所見
1～3時間	流涎・嘔吐・食欲不振・沈うつ	白血球のストレスパターン
6時間後	流涎・嘔吐の改善	
12～30時間	多尿・多渇	等張尿、蛋白尿、腎性尿糖、尿中尿細管上皮細胞
18～30時間	脱水	高窒素血症、リン・カリウムの上昇
24～72時間	急性腎障害（乏尿・無尿）	尿毒症

は悪化する。

5.2.2.3 植物毒

ユリ科植物中毒（lily toxicosis）

ネコでのみ高感受性であり、ユリ科植物の摂食によって、急性腎不全を発症する。死亡率が高いのが特徴である。

ネコに中毒を起こすユリは、ユリ属であるシロユリ、オニユリ、テッポウユリ、オリエンタルユリ（カサブランカ、ソルボンヌ）、ヘメロカリス属（ワスレグサ/カンゾウ属）である。ユリの毒性成分は未同定であるが、花粉を含めたすべての部分に毒素が存在し、花瓶の水も危険である（花＞＞葉・茎・花粉・花瓶の水）。ユリを一噛み、または花粉への曝露だけでも中毒症状発現の原因となる[27]。

▶臨床徴候

摂取後、急速な臨床徴候の発現がみられ、1～3時間以内に流涎、嘔吐、食欲不振、沈うつの発現、12～30時間後に多尿や多渇、18～30時間後に脱水、24～72時間後に急性腎障害（乏尿、無尿）を呈し尿毒症となる、3～7日後に死亡の転帰をとる。摂取6時間後にいったん流涎や嘔吐が改善するがこれが中毒の見逃しにつながっている[27]。

▶検査所見

観察される臨床病理学的所見を表25に示す。尿検査では、等張尿、腎性尿糖、尿円柱が検出され、血液検査では、高窒素血症や高カリウム、高リン血症が一般的に認められる。病理組織学的所見は、肺や胃腸管などの全身性うっ血、膵臓の壊死、腎腫大、広範性急性尿細管壊死で重度な場合は集合管まで病変が及ぶ。

▶治療法および予後

摂取直後であれば一般的な解毒処置（催吐、胃洗浄、活性炭）や静脈内輸液療法を実施する。その場合、予後は比較的良好であるが慢性腎臓病への移行が認められる。摂取18時間以内で、乏尿性腎不全が生じる前に輸液療法を開始し、急性腎障害に準じた治療を行えば予後は良好である[28]。18～24時間以上あるいは無尿となった時点での治療開始の予後は警戒を要するか、予後不良である。

ブドウ・レーズン中毒

ブドウ・レーズン中毒（Grape and Raisin Toxicosis）ではブドウまたは干しブドウ摂食後に胃腸障害および急性腎障害が生じる。急性腎障害の発生は、イヌでのみ報告がある[29]。

ブドウの種類は、ラブルスカ種、ヴィニフェラ種であるサルタナ、ピオーネ、巨峰、デラウェア、マスカットである。毒性成分は未同定だが、ブドウの果肉、皮、種、搾りかすなど全ての形態が毒性を示し、生や乾燥など加工の形を問わない。ブドウの中毒量は、皮、実、ジュースでは約20g/kg、レーズンでは2.8g/kgからとされる[30]。ブドウ一房の重量はピオーネ約600g、巨峰約500g、マスカット約400g、デラウェア約150gであるので、小型犬がブドウ一房を食べた場合は確実に致死量となる。

▶臨床徴候

摂取6～12時間以内に嘔吐が始まり、24時間以内には下痢、食欲不振、腹部痛、虚弱が発現し、持続する。摂取24～72時間以内に、多飲多尿、運動失調、末梢浮腫、乏尿性または無尿性腎不全の症状を呈し、尿毒症となり、死に至る[31]。

▶検査所見

摂取24時間以内に血清カルシウムおよびリン濃度の上昇が観察される。徐々に高窒素血症が観察される。尿検査では、等張尿、腎性尿糖や蛋白尿、尿円柱がみられる。

発症のメカニズムは不明だが、病理組織学的診断では腎尿細管壊死が共通して認められる[32]。急性尿細管壊死によって尿管腔へ脱落した細胞が管腔を閉塞し、急性

第7章

腎障害を引き起こす。その他、腎臓や胃粘膜、心筋、肺、血管壁の石灰化が観察される。

▶ 治療法および予後

治療は、急性腎障害に準じ、摂取12時間以内であれば一般的な解毒処置（催吐、活性炭）と最低48時間の積極的な静脈内輸液療法を実施する。合併症では膵炎がある。

摂取1～3日以内であれば、無尿性腎不全が生じる前に輸液療法を開始すれば回復の可能性はある。しかし、乏尿、無尿、運動失調、虚弱の臨床徴候を示す場合は予後不良である。また、高カルシウム血症とカルシウム×リン値の高値も予後不良因子である。

5.2.2.4 食品毒
中国産原料を用いたドライフード（メラミン）中毒（melamine toxicosis）

ペットフードの化学物質汚染による中毒の1つである。2003年および2004年にアジア、2007年に北アメリカで数1,000頭のネコやイヌで尿路結石を伴った腎不全による死亡が大発生し、原因であることが判明したペットフードが市場から回収される事件が起こった[33,34]。これは、原材料となった中国産の穀物グルテンに、見かけ上の蛋白質含有量を増やす目的でメラミンとシアヌル酸が故意に添加されていたのが原因である[1]。

メラミンは無味無臭の結晶であり、単独では急性毒性は低いものの、シアヌル酸と混じると、尿細管腔内で不溶性物質であるメラミンシアヌレートになり、結晶や結石を形成し尿細管の閉塞を起こすことで尿細管壊死を生じさせる。結晶の沈着は、近位尿細管ではなく、遠位尿細管または集合管で観察されている[35]。また、メラミンシアヌレートは遠位尿細管上皮の用量依存性壊死を引き起こす[35,36]。臨床徴候は、多飲多尿、食欲不振、下痢、嘔吐、無気力などがみられる。

ネコでは摂取2週間以内に高窒素血症が生じ、尿毒症へと進行し死に至る。

病理組織学的検査では、尿細管壊死、間質の線維化および炎症像が観察されている[35,37]。

ジャーキートリーツ中毒（jerky treats poisoning）

中国産トリーツによってイヌでファンコーニ様症候群となった被害が2007年から相次いで北アメリカ、オーストラリアで報告された[38]。その後、カナダやヨーロッパでも報告が増えている。日本では2015年にジャック・ラッセル・テリアで1例、2017年に雑種およびフレンチ・ブルドッグで報告されている[39,40]。問題とされる中国産トリーツの原材料は、チキン、ダック、スイートポテト、ドライフルーツなど複数種類ある。最も被害件数が多いのがチキン・ジャーキーである。アメリカ食品医薬品局（food and drug administration：FDA）によって原因物質の調査が行われているが特定には至っていない。好発犬種はないが、小型犬やトイ種が大部分を占めている。

臨床徴候は、多飲多尿、食欲不振、下痢、嘔吐、脱力などがみられる。尿検査では、蛋白尿、腎性尿糖や汎アミノ酸尿が観察され、血液検査では高窒素血症、低カリウム血症、代謝性アシドーシス、肝酵素の上昇が認められる。

治療としては、まず疑わしいトリーツの摂食を中止し、必要に応じて、輸液療法を実施する。軽症であれば、トリーツの中止だけで約4カ月以内に回復する症例も存在するが、慢性腎臓病へ移行する症例や死亡する症例も存在する[41]。

ビタミンD中毒

本中毒は、高濃度のコレカルシフェロール（ビタミンD_3）に曝露されることで生じる[42]。ビタミンD中毒症（cholecalciferol [vitamin D_3] toxicosis）では、骨吸収および腸管でのカルシウム吸収が亢進し、高カルシウム血症が生じる。この重度の高カルシウム血症に続発して軟部組織の石灰化が起こる可能性がある。

原因としては、ある種の殺鼠剤、ビタミンDサプリメント、ビタミンD類似物質（カルシポトリエン、タカルシトール）を含む軟膏や液剤、粗悪な食事などの摂取がある。ビタミンD中毒は、急性曝露とペットフード摂取などの慢性曝露に大別される。

市販のペットフードにビタミンD_3が過剰に配合されたことによるビタミンD中毒が報告されている[43]。1990年には日本でキャットフードに起因したネコのビタミンD中毒症が報告された[44,45]。キャットフードには規定量の11IU/kgの約10～115倍のビタミンDが使用されていた。その後、アメリカでもアメリカ産キャットフードによるビタミンD中毒の事例が発生し、2016年には商品が市場から回収されている。研究によると、170 μg/日のコレカルシフェロールの食事レベルは、子ネコの腎障害を引き起こさないが、2,500 μg/日の長期間の食事摂取は、肺および腎臓の石灰化などの中毒症状を引き起こした[45]。

ビタミンD類似物質を含む一部の植物（*Cestrum*

diurnum、Solanum malacoxylonなど）は草食動物にとって有害な場合があるが、摂取する植物の量が多いため小動物で中毒を起こすことは極めて少ない。

　コレカルシフェロール摂取に関して、イヌでは100μg/kg（4,000IU/kg）という低用量で中毒が報告され、500μg/kgの用量では生命を脅かす高カルシウム血症を引き起こす可能性がある[47,48]。一方、ネコでは、毒性試験は実施されていないが、ネコはイヌよりもその影響に敏感であると考えられている。組織内でのコレカルシフェロールの半減期は長いため、累積中毒を念頭に置く必要があり、微量でも数カ月後に中毒を発症する可能性はある。なお、1IUはコレカルシフェロール0.025μgに相当する。カルシトリオールの安全域は狭く、推奨される治療用量でも高カルシウム血症を引き起こす可能性がある。

　カルシポトリエンやタカルシトールなどのビタミンD類似物質を含む局所軟膏、液剤、エアゾールフォームは、イヌが摂取すると中毒症状や死亡の原因になっている。カルシポトリエン中毒のほとんどの症例は、軟膏のチューブへの急性曝露によるものであるが、理論的には、ヒトの皮膚に塗布されたカルシポトリエンの部分を習慣的に舐めるイヌやネコでは、慢性中毒を生じる可能性がある。

▶臨床徴候

　急性曝露の場合、主な症状は高カルシウム血症の結果として生じる。一般に曝露後12～36時間以内に発現するが、最大72時間の遅延が報告されている[42]。初期症状には、食欲不振、嗜眠、衰弱、嘔吐、便秘または下痢、メレナ、吐血、唾液減少、後肢麻痺、けいれん、腹痛、口腔内潰瘍、尿毒症性呼吸、呼吸困難、頻呼吸、多尿、多渇、乏尿・無尿、低体温または高体温がある[42]。

　身体検査では、徐脈などの不整脈、腹痛や腎痛、高熱、口腔咽頭のびらんが認められることがある。尿細管の石灰化が進行すると、急性腎障害の徴候が現れる。ネコでは短期間であっても肺の石灰化に対して特に感受性が高く、急性疾患時には頻呼吸、呼吸努力の増大、肺水腫の徴候を示すことがある。

　血液検査では、高カルシウム血症が持続する場合、24～72時間以内に腎臓のパラメータ（BUN、クレアチニン、無機リン）が上昇する。高カリウム血症および代謝性アシドーシスも報告されている。そのほか、等張尿や全身性高血圧を認めることがある。

　ペットフードの経口摂取などの慢性曝露の場合は、前述のように臓器（特に肺および腎臓）の石灰化が顕著に認められる。

　剖検時には、肺、腎皮質、消化管粘膜や心筋の石灰化が観察される。

▶診断法

　高カルシウム血症に加えて危険因子または血清25-ヒドロキシビタミンD [25（OH）D] 濃度の上昇によって診断できる。1,25-ジヒドロキシビタミンDの濃度は上昇する可能性はあるが診断法としては一般的ではない。

▶治療法および予後

　応急処置として、アメリカの動物毒物管理センターでは、コレカルシフェロールの投与量が0.1mg/kgを超える場合、カルシポトリエンの投与量が1～3μg/kgを超える場合、カルシトリオールの投与量が2.5～3.5ng/kgを超える場合に毒物除去を開始するよう勧告している[47]。

　治療は、摂取4～6時間以内であれば一般的な解毒処置（催吐、活性炭）と脱水補正のための輸液療法を実施する。コレカルシフェロールの腸管吸収ならびに腸肝再循環を阻害する目的で、コレスチラミン（0.3～1g/kgを8時間ごとに4日間経口投与、活性炭とは少なくとも4時間は空けて投与）や、イントラリピッドエマルジョン（20%滅菌脂質溶液の1.5mL/kg、静脈内投与 ボーラスに続いて、30～60分かけて0.25～0.5mL/kg/min、静脈内持続投与 CRI、6～12時間おき、他の親油性薬物の使用は中止）を投与する。

　また、高カルシウム血症がみられた場合は、利尿を誘発し、以下のオプションの1つまたは複数によって血清カルシウム濃度を低下させる（輸液とステロイドまたはビスホスホネート系薬剤が第一選択となる）。また、食事は低カルシウム食とし、リン吸着剤を使用する。

〈高カルシウム血症に対するオプション〉

・生理食塩液

　糸球体濾過率の増加と腎尿細管のカルシウム再吸収の減少をもたらし、カルシウムを尿中へ排泄させる。生理食塩液を維持量の2～3倍（維持量＝60mL/kg/日）で静脈内投与する。

・グルココルチコイド

　消化管でのカルシウム吸収を減少させ、カルシウムの腎排泄を増加させる。プレドニゾロンの投与量は1～2mg/kgを12時間おきに経口投与する。グルココルチコイドによってカルシウム濃度が正常化した場合は、輸液を中止し、血清カルシウム濃度をモニターしながら1

第7章

〜2週間かけて徐々に漸減する。

・ビスホスホネート系薬剤

破骨細胞を介した骨吸収の阻害を介して血清カルシウム濃度を低下させる。パミドロン酸二ナトリウムを1.3〜2mg/kg、0.9％食塩液で希釈して2時間かけて静脈内投与する[49,50]。ほとんどの場合は、1〜3日以内にカルシウム濃度が著しく低下し、1回の静脈内投与に反応するが3〜4週間ごとに使用できる[48]。パミドロン酸二ナトリウムは、サケカルシトニンと併用不可である。ゾレドロン酸は、0.2〜0.25mg/kg、0.9％生理食塩液で希釈して15分以上かけて静脈内投与する。

・サケカルシトニン

カルシトニンは、破骨細胞の活動と産生を阻害することにより、血清カルシウム濃度を低下させる[51]。血清カルシウム値が正常化するまでモニターしながら、4〜6IU/kgを8〜12時間ごとに皮下投与することができる。投与後数時間以内に短時間作用型のカルシウム減少を引き起こす。急激なカルシウム濃度の低下が生じるため、ビスホスホネート系薬剤と併用しない。反復投与後に不応性となることに注意する。

・フロセミド

ヘンレループでカルシウム排泄を促進するため、使用を考慮してもよい。ただし、脱水と電解質障害を起こす可能性がある。

フロセミドは、初期にボーラスで2〜5mg/kg静脈内投与し、その後0.25〜1mg/kg/hrの静脈内持続投与することができる。フロセミドの1〜5mg/kgを8〜12時間おきに経口投与することも有効である。フロセミドの投与は、一般に、ビスホスホネート使用時は中止する。サイアザイド利尿剤は、カルシム代謝を低下させるため避ける。

・炭酸水素ナトリウム

アシドーシスの場合は、炭酸水素ナトリウムでイオン化カルシウムを減らす。1〜4mEq/kgをゆっくりと投与する。効果は最大3時間持続する。

▶予後

カルシフェロールの摂取量が少ない場合、血清カルシウム濃度が軽度から正常な場合、臨床徴候のない場合は、予後は一般的に良好である。臨床徴候がみられた場合や致死量摂取の可能性がある場合は迅速な処置が重要である。特に、コレカルシフェロールの大量摂取の場合は、進行性の軟部組織への石灰化に対処するために、長期間の治療が必要となる場合があることに注意する[52]。

5.2.2.5 薬剤性腎障害

中毒性腎障害のうち、治療および診断に使用される薬剤の投与により、新たに発症した腎障害、あるいは既存の腎障害のさらなる悪化を認める場合を薬剤性腎障害（drug-induced kidney injury：DKI）と呼ぶ。

種々の疾患に使用される多くの薬剤は、腎排泄性あるいは腎障害性の性質をもつ。薬剤の中でも抗菌薬や抗腫瘍薬などは、薬効を得るために十分量を使用する必要があるため、特に高齢かつ慢性腎臓病を基礎疾患にもつ症例では薬剤性腎障害併発のリスクが常に伴う。これらの腎障害は完全に治癒しないことも多く、薬剤性腎障害は慢性腎臓病の原因としても重要となっている。そのため、医学領域では、薬剤性腎障害の予防、早期発見・治療を目的に薬剤性腎障害診療ガイドラインが制定されている[53]。しかし、小動物臨床においては残念ながら薬剤性腎障害に関するガイドラインは存在しない[54]。

分類

薬剤あるいはその代謝物は体内分布後に糸球体からの濾過、尿細管上皮細胞からの分泌、遠位尿細管による再吸収の3段階を経て、腎臓から体外に排出される[2]。一般に腎臓に到達した薬物は、水溶性の方が排泄されやすく、脂溶性薬物は水酸化や抱合などの化学的修飾を受けることで排泄されやすくなる。薬剤性腎障害は、その毒性発現機序で次の4つに大別される[7]。

- 用量依存性に腎構成細胞障害を惹起する直接毒性（中毒性腎障害）
- 用量非依存性にアレルギー・免疫学的機序が関与する腎障害（過敏性腎障害）
- 薬剤による電解質異常や腎血流障害などを介した間接毒性
- 溶解度の低い薬剤による遠位尿細管・集合管での結晶形成や結石形成による尿路閉塞性腎障害

あらゆる薬剤が原因となりうるが、鎮痛薬である非ステロイド性抗炎症薬やアセトアミノフェン、抗菌薬（アミノグリコシド系、バンコマイシン、ST合剤）、抗腫瘍薬（白金製剤、血管新生阻害薬、メトトレキサート、シクロフォスファミド）、ヨード造影剤などがある。また、複数の薬剤の組み合わせによっても腎障害が起こりやすくなる場合がある。

また、腎臓の障害部位に基づき、次のように分類することも可能である[1]。
① 薬剤性腎血管障害
② 薬剤性糸球体障害
③ 薬剤性尿細管障害
④ 薬剤性腎間質障害

診断および治療法
薬剤性腎障害の診断基準は、以下である。
(1) 該当する薬剤の投与後に新たに発生した腎障害であること
(2) 該当薬剤の中止により腎障害の消失と進行の停止を認めることの両者を満たし、他の原因が否定できる場合[53]

治療の基本は該当薬剤を可能な限り早期に同定し、中止することである。

① 腎血管障害と代表的な薬剤
薬剤による腎輸入および輸出細動脈への障害は、腎血流量や糸球体の濾過量の低下を引き起こし、腎前性の急性腎障害を招く。代表的な薬剤として、非ステロイド性抗炎症薬（non-steroidal anti-inflammatory drugs：NSAIDs）、レニン-アンジオテンシン-アルドステロン（RAAS）阻害薬、シクロスポリン、タクロリムス、アムホテリシンB、ヨード造影剤がある[1]。

▶NSAIDs
NSAIDsは、シクロオキシゲナーゼ（COX-1、COX-2）阻害により、腎血流量調節を担うプロスタグランジン産生阻害を介して腎血流量を低下させる[55,56]。腎臓ではCOX-2が常に発現しているため、選択的COX-2阻害薬も腎障害を起こす。また、NSAIDsはロイコトリエン産生を増加させるため、糸球体基底膜の透過性を上昇させ腎障害を増悪させる。

ネコでは一次代謝であるグルクロン酸抱合を欠くため、一般的にNSAIDsに対してイヌの少なくとも2倍の感受性を有する[57]。腎機能に問題がない症例への単回投与での副作用はまれだが、繰り返しの投与は急性腎障害と関連するため、非推奨となっている[57]。

▶RAAS阻害薬
アンジオテンシンⅡは、腎輸出細動脈を輸入細動脈よりも強く収縮させることにより、糸球体濾過圧を維持し、糸球体濾過量を調節する。RAAS阻害薬であるアンジオ

表26 糸球体障害を起こす代表的な薬剤

直接傷害
抗腫瘍薬：マイトマイシン、ダウノルビシン
分子標的薬：トセラニブ、イマチニブ
ビスホスホネート系骨吸収抑制薬：パミドロン酸
アミノヌクレオシド系抗菌薬ピューロマイシン
ACE阻害薬、NSAIDs
免疫学的機序 （糸球体基底膜への免疫複合体形成）
抗リウマチ薬：ペニシラミン、金製剤

テンシン変換酵素阻害薬やアンジオテンシンⅡ受容体拮抗薬は、糸球体濾過量を低下させる[7]。また、RAAS阻害薬はアルドステロンの産生を抑制することから、トリロスタンとの併用ではアルドステロン産生の過度な抑制が生じるため、腎血流量が減少し、腎前性腎障害を生じるリスクが高い[58]。同様の機序で、カリウム保持性利尿薬であるスピロノラクトンとトリロスタンの併用も腎血流量を減少させる[58]。

▶NSAIDsと併用注意、禁忌の薬剤
NSAIDsは輸入細動脈を収縮させるため、腎血管毒性をもつ薬剤との併用は注意を要する。例えば、循環血液量を減少させる利尿薬、糸球体輸出細動脈を拡張させるRAAS阻害薬との併用は糸球体濾過量の急激な減少をもたらす[59]。特に、NSAIDs、利尿薬、RAAS阻害薬3剤の併用は、急性腎障害のリスクを増大させる[59]。また、アミノグリコシド、アムホテリシンB、サルファ剤との併用も注意が必要である。クロラムフェニコール、イミダゾール抗真菌剤はNSAIDsクリアランスを阻害する薬物のため、併用禁忌である[60,61]。

② 糸球体障害と代表的な薬剤
糸球体障害性薬剤は、尿中への蛋白質漏出を増大させ、ネフローゼ症候群を惹起する。この場合は、薬剤による糸球体基底膜の蛋白質透過性亢進のため、主にアルブミンの尿中排泄によって低アルブミン血症や浮腫、高脂血症が認められる。直接傷害と糸球体基底膜への免疫複合体形成による免疫学的機序があり、代表的な薬剤を表26に示す。

アルキル化剤であるマイトマイシンCは、血管内皮細胞を傷害するために、溶血性尿毒症症候群を生じる[1]。分子標的薬のトセラニブやイマチニブでは病理学的機序

第7章

は不明だが、投与後に蛋白尿が生じることがわかっている[62,63]。抗リウマチ薬であるペニシラミンや金製剤を摂取すると、糸球体基底膜に免疫複合体が沈着して膜性腎症を誘発する[1]。

③ 尿細管障害と代表的な薬剤

薬剤の直接毒性によって尿細管の再吸収および分泌機能不全を生じ、急性腎障害を招く。腎性尿糖、尿細管性蛋白尿が認められる。尿細管障害は、続発性糸球体障害や糸球体濾過量の低下を惹起する。代表的な薬剤を表27に示す。尿細管障害は、(1) 近位尿細管障害、(2) 遠位尿細管・集合管障害、(3) 尿細管閉塞性障害に分類される。

▶近位尿細管障害

近位尿細管では、化学物質の分泌や再吸収が盛んに行われているため、直接傷害されやすく薬剤による毒性が出現しやすい。

＜造影剤腎症＞

造影剤静脈投与48時間以内に腎機能が悪化した場合を造影剤腎症と呼ぶ[64]。造影剤の毒性の正確な発症機序は不明であるが、腎血管を収縮させる腎血管毒性、尿細管への直接毒性（尿細管壊死）が認められる。ヨード剤の種類によって、造影剤腎症の発症リスクは異なり、最もリスクが高いのは高浸透圧性・イオン性であるヨード造影剤、次は低浸透圧性・非イオン性のイオヘキソールやイオパミドール、続いて等浸透圧性のイオジキサノールである。造影剤の投与量の増加や、静脈内投与よりも動脈内投与によって発症リスクは高くなる。

ヒトでは、腎機能や心機能の低下、高齢、抗腫瘍薬や抗菌薬、解熱鎮痛薬、RAAS阻害薬の使用がある場合、造影剤腎症の発症は10〜30％に増加する（健常者での発生は1〜2％程度）。

イヌやネコでも造影剤腎症が指摘されている[65,66]。造影剤腎症に対する有効な治療法は確立されていないため、造影剤使用前には必ず腎機能評価を実施する。造影剤の使用前後に生理食塩液などの十分な輸液を実施し、リスクが高い場合は、低浸透圧非イオン性造影剤を必要最小量で使用する。また、血中クレアチニン値が中等度以上に増加している場合は、当日の造影検査は見合わせ、輸液療法を実施し、後日再評価する。

なお、尿路閉塞により中等度以上の血中クレアチニン値かつ造影CT検査が必要不可欠な場合は、手術直前の検査とし、腎臓に造影剤がとどまる時間を最小限にすべ

表27 尿細管障害を起こす代表的な薬剤

(1) 近位尿細管障害
・アミノグリコシド系抗菌薬
・セファロスポリン系抗菌薬
・カルバペネム系抗菌薬
・グリコペプチド系抗菌薬
・テトラサイクリン系抗菌薬
・ニューキノロン系抗菌薬
・シスプラチン、カルボプラチン、シクロスポリン
・造影剤（イオヘキソールなど）
・NSAIDs
・浸透圧利尿薬：マンニトール

(2) 遠位尿細管・集合管障害
高カリウム血症
・RAAS阻害薬
・シクロスポリン
・NSAIDs
遠位尿細管性アシドーシス
・アムホテリシンB
腎性尿崩症
・アミノグリコシド系抗菌薬
・アムホテリシンB
・シクロフォスファミド
・クロルプロマジン

(3) 尿細管閉塞性障害
・抗腫瘍薬：メトトレキサート
・サルファ剤
・カリウム保持性利尿薬：トリアムテレン
・抗ウイルス薬：アシクロビル

きである。

＜シスプラチン＞

シスプラチンは、がん治療に用いる白金製剤の1つである。シスプラチンは、近位尿細管の基底膜側に存在する有機カチオントランスポーターを介して、能動的に近位尿細管細胞内に取り込まれ蓄積し、DNA、ミトコンドリア、小胞体などに作用して、尿細管壊死をもたらす[63]。シスプラチンによる腎障害に活性酸素が関与すると考えられている。シスプラチンは、早期に細胞内カルシウム濃度を上昇させることにより、NADPHオキシダーゼの活性化を介して、スーパーオキシドアニオンの産生をうながし、ヒドロキシルラジカルとなってミトコンドリアのアポトーシスや尿細管上皮の細胞膜損傷および壊死を引き起こすと考えられる[10]。シスプラチンと比較す

ると、カルボプラチンなどの他の白金製剤では近位尿細管内への蓄積が少ないために腎毒性が弱い[1]。

＜アミノグリコシド系＞
　アミノグリコシド系抗菌薬は、濃度依存性に近位尿細管毒性を示す。腎糸球体で濾過された後、分子内アミノ基に由来する陽性荷電により刷子縁膜にて陰性荷電をもつ酸性リン脂質と結合し、エンドサイトーシスにより近位尿細管上皮細胞内に取り込まれ、最終的にライソゾームに蓄積され、障害されたライソゾームによって、本薬剤と水解酵素が放出され、尿細管壊死を生じさせる[7]。アミノグリコシド系抗菌薬による腎障害機序は解明には至っていないが、尿細管上皮細胞の膜輸送阻害、脂質代謝障害、活性酸素の関与も指摘されている[10]。

▶遠位尿細管・集合管障害
　尿細管を構成する上皮細胞の傷害によって高カリウム血症、遠位尿細管性アシドーシス、腎性尿崩症の症状が発現する[1]。
　高カリウム血症は、レニン-アンジオテンシン-アルドステロン（RAAS）阻害薬、シクロスポリンやNSAIDsによって引き起こされる。本来、アルドステロンは、ナトリウムを血中に保持しカリウムや酸を尿中排泄する作用を示す。しかし、これらのRAAS系の作用を阻害する薬剤によって、アルドステロンの作用が減弱し、尿中へのカリウムの排泄が低下するために高カリウム血症が生じる。
　遠位尿細管性アシドーシスは、抗真菌薬であるアムホテリシンBの摂取によってみられる。遠位尿細管での尿中への酸（H^+）排泄低下によって、遠位尿細管アシドーシスが生じる[1]。このときにカリウム分泌が促進されることが多く、低カリウム血症も認められる。
　腎性尿崩症は、アミノグリコシド系抗菌薬、テトラサイクリン系抗菌薬であるデメクロサイクリン、双極性障害治療薬であるリチウムなどでみられる。薬剤が集合管における抗利尿ホルモン（バソプレッシン）の作用に拮抗することや、水再吸収に重要なチャネル・アクアポリン-2の発現量を減少させることによって「腎性尿崩症」が生じる[1]。

▶尿細管閉塞性障害
　薬剤の尿濃縮機構による濃度上昇や尿中での低い溶解性が原因で、尿細管閉塞性の腎障害がみられることがある。抗腫瘍薬であるメトトレキサートは、原尿の酸性化によって析出しやすくなり閉塞を引き起こす[1,63]。その

ほかにもサルファ剤やトリアムテレン、アシクロビル、造影剤などがある。

④ 腎間質障害と代表的な薬剤
　薬剤性間質性腎障害は、間質に炎症細胞が浸潤後、尿細管に炎症が波及し腎機能低下を起こす病態である。間質には、傍尿細管毛細血管が豊富に存在するため、炎症細胞が浸潤しやすい。薬剤性間質性腎障害では、急性または慢性の尿細管間質性腎炎が観察される。薬物アレルギー反応による免疫性機序を介するため、用量非依存性で時間的経過を経て腎障害を生じるのが特徴である。
　抗菌薬では、ペニシリン系・ニューキノロン系・セファロスポリン系やテトラサイクリン系抗菌薬、サルファ剤が薬剤性間質性腎障害を引き起こす[1]。また、NSAIDs、サイアザイド系利尿薬、マンニトールもあげられる[7]。医学領域では抗菌薬、NSAIDs、プロトンポンプ阻害薬が3大被疑薬とされている。薬剤性間質性腎障害では、単一よりも複数の薬剤によって発症頻度が増加し重症化しやすい。

第7章5 の参考文献
1) 池田正浩．第9章 腎毒性．In: 獣医毒性学第二版 日本比較薬理学・毒性学会編．近代出版．2020; 103-110.
2) 大澤勲，富野康日己．腎における薬物の排泄機構―腎からの排泄（水溶性）．日腎会誌．2012; 54（7）: 977-980.
3) 猪口幸子，坂井建雄．尿細管・間質性腎疾患．尿細管・間質性腎疾患．1. 尿細管・間質の構造と機能．日内会誌．1999; 88: 1388-1395.
4) 安西尚彦．腎尿細管細胞の細胞特性Ⅱ―有機溶質の輸送．日腎会誌．2008; 50（5）: 566-569.
5) 本橋秀之．1. ヒト腎薬物トランスポータの臨床薬理．臨床薬理．2011; 42（3）: 143-144.
6) 田中光一．トランスポーターの分類と研究史．Clin Neurosci. 2018; 36(6): 648-651.
7) 武井卓，新田孝作．腎機能低下をきたす薬剤性腎障害．日腎会誌．2012; 54（7）: 985-990.
8) 南学正臣．腎臓病の final common pathway: 低酸素障害．日児腎誌．2012; 25（2）: 30-34.
9) 田中哲洋，南学正臣．腎線維化と低酸素の薬物療法．日腎会誌．2015; 57（7）: 1215-1224.
10) 玄番宗一．薬物による腎機能障害の病態と発症機序．日薬理誌．2006; 127: 433-440.
11) 佐藤れえ子．急性腎不全．In: 獣医内科学小動物編第2版．文永堂出版．2014; 298-299.
12) Osborne C, Ross S, Stevens JB. Hemoglobinuria and myoglobinuria. In: The 5-Minute Veterinary Consult Canine and Feline, 3rd ed. Wiley-Blackwell. 2005; 554-555.
13) Graves T. Hypercalcemia. In: The 5-Minute Veterinary Consult Canine and Feline, 3rd ed. Wiley-Blackwell. 2005; 608-609.
14) Coady M, Fletcher DJ, Goggs R. Severity of Ionized Hypercalcemia and Hypocalcemia Is Associated With Etiology in Dogs and Cats. *Front Vet Sci*. 2019; 6: 276.

15) Berl T, Linas SL, Aisenbrey GA, et al. On the mechanism of polyuria in potassium depletion, The role of polydipsia. *J Clin Invest*. 1977; 60（3）: 620-625.
16) Abbrecht PH. Effects of potassium deficiency on renal function in the dog. *J Clin Invest*. 1969; 48（3）: 432-442.
17) Dow SW, Fettman MJ, Curtis CR, et al. Hypokalemia in cats: 186 cases（1984-1987）. *J Am Vet Med Assoc*. 1989; 194（11）: 1604-1608.
18) Poppenga RH: Lead poisoning. In: The 5-Minute Veterinary Consult Canine and Feline, 3rd ed. Wiley-Blackwell. 2005; 744-745.
19) Wismer T. Lead. In: Small Animal Toxicology, 3rd ed. Elsevier Saunders. 2013; 609-615.
20) Davies TS, Nielsen SW. Pathology of subacute methylmercurialism in cats. *Am J Vet Res*. 1977; 38（1）: 59-67.
21) Tegzes JH. Mercury. In: Small Animal Toxicology, 3rd ed. Elsevier Saunders. 2013; 629-634.
22) Thrall MA, Connally HE, Dial SM. Advances in Therapy for Antifreeze Poisoning. *Calif Vet*. 1998; 52(6): 18-22.
23) Scherk JR, Brainard BM, Collicutt NB, et al. Preliminary evaluation of a quantitative ethylene glycol test in dogs and cats. *J Vet Diagn Invest*. 2013; 25(2): 219-225.
24) Thrall MA, Grauer GF, Dial SM. Ethylen glycol poisoning. In: The 5-Minute Veterinary Consult Canine and Feline, 3rd ed. Wiley-Blackwell. 2005; 422-433.
25) Thrall MA, Connally HE, Grauer GF. Ethylene glycol. In: Small Animal Toxicology, 3rd ed. Elsevier Saunders. 2013; 551-567.
26) Regehr T. Ethylene glycol toxicosis in animals. Merck Manual Veterinary Manual modified. 2019. Accessed April 5, 2023. https://www.merckvetmanual.com/toxicology/ethylene-glycol-toxicosis/ethylene-glycol-toxicosis-in-animals?autoredirectid=17115
27) Hall OJ. Lilies. In: Small Animal Toxicology, 3rd ed. Elsevier Saunders. 2013; 616-620.
28) Mutsaers AJ. Lily poisoning. In: The 5-Minute Veterinary Consult Canine and Feline, 3rd ed. Wiley-Blackwell. 2005; 762-763.
29) Dijkman MA, van Roemburg RG, De Lange DW, et al. Incidence of Vitis fruit-induced clinical signs and acute kidney injury in dogs and cats. *J Small Anim Pract*. 2022; 63(6): 447-453.
30) Mostrom MS. Grapes and raisins. In: Small Animal Toxicology, 3rd ed. Elsevier Saunders. 2013; 569-572.
31) Gwaltney-Brant SM. Raisin and grape toxicosis in dogs, Merck Manual Veterinary Manual modified 2019. Accessed May 4, 2023. https://www.merckvetmanual.com/toxicology/food-hazards/raisin-and-grape-toxicosis-in-dogs?query=grapes raisins
32) Eubig PA, Brady MS, Gwaltney-Brant SM, et al. Acute renal failure in dogs after the ingestion of grapes or raisins: a retrospective evaluation of 43 dogs（1992-2002）. *J Vet Intern Med*. 2005; 19（5）: 663-674.
33) Dobson RL, Motlagh S, Quijano M, et al. Identification and characterization of toxicity of contaminants in pet food leading to an outbreak of renal toxicity in cats and dogs. *Toxicol Sci*. 2008; 106（1）: 251-262.
34) Osborne CA, Lulich JP, Ulrich LK, et al. Melamine and Cyanuric Acid-Induced Crystalluria, Uroliths, and Nephrotoxicity in Dogs and Cats. *Vet Clin North Am - Small Anim Pract*. 2009; 39（1）: 1-14.
35) Brown CA, Jeong KS, Poppenga RH, et al. Outbreaks of renal failure associated with melamine and cyanuric acid in dogs and cats in 2004 and 2007. *J Vet Diagnostic Investig*. 2007; 19（5）: 525-531.
36) Puschner B, Poppenga RH, Lowenstine LJ, et al. Assessment of melamine and cyanuric acid toxicity in cats. *J Vet Diagnostic Investig*. 2007; 19（6）: 616-624.
37) Cianciolo RE, Bischoff K, Ebel JG, et al. Clinicopathologic, histologic, and toxicologic findings in 70 cats inadvertently exposed to pet food contaminated with melamine and cyanuric acid. *J Am Vet Med Assoc*. 2008; 233（5）: 729-737.
38) Thompson M, Fleeman LM, Kessell AE, et al. Acquired proximal renal tubulopathy in dogs exposed to a common dried chicken treat: Retrospective study of 108 cases（2007-2009）. *Aust Vet J*. 2013; 91（9）: 368-373.
39) Igase M, Baba K, Miyama TS, et al. Acquired fanconi syndrome in a dog exposed to jerky treats in Japan. *J Vet Med Sci*. 2015; 77（11）: 1507-1510.
40) Yabuki A, Iwanaga T, Giger U, et al. Acquired fanconi syndrome in two dogs following long-term consumption of pet jerky treats in Japan, Case report. *J Vet Med Sci*. 2017; 79（5）.
41) Nybroe S, Bjφrnvad CR, Hansen CFH, et al. Outcome of Acquired Fanconi Syndrome Associated with Ingestion of Jerky Treats in 30 Dogs. *Anim an open access J from MDPI*. 2022; 12（22）.
42) Rumbeiha WK: Vitamin D toxicity. In: The 5-Minute Veterinary Consult Canine and Feline, 3rd ed. Wiley-Blackwell. 2005; 1356-1357.
43) Bischoff K, Rumbeiha WK. Pet Food Recalls and Pet Food Contaminants in Small Animals: An Update. *Vet Clin North Am - Small Anim Pract*. 2018; 48（6）: 917-931.
44) Sato R, Yamagishi H, Naito Y, et al. Feline vitamin D toxicosis caused by commercially available cat food. 日獣会誌. 1993; 46: 577-581.
45) Morita T, Awakura T, Shimada A, et al. Vitamin D toxicosis in cats: natural outbreak and experimental study. *J Vet Med Sci*. 1995; 57（5）: 831-837.
46) Wehner A, Katzenberger J, Groth A, et al. Vitamin D intoxication caused by ingestion of commercial cat food in three kittens. *J Feline Med Surg*. 2013; 15（8）: 730-736.
47) Rumbeiha WK. Cholecalciferol. In: Small Animal Toxicology, 3rd ed. Elsevier Saunders. 2013; 489-498.
48) Hommerding H: Cholecalciferol（Vitamin D3）Poisoning in Animals. Merck Manual Veterinary Manual modified 2019. Accessed April 11, 2023. https://www.merckvetmanual.com/toxicology/rodenticide-poisoning/cholecalciferol-vitamin-d3-poisoning-in-animals?query=vitamin d3
49) Hostutler RA, Chew DJ, Jaeger JQ, et al. Uses and effectiveness of pamidronate disodium for treatment of dogs and cats with hypercalcemia. *J Vet Intern Med*. 2005; 19（1）: 29-33.
50) Rumbeiha WK, Fitzgerald SD, Kruger JM, et al. Use of pamidronate disodium to reduce cholecalciferol-induced toxicosis in dogs. *Am J Vet Res*. 2000; 61（1）: 9-13.
51) Dougherty S, Center S, Dzanis D. Salmon calcitonin as adjunct treatment for vitamin D toxicosis in a dog. *J Am Vet Med Assoc*. 1990; 196（8）: 1269-1272.
52) Gerhard C, Jaffey JA. Persistent Increase in Serum 25-Hydroxyvitamin D Concentration in a Dog Following Cholecalciferol Intoxication. *Front Vet Sci*. 2020; 6: 472.
53) 薬剤性腎障害の診療ガイドライン作成委員会. 薬剤性腎障害診療ガイドライン 2016. 日腎会誌. 2016; 58（4）: 477-555.
54) De Santis F, Boari A, Dondi F, et al. Drug-Dosing Adjustment in Dogs and Cats with Chronic Kidney Disease. *Animals*. 2022; 12（3）: 262.
55) Forsyth SF, Guilford WG, Pfeiffer DU. Effect of NSAID administration on creatinine clearance in healthy dogs undergoing anaesthesia and surgery. *J Small Anim Pract*. 2000;

41（12）：547-550.
56）Crandell DE, Mathews KA, Dyson DH. Effect of meloxicam and carprofen on renal function when administered to healthy dogs prior to anesthesia and painful stimulation. *Am J Vet Res*. 2004; 65（10）：1384-1390.
57）Lascelles BDX, Court MH, Hardie EM, et al. Nonsteroidal anti-inflammatory drugs in cats: a review. *Vet Anaesth Analg*. 2007; 34（4）：228-250.
58）FDA. Freedom of Information Summary Original New Animal Drug Application Improvest, Published online 2011.
59）Panteri A, Kukk A, Desevaux C, et al. Effect of benazepril and robenacoxib and their combination on glomerular filtration rate in dogs. *J Vet Pharmacol Ther*. 2017; 40（1）：44-56.
60）Duncan B, Lascelles X, McFarland JM, et al. Guidelines for safe and effective use of NSAIDs in dogs. *Vet Ther*. 2005; 6（3）：237-251.
61）Mathews KA. Nonsteroidal anti-inflammatory analgesics, Indications and contraindications for pain management in dogs and cats. *Vet Clin North Am Small Anim Pr*. 2000; 30（4）：783-804.
62）Piscoya SL, Hume KR, Balkman CE. A retrospective study of proteinuria in dogs receiving toceranib phosphate. *Can Vet J*. 2018; 59(6): 611-616.
63）松原雄，柳田素子．抗がん薬と急性腎障害．*日内会誌*．2018; 107: 865-871.
64）Azzalini L, Spagnoli V, Ly HQ. Contrast-Induced Nephropathy: From Pathophysiology to Preventive Strategies. *Can J Cardiol*. 2016; 32（2）：247-255.
65）Goic JB, Koenigshof AM, McGuire LD, et al. A retrospective evaluation of contrast-induced kidney injury in dogs （2006-2012）．*J Vet Emerg Crit Care (San Antonio)*. 2016; 26（5）：713-719.
66）Griffin MA, Culp WTN, Palm CA, et al. Suspected contrast-induced nephropathy in three sequential patients undergoing computed tomography angiography and transarterial embolization for nonresectable neoplasia. *J Am Vet Med Assoc*. 2021; 259（10）：1163-1170.

6 囊胞性腎疾患

6.1 イントロダクション

腎臓は、肝臓と同様に囊胞が形成されやすい臓器である。小動物の獣医療において、しばしば腎臓の囊胞に遭遇するが、その経過は囊胞の形態や、存在する囊胞の数によって大きく異なる。

囊胞発生の病因は実に多様であり、単純に先天性腎囊胞・後天性腎囊胞のように区別するのは難しい。人医療分野では、先天性に小児に観察される囊胞性腎疾患として「多囊胞性異形成腎」と「髄質海綿腎」があげられ、後天性の囊胞性疾患としては透析患者に多発する「多囊胞性腎萎縮＝後天性多発囊胞腎」が知られている。

イヌやネコの小動物の囊胞性腎疾患としては、これまでに遺伝子異常による多発性囊胞腎や、異形成腎に伴う囊胞性病変、原発性腎腫瘍が関連する囊胞性疾患などが報告されてきた[1-13]。これらの囊胞性腎疾患は先天性あるいは後天性の病因によって形成されるが、臨床的には先天性か後天性か区別のつかないことも多い。また、腎臓内部の囊胞だけでなく、腎被膜が囊胞壁の一部を構成する腎周囲偽性囊胞も臨床的には散見される。この囊胞は上皮細胞を欠くために偽性囊胞に分類される。

ここでは腎臓に囊胞を形成する疾患とともに、腎周囲偽性囊胞についても触れる。

6.2 囊胞性腎疾患の定義と分類・病因

腎囊胞はネフロンまたは集合管から発生した袋状の拡張部で、上皮細胞に内張りされ通常は内溶液（囊胞液）を含む。囊胞が上皮で被覆されていれば腎囊胞、被覆されていなければ偽性囊胞である。

囊胞形成の病因に基づいて、先天性と後天性に囊胞性腎疾患を分類する場合もあるが、実際には糸球体囊胞腎（glomerulocystic kidney disease：GCKD）などの疾患は病態発生機序がはっきりとは解明されておらず、複雑な疾患背景をもつために先天性・後天性を区別しにくい。

医学領域では小児の先天性囊胞性腎疾患として上記のように「多囊胞性異形成腎」「髄質海綿腎」があげられるが、成人になってから発症する囊胞性腎疾患としては「常染色体顕性多発性囊胞腎」と「常染色体潜性多発性囊胞腎」が知られている。これらの疾患では発症以前の幼少期から囊胞形成が認められるが、腎機能自体の低下は腎臓における囊胞形成が進行してからである。また、幼少期から発症する「若年性ネフロン癆」でも囊胞形成がみられる。

一方、後天性の囊胞性疾患としては、慢性腎臓病（chronic kidney disease：CKD）の進展に伴う囊胞形成、虚血や尿細管の閉塞、加齢などによる病変があげられる。

単純性の孤立性囊胞は、通常腎皮質に存在し、たいていは片側性である。

先天性の異形成腎を有する個体で、腎線維化が進行した場合に囊胞が形成されることもある。このように先天性の病変はCKDとして進行するので、なおさら先天性と後天性の両者を区別できないことが多い。

ヒトの長期透析患者に多くみられる「後天性多発囊胞腎」は、末期腎不全の透析患者にみられる病態で尿細管萎縮と囊胞形成がみられ、囊胞上皮の線維化と癌化が認められる。

獣医学領域でも上記に示したヒトと同様の病態が報告

第7章

されている。以下にこれまでイヌとネコで報告されてきた囊胞性腎疾患を示す[19]。

- 多発性囊胞腎[6,7,11-15]
- 異形成腎[2,8-10,16-18]
- 若年性腎症・腎疾患[19-22]
- 髄質海綿腎[23]
- 糸球体囊胞腎[24-26]
- 腫瘍に関連する腎囊胞[1,3-5,27,28]

いわゆる若年性腎症（juvenile nephropathy：JNあるいはjuvenile renal disease：JRD）は、幼若な動物に様々な要因によって発症する腎疾患を総称しているもので診断名ではない。主に先天性の原因によるもので、このなかにはネフロン癆なども含まれている[19,29]。

また、腎臓の腫瘍病変に伴う後天的な腎囊胞形成もみられるが、シェパードでは遺伝子異常による腎囊胞腺癌が報告されている[1]。

腎囊胞形成機序に関しては、囊胞上皮細胞の増殖に関連する物質としてPTHやバソプレッシン、cAMP、proto-oncogene、電解質異常が関与しているとされている[1]。また、diphenylthiazideや一部の除草剤に含まれる化学物質の曝露が実験動物に腎囊胞を誘導することが報告されており[1]、多発性囊胞腎の囊胞形成にはバソプレッシンとcAMPの活性化が関連していることも報告されている[30]。

6.3 多発性囊胞腎

多発性囊胞腎（polycystic kidney disease：PKD）は、両側の腎臓に複数の囊胞が進行性に形成される疾患であり、これまでにイヌとネコで遺伝子異常を原因としたPKDが報告されている（第6章4.2.1.3「多発性囊胞腎」の項を参照）。

この病態は、ヒトの常染色体顕性多発性囊胞腎（autosomal dominant polycystic kidney disease：ADPKD）に類似しており、責任遺伝子と発症の機序・病態進行が同じであることから、特にネコのPKDはADPKDのモデル疾患であるとされている。ADPKDの責任遺伝子であるPKD1とPKD2はポリシスチン1（PC1）とポリシスチン2（PC2）をエンコードし、これらの蛋白は複合体を作って尿細管細胞の繊毛に存在している。これらの蛋白の欠損や不足によって繊毛の機能が障害され、尿細管細胞の異常増殖を招き腎囊胞が形成されることになる。このように繊毛が機能不全に陥ることによって病態が誘導されることが明らかになり、繊毛の機能異常は尿細管だけにとどまらず腎臓全体の形態異常や機能異常、肝囊胞、脳の形成異常など重篤な疾患を引き起こすことが知られるようになった。これらの疾患は、総称して繊毛病（ciliopathy）と呼ばれている。

繊毛病の原因となる遺伝子異常はPKD1とPKD2の変異だけではなく、後述するネフロン癆の責任遺伝子としてNPHPが同定されていて、この疾患では腎臓に囊胞性病変を認める。

動物のPKDを理解するためには、繊毛病についての理解を深める必要がある。

6.3.1 繊毛病としてのPKD

繊毛は、血球などを除くほぼすべての細胞に存在する細胞の小器官であり、腎臓の尿細管上皮細胞には非運動性の繊毛である一次繊毛が存在する[31]。繊毛には様々な受容体が発現しており、細胞外からの刺激を受容し繊毛を通したシグナル伝達経路により細胞内に情報が伝わり、様々な細胞機能の調整が行われている。このように細胞の増殖や代謝に必須の繊毛の機能が遺伝子異常によって障害を受け、多様な病態を呈する繊毛機能不全疾病を総称して繊毛病（ciliopathy）と呼んでいる。

このような繊毛病の多くは腎囊胞を形成するため、腎臓の囊胞性病変の発現は繊毛病を診断するうえで重要な所見とされている。腎臓以外の病変は、肝・胆管異常、内臓逆位、多指症、脳梁低形成、認知障害、網膜色素変性症、頭蓋・骨格異常、糖尿病など多岐にわたる[31]。ADPKDを含めた遺伝性囊胞性腎疾患の原因遺伝子産物の大部分が繊毛に関連していることから、ADPKDに関する病態解明が繊毛病研究の発展に大きく貢献している[31]。

ADPKD以外の繊毛病としてネフロン癆があげられるが、この疾患はヒトでは複数の原因遺伝子が同定されている。その遺伝子産物は一次繊毛の関連蛋白である。遺伝性慢性尿細管間質性腎症の病態を示し、皮髄境界部・髄質に囊胞を形成する。このように繊毛に関連する蛋白質異常が病態と関連していることが明らかになってきたが、繊毛は細胞外の環境変化を感知する役割を果たしており、その情報を細胞内シグナルとして伝達する際の初期段階を担うmechanosensorであると考えられている[32,33]。繊毛関連蛋白質の異常によって、mechanosensorとしての機能が果たせなくなることが、繊毛病の病態を招いているわけである。

PKDにおいては、PKD1のエンコードする蛋白のPC1は繊毛上にある尿流感知センサーであり、PKD2のエンコードする蛋白のPC2はカルシウムイオンチャネルである。両者は複合体を形成して尿流を感知すると

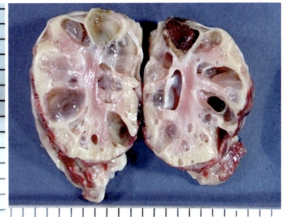

図5　多発性嚢胞腎のネコの腎臓

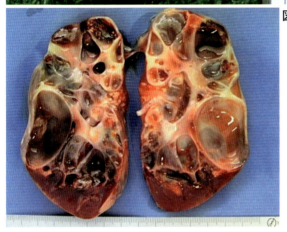

繊毛は素早く尿流に沿って傾き、尿中のカルシウムイオンを繊毛内に通過させる。カルシウムイオンは細胞内伝達経路に欠かせないファクターの1つである。

また、繊毛は細胞の増殖の方向性を司る平面細胞極性に関連していることが明らかとなってきた[34]。平面細胞極性は細胞が分裂・増殖する際の配列の方向性を示している。正常な尿細管上皮細胞では細胞分裂の方向は尿細管管腔の長軸方向であるが、嚢胞性疾患では平面細胞極性が崩れ、分裂方向は一定しない[34]。そのため管腔構造を保持できず、嚢胞状の拡張が認められ、これが嚢胞となる。

このような細胞の極性が維持されるためには繊毛でのWntシグナルがcanonical pathwayからnon-canonical pathway（PCP pathway）に変換されることが必要であるが、繊毛関連蛋白質のどこかに異常があるとWntシグナルがPCP pathwayに変換されなくなり、細胞分裂と尿細管腔の伸長方向が一致しなくなる。それによって、嚢胞形成が起きる。Wntシグナルがcanonical pathwayからPCP pathwayに変換される際に、*PKD1*遺伝子がかかわっていることが示唆されている[34]。

イヌとネコのPKDでは、このような繊毛病としての直接的な根拠を示す報告は未だみられないが、ネコの多発性嚢胞腎では*PKD1*変異がADPKDと同様にツーヒットの変異によって発症していくことが示されて極めて類似した病態を示すことから、ヒトの繊毛病と同様の発症メカニズムが想定される。

6.3.2　イヌとネコのPKD（第6章参照）

医学領域における繊毛病研究の主要なテーマとなったADPKDと同様の遺伝性のPKDが、ネコとイヌで報告されている。これらは、ADPKDと同様の*PKD1*遺伝子変異によって引き起こされる疾患である。遺伝性の嚢胞性疾患でありながら、腎不全の発症まで長い経過を示す疾患で、中年齢になってから高窒素血症を示し、このような経過はADPKDと類似している。

6.3.2.1　ネコのPKD

ネコのPKDは、もともとペルシャネコで家族性に認められた常染色体顕性遺伝性疾患で、ペルシャ種と近縁の長毛種のネコで報告されてきた。両側の腎臓に複数の腎嚢胞を認める疾患である（図5）。初めての報告は、1967年にSilvestroらによってなされた[35]。*PKD1*遺伝子のexon29、c10063部位のC＞Aのヘテロ型ナンセ

第7章

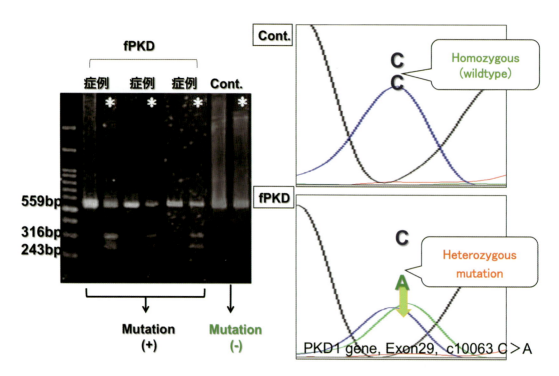

図6　多発性嚢胞腎のネコの白血球DNAの*PKD1*遺伝子解析
左図はPCR-RFLP法、右図はダイレクトシークエンス。

ンス変異の1箇所だけが現在までに特定されている[36)]。

ネコとPKDの疫学と特徴

　この疾患は世界各国で報告されているが、日本ではペルシャネコだけでなく、他のネコ種や日本ネコ系雑種や長毛系雑種ネコでも高率に発症が認められている[14)]。

　ネコのPKDでは、両側の腎臓における多数の嚢胞が生後早い段階から認められることが多いが、実際に高窒素血症や臨床徴候を示すようになるのは中年齢になってからである。CKDとして進行して、高年齢になるまで生命維持ができる症例も少なくない。このような経過はヒトのADPKDに類似しており、生殖細胞の段階で両親のどちらかから受け継いだ変異遺伝子をヘテロ型でもって生まれてきた症例が、成長の過程で尿細管細胞の健全な方の遺伝子に2回目の変異をきたし（体細胞の変異）、ヘテロ型がホモ型になったことにより嚢胞形成が開始されるという「ツーヒット説」によって病態進行するために長い経過をたどるのである。

　高窒素血症が現れるようになる頃には腎臓も大きさを増し、末期腎不全に陥る頃には腎臓の腫大が観察される。PKDでは両側の腎臓容積の和（総腎容積：total kidney volume：TKV）が病態進行のモニター項目として利用される。

　CKDに伴う後天性の腎嚢胞形成では、嚢胞はあるものの腎臓全体の大きさは線維化のために萎縮傾向を示すためTKVは大きくならない。この点は、同じ嚢胞を有する腎病変であっても、大きく異なる点である。

　ただし、ネコのPKDでも少数ながら、嚢胞形成があるものの嚢胞以外の腎実質の線維化が激しく、腎臓全体が小さくなる症例も存在する。

ネコとPKDの診断と治療法

　多くの場合、嚢胞は超音波検査によって確認される。しかし、腎盂の拡張を伴う腎臓の疾患は日常的に多いため、嚢胞と水腎症や他の腎盂拡張性の病変と間違いやすい。実際に嚢胞が疑われた症例で遺伝子検査陰性となったものの超音波検査画像を見直してみると、多くの例で腎盂の拡張や水腎症の後遺症などが疑われた。したがって、確定診断は*PKD1*遺伝子変異の確認による遺伝子検査で行われる。超音波検査で両側の腎臓に腎嚢胞の存在が疑われた症例では、積極的に遺伝子検査を実施すべきである。末梢血白血球からDNAを抽出して、PCR-RFLP法によって診断する（図6）。

　現段階ではネコのPKDで原因となる遺伝子変異部位は上記のように*PKD1*の1箇所についてのみである。ADPKDでは複数箇所の変異が報告されており、ネコに

おいても同様に既知の部位以外の変異部位を有して嚢胞形成されている症例もいる可能性があり、その場合は現在行われている遺伝子検査では検出できない。また、*PKD1*だけでなく*PKD2*遺伝子に変異のある症例の存在も否定できない。したがって、今後はこの点について解明が待たれる。

ネコのPKDの治療は、これまでCKDとしての食事療法と対症療法が中心に行われてきた。

ヒトのADPKDでは嚢胞形成を抑制する治療薬の研究が長年行われてきた[37-41]。具体的には、バソプレッシンV_2受容体拮抗薬「トルバプタン」、mTOR阻害薬「シロリムス」、ソマトスタチン「オクトレオチド」などである。このほかに漢方薬の一成分である「トリプトライド」やCFTRの阻害薬なども実験動物での研究が進んでいる。これらの薬物のうち、臨床試験の結果から、ADPKDの腎嚢胞形成による腎腫大・腎機能低下を抑制させる薬物として「トルバプタン」が認可されて保険収載されている。

獣医学領域ではトルバプタンは利尿薬としてイヌで使用されてはいるが、これまでネコのPKD治療薬としては認識されてこなかった。筆者らの臨床研究では、PKDのネコに長期間のトルバプタン投与により、1カ月あたりのTKV（総腎容積）増加率が抑制されることがわかってきた。今後、臨床例が増えることによって、効果について評価されることになると思われる。

PKDにおいて問題となる合併症については、嚢胞感染と嚢胞出血があげられるが、ヒトのADPKDでは嚢胞感染が30〜50％の割合で認められる[42]。感染している嚢胞と出血している嚢胞は超音波検査やCT検査、MRI検査でも鑑別することが困難で、治療上大きな問題となる。

ネコのPKDでは、嚢胞感染はヒトほど多くはないと考えられるが、第6章で述べたように嚢胞液の成分を検査してみると出血や感染が確認されるので、嚢胞の感染はネコでも問題となる。そのため、不必要な嚢胞穿刺は行うべきではなく、必要な場合は無菌操作を心がける。嚢胞感染は難治性になりやすく、治療として抗菌薬を使用する場合には脂溶性で嚢胞まで浸透する割合の高いものを選ぶ必要がある。ADPKD患者における臨床研究では、水溶性抗菌薬（アンピシリン＋アミノグリコシド系抗菌薬）で治療した例では効果がほとんどみられず、脂溶性抗菌薬（クロラムフェニコール＋ST合剤）に変更した場合には83％で治癒したと報告されている[43]。水溶性抗菌薬のアンピシリンやセフォタキシム、アミノグリコシドは嚢胞内濃度が低く、脂溶性抗菌薬のクリンダマイシン、メトロニダゾール、ST合剤は嚢胞内濃度が保たれていたという報告もある[44]。ネコにおいても、嚢胞浸透性の高い抗菌薬が選択される。

ネコのPKDは前述のように長い経過をたどる疾患であり、CKDに対する対症療法も必要となってくる。CKDの際に推奨される腎臓病用療法食の給与や、脱水に対する輸液が必要な場合もある。

ADPKD患者に対しては、CKDとしての取り組みのほかに、嚢胞形成を促進するバソプレッシン分泌をうながす薬物に対する注意喚起が行われている。これらの薬物は、抗うつ薬、抗けいれん薬、抗精神病薬、抗がん剤、抗糖尿病薬などであるが、このような薬物がネコのPKDの病態進展に関係しているかどうかの研究はまだない。

6.3.2.2 イヌのPKD

イヌでは、ブル・テリアの遺伝性のPKDが知られている[45]。この疾患はペルシャネコと同様に常染色体顕性遺伝形式を取り、ヒトやネコと同様に*PKD1*遺伝子変異によって引き起こされる。Gharahkhaniらの研究により、ヒトのADPKDの責任遺伝子と同じ*PKD1*遺伝子exon29のミスセンス変異が原因と特定された[46]。変異部位は、*PKD1*遺伝子のc.9772で、G＞Aのnon-synonymous mutation（非同義変異）を起こす。これによりコードされているポリシスチン蛋白に異常を招き、嚢胞形成へと進行するとされている。

腎嚢胞をもつ症例では、ペルシャネコと同様に両側の腎臓に大小様々な大きさの腎嚢胞を認める。腎嚢胞は尿細管と集合管から発生しており、尿細管上皮細胞で内張りされている[11]。

嚢胞液は透明無色から淡褐色、あるいは混濁している。嚢胞液は、嚢胞出血が過去にあった場合には褐色となる。

腎臓の病理組織学的観察では、嚢胞周囲は結合織で囲まれ、腎実質では細胞浸潤と線維化がみられる。

多発性嚢胞腎を発症するペルシャネコでは同時に肝嚢胞が観察されるものもいるが、ブル・テリアでは肝嚢胞は観察されていない。

ブル・テリアには、PKDを示す家系のほかに、常染色体顕性遺伝形式の遺伝性腎炎が知られている（「第6章」参照）。これは進行性の経過を示し、腎病変としては糸球体硬化症や糸球体周囲の線維化、ボウマン嚢の嚢胞性拡張、間質の線維化が観察される。糸球体基底膜（glomerular basement membrane：GBM）と尿細管基底膜（tubular basement membrane：TBM）の肥厚がみられ、電子顕微鏡での観察ではGBMの多

第7章

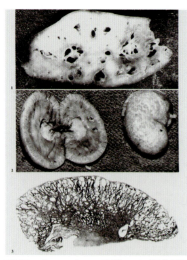

図7　ケアーン・テリアの多発性嚢胞腎[7]
上図は肝臓の嚢胞、中図と下図は腎臓。
(Reproduced with permission of Makenna SC et al., Vet Pathol. 17:436-442, 1980.)

層化、辺縁のひだ状不整、空胞化、高電子密度沈着物 (electron-dense deposit) がみられることから、糸球体基底膜障害の範疇に属するとされるが、GBMのⅣ型コラーゲン欠乏は観察されていない[63]。多発性嚢胞腎のブル・テリアでもこのような糸球体病変を伴うのかどうか観察した報告があり、O'learyらは一部のブル・テリアでは多発性嚢胞腎と遺伝性腎炎の両方が同時に起きていると報告している[11]。

家族性のPKDはブル・テリアのほかに、ケアーン・テリア[7]とウエスト・ハイランド・ホワイト・テリア[6]でも報告されている。これらは常染色体潜性遺伝で、肝嚢胞を併発する症例がある。ケアーン・テリアの報告では、腹囲膨満を示した子イヌの症例で、肝腫大と腎腫大が明瞭に認められている（図7）[7]。この点はブル・テリアの多発性嚢胞腎と異なる点である。

6.4 異形成腎

異形成腎 (renal dysplasia) は、尿管芽や後腎間葉細胞の分化異常によって起きる。異形成腎の特徴の1つに嚢胞形成が認められる。

病理組織学的には、部分的あるいは全体的に原始集合管・軟骨・幼若糸球体・幼若尿細管などがみられる（「第6章」参照）。異形成腎では、幼弱な腎組織の出現とともに、集合管の嚢胞性拡張が認められる症例もあり、イヌでの報告もみられる[8,47]。

ヒトの異形成腎では、病理組織学的には多発性嚢胞形成、primitive duct周囲の線維化、軟骨や平滑筋の存在が認められる[48]。この病態には、尿路閉塞が深く関与していると考えられている。

6.5 若年性腎症
6.5.1 若年性腎症の概念と特徴

若年性腎症 (juvenile nephropathy：JNあるいはjuvenile renal disease：JRD) は、前述のように幼若な動物に様々な要因によって発症する腎疾患を総称しているもので診断名ではない。主に先天性の原因によるもので、このなかにはネフロン癆なども含まれている[19]。医学領域では以前は若年性腎症としてまとめてあったものが、近年の研究によって各々病因が特定されるようになってきたため、この呼び方は使われなくなってきている。

獣医学領域では、以前からjuvenile nephropathy (JN) としていくつかの報告がある。JNの疾患概念は、幼若犬や若い成犬にみられる疾患で、腎臓の感染・炎症に起因しないものを指している[22]。JNには腎臓の無形成や形成不全、異形成、低形成、嚢胞性疾患、糸球体腎症、尿細管間質性腎症、尿細管輸送障害などの様々な病態が含まれる。古くから様々な犬種で報告があり、1990年代までには少なくとも20種以上の犬種で観察されている。

これらの症例の共通する特徴は、若齢のうちから出現する蛋白尿と腎性血尿、低張尿（尿の濃縮障害）で、高窒素血症や高リン血症などを呈するものもある。そして、JNでは、このような病態が進行性に続くことが特徴である。

37頭のボクサー犬の回顧的調査では、若齢で発症し（5歳以下）、高窒素血症や高リン血症、蛋白尿、等張尿が観察され、画像検査では腎臓の萎縮と形状の不整化、腎盂の拡張、超音波検査における皮質部の高エコー化が観察されている[20]。病理組織学的には、腎臓において糸球体ボウマン嚢周囲の膠原線維の層状肥厚（嚢周囲線維症）、糸球体硬化症、間質の線維化、炎症細胞浸潤が観察されている。また間質の線維化による尿細管の嚢胞性拡張が観察されている。

ボクサーのほかにも、ロットワイラー、コリー、アイリッシュ・ウルフ・ハウンド、ワイマラナーなどでも報告されている[22]。

このようにJNは若齢で発症し進行する様々な腎疾患を総称して使用されてきたが、医学領域と同様に獣医学領域においてもこの病態に対する解明が進むなかで、今後はそれぞれの診断名が使われるようになっていくものと思われる。

Basileらは、彼らの経験したJNのボクサーがヒトの家

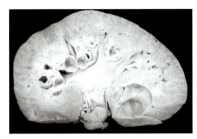

図8 イヌのネフロン癆—髄質囊胞性腎疾患（NPHP-MCKD complex）[19]
(Reproduced with permission of the Japanese Society of Veterinary Science from Basile et al., J Vet Med Sci 73: 1669-1675, 2011.)

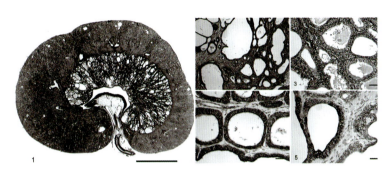

図9 イヌの髄質海綿腎[23]
左図は腎臓の割面、スケールは1cm、右図は病理組織像、スケールは左上のみ50μm、他は30μm。
(Reproduced with permission of Akihara et al. Vet Pathol. 43: 1010-1013, 2006.)

族性ネフロン癆-髄質囊胞性腎疾患（nephronophthisis-medullary cystic kidney disease complex：NPHP-MCKDcomplex）に類似していると報告している（図8）[19]。MCKDは髄質囊胞や進行性腎障害の点でネフロン癆と類似していたことからcomplexとされていたが、これまでの研究で責任遺伝子も異なる別の疾患であることがわかってきた[49]。このように病態解明が進むことによってJNという医学用語の使い方も変化していくものと思われる。

6.6 髄質海綿腎
6.6.1 髄質海綿腎の概念と特徴

髄質海綿腎（medullary sponge kidney）は小児の先天性囊胞性腎疾患の1つで、集合管の囊胞状拡大を主徴とし、病変は両側の腎臓に現れる。この疾患は結石形成と血尿を伴う腎錐体の囊胞性疾患で、通常は腎不全を起こさない点で腎髄質囊胞性疾患とは異なるとされている[50]。先天性疾患とされているものの、原因についてはよくわかっていないが、少数例では遺伝するとされている。ヒトでは、多くの症例で症状が観察されないため診断されることは少なく、結石形成や尿路感染症によって精査の結果診断されることがある。また、低張尿を示すことから尿の濃縮障害が疑われる。

獣医学領域においては腎機能の低下がみられないことからこれまで報告がなく、死後の病理学的検索により診断された報告がある[23]。この報告は10歳の雌のシー・ズーのもので、1歳のときから低張尿が観察されていたが、腎疾患や内分泌疾患を含めて何らかの疾患が疑われる所見はなく、10歳のときに心疾患で死亡した症例である。死後の解剖後の精査で、髄質海綿腎と病理組織学的に診断された例である（図9）。

6.6.2 髄質海綿腎の病理学的特徴

上記の症例の腎臓の大きさは正常犬と変わらず、両側の腎臓の割面の観察では、髄質でスポンジ状に多数の囊胞形成がみられている。

病理組織学的検索では、囊胞は一層または重層の円柱上皮あるいは立方上皮に裏打ちされていて、大きい囊胞は小さな囊胞が融合して形成されている。囊胞を裏打ちする細胞は球状の核をもち微絨毛を有していて、このような構造は精巣上体の構造と類似している。髄質ではコラーゲン線維の増加と、一部の糸球体の硬化や石灰化が観察されている。

囊胞は集合管由来であり、囊胞上皮の形状から後腎管の遺残であると考えられ、腎異形成が関係しているとされている。

この症例では囊胞が形成されたのは髄質であり、他のネフロンの形状は保たれていたことから、尿の濃縮障害はあるものの、そのほかの症状は観察されていない。このような所見は、ヒトにおける髄質海綿腎の症例と共通するものである。

第7章

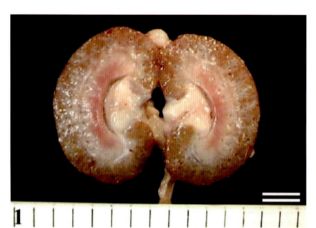

図10 GCKD罹患したイヌの腎臓[26]
腎皮質部に極小から小型の多数の囊胞を認める。スケールは1cm。
(Reproduced with permission Takahashi M.et al. J Comp Path. 133：205-208,2005.)

6.7 糸球体囊胞腎
6.7.1 糸球体囊胞腎の概念と特徴

　糸球体囊胞腎（glomerulocystic kidney disease：GCKD）はボウマン囊の拡張を主体とするまれな囊胞性疾患で、小児の先天性囊胞性疾患の1つである[52]。これは、1986年にBernsteinによって定義された囊胞性腎疾患の1つの病型であり、糸球体囊胞腎症、遺伝子奇形症候群に伴う糸球体囊胞腎、異形成腎に伴う糸球体囊胞に大別される[53]。ヒトでは、囊胞のサイズは極めて小さく直径0.5～3mm程である[53]。このようにGCKDには、様々な病因が混在していると思われる。

　イヌでは、1982年にChalofouxらがブルーマール・コリーの症例を[54]、2004年にJosé A Ramos-Varaらがベルジアン・マリノアの症例を報告している。日本では、柴犬の症例報告がみられる（図10）[26]。

　GCKDは、その病因が様々でまだ不明な点も多いが、ボウマン囊の拡張と糸球体の萎縮が特徴であり[55]、ヒトでは乳児や幼児にみられるが、成人になってから診断されることもある。

　動物の場合も同様に、若齢犬での報告だけでなく、成犬になってからの報告もみられる。しかし、多くの症例で先天性疾患であることが疑われており、遺伝するかどうかについてははっきりしていない。上記のブルーマール・コリーの報告では、症例は11頭生まれたなかの1頭であり、原因不明で出生後7頭が死亡している。11頭のうち3頭は生存しているとのことであり、遺伝性かどうかについての記述はない。

6.7.2 糸球体囊胞腎の病態と臨床徴候

　GCKDの症例では、早期からの多飲多尿や低比重尿が観察されている。高窒素血症が重度となってくるころには、非再生性貧血や高リン血症を呈し、末期には嘔吐や下痢などの尿毒症徴候が顕著になる。発育は他の同胎犬に比べて悪く、BCSは低い。生後長期間生存する例では、二次性の上皮小体機能亢進症を示すことがある。これらの症例の診断は腎生検か死後の解剖によって行われており、生前に他の腎疾患と区別するのは困難である。また、遺伝性かどうかの詳細は不明である。

　病理学的な所見としては、腎臓のサイズは正常な場合もあるが線維化の進行した例では小さく、辺縁不整で硬度を増している。腎臓の割面には皮質部に微細～小型の囊胞が無数に観察され、病理組織学的には糸球体ボウマン囊の拡張である。拡張したボウマン囊腔の血管極側に萎縮した糸球体が観察される。糸球体が消失している囊胞もある。糸球体は血管の発達が悪く、メサンギウム領域の拡大を示す。ボウマン囊の上皮細胞は剥離または消失し、基底膜のねじれや部分的肥厚を示す。この疾患では尿細管の拡張は認められないが、糸球体から尿細管に移行する部分の一部の尿細管に囊胞性の拡張が認められる症例もいる。生存期間が長い症例では、間質の線維化も重度になる。

　このようなGCKDの拡張したボウマン囊では「parietal podocyte」と呼ばれる壁側上皮細胞が観察されることから、胎生期の分化異常が本症の発症に関連しているのではないかと指摘されている[25]。しかし、症例によっては囊胞を形成しているボウマン囊壁にpodocyte様の細胞の増加をみないものもある。一方で、壁側上皮細胞の変化は化生による場合もあり、この場合は後天性変化と認識されることから、GCKDには様々な病態が包含されていると考えられる。

6.8 後天性の腎囊胞

　後天性腎囊胞は、臨床的にはしばしば観察されるが、その原因は多様である。囊胞の形状から単囊胞や多囊胞、あるいは孤立性や多発性の囊胞として認識される。

　ヒトでは単純性囊胞といわれるものが多く、通常は孤立性で（70～80％）片側のものが多い[56]。また、加齢による影響が大きいとされている。ヒトも動物も単純性囊胞では。多くが無症状で過ごす。まれに出血や感染を起こすことがある。

　ヒトでは単純性囊胞のほかに、末期腎不全患者にみられる多囊胞性腎萎縮が後天性の囊胞疾患として重要とされている。腎不全の進行に伴って形成されていくもので、

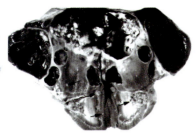

図11　シェパードの腎嚢胞腺癌（RCND）腫大変形した腎臓[4]
左図のスケールは1cm、右図は割面を示す。
(Reproduced with permission of Lium et al. Vet Pathol. 22: 447-455, 1985.)

3年以上の透析歴のある患者の75％に認められるとされている。高率に腎細胞癌の併発を認める。多嚢胞性腎萎縮では、嚢胞がADPKDの嚢胞と比較して尿細管と交通をもつものが多いとされている[57]。嚢胞上皮や併発している腎がん組織にはシュウ酸カルシウム結晶の沈着がみられる。この疾患では、男性で重症度がより高いとされている。

動物では透析療法が一般的ではないために同じ病態が起きているかどうか不明であるが、慢性腎臓病の末期には、病理組織学的には尿細管の閉塞や間質の線維化に伴う尿細管の嚢胞性拡張がみられている。

6.9 腎嚢胞腺癌
6.9.1 腎嚢胞腺癌の概念と原因

ジャーマン・シェパードにみられる結節性皮膚線維症を伴う腎嚢胞腺癌（renal cystadenocarcinoma and nodular dermatofibrosis：RCND）はまれな疾患で、皮膚の結節性硬化症と、両側の腎臓に嚢胞腺癌による嚢胞が認められる顕性遺伝疾患である[4]。1985年に初めて報告された疾患で、43頭のジャーマン・シェパードで認められていた。遺伝的背景として、発症したイヌには共通の雄イヌの祖先がいることが確認されている。

この疾患はヒトのバート・ホッグ・デュベ症候群（Birt-Hogg-Dube[BHD] syndrome）に類似している[58]。BHD症候群は皮膚に線維毛包腫（fibrofollicuroma）を形成する疾患で、多発性肺嚢胞、腎癌、顔面の皮疹を特徴とする。このまれな疾患は、常染色体顕性遺伝形式の遺伝性疾患である[59]。多発性肺嚢胞は20代からみられ、腎癌は中高齢になってから発症する場合が多い。責任遺伝子は、17番染色体短腕にあるフォリクリン（folliculin）遺伝子（FLCN）の変異によって起きるとされている[60]。FLCNは癌抑制遺伝子であり、生後FLCNの対立遺伝子の正常な方に2回目の変異が起こり（ツーヒット）、腎癌が発症することが証明されている[61]。

イヌでもFLCNのミスセンス変異によって発症することが報告されている[3]。また、ヒトのBHD症候群と同様に、RCNDを発症したイヌの腎臓の腫瘍でツーヒットが起きていることが証明されている[62]。

6.9.2 腎嚢胞腺癌の病態と診断

RCNDに罹患したイヌでは両側の腎臓に多発性の嚢胞病変を有し、同時に皮膚と皮下組織に多発性の硬固な結節性病変が認められる（図11）。罹患したイヌの病変はゆっくりと進行し、繰り返す血尿や高窒素血症が認められる。Liumらの報告[4]では、発症して剖検に供されたイヌの年齢は平均で8.5歳だった。

発症したイヌでは、食欲不振と体重減少、多飲、下痢や嘔吐、皮膚炎が観察されている。RCNDに罹患したイヌではたいていの場合、皮膚の多発性の硬固な結節性病変によって飼い主が気づき受診することで腎病変も診断される。

罹患したイヌの剖検では腎臓は両側性に腫大し、硬固に張り出した嚢胞のために不整な形をしている[4]。割面では皮質部に大小不同の多数の嚢胞がみられ、腎実質や嚢胞内に多数の腫瘍組織を認める。罹患した若齢のイヌでは腎皮質部における嚢胞と尿細管の拡張が認められ、これらは腫瘍形成の初期の形態変化とされている[58]。これらの病変は過形成によって広がり、嚢胞性の腺癌へと進行するものと考えられている。腫瘍細胞が転移することもあり、転移巣はリンパ節や腹膜、肝臓、脾臓、肺、骨組織にみられる。また、雌イヌでは子宮に多数の平滑筋腫を認めることがある。

皮膚の病変としては、全身性に球状ないしレンズ状の硬固な結節が皮膚と皮下組織に多発しており、多くの場合結節を覆っている表皮は正常であるが、大きな結節では表皮の潰瘍や炎症性の変化が観察される[4]。これらの結節は密な膠原線維でできており、少数の線維細胞を含んでいる。二次的な炎症性変化としては、多形核白血球や形質細胞浸潤が認められる。これらの皮膚病変は、結節性の皮膚線維症として認識されている。

RCNDは、臨床徴候から特徴的な全身性の皮膚病変が疑われたときに精査されて腎臓の病変が発見されるの

第7章

が一般的であるが、腎臓の病変は画像検査、特に超音波検査によって囊胞性病変を確認することができる。また、診断にはCT検査も有効な手段である。両側の腎臓の腫大や形状の不整、囊胞の存在により診断され、皮膚と、腎臓の生検も行われる。

しかし、本疾患は遺伝性疾患であり、責任遺伝子も明らかになっていることから、遺伝子検査が行われることが重要で、特に繁殖犬として飼育する場合には遺伝子検査が欠かせない。

6.10 腎周囲偽性囊胞
6.10.1 腎周囲偽性囊胞の概念と原因

腎周囲偽性囊胞（perinephric pseudocysts）は、腎臓が部分的あるいは全体的に腎臓外に突出した囊胞状の構造物で覆われた状態を指しており、腎被膜が囊胞壁の一部を構成するため、腎周囲（perirenal）ではなく、腎傍（pararenal）の方が本来は正確な表現である。

囊胞は、上皮を欠くため偽性囊胞に分類される。偽性囊胞内には、囊胞液を満たしている。一般的には、腎周囲偽性囊胞は腎門部に形成されやすい[63]。偽性囊胞の形成される腎臓は、片側性の場合も両側性の場合もある。

原因については未だ不明であるが、リンパ管や尿路の閉塞、腫瘍の存在、外傷などがあげられる。ネコでは慢性腎疾患との因果関係が論じられている[63]。腎周囲偽性囊胞を呈しているネコの多くは、基礎疾患として慢性の腎疾患をもっているものが多いとされている。特に高齢な動物に多く、ネコでは雌ネコよりも雄ネコでの発症が多いとされる。

6.10.2 腎周囲偽性囊胞特徴と診断

本症は高齢の雄ネコに多いとされ、おおよそ8〜9歳以上のネコでみられている。偽性囊胞内囊胞液の貯留の程度により、重度の場合には腹部膨満が認められ、腎臓の触診で軟らかく腫大した腎臓を触知する場合がある。経過観察中の症例で、腎臓のサイズが突然小さくなった場合は、囊胞の破裂が疑われる。

一般徴候としては、病態が進行した場合、食欲不振や体重減少、多飲多尿などが現れ、重度になれば高窒素血症や嘔吐下痢などの尿毒症徴候を現す。しかし、慢性的で囊胞が小さい場合には、臨床徴候を示さないことも多い。囊胞の拡大により腎動脈や腎静脈が圧迫されると、高血圧や蛋白尿が出現する。本症では、画像検査が診断するうえで極めて有用である。

腎周囲偽性囊胞の囊胞液の検査は、囊胞の発生原因を知るうえで有用である。多くの場合、特にCKDの高齢ネコに認められる腎周囲偽性囊胞では、囊胞液は漏出液で（ときとして変性漏出液）、蛋白含量は少なく（< 2.5g/dL）、比重は1.010〜1.034、細胞数も少なく（< 400/μL）、BUNやクレアチニン濃度は末梢血の濃度とほぼ同じである[63]。しかし、原因が尿路の閉塞による場合には囊胞液は尿を含み、BUNや血中クレアチニン濃度も高値を示す。腎周囲偽性囊胞に罹患したネコでは約40％が尿路感染症を起こしているとされており、囊胞液の細菌培養も必要である[63]。しかし、尿路感染の疑われないネコでは、囊胞液の細菌培養で細菌が検出されることはほとんどない。

治療は、囊胞壁の切除や囊胞液の吸引、ドレナージなどが行われる。囊胞が小さく症状の現れていない症例では、無処置で定期的なモニターだけが行われる。

これらの囊胞疾患のほかに、腎臓に囊胞ができる疾患としては、腎杯周囲囊胞、腎杯周囲リンパ管拡張症、傍腎盂囊胞などがまれな例としてみられる。

第7章6の参考文献

1) Bφnsdorff TB, Jansen JH, Thomassen RF, et al. Loss of heterozygosity at the FLCN locus in early renal cystic lesions in dogs with renal cystadenocarcinomas and nodular dermatofibrosis. *Mamm Genome*. 2009; 20: 315-320.
2) Hoppe A, Karlstam E. Renal dysplasia in Boxers and Finnish harriers. *J Small Anim Pract*. 2000; 41: 422-426.
3) Lingaas F, Comstock KE, Kirkness EF, et al. A mutation in the canine BHD gene is associated with hereditary multifocal renal cystadenocarcinomas and nodular dermatofibrosis in the German Shepherd dog. *Hum Mol Genet*. 2003; 12: 3043-3053.
4) Lium B, Moe L. Hereditary multifocal renal cystadenocarcinomas and nodular dermatofibrosis in the German shepherd dog: macroscopic and histopathologic changes. *Vet Pathol*. 1985; 22: 447-455.
5) Marks SI, Farman CA, Peaston A. Nodular dermatofibrosis and renal cystadenoma in a Golden Retriever. *Vet Dermatol*. 1993; 4: 133-137.
6) McAloose D, Casal M, Patterson DF, et al. Polycystic kidney and liver disease in two related west highland white terrier litters. *Vet Pathol*. 1998; 35: 77-81.
7) McKenna SC, Carpenter JL: Polycystic disease of the kidney and liver in the Cairn Terrier. *Vet Pathol*. 1980; 17: 436-442.
8) Miyamoto T, Wakizaka S, Matsuyama S, et al. A control of a Golden Retriever with renal dysplasia. *J Vet Med Sci*. 1997; 59: 939-942.
9) Morita T, Michimae Y, Sawada M, et al. Renal dysplasia with unilateral renal agenesis in a dog. *J Comp Pathol*. 2005; 133: 64-67.
10) Ohara K, Kobayashi Y, Tsuchiya N, et al.: Renal dysplasia in a Shih tzu dog in Japan. *J Vet Med Sci*. 2001; 63: 1127-1130.
11) O'Leary CA, Ghoddusi M, Huxtable CR. Renal pathology of polycystic kidney disease and concurrent hereditary ne-

phritis in Bull Terriers. *Aust Vet J*. 2002; 80: 353-361.
12) O'Leary CA, Mackay BM, Malik R, et al. Polycystic kidney disease in bull terriers: an autosomal dominant inherited disorder. *Aust Vet J*. 1999; 77: 361-366.
13) O'Leary, CA, Turner, S. Chronic renal failure in an English bull terrier with polycystic kidney disease. *J Small Anim Pract*. 2004; 45: 563-567.
14) Sato R, Uchida N, Kawana Y, et al. Epidemiological evaluation of cats associated with feline polycystic kidney disease caused by the feline PKD1 genetic mutation in Japan. *J Vet Med Sci*. 2019; 81: 1006-1011.
15) 小林沙織，佐々木淳，御領政信ら．肝嚢胞が認められた遺伝性多発性嚢胞腎の猫に対する臨床病理学的検討．*日獣会誌*．2019; 72: 215-221.
16) Picut CA, Lewis RM. Microscopic features of canine renal dysplasia. *Vet Pathol*. 1987; 24: 156-163.
17) Schulze C, Meyer HP, Blok AL, et al. Renal dysplasia in three young adult Dutch kookier dogs. *Vet Q*. 1998; 20: 146-148.
18) Luca A, Renato Z, Paola P, et al. Bilateral juvenile renal dysplasia in a Norwegian Forest Cat. *J Feline Med Surg*. 2009; 11: 326-329.
19) Basile A, Onetti-Muda A, Giannakakis K, et al. Juvenile Nephropathy in a Boxer Dog Resembling the Human Nephronophthisis-Medullary Cystic Kidney Disease Complex. *J Vet Med Sci*. 2011; 73: 1669-1675.
20) Chandler ML, Elwood C, Murphy KF, et al. Juvenile nephropathy in 37 boxer dogs. *J Small Anim Pract*. 2007; 48: 690-694.
21) McKay LW, Seguin MA, Ritchey JW, et al. Juvenile nephropathy in two related Pembroke welsh corgi puppies. *J Small Anim Pract*. 2004; 45: 568-571.
22) Peeters D, Clercx C, Michiels L, et al. Juvenile nephropathy in a Boxer, a Rottweiler, a Collie and an Irish Wolfhound. *Aust Vet J*. 2000; 78: 162-165.
23) Akihara Y, Shimoyama K, Ohya A, et al. Medullary sponge kidney in a 10-year-old shih tzu dog. *Vet Pathol*. 2006; 43: 1010-1013.
24) Chalifoux A, Phaneuf JB, Olivieri M, et al. Glomerular polycystic kidney disease in a dog（Blue Merle Collie）. *Can Vet J*. 1982; 23: 365-368.
25) Ramos-Vara JA, Miller MA, Ojeda JL, et al. Glomerulocystic kidney disease in a Belgian Malinois dog: an ultrastructural, immunohistochemical and lectin-binding study. *Ultrastruct Pathol*. 2004; 28: 33-42.
26) Takahashi M, Morita T, Sawada M, et al. Glomerulocystic kidney in a domestic dog. *J Comp Pathol*. 2005; 133: 205-208.
27) Moe L, Lium B. Hereditary multifocal renal cystadenocarcinomas and nodular dermatofibrosis in 51 German shepherd dogs. *J Small Anim Pract*. 1997; 38: 498-505.
28) White SD, Rosychuk RAW, Schultheiss P, et al. Nodular dermatofibrosis and cystic renal disease in three mixed-breed dogs and a Boxer dog. *Vet Dermatol*. 1998; 9: 119-126.
29) Lulich JP, Osborn CA, Polyin DJ. Cystic disease of the kidney. In: Osborne CA, Finco DR, eds. Canine and Feline Nephrology and Urology. Williams & Wilkins. 1995; 460-470.
30) Torres VE, Harris PC. Strategies targeting cAMP signaling in the treatment of polycystic kidney disease. *J Am Soc Nephrol*. 2014; 25: 18-32.
31) 中西浩一，吉川徳．総説　繊毛病．*日児腎誌*．2012; 25: 127-131.
32) Praetorius HA, Spring KR. A physiological view of the primary cilium. *Annu Rev Physiol*. 2005; 67: 515-529.
33) 土屋健．Cilia. In: 東原英二／監修．多発性嚢胞腎の全て．インターメディカ．2006; 111-119.
34) 花岡一成．繊毛．In: 東原英二／編集．多発性嚢胞腎―進化する治療最前線―．医薬ジャーナル社．2015; 31-37.

35) Silvestro D: On a case of bilateral polycystic kidney in a cat. *Acta Med Vet（Napoli）*. 1967; 13: 349-361.
36) Lyons, LA, Biller DS, Erdman CA, et al. Feline polycystic kidney disease mutation identified in PKD1. *J Am Soc Nephrol*. 2004; 15: 2548-2555.
37) Gattone VH 2nd, Maser RL, Tian C, et al. Developmental expression of urine concentration-associated genes and their altered expression in murine infantile-type polycystic kidney disease. *Dev Genet*. 1999; 24: 309-318.
38) Gattone VH 2nd, Wang X, Harris PC, et al. Inhibition of renal cystic disease development and progression by a vasopressin V2 receptor antagonist. *Nat Med*. 2003; 9: 1323-1326.
39) Grantham JJ, Torres VE, Chapman AB, et al. Volume progression in polycystic kidney disease. *N Engl J Med*. 2006; 354: 2122-2130.
40) Torres VE, Chapman AB, Devuyst O, et al. Tolvaptan in patients with autosomal dominant polycystic kidney disease. *N Engl J Med*. 2012; 367: 2407-2418.
41) Qian Q, Du H, King BF, et al. Sirolimus reduces polycystic liver volume in ADPKD patients. *J Am Soc Nephrol*. 2008; 19: 631-638.
42) Alam A, Perpone RD. Managing cyst infection in ADPKD: an old problem looking for new answers. *Clin J Am Soc Nephrol*. 2009; 4: 1154-1155.
43) Schwab SJ, Bander SJ, Klahr S. Renal infection in autosomal dominant polycystic kidney disease. *Am J Med*. 1987; 82: 714-718.
44) Bennet WM, Elzinga L, Pulliam JP et al. Cyst fluid antibiotic concentrations in autosomal-dominant polycystic kidney disease. *Am J Kidney Dis*. 1985; 6: 400-404.
45) Burrows AK, Malik R, Hunt GB, et al. Familial polycystic kidney disease in bull terriers. *J Small Anim Pract*. 1994; 35: 364-369.
46) Gharahkhani P, O'Leary CA, Kyaw-Tanner M, et al. A non-synonymous mutation in the canine Pkd1 gene is associated with autosomal dominant polycystic kidney disease in Bull Terriers. *PLOS ONE*. 2011; 6: e22455.
47) Miyamoto T, Washizuka S, et al. A control of a Gloden Retriever with renal dysplasia. *J Vet Med Sci*. 1997; 59: 939-942.
48) 「腎・泌尿器系の希少・難治性疾患群に関する診断基準・診療ガイドラインの確立」研究班／編集．低形成・異形成腎を中心とした先天性腎尿路異常（CAKUT）の腎機能障害進行抑制のためのガイドライン．診断と治療社．2016; 41-42.
49) 井藤奈央子，丸拓也，長田道夫．髄質嚢胞性腎疾患研究の進歩．*日腎会*．2018; 60: 543-552.
50) 高久史麿／総監修．ステッドマン医学大辞典 改訂 第6版（電子版）．メジカルビュー社．2018.
51) Ordonez NG, Rosai J. Urinary tract. In: Rosai J, ed. Ackerman's Surgical Pathology (8th Edit). Mosby-year Book. 1996; 1059-1220.
52) 伊藤正男，井村裕夫，高久史麿／編集. In: 医学大辞典（第2版）（電子版）．医学書院．2009.
53) 叶澤孝一，長谷川元，御手洗哲也．糸球体疾患．In: 日本臨床 腎臓症候群（第二版）上．日本臨牀社．2012; 118-122.
54) Chalofoux A, Phaneuf JB, Oliviero M, et al. Glomerular polycystic kidney disease in a dog（Blue merle collie）. *Canadian Veterinary Journal*. 1982; 2: 365-368.
55) Maxie MG. The urinary system. In: Jubb KVF, Kennedy PC, Palmer N, eds. Pathology of Domestic Animals（4th edit）. *Academic Press*. 1993; 447-538.
56) 浅香充宏．腎嚢胞．In: 日本臨床　腎臓症候群（第二版）上．日本臨牀社．2012; 585-588.
57) 石川勲．腎嚢胞．In: 日本臨床　腎臓症候群（第二版）上．日本臨牀社．2012; 568-576.

58) Tina B, BØnsdorff JH, Jansen RF, et al. Loss of heterozygosity at the FLCN locus in early renal cystic lesions in dogs with renal cystadenocarcinoma and nodular dermatofibrosis. *Mamm Genome*. 2009; 20: 315-320.
59) Nishant G, Bernie YS, Robert MK. Birt-Hogg-Dube' Syndrome. Clin. *Chest Med*. 2016; 37: 475-486.
60) Nickerson ML, Warren MB, Toro JR, et al. Mutations in a novel gene lead to kidney tumors, lung wall defects, and benign tumors of the hair follicle in patients with the Birt-Hogg-Dube syndrome. *Cancer Cell*. 2002; 2: 157-164.
61) Vocke CD, Yang Y, Pavlovich CP, et al. High frequency of somatic frameshift BHD gene mutations in Birt-Hogg-Dube-associated renal tumors. *J Natl Cancer Inst*. 2005; 97: 931-935.
62) BØnsdorff TB, Jansen JH, Lingaas F. Second hits in the FLCN gene in a hereditary renal cancer syndrome in dogs. *Mamm Genome*. 2008; 19: 121-126.
63) Chew DJ, Bartola SPDi, Schenck PA, eds.: Familial Renal Diseases of Dogs and Cats. In: Canine and Feline Nephrology and Urology (Second ed.). Elsevier Saunders. 2011.

第8章

尿石症

星　史雄

1 尿石症の定義

　尿石（urolith）という用語はギリシャ語の尿を意味する「uro」と石を意味する「lith」から派生したものである。

　尿路系は体の老廃物を液体として処理する構造にあるために、尿路系で形成される固形物はやはり異物となる。ミネラルなどの老廃物は過剰になると沈殿し結晶を形成する。また、結晶中に含まれるミネラルは種々の化学物質からなり、このような結晶化したミネラルが尿路系に停滞すると、成長し凝集し結石を形成する。尿路結石症（尿石症）とは尿路の部位に関係なく、結石の原因とそれによって及ぼされる影響に関しての一般的用語であり、尿路結石症は単一の原因による単純な疾患という概念で考えるべきではなく、潜在する異常な状態との複雑な相互作用によって起こる続発症と考えるべきである。

　イヌやネコの尿石症の診断は、病歴、身体検査によって典型的な所見に基づいて行われるが、一般に泌尿器疾患の臨床徴候は、血尿、頻尿、排尿障害、および有痛性排尿に代表されるように非常に酷似しており、尿分析、尿培養、X線検査、超音波検査などのより詳細で総合的な検査によって初めて、尿石症、尿道栓子、尿路感染症（urinary tract infection：UTI）、特発性膀胱炎（feline idiopathic cystitis：FIC）もしくは尿路系腫瘍性疾患などと鑑別ができる。事実、特発性膀胱炎と診断されたネコのうち、詳細な検査で約5〜20％が尿石症であったという疫学的な報告も存在する。したがって、しっかりした診断法を身につけておかなければならない。

　イヌやネコの尿石症に影響を及ぼす既知のリスクファクターは、①品種、②性別、③年齢、④尿路の解剖学的および機能的異常、⑤代謝異常、⑥食事および⑦尿pH値などがあげられる。

　本章では、まず一般的な診断法をあげ解説するとともに、尿石症を種類別に整理し、その診断と治療に関して概説していきたい。

2 尿石症の症状と診断

2.1 X線検査と超音波検査

　尿石症の可能性のある症例での画像診断の第一義的な目的は、その部位、数、密度および形状を調べることであるが、結石の大きさと数とは、治療の有効性についての指標ではない。直径が3mm以上の結石は腹部単純X線検査で容易に検出できる。また、1〜3mmの結石では膀胱の二重造影法を用いる必要がある。また、結石のミネラル組成によってX線透過性は不透過性（シュウ酸カルシウムなど）から透過性（尿酸など）までバラツキがあり、発見しやすい結石とそうではない結石がある（表

第8章

表1 代表的な結石成分のX線透過性

結石の主要成分	X線写真上の密度（0～4）
シュウ酸カルシウム	4
リン酸カルシウム	4
シスチン	2
ストルバイト	1～2
シリカ	1～2
尿酸	0～1

※尿酸結石を考えるとX線検査のみで、結石の有無を判断するのは危険である。
※密度を表す数値が低いほどX線透過性が高く、描出されにくくなる。

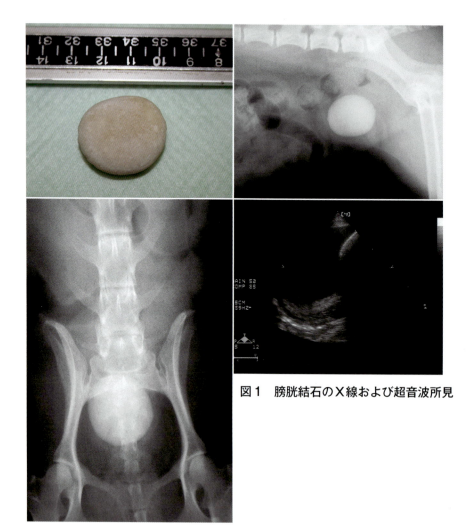

図1 膀胱結石のX線および超音波所見

1）。発見しにくい結石の場合、大きさが検出に十分であっても造影法を用いる必要がある。

　超音波検査ではX線検査に比べ結石のミネラル組成による検出率の違いはないようである。また、X線検査で検出できない1mm程度の砂状結石も検出可能であるが、あくまでも超音波検査機の性能に依存する。さらに、超音波検査では多くのマトリックスを含むような結石でも検出できる特徴をもつ。したがって、結石の検出には超音波検査とX線検査を併せて行うべきである（図1）。

2.2 尿検査と尿培養

　尿石の存在が確定した後は、尿石の形成原因と治療に

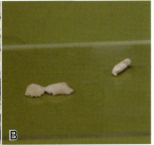

図2 尿道栓子
A：尿道栓子がペニスを閉塞している。
B：ペニスから除去した尿道栓子。

対する情報を得るために培養を含んだ尿検査が必須となる。

尿検査は、尿のサンプリング法によって検査結果が大きく異なり、誤診につながりかねない。尿はそれ自体が老廃物であり体外に排泄されてからの変性は非常に速く、検査項目によっては直ちに検査しない限り正確な結果は望めない。また、採尿の方法によっては、常在菌の混入の程度が異なり、保存する状態により細菌の増殖のみならず、pH、比重までもが変動する可能性がある。

理想的な尿検査法は、膀胱穿刺により採尿し、採尿後直ちに、尿pH、比重を測定、尿を培養するとともに特に尿沈渣を鏡検することである。正しい方法で、尿検査を行ってみるとネコの尿石症に付随する細菌感染は非常に少ないことがわかる。しかしながら、尿路結石が存在していても尿中にその構成成分となる結晶が存在しない場合や、尿路結石自体が多層構造を作り、尿中に析出している結晶成分と尿石を構成する主要ミネラルが異なることもあるので注意を要する。

2.3 尿石症と尿道栓子

ある種の老廃物は難溶性でしばしば結晶を尿中に析出する。これらの結晶が泌尿器に停滞すれば有機マトリックスおよび他のミネラルと結合し尿路の閉塞を引き起こす。

ネコの結石と尿道栓子（図2）は、共に尿路閉塞を起こす代表であるが、これらの言葉を混同して使用すべきではない。

結石は90～95％以上のミネラル（有機および無機の結晶）と少量（5～10％以下）のマトリックスで構成されている多結晶性結石である。

一方、尿道栓子は一般的に少量のミネラルが混じった多量のマトリックスで構成されている。尿道栓子のマトリックスの主体はTamm-Horsfallムコ蛋白であり、こ

の蛋白の機能は、細菌感染やウイルス感染に対する防御機能をもっていると考えられている。

また、無菌性リン酸アンモニウムマグネシウム（ストルバイト）結晶自体はこのムコ蛋白の分泌をうながすものではないことが明らかになっており、無菌性ストルバイト結晶尿症自体は尿道栓子のリスクファクターとならない。したがって、尿石症と尿道栓子は病因病理学的に相違があるとされている。

2.4 結晶尿症

結晶尿症は結晶原性物質が過飽和である尿サンプルを意味するが、多数の変動因子が結晶尿に影響を与える。もし、これらの因子が考慮されなければ、簡単に誤診を招くことになる。

尿沈渣の顕微鏡検査において、結晶尿症を同定するには正確な尿検査が必要となる。考え方としては、生体内において、結晶化しているものは、生体内の環境で鏡検することが前提となる。したがって、採尿後30分以内、できれば採尿後直ちに尿沈渣標本を作製し鏡検することが求められる。例えば、室温に長時間放置したり、冷蔵保存したりしたものであれば、生体内では結晶化していない晶質も析出してくることが考えられ、必ず新鮮尿サンプルを検査することが必要である。また、1つの物質の結晶であっても、結晶化する状況によっては複数の結晶構造をとることがあり注意が必要となる。

また、結晶尿の変動要因としては、in vivoでは尿の濃度、尿のpH、晶質の量と溶解性、薬物の排泄もしくは診断薬をも含んでおり、in vitroの変動因子は温度、蒸発、pH、試料調製法の技術を含んでいる。

2.5 結晶尿症の原因

結晶尿症は必ずしも体内で結石形成があることを意味していない。結晶尿症が結石形成に結びつくかどうかを判断するためには、ある程度の定量性をもったデータを得る必要がある。すなわち、結晶の数、大きさ、構造が、それらが凝集する傾向があるかどうかと同様に評価されなければならない。

結晶の評価は、結石形成の素因を作る状態を検出し、存在する結石の無機物組成を推し量り溶解するか、それらの再形成を予防できる治療法の効果を予測する助けになるかもしれない。しかしながら、結晶尿は、結石が存在するときの結石のミネラル組成を評価のための唯一の基準であってはならない。結晶尿をもつ動物が必ずしも結石を形成するというわけではなく、さらにいえば、尿結石のみられる動物の尿に必ずしも結晶尿が含まれてい

第8章

表2 感染性ストルバイトに対するリスクファクター

食　事	尿	性別・品種・代謝性	薬　物
・高蛋白質（尿素の源） ・尿のアルカリ化 ・高リン ・高マグネシウム ・低水分性 ・その他？	・ウレアーゼ陽性尿路感染症 ・高尿素濃度 ・高アンモニア尿症 ・高リン尿 ・高マグネシウム尿 ・高pH ・尿貯留 ・尿とそれに伴う結石物質の濃縮化	・雌 ・犬種 　・ミニチュア・シュナウザー 　・シー・ズー 　・ビション・フリーゼ 　・ミニチュア・プードル 　・コッカー・スパニエル 　・ラサ・アプソ ・副腎皮質機能亢進症に関連する尿路感染症	・グルココルチコイド投与にかかわる尿路感染症

るとは限らない。したがって、結晶尿の所見は必ずしも治療のための指標とならない。

例えば、イヌとネコは正常でも多量のストルバイトを排泄する。尿pHが6.5以上で、この正常排泄はストルバイト結晶として目にみえるようになり始め、より高い尿pHにより、より多くの結晶がみえるようになる。このように、ストルバイト結晶尿はほとんどのイヌやネコにとっては正常である。

尿石症は尿pHが一定にアルカリ性であるとき、通常、ウレアーゼ産生菌の感染（イヌ）、もしくは尿pHが6.5以上であり尿が非常に濃縮されたとき（ネコ）危険となる。

3 ストルバイト尿石症

3.1 ストルバイト（リン酸アンモニウムマグネシウム）結石

イヌやネコの尿石症の最も代表的なミネラル組成は、ストルバイト（リン酸アンモニウムマグネシウム）である。年代的にみても、1980年代後半まではストルバイト尿石症が最もよくみられる結石であった。

ミネソタ大学で調査したストルバイト尿石症の平均発症年齢は、6.0±2.9歳であり、雌イヌは雄イヌより発生率が高い傾向にあった。その内訳は、雑種（25%）、ミニチュア・シュナウザー（12%）、シー・ズー（9%）、ビション・フリーゼ（7%）、ミニチュア・プードル（5%）、コッカー・スパニエル（5%）、ラサ・アプソ（4%）であった[1]。また、発生部位は上部尿路系より圧倒的に下部尿路系が多いとされている。

尿中にストルバイト結石が形成されるためには、ストルバイトが尿中で異常に飽和状態になる必要があり、さらに、その結石が成長するためにはストルバイトの過飽和状態が持続しなければならない。このストルバイトが尿中において過飽和であるかもしくは飽和異常になるいくつかのリスクファクターが存在する。

現在提唱されているリスクファクターは、①ウレアーゼ産生菌による尿路感染症（UTI）、②尿中の尿素濃度、③尿pHの上昇、④食事性の代謝産物である。

3.2 ストルバイト尿石症のリスクファクター

食事性マグネシウムの摂取増大による高マグネシウム尿症、蛋白質過剰摂取、代謝性アシドーシスおよびアンモニア産生菌の尿路感染症（UTI）による高アンモニア尿症、食事性リン過剰摂取による高リン酸塩尿症、および水分摂取不足による高比重尿症があげられる。

ネコのストルバイト尿石症の原因でイヌと大きく異なるものは、イヌではUTIに伴うストルバイト尿石症が多いのに対して、ネコでは無菌性のストルバイト結石症が多く約90～95%を占めるとされている。

UTIに伴うストルバイト尿石症の発生メカニズムは、ブドウ球菌を中心とするアンモニア産生菌のUTIが先行して起こり、膀胱内にアンモニア濃度が高まることによるストルバイトの析出に加えて、UTIによる炎症性蛋白の分泌増加や変性壊死した移行上皮細胞の残渣がマトリックスの核となることにより結石が形成される。

一方、無菌性ストルバイト尿石症の発症メカニズムの詳細は完全には明らかになっていないものの、リスクファクターはアルカリ性もしくは弱酸性の尿、マグネシウム、アンモニウム、あるいはリン酸塩の過飽和、高比重尿症、および尿の停滞があげられている。

3.3 感染性ストルバイト尿石症

尿中にストルバイト結石が形成されるためには、ストルバイトの過飽和状態が持続しなければならない。ストルバイトの過飽和はいくつかの因子（リスクファクター）と関係しており、①ウレアーゼ産生微生物による尿路感染症（UTI）、②尿素、③アルカリ尿などが含まれる。

また、症例によっては遺伝的素因がリスクファクター

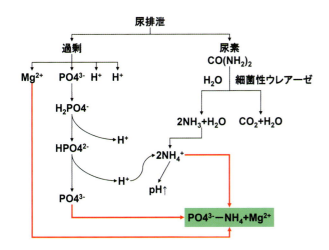

図3 ウレアーゼ産生微生物によるリン酸アンモニウムマグネシウム結晶形成

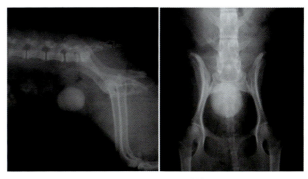

図4 イヌのストルバイト結石X線像
大きな結石として確認される。この結石は辺縁はスムーズで角張っている印象はない。また、このような結石の場合、膀胱粘膜を傷つけることはなく血尿もみられない。

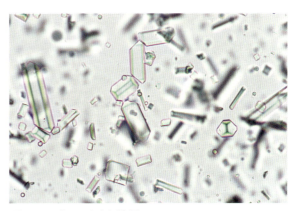

図5 ストルバイト結晶
ネコの典型的な無菌性ストルバイト結晶による結晶尿症。

として含まれる（表2）。

マグネシウムやリン酸は普通に尿中に存在するイオンであり、通常では結石を形成することはない。しかしながら、尿中に十分な尿酸があり、ウレアーゼ産生微生物によりアンモニウムイオンが産生されれば、尿路の粘膜上皮を形成しているグリコサミノグリカン（GAGs）層に含まれる硫酸塩に対して、アンモニウムイオンやマグネシウムイオンが結合する（図3）。その結果として、GAGsの保護的な親水活性が低下して、リン酸アンモニウムマグネシウム結晶を粘膜面に接着しやすくさせ、粘膜面の結晶の付着および成長を促進する。さらに、微生物の感染は粘膜面の急性炎症反応を起こし、炎症性の産物は結石の基質成分として働きストルバイト結石が形成される[2-4]。

3.4 無菌性ストルバイト尿石症

無菌性ストルバイト尿石症は食事性あるいは代謝性の因子が関係していることがわかっている。また、感染性ストルバイト尿石症では、カルシウムアパタイトや炭酸アパタイトを含んでいるのに対し、多くの無菌性尿石症は100％ストルバイトである。

本症のリスクファクターはマグネシウムとリンの濃度の高いドライフードであり、尿がアルカリ化する食事によって発症する。

ストルバイトは酸性尿に比べアルカリ尿ではほとんど溶解性がない。したがって、常にアルカリ尿を排出するような病態、すなわち、遠位尿細管性アシドーシスもしくは不完全な遠位尿細管性アシドーシスでは尿がアルカリ性となり、そこに食事性のマグネシウムイオンが結びつくことにより無菌性ストルバイト結石を生じやすくなる。

3.5 ストルバイト尿石症の診断

ストルバイト尿石症の診断は、一般的な泌尿器系症状（血尿、頻尿、排尿困難など）に加え、尿路系の画像診断が重要となる。

X線検査におけるストルバイト結石の透過性は表1に示した通りであり、5段階中1〜2であり、結石の大きさが小さくてもそれほど診断に苦慮することはない（図4）。

また、超音波検査は結石の個数をカウントする際は不利であるが、結石の有無を調べる場合は有利である。

結石の存在を確認したうえで結石の種類を推定する場合には、尿沈渣の検査におけるストルバイト結晶の存在を確認する必要がある。（図5）ただし、結石の生成（成長速度）が激しい場合には、尿中に結晶が検出されない場合がある。また、一般尿検査では状況証拠としての尿pHの上昇、比重の増加が認められる。

ストルバイト結石による尿路閉塞がなければ、全身性

第8章

図6 ストルバイト結石と赤外線吸収スペクトルによる定量分析
赤外線の吸収スペクトルからストルバイト結石であることが判明した。

の症状、高窒素血症、高リン血症などの血液検査で反映される異常は認められない。

また、外科的に摘出した結石があるのであれば赤外線分光検査法にて赤外線吸収スペクトルを調べることにより完全なストルバイト結石の同定が可能となる（図6）。

3.6 ストルバイト結石溶解療法

ストルバイト結石の溶解を誘発する鍵となるのは、尿のpHを6.0〜6.3以下に低下させることと、マグネシウム制限食を摂取させることにより尿中マグネシウム濃度を低下させることである。現在、各社からストルバイト結石溶解用の療法食が発売されており、上記の条件を満たすように設計されている。

さらに、ストルバイト溶解のためにもう1点重要なことは、尿量を増やしリン酸、マグネシウム、およびアンモニアの過飽和を避けることである。そのため、ストルバイト結石溶解用療法食には高濃度の塩化ナトリウムが添加されている。

以上のことから考えると、アシドーシス（慢性腎疾患など）を示しているイヌやネコや正の体液平衡（心不全や高血圧症など）のイヌやネコには与えるべきではない。

ストルバイト尿石症の場合、その原因が無菌性、感染誘発性にかかわらず、療法食のほかに抗生物質投与が推奨される。感染誘発性の場合は当然であるが、無菌性の場合でも尿の停滞時間の延長や完全排尿の欠如から、尿路の二次感染のリスクが高いためである。

療法食を用いずに、尿を酸性化するためにメチオニン（約1g/head/day）や塩化アンモニウム（約0.8g/head/day）が用いられることもあるが、共に副作用の報告もあり使用に際し十分な注意が必要である。

ちなみに、メチオニンは副作用として食欲不振、運動失調、チアノーゼ、メトヘモグロビン血症およびハインツ小体性貧血の発症が報告されており、塩化アンモニウムは消化器症状の発現が報告されている。

また、療法食を含めた長期にわたる過剰な尿の酸性化は、代謝性アシドーシス、カリウムの枯渇、骨の脱灰を生じ結果として、腎機能障害とシュウ酸カルシウム尿石症の発症を誘発することも理解しておく必要がある。

感染性のストルバイト尿石症には、アセトヒドロキサム酸（AHA：25mg/kg/day）が用いられることがある[5,6]。AHAは微生物ウレアーゼの阻害薬であり、ウレアーゼにより尿素が加水分解しアンモニアになる反応を阻害することにより、尿のアルカリ化を妨げ、それによりストルバイト結石形成を防止できる。ただし、単独で結石を溶解することはできないので注意が必要である。さらに、AHAには副作用もあり、再生不良性貧血、ビリルビン代謝異常[7]、催奇形性[8]が報告されている。

4 シュウ酸カルシウム尿石症

4.1 シュウ酸カルシウム結石

シュウ酸カルシウム尿石症は、治療困難であり、非常に複雑な病態生理を示す。その発生要因に関しては未だにほとんど解明されていないのが現実である。

シュウ酸カルシウム結石は薬物による溶解療法に難溶であり、再発防止処置を行っているにもかかわらず、3年以内に50%〜60%再発するといわれている[9]。

近年、シュウ酸カルシウム尿石症の発生率は、尿石症の発生率でストルバイト尿石症に迫っている。そのリスクファクターとして、①吸収性カルシウムの過剰摂取、②パラソルモン（PTH）による骨吸収、③ビタミンD過剰による消化管からの吸収促進、④尿細管再吸収障害による尿中への漏出などによって起こる高カルシウム尿症、⑤シュウ酸塩の過剰摂取およびシュウ酸前駆物質であるビタミンCの過剰摂取、ないしビタミンB_6不足による内因性のシュウ酸塩生成増加に起因する高シュウ酸塩尿症、⑥尿細管性アシドーシスなどによる低クエン酸尿症、⑦マグネシウムや蛋白質（オステオポンチン、インターαインヒビターなど）などのシュウ酸カルシウム形成阻害因子の減少、⑧高比重尿症がある。しかしながら、その発症メカニズムの詳細については明らかになっていないことが多い。

シュウ酸カルシウム尿石症の疫学的な調査では、好発

尿石症

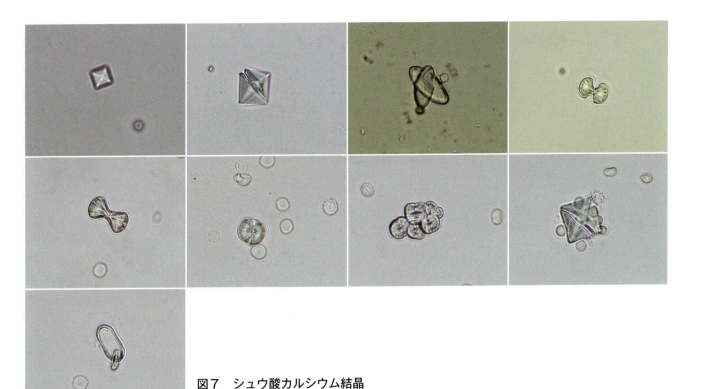

図7　シュウ酸カルシウム結晶
シュウ酸カルシウム結晶は、大きく形が違う。
形成される環境によって結晶構造が変化する。

犬種はミニチュア・シュナウザー、ラサ・アプソ、ヨークシャー・テリア、ビション・フリーゼ、シー・ズー、ミニチュア・プードルなどがあげられる。また、性差に関するある調査では、71.2％が雄（非去勢30.6％、去勢イヌ69.4％）であり、残りが雌（非避妊イヌ12.1％、避妊イヌ87.9％）であった[10]。これは、雄は雌に比べて肝臓で生産されるシュウ酸の量が多いとされており、その結果を表していると考えられる。

シュウ酸カルシウムの生成は、尿中のカルシウムとシュウ酸塩濃度に比例して増加し、クエン酸濃度に比例して減少することがわかっており、雌イヌの定期的なエストロゲン分泌は尿中のクエン酸濃度を上げ、カルシウムとシュウ酸塩濃度を下げることからシュウ酸結石の発生が少ないものと思われる[11-13]。

また、シュウ酸カルシウム結石は、比較的老齢になってからの発生が多く、平均発症年齢は8.5±2.9歳との報告もある。

また、発生部位に関しては、下部尿路でも認められるが、上部尿路に発生する腎臓結石や尿管結石が多いこともこの尿石症の特徴である。

4.2 シュウ酸カルシウム尿石症の診断

シュウ酸カルシウム尿石症の診断は、一般的な泌尿器系症状（血尿、頻尿、排尿困難など）を確認するとともに、尿路系の画像診断が重要となる。

X線検査におけるシュウ酸カルシウム結石の不透過性は表1に示した通り、5段階（0、1、2、3、4）中4と非常にデンシティーが高く、一目で判断できる。5段階中の4とはほぼ骨と同様のデンシティーをもっている。結石の大きさが小さくてもそれほど診断に苦慮することはない。

また、超音波検査は結石の個数をカウントする際は不利であるが、結石の有無を調べる場合は有利である。

結石の存在を確認したうえでその種類を推定する場合には、尿沈渣の検査におけるシュウ酸カルシウム結晶の存在を確認する必要がある。ただし、図7に示したようにシュウ酸カルシウム結晶は結晶化の状況により大きく形を変えることがわかっており注意が必要である。

また、一般尿検査では状況証拠としての尿比重の増加が認められる。さらに、外科的に摘出した結石があるのであれば赤外線分光検査法にて赤外線吸収スペクトルを調べることにより完全なシュウ酸カルシウム結石の同定が可能となる（図8）。

第8章

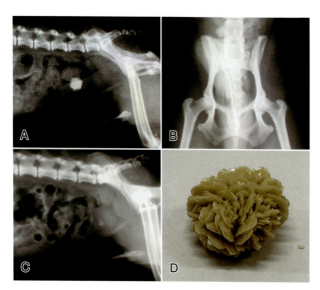

図8 シュウ酸カルシウム結石とX線像
小さな結石が複合して、トゲトゲしている大きな結石を形成していた。赤外線の吸収スペクトルからシュウ酸カルシウム結石であることが判明した。

4.3 ストルバイト結石とシュウ酸カルシウム結石の関係

　近年、ストルバイト尿石症の発症は低下してきているが、代わって、シュウ酸カルシウム尿石症が増加してきている。これは、1つはストルバイト尿石症の予防食の普及が進んだことと無関係ではない。

　ストルバイト尿石症の予防食は、一般的にマグネシウム含量を減少させかつ尿pHが低下するように、さらに尿量が増大するように設計されている。このような食事を長期にわたり摂取し続けた場合、尿pHは直接的にはシュウ酸カルシウム結石形成と関係はしていないとはいえ、尿中のシュウ酸カルシウム形成阻害因子であるマグネシウム濃度が減少してシュウ酸カルシウムが析出しやすい環境ができあがる。

　さらに、多くの療法食で尿量を増加させるために用いられているのが塩化ナトリウムである。塩化ナトリウムの添加自体は確かに尿量を増加させ高比重尿を改善するものの、同時に尿中のカルシウム排泄量を増加させ高カルシウム尿症を発現させる。そこに慢性腎不全などのリスクファクターがもう1つ加わることでよりシュウ酸カルシウム結晶がさらに析出しやすくなる。

　また、発症年齢で考えてみると、ストルバイト尿石症は若齢で多く、シュウ酸カルシウム尿石症は老齢で圧倒的に多い。この関係は、腎臓機能に無関係ではないようである。

　疫学的にみてもネコの慢性腎不全は老齢性変化とまでいわれるほど年齢に依存して尿細管間質性腎炎の発症が増えていく。尿細管間質性腎炎は、まだ糸球体濾過量の低下が認められる以前から尿細管でのカルシウム再吸収の低下が観察され、高カルシウム尿症を発現する。シュウ酸カルシウム結石が、一部は腎臓および尿管に結石がみられるという発生部位に関する所見も、腎機能の低下が影響することを支持する。

4.4 シュウ酸カルシウム尿石症の治療法

　シュウ酸カルシウム結石の溶解を促進するような、または予防できるような内科的プロトコルは現在の獣医学では存在しない。したがって、シュウ酸カルシウムと推定される結石が存在した場合には外科的な摘出を考慮に入れる必要がある。尿道を通過できる大きさの膀胱結石は加圧排尿法により除去できることがあるが、それ以上の大きさの膀胱結石は膀胱切開による外科的摘出が第一選択となる。

　しかしながら、シュウ酸カルシウム結石が腎臓にある場合には、比較的長期間（数カ月～数年）にわたり臨床的な徴候がみられない場合があり、さらに結石摘出のための腎切開術は不可避的なネフロンの破壊を伴うため、この結石に起因して重度の臨床徴候を呈している場合のみに外科的摘出が選択されることとなる。

　シュウ酸カルシウム結石が除去された後、もしくは除去するには及ばない腎臓結石がある場合には、結石の再発および結石の成長を抑制するためには、個々のリスクファクターを1つずつ除外していく方法しかない。

　まず、酸性化処方食、グルココルチコイド、ビタミンCとビタミンDなどの医原性の危険要因があるならば直ちに中止し、食事中のカルシウム、シュウ酸、ナトリウムを減少させ、リンとマグネシウムを適正化し、水分摂取量を増加させる。食事を変更した後2～4週ごとに尿検査を実施し、シュウ酸カルシウム結晶尿が観察されれば、尿アルカリ化剤であるクエン酸カリウム（40～75mg/kg、BID）、ビタミンB6（2mg/kg/day）、サイアザイド系利尿薬であるヒドロクロロチアジド（2～4mg/kg、BID）を順次投与し、目標として尿pH7.0～7.5でかつ尿沈渣中にシュウ酸カルシウム結晶が検出されないよう心がける。ただし、ヒドロクロロチアジドを投与する場合には副作用として脱水、低カリウム血症および高カルシウム血症を起こす可能性があるので十分なモニターが必要となる。

　いずれにせよ、完成されたプロトコルが存在しないことに留意し、定期的なモニターを含め、獣医師がしっか

表3 プリン結石に対するリスクファクター

食事	尿	性別・品種・代謝性	薬物
・高プリン含有酸性化食 ・低水分含量 ・アスコルビン酸？	・高尿酸尿 ・高アンモニア尿症 ・酸性pH ・尿濃縮 ・尿貯留 ・ウレアーゼ産生菌尿 ・促進物質の増加？ ・阻害物質の減少？	・雄性 ・品種 　・ダルメシアン 　・イングリッシュ・ブルドッグ 　・ミニチュア・シュナウザー 　・ヨークシャー・テリア 　・シー・ズー ・高尿酸血症 ・肝不全 ・急激な細胞崩壊を伴う腫瘍	・尿酸性化剤 ・サリチル酸 ・6-メルカプトプリン

りと食事管理をすべきである。

5 プリン体尿石症

5.1 プリン体代謝

プリン体は3群の化合物、①オキシプリン（ヒポキサンチン、キサンチン、尿酸、アラントインなど）、②アミノプリン（アデニン、グアニン）、③メチルプリン（カフェイン、テオフィリン、テオブロミンなど）に分類される。ほとんどのイヌおよびネコでは、アラントインが主な最終代謝産物であり、尿中に排泄されるプリン体の中では最も溶解性の高い物質となっている。プリン体の代謝は、動物種によって大きく変動しており、ヒトや猿人類は尿酸オキシダーゼ（ウリカーゼ）をもっていないため、尿酸をアラントインに代謝できず、尿酸が最終代謝産物となる[14]。

また、ヒトにおける体内の過剰な尿酸は約1/3は腸管を経由して排泄され、残りは腎臓で排泄されるが、糸球体で濾過された尿酸は近位尿細管で約99％が能動的に再吸収され、それ以降の尿細管で約50％を分泌し、さらに遠位側の尿細管で40％が分泌され、最終的には、糸球体で濾過された約10％が排泄されることになる[15]。

5.2 尿酸結石（尿酸塩、キサンチン）

尿酸結石はプリン尿石の一種であり、尿酸アンモニウム、尿酸ナトリウム、尿酸カルシウム、尿酸、キサンチンを含んでいる。この結石は、ダルメシアンとそれ以外の犬種では差異があるものの、尿酸アンモニウム、尿酸ナトリウムとカルシウムと尿酸結石で典型的な特徴的な茶褐色の色をした複数の小さな、表面が滑らかな固い、円形または楕円形の結石を呈する。

尿酸塩結石形成のリスクファクターは、表3に示しているように、①尿酸の腎排泄と尿中濃度の増加、②アンモニウムイオンの腎排泄と腎臓での産生、③微生物のウレアーゼ産生の増加、④酸性尿、⑤尿酸塩尿石形成の促進物質の存在、⑥阻害物質の欠如である[16]。

薬物性のリスクファクターとして、過剰なサリチル酸があげられているが、サリチル酸はプロベネシド、ベンズブロマロン、スルフィンピラゾンなどと同様に尿細管管腔側に発現し、尿酸を再吸収する尿酸特異的トランスポーターであるURAT1（SLC22A12）を抑制することにより尿酸の尿中排泄を増加させ、その結果、尿酸結石ができやすくなる。また、6-メルカプトプリンは、アザチオプリンと同様に尿酸代謝において使用されているキサンチンオキシダーゼにより代謝されるため、多量に投与された場合、ハイポキサンチンからキサンチン、キサンチンから尿酸への代謝が滞り、その結果として、キサンチン尿石ができやすくなる（図12も参照）。

5.3 ダルメシアン

ダルメシアンはその独特なプリン体代謝のために尿酸塩結石を発症しやすくなっている。ダルメシアンは尿酸代謝において肝臓と腎臓の特別な代謝経路をもっている。ダルメシアンの肝臓はたとえ十分なウリカーゼ濃度を含んでいたとしても利用される尿酸を完全には酸化できないし、少ない割合でしか尿酸をアラントインに変換できない[17,18]。ダルメシアンの肝細胞膜は尿酸に部分的に不透過性であることが報告されている。

また、ダルメシアン以外のイヌでは、糸球体で濾過された98〜100％の尿酸が近位尿細管で再吸収され、近位尿細管の遠位部でわずかに分泌される尿酸のみが尿中に排泄される。しかし、ダルメシアンの近位尿細管は他のイヌに比べ尿酸の再吸収能が低く、遠位尿細管での排泄も少量である。

第8章

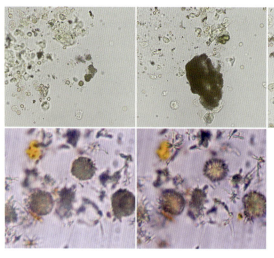
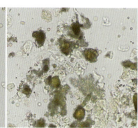
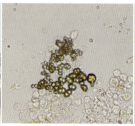

図9　尿酸結晶
すべて尿酸結晶であり、下段にはビリルビン結晶も存在している。

ダルメシアン以外のイヌでも、イングリッシュ・ブルドック、ミニチュア・シュナウザー、ヨークシャー・テリア、およびシー・ズーは血清中尿酸濃度が高く、尿酸塩尿石症の好発犬種であると報告されている。これらの犬種で、極度な蛋白質摂取制限を慢性的に行うと尿酸塩結石を形成しやすくなることが知られている。

5.4　門脈シャント

門脈体循環シャントをもつイヌで、尿酸アンモニウム結石の高い発生率が観察されている、これらのイヌでは、肝臓を迂回する門脈と全身血管系の側副路の間の直接的な連結が、その結果として重度の肝萎縮と肝機能低下を招く。

肝機能不全は順に尿酸からアラントインへの肝臓での変換、そして、アンモニアの尿酸への変換の低下を生じる。その結果、高尿酸血症、高アンモニア血症、高尿酸尿症、高アンモニア尿症を生じる。

門脈体循環シャント罹患犬では、蛋白制限食を処方されている間も、尿中尿酸濃度、尿中アンモニア濃度は共に高く、尿酸塩結石に対するリスクは高いものとなる[19,20]。

5.5　尿酸塩尿石症の診断

尿酸塩尿石症の身体学的所見は、他の多くの異なる泌尿器系の臨床徴候と似ており、頻尿と軽度の血尿がみられる場合があるか、もしくは無症候性である。

もし、尿道閉塞があれば、それによる全身症状（すなわち、食欲不振、嘔吐、筋の攣縮、元気消失、虚脱）が現れる。

また、臨床検査所見では、肝機能が正常であれば一般血液検査、血清生化学検査の所見は正常であるが、血漿

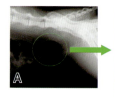
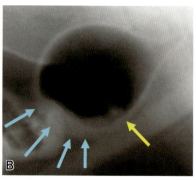

図10　ネコの尿酸結石X線検査、陰性造影所見
膀胱の陰性造影所見。Bは拡大図。青矢印：膀胱粘膜の肥厚、黄矢印：結石。

尿酸濃度は高値をとる。

また、閉塞性所見がある場合は、高窒素血症、代謝性アシドーシス、高カリウム血症、高リン血症がみられる。

先天性肝疾患に関連する尿酸塩尿石症の場合、血液生化学検査における尿素態窒素の低下のみが唯一の所見である。

尿検査では尿中尿酸濃度の増加にあわせて尿酸塩結晶尿が認められ、結晶構造は比較的わかりやすく、暗褐色の結晶が確認できる（図9）。ただし、尿酸塩結晶尿があるからといって尿酸塩結石があるとは限らない。

さらに、表1に示したようにX線検査において、尿酸塩結石は放射線透過性が高く、5段階中1であり、純粋な尿酸であればあるほど単純X線所見では発見しにくい。結石の存在場所が膀胱の可能性があれば二重造影を行い（図10）、腎臓・尿管が考えられるのであれば、排泄性尿路造影が必要となる。

確定診断としては、結石の採取と赤外線分光検査法による赤外線の吸収スペクトルの分析が必要となる（図11）。分析結果として、尿酸塩結石は、尿酸アンモニウム、

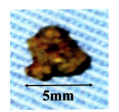

図11　ネコの尿酸結石
特長的な色をしている結石であり、赤外線吸収スペクトルによる定量分析で結石成分は98％以上が酸性尿酸アンモニウムと判明した。

尿酸、尿酸ナトリウムカルシウム、尿酸ナトリウムあるいは尿酸カリウムで構成される。

5.6 尿酸塩尿石症の内科的治療

　尿酸アンモニウム尿石の内科的溶解療法は、①結石溶解用療法食、②キサンチンオキシダーゼ阻害薬の投与、③尿のアルカリ化、④尿路感染症の根絶・制御、⑤希釈された尿量の増加である。

　尿酸または尿酸アンモニウム尿石に対する食事の修正の目的は尿中尿酸アンモニウムイオン、水素イオンの濃度を低下させることにある。代表的な食事としては塩分の増強が行われていないプリン制限性のアルカリ化食である。このフードを摂取すると尿中の尿酸および尿酸アンモニウムの排泄を減少させることができる。

　また、キサンチンオキシダーゼ阻害薬であるアロプリノールは、体内で速やかにキサンチンオキシダーゼに結合し、その作用を阻害する。これはハイポキサンチンからキサンチンへの、そしてキサンチンから尿酸への変換を阻害することにより尿酸の産生量を低下させる（図12）[21,22]。アロプリノールを使う場合に、もしプリン体ならびにプリン体前駆体を含んでいるフードを用いれば、尿酸の前駆体であるキサンチンが身体に蓄積し、キサンチン結石が形成される。したがって、アロプリノールの使用においては、確実にプリン体ならびにプリン前駆体を含まないフードを使用する必要がある。尿酸アンモニウム結石の溶解のためのアロプリノールの投与量は、15mg/kg/12hrであり、この投与量であれば、たとえ1年間投与を続けても大きな異常は生じない。

　アンモニウムイオンや水素イオンは尿中で尿酸とともに沈殿することがあるため、尿をアルカリ化することにより尿中に尿酸の沈澱物ができないようにすることが必要である。尿のアルカリ化剤としては、炭酸水素ナトリウム（25〜50mg/kg/12hr）およびクエン酸カリウム（50〜150mg/kg/12hr）があるが、ナトリウムイオンによる尿酸ナトリウムの形成を考えるとクエン酸カリウ

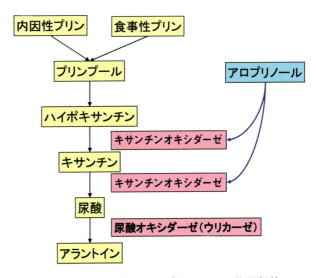

図12　プリン体代謝とアロプリノールの作用部位
アロプリノールはキサンチンオキシターゼを阻害する。プリン体の過剰な供給を止めずにアロプリノールを使用するとハイポキサンチン、およびキサンチンが増加し、キサンチン結晶が析出、結石形成をきたす。

ムの方がよいと思われる。尿アルカリ化の最終的な目標pHは7.0であり、pH＞7.5の過剰なアルカリ化はリン酸カルシウムなどの結石を誘発する可能性を否定できない。

　尿路感染の制御に関しては、ウレアーゼ産生菌によって起きた尿路感染は、尿酸アンモニウム尿石症を起こすことがわかっている。ウレアーゼを介した尿素の加水分解は結果としてアンモニウムイオンを生じ、尿酸と結合することにより尿酸アンモニウム結石が形成される。したがって、尿路感染症は完全に制御する必要性がある。

　尿中の尿酸およびアンモニウム濃度を低下させるため尿量を増加させることは推奨できる方法である。

6 シスチン尿石症

　シスチン尿石症は、シスチン尿症で認められる尿石症である。

　シスチン尿症は、腎尿細管細胞と腸粘膜細胞の膜貫通型輸送体の障害のため起こる非必須含硫アミノ酸のシスチンと二塩基アミノ酸のリジン、オルニチン、アルギニンの再吸収不全であり、そのために尿中へ過剰なシスチンが排泄される。このシスチンは酸性尿で溶解性が低く、飽和点を上回った濃度シスチンは、罹患した動物に尿路のシスチン結石を形成するリスクが増加する[23]。

　また、これらの4つのアミノ酸は非必須アミノ酸では

第8章

あるが、消化管吸収が障害されると栄養障害を発症することになる。この疾患の一部は遺伝性疾患であり、ヒトはもちろん、イヌ、ネコで発症が知られる。

アメリカではイヌ尿石症の1％を占めるとされ[24,25]、70種を超える犬種で発症が報告されているが[25]、シスチン結石が回収されるイヌの平均年齢は4.8〜5.6歳の間である[24-27]。

尿シスチン結晶には、特徴的な六角形の状態があり、これは有用な診断的徴候となる[28]。

6.1 ヒトの病型と原因遺伝子

ヒトでは、シスチン尿症は、I型と非I型の2つの型で認識され、I型シスチン尿症は、潜性遺伝を示し、キャリアは正常な尿アミノ酸濃度を示している。

非I型のシスチン尿症患者の両親は、シスチンと二塩基アミノ酸（リジン、アルギニン、オルニチン）の尿中濃度が中等度に上昇し、シスチン結石の発生率は低い。非I型は、常染色体顕性遺伝といわれる[29]。現在、95％を超えるヒトの患者で2つの異なる遺伝子（*SLC3A1*と*SLC7A9*）の変異が疾患の原因であることが知られている[30,31]。これらの2つの遺伝子は、アミノ酸輸送体のポリペプチド・サブユニットであるb0,+をコードしている[29,32,33]。b0,+アミノ酸輸送体はヘテロマーのアミノ酸輸送体の1つであり、SLC3ファミリーの重鎖とSLC7ファミリーの軽鎖から構成されている。SLC7サブユニットは、特定のアミノ酸輸送に関与しており、単一のジスルフィド結合によって重鎖サブユニットと結合している[33]。ヒトのシスチン尿症における欠損遺伝子は、rBAT蛋白をコードしている*SLC3A1*と、b0,+AT蛋白をコードしている*SLC7A9*である[34]。シスチン尿症のヒトの患者では、これら2つの遺伝子の170以上の異なる変異が同定されている[30]。また、すべての*SLC3A1*の変異は、I型シスチン尿症と関連しているが、一方、*SLC7A9*の変異は、約85％が非I型と関連しており、残りの15％はI型のシスチン尿症を示す[33,35]。

そのほかの突然変異は、約15％のシスチン尿症の患者で依然未同定の状態である[30]。これらの未同定のシスチン尿症は、プロモーターあるいはイントロン領域における変異の結果と考えられ、特定のシスチン尿症誘因変異と*SLC3A1*や*SLC7A9*多型遺伝子の組み合わせの結果、あるいはまだ同定されていない遺伝子の変異の可能性もあるかもしれない[30]。

6.2 イヌの病型

イヌのシスチン尿石症は、1823年に初めて認められ、最初に高い尿中シスチン濃度の結果として結石形成が起きると報告されたのは1935年だった[36]。まもなく、Greenら[37]がアイリッシュ・テリアでシスチン尿石症の遺伝的な関与を報告している。その後、シスチン尿石症のリスクが多くの品種で報告されている。

イヌにも2つのタイプのシスチン尿症がある。I型シスチン尿症は、ニューファンドランド、ラブラドール・レトリーバーで報告され、*SLC3A1*遺伝子の変異でヒトのI型のシスチン尿症と類似しており、若齢期に発症することが特徴である。

一方、他の多くの犬種（アイリッシュ・テリア、オーストラリアン・キャトル・ドッグ、オーストラリアン・シェパード、バセンジー、バセット・ハウンド、ブル・マスチフ、チワワ、ダックスフンド、イングリッシュ・ブルドッグ、アイリッシュ・テリア、マスチフ、ニューファンドランド、スコティッシュ・ディア・ハウンド、スコティッシュ・テリア、スタッフォードシャー・テリア、ウェルシュ・コーギー）では、*SLC7A9*を含めた未知の遺伝子変異が原因となり、成犬になった以降の時期に発症している可能性が高い。

また、尿中のアミノ酸分析、代謝の研究により、ニューファンドランドのシスチン尿症はヒトのI型の疾患によく類似している[38]。罹患した雄イヌは4〜6カ月齢と早期にシスチン結石を形成するが、雌の結石形成は生涯を通して一般的に遅い。罹患したイヌの遺伝子*SLC3A1*のexon2においてホモ接合性のナンセンス変異が明らかになっている。この突然変異により、正常では700のアミノ酸から構成されるポリペプチドが、197のアミノ酸のポリペプチドとなっている[39]。*SLC3A1*の類似の変異は、ラブラドール・レトリーバーのシスチン尿症でも発見されている。

6.3 発症年齢

ニューファンドランドとラブラドール・レトリーバーは、若齢性に結石形成を起こす重症のI型のシスチン尿症をもっているが、他の品種のシスチン尿症では、シスチン尿症の発現時期には、ばらつきがある。

尿シスチン濃度が高くないイヌでも、尿石形成を起こすことが複数報告されている[40,41]。これらの所見は、尿中シスチン濃度の増加が、非遺伝的である可能性だけでなく、シスチン結石形成の唯一の因子はないことを示しており、シスチン結石形成がアミノ酸輸送体の異常により起こっていることを示している[27]。

尿石症発症時のイヌの年齢は、イヌのシスチン尿の分類における重要な要因である。イヌのシスチン尿石症発

表4　正常犬とシスチン尿症犬の尿中のシスチンと二塩基アミノ酸レベル

	シスチン	オルニチン	リジン	アルギニン
9品種の犬(ニューファンドランドではない)[27] 平均(標準偏差：範囲)				
シスチン尿症	368 (291：17～1,115)	152 (215：18～1,062)	1283 (1,588：169～6,859)	177 (157：12～655)
正常	39 (26：8～92)	39 (16：9～73)	190 (58：56～286)	84 (96：14～335)
ニューファンドランド犬[38] 平均±標準偏差				
シスチン尿症	1,081 ± 446	1,930 ± 2,414	3,494 ± 3,667	4,552 ± 5,173
正常な血縁	54 ± 38	71 ± 36	143 ± 102	83 ± 86
正常な非血縁	< 179	< 202	< 464	< 452

これらの値は同じラボで得られたわけではないが、個々の正常値はほぼ同じとみることができる。

症の年齢は平均すると約5歳であるが、異なる品種や同品種であっても各団体によって異なり[27]、11%のイヌは少なくとも2歳で結石を形成する[42]。

また、ダックスフンドでは結石を形成した高い尿中シスチン濃度が、年齢とともに正常範囲内に減少し、シスチン尿症の自然回復も報告されている[25]。

ニューファンドランド、およびラブラドール・レトリーバーのシスチン尿症は、他の犬種[25]のシスチン尿症の表現型とは明らかに異なっている[38]。尿中のシスチンと二塩基アミノ酸の排泄増加は、ニューファンドランド[38]を含め、シスチン尿症を発症した他の品種24頭[43]でもみられる。尿中シスチン濃度は、ニューファンドランドの平均値が、他の24頭のシスチン尿症犬より少なくとも3倍高い値を示しており、ニューファンドランド以外のイヌでは、尿中へのシスチンや二塩基アミノ酸の排泄は、ニューファンドランドより低濃度で排泄されているようである（表4）。

イヌのシスチン尿症は、遺伝的に不均一であり、様々な品種のシスチン尿石症犬において、SLC3A1とSLC7A9の分析では、共通の病原性突然変異を明らかにできていない[39]。

6.4 シスチン尿症の型

臨床的特徴や尿中アミノ酸排泄パターンで、イヌには少なくとも2つのタイプのシスチン尿症がある[44]。I型のシスチン尿症は、ニューファンドランドやラブラドール・レトリーバーで報告されていて、SLC3A1遺伝子の変異でヒトのI型のシスチン尿症と類似している。それは、若い時期での雄のシスチン尿結石形成、メスの偶発性の結石形成、シスチンや二塩基アミノ酸の著しく高

図13　シスチン結石
（提供：Hills尿石分析サービス）

い尿中排泄によって特徴づけられている。

多くの他の品種でのシスチン尿症は、まだ知られていない遺伝形式であり、成犬以降の遅い時期でのシスチン結石形成、尿中シスチンおよび二塩基アミノ酸濃度の中等度の上昇と多様な尿中への排泄によって特徴づけられている。

シスチン輸送体遺伝子の1つにおける変異は、いくつかのイヌでシスチン尿症を引き起こすことが報告されているが[38]、イヌにおけるシスチン尿症の遺伝学的根拠はヒトより複雑であり、それを明らかにすることは今後の研究に委ねられる。

6.5 シスチン尿石症の診断

イヌのシスチン尿石症は、主に尿路閉塞を伴うイヌから除去された尿石のミネラル組成の分析によって診断されている（図13）。

疫学的には、ほとんどのシスチン尿石症は、主に雄イヌで発見され[24-26,45,46]、シスチン尿石症を発症するイヌの平均年齢は4.8～5.6歳である[24,26,27]。アメリカではイヌの尿石症の約1%がシスチン結石であり[24,25]、ヨーロッパのある分析センターでは約20%がシスチン結石であったことを報告している[26,47]。

第8章

シスチン尿症は、一般の尿検査の無機性尿沈渣分析によっても同定され、特徴的な六角形のシスチン結晶が同定されれば、ほぼ確定診断となる[28]。

また、シアン化合物によるニトロプルシド反応は、シスチン尿症の簡便な定性的スクリーニングテストであり、尿中に尿シスチン/クレアチニン比（Cystine/Cre比：mg/g）が75〜125mg/g以上存在すると陽性になる。正確には、尿中のシスチンや二塩基アミノ酸の定量的検査により、24時間排泄シスチン量、もしくは尿中Cystine/Cre比を求めることにより確定することができる。

6.6 シスチン尿石症の治療

本症の多くは、遺伝性疾患と考えられている。また、遺伝性疾患ではない場合でも、完治療法はなく、生涯にわたり対症療法によるコントロールが必要な疾患である。

シスチン尿症の場合、一番問題になるのは、尿路の尿石症であり、結石の発生場所や飼い主の希望により外科的に摘出するか、もしくは内科的に溶解するかを決定する。もし、内科的な溶解療法を選択されたなら、治療法の基本は、排尿量を増やすこと、尿をアルカリ性にすること、最後に、シスチンの尿中での溶解度を保つことにつきる。

排尿量を増やすためには、飲水量を増やすことが必要であり、動物が水を飲みやすい状況を作る必要がある。複数の飲水カップを生活空間の中に設置する、飲水をうながすための流れる水を用意する、または、飲料水のその動物の嗜好するにおい（例：肉汁などのにおい）をつける方法などがある。

明らかな結石がある場合には、強制飲水させる方法を考える必要がある。飲水量を増やすことにより、尿中シスチン濃度をその飽和溶解度である250mg/L未満にすることができれば、シスチンの結晶化は止まり、結石自体は溶け始める。

次に、尿をアルカリ化するために、クエン酸カリウムもしくは重炭酸ナトリウムを服用して尿のアルカリ度を高めるという治療法がある。酸性尿よりアルカリ尿でシスチンの溶解度が上昇するため、適正な尿pHのコントロールも必須である。

ただし、過度のアルカリ化は、リン酸カルシウム結石、リン酸アンモニウムマグネシウム結石の形成因子となるため、尿pHの調整は7.0〜7.5程度までが望ましい。

かつては、尿アルカリ化剤として、重炭酸ナトリウムが使用されることが多かったが、ナトリウムを含有しているため最近では使用頻度が低くなっている。そのため実際には、ナトリウム負荷による血圧上昇の副作用が少ないクエン酸カリウム・クエン酸ナトリウム配合剤（ウラリット配合錠：1T/5kg、BID）が多く使用されている。結石の溶解には約2〜3カ月間の投薬が必要となる。

さらに、シスチン結石をもっと積極的に溶解するためには、チオプロニン製剤を使用する必要がある。尿中に分泌されたチオプロニンは、シスチンと易溶性の水溶性化合物を形成するため、尿中でのシスチン結晶の析出を阻害し、結石再発の防止に有効であり、尿中でのシスチン結晶化が著明に減少する。

チオプロニンを使う場合の注意点は、十分に飲水させることにより尿中シスチン濃度を250mg/L以下に保つこと、適正な尿のアルカリ化に留意することであり、基本的な投与用量は、尿中シスチン排泄量に基づいて設定するのが望ましい。

一般的なチオプロニンの使用量は、結石の溶解のためには、15〜30mg/kg、BIDで使用する。結石溶解後の再発予防のためには、飲水量は増えた状態を維持しながら、10〜20mg/kg、BIDで使用する。

また、食事療法として、尿アルカリ化を助長するような療法食（糖類や動物性蛋白質を押さえた食事）は有効である。理論的には、シスチンやその前駆物質のメチオニンを制限することも考えられるが実際的ではない。

いずれにせよ、本症の予後は、生涯治癒することのない疾患であることを認識し、飼い主にはあらかじめ、これらの治療は生涯継続するものであることを十分に説明し、理解を受ける必要がある。

7 その他の尿石症

7.1 シリカ結石

Silicon（珪素：Si）はラテン語の「siicis」に由来する天然の非金属性元素であり、Silicate（珪酸塩）という言葉は、珪酸（silicic acid）に由来する塩類（例：珪酸アルミニウム、三ケイ酸マグネシウム）の命名に用いられる名詞である。

シリカには種々のものがあり、無機シリカと有機シリカに分けられる。また、無機シリカは、結晶性であり、砂、石英、および御影石の基本成分で、微晶性シリカは石英、玉髄（例：めのう、オニックスなど）および角岩（例：火打ち石、碧玉など）に認められる。無定型シリカはガラス、オパール、および珪藻土にみられる。

シリカは地殻の90％以上の構成要素であるが、ほとんどの動物の体内には低濃度のシリカしか存在できない。動物において通常少量のシリカしか存在しないのは自然界で水に溶解しているものを除けば、シリカはいかなる

尿石症

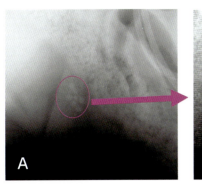

図14　シリカ結石のX線所見
A：ラテラル像、B：Aの拡大部分。拡大したX線所見では、微かにジャックストーン構造がみえる。

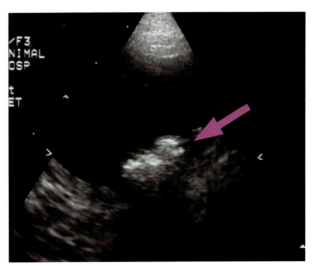

図15　シリカ結石超音波検査所見
超音波所見では、ジャックストーン構造ははっきりしない。

図16　シリカ結石
特徴的な色・形をしている結石であり、結石成分は98％以上がシリカと判明した。

ものにも可溶性が低いということに起因している。

これに対して、植物のなかには比較的高濃度のシリカを含有するものがある。例えば、草には乾燥物量として1〜4％のシリカが存在する。米や灯心草（トグサ科、Equisetum属）は高濃度のシリカを含有する植物であり、シリカを16％も含有している。

イヌから摘出された尿石でシリカを含有するものの多くは無定型シリカで構成されている。

シリカ結石の構造は、ほとんどの症例でジャックストーン様もしくは金平糖様の形態を示している。個々の尿結石ごとに、その突起の数（通常約15〜30本）、長さ（数mmから1cm以上まで）および直径は多様である。あるものは細長く、あるものは太く短く、石に乳頭を添えたような様相を呈している。

7.2 病因病理学

イヌにおけるシリカジャックストーンの自然発症は1970年代に初めて報告されている[39]。

イヌのシリカ尿石症は吸収性のシリカを含有する食事を摂取することによって尿中へのシリカの排泄が過剰になることに関連して発症すると考えられる。注目すべきことは、シリカは腸管壁を通過して容易に吸収され、体内に吸収されたシリカは血漿から腎臓を通して速やかに排泄されるという事実も、この食事性リスクファクター仮説を支持するものである[40,41]。

また、ほとんどの動物体内にはシリカは低濃度でしか存在しない。したがって、獣肉から作られたペットフードはシリカの供給源とはならないが、植物は多量のシリカを含んでいるため供給源となる可能性がある。シリカは植物において根から吸収され、シリカ、可溶性シリカもしくは有機シリカとして細胞壁に沈着している。また、肥満減量用に設計されたペットフードには、米や大豆のようにシリカを比較的大量に含有する素材が添加されていることも動物へのシリカ供給源として懸念される場合が多い。

7.3 シリカ尿石症の診断

臨床徴候は、結石の形状がジャックストーン型をとるために、血尿および有痛性排尿が強く、症状は激烈であるが、尿検査では通常シリカ結石を疑う結晶は認められない。

また、X線検査ではストルバイトとほぼ同様な放射線不透過性をもち、X線写真上の密度は5段階中1〜2であり、大きさが十分であればX線検査で検出が可能である。大きくなってくればジャックストーン特有の棘の部分がX線上でも判断可能となる（図14）し、超音波検査でも判断が可能となる（図15）。

最終的な確定診断にはやはり、結石の摘出と結石の赤外線スペクトルにより判断することになる（図16）。

第8章

表5　シリカ尿石予防のための指針

- 尿検査、定量的尿培養検査、X線検査、超音波検査などにより十分な診断を行う。
  結石の正確な部位、サイズ、および数を確認する。
- 可能であれば、結石のミネラル組成分析をする。
  不可能であれば臨床検査結果を十分評価して結石の組成を推察する。
- 小さな膀胱結石は加圧排尿法によって除去できることが多い。
  大きな結石の外科的除去は続発症を招く恐れがあることを念頭において行う。
- 既に存在するシリカ結石の発育阻止、あるいは外科的に摘出したシリカ尿石の再発防止のためには：
  － 植物性蛋白を多く含む食事を給与しない。
  － 缶詰食を給与したり、ドライフードに水を加えて給与することにより利尿を促進する。
  － 尿の酸性化の促進は止める。
- 必要があれば、細菌性尿路感染症を抗菌薬によって根絶・制御する。

7.4 シリカ尿石症の内科的治療と再発防止

シリカ尿石症溶解のための効果的な内科療法は確立されていない。

植物性蛋白を含まず利尿を促進するような結石溶解用療法食は、既に存在しているシリカ結石のさらなる増大を抑制するかもしれないが、そのシリカ結石自体を溶解することはなく、外科的手術のみが適用可能な治療の選択肢となる。

シリカ尿石症の原因は現在もまだ不明のままであり、結石生成物質が尿中で過飽和になる程度を減少させるような非特異的な方法が予防法として推奨される。現時点では、食事の変更、尿量の増加、ならびに尿pHを変化させることが推奨される。

食事の変更は特にシリカ尿石症が再発するような場合に有効である。食事中の過剰なシリカは植物由来であることに基づけば、植物性の蛋白と非栄養成分の含量が少ない食事が選択される。また、シリカ尿石症のイヌのなかには、泥や土を食べる異食症をもつものがいるため、食事歴を調べて異食症の発生との因果関係を検討しなければならない。

また、水分摂取量を増加させ利尿をはかることも再発の防止には役立つ。すなわち、ドライフードを缶詰食に変更したり、塩化ナトリウムの経口投与は利尿を促進する方法として有効な方法と考えられる。

尿pHに関して、シリカ結石は酸性尿ではあまり溶解性がなく、むしろアルカリ尿の方がまだ溶解性が認められるようである。

シリカ尿石症の予防のための指針を表5にまとめた。

7.5 全般的な尿石症の治療法の留意点

外科的摘出はすべてのタイプの尿石症に有効な治療手段の1つであるが、尿石症そのものの治療ではないことを認識するべきである。なぜなら、結石の摘出自体はその結石ができた状況を何ら改善するものではないからである。したがって、外科的摘出を行った後にその原因もしくはリスクファクターを除去するアプローチをしなかったケースでは非常に高い再発率を示す。

しかしながら、外科的摘出によって確実に尿結石のミネラル組成に関して定量的分析を可能となり、その尿路結石の病理発生に関して大きな情報を提示することで、リスクファクターを除去することが可能になる。

一方、内科的溶解療法を選択する場合もいろいろな問題がある。内科療法は結石が溶けるまでの時間がある程度（数週間～数カ月）必要であり、その期間、結石の発生部位によっては完全排尿ができなかったり、尿の停滞を起こしたりする可能性が高く、UTI成立の誘因を含んでいる。また、尿路にある結石が一部溶解された後、より狭い尿路において閉塞する事態も考えられる。したがって、どのような治療法を選択するかは、症例ごとに熟考して決定されなければならない。

内科的溶解療法の場合は、適切なサンプルが採取される以前には開始しない方がよい。結石の内科的管理の目的は、結石の成長を停止させることもしくは結石の溶解を促進することである。治療を有効なものにするためには、①尿中の結晶の溶解度を高めること、②尿量を増加させること、③結石の原因となっている尿中ミネラルの排泄量を減少させ、過飽和にならないようにすることである。

そのためには結石のミネラル組成にあった療法食もしくは結石溶解薬・結石成長阻害薬を使用し、尿量を増加させ、尿pHをコントロールし、尿中ミネラル組成を改変する必要がある。

しかし、外科療法で摘出した結石のミネラル定量分析

をした場合を除いて、結石のミネラル組成はあくまでも推定でしかなく、ミネラル組成の推定が誤っている場合や尿石の核が尿石の外側の部分と異なるミネラル組成の場合には、内科療法は功を奏さない。

本章では、尿石症の一般的な診断法にあわせて、尿結石ごとにその概要、発生状況、診断および内科的治療法・予防法に関して概説した。概念的には、まだ完全に解明されていないメカニズムも多く、これからのこの分野の研究が進展することを待ちたいと思う。また、今回取り上げた尿石症は、発生頻度の高い方からストルバイト尿石症、シュウ酸カルシウム尿石症、尿酸（プリン体）尿石症、シスチン尿石症、およびシリカ尿石症であるが、このほかにもリン酸カルシウム尿石症などの重要な尿石症が存在しており、これらの尿石症を含め鑑別法をマスターする必要がある。

第 8 章 の 参 考 文 献

1) Osborne CA, Lulich JP, Polzin DJ, Allen TA, Kruger JM, Bartges JW, Koehler LA, Ulrich LK, Bird KA, Swanson LL. Medical dissolution and prevention of canine struvite urolithiasis. Twenty years of experience. *Vet Clin North Am Small Anim Pract*. 1999; 29(1): 73-111.
2) Griffith DP: Infection-induced stones. In: Coe FL, ed. Nephrolithiasis: Pathogenesis and Management. Chicago. Year Book Medical. 1978; 203-228.
3) Osborne CA, Klausner JS, Krawiec DR, Griffith DP. Canine struvite urolithiasis: problems and their dissolution. *J Am Vet Med Assoc*. 1981; 179(3): 239-244.
4) Clark WT. Staphylococcal infection of the urinary tract and its relation to urolithiasis in dogs. *Vet Rec*. 1974; 95(10): 204-206.
5) Griffith DP. Struvite stones. *Kidney Int*. 1978; 13: 372-382.
6) Griffith DP, and Osborne CA. Infection(urease) stones. *Miner Electrolyte Metab*. 1987; 13: 278-285.
7) Kobashi K, Kumaki K, Hose J. Effect of acryl residues of hydroxamic acid on urease inhibition. *Biochem Biophys Acta*. 1971; 277: 429-441.
8) Wong HY, Riedl CR, Griffith DP. Medical management and prevention of struvite stones. In: Coe FL, Favus MJ, Pak CYC. Kidney Stones Medical And Surgical Management. Philadelphia. Lippincott-Raven. 1996; 941-950.
9) Lekcharoensuk C, Lulich JP, Osborne CA, Pusoonthornthum R, Allen TA, Koehler LA, Urlich LK, Carpenter KA, Swanson LL. Patient and environmental factors associated with calcium oxalate urolithiasis in dogs. *J Am Vet Med Assoc*. 2000; 15; 217(4): 515-519.
10) Lulich JP, Osborne CA, Thumchai R, Lekcharoensuk C, Ulrich LK, Koehler LA, Bird KA, Swanson LL, Nakagawa Y. Epidemiology of canine calcium oxalate uroliths. Identifying risk factors. *Vet Clin North Am Small Anim Pract*. 1999; 29(1): 113-122.
11) Hosking DH, Wilson JW, Liedtke RR, Smith LH, Wilson DM. Urinary citrate excretion in normal persons and pationts with idiopathic calcium urolithiasis. *J Lab Clin Med*. 1985; 106(6): 682-689.
12) Parks JH, Coe FL. Urine citrate and calcium nephrolithiasis. *Adv Exp Med Biol*. 1986; 203: 445-449.
13) Tawashi R, Cousineau M, Denis G. Calcium oxalte crystal growth in normal urine: Role of contraceptive hormones. *Urol Res*. 1984; 12: 7-9.
14) Roch-Ramel F, Peters G. Urinary excretion of uric acid in nonhuman mammalian species. In: Kelly WN, Weiner IM, eds. Handbook of Experimental Pharmacology, Uric Acid. Springer-Verlag. Berlin, Germany. 1978; 211-255.
15) Cameron MA, Sakhaee K. Uric acid nephrolithiasis. Urologic Clinics of North America. 2007; 34: 335-346.
16) Bartges JW, Osborne CA, Felice LJ, Allen TA, Brown C, Unger LK, Koehler LA, Bird KA, Chen M. Diet effect on activity product rations of uric acid sodium urate, and ammonium urate in urine formed by healthy Beagles. *Am J Vet Res*. 1995; 56(3): 329-333.
17) Benedetti E, Kirby JP, Asolati M, Blanchard J, Ward MG, Williams R, Hewett TA, Fontaine M, Pollak R. Intrasplenic hepatocyte allotransplantation in dalmation dogs with and without cyclosporine immunosuppression. *Transplantation*. 1997; 63(9): 1206-1209.
18) Kuster G, Shorter RG, Dawson B, Hallenbeck GA. Uric acid metabolism in Dalmatians and other dogs: Role of the liver. *Arch Intern Med*. 1972; 129(3): 492-496.
19) Hardy RM, Klausner JS. Urate calculi associated with portal vascular anomalies. In: Kirk RW, ed. Current Veterinary Therapy Ⅷ. Philadelphia. WB Saunders. 1983; 1073-1076.
20) Johnson CA, Armstrong PJ, Hauptman JG. Congenital portosystemic shunts in dogs: 46 cases (1979-1986). *JAVMA*. 1987; 19: 1478-1483.
21) Elion GB. Enzymatic and metabolic studies with allopurinol. *Ann Rheum Dis*. 1966; 25: 608-614.
22) Murrell GAC, Rapeport WG. Clinical pharmacokinetics of allopurinol. *Clin Pharmacokinet*. 1986; 11: 343-353.
23) Treacher RJ. Urolithiasis in the dog-II biochemical aspects. *J Small Anim Pract*. 1966; 7: 537-547.
24) Ling GV, Franti CE, Ruby AL, et al. Urolithiasis in dogs I: mineral prevalence and interrelations of mineral composition, age, and sex. *Am J Vet Res*. 1998; 59: 624-642.
25) Osborne CA, Sanderson SL, Lulich JP, et al. Canine cystine urolithiasis. Cause, detection, treatment, and prevention. *Vet Clin North Am Small Anim Pract*. 1999; 29: 193-211.
26) Brown NO, Parks JL, Greene RW. Canine urolithiasis: retrospective analysis of 438 cases. *J Am Vet Med Assoc*. 1977; 170: 414-418.
27) Hoppe A, Denneberg T. Cystinuria in the dog: clinical studies zduring 14 years of medical treatment. *J Vet Intern Med*. 2001; 15: 361-367.
28) Osborne CA, O'Brien TD, Ghobrial HK, et al. Crystalluria. Observations, interpretations, and misinterpretations. *Vet Clin North Am Small Anim Pract*. 1986; 16: 45-65.
29) Palacin M, Goodyer P, Nunes V, et al. Cystinuria. In: Scriver CR, Beaudet AL, Sly WS, ed. The metabolic and molecular bases of inherited disease, Vol III. New York. McGraw-Hill. 2001; 4909-4932.
30) Font-Llitjos M, Jimenez-Vidal M, Bisceglia L, et al. New insights into cystinuria: 40 new mutations, genotype-phenotype correlation, and digenic inheritance causing partial phenotype. *J Med Genet*. 2005; 42: 58-68.
31) Schmidt C, Vester U, Wagner CA, et al. Significant contribution of genomic rear-rangements in SLC3A1 and SLC7A9 to the etiology of cystinuria. *Kidney Int*. 2003; 64: 1564-1572.
32) Palacin M, Estevez R, Bertran J, et al. Molecular biology of mammalian plasma membrane amino acid transporters.

Physiol Rev. 1998; 78: 969-1054.
33) Palacin M, Nunes V, Font-Llitjos M, et al. The genetics of heteromeric amino acid transporters. *Physiology (Bethesda)*. 2005; 20: 112-124.
34) Calonge MJ, Gasparini P, Chillaron J, et al. Cystinuria caused by mutations in rBAT, a gene involved in the transport of cystine. *Nat Genet*. 1994; 6: 420-425.
35) Dello Strologo L, Pras E, Pontesilli C, et al. Comparison between SLC3A1 and SLC7A9 cystinuria patients and carriers: a need for a new classification. *J Am Soc Nephrol*. 2002; 13: 2547-2553.
36) Morris ML, Green DF, Dinkel JH, et al. Canine cystinuria. An unusual case of urinary calculi in the dog. *N Amer Vet*. 1935; 16: 16-19.
37) Green DF, Morris ML, Cahill GF, et al. Canine cystinuria II. Analysis of cysteine calculi and sulfur distribution in the urine. *J Biol Chem*. 1936; 114: 91-94.
38) Casal ML, Giger U, Bovee KC, et al. Inheritance of cystinuria and renal defect in Newfoundlands. *J Am Vet Med Assoc*. 1995; 207: 1585-1589.
39) Osborne CA, Clinton CW, Kim KM, Mansfield CF. Etiopathogenesis, clinical manifestations, and management of canine silica urolithiasis. *Vet Clin North Am Small Anim Pract*. 1986; 16(1): 185-207.
40) Benke GM, Osborn TW. Urinary calculi in sheep. *Am J Vet Res*. 1943; 4: 120-126.
41) King EJ, Stantial H, Dolan M. The biochemistry of silicic acid. Ⅲ. The excretion of administered silica. *Biochem J*. 1933; 27: 1007-1014.

第9章

ネコの下部尿路疾患

星　史雄

1 イントロダクション

　ネコの下部尿路疾患（feline lower urinary tract disease：FLUTD）は、2000年以前は、ネコ泌尿器症候群（feline urologic syndrome：FUS）と呼ばれていた疾患であり、排尿困難、疼痛性排尿困難、頻尿、肉眼的血尿、および不適切な排尿などの非特異的な徴候を伴う疾患の総称であり、その個々の疾患は、尿路感染症、尿石症、先天性尿路異常、腫瘍、特発性膀胱炎（feline idiopathic cystitis：FIC）などが含まれる。なかでも、FICは、泌尿器徴候を示す疾患から細菌性尿路感染症、尿石症、腫瘍、先天性奇形、上部尿路疾患を除いたものと定義されている。下部尿路疾患のなかでの個々の特異的疾患は、病歴の聴取から始まり、身体検査、尿検査、尿培養、単純・造影X線検査、超音波検査、および膀胱鏡検査などの所見を統合することにより初めて診断することができる。

　ヨーロッパおよび北アメリカのネコにおいて、1970～1980年代にみられた下部尿路疾患の発生率は約0.5～1%と報告されている[1,2]。これより新しいデータは入手できなかったが、北アメリカの獣医学部での1980～1993年までの調査によると、ネコにおける下部尿路疾患の発生率は約7％であった[3]。いずれも、FUSとして記載されている。1999年にOsborneは、FUSをしっかりした疾患概念に分類するため、ネコの下部尿路疾患をそれぞれ原因別に再定義した。これにより、2000年以降は、下部尿路疾患の疫学データは発表されていない。

　ネコの下部尿路疾患における徴候には、自宅の所定の場所以外での排尿、血尿、排尿障害、頻尿などがあり、尿道閉塞が起こることもある。非特異的な徴候ばかりであるため、基礎疾患に関する情報はほとんど得られない。

　個々の症例において徴候の原因を確定するためには詳細な診断検査が不可欠である[4]。原因がわかれば、最適な治療法を選択できるようになる。

　2つの症例研究で下部尿路疾患の徴候の原因が検討された。

　最初の調査[5,6]は、1982～1985年の間に検査された症例を詳しく検討したものである。症例の36％に尿道閉塞が認められ、その症例はすべて雄であった。尿道閉塞の原因として確認できたものは尿道栓子や尿結石などであった（それぞれ尿道閉塞症例の59％と12％）。残り29％の症例では特に原因は認められなかった。尿道閉塞を起こしていないネコでは、尿結石や尿路感染などの原因が確認された場合もあったが、大半の症例では原因を特定することができなかった（表1）。

　もう1つの調査は、1993～1995年の間のネコの症例を検討したものである[7]。尿道閉塞を起こしていないネコのうち、尿路結石症、尿路感染症、解剖学的異常、異常行動、腫瘍の原因が認められたものはわずか109

第9章

表1 尿道閉塞を伴わないネコの下部尿路疾患の原因

原因	症例の割合（％）	
	1993～1995[†]	1982～1985[*]
特発性	68.9	64.2
尿結石	27.8	12.8
尿結石＋UTI	1.1	0
尿結石＋解剖学的異常	0	1.8
UTI	2.2	0.9
腫瘍	0	1.8
解剖学的異常	0	9.2
異常行動	0	9.2

UTI：尿路感染症
*Osborne CA、Polzin DJ, Kruger JMらによるデータ[5]
†Buffington CA、Chew DJ, Kendall MSらによるデータ[7]

例にすぎなかった。残りの閉塞を起こしていないネコ（64.2％）は、徴候の原因となるものが確認されなかったため特発性膀胱炎と分類された（表1）。

下部尿路疾患の徴候を呈しているネコの大多数では原因を突き止めることができないように思われる。特に尿道閉塞を伴っていない症例の場合はなおさら困難といえる。この所見は、治療法を検討するうえで重要な意味をもつものである。しかし、依然として尿石症がネコの下部尿路疾患の重大な原因であるということが示されている[7]。

また、ストルバイト（リン酸アンモニウムマグネシウム）とシュウ酸カルシウムという2種類の尿結石が主体であることも示唆されている。これは、尿結石の定量分析に関する大量のデータにより裏づけられている[8-10]。詳細は、第8章「尿石症」を参照してほしい。

2 ネコの特発性膀胱炎

ネコの特発性膀胱炎（feline idiopathic cystitis：FIC）は、前述の通り、泌尿器徴候を示す疾患で、病歴の聴取、身体検査、尿検査、尿培養、単純・造影X線検査、超音波検査、および膀胱鏡検査などの所見を統合することにより初めて診断することができる。

FICは、下部尿路徴候を伴うが、あらゆる検査で特異的な所見を示すことがない疾患である。その本体は非特異的な膀胱炎であり、下部尿路疾患の約60％弱を占めると報告されているが、未だに特定の原因は明らかになっておらず、唯一の診断法としては、すべての検査をした後の除外診断である。

2.1 FICのリスクファクター

Lekcharoensukらは北アメリカで大規模なネコの下部尿路疾患の研究を行い、品種としてはペルシャネコ、マンクス、ヒマラヤンが、さらに、年齢は4～7歳で中性化（去勢・避妊）された肥満のネコが高いリスクをもっていることを明らかにしている[11]。この研究ではシャムネコのリスクが低いことも明らかになっている。

また、別のニュージーランドの研究では、ネコの下部尿路疾患のリスクは、①ネコの活動性が低いこと、②1つしか使用できるトイレをもっていないこと、③屋内飼育であること、④その地域の雨の日数が多いこと、⑤多くのストレスを抱えていること（例：引っ越しが頻繁であるとか、仲の悪い同居ネコが多くいるなど）を含んでいた[12]。さらに、いくつかの研究ではドライフードの摂食率が高い場合に下部尿路疾患のリスクファクターとなるとしているものもあるが[13,14]、他の研究では必ずしもそうとは限らないとの報告もある[15,16]。

FICに関しては、品種の素因は認められていないが[11,14]、広い年齢層（1～15歳）のネコで認められ、2～7歳のネコがより高いリスクをもっていると報告されている[11]。また、他の研究者はFICの平均発症年齢が5～6歳付近であると報告している。

さらにヨーロッパの研究では雌より雄の方が高いリスクがあるとしているが[13,14]、この傾向は北アメリカの研究で去勢された雄、避妊された雌、もしくは未去勢の雄に比べて未避妊の雌が低リスクであることを報告している[11]。

食事に関しては、少なくとも2つの研究で、ドライフードの食事は、特にFICのリスクを増加させる関係にあると報告されているが[15,16]、さらなる追証が必要と思われる。

また、スコットランドの研究では、FICのネコは雄のロングヘアーの肥満ネコに多いとしている。この研究では、健康なネコと比べてFICのネコでは、①1つのトイレのみを使い、②少なくとも1頭以上の他のネコと暮らし、③同じ住宅で他のネコと衝突がみられるケースが多いようである。この研究では、食事の種類、年齢、屋内/屋外へのアクセスは誘発因子とならなかったが、特にペルシャネコではより低年齢での発症傾向が強いようである。

また、ベルギーで行われた64頭のネコを使った回顧的対照研究では、以下①～⑨の項目がFIC発症と有意に関係していた。

① 怖がりであること
② 神経質であること
③ 水分摂取が少ないこと
④ ハンティング行動をとらないこと
⑤ 1つのみのトイレを使うこと
⑥ 引っ越し
⑦ 見知らぬ訪問客がいると隠れること
⑧ ボディ・コンディション・スコア（BCS）が高いこと
⑨ 屋外へのアクセスが少ないこと
　食事とネコの品種は誘発因子とならなかった。

　以上をまとめると、FICのリスクファクターは種々の研究で報告されており、種類としては、ペルシャ、マンクス、ヒマラヤンというようなロングヘアの種類のリスクが高く、シャムネコではリスクが低いと報告されている。

　年齢に関しては、4～7歳を中心に下は2～15歳まで分布している。しかし、10歳を超えたネコでFICと診断されることはまれである。

　性別では、雄のリスクが高く、避妊・去勢を受けているとさらにリスクが高まる。

　体型では、圧倒的に肥満とかボディ・コンディション・スコアが高いネコで高いリスクを示している。

　また、その発症リスクは、トイレが1つしかなく、仲の悪い同居ネコがおり、神経質（怖がり）で、屋内のみの生活を好み、水分摂取の少ないネコが引っ越しを多く繰り返した場合に極めて高くなる。

2.2 FICの病理発生

　定義上、FICは特発性疾病であるので、根本的な原因は知られていない。FICは単一の疾患ではなく、むしろ複数の基礎原因がある症候群であることが前述から理解できる。

　いくつかの研究において、FICに罹患した少なくとも一部のネコでは膀胱局所の異常および神経・ホルモンの異常が観察されている。

　また、予後に関しては、大部分のネコでは、治療の有無に関係なく5～7日以内に臨床徴候が自然に解消する。しかし、症例の約50％では徴候の再発がみられる。

　FICに罹患した一部のネコは、持続的あるいは間欠的に炎症徴候を示し、一部の雄では、膀胱の炎症過程から二次的な尿道閉塞を引き起こすことがある。また、一部のネコでは、ストレスに伴って臨床徴候が発作的に悪化することがあったり、明らかなストレスがなくても臨床徴候が増悪したりするネコもいる。

2.3 FICの病理発生における膀胱の局所異常

　ネコのFICでは、ヒトの間質性膀胱炎の場合と同様に、罹患したネコの尿中グリコサミノグリカン（GAGs）濃度が減少することを示されている[17-19]。尿中GAGs濃度は、膀胱の粘膜表面にあるGAGsの量を反映することが示唆されている。膀胱粘膜面のGAGsは、上皮表面への細菌と結晶の付着を予防し、尿自体と深層の上皮細胞の間に障壁を形成する。ネコの尿中GAGsは、デルマタン硫酸とコンドロイチン硫酸、さらにはヘパリン硫酸であるのがわかっている[18]。

　FICに罹患したネコの尿中GAGs濃度が有意に低下するというのは事実であるが、FIC発症との正確な因果関係は明らかにされていない。しかし、膀胱粘膜上皮のGAGs不足が、深層上皮細胞の損傷・潰瘍、粘膜面からの透過性の亢進、および粘膜下の出血に関与している可能性がある[17,20-22]。

　FICの病理発生において役割を果たす膀胱の局所因子は、他にも存在する。その因子は、変性組織、濃縮尿による炎症、多くの生理活性分子（補体C4a、チオレドキシン、NF-KB、p65、galaectin-7、L-FABP、フィブロネクチン、trefoil factor 2）[23-25]を含んでいる。

　また、FICネコでは、膀胱粘膜のムスカリン受容体感度が増加していることが報告されている[26]。それは平滑筋の自発的な収縮力を潜在的に増強する可能性があるが、FICに罹患したネコには過活動性膀胱の証拠は認められなかった[27]。

　さらに、FICに罹患したネコでは膀胱組織中のノルエピネフリン濃度が増加し[28]、尿道内圧の最大値および尿道閉鎖圧が増加することが明らかになっている[29]。また、膀胱粘膜面の浮腫、出血、血管拡張、粘膜面の潰瘍、さらには膀胱壁内の肥満細胞数の増加などの組織学的変化を起こす[30,31]。本症のネコに起こる膀胱の神経原性炎症および痛みが、炎症媒介物質の存在によることを示す証拠がある。それは、ATPと一酸化窒素などの伝達物質の増加であり、プリン受容体発現の異常、伝達物質にサブスタンスPなどを使用するニューロンの増加、高親和性のサブスタンスP受容体発現量の増加、求心性の膀胱ニューロンの興奮性の増加によって示される[23-37]。

2.4 FICの病理発生の神経とホルモンに関する異常

　ヒトの間質性膀胱炎と同様に、FICに罹患したネコでも多くの神経とホルモンに関する異常が検出され、病理発生においてある役割を果たす可能性が示唆されている。

正常なネコに比べFICに罹患したネコでは、コルチゾールまたは副腎皮質刺激ホルモン（ACTH）が増加することなく、血漿ノルエピネフリンおよびジヒドロキシル・フェニルアラニンが増加している[38]。次いでFICの明らかな徴候が認められない時期でも、FICに罹患したネコの脳内チロシンヒドロキシラーゼは増加している。これはFICに罹患したネコの交感神経作用を増強する役割をもっている[39]。

さらに、健常なネコに比べて、FICに罹患したネコにおける潜在的な副腎機能不全は、ACTHに対する反応性を有意に低下させ、副腎容積を低下させている[40]。また、健康なネコにα_2-アドレナリン作動薬であるメデトミジンを投与すると、心拍数が減少し、瞳孔径が散大するのが正常な反応であるが、FICに罹患したネコでは、心拍数の減少率や瞳孔径の散大率は、健康なネコに比べて著しく低くアドレナリン作動薬の反応性が低下していた。このことからFICに罹患しているネコでは、α_2-アドレナリン受容体数が低下している可能性がある[41]。

これらの所見は、多くのFICに罹患したネコでのストレス応答が交感神経刺激の増加と連動せず、副腎皮質性の応答反応を抑制していることを示唆している。

2.5 FICの診断

確定診断は、除外診断以外の確定法は存在しないが、一般的な下部尿路疾患でみられるように、膀胱の触診では痛みが伴い、膀胱を触診した後に、切迫失禁や排尿がよくみられる。

また、尿検査では、一般に濃縮尿（＞1.025）を示し、肉眼的に、もしくは尿沈渣所見や尿試験紙検査で血尿が確認されることが多い。さらに、尿の培養では細菌の増殖は認められない。

単純および造影X線検査を行っても結石、腫瘍などは認められず、超音波検査では、慢性的なFICであれば膀胱壁の肥厚がみられるが、急性症の場合はほぼ正常像と同様である。

唯一、比較的診断価値が考えられるのは、膀胱鏡検査である。膀胱鏡検査は雌ネコであれば使用可能であり、膀胱炎の確認、尿膜管領域の評価、および小さな尿路結石や腫瘍の検出が可能となり、尿石症や尿道炎を除外できる。

FICの場合、膀胱内の血管分布、浮腫、および粘膜下点状出血の程度を知ることは、重症度を評価するうえで有用である。しかし、雄ネコの膀胱内を完全に観察できる膀胱鏡はないのが現状である。

2.6 FICのバイオマーカー

FICを確実に診断するためのバイオマーカーは、まだ現在臨床的に利用できる状況にはない。尿中ヘパリン結合性表皮増殖様因子（heparin-binding epidermal growth-like factor）濃度および尿中上皮細胞成長因子（epidermal growth factor）濃度は、ヒトの間質性膀胱炎の診断マーカーになるが、FICに罹患したネコでは調べられていない。

また、尿蛋白のゲル電気泳動は、FICに罹患したネコの尿蛋白組成が健常なネコと有意に異なり[23]、尿中フィブロネクチン濃度が、健常なネコ、UTI、および尿石症のネコと比較してFICに罹患したネコで増加しており、診断的バイオマーカーとなる可能性がある。

フィブロネクチンの生理的な機能は、細胞間接着、細胞遊走、細胞増殖、および細胞の分化に重要であり、この疾患の病態生理学上、重要かもしれない[23]。

さらに、尿Trefoilファクター2（TFF2）は、健常なネコと比較してFICに罹患したネコで減少していることが、ウェスタン・ブロッティングの結果および定量的な免疫組織化学染色により証明されている。尿中TFF2濃度の減少によって、尿路上皮細胞の修復が減退する可能性があり、TFF2はFICに罹患したネコのバイオマーカーとなると同時にFICの病態生理を解明するうえで有効かもしれない[24]。

また、FICに罹患したネコに関する3つの研究は、FICに罹患したネコでGAGs分泌の減少を示している。初期の研究では、FICネコの随時尿および24時間尿で、尿中総GAG量が減少していることが示されている[17]。

もう1つの研究は、正常な成ネコと比較して、FICに罹患したネコの主な尿中GAGsであるコンドロイチン硫酸濃度が非常に減少していた[18]。最近の研究でも、尿中総GAGs量の低下がFICに罹患したネコで報告されている[19]。尿中GAGs濃度の低下は、膀胱粘膜の損傷を反映し、内因性の尿中GAGsの吸収および変性を引き起こす。この尿中GAGsの減少がFICの原因なのか、もしくは結果なのか、さらにはその両方に関係しているのかは、まだ明らかになっていない。

2.7 FICの初期の管理

FICの症状には、閉塞性尿路徴候が認められることもある。この閉塞をやわらげるためにできる特異的な治療法はいまだに存在しない。

ある研究で、リドカインまたはGAGs[45]の膀胱内投与が試され、有意差はないものの有益な作用をもつことが示されている。臨床的に明確な徴候がみられない雌ネ

コの場合でも、尿道内圧は健常なネコと比較してFICに罹患したネコで増加することが報告されている[29]。したがって、特発性尿道閉塞をしめすネコでα拮抗薬（例：プラゾシン、フェノキシベンザミンなど）の投与が推奨されるかもしれないが、これらの薬物は、雄ネコで適応された研究は存在していない。

痛みは、この疾患の顕著な特徴であり、鎮痛薬はこれらの臨床徴候を制御するために投与されるべきである。ただし、いったんネコが安定したら、その後の管理は非閉塞性のFICに罹患したネコと同様であり、鎮痛薬を与えたり、ネコに必要な環境、食事、および薬理学的介入を行ったりすることが可能となる。

FICと診断されたネコが回復し、再発がない場合でも、おそらく罹患したネコの環境的な要求は満たされておらず、臨床獣医師は、この要求に対応しなければならない。

環境の改善に加え、下部尿路徴候に対する初期管理の鎮痛治療は、すべてではないが成功することもある。FICに罹患したネコにおける臨床徴候に痛みがある場合、その痛みの重症度に応じて鎮痛薬を投与する。例えば、ブプレノルフィン（0.01mg/kg）の経口投与量で、もしくは経粘膜で8～12時間ごと、ブトルファノール（0.2mg/kg）の投与量で皮下または経口で8～12時間ごと、または、フェンタニル・パッチを使用することができる。

非ステロイド性抗炎症薬（non-steroidal anti-inflammatory drugs：NSAIDs）は、FICに対して使用が試みられたが、有益な結果は認められていない。潜在的な急性腎臓損傷の可能性のため、これらの薬剤の使用は有害なリスクを増大させるかもしれない。

さらにまた、前述の薬剤は、ヒトの類似疾患である間質性膀胱炎／膀胱痛症候群（interstitial cystitis／bladder pain syndrome：IC/BPS）の患者では利点がみつからず、推奨されていない。非常に残念なことに、FICの初期徴候の治療の選択肢として、エビデンスに基づくデータは欠如している。

2.8 環境改善

治療の選択肢は、臨床的な回復と、ネコの臨床徴候を最小限に保つことと、さらに無症候期間を延長させることを目的とする。

環境中のストレス要因は、FICの臨床徴候を悪化させることが報告されている。健常なネコと比較して、血液中のカテコールアミン濃度は、軽度のストレスでもFICに罹患したネコでは増加し[22,41]、環境改善により基線に戻った。

最近の研究では、環境中のストレス要因によりFICに罹患したネコが病的な状況（例：嘔吐、嗜眠、摂食障害）になることが明らかになっている[44]。この研究では、非プラセボ比較試験で、環境改善が46頭のFICに罹患したネコで評価され、そのほとんどにおいて多様な環境の修正（multimodal environmental modification：MEMO）治療が1年間以上の間、良好であることがわかった[42]。

この疾患の性質上、徴候が強くなったり弱くなったりするため、家庭環境でヒトとの接触を含む数多くの変数が存在するため、プラセボ比較試験は困難である[41]。MEMO治療は、完全な環境履歴を必要とする。最近、ネコに必要な環境を満たすためのガイドラインがFeline Medicine and Surgery JournalとInternational Societyのネコ医学専門調査委員会によって発表されている[46]。

2.9 食事療法

ヒトの間質性膀胱炎／膀胱痛症候群（IC/BPS）の患者の約90％は、多様な食物に対する過敏症をもっていて、それらの摂取に反応し、痛みなどの症状を強く発現することが知られている。ヒトで報告されている症状の発現する食物には、柑橘類、トマト、ビタミンC、人工甘味料、コーヒー、紅茶、炭酸飲料やアルコール飲料があり、辛い食物は症状を悪化させる傾向がある。一方、グリセロリン酸カルシウムと重炭酸ナトリウムはその症状を改善する傾向があることが示唆されている[47-49]。残念ながら、これには個人差があり、過敏症に対する特別な食事がすべての患者の症状を軽減することはできないため、推奨できる食事は存在しない[49,50]。

FICに罹患しているネコでは、ヒトのIC/BPSでみられるような過敏症の発現は報告されていない。しかし、FICに罹患しているネコでも、この多様な徴候の発現は、種々の合併症（行動異常、内分泌疾患、心血管疾病、および胃腸障害）に関連している場合がある[42,43,51-53]。このため、臨床獣医師は、FICの疑いがあるネコに対して徹底的な身体検査を行い、詳細な環境履歴を聞き取り、膀胱にのみ重点を置かないことが必要であり、すべての合併症や食事の内容をも熟慮しなければならない。

現在までに発表された研究で、ウェットタイプのストルバイト結石溶解用療法食を与えた場合、特発性膀胱炎のネコの割合が減少する可能性が報告されている。このことは、ストルバイト結石溶解用療法食の特徴である尿量を増やすこと、尿を酸性化すること、マグネシウム含量を減らすことが、慢性的なFICの管理に有益であるとは限らないまでも、顕著なストルバイト結晶尿で閉塞

第9章

している雄ネコの場合には、そのストルバイト結晶を溶解することが再発性尿道閉塞を予防し、FICの徴候を軽減する可能性がある[54]。しかし、ヒトでは尿を酸性化する飲食物は疼痛を増強し、これらを制限することによって疼痛は減少したとの報告もある[55]。また、IC/BPSの患者の50%が酸性尿産生食品で疼痛が認められている[56]。そこでNguanらは、26例の患者の膀胱内にpH5.0とpH7.5の食塩水を注入し、pHの変化がIC/BPSの症状に与える影響について検討したが、痛みやそのほかの症状に統計学的有意差は認められなかったと報告している[57]。

ネコのFICは、ヒトのIC/BPSと徴候が似てはいるが、同一の疾患ではないため、同じ治療が効果的とは考えられない。また、現在のところ、ネコのFICでは確立された食事療法のプロトコルはなく、個体ごとに食事の影響も異なるようで、厳しい食事制限を一律に行う根拠はどこにもない。

2.10 食事の水分

同じ食事成分のウエットまたはドライフードを給与されたFICの再発を評価した古い研究では、ウェットフードを食べているネコで、有意な臨床徴候の減少を明らかにした[54]。ウェットフードを食べることによる水分摂取量の増加は、もしくは他の方法（例：肉汁、または自動給水装置[58]）は、FICに罹患したネコに有益であると考えられる。

一部のネコでは、ウェットフードまたは付加的な水分は、環境改善として用いられるかもしれない。それはネコの臨床徴候に肯定的な影響を及ぼす可能性がある。

2.11 フェロモン

フェロモンは、同じ種の動物の間に高度に特異的な情報を伝達する化学物質である。正確な作用機構が知られていないが、報告によればフェロモンは動物の感情的な状態を変える大脳辺縁系と視床下部の変化を誘発する。

フェリウェイ（Ceva Animal Health、St Louis）は、天然に存在するネコのフェイシャル・フェロモンを合成したものである。このフェロモンによる治療は、不慣れな状況でネコが経験する不安を減らすことが報告されており、この反応はFICに罹患したネコに有用であるとも[59]、有用でないとも[60]報告されている。FICに罹患したネコでフェリウェイを評価した研究では、統計的には有意でなかったものの（P＝0.06）、臨床徴候を示した日数の減少が報告された[61]。フェリウェイは、スプレー製剤または自動散布器があり、特に自動散布器はネコの部屋に置くことができ、FICの不安や臨床徴候を減少させる可能性がある[46]。

2.12 薬物療法

多様な薬物が、FICに罹患したネコの治療で試みられたが、ネコで正確に行われた前向きランダム化盲検プラセボ対照試験は、ほとんどない。これらの薬物の使用は、環境改善が取り組まれた後に考えられるべきである。

三環系抗うつ薬（tricylic antidepressants：TCA）であるアミトリプチリン（経口的に24時間ごとに2.5～7.5mg/head）は、有意差は認められなかったものの、非プラセボ比較試験で評価されて、重篤な難治性FICに罹患したネコにおいて、臨床徴候を改善するようにみえた[62]。

もう1つのTCAであるクロミプラミン（経口で24時間ごとに0.25～0.5mg/kg）は、少なくとも1週間以上、有益な作用がでるまで投与する必要があるかもしれない。

TCAsの副作用は、鎮静、嗜眠、体重増加、および尿停留である。FICの臨床徴候が改善されずに、副作用が出現した場合には、これらの薬物は段階的に1～2週間で中止する必要がある。

フルオキセチン（経口で24時間ごとに1mg/kg）は、選択的セロトニン再取り込み阻害薬（selective serotonin reuptake inhibitors：SSRI）であり、ネコの尿産生を減少させることが示されており、FICに罹患したネコへの治療効果は認められていない[63]。

ペントサン多硫酸塩ナトリウムは、GAGsに類似した半合成炭水化物誘導体であり、膀胱粘膜の保護に有効と考えられたが、FICに罹患したネコの二重盲検プラセボ対照研究では、有意差が認められなかった。しかし、この薬物の臨床的な利点は、ネコ同士の関係性を改善した。同様の知見は、FICに罹患したネコにGAGs誘導体を用いた他の2つの研究でも報告されている[64,65]。

2.13 FIC に罹患したネコの生物学的挙動

不適切な排尿、頻尿、有痛性排尿困難、および肉眼的血尿は、非閉塞性FICのネコで観察される最も一般的な臨床徴候である。意外にも、これらの下部尿路徴候（lower urinary tract symptoms：LUTS）は、急性非閉塞性FICのネコで最高91%が治療なしで1～7日中に鎮静する[16,64,67]。この徴候は再発を繰り返す可能性があり、治療しなくても再び鎮静化するかもしれない。急性FICのネコの約40～65%は、1～2年以内に少なくとも1つ以上の徴候を再発することが報告されている[16,61,64]。ネコは年齢が増加するにつれて、再発性の急性FICの徴候

の発現頻度と重症度が減少する傾向にある[67]。

臨床徴候が数週間から数カ月の間持続し、頻繁に再発するFICは、慢性的FICに分類される。急性FICのネコの15％未満は、慢性FICに移行するとされる。

2.14 FICに罹患したネコに対する栄養管理の役割

FICに罹患したネコの治療目標は、臨床徴候の発現期間とその重症度、臨床徴候の再発率、および尿道閉塞の危険性を減らすことにより、罹患したネコとその飼い主のquality of lifeを改善することであり、栄養因子はFICとその続発症の発現に潜在的に影響を与える可能性がある。栄養因子による治療の目標を以下にあげる。
① 炎症誘発性物質と結晶原性ミネラルの尿中濃度の減少させること
② 抗炎症物質と結晶化阻害物質の尿中濃度を増加させること
③ 尿中の晶質の溶解性を増加させること
④ 下部尿路中の結晶が少ない状態を保持すること
⑤ 潜在的な管理またはストレス環境で誘導されるリスクファクターを最小化すること

2.15 FICに罹患したネコに対する水分の役割

他の疾患の合併がない限り、FICに罹患したネコは典型的に濃縮した酸性尿を排泄する[7,67]。結晶尿の出現率と規模は多様であるが、FICに罹患したネコにおける結晶尿の出現率は、罹患していないネコのそれと有意差が認められない[7,66,67]。結晶尿が非閉塞性FICのリスクとは考えられないときでさえ、高濃度の尿の成分がFICに罹患したネコの膀胱組織に有毒である可能性がある。

FICに罹患したネコの再発徴候の頻度に対して、ドライおよびウェットの尿酸性化食の比較が、非無作為前向き研究で評価された[54]。その結果、下部尿路徴候の発現は、ドライフードを給餌されたネコで11/28頭（39％）、ウェットフードを給餌されたネコで2/18頭（11％）であった。ウェットフードと関連した有益な反応はなかったが、ウェットフードを食べているネコは、ドライフードを食べているネコの尿比重（1.051～1.052）より有意に低い尿比重（1.032～1.041）を示していた。これらの事実に基づき、ウェットの食事により水分摂取量を増加させることが推奨されている。

2.16 FICに罹患したネコに対するマグネシウムを制限した尿酸性化食の役割

非閉塞性FICの疾病原因論において、尿酸性食またはマグネシウム制限食の利点は、まだわかっていない。しかし、尿道閉塞はFICに罹患した雄ネコにおいて、尿道栓子の生成をも含めて、潜在的であり致命的な転帰をとる可能性がある[13,16]。顕微鏡的結晶の多くが不溶性の基質結晶性尿道栓子の不可欠な部分であるので、尿道閉塞のリスクがあるネコにおいて、結晶生成を予防する内科的プロトコルの使用は極めて論理的である[68]。

過去30年の間、ストルバイトは一貫して最も尿道栓子の主要な無機質成分であったが、他の無機質型も経験されるかもしれない[68]。

ストルバイト結石溶解用の食事は、尿pHを下げ、尿中マグネシウムおよびリン濃度を減らすために、ストルバイト尿道栓子で原因となる再発性尿道閉塞を良好に予防できる。最近の研究では、尿の産生をうながすために尿を酸性化した低マグネシウムの食事が、効果的にストルバイト結石を溶解している[69]。おそらく、これらの食事は、FICに罹患した雄ネコでストルバイト結晶尿とストルバイト尿道栓子の生成を減らすのに有用である。

2.17 FICに罹患したネコに対する「多目的」尿疾患用療法食の開発

最近、FIC、ストルバイト疾患（結石と栓子）、およびシュウ酸カルシウム結石を同時に管理することを目的とする「多目的」尿疾患用療法食が開発された[69]。多目的尿疾患用療法食は、長期間、1つの維持食を摂取することによって、異なる年齢層で起こる下部尿路疾患のリスクを管理できるため、優れた食事である。

加えて、多目的尿疾患用療法食の日常的な使用は、ネコがストルバイト結石の溶解のために異なる食事に移行する必要がなくなる。また、多目的尿疾患用療法食は、同じ食事を家庭内のすべての健常なネコや下部尿路疾患に罹患したネコに給餌できるため、利便性が高く、オーナー・コンプライアンスが高いレベルで保たれやすい。

これらの食事は、エイコサペンタエン酸（EPA）やドコサヘキサエン酸（DHA）などの長鎖オメガ3（n-3）の多価不飽和脂肪酸を含んでいる[70]。ネコの研究では、魚油の摂取が用量依存性に細胞膜にEPA/DHAを取り込むことを示しており[72]、細胞膜を構成するリン脂質中のアラキドン酸をEPAやDHAに転換することにより、シクロオキシゲナーゼ（COX）とリポキシゲナー

第9章

ゼ（LOX）経路を介した炎症誘発性エイコサノイドの合成が減少し、抗炎症性のエイコサノイド産生が増加する。

さらに、ビタミンEのような抗酸化物質を含んでいる。酸化ストレスや細胞膜リン脂質のフリーラジカルにより誘発される過酸化は、細胞膜機能を損ない、炎症誘発性サイトカインとプロスタグランジンの生成を引き起こし、炎症を誘発し、組織損傷の原因となる[71]。ビタミンEは、この過酸化による組織損傷を抑えられる可能性をもっている。

2.18 FICに対する「多目的」尿疾患用療法食の役割

急性FICのネコの長期の管理における多目的尿疾患用療法食の有効性と安全性を評価するための前向き無作為二重盲検研究が行われた。厳格に診断された1〜9歳のFICのネコ25頭が研究に用いられ、11頭（雄5頭、雌6頭）は多目的尿疾患用療法食を給餌され、14頭（雄11頭、雌3頭）が対照食を給餌された。両グループは、年齢、性、BCS、好きな食物、居住、前回の臨床徴候の発現時期、および前回の療法食による治療について同等になるようにグループ分けした。

多目的尿疾患用療法食はHill's Prescription Diet c/d Multicareを使用し、対照食は、Association of American Feed Control Officials（AAFCO）の成ネコの栄養必要量を満たし、無機質濃度と目標尿pHは、一般的な食事を模倣するように製造された。

エンドポイントは、12カ月以内の再発徴候の発症頻度であり、再発日は、2つ以上の臨床徴候（血尿症、排尿困難、有痛性排尿困難、頻尿、または不適切排尿）を示した日と定義され、2日連続で臨床徴候が1つ以下であったとき、回復とみなした。

対照食グループのネコは、2つ以上の臨床徴候を示したネコが9/14頭（64％）であり、多目的尿疾患用療法食グループのネコの4/11頭（36％）とくらべ有意に高い比率であり（$P<0.05$）、すべての対照食グループのネコは2つ以上の臨床徴候を少なくとも1回は発症していた。12カ月の研究期間で試験食グループのネコの総臨床徴候発症日数は、5日/3,904日、再発率は（1.28/1,000）であり、対照食グループの47日/4,215日（11.15/1,000）であった。この研究では、対照食グループと比較して、異なる栄養の食事が、急性FICに罹患したネコの徴候発現に影響を与えることを明確に示した。

2.19 FICに罹患したネコのエビデンスに基づく推奨治療

根拠に基づく、臨床徴候の再発を減らすための、多目的尿路疾患用療法食（Hill's Prescription Diet c/d Multicare）を給餌する。また、この研究ではドライフードもウェットフードも双方が効果的であることを示唆しているが、他の研究では、ウェットフードはドライフードより効果的としている[54]。

次に、FICの生物学ならびに病態生理学に基づいて、環境改善とストレス低減を実行すべきである。

さらに、急激な徴候発症時に痛みをやわらげるため、効果的であるという根拠はないものの、オピオイド系鎮痛薬（ブトルファノール、ブプレノルフィン）およびNSAIDs（メロキシカム、ピロキシカム）を投与した方がよいかもしれない。ただし、プレドニソロン（12時間ごとに1mg/kg）は、全く効果が認められていないことが報告されている。

さらに、グリコサミノグリカン、フェロモン、セロトニン調節薬、抗生物質、輸液療法、塩分補給なども、効果はないとされているが、難治性のFICで、極度に再発性の症例では使用を考えるべきである。

最後に、慢性的な症例では、FIC徴候の再発と診断するより、可能性の高い疾患（尿道狭窄、放射線透過性の結石）を完全に除外するため、より広範囲な検査（コントラスト尿道膀胱造影）を行うべきであるのを覚えておく必要がある。

第9章の参考文献

1) Walker AD, Weaver AD, Anderson RS et al. An epidemiological survey of the feline urological syndrome. *J Small Anim Pract*. 1977; 18: 283-301.
2) Lawler DF, Sjolin DW, Collins JE. Incidence rates of feline lower urinary tract disease in the United States. *Feline Pract*. 1985; 15: 13-16.
3) Lulich JP, Osborne CA. Overview of diagnosis of feline lower urinary tract disorders. *Vet Clin North Am*. 1996; 26: 339-352.
4) Markwell PJ, Buffington CA. Feline lower urinary tract disease. In: Wills JM, Simpson KW ed. The Waltham Book of Clinical Nutrition of the Dog and Cat. Oxford. *Pergamon Press*. 1994; 293-312.
5) Osborne CA, Polzin DJ, Kruger JM, et al. Relationship of nutritional factors to the cause, dissolution, and prevention of feline uroliths and urethral plugs. *Vet Clin North Am*. 1989; 19: 561-581.
6) Kruger JM, Osborne CA, Lulich JP. Management of nonobstructive idiopathic feline lower urinary tract disease. *Vet Clin North Am*. 1996; 26: 571-588.
7) Buffington CA, Chew DJ, Kendall MS, et al. Clinical evaluation of cats with nonobstructive urinary tract disease.

J Am Vet Med Assoc. 1997; 210: 46-50.
8) Osborne CA, Kruger JM, Lulich JP, Polzin DJ. Feline lower urinary tract diseases. In: Ettinger SJ, Feldman EC, ed. Textbook of Veterinary Internal Medicine. Philadelphia. Saunders. 1995; 1805-1832.
9) Kirk CA, Ling GV, Franti CE, Scarlett JM. Evaluation of factors associated with development of calcium oxalate urolithiasis in cats. *J Am Vet Med Assoc*. 1995; 38: 1429-1434.
10) Osborne CA, Lulich JP, Thumchai R, et al. Etiopathogenesis and therapy of feline calcium oxalate urolithiasis. In: Proc 13th. 1995.
11) Lekcharoensuk C, Osborne CA, Lulich JP. Epidemiologic study of risk factors for lower urinary tract diseases in cats. *J Am Vet Med Assoc*. 2001; 218(9): 1429-1435.
12) Jones BR, Sanson RL, Morris RS. Elucidating the risk factors of feline lower urinary tract disease. *New Zealand veterinary journal*. 1997; 45(3): 100-108.
13) Gerber B, Boretti FS, Kley S, Laluha P, Muller C, Sieber N, Unterer S, Wenger M, Fluckiger M, Glaus T, et al. Evaluation of clinical signs and causes of lower urinary tract disease in European cats. *J Small Anim Pract*. 2005; 46(12): 571-577.
14) Saevik BK, Trangerud C, Ottesen N, Sorum H, Eggertsdottir AV. Causes of lower urinary tract disease in Norwegian cats. *J Feline Med Surg*. 2011; 13(6): 410-417.
15) Cameron ME, Casey RA, Bradshaw JW, Waran NK, Gunn-Moore DA. A study of environmental and behavioural factors that may be associated with feline idiopathic cystitis. *J Small Anim Pract*. 2004; 45(3): 144-147.
16) Defauw PA, Van de Maele I, Duchateau L, Polis IE, Saunders JH, Daminet S. Risk factors and clinical presentation of cats with feline idiopathic cystitis. *J Feline Med Surg*. 2011; 13(12): 967-975.
17) Buffington CA, Blaisdell JL, Binns SP, Jr., Woodworth BE. Decreased urine glycosaminoglycan excretion in cats with interstitial cystitis. *J Urol*. 1996; 155(5): 1801-1804.
18) Pereira DA, Aguiar JA, Hagiwara MK, Michelacci YM. Changes in cat urinary glycosaminoglycans with age and in feline urologic syndrome. *Biochimica et biophysica acta*. 2004; 1672(1): 1-11.
19) Panchaphanpong J, Asawakarn T, Pusoonthornthum R. Effects of oral administration of N-acetyl-d-glucosamine on plasma and urine concentrations of glycosaminoglycans in cats with idiopathic cystitis. *Am J Vet Res*. 2011; 72(6): 843-850.
20) Lavelle JP, Meyers SA, Ruiz WG, Buffington CA, Zeidel ML, Apodaca G. Urothelial pathophysiological changes in feline interstitial cystitis: a human model. *American journal of physiology Renal physiology*. 2000; 278(4): F540-553.
21) Gao X, Buffington CA, Au JL. Effect of interstitial cystitis on drug absorption from urinary bladder. *J Pharmacol Exp Ther*. 1994; 271(2): 818-823.
22) Westropp JL, Kass PH, Buffington CA. Evaluation of the effects of stress in cats with idiopathic cystitis. *Am J Vet Res*. 2006; 67(4): 731-736.
23) Lemberger SI, Deeg CA, Hauck SM, Amann B, Hirmer S, Hartmann K, Dorsch R. Comparison of urine protein profiles in cats without urinary tract disease and cats with idiopathic cystitis, bacterial urinary tract infection, or urolithiasis. *Am J Vet Res*. 2011; 72(10): 1407-1415.
24) Lemberger SI, Dorsch R, Hauck SM, Amann B, Hirmer S, Hartmann K, Deeg CA. Decrease of Trefoil factor 2 in cats with feline idiopathic cystitis. *BJU international*. 2011; 107(4): 670-677.
25) Treutlein G, Dorsch R, Euler KN, Hauck SM, Amann B, Hartmann K, Deeg CA. Novel potential interacting partners of fibronectin in spontaneous animal model of interstitial cystitis. *PloS one*. 2012; 7(12): e51391.
26) Treutlein G, Deeg CA, Hauck SM, Amann B, Hartmann K, Dorsch R. Follow-up protein profiles in urine samples during the course of obstructive feline idiopathic cystitis. *Vet J*. 2013; 198: 625-630.
27) Ikeda Y, Birder L, Buffington C, Roppolo J, Kanai A. Mucosal muscarinic receptors enhance bladder activity in cats with feline interstitial cystitis. *J Urol*. 2009; 181(3): 1415-1422.
28) Buffington CA, Teng B, Somogyi GT. Norepinephrine content and adrenoceptor function in the bladder of cats with feline interstitial cystitis. *J Urol*. 2002; 167(4): 1876-1880.
29) Wu CH, Buffington CA, Fraser MO, Westropp JL. Urodynamic evaluation of female cats with idiopathic cystitis. *Am J Vet Res*. 2011; 72(4): 578-582.
30) Hostutler RA, Chew DJ, DiBartola SP. Recent concepts in feline lower urinary tract disease. *Vet Clin North Am Small Anim Pract*. 2005; 35(1): 147-170, vii.
31) Sant GR, Kempuraj D, Marchand JE, Theoharides TC. The mast cell in interstitial cystitis: role in pathophysiology and pathogenesis. *Urology*. 2007; 69(4): 34-40.
32) Birder LA, Barrick SR, Roppolo JR, et al. Feline interstitial cystitis results in mechanical hypersensitivity and altered ATP release from bladder urothelium. *Am J Physiol Renal Physiol*. 2003; 285: F423-F429.
33) Birder LA, Ruan HZ, Chopra B, et al. Alterations in P2X and P2Y purinergic receptor expression in urinary bladder from normal cats and cats with interstitial cystitis. *Am J Physiol Renal Physiol*. 2004; 287: F1084-F1091.
34) Birder LA, Wolf-Johnston A, Buffington CA, Roppolo JR, de Groat WC, Kanai AJ. Altered inducible nitric oxide synthase expression and nitric oxide production in the bladder of cats with feline interstitial cystitis. *J Urol*. 2005; 173: 625-629.
35) Birder LA, Wolf-Johnston AS, Chib MK, Buffington CA, Roppolo JR, Hanna-Mitchell AT. Beyond neurons: Involvement of urothelial and glial cells in bladder function. *Neurourol Urodyn*. 2010; 29: 88-96.
36) Buffington CA, Wolfe SAJ. High affinity binding sites for [3H]substance P in urinary bladders of cats with interstitial cystitis. *J Urol*. 1998; 160: 605-611.
37) Sculptoreanu A, de Groat WC, Buffington CA, Birder LA. Abnormal excitability in capsaicin-responsive DRG neurons from cats with feline interstitial cystitis. *Exp Neurol*. 2005; 193: 437-443.
38) Buffington CA, Pacak K. Increased plasma norepinephrine concentration in cats with interstitial cystitis. *J Urol*. 2001; 165(6 Pt 1): 2051-2054.
39) Reche Júnior A, Buffington CA. Increased tyrosine hydroxylase immunoreactivity in the locus coeruleus of cats with interstitial cystitis. *J Urol*. 1998; 159(3): 1045-1048.
40) Westropp JL, Welk KA, Buffington CA. Small adrenal glands in cats with feline interstitial cystitis. *J Urol*. 2003: 170(6 Pt 1): 2494-2497.
41) Westropp JL, Kass PH, Buffington CA. In vivo evaluation of alpha(2)-adrenoceptors in cats with idiopathic cystitis. *Am J Vet Res*. 2007; 68(2): 203-207.
42) Buffington CA, Westropp JL, Chew DJ, Bolus RR. Clinical evaluation of multimodal environmental modification (MEMO) in the management of cats with idiopathic cystitis. *J Feline Med Surg*. 2006; 8(4): 261-268.
43) Buffington CA, Westropp JL, Chew DJ, Bolus RR. Risk factors associated with clinical signs of lower urinary tract disease in indoor-housed cats. *J Am Vet Med Assoc*. 2006;

228(5): 722-725.
44) Stella JL, Lord LK, Buffington CA. Sickness behaviors in response to unusual external events in healthy cats and cats with feline interstitial cystitis. *J Am Vet Med Assoc*. 2011; 238(1): 67-73.
45) Bradley AM, Lappin MR. Intravesical glycosaminoglycans for obstructive feline idiopathic cystitis: a pilot study. *J Feline Med Surg*. 2013; 16(6): 504-506.
46) Ellis SL, Rodan I, Carney HC, Heath S, Rochlitz I, Shearburn LD, Sundahl E, Westropp JL. AAFP and ISFM feline environmental needs guidelines. *J Feline Med Surg*. 2013; 15(3): 219-230.
47) Friedlander JI, Shorter B, Moldwin RM. Diet and its role in interstitial cystitis/bladder pain syndrome (IC/BPS) and domorbid conditions. *BJU Int*. 2012; 109: 1584-1591.
48) Bassaly R, Downes K, Hart S. Dietary consumption triggers in interstitial cystitis/bladder pain syndrome patients. *Female pelvic medicine & reconstructive surgery*. 2011; 17(1): 36-39.
49) Bullones Rodriguez MA, Afari N, Buchwald DS, National Institute of D, Digestive, Kidney Diseases Working Group on Urological Chronic Pelvic P: Evidence for overlap between urological and nonurological unexplained clinical conditions. *J Urol*. 2013; 189(1): S66-74.
50) Erickson DR, Morgan KC, Ordille S, Keay SK, Xie SX. Nonbladder related symptoms in patients with interstitial cystitis. *J Urol*. 2001; 166(2): 557-561; discussion 561-552.
51) Buffington CA. Comorbidity of interstitial cystitis with other unexplained clinical conditions. *J Urol*. 2004; 172(4 Pt 1): 1242-1248.
52) Buffington CA. External and internal influences on disease risk in cats. *J Am Vet Med Assoc*. 2002; 220(7): 994-1002.
53) Freeman LM, Brown DJ, Smith FW, Rush JE. Magnesium status and the effect of magnesium supplementation in feline hypertrophic cardiomyopathy. *Can J Vet Res*. 1997; 61(3): 227-231.
54) Markwell PJ, Buffington CA, Chew DJ, Kendall MS, Harte JG, DiBartola SP. Clinical evaluation of commercially available urinary acidification diets in the management of idiopathic cystitis in cats. *J Am Vet Med Assoc*. 1999; 214(3): 361-365.
55) Whitmor KE. Self-care regimens for patients with interstitial cystitis. *Urol Clin North Am*. 1994; 21: 121-130.
56) Koziol JA, Clark DC, Gittes RF, Tan EM. The natural history of interstitial cystitis: a survey of 374 patients. *J Urol*. 1993; 149: 465-469.
57) Nguan C, Franciosi LG, Butterfield NN, Macleod BA, Jens M, Fenster HN. A prospective, double-blind, randomized crossover study evaluating changes in urinary pH for relieving the symptoms of interstitial cystitis. *BJU Int*. 2005; 95: 91-94.
58) Grant DC. Effect of water source on intake and urine concentration in healthy cats. *J Feline Med Surg*. 2010; 12(6): 431-434.
59) Griffith CA, Steigerwald ES, Buffington CA. Effects of a synthetic facial pheromone on behavior of cats. *J Am Vet Med Assoc*. 2000; 217(8): 1154-1156.
60) Frank D, Beauchamp G, Palestrini C. Systematic review of the use of pheromones for treatment of undesirable behavior in cats and dogs. *J Am Vet Med Assoc*. 2010; 236(12): 1308-1316.
61) Gunn-Moore DA, Cameron ME. A pilot study using synthetic feline facial pheromone for the management of feline idiopathic cystitis. *J Feline Med Surg*. 2004; 6(3): 133-138.
62) Chew DJ, Buffington CA, Kendall MS, DiBartola SP, Woodworth BE. Amitriptyline treatment for severe recurrent idiopathic cystitis in cats. *J Am Vet Med Assoc*. 1998; 213(9): 1282-1286.
63) Hart BL, Cliff KD, Tynes VV, Bergman L. Control of urine marking by use of long-term treatment with fluoxetine or clomipramine in cats. *J Am Vet Med Assoc*. 2005; 226(3): 378-382.
64) Gunn-Moore DA, Shenoy CM. Oral glucosamine and the management of feline idiopathic cystitis. *J Feline Med Surg*. 2004; 6(4): 219-225.
65) Wallius BM, Tidholm AE. Use of pentosan polysulphate in cats with idiopathic, non-obstructive lower urinary tract disease: a double-blind, randomised, placebo-controlled trial. *J Feline Med Surg*. 2009; 11(6): 409-412.
66) Kruger JM, Osborne CA, Goyal SM, Wickstrom SL, Johnston GR, Fletcher TF, Brown PA. Clinical evaluation of cats with lower urinary tract disease. *J Am Vet Med Assoc*. 1991; 199(2): 211-216.
67) Kruger JM, Conway TS, Kaneene JB, Perry RL, Hagenlocker E, Golombek A, Stuhler J. Randomized controlled trial of the efficacy of short-term amitriptyline administration for treatment of acute, nonobstructive, idiopathic lower urinary tract disease in cats. *J Am Vet Med Assoc*. 2003; 222(6): 749-758.
68) Osborne CA, Lulich JP, Kruger JM, Ulrich LK, Bird KA, Koehler LA. Feline urethral plugs. Etiology and pathophysiology. *Vet Clin North Am Small Anim Pract*. 1996; 26(2): 233-253.
69) Lulich JP, Kruger JM, Macleay JM, Merrills JM, Paetau-Robinson I, Albasan H, Osborne CA. Efficacy of two commercially available, low-magnesium, urine-acidifying dry foods for the dissolution of struvite uroliths in cats. *J Am Vet Med Assoc*. 2013; 243(8): 1147-1153.
70) Calder PC. n-3 polyunsaturated fatty acids, inflammation, and inflammatory diseases. The American journal of clinical nutrition. 2006; 83(6): 1505S-1519S.
71) Singh U, Devaraj S, Jialal I. Vitamin E, oxidative stress, and inflammation. Annual review of nutrition. 2005; 25: 151-174.
72) Bauer JE. Therapeutic use of fish oils in companion animals. *J Am Vet Med Assoc*. 2011; 239(11): 1441-1451.

第10章

尿路感染症

下川 孝子

　尿路感染症は、腎臓、尿管、膀胱、近位尿道などの通常は無菌的な部位での感染症を指す。ネコよりもイヌでの発生が多く、約14％のイヌが生涯の間に尿路感染症を経験すると報告されており、雄イヌよりも雌イヌに多くみられる[1,2]。ネコでは、イヌよりも発生は少ないものの、10歳以上の老齢ネコでは比較的一般的にみられ、加齢と共に増加する傾向にある[3]。

　尿路感染症は、感染部位によって大きく上部尿路感染症と下部尿路感染症に分類される。上部尿路感染症では腎臓から尿管までの感染（主に腎盂腎炎）が、下部尿路感染症では、膀胱（膀胱炎）、尿道（尿道炎）、前立腺（第12章3「前立腺炎」参照）の感染が含まれる。

　感染部位の特定は、治療の選択、すなわち、抗菌薬の種類や投与期間の決定、補助療法の必要性の有無、モニターすべき項目の決定において有益な情報をもたらすが、感染部位は限局することもあれば、隣接した部位に波及することもあるため、感染部位の特定が困難となる場合がある。

　尿路感染症では必ずしも特異的な臨床徴候がみられるとは限らないが、病歴や臨床所見は感染部位によって特徴づけられる傾向にあり（表1）、これらの情報は感染部位を特定するための手がかりとなる。

　感染部位にかかわらず、尿路感染症を引き起こす病原体のほとんどは細菌であるが、宿主の免疫抑制状態や菌交代症の結果として、まれに真菌による発症が認められる[4]。また、極めてまれではあるが、そのほかの病原体（ウイルス、マイコプラズマ、寄生虫）の感染によっても発症しうる[5]。

　以下の項では、腎疾患を引き起こす様々な病原体についても一部触れるが、主として細菌に起因する上部および下部尿路感染症について概説する。

1 上部尿路感染症

1.1 病因および病態生理

　上部尿路感染症は、腎臓および尿管の感染性炎症性疾患であるが、その多くは腎盂腎炎と診断される。

　腎盂腎炎は、下部尿路の病原体（主として細菌）が尿道から膀胱を経て腎盂および腎実質に上行性に感染することで引き起こされるのが一般的である。通常、宿主の免疫機構に加えて、尿管膀胱開口部の構造や比較的長い尿管といった腎臓への尿の逆流を防ぐ仕組みや腎髄質の低酸素環境によって、腎臓は上行性の細菌感染から守られている（表2）ため、腎盂および腎実質において感染が成立するのは容易ではなく、なんらかの併発疾患を伴うことが多い。表3に腎盂腎炎に関連した併発疾患を示す[6]。

第10章

表1 尿路感染症で認められる可能性のある臨床所見

	臨床徴候	身体検査所見	臨床病理検査所見	画像検査所見
上部尿路感染症(*) (腎盂腎炎)	・多飲多尿 ・元気消失、発熱、腎不全の臨床徴候 ・腹痛、腰部痛	・正常もしくは腫大した腎臓 ・触診時の腎臓痛	・完全血球計算：白血球増加 ・尿検査：膿尿、血尿、蛋白尿、細菌尿、白血球円柱や顆粒円柱 ・尿比重の低下 ・高窒素血症や腎障害の所見	・腎腫大 ・腎臓の形態異常 ・腎結石や尿管結石 ・腎憩室や腎盂の拡張 ・尿路閉塞所見
下部尿路感染症	・排尿困難 ・有痛性排尿 ・頻尿 ・排尿終末の肉眼的血尿 ・異臭を伴う混濁尿 ・全身的な臨床徴候を伴わない	・小さな膀胱、痛みを伴う肥厚した膀胱 ・尿道や膀胱内の触知可能な腫瘤 ・弛緩性膀胱壁、多量の残尿 ・排尿反射の異常	・完全血球計算：正常 ・尿検査：膿尿、血尿、蛋白尿、細菌尿 ・尿培養検査：顕著な細菌尿	・正常な腎臓 ・下部尿路の構造異常：膀胱結石や尿道結石 ・膀胱壁の肥厚や粘膜面の不整 ・気腫性膀胱炎（ガス産生菌による膀胱炎）

（＊）慢性期では臨床所見はあいまい、もしくは無症候性のこともある

表2 尿路における感染防御機構

尿自体の抗菌作用	
	尿の特性（高濃度の尿素、有機酸、濃縮尿、酸性尿）による静菌または殺菌作用
排尿による洗浄作用	
	定期的な排尿により尿道を上行し膀胱上皮に定着する細菌数を低減
解剖学的構造	
	長い尿管／尿道、膀胱から腎臓への逆流を防ぐ尿管膀胱開口部の構造、尿道括約筋の収縮、尿管の蠕動により病原体の上行性移動を妨げる。また、雄イヌは前立腺からの静菌性分泌物による付加的な防御機構をもつ
正常細菌叢	
	遠位尿道、腟、包皮、会陰部皮膚の正常細菌叢は競合的に病原菌の定着を阻止する
粘膜における防御バリア	
	膀胱上皮のグルコサミノグリカン層は細菌の上皮への定着を抑制

1.2 腎盂腎炎

イヌやネコの尿路感染症では、ヒトと同様に上行性の感染が多く、血行性（下行性）感染はまれであるが、血行性感染では、細菌性心内膜炎、歯周炎などの病巣からの菌血症もしくは敗血症時に血流を介して病原体が腎臓へ侵入し感染が成立する[5]。逆に、腎盂腎炎を生じている腎臓から血中に細菌が放出され、敗血症（尿路感染原性敗血症）にいたる可能性も想定しておく必要がある。

腎盂腎炎の主たる病原体は腸内細菌科細菌であり、*Escherichia coli* が最も多く、次いで、*Enterococcus* spp.、*Staphylococcus* spp. などのグラム陽性球菌、*Proteus* spp.、*Klebsiella* spp. などの分離頻度が高い[7]。また、まれではあるが真菌[8-10]や寄生虫（腎虫）[11]に起因する腎盂腎炎についても報告されている。

表3 腎盂腎炎に関連した併発疾患・病態[6]

免疫異常を引き起こす全身性疾患
・副腎皮質機能亢進症 ・糖尿病 ・ネコ免疫不全ウイルス
局所の防御機構を損なう疾患・病態
・腎瘢痕 ・腎性糖尿 ・腎盂拡張（尿管閉塞、腎結石、血餅などによる） ・尿管閉塞（結石、狭窄などによる） ・異所性尿管 ・膀胱尿管逆流 ・細菌性膀胱炎
細菌自体の毒性
・尿中での生存性 ・尿路上皮への接着性 ・細胞内への侵入性 ・バイオフィルムの形成 ・薬剤耐性の発現

文献6）のBOX327-1を改変

表4 腎疾患に関連した病原体と関連病態

病原体		腎臓の傷害部位	病態
細菌	細菌（様々）	糸球体、尿細管	尿細管壊死、急性腎不全
	ブルセラ	糸球体、尿細管	糸球体腎炎
リケッチア	アナプラズマ	糸球体	糸球体腎炎
	エールリヒア	糸球体	糸球体腎炎
スピロヘータ	レプトスピラ	尿細管	尿細管壊死、急性腎不全
	ライム病ボレリア	糸球体	糸球体腎炎
ウイルス	イヌアデノウイルスⅠ型（イヌ伝染性肝炎）	糸球体、間質	糸球体腎炎、間質性腎炎、血管炎、腎不全
	FeLV	全体	糸球体腎炎、間質性腎炎、腎リンパ腫
	FIV	全体	糸球体硬化症、尿細管間質性腎炎、アミロイド症
	FIPV	浸潤増殖	化膿性肉芽腫性腎炎（血管炎）、間質性腎炎、糸球体腎炎
	ネコカリシウイルス	浸潤増殖	出血性膀胱炎
	ネコモルビリウイルス	尿細管、間質	尿細管間質性腎炎
真菌	アスペルギルス	浸潤増殖	
	カンジダ	浸潤増殖	
	クリプトコッカス	浸潤増殖	腎腫大、腎不全
原虫	バベシア	糸球体、尿細管	糸球体腎炎
	ヘパトゾーン	糸球体、浸潤増殖	糸球体腎炎、間質性腎炎、多病巣性壊死
	トキソプラズマ	浸潤増殖	腎腫大、腎不全
寄生虫	イヌ糸状虫	糸球体	糸球体腎炎

FeLV：ネコ白血病ウイルス、FIV：ネコ免疫不全ウイルス、FIPV：ネコ伝染性腹膜炎ウイルス

1.3 腎疾患に関連したその他の病原体

腎盂腎炎を引き起こす病原体以外にも様々な病原体が腎疾患に関与している。表4に腎疾患に関連した感染症と関連病態を示す[12-14]。敗血症、レプトスピラ症、トキソプラズマ症、クリプトコッカス症、アスペルギルス症などの全身的な感染症では、腎臓をはじめとする様々な臓器に病巣が形成される[13]。

一方、直接的な病変形成による腎傷害を伴わない場合でも、免疫介在性機序を介した間接的な腎傷害が認められることがあり、免疫複合体の糸球体への沈着による糸球体腎炎の発症の原因となっている。このような機序による間接的傷害は、バベシア症、エールリヒア症、イヌ糸状虫症など様々な感染症で報告されているが、心内膜炎、膿皮症、歯周病といった慢性活動性炎症の原因となるすべての感染症で引き起こされる可能性があり、臨床徴候を呈さない無症候性のキャリア状態でも引き起こされる可能性がある[13]。

ウイルスに起因する上部尿路感染症については、ウイルスによる直接的な細胞破壊や細胞死のほか、持続的なウイルス感染による細胞機能の変化、免疫抑制、全身性もしくは臓器特異的な免疫反応の惹起などが病態に関連しており、疾患部位からウイルスが必ずしも検出されるとは限らないため、疾患との因果関係の証明はより困難である[15]。イヌやネコにおいては、いくつかのウイルスと疾患の関連が報告されているものの病原性については不明な点が多い（表4）。上部尿路疾患に関連したウイルスとしては、ネココロナウイルス、ネコ免疫不全ウイルス、ネコ白血病ウイルス、ネコフォーミーウイルス、イヌでは、イヌアデノウイルスⅠ型、イヌヘルペスウイルスなどが報告されており、糸球体腎炎や間質性腎炎との関連が示唆されている[15]。

また、イヌ伝染性肝炎、ネコ伝染性腹膜炎（feline in

fectious peritonitis：FIP）などによって引き起こされた血管炎も腎臓に傷害を与える可能性がある。

以下に代表的な疾患と病態について概説する。

1.3.1 レプトスピラ症

レプトスピラ症は病原性細菌である*Leptospira interrogans*の感染に起因する人獣共通感染症であり、腎臓および肝臓のほかに肺、脾臓、ぶどう膜、骨格筋、心筋など様々な組織に障害をもたらす全身性疾患である[16]。イヌやネコの尿路感染症のうち、唯一、家畜伝染病予防法における届出伝染病に指定されており、イヌで問題となることが多い。ネコは病原性レプトスピラに比較的耐性であり、ほとんどの場合で不顕性感染であるが、散発的な発症も報告されている[17-19]。

1.3.2 ネコ白血病ウイルス（FeLV）／ネコ免疫不全ウイルス（FIV）感染症

FeLV/FIV（feline leukemia virus / feline immunodeficiency virus）による免疫抑制は二次的な尿路感染症の素因となる。さらに、FeLV/FIVのキャリア状態や二次感染、FeLV関連腫瘍や骨髄異形成がみられる場合には、これらの抗原に関連した免疫複合体の沈着による糸球体腎炎のリスクが高まる[12]。FIVに感染したネコでは、非感染のネコよりも慢性腎疾患や高窒素血症、蛋白尿の発現リスクが高いことが報告されている[20]。

一方、FIVに感染したネコは、様々な免役介在性疾患を発症するリスクが高く、糸球体腎炎の報告もあるが、臨床的に問題になることは少ないとされる[21,22]。腎リンパ腫は時折FeLV感染に関連して認められ、通常両側性に発生するが、広範に浸潤し、腎不全へ進行するまで臨床徴候がみられないことが多い[23]。

1.3.3 ネコ伝染性腹膜炎（FIP）

FIPはコロナウイルスによって引き起こされる疾患であり、病態によって胸水や腹水を伴う滲出型と非滲出型に分類される。

非滲出型FIPでは、腎臓を含む様々な臓器に化膿性肉芽腫性病変を形成し、血管炎を引き起こす。肉眼的には、腎臓は腫大し辺縁は不整となる。また、組織学的には、複数の化膿性肉芽腫病変が認められ、マクロファージ、リンパ球、形質細胞、好中球の浸潤が特徴的である[24]。

FIP発症ネコでは、通常、発熱、体重減少、嗜眠などの全身的な臨床徴候が認められるが、腎病変が広範な場合には、多飲多尿、嘔吐などの腎疾患の臨床徴候が認められることもある[12]。

1.4 臨床徴候

上部尿路感染症（腎盂腎炎）では、排尿障害、頻尿、血尿、不適切な排尿といった下部尿路徴候に加えて、腰部痛、腹痛、多飲多尿、元気消失、沈うつ、嘔吐、発熱などの全身的な臨床徴候がみられることがあり、急性の場合ではより顕著である[25]。

しかしながら、慢性期では臨床徴候があいまい、もしくは症状を呈さないことがある。病理組織学的に腎盂腎炎が確認されたイヌ47頭について回顧的に調査した報告では、症例の38％は泌尿器に関連した症状を呈さず、元気消失、沈うつなどの非特異的な臨床徴候のみであったとされ、腎盂腎炎症例では非特異的な症状が主体となっている場合があることに留意する必要がある[26]。

1.5 診断

腎盂腎炎では、泌尿器に特異的な症状を呈さないことも多く、確定診断は困難である。

前述した臨床徴候や腹部触診時の腎臓痛、高窒素血症、円柱尿、末梢血中の好中球の増加などの検査所見に加え、尿培養陽性の結果があれば、急性腎盂腎炎を疑うことができる（表1）。

腹部超音波検査では、腎盂（や腎憩室）の拡張が認められることもあるが、腎盂拡張は正常な動物や他の腎疾患の動物で認められることもあるため、過大評価は禁物である[27,28]。

血清クレアチニンやSDMAのようなバイオマーカーの上昇についても腎障害を示唆する所見ではあるが、腎障害の原因としての腎盂腎炎に特異的所見ではない。

細菌培養検査と薬剤感受性検査は常に行うべきであり、検体採取方法としては臨床的な禁忌がない限り膀胱穿刺によって行うべきである（第3章4「尿検査」、7「尿の細菌培養と薬剤感受性試験」参照）。膀胱穿刺尿サンプルの、細菌培養結果が陰性であった場合や膀胱穿刺サンプルを採取できない場合には、腎盂穿刺による細胞診や培養サンプルの採取を考慮する。また、免疫抑制状態の動物や発熱が認められる場合には、尿の細菌培養と併せて血液培養を実施することが推奨される。薬剤感受性データの解釈は尿中薬物濃度ではなく、血清の抗菌薬ブレイクポイント（感受性、耐性の判断の基準となるMIC値：第3章7.2「薬剤感受性試験」参照）に基づいて行う必要があるため、外注検査に依頼する際には尿中ブレイクポイントを用いないように、サンプル提出時に腎盂腎炎の疑いが示されることが重要である。

流行地においては、細菌培養陰性の場合、血清学的検査とPCRによってレプトスピラ症の評価を行うべきである[29]。

1.6 治療

下部尿路感染症に比べて、腎盂腎炎の罹患率は低いものの、重篤かつ急速な腎障害を引き起こす可能性があるため、迅速な診断と治療が必要である。尿の細菌培養および薬剤感受性試験は必須であるが、腎盂腎炎が疑われる場合には、結果を待たずに速やかに抗菌薬療法を開始する。全身状態が良好で、食欲が正常であれば、経口の抗菌薬療法を行うことが可能である。

一方、脱水、食欲不振、活動性の低下が認められる場合には抗菌薬の静脈内投与を行う。初期治療としては、グラム陰性の腸内細菌に感受性を有する抗菌薬を選択する。活性体が尿中に排泄されるニューキノロン系薬剤や第3世代セファロスポリンなどが第一選択薬となる。

薬剤感受性試験の結果が得られたら、できるだけ抗菌スペクトルの狭い抗菌薬へ変更する。原因菌に対して感受性のある抗菌薬を適切に使用しているにもかかわらず、72時間以内に全身的な臨床徴候や高窒素血症の改善が認められない場合には、診断を見直す必要がある。

これまで、獣医学領域では、上部尿路感染症において、4～6週間の抗菌薬投与が推奨されていた[30]。しかしながら、ヒト急性細菌性腎盂腎炎における推奨治療期間は7～14日間であり[31,32]、イヌやネコにおいて長期投与が必要な根拠に乏しいため、International Society for Companion Animal Infectious Diseases（ISCAID）の最新のガイドライン[33]における推奨治療期間は10～14日間とされている。抗菌薬投与を中止して1～2週間後に身体検査、血清クレアチニン濃度、尿検査、尿の好気性培養検査を行い再評価する。最初に確認されたものと同じ細菌が再度分離された場合には、薬剤耐性、結石、解剖学的異常や免疫不全など潜在的な感染持続の原因について検討を行う。臨床徴候や高窒素血症が改善したにもかかわらず、尿培養の結果が陽性の場合には、「無症候性細菌尿」（後述：本章2.4.3）として管理を行う。

2 下部尿路感染症

2.1 病因および病態生理

下部尿路感染症の病原体のほとんどは細菌であり、細菌性膀胱炎と診断されることが最も多い。真菌性膀胱炎は、細菌性膀胱炎と比べるとまれであるが、イヌよりもネコに多く認められる傾向にあり、その多くは常在菌で

表5　細菌性膀胱炎に関連した併発疾患・病態

- 内分泌疾患
- 腎疾患
- 肥満
- 外陰部の形成異常
- 先天的な尿路の異常
  （異所性尿管、中腎管の異常など）
- 前立腺疾患
- 膀胱腫瘍
- ポリープ様膀胱炎
- 尿路結石
- 免疫抑制療法
- 直腸瘻
- 尿失禁/尿閉

あるCandida spp.に起因するものである[34]。

尿路には元来、病原体からの感染に対する防御機構（表2）が備わっているが、そうした防御機構が一時的または恒常的に破綻し、病原体が尿路内に定着、増殖することで感染が成立する。

下部尿路感染症では、会陰部、消化器、生殖器、あるいは周辺皮膚の常在菌が上行性に感染するのが一般的である。雌イヌは、雄イヌと比較して陰部が肛門直下にあり、尿道が短いため上行性の感染が起こりやすいと考えられている。起因菌としては、大腸菌（Escherichia coli）が最も多く、次いで、ブドウ球菌（Staphylococcus spp.）、腸球菌（Enterococcus faecalis）などのグラム陽性球菌が一般的である[34]。

細菌性膀胱炎は、発生様式から散発性細菌性膀胱炎（単純性細菌性膀胱炎）と反復性細菌性膀胱炎に分けられ、初回発症もしくは年3回未満の発症の場合には前者に、1年に3回以上（もしくは6カ月間に2回以上）繰り返す場合には後者に分類される[33]。散発性細菌性膀胱炎は未去勢雄イヌではまれであるため、下部尿路徴候が認められる未去勢雄イヌについては、前立腺炎の関与を疑う。反復性細菌性膀胱炎は、再発、持続感染、再感染の結果起こり、関連したリスクファクターとして、表5のような疾患・病態があげられる。

尿から細菌が検出されても臨床徴候を伴わない場合は、無症候性細菌尿として、尿路感染症とは区別して取り扱われる。無症候性細菌尿は、上行感染や全身性感染症のリスクが著しく高い場合や、膀胱が尿路以外の臓器への感染源となる場合を除いて、治療対象とはならない[33]。

2.2 臨床徴候

下部尿路感染症の臨床徴候としては、排尿障害、頻尿、血尿、不適切な排尿といったいわゆる下部尿路徴候や異

第 10 章

臭を伴う混濁尿などが一般的であり、上部尿路感染症や前立腺炎／膿瘍などを併発している場合を除き、通常は全身的な臨床徴候を伴わない。

発熱、元気・食欲低下、沈うつ、嘔吐などの全身的な臨床徴候を伴う場合には、腎盂腎炎や前立腺炎／膿瘍のようなより重篤な疾患が疑われる。

2.3 診断

細菌性膀胱炎の診断においては、下部尿路徴候（排尿障害、頻尿、血尿、不適切な排尿など）に加え、尿中の細菌感染の存在を明らかにする必要がある。

尿検査（試験紙、尿比重、尿沈渣）は、細菌感染を明らかにするとともに、糖尿や結晶尿など潜在的なリスクファクターを検出するためにすべての症例で行うべきである。尿の採取方法には、膀胱穿刺、カテーテルによる採取、圧迫排尿もしくは自然排尿した尿を採取する方法があるが、汚染菌混入のリスクを考慮し、可能な限り膀胱穿刺によって行う。

適切に採取された尿検体において、潜血反応や蛋白尿に加えて明らかな白血球数の増加（高倍率視野で5個以上）がみられた場合は炎症の存在が示唆される。さらに、細菌が明らかに認められた場合は、感染によるアクティブな炎症の存在が示唆されるが、低張尿では、細菌の存在を確認することは難しい場合がある。

尿沈渣を湿性マウントで鏡検した場合、脂肪滴や尿中の残屑を細菌と混同しやすいため、塗抹標本をライト・ギムザ染色やディフ・クイック染色などのロマノフスキー系染色やグラム染色で染色し鏡検するほうが細菌の検出には優れている。尿沈渣での細菌の検出は細菌性膀胱炎を示唆する所見ではあるが、確定診断には尿の好気性細菌培養検査が必要である。

尿の好気性細菌培養は、細菌性膀胱炎が疑われるすべての症例で行われることが望ましい。また、腎盂および前立腺の異常、尿路結石や尿路腫瘍の存在の有無については、X線検査や超音波検査で確認する。

2.4 治療

治療の中心は抗菌薬療法であるが、抗菌薬が適切に使用されなかった場合には、感染の持続や再発、薬剤耐性菌出現の原因となり、動物の健康上への影響だけでなく、飼い主負担の増加や公衆衛生上の問題にもつながる可能性がある。したがって、軽症例に対してむやみに広域スペクトラムの抗菌薬を使用することや治療効果を確認せず同じ薬剤を長期間繰り返し投与し続けるといった無秩序な使用は控えるべきである。

また、抗菌薬による治療と併せて動物の感染防御機構の破綻させる要因を明らかにし、排除することは治療や予防を成功させるうえで重要である。

2.4.1 散発性細菌性膀胱炎（単純性細菌性膀胱炎）：初回発症もしくは年3回未満の発症の場合

理想的には、すべての症例において、尿好気性細菌培養検査と薬剤感受性試験を行い、その結果から抗菌薬の選択、処方を行うことが望ましいが、日常診療では費用などの問題から困難な場合もある。

散発性細菌性膀胱炎のイヌにおいて、過去に抗菌薬の投与歴がない場合には、経験的な抗菌薬の処方は許容されると思われる。多くの場合、アモキシシリンやST合剤を第一選択薬として用いることができる。散発性細菌性膀胱炎ではニューキノロン系薬剤や第3世代セファロスポリンなどの広域スペクトルの抗菌薬が必要になることは少ないため、これらを第一選択薬として使用するのは極力控えるべきである。

抗菌薬の長期投与は薬剤耐性の原因となるため投与期間は可能な限り短期間にとどめる。最新のガイドライン[33]で推奨されている抗菌薬の投与期間は3～5日間である。ST合剤については長期投与での副作用が問題になるが、前述のような短期間の使用では問題とならないことが多い。

臨床徴候は炎症の結果生じるため、飼い主が許容できれば、臨床徴候を緩和するための初期治療として、非ステロイド性抗炎症薬（NSAIDs）などの抗炎症薬を3～4日使用し、そのうえで臨床徴候が持続している場合や増悪している場合には抗菌薬を追加することも可能である。

抗菌薬治療が奏功した場合には通常、48時間以内に臨床徴候の改善が認められるはずである。

尿の培養・薬剤感受性検査によって、初期治療に用いた抗菌薬が耐性であり、臨床的な反応性に乏しい場合には、適切な抗菌薬へ変更する。薬剤感受性検査の結果に基づいて抗菌薬を変更する場合には、できるだけ狭域スペクトラムかつ尿中への移行性の高い薬剤を選択する。

感受性の認められる抗菌薬の投与によって、改善が認められない場合には、病態を複雑化する要因がないか、飼い主が適切に抗菌薬を投与できているかなどを確認する。

抗菌薬投与が適切に行われ、臨床徴候が消失していれば、治療期間中や治療後の尿検査や尿培養検査は必ずしも必要ではない。

2.4.2 反復性細菌性膀胱炎：1年に3回以上（もしくは6カ月間に2回以上）繰り返す場合

反復性細菌性膀胱炎では、既に再発と治療を繰り返していることから、耐性菌の関与も疑われるため、培養同定・薬剤感受性試験は必須であり、全身状態が悪くなければ、培養同定・薬剤感受性試験の結果が得られてから抗菌薬療法を開始する。

しかしながら、早急な治療が必要な場合には、前述の散発性細菌性膀胱炎で使用する抗菌薬が第一選択となる。可能であれば過去に使用していない系統の抗菌薬を選択する。

反復性細菌性膀胱炎では、基礎疾患（表5）の特定とその管理が長期的な治療の成功に重要となる。治療目標としては、微生物学的寛解（病原菌の排除）が理想的ではあるものの、病因によっては達成されないことも多いため、副作用や薬剤耐性を最小限にして、いかに臨床徴候を改善し、QOLを維持するかを目標に設定する方が合理的である。

基礎疾患（病因）を特定できない場合や対処が不可能な場合に、抗菌薬の投与のみを繰り返し行うことで長期的な治癒をもたらす可能性は低く、薬剤耐性や治療コスト、副作用のリスクを上昇させるだけであるため避けるべきである。

反復性細菌性膀胱炎は幅広い病態が含まれるため、一概に治療期間を設定することは困難であり、再感染（以前と異なる細菌が分離）の場合には、短期間（3～5日間）の治療でうまくいく場合もあるが、同一菌種の持続感染や再発性感染が疑われる場合には、より長期間（7～14日間）の治療が必要な場合もある。長期的な治療を行う場合には、治療開始から5～7日後と治療終了から1週間後に治療の有効性を評価する[33]。

尿中に細菌が検出されていても、臨床徴候が改善していれば、根拠のないまま治療を再開せず、「無症候性細菌尿（後述）」として取り扱う。臨床徴候の改善がみられない場合や治療がいったん成功した後に再発が認められた場合には、上記の治療を繰り返し行うが、やみくもな抗菌薬治療ではなく基礎疾患の同定と管理に主眼をおくべきである。

2.4.3 無症候性細菌尿

無症候性細菌尿は尿中に細菌が存在しているが、感染性の尿路疾患の臨床徴候がない状態を指しており、ほとんどの場合治療の必要はない。たとえ、尿の細菌培養の結果、多剤耐性菌が検出された場合でも、そのこと自体は治療の適応にはならないことに注意する。

無症候性細菌尿の治療が適応となるまれな状況としては、上行感染や全身性感染症のリスクが著しく高い場合や、膀胱が尿路以外の臓器への感染源となる場合があげられる。無症候性細菌尿の経過観察中に下部尿路徴候が認められた場合には、散発性細菌性膀胱炎に準じた治療を試みる。

第10章の参考文献

1) Ling GV. Therapeutic strategies involving antimicrobial treatment of the canine urinary tract. *J Am Vet Med Assoc*. 1984; 185: 1162-1164.
2) Lees GE. Bacterial urinary tract infections. *Vet Clin North Am Small Anim Pract*. 1996; 26: 297-304.
3) Bartges JW, Blanco L. Bacterial urinary tract infections in cats. Compend Stand Care. 2001; 3: 1-5.
4) Ling GV, Norris CR, Franti CE, Eisele PH, Johnson DL, Ruby AL, et al. Interrelations of Organism Prevalence, Specimen Collection Method, and Host Age, Sex, and Breed among 8,354 Canine Urinary Tract Infections (1969-1995). *J Vet Intern Med*. 2001; 15(4): 341-347.
5) Smee N, Loyd K, Grauer G. UTIs in small animal patients: part 1: etiology and pathogenesis. *J Am Anim Hosp Assoc*. 2013; 49(1): 1-7.
6) van Dongen AM. Pyelonephritis. In: Ettinger SJ, Feldman EC, Cote E, ed. Textbook of veterinary internal medicine, 8th, ed. Elsevier. 2017; 1997-1981.
7) Wong, C, Epstein, SE, Westropp JL. Antimicrobial Susceptibility Patterns in Urinary Tract Infections in Dogs (2010-2013). *J Vet Intern Med*. 2015; 29: 1045-1052.
8) Jin Y, Lin D. Fungal Urinary Tract Infections in the Dog and Cat: A Retrospective Study (2001-2004). *J Am Anim Hosp Assoc*. 2014; 41: 373-381.
9) Tappin SW, Ferrandis I, Jakovljevic S, Villiers E, White RAS. Successful treatment of bilateral paecilomyces pyelonephritis in a German shepherd dog. *J Small Anim Pract*. 2012; 53: 657-660.
10) Coldrick O, et al. Fungal pyelonephritis due to Cladophialophora bantiana in a cat. *Vet Rec*. 2007; 161: 724-728.
11) Mesquita LR, et al. Pre- and post-operative evaluations of eight dogs following right nephrectomy due to Dioctophyma renale. *Vet Quart*. 2014; 34: 167-171.
12) Littman MP. Diagnosis of infectious diseases of the urinary tract. In: Bartges J, Polzin DJ, ed. Nephrology and Urology of Small Animals. Wiley Blackwell. 2011; 241-252.
13) Ross L. Renal manifestations of systemic disease. In: Bartges J, Polzin DJ, ed. Nephrology and Urology of Small Animals. Wiley Blackwell. 2011; 531-537.
14) Woo PC, Lau SK, Wong BH, Fan RY, Wong AY, Zhang AJ, et al. Feline morbillivirus, a previously undescribed paramyxovirus associated with tubulointerstitial nephritis in domestic cats. *Proc Natl Acad Sci USA*. 2012; 109: 5435-5440.
15) Kruger JM, Osborne CA, et al. Viruses and urinary tract disease. In: Bartges J, Polzin DJ, ed. Nephrology and Urology of Small Animals. Wiley Blackwell. 2011; 725-733.
16) Greene CE, Sykes JE, Moore GE, Goldstin RE, Schultz RD.

Leptospirosis. In: Greene CE, ed. Infectious Diseases of the Dog and Cat, 4th ed. Saunders. 2012; 432-447.
17) Arbour J, Blais MC, Carioto L, Sylvestre D. Clinical leptospirosis in three cats (2001-2009). *J Am Anim Hosp Assoc*. 2012; 48: 256-260.
18) Bryson DG, Ellis WA. Leptospirosis in a British domestic cat. *J Small Anim Pract*. 1976; 17:459-465.
19) Hemsley L. Leptospira canicola and chronic nephritis in cats. *Vet Rec*. 1956; 68: 300.
20) Levy JK. Feline immunodeficiency virus: In: Bonagura JD, ed. Current Veterinary Therapy XIII. WB Saunders. 2000; 284-288.
21) Anderson LJ, Jarret WFH. Membranous glomerulonephritis associated with leukemia in cats. *Res Vet Sci*. 1971; 12: 179-180.
22) Reinacher M. Diseases associated with spontaneous feline leukemia virus (FeLV) infection in cats. *Vet Immunol Immunopathol*. 1989; 21: 85-95.
23) Hartmann K. Feline Leukemia Virus Infection. In: Greene CE ed, Infectious Diseases of the Dog and Cat, 4th ed. Saunders. 2012; 109-136.
24) Addie DD. Feline Coronavirus Infections. In: Greene CE, ed. Infectious diseases of the dog and cat, 4th ed, Saunders. 2012; 92-108.
25) Olin SJ, Bartges JW. Urinary tract infections: treatment/comparative therapeutics. *The Veterinary clinics of North America. Small animal practice*. 2015; 45: 721-746.
26) Bouillon J, et al. Pyelonephritis in Dogs: Retrospective Study of 47 Histologically Diagnosed Cases (2005-2015). *J Vet Intern Med*. 2018; 32: 249-259.
27) Jakovljevic S, Rivers WJ, Chun R, King VL, Han CM. Results of renal ultrasonography performed before and during administration of saline (0.9 % NaCl) solution to induce diuresis in dogs without evidence of renal disease. *Am J Vet Res*. 1999; 60: 405-409.
28) D'Anjou MA, Bédard A, Dunn ME. Clinical significance of renal pelvic dilatation on ultrasound in dogs and cats. *Vet Radiol Ultrasound*. 2011; 52: 88-94.
29) Sykes JE, et al. 2010 ACVIM Small Animal Consensus Statement on Leptospirosis: Diagnosis, Epidemiology, Treatment, and Prevention. *J Vet Intern Med*. 2011; 25: 1-13.
30) Weese JS, et al. Antimicrobial use guidelines for treatment of urinary tract disease in dogs and cats: antimicrobial guidelines working group of the international society for companion animal infectious diseases. *Veterinary medicine international*. 2011; 2011: 263768.
31) Gupta, K, et al. International Clinical Practice Guidelines for the Treatment of Acute Uncomplicated Cystitis and Pyelonephritis in Women: A 2010 Update by the Infectious Diseases Society of America and the European Society for Microbiology and Infectious Diseases. *Clin Infect Dis*. 2011; 52: e103-e120.
32) Morello W, Scola CL, Alberici I, Montini G. Acute pyelonephritis in children. *Pediatr Nephrol*. 2016; 31: 1253-1265.
33) Weese SJ, et al. International Society for Companion Animal Infectious Diseases (ISCAID) guidelines for the diagnosis and management of bacterial urinary tract infections in dogs and cats. *Vet J*. 2019; 247: 8-25.
34) 動物用抗菌剤研究会 編．犬と猫の尿路感染症診療マニュアル．インターズー．2017．

第11章

排尿障害

米澤 智洋

1 排尿障害：総論

1.1 排尿の機序

排尿（urination）とは、膀胱に貯められた尿が、尿道を通じて体外に排出されるまでの一連の活動を指す[1]。まず、尿は腎臓で産生されたのちに尿管を通じて膀胱へ送られる。尿管は、らせん状、縦走、輪状の3層からなる平滑筋で構成されており、1分間に1～5回の規則的な蠕動運動で尿を膀胱へ押し流す。尿管の開口部である膀胱尿管移行部において、尿管は膀胱壁に対して斜めに接している。このため、尿管の開口部は膀胱に尿が貯留することによって押し潰され、一度膀胱に到達した尿が容易には尿管へ逆流しないようになっている（図1）。したがって、膀胱にためられた尿は、膀胱へのもう1つの出入り口である尿道から排出されることになる。

膀胱、尿道ともにそれを構成する筋肉により内腔へ圧力がかかっており、それぞれを膀胱内圧、尿道内圧（urethral pressure profilometry：UPP）と呼ぶ。平常時の尿道内圧は膀胱内圧より高いため、膀胱内部に貯留した尿が尿道へ漏出することはない。この状態を蓄尿期（storage phase）、もしくは貯尿期と呼ぶ。一方、膀胱内圧の上昇、および尿道内圧の低下が起きることによって、膀胱内圧が尿道内圧より大きくなったとき、尿道から体外へ尿が排出される。これを排出期（voiding phase）、流出期と呼ぶ。

膀胱内圧は、排尿筋の緊張度合と膀胱内の尿貯留量によって決まる。一方、尿道内圧は、内尿道括約筋と外尿道括約筋の緊張によって作られている。排尿筋とは、膀胱壁に張りめぐらされた膀胱平滑筋である。内尿道括約筋は、膀胱尿道境界部と尿道の近位端に主に存在し、縦走、輪状からなる平滑筋で構成されている。外尿道括約筋は尿道の遠位側の広い部分を覆っている骨格筋で、一部は随意的な調節が可能である（図2）。

蓄尿と排尿を決める神経的な調節は、自律神経と体性

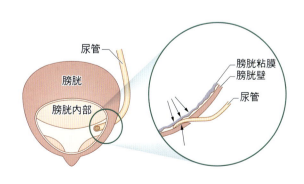

図1　膀胱尿管移行部の構造
尿の貯留時には粘膜下にある尿管は圧迫されて（矢印）、尿管への逆流が防がれる。

第11章

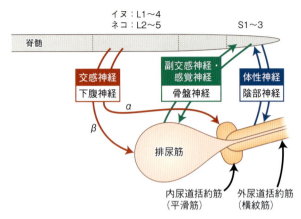

図2 排尿に関連する神経と筋肉の模式図

神経が複雑に組み合わさっている。排尿の中枢神経系は排尿反射を司る仙髄と橋、およびその脊髄路を主とするが、その制御は大脳からの修飾を受けており、随意的な調節が一部可能である。排尿筋や尿道括約筋を支配する主な末梢神経は下腹神経、骨盤神経、陰部神経である（図2）。

下腹神経はイヌでは腰髄L1〜4分節（L1〜L3椎体）、ネコではL2〜5分節（L2〜L4椎体）から下部尿路系に伸びる交感神経である。節前線維は後腸間膜神経節にシナプスを形成する。排尿筋にはβ受容体が、膀胱頸部から尿道に至るまでの括約筋群にはα_1受容体が主に分布しており、排尿筋の弛緩と尿道括約筋の収縮をうながしている。

骨盤神経は仙髄から排尿筋に伸びる副交感神経で、排尿筋の収縮に関与している。また、骨盤神経には、膀胱壁に存在する伸展受容器からの刺激を中枢に伝える求心性の神経線維も含まれている。

陰部神経は仙髄から外尿道括約筋に伸びる体性神経で、外尿道括約筋における骨格筋の収縮を随意的に調節するのに役立っている。陰部神経には会陰部の感覚神経も含まれている。

平常時、すなわち蓄尿期では、下部尿路系の自律神経支配は交感神経優位に制御されている。交感神経である下腹神経を通じて排尿筋の弛緩と内尿道括約筋の収縮がうながされる。これによって尿道内圧は膀胱内圧を大きく上回るため、尿は膀胱に貯留し、尿の漏洩は生じない。一定量の尿が膀胱に蓄積すると、膀胱が拡張し、膀胱壁にある伸展受容器からの刺激が骨盤神経の知覚神経を介して中枢へ伝達され、延髄、橋を介して大脳皮質まで至り、動物は尿意をもよおすようになる。

さらに自律神経支配が副交感神経優位になると、副交感神経を含む骨盤神経を通じて排尿筋の緊張が増し、膀胱内圧はさらに上昇する。また、下腹神経からの入力が抑えられることによって内尿道括約筋が弛緩して、排尿のための準備がととのう。そして、動物は適切な頃合いに、陰部神経を介して随意的に外尿道括約筋を弛緩させ、尿道内圧をさらに低下させる。

これらの一連の変化によって膀胱内圧が尿道内圧を上回ったとき、尿が尿道を介して体外へ排出され始める。これを排出期と呼ぶ。ひとたび尿の排出が始まると、排尿筋の収縮と尿が尿道を通る感覚が求心刺激となって、陰部神経を介して仙髄および脳幹（延髄、橋）を中枢とする反射弓が形成され、排尿筋の収縮と尿道括約筋の弛緩が促進し、排尿がうながされる。これを排尿反射と呼ぶ。

体重3kgを超える多くの哺乳類において、1回の排尿時間はその体躯の大小にかかわらず10〜30秒程度である[2]。スプレーやマーキングによる排尿を除いて、一般的な排尿は膀胱が空になるまで続き、排尿後の正常な残尿量はイヌとネコともに0.2〜0.4mL/kg（最大10mL程度）とされている[3]。

1.2 排尿障害

正常な尿の産生があるにもかかわらず、正常な排尿ができない状況を総じて排尿障害（micturition disorder/urination disorder）、または排尿異常（micturition abnormality）と呼ぶ。排尿障害による症状は、蓄尿障害と排出障害に分けられる（以下、「排尿障害」と「排出障害」を使い分けていることにご留意いただきたい）。

蓄尿障害（storage disorder）は蓄尿時に膀胱に尿を保持できない病態を指す。その徴候には、頻尿(pollakiuria)、尿淋漓(urine dripping)、尿失禁(urinary incontinence)などがあげられる。

排出障害（voiding disorder）は排尿期に排尿行為を正常に完遂できない障害を指す。排尿困難（dysuria）、尿失禁、尿閉（urinary retention）、排尿痛（micturition pain）などがあげられる。

他にも持続性／間欠性、残尿性／非残尿性といった観点から分類を行う場合もある。これらはいずれも直感的に理解しやすく、また飼い主が気づきやすい徴候でもあるので主訴として認められやすいが、個体差が大きいからか、それぞれの徴候の明確な定義や客観的な基準値、分類が記述された専門書はみあたらない。また、こうした臨床的および検査上の異常は原因疾患の範囲や経過期間によって変動しやすく[3]、実際の症例では蓄尿障害と排出障害が複雑にからみ合っていることが多い。

2024年1月、アメリカ獣医内科学学会（ACVIM）は、イヌの尿失禁に関するコンセンサス・ステートメント

表1 排尿障害の疾患リスト[4]、主にイヌ

蓄尿障害

非神経原性

- 機膀胱線維症
- 膀胱形成不全
- 排尿筋不安定症 *
- 異所性尿管 *
- 瘻孔（尿管腟、尿道腟、尿道直腸）
- 泌尿生殖器異形成
- 骨盤膀胱
- 尿道が短い／拡張している
- 尿道括約筋機能不全（USMI）*
- 尿路感染症 *
- 膀胱尿道憩室

神経原性

- 自律神経失調症
- 仙尾脊髄の損傷／障害
  - ○椎間板ヘルニア（急性および慢性）*
  - ○脊髄梗塞（線維軟骨塞栓症、その他）*
  - ○脊髄炎
  - ○腫瘍（硬膜外、硬膜内、髄外、髄内）
  - ○仙骨尾部形成不全
  - ○二分脊椎症
  - ○外傷
- 馬尾の損傷／障害
  - ○急性椎間板ヘルニア *
  - ○馬尾症候群
  - ○椎間板炎、病的骨折／亜脱臼
  - ○腫瘍（硬膜外、硬膜内、髄外）
  - ○神経炎（免疫介在性／感染性）
  - ○テザーコード症候群
  - ○外傷・仙尾部外傷（ネコ）

排出障害

非神経原性

- 機能的な障害
  - ○膀胱アトニー
  - ○膀胱壁の線維化
  - ○特発性機能的流出閉塞 *
- 機械的な障害
  - ○人工尿道括約筋の機能不全／過剰な尿道充填剤
  - ○膀胱捻転
  - ○蛋白質など凝固物の栓子
  - ○尿路を圧迫する腹部、骨盤、会陰部の疾患
  - ○尿道のよじれを伴う膀胱の変位
  - ○デブリ・ボール
  - ○異物
  - ○腫瘍（膀胱頸部、尿道、前立腺、海綿体、陰茎、腟／前庭）
  - ○非感染性炎症性疾患（増殖性尿道炎、線維上皮ポリープ）
  - ○非腫瘍性前立腺疾患（扁平上皮化生、前立腺炎、膿瘍、嚢胞）*
  - ○膀胱の後屈を伴う会陰ヘルニア
  - ○包茎
  - ○外傷
  - ○尿道狭窄 *
  - ○尿路結石（尿嚢結石、尿管結石）*
  - ○膀胱尿道憩室

神経原性

- ○頭部〜S1の損傷／障害
- ○対麻痺に関連するもの
  - ・変性性脊髄症
  - ・硬膜外蓄膿症
  - ・椎間板ヘルニア（急性および慢性）*
  - ・脊髄梗塞（線維軟骨塞栓症、その他）*
  - ・脊髄炎
  - ・腫瘍（硬膜外、硬膜内、髄外、髄内）
  - ・外傷（脊椎骨折、亜脱臼）
- ○軽度の骨盤障害に関連するもの
  - ・クモ膜憩室
  - ・その他の囊胞性疾患（滑膜嚢胞など）
  - ・その他の実質疾患（髄内髄外腫瘍、脊髄空洞症）
  - ・重度の急性脊髄損傷後に歩行を回復したもの（椎間板ヘルニアや外傷など）
- ○仙尾脊髄または神経根の損傷
- ○馬尾症候群 *
- ○初期は蓄尿障害、内尿道括約筋の緊張が慢性化すると排尿障害に
  - ・脊髄梗塞／線維軟骨塞栓症
  - ・仙尾部外傷（ネコ）

* 好発疾患

を公表した[4]。尿失禁は蓄尿障害でも排出障害でも発症する可能性のある、重要な排尿障害の症状の1つである。本章では、このACVIMのコンセンサス・ステートメントを参考にしつつ、排尿障害について包括的に紹介する。

排尿障害の疾患リストを表1に示した[5,6]。神経性要因の関与の有無によって神経原性排尿障害（neurogenic micturition disorder）と非神経原性排尿障害（non-neurogenic micturition disorder）とに大別される。神経原性排尿障害には上位運動神経障害、下位運動神経障害、およびそのほかの神経障害に分けられる。非神経原性排尿障害は、機能的な異常に起因するもの（機能的排尿障害）と機械的な異常に起因するもの（機械的排尿障害）に分けられる。

機能的排尿障害には、尿道括約筋機能不全、排尿筋・

第11章

表2　本書で用いた疾患名とその他の同義の疾患名

本書で用いた疾患名	その他の同義の疾患名
上位運動神経性排尿障害	痙性神経因性膀胱、反射性膀胱、自動膀胱
尿道括約筋機能不全	ホルモン反応性尿失禁、避妊性失禁、特発性尿失禁、原発性尿道括約筋機能不全
排尿筋・尿道括約筋協調不全	排尿筋尿道不協調
排尿筋不安定症	切迫性尿失禁、排尿筋反射亢進、排尿筋過活動、過活動膀胱
イヌの増殖性尿道炎	肉芽腫性尿道炎
骨盤膀胱	膀胱瘤
膀胱麻痺	膀胱アトニー、排尿筋アトニー

尿道括約筋協調不全、排尿筋不安定症、機能的尿道閉塞、術後機能不全などがある。機械的排尿障害には、膀胱結石、尿道結石、尿道栓子などのように下部尿路の内腔に異物が詰まるもの、炎症性疾患、増殖性尿道炎、尿道狭窄症などのように下部尿路の内腔が狭小化するもの、骨盤膀胱、先天性尿失禁、術後障害などのように下部尿路の解剖学的な不整に伴うもの、前立腺疾患、尿道腫瘍などのように外部から尿路への圧迫によるものがある。また、膀胱の慢性的で過度な拡張は、その原因にかかわらず、膀胱麻痺に進行して治療を困難にする。

排尿障害の疾患リストは教科書や総説によって疾患名にも取り上げ方にもかなり幅があり、網羅的な統一見解には至っていないのが実情のようである。以下は章末の参考文献をもとに、臨床的な視点から筆者がまとめなおしたものであることをご留意いただきたい。別名のある疾患リストを表2として示した。

排尿障害のうち、尿失禁については発生頻度の回顧的研究が報告されている。尿失禁は蓄尿障害でも排出障害でも認められる。蓄尿障害か排出障害かは、診察時の膀胱サイズや排尿後の膀胱内残尿で見当をつけられる[7]。一般的に蓄尿障害では膀胱のサイズは小さいか普通で、排出障害では膀胱のサイズは大きい。

尿失禁の原因疾患には脊髄、尿管、膀胱、尿道の先天性、後天性、医原性病変などがあげられる。避妊雌イヌにおける後天性尿失禁の有病率は3～20％と高い[4]。避妊雌イヌでは尿道括約筋機能不全（urethral sphincter mechanism incompetence：USMI）、雌/避妊雌イヌでは排尿筋不安定症、若齢で異所性尿管が多く、雄/去勢雄イヌでは機能性流出閉塞、去勢雄イヌではUSMI、若齢で異所性尿管が多い（表1）。ネコでは脊髄障害と尿道の疾患が多い（表3）。また、ネコ白血病ウイルス陽性のネコでは安静時の断続的な尿失禁が報告されているが、その機序は明らかになっていない[9]。

表3　回顧的研究による45頭のネコの尿失禁の原因（カッコ内は頭数）[7]

尿失禁の分類	原因部位	原因
排尿障害(24)	脊髄(15)	外傷(8)、馬尾症候群(7) 骨折/脱臼(1) 新生物(2) 椎間板ヘルニア(2) 線維軟骨塞栓(1) 脊髄障害(1) 仙骨奇形(1)
	膀胱(2)	排尿筋機能障害(2)
	尿道(7)	ネコの特発性膀胱炎(1) 尿道狭窄(6)、会陰部尿道切(4)、尿道カテーテル挿入(1) 特発性狭窄(1)
蓄尿障害(21)	脊髄(3)	マンクス症候群(1) L7腰椎奇形(1) 外傷、馬尾症候群(1)
	尿管(1)	両側性異所性尿管(1)
	膀胱(7)	移行上皮癌(1) 排尿筋不安定症 疑い(6) ネコの特発性膀胱炎(3) 尿路感染症(2) 外科的処置と尿路感染症(1)
	尿道(10)	尿道ステント(2)、前立腺腺上皮過形成(1) 尿道炎、尿道カテーテル留置(1) 先天性尿道形成不全(1) 尿道括約筋機能不全(3) 会陰部尿道切開(1) 尿道機能障害(2)

文献7）を改変して作成

1.2.1 排尿障害の診断アプローチ

　2024年にイヌの尿失禁に関するコンセンサス・ステートメントがACVIMから公表されたが、排尿障害全体を包括するような疾患鑑別のための診断フローチャートやガイドラインは今のところみあたらない。表4や、以降の各論で述べる疾患の詳細を念頭において、緊急性、シグナルメント・病歴聴取、身体検査、尿検査、血液検査、腹部X線検査、腹部超音波検査、神経学的検査を注意深く実施する。状況に応じて造影を用いたX線検査またはコンピューター断層撮影（CT）検査や核磁気共鳴画像（MRI）検査、さらには膀胱鏡検査や尿水力学的検査を追加する。これらの検査を行っても診断まで至らず、試験的治療による反応性から診断する場合もある。

　まず初めに緊急性を評価する。膀胱が過度に緊張し、激しい疼痛や一般状態の悪化が認められるなどの緊急性のある場合には、膀胱穿刺による尿の排出を行うなど、緊急処置とともに診断のための検査を行う。完全な尿路閉塞を生じた場合には激しい疼痛、急性腎後性腎障害、尿毒症、虚血による膀胱障害や膀胱麻痺などに発展しやすい。

　シグナルメント・病歴聴取では、症例の臨床徴候、発症年齢、繁殖状態、不妊手術の時期、現在の投薬、外傷、既往歴、手術歴を問診する。尿路閉塞はイヌでは尿道結石、ネコでは特発性尿道炎や尿道栓子がよく認められる。排尿障害の鑑別疾患リストは膨大なうえ、適切に検査を行っても確定診断に至らない疾患が複数存在する。ACVIMのコンセンサス・ステートメントでは、疫学的な背景、シグナルメント、病歴、排尿様式の状況によっては、好発する一部の疾患に特に注目しながら推定診断と試験的治療を施すアプローチが示唆されている[4]。

　尿失禁や頻尿の病歴聴取では、多飲多尿がないか確認する。多飲多尿を呈する場合、動物の蓄尿・排尿の能力に問題がなくとも尿失禁や頻尿になることがあるためである。尿量の確認が困難な場合には、飲水量や脱水状態、尿比重の低下を参考にする。多飲多尿がある場合には、多飲多尿の鑑別診断や診断アプローチを合わせて考える必要がある。

　身体検査では膀胱を注意深く触診し、そのサイズと圧を評価する。自力排尿が院内でも可能な場合、その排尿の様式を観察することで病態を把握する手掛かりになることがある。イヌでは自力による完全排尿後の膀胱内残尿が0.2〜1.0mL/kg未満であれば正常で、3.0mL/kgを超える場合は異常な尿貯留であり、排出障害を示唆する所見とされる[4]。直腸検査では肛門の緊張性、前立腺、骨盤部尿道、膀胱三角部の構造をある程度評価できる。腟鏡検査では腟の形状、外尿道口（尿道開口部）、腟内の液貯留などについて観察する。腟鏡検査は特に腟狭窄や異所性尿管などの先天性疾患や、尿腟の有無の検出に役立つ。

　尿検査における尿比重や尿試験紙の結果は、腎臓病や内分泌疾患の評価の助けになる。尿沈査の鏡検は炎症、感染症、尿石症、腫瘍の存在を発見するのに役立つ。尿路に感染のある場合には、尿培養検査および薬剤感受性試験を行えば治療に用いる抗菌薬の選択の助けになる。また、カテーテル導尿時のカテーテルの通りやすさは、尿道の閉塞や解剖学的異常を発見する重要な手がかりになる。

　排尿障害の鑑別に、血液検査が直接的にかかわることは一般的ではないが、排尿障害によって引き起こされる腎後性腎障害の評価のために、CBC、BUN、クレアチニン、カルシウム、リン、電解質などといった腎臓病にかかわる血液検査項目については測定する価値がある。

　腹部X線検査は膀胱の大きさ、下部尿路系および前立腺の構造、結石や尿道栓子の有無の評価に有効である。腹部超音波検査では泌尿生殖器系を中心にスクリーニングし、器質的病変の有無を評価する。神経原性の排尿障害では、神経学的検査に所見が認められることがある。会陰反射、球海綿体反射は外陰部神経と仙髄の脊髄分節の評価に有効である。後肢の姿勢反応の異常や脊髄反射の亢進／低下は神経原性の排尿障害の際に認められやすい。MRI検査の実施によって、責任病変と考えられる脳・脊髄病変を発見できれば、神経原性の排尿障害を明確に診断することができる。

　静脈性尿路造影検査は異所性尿管をはじめとする泌尿器系の構造異常の検出に有効である。近年では、症例の状態が許すようならX線検査で行うのではなくCT検査で実施することが増えている。常法に従って造影を静脈投与し、CT検査を行うことで評価できる。状況によっては排出に時間がかかることがあるため、動脈相、静脈相、平衡相に加え、さらに時間が経過した後の撮像が有効になることがある。一方、逆行性陽性尿路造影検査や二重造影検査はX線検査装置を用いて行うのが一般的である。膀胱や尿道の構造異常の検出に有用である。膀胱にカテーテルを挿入して、残尿を抜去後、逆行性尿路造影用の希釈した造影剤を注入して膀胱を最大に拡張する。正常な膀胱の容量は体重1kgに対し約10mLとされている。カテーテルを抜き、膀胱を軽く圧迫して尿道に造影剤を満たして撮像する（図3）。二重造影検査では造影剤を抜去後に膀胱内に空気を充填し、撮像する。これによりX線による膀胱内壁の形状や内容物の評価が可能

第 11 章

表 4 排尿障害を生じる各疾患の特徴（例外もあることに注意）

	疾　患　名		好　発	尿失禁のタイプ	尿　意	特徴的な徴候	膀胱の所見	圧迫排尿
神経原性	上位運動神経障害		—	横溢性	なし	尿意のない尿失禁	大きくて緊張している	困難
	下位運動神経障害		—	持続性	なし	尿意のない尿失禁	大きくて弛緩している	容易
非神経原性	機能的排尿障害	尿道括約筋機能不全	中〜老齢の避妊/去勢イヌ	安静時、睡眠時	普通	尿漏、尿淋滴	正常かむしろ小さい	—
		排尿筋・尿道括約筋協調不全	大型犬種の去勢雄イヌ	—	—	尿流が途切れる、排尿をいきむ	拡張している	困難
		排尿筋不安定症	—	切迫性	あり（強い）	頻尿、尿失禁、尿スプレー	正常かむしろ小さい	—
		機能的尿道閉塞	—	—	あり（強い）	尿流が途切れる、排尿をいきむ	正常か大きい	—
	機械的排尿障害	解剖学的な流出路閉塞（膀胱、尿道結石、尿道栓子、尿道狭窄症）	尿道栓子：雄ネコ	溢流性尿失禁	あり（強い）	有痛性の排尿困難、頻尿など、急性の一般状態の悪化	大きい（緊張していることもあり）	困難
		炎症性疾患	—	溢流性尿失禁	あり（強い）	しぶり尿、頻尿、尿失禁、排尿困難、血尿、排尿痛など	—	—
		イヌの増殖性尿道炎	避妊雌イヌ	—	あり	有痛性の排尿困難、血尿	正常か大きい	—
		骨盤膀胱	大型犬種の雄イヌ	持続性・間欠的	—	尿失禁、尿漏、尿瘻	骨盤腔内にある	—
		先天性尿失禁	若齢、異所性尿管：雌イヌ	持続性・間欠的	普通	持続性尿失禁（尿道なら間欠的）	正常かむしろ小さい	—
		前立腺疾患・尿道腫瘍	雄イヌ	—	—	血尿、しぶり尿、排尿困難	—	—
	ネコ白血病ウイルス／ネコ免疫不全ウイルス関連失禁		ネコ	安静時、断続的	—	尿失禁	正常かむしろ小さい	—
膀胱麻痺			—	受動的、不完全	なし	尿失禁	大きくて弛緩している	—

—：記載する根拠が乏しい

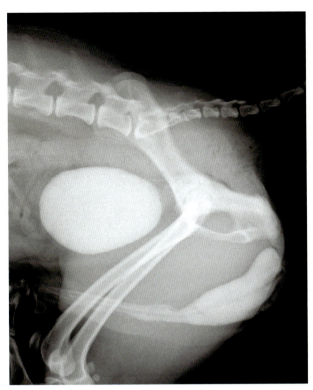

図3　尿道憩室の一例
フレンチ・ブルドッグ、去勢雄、10歳。尿失禁、尿淋滴。逆行性尿路造影を実施したところ、尿道構造の不整が認められた。

になるが、尿管への空気塞栓の危険性があり、十分な注意が必要である。特にネコでは推奨されない。

そのほかにも、膀胱鏡検査や尿水力学的検査（urodynamic study）などが行われる場合がある[10]。ACVIMのコンセンサス・ステートメントでは、イヌの尿失禁に対する診断と治療に、膀胱鏡検査の積極的な利用を推奨している[4]。膀胱鏡は尿道と膀胱の粘膜を直接観察できるため、尿道や膀胱の構造異常や出血点の確認に最も有効である。さらには生検鉗子、レーザー焼灼、充填剤注入の可能な膀胱鏡を用いることで、組織生検用の粘膜サンプルの採取、壁内異所性尿管に対する焼灼治療、USMIに対する尿道充填剤注入などといった、診断と治療に有効な処置を行うことができる。ただし、小型犬やネコが大多数を占める日本国内の臨床現場において、こうした膀胱鏡による処置が標準治療になるまでにはさらなる医療機器の発展が必要かもしれない。

尿水力学的検査は機能的な尿道括約筋の長さと尿道の閉鎖圧（尿道内圧）を測定する手法である[11]。経尿道プロファイル用カテーテルにはダブルもしくはトリプルルーメンカテーテルを使用し、それぞれのポートはトランスデューサーもしくは水量管理のためのシリンジに接続されている。膀胱内に導入したカテーテルを徐々に引き抜きながら、そのときに先端部にかかる圧を計測し、膀胱、尿道各所の局所的な内圧を測定、記録する。ただしこれらの機器の普及率はたいへん低く、一般的な検査とはいえないのが現状である。

1.2.2 排尿障害の内科的治療

排尿障害の治療では、その原因疾患に対する治療とともに、対症療法を組み合わせて実施する（表5）。試験的治療の反応性により遡って診断が下されるケースもある。

排尿筋の収縮が低下している場合には副交感神経作動薬（ベタネコールなど）、尿道の緊張低下には交感神経$α_1$受容体作動薬（フェニルプロパノールアミンなど）を投薬する。

逆に尿道の過剰緊張には交感神経$α_1$受容体遮断薬（フェノキシベンザミン、プラゾシン、タムスロシンなど）と横紋筋弛緩薬（ジアゼパムなど）を投薬する。

排尿筋の過剰収縮が炎症に対する治療でも奏功しない場合には、M_1受容体拮抗薬（オキシブチニン、ジサイクロミンなど）や抗コリン薬（プロパンテリンなど）を使用する。

1.2.3 排尿障害の外科的治療

異所性尿管や尿膜管遺残、会陰ヘルニアをはじめとする下部尿路の構造的な異常がもとで排尿障害が認められるとき、または尿石症や新生物による機械的流出閉塞がもとで排出障害が認められるとき、これらの整復に外科的処置が検討される。また、神経原性の排尿障害の際、圧排病変の外科的除去も検討される。詳細は別章に譲る。

2 各論：神経原性排尿障害

2.1 上位運動神経性排尿障害

2.1.1 上位運動神経性排尿障害の定義

イヌで第五腰椎（第七腰椎とする文献[4]も）より上位、ネコで第六〜第七腰椎より上位、すなわち仙髄分節よりも頭側の脊髄や脳の損傷を原因とする排尿障害を上位運動神経（upper motor neuron：UMN）障害による神経原性排尿障害と呼ぶ。痙性神経因性膀胱、反射性膀胱、自動膀胱などとも呼ばれる。

第11章

表5 排尿障害に用いる各種薬剤の使用例

分類	一般名	商品名	参考用量（イヌ）	参考用量（ネコ）	用法	主な副作用
副交感神経作動薬	ベタネコール塩化物	ベサコリン	5〜25 mg/kg, TID	1.25〜5 mg/head, TID	PO	嘔吐、下痢、流涎など（消化管刺激）
α₁受容体遮断薬	プラゾシン塩酸塩	ミニプレス	0.1 mg/kg, TID (0.5〜3mg/head)	0.5 mg/head., BID	PO	失神、ぬまい、頻脈など
〃	タムスロシン塩酸塩	ハルナールDなど	0.01 mg/kg, SID〜BID (0.4〜0.8mg/head, SID)	0.01 mg/kg, SID-BID	PO	－
〃	フェノキシベンザミン	Dibenzyline（国内販売なし）	0.25 mg/kg, SID〜BID	0.5 mg/kg, BID	PO	低血圧、散瞳、眼圧上昇など
横紋筋弛緩薬	ジアゼパム	ホリゾン	0.2 mg/kg, TID	0.2 mg/kg, TID	PO	行動変化
〃	ロラゼパム	ベンゾジアゼピン	0.02〜0.2mg/kg, BID〜TID		PO	鎮静、行動の変化
〃	ダントロレンナトリウム水和物	ダントロレン	1〜5 mg/kg, BID〜TID	0.5〜2 mg/kg, TID	PO	肝障害、嘔吐など
M₁受容体拮抗薬	オキシブチニン塩酸塩	ポラキス	0.2 mg/kg, BID〜TID, 総量 3.75 mg まで	0.5〜1 mg/head, BID-TID	PO	流涎、口渇、下痢、便秘、嘔吐など
抗コリン薬	ブチルスコポラミン臭化物	ブスコパン	0.2〜0.4 mg/kg, TID	0.2〜0.4 mg/kg, TID	PO	便秘など
〃	プロパンテリン臭化物	プロバンサイン	0.2〜0.4 mg/kg, BID〜TID	0.2〜0.4 mg/kg, BID-TID	PO	嘔吐、流涎、便秘
α₁受容体作動薬	フェニルプロパノールアミン	Proin（国内販売なし）	1〜2 mg/kg, BID	1〜2 mg/kg, BID	PO	高血圧、異常興奮、浅速呼吸など
エストロゲン製剤	エストリオール	エストリオール	1 mg/head, SID〜EOD	－	PO	外陰部腫脹、雄を引き付ける、骨髄抑制
アンドロゲン製剤	メチルテストステロン	エナルモン（販売中止）	0.5〜1.0 mg/kg, SID	－	PO	雄性行動、肝酵素上昇
〃	テストステロンエナント酸エステル	エナルモン・デポー	1 mg/kg, 10 日に 1 回	－	IM	〃
骨格筋弛緩剤	アセプロマジン	アセプロマジン	0.5〜2.2mg/kg, TID	－	PO	鎮静、低血圧
〃	ベンゾジアゼピン	アルプラゾラム	0.02〜0.1mg/kg, BID	－	PO	鎮静、食欲増進
節後副交感神経受容体の刺激を介して排尿筋の収縮を刺激	コリン作動性（ムスカリン様）	ベタネコール	2.5〜25mg/head, SID〜TID	－	PO	下痢、流涎

参考用量は文献4, 27, 55, 56 より改変。実際の処方は各獣医師の責任のうえで行うこと

2.1.2 上位運動神経性排尿障害の病態生理

排尿を支配する末梢神経と中枢神経の連絡が分断されるために発症する。原因疾患には、椎間板突出、腫瘍、外傷、線維軟骨梗塞、髄膜炎、脳幹疾患などが考えられる。

一般的に健常な末梢運動神経は、中枢から抑制性の入力によって不必要な過度の興奮が抑えられている。しかし本疾患では、外尿道括約筋を支配する陰部神経に対する中枢から抑制性入力が失われるため、尿道括約筋は過度に緊張し、機能的な排出障害による排尿困難に陥る。

また、本来は蓄尿によって膀胱が拡張した際、膀胱の伸展受容器からの知覚が下腹神経を通じて大脳皮質に届けられて尿意が形成される。しかし本疾患ではこれが到達しなくなるため、症例は尿意を喪失する。行き場を失った尿を貯めた膀胱は緊張性をもって過度に拡張する。

発症初期は、膀胱内圧が過剰な尿道内圧を上回ったときに、不随意的で不完全に漏出する横溢性尿失禁を認める。受傷後5〜10日経過すると尿道括約筋の緊張が薄れ、膀胱壁の伸長を受容器に、排尿筋の収縮を効果器にもつ、脊髄尾側の局所的な反射弓が著明になり、特に徴候もなく尿失禁を繰り返す自動性尿失禁（反射性排尿失禁ともいう）に陥ることがある。

いずれにしても発症後に速やかに排尿管理が行われない場合、膀胱壁の過伸展により排尿筋の収縮機能が損なわれ、不可逆的な膀胱麻痺に進行することが多い。

2.1.3 上位運動神経性排尿障害の臨床徴候

尿意のない排尿困難または尿失禁が特徴である。膀胱は過度に拡張し、緊張感を伴う。尿道内圧の亢進による排尿困難のため、圧迫排尿は困難である。圧迫排尿の無理な実施は尿管への尿の逆流や膀胱壁の損壊をまねく恐れがあり、危険である。尿道の構造には異常を伴わないため、導尿カテーテルの挿入は問題なく可能である。

どの病期であっても、排尿筋の強い緊張がもたらす膀胱尿管逆流による腎後性腎障害や、残尿による尿路感染症が続発する可能性がある。

また、排尿障害以外にも、原因疾患に関連した他の神経症状を伴うことがあり、神経学的検査では上位運動神経徴候（upper motor neuron sign：UMNs）を認めることがある。

2.1.4 上位運動神経性排尿障害の診断法

十分な尿貯留があるにもかかわらず尿意がないことをはじめとする、神経原性排尿障害の特徴的な徴候から本疾患を疑う。

確定診断は、原因疾患である上位運動神経障害の診断法に帰する。神経学的検査、X線、CTやMRI検査による画像検査が有効である。下位運動神経原性排尿障害との鑑別は、症状と原因疾患の病変部位などから判断する。

実施には注意が必要だが、圧迫排尿が困難であることも診断の助けになる。

2.1.5 上位運動神経性排尿障害の治療と予後

治療は原因疾患に対する治療とともに、膀胱の緊張を緩和するために頻繁な排尿処置を施すことが重要である。

排尿処置は1日3回以上の無菌的なカテーテル導尿が推奨されている。膀胱が過度に拡張した状態が持続すると、排尿筋同士のタイトジャンクションが障害を受け、収縮機能が失われる膀胱麻痺に進行するため、これを避けることが目的である。いったん膀胱麻痺になると、原因疾患の治療が奏功して上位運動神経性排尿障害が取り除かれたとしても膀胱麻痺による排尿障害が残ることが多い。

ただし、繰り返しのカテーテル導尿は尿路感染のリスクを高めることも忘れてはならない。特に、神経疾患に対する治療にはグルココルチコイドがよく用いられるが、グルココルチコイドは尿量を増やすとともに症例を易感染性にするため、尿路感染のリスクが増大する。急性椎間板ヘルニアのイヌにおける尿路感染症の有病率は、手術後6週間以内に38％、尿道カテーテルを留置しているイヌでは52％と報告されている[12,13]。

排尿障害に対する対症療法として内科的治療を行う。尿道括約筋の弛緩をうながすために交感神経α_1受容体遮断薬（タムスロシン、ダントロレン、プラゾシンなど）を投与する。横紋筋の弛緩をうながすためにジアゼパムが使われることもある。これらの内科的治療を施すことで、圧迫排尿が可能になることがあるが、前述の通り上位運動神経障害において圧迫排尿は高い危険を伴うことに注意が必要である。

予後は原因疾患に依存するが、一般的にはよくない。椎間板ヘルニアや硬膜外腫瘍の脊髄圧迫による排尿障害は、手術などにより圧迫が解除されない限り症状の改善は見込めない。また、脊椎／脊髄疾患に対する処置が遅れた場合、損傷した神経の回復には時間がかかるか十分

第11章

な回復が望めないため、仮に原因疾患が治療されても正常な排尿様式に戻らないことが多い。

ただし、近年の神経再生医療の発達には目を見張るものがあり[14,15]、脊髄損傷時の神経再生の常識や、排尿障害の治療方針は今後くつがえされるかもしれない。

2.2 下位運動神経性排尿障害
2.2.1 下位運動神経性排尿障害の定義

イヌで第五腰椎（第七腰椎とする文献[4]も）より下位、ネコで第六～第七腰椎より下位、すなわち仙髄分節S1～S3の損傷、または神経根や末梢運動神経の障害を原因とする排尿障害を下位運動神経(lower motor neuron：LMN）障害による神経原性排尿障害と呼ぶ。

2.2.2 下位運動神経性排尿障害の病態生理

排尿筋および尿道括約筋を支配する下位運動神経が障害を受け、これらの筋群が弛緩性に麻痺するために発症する。原因疾患には、馬尾症候群、腫瘍、外傷、膀胱麻痺、Key-Gaskell症候群、骨盤腔の手術に伴う医原性尿失禁などが考えられる。同じ神経の支配領域である、会陰部、球海綿体筋、排尿筋の反射も併せて喪失することが多い。

膀胱は弛緩して拡張し、過度に尿が貯留する。膀胱壁が引きのばされても、伸展刺激による神経発火が中枢に届けられないため、尿意を喪失する。排尿筋、尿道括約筋とも弛緩しているため、膀胱内の尿貯留量にかかわらず受動的で不完全な排尿、いわゆる持続性尿失禁が認められる。

2.2.3 下位運動神経性排尿障害の臨床徴候

上位運動神経性排尿障害と同様、尿意のない尿失禁が特徴である。しかし、過度な緊張によるものではなく、弛緩性の麻痺によるものなので、上位運動神経性排尿障害とは違って圧迫排尿は容易に行うことができる。尿道に構造的異常を伴わないため、カテーテル導尿も容易である。

本章2.2.2「病態生理」の項で記した通り、膀胱内の尿貯留量にかかわらない受動的で不完全な排尿、いわゆる持続性尿失禁が認められる。これに伴い、尿性脱毛、尿やけ、褥瘡を発症しやすい。排尿後も膀胱には多量に残尿するため、衛生的ではなく、尿路感染症のリスクに常にさらされている。

2.2.4 下位運動神経性排尿障害の診断法

上位運動神経性排尿障害と同様、神経障害の診断法に帰する。尿意がないことをはじめとする神経原性排尿障害の特徴的な徴候から本疾患を疑う。神経学的検査、X線、CTやMRI検査による画像検査が有効である。上位運動神経原性排尿障害との鑑別は、徴候と原因疾患の病変部位などから判断する。

持続性で不完全な排尿が認められるとともに、圧迫排尿が容易であることも診断の助けになる。

2.2.5 下位運動神経性排尿障害の治療と予後

治療は原因疾患に対する治療、および1日3回以上の圧迫排尿かカテーテル導尿を行う。

排尿筋の収縮をうながすために、副交感神経作動薬（ベタネコールなど）を投与する。ただしベタネコールは嘔吐、下痢、流涎、食欲不振などの副作用があり、治療に適さない場合もある。

また、持続性尿失禁の緩和には尿道括約筋の緊張向上が必要である。このため、α作動薬であるフェニルプロパノールアミンや、イミプラミンの投薬も検討する。

尿道括約筋の弛緩は尿路感染症のリスクを上げる。本疾患に対して毎週の尿検査や尿沈渣の鏡検を推奨する教科書もある[16]。尿路感染症の所見を認めたら、培養検査を追加するなどして適切な抗菌薬の投与を行う。加えて、尿性脱毛、尿やけ、褥瘡の発症を避けるために会陰部をできるだけ清潔に保つ工夫が必要である。

予後は上位運動神経性排尿障害と同様、膀胱麻痺に発展しやすく、一般的に治療反応性はよくない。外傷による下位運動神経の損傷は比較的再生が期待できるとされているが、長期予後は芳しくない[16]。細菌性膀胱炎の管理も難しくなることが多い。

2.3 マンクス症候群
2.3.1 マンクス症候群の定義

イギリスのマン島に由来するネコの品種マンクスは尾が短いか完全にないことで知られるが、行き過ぎた血統交配をした際には単に尾の欠落だけでなく、仙骨の無形成や異形成、仙髄欠損などの先天性疾患をもつことがある。これに伴って生じる後肢麻痺、尿失禁、排便障害などの徴候を総じて、「マンクス症候群（Manx syndrome）」と表現されることがある[17]。

2.3.2 マンクス症候群の病態生理

排尿障害の観点からみれば、「マンクス症候群」による尿失禁症状は、先天性の仙骨もしくは仙髄形成不全に起因した下位運動神経障害による神経原性排尿障害の一種である。マンクスの約30％で認められ、それらのほぼすべてがランピー（Rumpy）と呼ばれる尾の完全欠落したマンクスであったとする報告がある[18]（図4）。

その後、遺伝子解析により、Brachyuryの遺伝子変異4種がマンクスの短尾、および「マンクス症候群」の主な原因であることが示唆された[19]。BrachyuryはTボックスファミリーに属する転写因子で、これをコードする遺伝子は*T-box transcription factor T*（*TBXT*、以前はT）と呼ばれている。脊索の分化に関与しており、その遺伝子変異が神経管の発生異常につながる。

マンクスで認められたこれらの変異は常染色体顕性遺伝で、ホモ個体は別部位の変異同士であっても胎生致死となる[19]。ただ、変異の種類から尾の長さを予測することは不可能であること、変異遺伝子による短尾の出現率は100％ではないことも併せて報告されており[19]、「マンクス症候群」の発生には他の要因の関連性も考察されている。

ちなみに日本ネコをはじめとするアジア系のネコに認められる短尾において、*TBXT*との関連性は認められていない。一方で*HES7*の一塩基置換との関連性が報告されている[20]。*HES7*はNotchシグナル伝達経路にかかわる転写因子の1つである。日本ネコは短尾であって、ランピーにみられる尾の完全欠損とは異なるとも考えられている。

2.3.3 マンクス症候群の臨床徴候

後肢不全麻痺～麻痺、尿失禁、便秘、排便障害、巨大結腸、鎖肛などが認められる。膀胱は小さい。

2.3.4 マンクス症候群の診断法

家族歴から疑診する。文献19に則って遺伝子検査を行えば確定診断も可能であろう。

2.3.5 マンクス症候群の治療と予後

3～4歳程度で死亡する。繁殖制限により現在はコントロールされている。

2.4 大脳皮質、小脳の障害による排尿障害 [4]

2.4.1 疾患の定義

大脳皮質や小脳の障害により生じる排尿障害において、

図4 尻尾のないマンクスの例

既に述べた上位運動神経性排尿障害と異なる臨床徴候を示すことがあるので別途記載する。

2.4.2 病態生理

大脳皮質では尿意の知覚や随意的な排尿行動を、小脳では一部の排尿反射の中枢を担っている。このため、これらの部位に障害がある場合に特徴的な排尿障害が認められることがある。

2.4.3 臨床徴候

大脳皮質から脳幹にかけての異常では、排尿にかかわる明確な運動機能の喪失は認められず、会陰反射も正常である。一方で尿意は制御できず、不適切な排尿が頻繁に認められるようになる。膀胱のサイズは正常で、排尿後の異常な残尿も認められない。すなわち排出障害はなく、蓄尿障害の一種である。例えば高齢性認知機能不全などがこれにあたる。

小脳の異常では、神経学的検査で小脳徴候が認められることが多い。会陰反射は正常である。尿意は正常に残るか、むしろ頻度が増加する。このため膀胱サイズは小さく維持されることが多い。

2.4.4 診断法

適切に尿意を感じられない点や、神経学的な臨床徴候から本疾患を疑う。確定診断は他の神経障害の診断法に帰する。神経学的検査、X線、CTやMRI検査による画像検査が有効である。

2.4.5 治療と予後

原因疾患に即した治療方針の検討と、対症療法が主軸になる。

3 各論：非神経原性排尿障害

3.1 機能的排尿障害
3.1.1 尿道括約筋機能不全
3.1.1.1 尿道括約筋機能不全の定義

尿道括約筋機能不全（urethral sphincter mechanism incompetence：USMI）は、去勢・避妊したイヌの尿道括約筋（特に内尿道括約筋）の緊張低下により生じる、散発的な尿失禁である[11,21]。性ステロイドホルモン補充療法が奏効するためホルモン反応性尿失禁（hormone-responsive urinary incontinence）と呼ばれたり、避妊性失禁（spay incontinence）、特発性尿失禁（idiopathic incontinence）、原発性尿道括約筋機能不全（primary sphincter mechanism incompetence：PSMI）と呼ばれたりもする。

3.1.1.2 尿道括約筋機能不全の病態生理

本疾患は若齢〜中齢、中型〜大型犬種の避妊雌で多い。体重15kg以上の避妊雌イヌの9.12％で発症が認められたとの報告もある[22]。好発犬種は、ジャーマン・シェパード、ロットワイラー、ドーベルマンなどとされている[56]が、どの犬種でも認められる。

卵巣が摘出されていれば、避妊手術の術式の違いは発症率に影響しない[23]。避妊手術の時期によって発症率が変化するかは議論の余地があり、初回発情前に避妊することで発症率が下がったとも[24]、有意な差はなかったとも[25,26]報告されている。避妊手術から発症までの期間は様々で、避妊手術から3年以内に発症することが多いが、10年以上経ってから発症することもある。

大型犬種の避妊雌に限った病気ではなく、小型犬種の避妊雌や、去勢雄イヌ、避妊雌ネコでも散見される[27,28]。

発症機序は明確ではないが、多因子性のようである[11,21]。加齢や性ステロイド濃度の低下による泌尿生殖器のコラーゲン性支持構造の減少や、性ステロイドの低下により負のフィードバックが解除されたことによる黄体ホルモン（luteinizing hormone：LH）、卵胞刺激ホルモン（follicular stimulating hormone：FSH）の分泌亢進が病態に関与していると考えられている。

3.1.1.3 尿道括約筋機能不全の臨床徴候

臨床徴候は尿失禁、尿漏、尿淋滴で、睡眠時や安静時に特に認めやすいのが特徴である。進行すると睡眠時や安静時のみならず、吠えたり咳をしたりなど、何らかの理由で腹圧が上がる瞬間に尿漏れするようになる。

随意的な排尿は可能であるため、膀胱サイズは正常かそれより小さく認められる。

3.1.1.4 尿道括約筋機能不全の診断法

確定診断には尿水力学的検査が有用である。しかし、検査装置も手技も普及していないため、現状の小動物臨床において用いられることはほとんどない。

シグナルメント、特徴的な臨床徴候、膀胱サイズなどの身体検査所見、尿検査、他の疾患の除外などを行って仮診断し、治療反応性に基づいて診断を下すことが多い。「ホルモン反応性尿失禁」と呼ばれるゆえんでもある。

3.1.1.5 尿道括約筋機能不全の治療と予後

治療は内科療法が一般的で、反応性はよく、予後も良好である。後述する外科的治療法は一過性の症状改善をもたらすが、再発リスクが高く、現在ではあまり用いられていない。2024年のACVIMコンセンサス・ステートメントでは、薬剤抵抗性の場合に膀胱鏡を用いた尿道充填剤の注入、または人工尿道括約筋の外科的処置を考慮する、と書かれている[4]。

欧米では交感神経α_1受容体作動薬（フェニルプロパノールアミン）が第一選択薬として用いられる。しかしフェニルプロパノールアミンは日本では販売されておらず、使うなら輸入に頼ることになる。避妊雌への奏効率は86〜97％だが、効果は時間とともに低下する可能性がある[11]。対して去勢雄への奏効率は低く、約44％である[11]。異常興奮、喘ぎ呼吸、食欲不振、高血圧などの副作用が知られている。副作用が看過できない場合には、投与量を減らすか、持続放出型のフェニルプロパノールアミンの使用を検討する。

もう1つの主な内科的治療薬として、エストロゲン製剤（エストリオール、ジエチルスチルベストロール）が使用される。

エストロゲンはα受容体の数と感受性を高めるため、上記α_1受容体作動薬と併用して用いることで相乗的な効果が期待できる。エストロゲン製剤のうち、ジエチルスチルベストロールは内分泌かく乱物質、発がん物質としてよく知られている。以前、海外では動物用医薬品として肥育を目的にウシやヒツジなどに用いられていたが、その目的での使用は1979年に禁止された[29]。日本では現在、動物用医薬品としてもヒト用医薬品としても承認されていない[29]。

一方、エストリオールは国内購入可能で、エストロゲン製剤のなかでは比較的副作用が少ない製剤であるとされている。エストリオールによる治療効果は部分的な改善を含めると93％であったとする報告がある[30]。製剤の有効性、安全性、入手しやすさなどを併せて考えると、国内では本疾患に対する治療はエストリオールが用いやすいだろう。エストロゲン製剤の副作用は発情様作用、外陰部腫脹、骨髄毒性、内分泌性脱毛などが知られている。薬剤耐性にも注意が必要で、高用量を使用せねばならない場合は特に副作用に注意する。

他にも、テストステロン製剤（メチルテストステロン）が用いられることがある。特に去勢雄に対する治療では、エストロゲン製剤を用いるよりテストステロン製剤を用いる方が理解しやすい。だがそれだけでなく、避妊雌に対しても有効であることが近年示された[27]。現在、メチルテストステロンの経口投与剤（エナルモン）の国内販売は中止されているが、長時間作用型の筋肉注射製剤（エナルモン・デポー）は入手可能で、1回の投与で4～6週間の効果が期待できる[27]。テストステロン製剤は攻撃行動、前立腺過形成、肛門周囲腺腫の悪化を招くなどの副作用がある。去勢雄に対して投与する際は、定期的な直腸検査を行い前立腺のサイズを評価すべきである。また、前立腺過形成、肛門周囲腺腫、攻撃性問題行動などの改善を目的に去勢手術を行った症例に対しては、そもそもテストステロン補充療法を選択すべきではない[16]。

前述の治療に反応しない場合、GnRHスーパーアゴニスト（リュープロレリン）や抗コリン作動薬（オキシブチニンなど）の投与、もしくは外科的な介入が検討される。GnRHスーパーアゴニストはLH、FSHの産生と分泌を逆説的に抑制することで作用する。

外科的治療法には、尿道粘膜下組織への増量剤注射、腟懸垂固定術(colposuspension)、尿道固定術(urethropexy)などがある。これらの処置は総じて一過性には有効であるが、長期的には再発のリスクが高く、現在はあまり実施されていない[11]。

尿道粘膜下組織への増量剤注射は、膀胱鏡を用いてウシコラーゲンを注入するものである[11]。2～3日以内に約60～70％の症例で改善が認められる。しかし処置より12カ月後には効果が落ち、約40％の症例で繰り返しの注射が必要になる[31]。

他にもポリエチレングリコール・カルボキシメチルセルロース・ヒドロゲル、テフロン、カルシウム・ヒドロキシアパタイトなどが増量剤として用いられる。

腟懸垂固定術は腟を腹壁に取り付ける手法で、膀胱頸部と尿道近位部を頭側に留め、外部からの圧迫が加わりやすくすることで尿道内圧を確保する[32]。実施された症例の50～60％で症状の改善が認められるが、残念ながら1年後も効果が持続しているのは14％ほどである[32]。

尿道固定術は膀胱頸部と近位尿道を腹壁に固定することで尿道位置を整復する手法である[32,33]。これによって尿道管腔の直径が減少し、排尿時の抵抗が増加する。手術した症例の87％に症状の改善が認められたが、他の外科的手法と同様に、時間とともに悪化し、長期間の改善が認められる例は56％であった[34]。加えて、排尿障害や無尿などの術後合併症が約20％にみられた[34]。

3.1.2 排尿筋・尿道括約筋協調不全

3.1.2.1 排尿筋・尿道括約筋協調不全の定義

排尿筋・尿道括約筋協調不全（detrusor-sphincter dyssynergia：DSD）とは、随意的な排尿を行う際、本来なら排尿筋の収縮に協調して起きる尿道括約筋の弛緩がみられないために、機能的な尿道閉塞となって排尿困難になる疾患をいう。排尿筋尿道不協調（detrusor urethral dyssynergy：DUD）とも呼ばれる。

3.1.2.2 排尿筋・尿道括約筋協調不全の病態生理

主に中年齢の大型犬種の去勢された雄イヌに最もよく認められる[27,35]。ある報告では発症年齢は平均で4.9歳であった[36]。雌イヌではまれだが、みられないわけではない[35]。

ラブラドール・レトリーバー、ゴールデン・レトリーバー、雑種での発症が多い。ボクサー、ブル・マスティフ、コッカー・スパニエル、クランバー・スパニエル、ニューファンドランド、イングリッシュ・ブルテリアなどでも発症が知られている[35]。

脊髄や自律神経節のなんらかの障害であると考えられているが、正確な原因はわかっていない（このため、神経原性排尿障害に分類されることもある[5]）。

3.1.2.3 排尿筋・尿道括約筋協調不全の臨床徴候

排尿開始後に尿流が細くなる、尿流が中断された後に尿が噴出する、排尿をいきんで座り込んだうえに歩きながら尿を滴下する、などの排尿障害症状を示す。

通常、膀胱は拡張している。

慢性経過をたどると、膀胱の緊張がなくなり、膀胱麻痺に移行する[3]。

圧迫排尿は困難であるが、尿道の構造的な異常は伴わ

第11章

ないため、カテーテルは簡単に挿入できる。

3.1.2.4 排尿筋・尿道括約筋協調不全の診断法

ヒトでは筋電図検査、排尿膀胱尿道造影検査、尿水力学的検査により確定的に診断される[35]。しかし小動物臨床においてこれらの検査はどれも一般的ではない。このため、特徴的な病歴、臨床徴候、機械的排尿障害の除外をもって仮診断し[3]、試験的治療を施すことが多い。

仮診断の根拠には、特徴的なシグナルメントと症状、排尿が中断された際に0.5mL/kgを超える残留尿量があること、尿閉塞を引き起こす他の疾患が除外されていることなどがあげられる[3,36]。神経学的検査では異常が認められないことが多い[3]。

本疾患は排尿障害に続発して腎後性腎障害に進行する可能性が高いので、尿管や腎盂の拡張の有無など、下部尿路のみならず、上部尿路の超音波検査の実施も推奨される[35]。

3.1.2.5 排尿筋・尿道括約筋協調不全の治療と予後

治療は尿道括約筋の弛緩をうながすために交感神経α_1受容体遮断薬（プラゾシン、フェノキシベンザミン、タムスロシンなど）、横紋筋弛緩薬（ジアゼパムなど）を用いる。時には、排尿筋の収縮をうながすため、副交感神経作動薬（ベタネコールなど）を併用することもある。必要に応じてカテーテル導尿を行い、膀胱麻痺に至らないよう注意する。フェノキシベンザミンは低血圧、悪心が主な副作用で、嗜眠、衰弱、見当識障害が認められる場合は投与量を減らす[16]。

本疾患は薬物療法が反応しやすく、治療効果は中央値11日程度から認められると報告されている[35]。多くのイヌが長期間、場合によっては寿命までの投薬を必要とする。投与量の漸減は再発を招くことが多く、注意が必要である[3]。

慢性化して膀胱麻痺に進行した場合は治療反応性が悪くなる。薬物療法が困難な場合、尿道ステント術が臨床徴候の改善につながることがある[3]。

3.1.3 排尿筋不安定症

3.1.3.1 排尿筋不安定症の定義

排尿筋不安定症（detrusor instability）とは、蓄尿障害の1つで、何らかの理由により排尿筋の過剰な収縮が生じ、尿意を我慢できずに尿失禁する病態をいう。切迫性尿失禁（urge incontinence）、排尿筋反射亢進（detrusor hyperreflexia）、排尿筋過活動（detrusor overactivity）、過活動膀胱（overactive bladder）などとも呼ばれる。

3.1.3.2 排尿筋不安定症の病態生理

膀胱や尿道に炎症が起きていたり、腫瘍や結石などにより下部尿路に刺激があったりする場合に、膀胱が充満した感覚が作り出され、過剰に排尿反射が誘発されることで発症する。原因疾患が不明（いわゆる特発性）の場合もある。

イヌでは細菌性尿路感染症や特発性が、ネコでは下部尿路の無菌性炎症（特発性膀胱炎を含む）が一般的な原因疾患である[37]。ヒトでは加齢や骨盤底筋の脆弱化が原因になりやすく、更年期障害の一症状として知られている。

3.1.3.3 排尿筋不安定症の臨床徴候

少量で頻回の排尿、突然の尿失禁、尿スプレー、時に有痛性の排尿困難、間欠的だが頻繁な血尿などが認められる。原因疾患によっては、細菌尿、膿尿、血尿など、尿路の炎症や結石に起因する徴候が加わることがある。

3.1.3.4 排尿筋不安定症の診断法

典型的な徴候により疑診し、原因疾患の有無を注意深く検討する。病歴、身体検査、神経学的検査は特に重要である[37]。穿刺尿による尿検査や腹部超音波検査も有効である。これらの検査から原因疾患がみつかれば、これに起因する排尿筋不安定症であると推定する。原因疾患がみつからなかった場合は、特発性排尿筋不安定症の可能性が考えられる。

確定診断には尿水力学的検査が有効である[38]。膀胱内圧、尿道内圧の測定下で、膀胱内に無菌的生理食塩液を徐々に注入する。排尿筋不安定症であった場合、不随意な膀胱収縮が始まるまでに注入された液量が、健常な動物と比べて圧倒的に少なくなる[38]。ただ、この検査手法や検査機器はほとんど普及していないため、一般的には仮診断による試験的治療が行われ、その反応性から診断が下される[37]。

3.1.3.5 排尿筋不安定症の治療と予後

治療は原因疾患に対する治療を行う。多くの場合、細菌性膀胱炎や尿石症に対する治療に反応して改善が認められる[6]。尿路の炎症に対する適切な治療を施しても症状が改善しない場合には、腫瘍、結石症、ポリープ、尿膜管遺残など、他の原因疾患を疑った詳細な検査を改め

て行うべきである。

特発性排尿筋不安定症に対しては、排尿筋の収縮を司る副交感神経の作用をやわらげるために、M_1受容体拮抗薬（オキシブチニン、ジサイクロミンなど）や抗コリン薬（プロパンテリンなど）が用いられる。そのほかには、抗コリン作用や尿道内圧の向上を期待して、三環系抗うつ薬であるイミプラミンを使用することがある[37,39]。

3.1.4 機能的尿道閉塞
3.1.4.1 機能的尿道閉塞の定義
機能的尿道閉塞（functional urethral obstruction）は、神経系にも尿路系の解剖学的構造にも異常がないにもかかわらず、尿道が閉塞している病態を指す。

3.1.4.2 機能的尿道閉塞の病態生理
ストレス、尿道筋のけいれん、尿道の炎症、浮腫、出血、前立腺疾患、尿路感染症などが引き金となって発症すると考えられている。確定診断が難しいためか、疫学的な情報はみあたらない。

イヌでは尿水力学的検査により確定診断した3頭の症例報告がある[36]。1頭は5歳の未去勢雄のビション・フリーゼ、1頭は6歳未去勢雄のミニチュア・ダックスフンドで、それぞれ前立腺炎、尿道結石の病歴があった。残る1頭は6歳未去勢雄のシベリアン・ハスキーで、原因となる関連疾患を特定できなかった[36]。

3.1.4.3 機能的尿道閉塞の臨床徴候
排尿時の尿道内圧が高いままのため、随意的な排尿が困難になる。排尿開始後に尿流が細くなる、尿流が遮断された後に尿が噴出する、排尿をいきんで座り込んだうえに歩きながら尿を滴下するなどの症状を示す。

3.1.4.4 機能的尿道閉塞の診断法
確定診断は安息時の尿水力学的検査による尿道内圧測定による。特に、排尿筋・尿道括約筋協調不全との鑑別には尿水力学的検査が必須である[6]。しかし両疾患の治療方針には大きな違いがないため、鑑別の必要性は定かではない。

また、この検査手技はほとんど普及しておらず、一般的には用いられない。特徴的な徴候が認められ、神経学的な異常や尿路系の解剖学的異常が除外されたとき、本疾患を疑診する。

逆行性の下部尿路造影は診断の補助に役に立つことがある[36]。

3.1.4.5 機能的尿道閉塞の治療と予後
基礎疾患を治療しても尿流出抵抗が低下しない場合には、尿道括約筋の弛緩をうながすために交感神経α_1受容体遮断薬（プラゾシン、フェノキシベンザミン、タムスロシンなど）、横紋筋弛緩薬（ジアゼパムなど）を用いる。

イヌ3頭の症例報告では、いずれもα_1受容体遮断薬などの治療開始後、数日～3週間の間に改善が認められた[40]。

3.1.5 術後機能不全
イヌの前立腺切除術やネコの会陰尿道造瘻術などに付随して排尿障害を生じることがある。尿路の外科手術に関しては第15章「腎泌尿器の外科手術」で述べられているので参照されたい。

3.2 機械的排尿障害
3.2.1 膀胱・尿道結石
3.2.1.1 膀胱・尿道結石の定義
膀胱・尿道の内腔に結石を認める場合、これを膀胱結石、尿道結石と呼ぶ。

3.2.1.2 膀胱・尿道結石による排尿障害の病態生理
尿石症の原因疾患、病態生理については第8章を参照されたい。

形成された結石そのものの物理的性状によって、またそれに関連して生じる尿路の炎症や感染症に起因して排尿障害が生じる。悪化すれば尿路は部分的または完全に閉塞し、腎後性腎障害に発展する。

腎結石や尿管結石がイヌよりネコで多いのに対し、膀胱結石、尿道結石はイヌで生じやすい。ネコでは結石より尿道栓子の発症が多い。

イヌでもネコでも、解剖学的理由から雌より雄で発症しやすい。特に雄イヌの尿道閉塞はほとんどが尿道結石に関連している[6]。陰茎骨の近位端で閉塞を起こすことが多い。

3.2.1.3 膀胱・尿道結石による排尿障害の臨床徴候
血尿、頻尿、排尿痛、1回あたりの排尿の少量化（逆説的溢流性尿失禁）、尿淋滴などが認められる。

臨床徴候の重症度はその閉塞の完全性により様々で、排尿が可能な部分的閉塞では、ほとんど徴候を認めない場合もある。完全閉塞すれば前述の徴候に加え、排尿困難、活動性・食欲の低下、さらには腎後性腎障害にとも

第11章

なって嘔吐、沈うつ、脱水などといった尿毒症の徴候が認められるようになる。

3.2.1.4 膀胱・尿道結石による排尿障害の診断法

緊急性の高い尿道閉塞を発症している場合、大きく膨張し、緊張した膀胱を触知できる。直腸からの尿道の触診、会陰部尿道の外部からの触診も結石の発見に有効なことがある。

腎後性腎障害に発展している場合、血液検査にて血中尿素窒素、クレアチニン、リン濃度の増加、カルシウム濃度の低下が認められる。

また、排尿困難による高カリウム血症と、それに続発する徐脈、不整脈、呼吸促迫、低体温を認めることがある。高カリウム血症はほとんどの場合、アシドーシスや低カルシウム血症を伴う[6]。徐脈と低体温は高カリウム血症の優れた予測因子である[6]。

尿検査では血尿所見がほぼ確実に認められる。沈査中には炎症、結晶の所見が認められることが多いが、認められないことも多いことに注意が必要である。

感染症所見は閉塞初期には認められないことが多いが、処置を行ったり、慢性化したりするうちに細菌が分離される可能性が高まる。

画像検査は膀胱・尿道結石の確定診断に有効である。リン酸カルシウム、シュウ酸カルシウム、ストルバイト、シリカは高いX線不透過性を示すため、単純X線写真で観察が容易である（図5）。

一方、シスチン、尿酸塩結石などは十分なコントラストが得られないことが多い。評価が困難な場合や、尿道狭窄症、尿道破裂、小さな尿路結石や血餅の有無を確認したい場合には、陽性または二重造影X線検査が有効である。

腹部超音波検査でも膀胱内や近位尿道については尿路にある結石を観察できる。また尿路中の血餅や血塊、小さな膀胱結石の評価には超音波検査が有効である。

3.2.1.5 膀胱・尿道結石による排尿障害の治療と予後

緊急処置

尿道閉塞により大きく膨張し、緊張した膀胱を触知できる場合、尿道閉塞の解除処置を緊急に行う必要がある。

まず膀胱穿刺によって膀胱内の尿の大部分を取り除き、膀胱にかかる強い内圧を緩和する。続いて、リューブゼリー（局所麻酔薬入りゼリー）を塗布した比較的小径のカテーテルを用い、尿道への挿入を試みる。

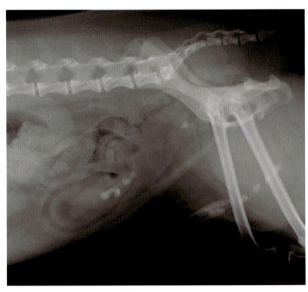

図5　尿道閉塞を起こしたイヌの単純X線像
膀胱穿刺により膀胱内の尿を抜去した後に撮影した。複数の膀胱結石と、近位尿道から陰茎骨の基部に至るまで複数の結石様陰影が認められる。

膀胱まで到達できない場合、リューブゼリーを加えた温めた滅菌生理食塩液によって逆行的尿道水圧推進法を行い、尿道結石の膀胱への押し戻しを実施する（図6）。繰り返し行っても解除困難な場合、緊急的な尿道切開術を検討する。

結石が小さい場合には、排尿推進法が選択されることがある（図7）。「小さい」とは、雌イヌで7mm未満、雄イヌで5mm未満、雌ネコで5mm未満、雄ネコで1mm未満である[6]。

全身麻酔下にて、膀胱尿道鏡もしくは経尿道カテーテルを用いて十分量の滅菌生理食塩液を膀胱に注入し、カテーテルを抜去する。その後、動物を垂直に保持し、膀胱を揺らしたり、尿意を誘発するために指で膀胱にやさしく圧を加えたりなどして尿結石の排出を推進する。

そのほかに、低侵襲的な処置としてバスケット回収、レーザーや体外衝撃波による砕石術、膀胱尿道鏡などを用いた経皮的膀胱結石摘出術などが知られているが、小型犬やネコではこうした術式はあまり現実的ではない。

処置後は再度X線検査を行い、結石の状況について確認する。

尿石症の治療

2016年にACVIMがイヌとネコの尿石症の治療と予防に関するコンセンサス・ステートメントを発表しており[41]、日本獣医腎泌尿器学会誌に翻訳版も発表されているので参照されたい[42]。また、本書の第8章では尿石症に関す

排尿障害

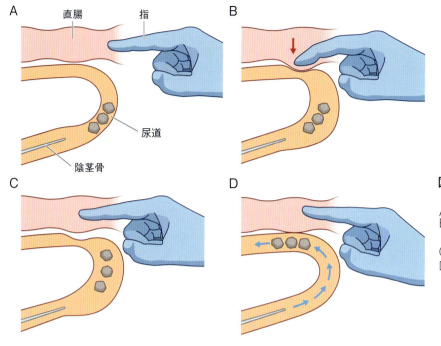

図6 逆行的尿道水圧推進法による尿閉解除（雄イヌの例）
A：結石が尿道に閉塞している。
B：直腸から用手にて尿道を圧迫・閉塞し、尿道口から滅菌生理食塩液を注入する。
C：用手による尿道の圧迫を解除する。
D：注入した滅菌生理食塩液（青矢印）とともに閉塞物が膀胱へと逆行する。

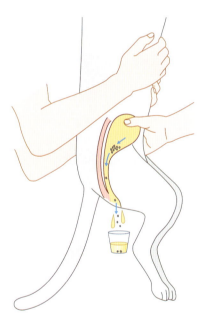

図7 結石が小さいときの排尿推進法
特に雄イヌやネコで用いられる。動物を垂直に保定し、滅菌生理食塩液により十分に膨張させた膀胱をやさしく圧迫して、結石を尿道に導き排出させる。

る詳しい記載があるので参照されたい。
　上記のACVIMコンセンサス・ステートメントでは、膀胱結石・尿道結石について以下のように記載されている[41,42]。

① ストルバイト結石に対しては内科的治療が有効であり、無菌性ストルバイト膀胱結石なら通常は2〜5週間で溶解する。外科的介入を回避して内科的治療を選択したことで尿道閉塞の発症リスクが増したという報告はない。

② 膀胱結石が尿道を通過できる程度の小さなサイズであった場合、内科療法、圧迫排尿、バスケット回収法を選択する。切開を伴う外科的介入を行った場合、縫合糸誘発性尿路結石の再発リスクがあるためである。これは尿路結石の最大9％の原因因子と考えられている。

③ 膀胱結石が溶解できないタイプの成分で、サイズが大きすぎて尿道閉塞の原因になりえないと考えられ、かつ臨床徴候が認められない場合は、注意深く経過観察するにとどめる。ただし血尿や排尿障害、尿路感染症といった臨床徴候が認められる場合は、速やかに除去を検討する。

④ 膀胱結石の形状がスムーズで、尿道の内径と変わらない小さいサイズである場合、閉塞を引き起こす可能性があるので、臨床徴候がなかったとしても、溶解させるか、除去処置を行うべきである。除去にはできれば低侵襲的処置が望ましい。低侵襲的処置とはバスケット回収、砕石術、経皮的膀胱結石摘出術などだが、小型犬（雄）やネコでは解剖学的に小さすぎて、こうした術式はあまり現実的ではないかもしれない。

⑤ 尿道結石は、尿道閉塞を引き起こしているかどうかにかかわらず、体内砕石術とバスケット回収法によって速やかに対処する。実施されたイヌにおいて100％有効であったとする報告もある[43]。上述と同様、小型犬（雄）やネコではあまり現実的ではない

かもしれない。その場合、逆行的尿道水圧推進法にて膀胱へ押し戻し、経皮的膀胱結石摘出術もしくは膀胱切開術によって結石を回収する。

⑥ 尿道切開術や尿道造瘻術は尿道の解剖学的な構造や機能に永続的な変化を生じさせる。これらの手術は合併症や有害作用が生じる頻度も高い。このため、これらの手法に進むより先に、尿路結石の再発を予防するための治療をまず厳格に行う。

3.2.2 ネコの尿道栓子
3.2.2.1 尿道栓子の定義

尿道の内腔に詰まった凝集物を尿道栓子（urethral plug）と呼ぶ。尿道栓ともいう。特にネコで多いため、「ネコの尿道栓子」と呼ばれることもある。

3.2.2.2 尿道栓子の病態生理

ネコの尿道閉塞の一般的な原因の1つであり、ネコの下部尿路疾患（feline lower urinary tract disease：FLUTD）を有するネコの10～20％が尿道栓子または尿路結石症をもっていると考えられている[44]。本疾患は、尿石症に関連して発症するというよりは、特発性膀胱炎、尿道炎による炎症に続発して生じると考えられている[6]。ネコの特発性膀胱炎に関しては第9章「ネコの下部尿路疾患」に詳しく述べられている。

ネコの尿道栓子の発症年齢の中央値は4～5歳であるが、すべての年齢で罹患しうる。性別では雄ネコ、特に去勢雄ネコの発症が圧倒的に多く、尿道の管腔径が小さい陰茎の先端に発生しやすいが、尿道のどこにでも発生する可能性がある。

尿道結石が基本的には無機物からなる硬い集塊であるのに対し、尿道栓子は有機物、すなわち炎症反応物質、粘液、血液、脱落した組織などに起因するムコ蛋白と、無機物からなる集積物である。

一般的にネコの尿路結石のミネラル組成はストルバイトとシュウ酸カルシウムが同じくらいの頻度で発生するか、シュウ酸カルシウムの方が多い傾向にある[44]。

しかし、尿道栓子のミネラル組成は、そのほとんどがストルバイトである。カナダの618例の尿道栓子の調査では、81.1％がストルバイトであった[44]。14.4％は異なる結晶成分か、複数の成分の組み合わせで、10％未満の尿道栓には結晶が含まれていなかった[44]。

3.2.2.3 尿道栓子の臨床徴候

いわゆる尿道閉塞による症状、すなわち有痛性の排尿困難、頻尿、血尿、疼痛、溢流性尿失禁などが認められる。その強度は、閉塞の完全性や期間によって様々である。腎後性腎障害に発展して、尿毒症徴候（嘔吐、沈うつ、脱水）を呈することもある。

臨床徴候の発現は比較的急性のことが多く、223頭のネコの研究では初回来院までの臨床徴候の持続期間の中央値は3日だった[6]。実験的には、完全閉塞したネコでは閉塞から48時間以内に活動性の低下と嘔吐が認められ、72時間後には多くのネコが瀕死状態になる[6]。

3.2.2.4 尿道栓子の診断法

緊急性の高い尿道閉塞を発症している場合、大きく膨張し、緊張した膀胱を触知できる。陰茎の先端から尿道栓子が飛び出ていたり、栓様の物質が会陰部に付着していたりすることがある。また、陰茎を舐めすぎて、発赤していることがある。尿道栓子を回収し、観察することができれば、確定診断できる。

腎後性腎障害に発展している場合、血液検査にて血中尿素窒素、クレアチニン、リン濃度の増加、カルシウム濃度の低下が認められる。排尿困難による高カリウム血症と、それに続発する徐脈、不整脈、呼吸促迫、低体温を認めることがある。高カリウム血症はほとんどの場合、アシドーシスや低カルシウム血症を伴う[6]。徐脈と低体温は高カリウム血症の優れた予測因子である[6]。血圧は変動していないことが多いが、強いストレスにより上昇していることもある。

尿検査では血尿所見がほぼ確実に認められる。尿沈査中には炎症、結晶の所見が認められることが多いが、認められないこともある。感染症所見は閉塞初期には認められないことが多いが、処置を行ったり、慢性化したりするうちに細菌が分離される可能性が高まる。時折、尿試験紙の検査結果で尿糖陽性となることがあるが、多くの場合はストレス性高血糖に伴う一過性の腎性尿糖、もしくは別の酸化性物質によって試験紙が反応してしまった偽尿糖である[6]。

腹部および会陰部のX線検査は、尿道栓子だけでなく、膀胱・尿道結石の有無の確認のために重要である（図8）。

また、重度に膀胱が拡張した動物では、腹部超音波検査で腹腔内に少量の液体貯留を認めることがあるが、これは膀胱破裂を意味するものではなく、尿道閉塞による静水圧の増加によって透過性の増した膀胱壁を介した水分の移動であると考えられる。

3.2.2.5 尿道栓子の治療と予後
<u>緊急処置</u>

尿毒症の重症度、心電図、膀胱の拡張の程度から、緊

排尿障害

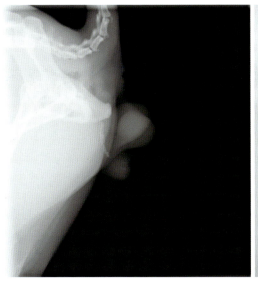
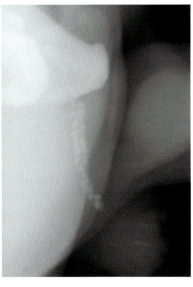

図8　尿道閉塞を起こした雄ネコの会陰部X線像（右はその拡大）
尿道栓子（または尿道結石）が尿道に複数詰まっているのがみえる。

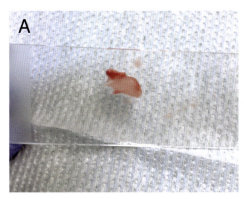

図9
A：摘出された尿道栓子。
B：Aの鏡検像。

急性を判断する。虚脱、徐脈、低体温、血圧低下は、高カリウム血症、低カルシウム血症、循環血流量の減少、代謝性アシドーシス、急性尿毒症などによって引き起こされる。こうした所見が重度である場合、輸液による緊急治療を要する。

尿道閉塞により大きく膨張し、緊張した膀胱を触知できる場合、尿道閉塞の解除処置を緊急に行う必要がある。膀胱穿刺によって膀胱内の尿の大部分を取り除き、膀胱にかかる強い内圧を緩和する。単純X線検査の実施は減圧を目的とした膀胱穿刺の後でよく、尿道カテーテルの挿入より前に行うことで、動物に与える負担を軽減しつつ尿道栓子の見逃しを避ける最大限の配慮ができる。

麻酔／鎮静処置は動物の不動化と尿道の弛緩に有効なことがある。ただし、急性尿毒症をはじめとする全身状態の悪化が生じている場合は、輸液と膀胱穿刺により安定化するまで麻酔を避けるべきである。

麻酔薬はケタミンに加えてジアゼパムもしくはアセプロマジンが選ばれることが多い[6]。アセプロマジンは尿道の緊張をやわらげる効果も期待できる。ジアゼパムも、中枢に作用し中部から遠位尿道の骨格筋を弛緩する。ジアゼパムはアセプロマジンより血圧低下を引き起こす可能性が低いため、より望ましいとされている[6]。

尿道栓子はマッサージなどにより除去・回収できることがある。陰茎マッサージ、膀胱穿刺と膀胱マッサージ、直腸からの圧迫による骨盤尿道マッサージ、尿道洗浄などによって比較的容易に栓子が除去される（図9）。やさしいマッサージであることが重要で、強くやれば尿道を傷つけることになるので、除去できなければ無理をしない。得られた尿道栓子は薄く伸ばして鏡検すれば結晶成分を観察できる。多くの場合ストルバイトである。

続いて、リューブゼリーを塗布した尿道カテーテルを用い、尿道の開通を試みる。感染症予防のために、陰部の洗浄、剃毛、滅菌手袋を着用のうえ、実施する。ポリプロピレン・カテーテルのような腰のある硬めのカテーテルを推奨する書物もある[6]。

膀胱まで到達できない場合、リューブゼリーを加えた温めた滅菌生理食塩液によって逆行的尿道水圧推進法を行い、尿道内腔の遮蔽物の膀胱への押し戻しを実施する

第11章

（図6および7を参照）。尿道栓子であれば通常は閉塞部位の繰り返しの洗浄により開通し、膀胱まで到達できる。開通後は、ポリビニルでできたやわらかいカテーテルに変更して尿道カテーテルを留置する。

尿道閉塞後は尿道の炎症や尿道けいれんが強く生じ、間をおかずに再閉塞することがある。これを避けるために、尿道カテーテルは少なくとも高窒素血症をはじめとする尿道閉塞に続発した合併症が収まるまでは留置し、排尿管理に役立てる。一般的には24〜72時間後の抜去が目標である[6]。長期間の留置は感染症リスクが増すため注意が必要である。

腎後性腎障害を続発した尿道閉塞の解除後は、閉塞後利尿を生じやすい。脱水や低カリウム血症に陥りやすいことに注意する。このため、こうした症例では水和状態、尿量、体重を評価しながら静脈点滴を継続し、適切な水和療法を行う。閉塞後利尿は一般的には高窒素血症の改善とともに軽減する。重症例では2〜5日続くことがある。

尿道閉塞が再発し、内科療法ではもはや管理が困難な場合、会陰尿道造瘻術を検討する。会陰尿道造瘻術はその後の尿道閉塞のリスクを軽減するが、細菌性尿路感染症のリスクを増大させる。

急性期の尿道閉塞の短期的な予後は良好で、尿道閉塞で入院した219頭のネコのうち94％が平均1.8日で退院できたという報告がある[45]。しかし一方で尿道栓子による尿道閉塞の再発率は高く、4〜5割程度は半年以内に再発したという報告がある[46]。

3.2.3 炎症性疾患
3.2.3.1 炎症性疾患の病態生理

下部尿路の炎症は様々な様式の排尿障害を引き起こす。

炎症の原因は細菌性の尿路感染症が一般的であるが、これに限らない。膀胱結石、尿道結石、膀胱腫瘍、膀胱ポリープ、尿道狭窄症など、下部尿路粘膜を刺激するすべての疾患が炎症性疾患の原因となりうる。そして、これらの炎症性疾患もまた、膀胱結石、尿道結石、尿道狭窄症の増悪因子である[6]。

機能的な尿道閉塞も認められる場合には、さらに排尿筋不安定症に発展することがある。

そのほかにも、イヌの増殖性尿道炎（後述）や、ネコの特発性膀胱炎、尿道炎も排尿障害を引き起こす炎症性疾患として知られている。特に、ネコの特発性膀胱炎、尿道炎は、ネコの尿路閉塞の主な原因の1つである。

3.2.3.2 炎症性疾患の臨床徴候

しぶり尿、頻尿、尿失禁、排尿困難、血尿、排尿痛など、臨床徴候は様々である。

3.2.3.3 炎症性疾患の診断法

尿検査によって尿中に細菌や白血球が認められることが診断の鍵になる。膀胱穿刺による採尿はほぼ無菌的に採取できることから、細菌性膀胱炎の有無を知るのに有効であるが、一方で尿道炎をはじめとする尿道の評価には向かないことに注意が必要である。細菌性膀胱炎を認めた場合には、尿培養検査や薬剤感受性試験を行うことで治療の助けにする。無菌性炎症でも排尿障害の原因になることに注意する。

腹部超音波検査やX線検査をはじめとする画像検査は膀胱腫瘍、膀胱ポリープ、尿石症などの発見に有効である。膀胱炎では膀胱壁の肥厚がみられるが、そもそも膀胱壁の厚さは蓄尿量に大きく左右されるため評価が困難である。

尿路感染症の治療が奏功しても炎症が改善しない場合、他の基礎疾患も疑う。特発性膀胱炎、膀胱腫瘍、膀胱ポリープ、尿石症、尿膜管遺残症などの尿路の構造異常を伴う疾患などがあげられる。尿路造影検査やCT検査、膀胱鏡検査などが確定診断の助けになる。

3.2.3.4 炎症性疾患の治療と予後

基礎となっている炎症性疾患の治療が重要である。排尿障害に対する対症療法は閉塞性の他の疾患と同様に考える。また、下部尿路の炎症に刺激されて生じる排尿筋の不適切な収縮に対しては、M_1受容体拮抗薬（オキシブチニン、ジサイクロミンなど）や抗コリン薬（プロパンテリンなど）で緩和できるとされている。

ただし、こうした対症療法は原因疾患の治療が反応せず、管理が困難である場合に限って用いられるべきである。

ネコの特発性膀胱炎に関しては第9章に詳しく述べられている。

3.2.4 イヌの増殖性尿道炎
3.2.4.1 増殖性尿道炎の定義

増殖性尿道炎（proliferative urethritis）は、尿道内腔の葉状（frond-like）の炎症組織を特徴とする尿道炎の一種である。以前は肉芽腫性尿道炎（granulomatous urethritis）と呼ばれていた[47]。

3.2.4.2 増殖性尿道炎の病態生理

歴史的には、イヌの尿道内腔に散発する非腫瘍性の腫瘤性病変において、生検標本中に多数のマクロファージ

が観察されたことから、これを肉芽腫性尿道炎と呼んでいた[48]。しかし近年になって、こうした病変が常に肉芽腫性炎症であるとは限らず、リンパ球、好中球、形質細胞、好酸球なども認める混合炎症であることが明らかになった[49,50]。こうした炎症細胞の多様性と、尿道鏡検査で視覚的に認められる管腔内への内部隆起の特徴から、これらを総称してイヌの増殖性尿道炎と呼ぶようになった[47,49,50-52]。

本疾患の病変はしばしば尿道の大部分に拡散し、尿道の狭窄または閉塞を引き起こす。本疾患の病因は解明されていないが、70％以上の症例で尿路感染症や、それに起因した免疫反応に関連して発生することが明らかになっている[47]。膀胱結石が同時にみつかることも少なくないものの、関連性については明確ではない。

避妊手術済みの雌イヌでの報告が圧倒的に多いが、それ以外でも発症する[47,51,52]。発症年齢は6カ月齢〜15歳までと幅広く、中央値は約8歳である[47,51]。犬種特異性は高くない。ジャーマン・シェパードのオッズ比は有意に高かったとする報告がある[47]。

3.2.4.3 増殖性尿道炎の臨床徴候

有痛性排尿困難、血尿、頻尿、排尿障害などの臨床徴候を示す。特に有痛性排尿困難や血尿については発症率が高い[47,49]。

3.2.4.4 増殖性尿道炎の診断法

臨床徴候や尿道カテーテルを通した際の感触、尿検査の結果などから本疾患を疑う。

腹部超音波検査、逆行性尿路造影検査などの画像検査から尿道内の腫瘤を発見する。膀胱尿道鏡を用いれば、指のような突起のある円柱状または葉状の腫瘍性病変が尿道内腔に観察される（図10）[51]。

背景に細菌性尿路感染症があることが多いので、尿検査では尿の細菌培養や感受性試験などの実施も検討する。尿道閉塞に起因する腎後性腎障害の有無を評価するため、腎機能にかかわる血液検査も行う。

本疾患は尿道腫瘍との鑑別が重要である。確定診断には生検標本もしくは切除組織を用いた病理学的検査が必要である。

3.2.4.5 増殖性尿道炎の治療と予後

尿道炎が尿道閉塞を引き起こすほど重症である場合、バルーン拡張術や尿道ステント留置が有効である[51]。歴史的には、尿道切除、膀胱瘻造設チューブの留置などといった外科的介入も実施されてきた。

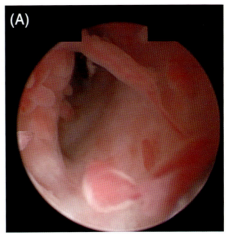

図10　増殖性尿道炎の尿道鏡画像[51]
葉状の突起物が複数みえる。
(Reproduced with permission of Emanuel et al., J Vet Intern Med 35 (1): 312-320, 2021)

内科的治療には非ステロイド性抗炎症薬、グルココルチコイドやアザチオプリンなどの免疫抑制剤、α遮断薬などの尿道弛緩薬などがあげられる。尿路感染症を疑う場合には抗生物質を追加する。これらは外科的介入後の管理としても積極的に用いられる。

再発率は高く、注意が必要である。ある報告では、バルーン拡張術もしくは尿道ステント留置術を行った10頭のうち7頭が尿道閉塞を再発した。再発は、病変がいったん消失した症例でも術後半年〜4年半後、病変の残っていたものでは3カ月程度で認められた[51]。

3.2.5 尿道狭窄症
3.2.5.1 尿道狭窄症の定義

尿道狭窄症は、尿道内腔が極端に狭いために排尿に支障をきたす病態を指す。

3.2.5.2 尿道狭窄症の病態生理

何らかの原因で尿道に傷がつき、修復される過程で線維化、瘢痕化して尿道内腔が狭小化する。一般的には、前立腺疾患、尿路感染症、尿道の炎症および腫瘍が原因である[53]。外傷や、下部尿路や会陰部の手術などに関連して生じることもある。原因がはっきりしない場合もある。ヒトでは出生時から認められることがあるが、イヌ・ネコでは特異的に尿道狭窄症を発症する先天性疾患の報告はみあたらない。

3.2.5.3 尿道狭窄症の臨床徴候

持続的または間欠的な慢性の排尿時のしぶり、痛み、

第11章

頻回尿、血尿などが認められる。重症化すれば尿道閉塞や尿道損傷に発展することがある。

3.2.5.4 尿道狭窄症の診断法

小動物臨床の成書に明確な診断基準を示したものはみあたらない。一般的な原因である前立腺疾患、尿路感染症、尿道の炎症の有無を調べ、病態を推測する。

腹部超音波検査や逆行性尿路造影、膀胱鏡検査などによって、尿のうっ滞を伴う尿道の狭小部位が明らかに認められれば、本疾患と診断してよいだろう。

ヒトでは、外尿道口から造影剤を注入して尿道を造影する逆行尿道造影、それに引き続いて膀胱に流入した造影剤を排尿する際にも撮影を行い（排尿時膀胱尿道造影）、尿道の狭窄部位の特定を行う。ヒトではさらに、尿流測定検査、膀胱鏡検査によって、尿道の機能的側面や尿道内腔の形態観察を行う。

3.2.5.5 尿道狭窄症の治療と予後

原因に対する治療とともに、尿道閉塞に発展しそうな場合には、尿道カテーテルの設置や、バルーン拡張術、外科的手術などを選択する。ヒトではバルーン拡張術ならびに緩和的ステント設置術の有効性が示されており、獣医学領域でもその有効性が報告されている[53,54]。

イヌの良性尿道狭窄症のバルーン拡張についてのある回顧的研究では、1回のバルーン拡張術の実施によって8頭中5頭の臨床徴候の改善が認められ、その後1週間〜3年間、寛解が持続した[54]。繰り返しの拡張術実施によって5年以上の寛解を認めた例もあった。一方で、尿失禁や尿路感染症といった術後障害を発症した例も報告されている。尿道の外科手術については本書第15章を参照されたい。

3.2.6 骨盤膀胱

3.2.6.1 骨盤膀胱の定義

骨盤膀胱（pelvic bladder）とは、骨盤腔に膀胱が脱出することをいう[55]。

3.2.6.2 骨盤膀胱の病態生理

本来、膀胱や尿道近位部は腹腔内に存在し、正常な排尿の完了には腹圧も関与するとされている。ヒト、特に高齢の女性などでは、加齢や出産による骨盤底筋群の脆弱化により膀胱が腹腔から骨盤腔に逸脱することがあり、これを骨盤膀胱、または膀胱瘤（cystocele）、骨盤臓器脱（pelvic organ prolapse）などと呼ぶ。膀胱に腹圧がかからないため、ヒトでは十分な排尿完了に至らず、

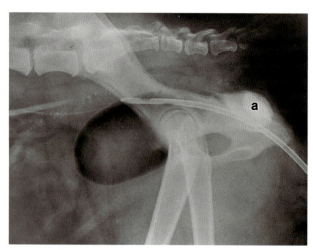

図11 静脈内尿路造影および二重膀胱造影を行った会陰部のX線像[56]
膀胱の尾側が骨盤腔内に入り込んでいる。本症例は異所性尿管があり、造影剤が腟内（a）に蓄積している。（Reproduced with permission of the Veterian Key from Maroff et al.,https://veteriankey.com/the-urinary-bladder/）

残尿、尿失禁、尿漏などを発症する。

イヌでは、骨盤膀胱は大型犬種の雌でよく認められ、雄でも報告がある[34]。ただ、骨盤腔内に膀胱のあるイヌの少なくとも50％は完全な排尿が可能で、尿失禁を伴わない[53]。このため、イヌにおける骨盤膀胱による排尿障害は単純に膀胱の位置の不整によるものではないと考えられている。

先天性の尿路異常や腫瘍などによる下部尿路の形状不整、排尿筋の機能障害、膀胱の騎乗による尿道機能の障害などに起因して骨盤膀胱になった場合、原因疾患に応じた排尿障害を発症する[34]。また、会陰ヘルニア、外傷、会陰部の手術などと関連して生じることもある。

3.2.6.3 骨盤膀胱の臨床徴候

不完全な排尿に伴う尿失禁、尿漏、尿腟などがあげられる。

3.2.6.4 骨盤膀胱の診断法

膀胱の解剖学的位置、膀胱の形状不整の有無、尿道の形状の評価には逆行性もしくは二重尿路造影が有効である（図11）[56]。

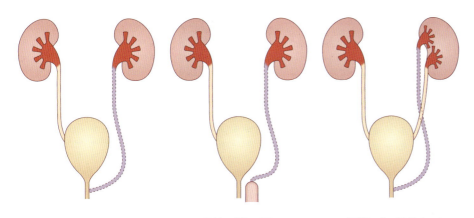

尿管が尿道に開口 　　尿管が腟に開口（雌の動物）　　尿管が二重化して一方が尿道に開口（動物ではまれ）

図12　異所性尿管の例

3.2.6.5 骨盤膀胱の治療と予後

原因疾患に対する治療を行う。対症療法には交感神経$α_1$受容体作動薬（フェニルプロパノールアミン）やエストロゲン製剤（エストリオール）があげられる[37]。薬剤による管理が難しい場合、外科的な整復術や人工尿道括約筋ポートシステム（urethral occluder）の留置術などが検討される。

3.2.7 先天性尿失禁
3.2.7.1 先天性尿失禁の定義

尿路や会陰部の先天性形態異常により尿失禁が引き起こされる病態を指す。異所性尿管（図12）、尿膜管遺残、膀胱憩室、尿道憩室、膀胱外反症、尿道瘻（尿道結腸瘻、尿管腟瘻、尿道腟瘻）、仮性半陰陽、腟狭窄、腟低形成などが知られている。第6章「先天性の腎尿路奇形と遺伝性腎疾患」で詳しく述べられているので参照されたい。

3.2.7.2 先天性尿失禁の病態生理

最も多く認められるのは異所性尿管と腟狭窄である。異所性尿管はネコよりイヌの方が発生率が高く、雌イヌで多い。ネコでもまれに認められるが、ネコでは雄の方が多く認められる。

また、異所性尿管は尿道括約筋機能不全を併発している場合がある。

3.2.7.3 先天性尿失禁の臨床徴候

先天性の尿路奇形が原因のため、幼若期より持続性の尿失禁を認める。腟狭窄や異所性尿管において、腟に開口部がある場合は尿腟を呈することがある。この場合、尿失禁は間欠的で、体位を変えた際などに漏出する。

3.2.7.4 先天性尿失禁の診断法

特に、既病歴のない幼若な動物における持続性尿失禁ではこれを疑う。腟鏡検査の所見も有用である。造影を用いたX線検査（図13）、CT検査をはじめとする画像検査が病変の存在を検出するのに有効である。

3.2.7.5 治療と予後

異所性尿管、尿膜管開存、尿膜管憩室などは外科的な治療が期待できる。ただし、尿道括約筋機能不全を併発している場合には必ずしも症状を改善できるとは限らない。尿水力学的検査などにより尿道括約筋の機能を評価しておくと術後の内科的な排尿管理が行いやすくなる。

3.2.8 前立腺疾患

第12章「前立腺疾患」を参照されたい。

3.2.9 尿道腫瘍

第13章「イヌとネコにおける泌尿器の腫瘍」を参照されたい。

4 その他の排尿障害

4.1 膀胱麻痺
4.1.1 膀胱麻痺の定義

膀胱の過度な拡張によって排尿筋が物理的または機能的に障害を受け、正常な収縮能力を失った病態を膀胱麻痺と呼ぶ。膀胱アトニー、排尿筋アトニーとも呼ばれる。排出障害の1つとして他と並列に分類されることもあるが、様々な原因疾患による排尿障害の慢性経過の終焉として続発的に発症する例が多いため、その他の排尿障害として紹介する。

第11章

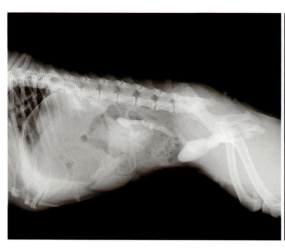
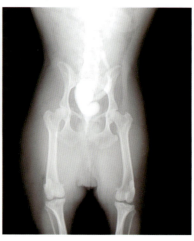

図13　異所性尿管をもつイヌの1例
静脈内尿路造影を行ったX線像。尿失禁を主訴に来院した。左尿管が膀胱を巻くようにして尿道に開口している。このため膀胱は球形に拡張することができず、また尿管は圧迫されて水尿管症を呈している。右の尿管は所見が認められない。

4.1.2 膀胱麻痺の病態生理

膀胱の過度な拡張を引き起こす疾患のすべてが原因疾患となりうる。物理的障害の原因には、尿路内の閉塞によるものだけではなく、前立腺肥大、会陰ヘルニア、巨大結腸症、骨盤骨折など、尿路を外部から圧迫する解剖学的流出路閉塞によるものもありうる。機能的障害は、神経原性排尿障害によるものが多い。特に、下位運動神経性排尿障害では本疾患を併発しやすく、その有無を明確には区別しにくい。

膀胱壁の過剰な拡張は、排尿筋間のタイトジャンクションを解離、破壊する。慢性経過によって排尿筋間が線維化し、膀胱の収縮能はさらに低下する。線維化は基本的には不可逆性の変化であるため、ひとたび膀胱麻痺が進行すると排尿障害の治療は難しくなる。

4.1.3 膀胱麻痺の臨床徴候

持続的または間欠的な横溢性尿失禁を示す。受動的で不完全な排尿による失禁、尿漏が認められ、多くの症例で尿やけや下部尿路感染症を伴う。

腹部触診では大きく拡張し、弛緩した膀胱が触知できる。神経学的検査では会陰部と球海綿体筋肉は反射を認めるが、排尿筋反射は欠落しているか微弱である。

4.1.4 膀胱麻痺の診断法

膀胱麻痺には膀胱の過度な拡張とそれに伴う膀胱内圧の低下が必ず認められるが、拡張度合いの基準値や、膀胱内圧のカットオフ値といった診断基準に値するものはみあたらない。

現状では、臨床徴候、各種画像所見、基礎疾患・原因疾患の既往から、総合的に判断して診断を下すことになる。

4.1.5 膀胱麻痺の治療と予後

膀胱の過剰拡張をできるだけ早期に解除し、膀胱麻痺の進行を予防することが肝要である。自発的な排尿が困難な動物においては1日に3回以上の人為的な排尿を行う必要がある。

排尿筋の収縮をうながすために副交感神経作動薬（ベタネコールなど）を、尿道括約筋の弛緩をうながすために交感神経α₁受容体遮断薬（プラゾシン、フェノキシベンザミン、タムスロシンなど）を用いる。

4.2 その他

尿失禁は加齢による認知障害、運動機能低下、膀胱容積の減少などによっても起きる。慢性腎臓病や内分泌疾患による多飲多尿を起こす疾患も尿失禁を悪化させることが多い。尿失禁の動物にはできるだけ利尿剤やグルココルチコイドの投与は避けた方がよい。

第11章の参考文献

1) Reece WO, Kidney Function in Mammals. In: Reece WO, Ed. Dukes' Physiology of Domestic Animals, 12th ed. Comstock Pub Assoc. 2004.
2) Yang PJ, Pham J, Choo J, Hu DL. Duration of urination does not change with body size. *Proc Natl Acad Sci USA*. 2014; 111(33): 11932-11937. doi: 10.1073/pnas.1402289111. Epub 2014
3) Byron JK. Micturition disorders. *Vet Clin North Am Small Anim Pract*. 2015; 45(4): 769-782. doi: 10.1016/j.cvsm.2015.02.006. Epub 2015 Mar 29.
4) Kendall A, Byron JK, Westropp JL, et al. ACVIM consensus statement on diagnosis and management of urinary incontinence in dogs. J Vet Intern Med. 2024. doi: 10.1111/jvim.16975. Online ahead of print.
5) Chew D, DiBartola S, Schenck P. Canine and Feline Nephrology and Urology 2nd ed. ELSEVIER. 2010.
6) 宮川優一／翻訳, 竹村直行／監訳. イヌとネコの腎臓病・泌

尿器病 - 丁寧な診断・治療を目指して -. ファームプレス. 2015.

7) Lonc KM, Kaneene JB, Carneiro PAM, Kruger JM. Retrospective analysis of diagnoses and outcomes of 45 cats with micturition disorders presenting as urinary incontinence. *J Vet Intern Med*. 2020; 34(1): 216-226. doi: 10.1111/jvim.15683. Epub 2019 Dec 20.

8) Lulich JP, Osborne CA, Bartges JW, et al. Canine lower urinary tract disorders In: Ettinger SJ, Feldman EC, eds. Textbook of Veterinary Internal Medicine. 4th ed. Philadelphia, PA: WB Saunders. 1995: 1833 ‐ 1861.

9) Carmichael KP, Bienzle D, McDonnell JJ. Feline leukemia virus-associated myelopathy in cats. *Vet Pathol*. 2002; 39(5): 536-545. doi: 10.1354/vp.39-5-536.

10) Goldstein RE, Westropp JL. Urodynamic testing in the diagnosis of small animal micturition disorders. *Clin Tech Small Anim Pract*. 2005; 20(1): 65-72. doi: 10.1053/j.ctsap.2004.12.009.

11) Applegate R, Olin S, Sabatino B. Urethral sphincter mechanism incompetence in dogs: An update. *J Am Anim Hosp Assoc*. 2018; 54(1): 22-29. doi: 10.5326/JAAHA-MS-6524. Epub 2017 Nov 13.

12) Olby NJ, MacKillop E, Cerda-Gonzalez S, et al. Prevalence of urinary tract infection in dogs after surgery for thoracolumbar intervertebral disc extrusion. *J Vet Intern Med*. 2010; 24: 1106-1111.

13) Barsanti JA, Blue J, Edmunds J. Urinary tract infection due to indwelling bladder catheters in dogs and cats. *J Am Vet Med Assoc*. 1985; 187: 384-388.

14) Levine JM, Cohen ND, Fandel TM, et al. Early blockade of matrix metalloproteinases in spinal cord-injured dogs results in long-term increase in bladder compliance. *J Neurotrauma*. 2017; 34: 2656-2667.

15) Gomez-Amaya SM, Barbe MF, de Groat WC, et al. Neural reconstruction methods of restoring bladder function. *Nat Rev Urol*. 2015; 12: 100-118.

16) 長谷川篤彦, 辻本元/監訳. スモールアニマル・インターナルメディスン. メディカルサイエンス社. 2005; 752-757.

17) Deforest ME, Basrur PK. Malformations and the Manx syndrome in cats. *Can Vet J*. 1979; 20(11): 304-314.

18) Robinson R. Expressivity of the Manx Gene in Cats. *Journal of Heredity*. 1993; 84(3): 170-172.

19) Buckingham KJ, McMillin MJ, Brassil MM, et al. Multiple mutant T alleles cause haploinsufficiency of Brachyury and short tails in Manx cats. *Mamm Genome*. 2013; 24(9-10): 400-408.

20) Xu X, Sun X, Hu X-S,et al. Whole Genome Sequencing Identifies a missense mutation in HES7 associated with short tails in asian domestic Cats. *Sci Rep*. 2016; 6: 31583.

21) Reichler IM, Hubler M. Urinary incontinence in the bitch: an update. *Reprod Domest Anim*. 2014; 49 Suppl 2: 75-80. doi: 10.1111/rda.12298.

22) Forsee KM, Davis GJ, Mouat EE, et al. Evaluation of the prevalence of urinary incontinence in spayed female dogs: 566 cases (2003-2008). *J Am Vet Med Assoc*. 2013; 242: 959-962.

23) van Goethem B, Schaefers-Okkens A, Kirpensteijn J. Making a rational choice between ovariectomy and ovariohysterectomy in the dog: a discussion of the benefits of either technique. *Vet Surg*. 2006; 35: 136-143.

24) Holt PE. Urinary incontinence in the bitch due to sphincter mechanism incompetence: prevalence in referred dogs and retrospective analysis of sixty cases. *J Small Anim Pract*. 1985; 26: 181-190.

25) Forsee KM, Davis GJ, Mouat EE, et al. Evaluation of the prevalence of urinary incontinence in spayed female dogs: 566 cases (2003-2008). *J Am Vet Med Assoc*. 2013; 242: 959-962.

26) Thrusfield MV, Holt PE, Muirhead RH. Acquired urinary incontinence in bitches: its incidence and relationship to neutering practices. *J Small Anim Pract*. 1998; 39: 559-566.

27) Nishi R, Motegi T, Maeda S, Tamahara S, et al. Clinical assessment of testosterone analogues for urethral sphincter mechanism incompetence in ten spayed female dogs. *J Vet Med Sci*. 2021; 83(2): 274-279. doi: 10.1292/jvms.20-0515. Epub 2021 Jan 14.

28) Aaron A, Eggleton K, Power C, et al. Urethral sphincter mechanism incompetence in male dogs: a retrospective analysis of 54 cases. *Vet Rec*. 1996; 139: 542-546.

29) 厚生労働省食品安全委員会. 動物医薬品評価書：ジエチルスチルベストロール. July 2019.

30) Janszen B, van Lear P, Bergman J. Treatment of urinary incontinence in the bitch: A pilot field study with incurin®. *Vet Q*. 1997; 19(suppl 1): 42.

31) Byron JK, Chew DJ, McLoughlin ML. Retrospective evaluation of urethral bovine cross-linked collagen implantation for treatment of urinary incontinence in female dogs. *J Vet Intern Med*. 2011; 25: 980-984.

32) McLoughlin MA, Chew DJ. Surgical treatment of urethral sphincter mechanism incompetence in female dogs. *Comp Cont Edu Vet*. 2009; 360-373.

33) Rawlings C, Barsanti JA, Mahaffey MB, et al. Evaluation of colposuspension for treatment of incontinence in spayed female dogs. *J Am Vet Med Assoc*. 2001; 219: 770-775.

34) White RN. Urethropexy for the management of urethral sphincter mechanism incompetence in the bitch. *J Small Anim Pract*. 2001; 42:481-486.

35) Stilwell C, Bazelle J, Walker D, et al. Detrusor urethral dyssynergy in dogs: 35 cases (2007-2019). *J Small Anim Pract*. 2020. doi: 10.1111/jsap.13286. Online ahead of print.

36) Espiñeira MMD, Viehoff FW, Nickel RF. Idiopathic detrusor-urethral dyssynergia in dogs: a retrospective analysis of 22 cases. J Small Anim Pract. 1998; 39(6): 264-270.

37) Acierno MJ, Labato MA. Canine incontinence. *Vet Clin North Am Small Anim Pract*. 2019; 49(2): 125-140. doi: 10.1016/j.cvsm.2018.11.003.

38) Lappin MR, Barsanti JA: Urinary incontinence secondary to idiopathic detrusor instability: cystometrographic diagnosis and pharmacologic management in two dogs and a cat. *J Am Vet Med Assoc*. 1987; 191: 1439-1442.

39) Lappin MR, Barsanti JA. Urinary incontinence secondary to idiopathic detrusor instability: cystometrographic diagnosis and pharmacologic management in two dogs and a cat. *J Am Vet Med Assoc*. 1987; 191(11): 1439-1442.

40) Lane IF, Fischer JR, Miller E, et al. Functional urethral obstruction in 3 dogs: clinical and urethral pressure profile findings. *J Vet Intern Med*. 2000; 14(1): 43-49.

41) Lulich JP, Berent AC, Adams LG, et al. ACVIM Small Animal Consensus Recommendations on the Treatment and Prevention of Uroliths in Dogs and Cats. *J Vet Intern Med*. 2016; 30(5): 1564-1574. doi: 10.1111/jvim.14559. Epub 2016 Sep 9.

42) Lulich JP ら. 犬ならびに猫の尿路結石の治療および予防に関するACVIMコンセンサス推奨. *日本腎泌尿器学会誌*. 11(1): 41-52.

43) Lulich JP, Osborne CA, Albasan H, et al. Efficacy andsafety of laser lithotripsy in fragmentation of urocystoliths andurethroliths for removal in dogs. *JAVMA*. 2009; 234: 1279-1285.

44) Houston DM, Moore AEP, Favrin MG, et al. Feline urethral plugs and bladder uroliths: A review of 5484 submissions 1998-2003. *Can Vet J*. 2003; 44(12): 974-977.

45) Lee JA, Drobatz KJ. Characterization of the clinical characteristics, electrolytes, acid-base, and renal parameters in male cats with urethral obstruction. *Journal of Veterinary Emergency and Critical Care*. 2003; 13: 227-233.
46) Gerber B, Eichenberger S, Reusch CE. Guarded long-term prognosis in male cats with urethral obstruction. *J Feline Med Surg*. 2008; 10(1): 16-23.
47) Borys MA, Hulsebosch SE, Mohr FC, et al. Clinical, histopathologic, cystoscopic, and fluorescence in situ hybridization analysis of proliferative urethritis in 22 dogs. *J Vet Intern Med*. 2019; 33(1): 184-191. doi: 10.1111/jvim.15349. Epub 2018 Dec 5.
48) Moroff SD, Brown BA, Matthiesen DT, Scott RC. Infiltrative urethral disease in female dogs: 41 cases (1980-1987). *J Am Vet Med Assoc*. 1991; 199: 247-251.
49) Hostutler RA, Chew DJ, Eaton KA, DiBartola SP. Cystoscopic appearance of proliferative urethritis in 2 dogs before and after treatment. *J Vet Intern Med*. 2004; 18: 113 ‐ 116.
50) White RN, Davies JV, Gregory SP. Vaginourethroplasty for treatment of urethral obstruction in the bitch. *Vet Surg*. 1996; 25: 503 ‐ 510.
51) Emanuel M, Berent AC, Weisse C, Donovan T, Lamb KE. Retrospective study of proliferative urethritis in dogs: Clinical presentation and outcome using various treatment modalities in 11 dogs. *J Vet Intern Med*. 2021; 35(1): 312-320. doi: 10.1111/jvim.16007. Epub 2020 Dec 14.
52) Haine DL, Miller R, Barnes D. Prescrotal urethrotomy for urethroscopic ablation of a hemorrhagic urethral mucosal mass. Can Vet J. 2020; 61(12): 1299-1302.
53) Della Maggiore AM, Steffey MA, Westropp JL. Treatment of traumatic penile urethral stricture in a dog with a self-expanding, covered nitinol stent. *J Am Vet Med Assoc*. 2013; 242(8): 1117-1121. doi: 10.2460/javma.242.8.1117.
54) Gin TE, Secoura P, Harris T, Vaden S. Outcomes Following Balloon Dilation of Benign Urethral Strictures in Dogs: Eight Cases (2005-2018). *J Am Anim Hosp Assoc*. 2020; 56(1): 23-29. doi: 10.5326/JAAHA-MS-6935. Epub 2019 Nov 12.
55) Adams WM, DiBartola SP. Radiographic and clinical features of pelvic bladder in the dog. *J Am Vet Med Assoc*. 1983; 182(11): 1212-1217.
56) Marolf AJ, Park RD. Chap. 39, The urinary bladder. Veteriankey, Fastest veterinary medicine Insight Engine. https://veteriankey.com/the-urinary-bladder/

第12章

前立腺疾患

1：市居　修、　2〜3：岩井 聡美

　イヌとネコは前立腺を具備するが、臨床的にはイヌの前立腺疾患が問題となることが多い。前立腺炎、前立腺膿瘍、前立腺嚢胞、前立腺過形成、前立腺腫瘍などがその範疇となる。これらの多くは外科的治療を必要とするため、泌尿器の局所解剖学を理解し、各症例に適切な術式を選択することが重要である。本章では、イヌおよびネコの前立腺とその周囲の解剖学を概説し、各疾患に対する治療法について記載する。泌尿器の解剖については第1章も参照されたい。

1　前立腺の解剖生理学

1.1　イヌとネコの前立腺

　副生殖腺として、イヌは精管膨大部線と前立腺を有する（図1）[1,2]。ネコは精管に明瞭な膨大部を作らないが、相当する位置に腺を有し、さらに前立腺と尿道球腺を

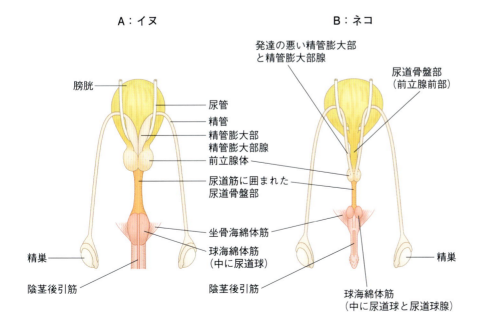

図1　イヌとネコの副生殖腺：背側観

第12章

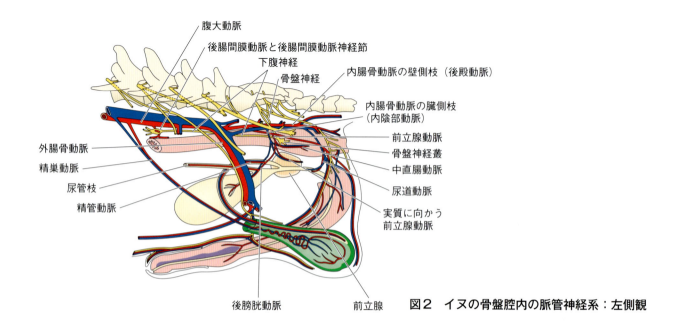

図2 イヌの骨盤腔内の脈管神経系：左側観

有する[1,2]。前立腺は、前立腺体と前立腺伝播部に区分される[3,4]。イヌとネコの前立腺体は膀胱の尾側に位置し、充実した腺体を形成し、右葉と左葉からなる。イヌの前立腺体は尿道骨盤部（前立腺部）の全周を包囲するが、ネコはその背側を覆う。尿道骨盤部（前立腺部）背壁の粘膜正中には、左右尿管ヒダから続く粘膜隆起（尿道稜）が形成される。雄では尿道稜の途中に精丘がみられ、そこには精管が開口し、これを射精口という（第1章図17、18参照）。精丘周辺の尿道粘膜に複数の前立腺管が開口する。一方、散在性で発達の悪い前立腺伝播部は尿道粘膜内に位置する。

前立腺体の表面は前立腺被膜に覆われ、被膜は組織学的に線維層と筋層からなる[2,3]。被膜から筋弾性支質が前立腺実質に伸びて前立腺中隔を形成し、実質を小葉（葉とも呼ぶ[3]）に分ける。前立腺実質は複合管状胞状腺で、単層立方あるいは円柱上皮で構成される。その腺腔は分泌液（前立腺液）で満たされ、老齢のイヌではその分泌物が同心円状の結晶構造となり、しばしば前立腺石として認められる[1]。イヌとネコにおいては、前立腺が精液の大半を産生する。射精時には、筋弾性支質が前立腺液の排出に寄与し、液は前立腺細管さらには複数の前立腺管を通って、尿道の開口部に運ばれる[3]。

1.2 前立腺の加齢変化

前立腺はホルモン感受性が高い。幼若個体の前立腺実質は結合組織が多く、性成熟とともに前立腺組織が形成される。前立腺実質の過形成が加齢とともにみられ、さらに加齢が進むとその線維化や萎縮がみられる[5]。その

ため、前立腺の正常な大きさを推定することは難しい。

イヌの前立腺は、骨盤腔内に位置するが、加齢とともに骨盤腔から腹腔内へとその位置を変遷させる[5]。前立腺の背側は、直腸生殖窩を介して直腸と対峙する。その腹側は、若齢期では恥骨結合部上に位置するが、加齢とともに腹腔内に位置するようになる。特にスコティッシュ・テリアの前立腺は相対的に大きく、体の大きさを考慮に入れた場合、他の犬種の4倍は大きいとされる[5]。

1.3 前立腺付近の脈管系

腹大動脈から内腸骨動脈が分岐し、内腸骨動脈はいわゆる臓側枝（内陰部動脈）と壁側枝（後殿動脈）を分岐し、前者は骨盤腔の臓器に、後者は殿部の筋などに分布する枝を出す（図2、第1章図17Bも参照）。

イヌでは、仙腸関節の腹側やや後位で、内陰部動脈から前立腺動脈が分岐する。内腸骨動脈の本幹に対し、前立腺動脈は約45°の角度で腹側に分岐する[6]。前立腺動脈は前立腺に向かう一方、前方に精管動脈と後膀胱動脈を分岐し、後膀胱動脈は膀胱頸付近に分布する。後膀胱動脈から尿管枝が分岐する。また、前立腺動脈は前立腺に向かう枝に加えて、直腸の外側に向かう中直腸動脈や尿道骨盤部に向かう枝がある（尿道枝とも呼ばれるが、その存在は成書で異なる）[6,8]。尿道骨盤部には、前立腺動脈の分岐部よりも尾側で内陰部動脈から分岐する尿道動脈も分布する。静脈はこれらの動脈に伴行し、内陰部静脈、内腸骨静脈に帰流する。主要な血管については、ネコもほぼイヌと同様の分岐を示す。前立腺と関連するリンパ管についての報告は総論的だが、前立腺のリンパ

液は腸仙骨リンパ中心（内側腸骨リンパ節や仙骨リンパ節）に集められる[8]。また、内腸骨リンパ節（下腹リンパ節とも呼ぶ）[1,4]や坐骨リンパ節（ネコの80%に存在、イヌは欠く）[5]が副性殖腺からのリンパを受ける。なお、腰下もしくは腰窩リンパ節は臨床用語であり、膀胱や直腸付近のリンパ節群を指し、いずれもNAV（獣医解剖学用語）には登録されていない[4]。

1.4 前立腺付近の神経系

前立腺とその付近の臓器には、主に一般内臓遠心性の神経（交感神経、副交感神経）および一般内臓求心性の神経が分布する（第1章の図6も参照）。

交感神経（胸腰遠心系）として、腰髄から起始した腰内臓神経（節前線維）は、交感神経の神経節（腎神経節や大動脈腎動脈神経節など）を通過し、下腹神経となって骨盤神経叢に達する（図2、これら節前線維が後腸間膜動脈神経節で節後線維となった神経を下腹神経に含む場合もある）。また腰髄から起始した仙骨内臓神経（節前線維）も骨盤神経叢に向かう。イヌの骨盤神経叢は、直腸の外側で前立腺動脈と内陰部動脈の本幹の間付近に位置し（前立腺よりも5〜10mm頭側、大きさは5〜15mmともされている[10]）、下腹神経は前立腺動脈の深層（直腸壁との間を）を走行して、頭側から骨盤神経叢に向かう（図2）[6]。交感神経の節前線維は骨盤神経叢で節後線維に乗り換え、節後線維は前立腺のほか、尿管や膀胱へも分布する。副交感神経（頭仙遠心系）として、仙髄から起始した節前線維は骨盤神経として骨盤神経叢または効果器内（前立腺など）に向かい、それぞれで節後線維に乗り換え、効果器に分布する。一方、前立腺からの一般内臓求心性の線維は、骨盤神経を通り、仙髄に向かう。

これらに由来する神経の枝は、膀胱、前立腺、直腸などに分布し、特に前立腺の枝は前立腺の3〜5mm手前[10]で付近の血管系とともにみられる。交感神経系の活動は前立腺液の排出、副交感神経系の刺激は腺からの分泌を促進するように働く。交感神経と副交感神経の蓄尿と排尿との関連については、第1章（図6）で述べた。

1.5 留意すべき構造

前立腺の外科手術時には、前立腺のみならず、膀胱、尿道、直腸などに分布する脈管神経系を損傷しないように留意する必要がある。それらの損傷によって各臓器のアトニーや壊死、尿失禁、排尿障害や死亡などの重篤な病態を引き起こす可能性がある。特に骨盤神経叢は、骨盤腔臓器の自律神経系を担うため、その局在を理解されたい。

第12章1の参考文献

1) 加藤嘉太郎, 山内昭二. 腎臓の発生と位置〜腔および腔前庭の構造, 腰部, 後肢のリンパ節. In: 新編 家畜比較解剖図説 下巻（第1版）. 養賢堂. 2003; 44-117, 202.
2) 日本獣医解剖学会. 第12章泌尿器. In: 獣医組織学（第八版）. 学窓社. 2020; 203-217.
3) 日本獣医解剖学会. 獣医解剖・組織・発生学用語（第3版）. 日本中央競馬会. 2000; 1-1644.
4) 日本獣医解剖学会. 獣医解剖学用語（第6版）. 2022; 1-160.
5) 山内昭二, 杉村誠, 西田隆雄. 第5章尿生殖器, 第7章心臓脈管系, 第14章食肉類の腹部, 第15章食肉類の骨盤と生殖器. In: 獣医解剖学（第二版）. 近代出版. 2002; 152-187, 231, 374-388, 389-404.
6) 尼崎肇. 4章腹腔、骨盤および後肢. In: 犬の解剖. ファームプレス. 2012; 170-185.
7) 磯貝貞和. 腹部, 骨盤と会陰. In: ネッター解剖学アトラス（原著第4版）. 南江堂. 2007; 247-417.
8) 林良博, 橋本善春. 第7章尿生殖器と骨盤. In: 犬の解剖アトラス（第2版）. 学窓社. 2002; 62-74.
9) 岡野真臣, 牧田登之, 見上晋一ら. 尿生殖器系. In: 猫の解剖学. 学窓社. 1975; 152-177.
10) 岩井聡美. 前立腺疾患に対する外科手術. 日本獣医腎泌尿器学会誌. 2021; 13(1): 7-17.

2 前立腺過形成

2.1 イントロダクション

前立腺はイヌで唯一の副生殖腺であり、よく発達している。ネコの前立腺はあまり発達しないために、前立腺疾患の発生は少ない。

2.2 前立腺過形成の定義

前立腺の過形成には、組織学的に腺性、嚢胞性、間質性、あるいはそれらの複合型が存在するが、一般的に良性前立腺過形成といわれている。年齢とともにこういった過形成変化が生じるため、前立腺が肥大していたとしても、すべてが疾患の徴候であるとはいえない。

2.3 前立腺過形成の病因と疫学

良性の前立腺過形成は6歳を超えた未去勢のイヌの80%以上に発生すると報告されている[1]。一般的に、イヌの前立腺細胞はおよそ2歳までに正常な細胞としては最大となる。ビーグルの報告であるが、良性の前立腺過形成は、5歳までに50%、8〜9歳までに70%が罹患しているといわれている[2]。

第12章

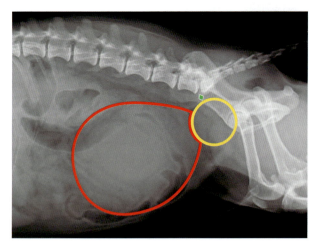

図3　良性前立腺過形成の腹部X線検査ラテラル像
膀胱（赤囲み）尾側に円形の巨大化した前立腺（黄囲み）が存在する。骨盤入り口を塞ぎ直腸を圧迫している（緑で示す領域）。膀胱が膨満している。

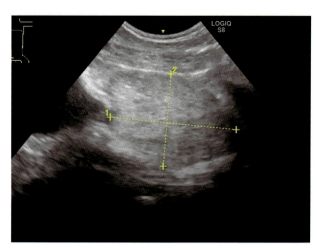

図4　良性前立腺過形成の超音波検査像
膀胱尾側に拡大した前立腺を確認できる。

　正常な前立腺は、アンドロゲンとエストロゲンのバランスによって、肥大せずに大きさを維持できるが、老齢になるにつれて、これらのバランスが崩れ、腺上皮細胞や間質の細胞が過剰に増殖し、前立腺が肥大する。前立腺は、アンドロゲンによって生涯を通じて拡大する[3]。

　前立腺過形成には腺性と複合型があり、4～5歳齢より若齢では腺性が優勢で、その後複合型となる[4]。複合型過形成は、主に間質性の成分が関与して[5]、腺と間質の成分が混じった状態で左右対称性に拡大する。この良性前立腺過形成は、未去勢のイヌの膿瘍や嚢胞の罹患率を上げることが示唆されている[6]。

2.4　前立腺過形成の臨床徴候

　良性前立腺過形成は、一般的に無症状で長期間経過しながら緩徐に前立腺が大きくなる。イヌの場合は、腺組織が外方に向かって肥大する傾向にあり、骨盤腔入り口を占拠するほどに大きくなると、結腸や直腸を圧迫し、排便障害が生じる。いきみや排便に要する時間が長くなり、排泄される便がリボン様に平たくなるなどの臨床徴候が発現する。

　本疾患は多くが未去勢のイヌで発生するために、会陰部の筋肉が脆弱になっているところへ、排便障害によっていきむために腹圧が高まり、会陰ヘルニアを併発する症例が多い。

　排尿障害は排便障害と比較して発生は少ないが、前立腺組織が尿道を圧迫するように肥大すると生じる。稀に、実質内で血様の嚢胞が生じると、尿道からの急な出血として認められることがある[7]。

2.5　前立腺過形成の診断

　初期は、全身状態に大きな変化は起こらない。臨床徴候が発現しない限り、他の疾患における画像診断の際などに、偶発的に発見されることが多い。

　臨床徴候などから前立腺の過形成が疑われた場合、まずは直腸検査にて前立腺を触診する。前立腺の大きさ、硬さ、形状を把握する。良性前立腺過形成の場合には多くが痛みを伴わず、左右対称性に肥大している前立腺を触知できる。

　単純な良性前立腺過形成では、血液検査や尿検査においてほとんど異常が認められることはない。尿中の細菌感染も存在しない場合が多い。

　X線検査では、骨盤腔入り口付近に、いびつな形状変化や石灰沈着などを伴わずに拡大した前立腺が発見できる（図3）。排便障害などの臨床徴候が存在する症例では、結腸や直腸の圧迫やガス、糞塊の存在を認めることがある。造影X線検査を実施することも可能で、前立腺部尿道の狭窄などを知ることはできるが、良性前立腺過形成が疑われる場合には、積極的に行うことは少ない。

　超音波検査は、前立腺内の構造的変化を把握するには最もよい検査法である（図4）。一般的には、良性前立腺過形成では、実質領域が拡大している所見が認められるが、嚢胞などを伴うこともある。

　超音波ガイド下での細針吸引サンプリング法（FNA）による細胞診のみでは、良性前立腺過形成を確定できないこともあり、前立腺全体を網羅できるように複数回サンプリングしても、局所で起きた腫瘍や嚢胞、膿瘍を完全に除外できない場合もある。組織生検は良性前立腺過形成には行われることは少ない。

前立腺疾患

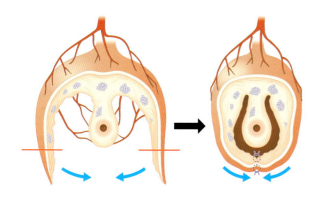

図5 前立腺部分切除術の嚢内法[28]
前立腺腹側正中の被膜を切開し、実質を除去する。
過剰になった被膜を切除し（赤線）、縫合する（青矢印）。

良性前立腺過形成を確定診断するためには、全身状態、臨床徴候、経過、検査所見などを総合的に判断し、治療に反応するかどうかによって診断することもある。

2.6 前立腺過形成の治療
2.6.1 外科的治療

良性前立腺過形成はアンドロゲンが影響して起こることから、去勢手術が第一選択となる。去勢手術によって、肥大した腺組織を急速に退縮することができる。一般的には、臨床徴候は去勢後数日で緩和されはじめる。しかしながら、去勢後2週間以上経過しても臨床徴候の改善がない場合は、そのほかの前立腺疾患の存在を疑って、さらなる検査をすべきである。

前立腺過形成は早期の去勢に反応することが多いが[8]、十分に反応せず症状が改善しない場合には、前立腺部分切除術が適応となる。したがって、前立腺過形成が疑われる症例では、まずは去勢手術を実施し、去勢前と去勢後の前立腺の大きさの変化を確認する。一般的に、前立腺過形成では去勢後3週間以内に50%の縮小が認められ、臨床徴候は遅くとも2〜3カ月以内にほぼ消失すると報告されている[9]。この期間内に前立腺のサイズや臨床徴候の改善が認められない場合は、前立腺部分切除術の適応を考慮する。

前立腺部分切除術は、被膜切除法と嚢内法があり（図5）、様々な手技を用いた報告がされている[10-14]。

前立腺周囲の解剖は複雑であり、外科手術によって前立腺以外の組織、例えば、膀胱、尿道、直腸などへの血流や神経を損傷する可能性があるため（図6）、十分に前立腺周囲の解剖学を理解して合併症の発生をできる限り減らすことも大切である。周囲組織への血管や神経を損傷すると、アトニーや組織壊死を招来し、尿失禁や排尿障害、尿毒症、死亡などの重篤な合併症を招くリスクがある。骨盤部腹膜は、血管、神経および前立腺などの骨盤部組織を包み込み、前立腺周囲組織として前立腺を側面から腹側まで包含する（図6）[15]。したがって、この主要な組織を包み込む腹膜は、外科手術の際に損傷しないように取り扱わなければならない。

手術手技としては、下腹部正中切開でアプローチした後、前立腺を露出する。腹側面あるいは側面から被膜切開を行い、前立腺実質組織、嚢胞や膿瘍内の液体を吸引、洗浄した後、過剰になった被膜組織や前立腺組織を、破砕、鋭性または鈍性に切除することができる。電気凝固装置や外科用レーザー、超音波吸引装置を用いることにより止血が容易となる[10,12,13]。

超音波吸引装置による前立腺間質の切除法は、水分の含有量による組織の識別に基づいており、水分含量の多い細胞（前立腺間質の細胞）を超音波のパルスで乳化しながら吸引するが、水分含量の少ない細胞（神経、血管、結合組織）は乳化されずに組織に残存する[13]。これにより、前立腺間質の85%まで神経血管供給の破壊なく除去することができるといわれている[13]。初めに尿道カテーテルを先に留置し、触知しながら行うことに加え、

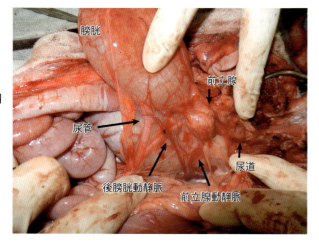

図6 雄の前立腺周囲の解剖
骨盤部腹膜は、骨盤部の神経、血管、前立腺などの骨盤部組織を包み込み、前立腺周囲組織として前立腺を腹面から側面まで包含する。

尿道の周囲の前立腺組織を少し残すことによって、前立腺尿道の損傷を防ぐ。大網設置術やアクティブドレーン設置術によるドレナージ法（本章3「前立腺囊胞・前立腺炎・前立腺膿瘍」参照）を、前立腺部分切除術と同時に行うことが推奨される[2,16]。

合併症は、出血や、膀胱、前立腺、尿道への神経血管の損傷と、それに続発する尿失禁などがあり、これらの発生リスクが増すことから、前立腺の背外側面への切開は避けるべきである[2,17]。被膜内の手技を行う際などは必ず尿道カテーテルを入れて、前立腺尿道部を確認する。

2.6.2 前立腺過形成の内科的治療

良性前立腺過形成は老齢になるにつれて症状が現れるため、そのほかの疾患や繁殖の目的などによって、外科手術を受けられない理由がある場合は、内科的治療を選択することもある。しかしながら、内科的治療は長期にわたると効果が減弱する場合や、投薬を中止するとすぐに前立腺が拡大することから、短期的な治療に限定すべきである。また、去勢手術よりも治療効果が弱い。内科的治療に用いられる薬剤としては、抗アンドロゲン薬、黄体形成ホルモン阻害薬、性腺刺激ホルモン放出ホルモン作動薬、5α-還元酵素阻害薬、エストロゲン薬などがある。

抗アンドロゲン薬は間質の細胞の機能を抑えることによって、テストステロンの産生を減少させる。黄体形成ホルモン阻害薬は黄体形成ホルモンの放出を阻害することや、5α-還元酵素活性を抑制するが、扁平上皮化生を起こす可能性があるといわれている。性腺刺激ホルモン放出ホルモン作動薬は、視床下部から分泌される性腺刺激ホルモン放出ホルモンと類似した構造であるため、脳下垂体の受容体に結合して体内の性腺刺激ホルモン放出ホルモンの結合を阻害する。これによって、精巣からの男性ホルモンの分泌を抑制する。5α-還元酵素阻害薬は、テストステロンが前立腺を肥大させるジヒドロテストステロンへ変換するのを阻害する。エストロゲンは、骨髄機能の抑制や、組織が化生性変化することでさらに前立腺が拡大することを誘導する可能性があるため、近年ではほとんど使用されていない。

2.7 前立腺過形成の予防

良性前立腺過形成は、一般的に精巣からのアンドロゲンによって発生するため、去勢手術を行うことが最善の予防策である。繁殖目的が終了したイヌにおいても、去勢手術を実施するよう指導すべきである。

3 前立腺囊胞・前立腺炎・前立腺膿瘍

3.1 前立腺囊胞・前立腺炎・前立腺膿瘍の定義

前立腺囊胞は、前立腺の過形成に伴い、前立腺液の排泄が悪化して組織学的に腺房同士が結合し、肉眼的に観察できるまで大きくなったものを前立腺囊胞という。囊胞は1つだけでなく、複数個存在することもある。囊胞の形成や感染に伴い、炎症が起こると前立腺炎となる。さらに、囊胞や前立腺組織に感染が起こり、囊胞性に膿が貯留すると前立腺膿瘍となる。

3.2 前立腺囊胞・前立腺炎・前立腺膿瘍の病因

前立腺囊胞は、良性前立腺過形成の中に徐々に発生することから、ほぼ同時期に認められるようになる。

前立腺炎は、老齢初期から寿命を全うするまで幅広い年齢で起こる。前立腺への細菌の感染ルートは、主に尿路からである。良性前立腺過形成や囊胞が生じると、正常な血流や免疫応答が阻害されるために、感染を制御しにくくなり、膿として貯留するようになる。よく認められる細菌は、*Escherichia coli*、*Staphylococcus* spp.、*Streptococcus* spp.、*Proteus Mirabilis*、*Klebsiella* spp.、*Mycoplasma canis*、*Pseudomonas* spp.である[2]。真菌の感染はまれであるが、上行性あるいは全身性の感染から波及する可能性がある[18,19]。

3.3 臨床徴候と病態生理

前立腺囊胞は、根底に前立腺過形成が存在することが一般的であるため、臨床徴候はほぼ同様である。痛みなどの症状は存在しないが、直腸や尿道を圧迫し、排便障害や排尿障害が認められることがある。

前立腺膿瘍では、排便障害や排尿障害が前立腺囊胞同様に発生する。さらに、前立腺炎や前立腺膿瘍では痛みが生じ、有痛性排尿困難や、歩行異常、後肢の浮腫、下腹部や後肢の触知を嫌がることもある。前立腺膿瘍が重篤化すると、精巣炎へ発展することもある（図7、図3も参照）。小さな膿瘍が結合して巨大化すると組織破壊が重症化し、尿道へ膿や血液が排出される場合や、前立腺壁が破裂する場合がある。前立腺壁が破裂すると、腹腔へ膿が漏れて感染性の腹膜炎を起こす場合や、骨盤腔内や会陰部で膿瘍を形成することがあり、最終的に敗血症に陥り重篤な状態を招くリスクがある。

前立腺疾患

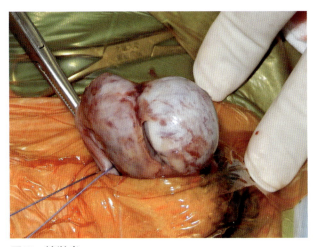

図7　精巣炎
前立腺膿瘍から精巣炎へ発展した精巣。充出血が認められる重度な炎症状態である。

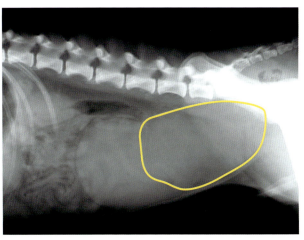

図8　前立腺膿瘍の腹部X線ラテラル像
膀胱尾側の前立腺周囲の組織構造が不明瞭である。前立腺の境界がはっきりしない。黄囲み内が前立腺。

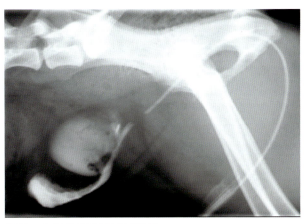

図9　上行性尿路造影X線像
尿道と前立腺の破裂部位が連結しているために、尿道から前立腺内に造影剤が入り込み、前立腺が描出されている。膀胱は前方に変位し、圧迫されている。

3.4 前立腺嚢胞・前立腺炎・前立腺膿瘍の診断

　前立腺に炎症や感染がある場合には発熱することがあり、心拍数や呼吸数とともに体温を測定する。また、触診、視診により、全身のリンパ節、下腹部や後肢、精巣、陰茎の異常の有無を確認する。

　直腸検査では、痛みを伴い、前立腺は左右非対称性のことが多い。液体が貯留している場合には、波動感を認めることもある。しかし、強く触知すると破裂するリスクを高めるため、注意すべきである。

　血液検査では、感染や膿瘍が重篤になると、白血球数やCRPの上昇が認められるようになる。それ以外の生化学検査において、前立腺疾患を特徴とする変化が現れることは多くないが、排尿障害により腎後性腎障害になると血中尿素窒素やクレアチニン濃度の上昇が認められるようになる。感染性腹膜炎からの敗血症が疑われる場合には、白血球数や血小板の減少、低血糖、他臓器不全などの徴候を認めることがある[20]。

　前立腺に感染がある場合、尿検査で細菌や白血球、赤血球が認められる。人為的な射精や、前立腺マッサージによるカテーテル吸引でのサンプリングが多く行われてきたが、嚢胞、膿瘍、腫瘍の場合には、そのような採材法からの検査では、前立腺本来の病変が表現されないことがある[2]。

　X線検査では、前立腺が拡大しているうえに、前立腺周囲の陰影が不明瞭となる（図8）。造影X線検査では、尿道と前立腺の破裂部位が連結していることがあるため、前立腺が描出されることがある（図9）。感染性腹膜炎の場合には、腹腔内貯留液などが認められる。

　超音波検査では、前立腺内の液体貯留を明瞭に描出できる（図10）。超音波ガイド下でのFNAは、局所の状態を把握するには最も適している[21]。ただし、膀胱内にまで腫瘤の形成が認められるような場合、移行上皮癌が疑われることがあり、針の通過部位に腫瘍を播種する可能性があるため実施できない[22]。サンプリングした材料より、炎症細胞などの細胞の種類や形態の観察、細菌が存在する場合には培養、薬剤感受性試験を実施する（図11）。ただし、膿が大量な場合や、症例が暴れる場合には、穿刺部位から破裂するリスクが増すために、膿をある程度吸引して減圧することや、鎮静化での実施、診断のための外科的処置を検討する。

第12章

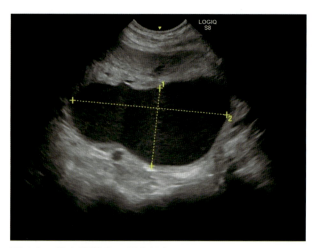

図10　前立腺膿瘍の超音波像
前立腺内に巨大な囊胞が存在する。本症例は穿刺液の細胞診により、前立腺膿瘍と確定診断された。

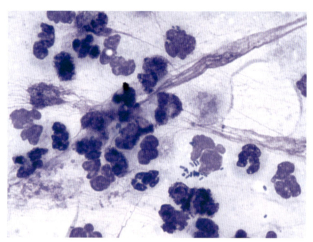

図11　前立腺マッサージカテーテル吸引によって採取した液体の塗抹所見
前立腺内に巨大な囊胞が存在する。本症例は穿刺液の細胞診により、前立腺膿瘍と確定診断された。

3.5　前立腺囊胞・前立腺炎・前立腺膿瘍の治療

3.5.1　内科的治療

　前立腺膿瘍の場合には、未去勢のイヌより去勢したイヌにおいて、適切な抗菌薬の管理で制御しやすいといわれている[23]。したがって、薬剤感受性試験を実施することと、血液-前立腺関門を通過できる脂溶性の抗菌薬、一般的には、エンロフロキサシン、ST合剤、クロラムフェニコールなどが選択される。一方で、炎症や感染が重篤であるほど関門が破壊されているために、抗菌薬の選択の幅は広がるともいわれている。抗菌薬の使用は、3週間程度継続することが推奨されており、経時的な画像診断や尿中や前立腺液から細菌の検出の有無を確認して、投与を終了する。

　膿瘍や囊胞の場合には、中の液体が穿刺部位から腹腔内へ漏出しないように、できる限りすべて吸引し、適切な抗菌薬投与を繰り返し行うことで、囊胞や膿瘍が改善したという報告もされているが[24]、大量に膿が漏出した場合は早急な外科的介入が必要とされるため、吸引する場合は鎮静や軽い麻酔下で行うことが推奨されている。これによって、改善しない場合には、開腹による外科的な介入を考慮すべきである。

3.5.2　外科的治療

　去勢手術は、腺組織の退縮などから、長期的な管理として有用である。

　前立腺囊胞、膿瘍の外科的治療法としては、ドレナージ法や前立腺部分切除術があげられる。前立腺部分切除術（術式は本章2「前立腺過形成」参照）は、特に、囊

図12　大網を用いた前立腺ドレナージ法
前立腺内を洗浄し、不要な前立腺壁を切除した後、大網を前立腺内に挿入した。

胞や、膿瘍などの感染組織や余剰組織の除去を目的に実施する。また、ペンローズドレーンの設置術のみと比較して、膿瘍、囊胞の早期回復をもたらすと報告されている[14]。解剖学的な解説は、本章2「前立腺過形成」を参照とする。

　前立腺のドレナージ法には大網設置術（図12）と、ペンローズドレーンや陰圧吸引によるアクティブドレーン（図13A）などのチューブを用いたドレナージ法がある[2,25,26]。大網設置術を前立腺膿瘍や囊胞に用いた場合、ペンローズドレーンを用いた排液法よりも入院期間の短縮や再発率の減少が期待できるといわれているが、アクティブドレーンを用いる機会も増えている[20,27]。囊胞や膿瘍が大きい場合、前立腺部分切除とドレナージ法の併用が推奨される[2,16,27]。

前立腺疾患

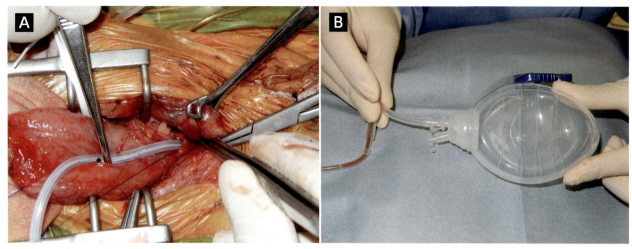

図13　アクティブドレーンを用いた前立腺のドレナージ法
A：アクティブドレーンは必要な長さまで切除して、黒いマーカー部分まで前立腺内へ誘導する。
B：アクティブドレーンと連結するサクションリザーバー。空気を抜いて陰圧にし、吸引された液体がリザーバー内に貯留する。

　大網設置術は、大網の血管やリンパ管特性を生かしたリンパ排液と、大網の接着性を生かした外科処置部の被覆を目的として実施する[20]。大網設置術の利点は、感染性組織を外科的にデブライドメントおよび洗浄した後にも適応できる点である[20]。ただし、合併症としては、排液が大網によって吸収しきれない場合には、腹膜から吸収されるか腹水として貯留する。排液の性状判定はチューブを用いたドレナージ法ほど容易ではないが、超音波ガイド下で採取すれば可能である。大網設置術は、チューブを用いたドレナージ法よりも設置が容易で、入院期間の短縮や再発率の減少が得られ、皮下への感染波及も少ないとされている[20]。

　ペンローズドレーンやアクティブドレーンなどのチューブを用いたドレナージ法の利点は、排液が体外に排泄されるため、その性状を肉眼的に確認することが容易であること、排液量が多量になっても腹水の貯留が少ないという点である[25,26]。このうちペンローズドレーンは、感染を播種する可能性がある。それに対してアクティブドレーンを用いたドレナージ法は、ほぼすべての排液が体外の貯留槽に吸引されるので上行性感染のリスクを抑え、排液量の計測をできるうえ、その性状も観察できる（図13B）[2]。

　ドレナージ法の術式は、下腹部の正中切開で前立腺にアプローチする。あらかじめ尿道にはカテーテルを挿入し、尿道が触知できるようにして、術中の尿道損傷を防止する。前立腺の内部洗浄または部分切除後、体網で尿道を取り囲むように覆う方法や、前立腺の残存部分で大網を包む方法があり、吸収性モノフィラメント糸を用いて大網を前立腺に固定する。あるいは、アクティブドレーンなどのドレーンチューブを前立腺内に設置する。ドレーンチューブは、排液が減少したら抜去する。

　合併症としては、尿道損傷、感染の播種、腹水の貯留、出血などである[2,16,20]。特に、尿道損傷は危険性が高いことから、尿道カテーテルを留置し、触知しながら損傷の発生を防止する[2]。

3.6 前立腺嚢胞・前立腺炎・前立腺膿瘍の予防

　根底に良性前立腺過形成が存在することが多いために、基本的には去勢手術が一番の予防法となる。

第12章2〜3の参考文献

1) Berry SJ, Strandberg JD, Saunders WJ, Coffey DS. Development of canine benign prostatic hyperplasia with age. Prostate. 1986; 9: 363-373.
2) White RA, Johnston SA, Tobias KM. Prostate. In: Veterinary Surgery: Small Animal Expert Consult - E-BOOK. Elsevier Health Sciences. Kindle 版.
3) Kawakami E, Tsutsui T, Ogasa A. Histological observations of the reproductive organs of the male dog from birth to sexual maturity. J Vet Med Sci. 1991; 53: 241-248.
4) Brendler CB, Berry SJ, Ewing LL, McCullough AR, Cochran RC, Strandberg JD, Zirkin BR, Coffey DS, Wheaton LG. Hiler ML, Bordy MJ, Niswender GD, Scott WW, Walsh PC. Spontaneous benign prostatic hyperplasia in the beagle. Age-associated changes in serum hormone levels, and the morphology and secretory function of the canine prostate. J Clin Invest. 1983; 71: 1114-1123.
5) Juodziukyniene N, Aniuliene A, Pangonyte D. Effect of age,

hyperplasia and atrophy on collagen parameters in dog prostates. *Pol J Vet Sci*. 2010; 13: 479-485.
6) Blackburn AL, Berent AC, Weisse CW, Brown DC. Prevalence of prostatic cysts in adult, large-breed dogs. *JAAHA*. 1998; 34: 177-180.
7) Read RA, Stanley B. Urethral bleeding as a presenting sign of benign prostatic hyperplasia in the dog: a retrospective study (1979-1993). *J Am Anim Hosp Assoc*. 1995; 31(3): 261-267.
8) Taylor PA. Prostatic adenocarcinoma in a dog and a summary of ten cases. *Can. Vet J*. 1973; 14: 162-166.
9) Barsanti JA, Finco DR. (1986): Canine prostatic diseases. *Vet Clin North Am Small Anim Pract*. 1986; 16: 587-599.
10) Hardie EM, Stone EA, Spaulding KA, Cullen JM. (1990): Subtotal canine prostatectomy with the neodymium:yttrium-aluminum-garnet laser. *Vet Surg*. 1990; 19: 348-355.
11) Kincaide LF, Sanghvi NT, Cummings O, Bihrle R, Foster RS, Zaitsev A, Phillips M, Syrus J, Hennige C. (1996): Noninvasive ultrasonic subtotal ablation of the prostate in dogs. *Am J Vet Res*. 1996; 57: 1225-1227.
12) L'Eplattenier HF, van Nimwegen SA, van Sluijs FJ, Kirpensteijn J. Partial prostatectomy using Nd:YAG laser for management of canine prostate carcinoma. *Vet Surg*. 2006; 35: 406-411.
13) Rawlings CA, Crowell WA, Barsanti JA, Oliver JE Jr. Intracapsular subtotal prostatectomy in normal dogs: use of an ultrasonic surgical aspirator. *Vet Surg*. 1994; 23: 182-189.
14) Rawlings CA, Mahaffey MB, Barsanti JA, Quandt JE, Oliver JE Jr, Crowell WA, Downs MO, Stampley AR, Allen SW. Use of partial prostatectomy for treatment of prostatic abscesses and cysts in dogs. *J Am Vet Med Assoc*. 1997; 211: 868-871.
15) Gianduzzo TR, Colombo JR, El-Gabry E, Haber GP, Gill IS. Anatomical and electrophysiological assessment of the canine periprostatic neurovascular anatomy: perspectives as a nerve sparing radical prostatectomy model. *J Urol*. 2008; 179: 2025-2029.
16) White RA. Prostatic surgery in the dog. Clin. Tech. *Small Anim Prac*. 2000; 15: 46-51.
17) Freitag T, Jerram RM, Walker AM, Warman CG. Surgical management of common canine prostatic conditions. *Compend Contin Educ Vet*. 2007; 29: 656-658, 660, 662-663.
18) Totten AK, Ridgway MD, Sauberli DS. Blastomyces dermatitidis prostatic and testicular infection in eight dogs (1992-2005). *J Am Anim Hosp Assoc*. 2011; 47: 413-418.
19) Krawiec DR, Heflin DJ. Study of prostatic disease in dogs: 177 cases (1981-1986). *Am Vet Med Assoc*. 1992; 200(8): 1119-1122.
20) White RA, Williams JM. Intracapsular prostatic omentalization: a new technique for management of prostatic abscesses in dogs. *Vet Surg*. 1995; 24(5): 390-395.
21) Powe JR, Canfield PJ, Martin PA. Evaluation of the cytologic diagnosis of canine prostatic disorders. *Vet Clin Pathol*. 2004; 33: 150-154.
22) Nyland TG, Wallack ST, Wisner ER. Needle-tract implantation following US-guided fine-needle aspiration biopsy of transitional cell carcinoma of the bladder, urethra, and prostate. *Vet Radiol Ultrasound*. 2002; 43: 50-53.
23) Cowan LA, Barsanti JA, Crowell W, et al. Effects of castration on chronic bacterial prostatitis in dogs. *J Am Vet Med Assoc*. 1991; 199(3): 346.
24) Boland LE, Hardie RJ, Gregory SP, Lamb CR. Ultrasound-guided percutaneous drainage as the primary treatment for prostatic abscesses and cysts in dogs. *J Am Anim Hosp Assoc*. 2003; 39: 151-159.
25) Glennon JC, Flanders JA. Decreased incidence of postoperative urinary incontinence with a modified Penrose drain technique for treatment of prostatic abscesses in dogs. *Cornell Vet*. 1993; 83: 189-198.
26) Mullen HS, Matthiesen NDT, Scavelli TD. (1990): Results of surgery and postoperative complications in 92 dogs treated for prostatic abscessation by a multiple Penrose drain technique. *J Am Anim Hosp Assoc*. 1990; 26: 369-371.
27) Bray JP, White RA, Williams JM. Partial resection and omentalization: A new technique for management of prostatic retention cysts in dogs. *Vet Surg*. 1997; 26: 202-209.
28) Hedlund CS. Surgery of the reproductive and genital system. In: Small Animal Surgery, 2nd ed. (Fossum TW, ed.), Mosby, St. Louis. 2002; 610-674.

第13章 イヌとネコにおける泌尿器の腫瘍

細谷 謙次

伴侶動物の高齢化に伴い、腎泌尿器疾患のなかでも腫瘍性疾患を取り扱う機会は増加しているものと思われる。各抗腫瘍療法（外科療法・放射線療法・化学療法）の手法の詳細については腫瘍学のテキストに譲り、ここでは腎臓腫瘍および膀胱／前立腺／尿道に発生する腫瘍に分けて、その疫学および診断／治療法の基本的な事項に絞って概説する。

1 イヌの腎臓の腫瘍

1.1 病態と疫学

腎臓原発腫瘍はイヌの腫瘍全体の2％未満に過ぎず、腎臓に発生した腫瘍のなかでは、転移性腫瘍の方が多いとされる[1]。ただし、非常に古い文献（1988）に基づく記載であり、超音波診断装置が一次診療施設にも広く普及している現在では、原発性腫瘍の方が多く認められるというのが筆者の印象である。イヌの腎原発腫瘍の発生割合のグラフを図1に示す[28]。

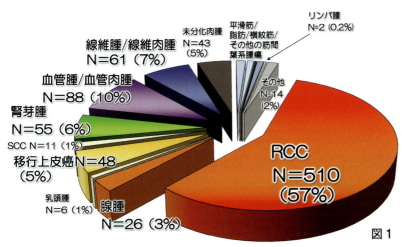

図1 イヌの腎原発腫瘍の発生割合（文献28より作成）

第13章

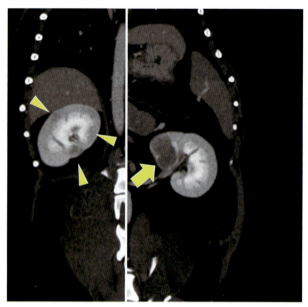

図2　イヌの腎臓に発生したリンパ腫の血管造影CT像
右腎頭極に明瞭な腫瘤形成がみられる（矢印）が、対側腎にも不明瞭ながら病変が複数存在していることが確認される（矢頭）。

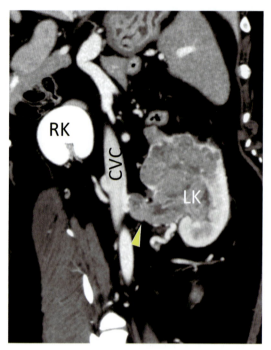

図3　腎腺癌による血管内浸潤のCT像
左側腎臓（LK）に発生した腫瘍が腎静脈内に浸潤している（矢頭）。
RK：右側腎臓、CVC：後大静脈

　イヌの腎原発腫瘍の約70％は上皮系腫瘍であり、その大部分は腎腺癌（腎細胞がん Renal cell carcinoma：RCCと同義）である。腎腺癌は、腎原発腫瘍の49〜65％を占め、それ以外の腫瘍としては移行上皮癌（Transitional cell carcinoma：TCC）、腎芽腫、血管肉腫、そのほかの種々の肉腫、およびリンパ腫の発生が知られている[1-3]。これらの腫瘍のなかで、リンパ腫は両側性に発生（図2）しやすいため、治療に際しては安易に腎臓摘出を選択しないよう、注意が必要である。

　腎腺癌もまれではあるが、両側性に発生することがある（一方が原発、他方が腎転移である可能性が高い）。また、腎原発腫瘍の多くは腎被膜内に限局しているが、一部の高悪性度の腫瘍は、時に腎被膜を超えて周囲組織への浸潤や、腎静脈および後大静脈への血管内浸潤（図3）を伴うことがある。

　既に臨床的に遭遇することはまれとなったが、ジャーマン・シェパードにおける皮膚線維化症／線維腫症を併発する腎嚢胞性腺癌（および雌個体における子宮腫瘍）の発生が有名である。本病態はヒトのBirt-Hogg-Dube症候群と相同と考えられており、腫瘍抑制遺伝子である*BHD*遺伝子の変異が関連しているとされる[4-6]。

1.2 イヌの腎臓の腫瘍の診断

　腎原発腫瘍のうち、腎芽腫とリンパ腫以外は通常高齢のイヌに発生する（診断時の平均年齢：8歳齢）。腎芽腫およびリンパ腫はどの年齢においても発生がみられる。雌よりも雄に若干多く発生する傾向が認められている（1.2〜1.6倍）[1,2]。腎原発腫瘍は、片側性であれば必ずしも臨床徴候を伴うとは限らず、偶発的に発見されることも多い。臨床徴候を伴う場合には、食欲不振、体重減少、多尿、活動性低下、または血尿などがみられ、多くは（血尿以外は）非特異的である。血尿は腫瘍の一部が腎盂に露出していない限りは認められない。身体検査においても特異的な所見は得られないことがほとんどであるが、まれに腫瘍が大きい場合には、腎領域にて腫瘤が触知可能なことや、触診によって疼痛反応がみられることがある。

　血液学／血液化学的検査においては、個々の症例における病態に応じて様々な異常がみられる可能性がある（例：炎症性反応や慢性出血による貧血、腫瘍内出血または後腹腔内出血による貧血や血小板減少、高エリスロポエチン血症に由来する多血症、正常腎実質の置換に伴う高窒素血症など）。

　腎原発腫瘍におけるステージングと臨床的評価においては、胸部X線検査（肺転移やその他の麻酔リスクの評価）および腹部超音波検査（対側腎臓への転移や血管内浸潤の有無の評価）、胸部・腹部を含むCT検査の実施が推奨される。罹患側の腎臓に正常腎実質が残存してい

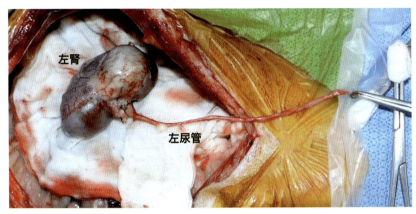

図4　左腎摘出時の術中所見
罹患腎の尿管は可能な限り膀胱の近くで結紮・離断する。

る場合には、対側腎の機能の評価は特に重要であり、血液化学的検査に加えて、（X線またはCTによる）順行性尿路造影検査による対側腎からの造影剤排出能の評価が通常行われる。ただし、同検査によって対側腎の機能（糸球体濾過量；glomerular filtration rate：GFR）を定量的に評価することはできない。理想的には核シンチグラフィーを用いた個々の腎臓のGFRの算出が実施されるべきであるが、国内においては実施は現実的ではない。

腫瘍の確定診断は最終的には摘出検体の病理組織学的検査によってつけられることが多いが、術前には少なくとも腎臓摘出の適応であることを確認する必要がある。このため、画像検査により対側腎が正常であること（両側性発生や対側腎への転移所見がないこと）や腫瘍性疾患が疑われること（囊胞性疾患の否定）、経皮的細針生検（FNA）による細胞診にてリンパ腫が否定されることを通常確認する。リンパ腫が疑われる場合には、超音波検査上で片側性と判断される場合においても、CT検査にて対側腎を評価すべきである。治療方針（すなわち、腎臓摘出）に影響がない限りにおいて、術前の組織生検は不要である（出血・医原性播種のリスクを伴う点において、むしろ有害であることが多い）が、個別の事情によって実施が必要と判断される場合には経皮的な超音波ガイド下でのコア生検（Tru-cut®生検）が実施可能である。腎臓の生検では、時に多量の出血をきたすことがあるため、実施前の凝固機能の評価および実施後の完全な止血の確認は慎重に行うべきである。

1.3 イヌの腎臓の腫瘍の治療

片側性で術前検査にて転移所見を認めない腎臓腫瘍の治療としては、腎臓摘出術が第一選択である。罹患側の腎臓は腎被膜レベルにて後腹膜腔脂肪より剥離（肉眼的被膜外浸潤がない場合）または表層の腹膜および周囲後腹膜腔脂肪や隣接する腹壁筋組織を含んだ切除（被膜外浸潤を認める場合）により罹患腎を摘出し、連続する尿管を可能な限り膀胱の近くで結紮離断して腫瘍と一括で摘出するのが望ましい（図4）。術式の詳細は他の成書に譲るが、後腹膜腔から腎臓を分離し、腹側に反転させ、背側を走行する腎動脈を結紮切断後、残った腎静脈を処理する術式（腎臓腫瘍が比較的小さい場合に実施）と、腹側から腎動静脈をそれぞれの後大静脈および腹大動脈との分岐部で分離・確保し、腎動静脈をほぼ同時に結紮・切断する術式（腎臓腫瘍が大きく、腹側への反転が難しい場合）のどちらかが選択される。

腫瘍の種類によっては術後補助化学療法が推奨されるものもある（例：リンパ腫、血管肉腫など）が、多くの腎原発腫瘍においては術後の補助化学療法の有効性は明らかではない。ヒトのRCCにおいてスニチニブの有効性が認められていることから、イヌの腎腺癌において転移所見が認められた際にはリン酸トセラニブが有効である可能性が示唆されるが、その効果は定かではなく、転移を認めない腎腺癌症例に予防的に使用することを支持するエビデンスはない。

1.4 イヌの腎臓の腫瘍の予後

イヌの腎原発腫瘍の遠隔転移率は比較的高く、診断時に16～34％の症例において肺転移が認められている[1,2]。さらに、死亡時点における遠隔転移率は、癌腫において69％、肉腫において88％、腎芽腫において75％であったとされる。原発性腎腫瘍全体としての予後は不良とされるが、個々の症例における予後は腫瘍の悪性度や摘出時点における転移の有無によって大きく左右され、個体によっては長期生存するものも珍しくない。腎臓腫瘍のイヌ68例の研究では、全体の生存期間中央値（median survival time：MST）は16カ月であったとされる[2]。また、腎原発血管肉腫のイヌのMSTは278日と報告されてい

第13章

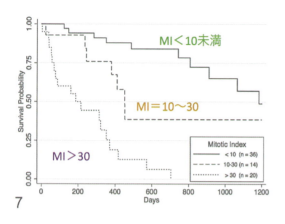

図5　分裂指数（Mitotic index：MI）別に示した、イヌの腎腺癌の生存曲線
各MI区分間にて、生存期間の有意差が認められている[9]。
(Reproduced with permission of Edmondson EF, et al. Prognostic significance of histologic features in canine renal cell carcinomas:70 nephrectomies. Vet pathol.52:260-268,2015)

る[7]。さらに、70例のイヌの腎腺癌における研究においては、多変量解析にて分裂指数が有意な独立した予後因子であったと報告されている[9]（図5）。これに対して、組織学的グレード、組織型、細胞形態、年齢などは予後との相関は認められていない[9]。

2 ネコの腎臓の腫瘍

ネコの腎原発腫瘍の多くはリンパ腫であり、そのほかの腫瘍（すなわち、腎腺癌や肉腫などの固形癌）が腎臓に発生することはまれである。リンパ腫を除いたネコの腎原発腫瘍の発生割合を図6に示した[28]。

リンパ腫を除いた腎原発腫瘍のネコ19症例の診断時年齢の中央値は11歳であり、発生に性差は認められていない[8]。同研究において、腫瘍は多くは片側性であり、組織型としては腎細胞癌が大部分を占め（13／19例）、そのほかの腫瘍としてはTCC（3例）および腎芽腫・血管肉腫・腺腫（各1例）が認められている。イヌと同様に腫瘍に随伴して多血症がみられることがあるが、多血症がみられた2例の報告ではいずれも腎臓摘出後に多血症の解消を認めている[10]。

3 尿管原発腫瘍

イヌおよびネコにおける尿管原発腫瘍は極めてまれであり、ごく少数の症例報告が存在するのみであるため、ここでは詳細については割愛する。イヌにおいては、尿管を巻き込む後腹膜腔の腫瘍としては血管肉腫が代表的である。また、腫大した腰下リンパ節群も尿管を巻き込み閉塞させることがしばしばみられる。腰下リンパ節の重度の腫大を伴う腫瘍として、肛門嚢アポクリン腺癌や精巣腫瘍などが鑑別にあげられる。

4 イヌの膀胱原発腫瘍

4.1 発生と疫学

膀胱原発腫瘍はイヌの腫瘍全体の約2％を占める[11-14]。イヌの膀胱原発腫瘍の大多数は、浸潤性移行上皮癌（Transitional cell carcinoma：TCC）で占められる[11-14]。TCCは、発生部位によっては前立腺癌との鑑別が困難であるなどの背景から、近年ではTCCと前立腺癌などの他の癌腫を区別せずに尿路上皮癌（Urothelial carcinoma：UC）と呼ぶことも多い。

その他の腫瘍はまれであるが、扁平上皮癌、腺癌、未分化癌、横紋筋肉腫、リンパ腫、血管肉腫、線維腫、平

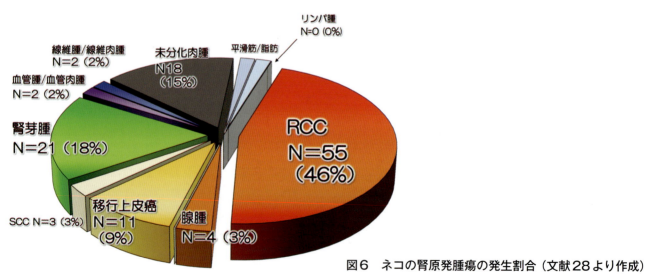

図6　ネコの腎原発腫瘍の発生割合（文献28より作成）

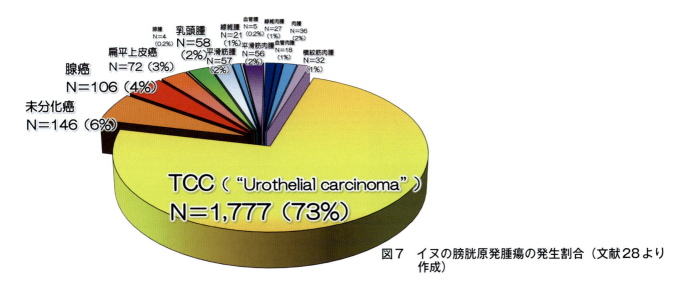

図7 イヌの膀胱原発腫瘍の発生割合（文献28より作成）

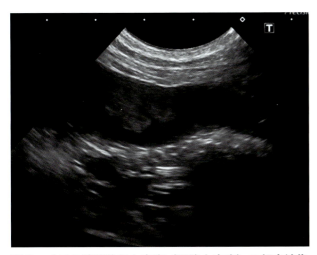

図8 イヌの膀胱移行上皮癌（尿路上皮癌）の超音波像

表1 イヌの膀胱原発TCCにおける品種の関連性

品　種	オッズ比
雑種	1
スコッティッシュ・テリア	18.09
シェトランド・シープドッグ	4.46
ビーグル	4.15
ワイヤーヘアード・フォックス・テリア	3.20
ウエスト・ハイランド・ホワイト・テリア	3.02
ミニチュア・シュナウザー	0.92
ミニチュア・プードル	0.86
ドーベルマン・ピンシャー	0.51
ラブラドール・レトリーバー	0.46
ゴールデン・レトリーバー	0.46
ジャーマン・シェパード	0.40

滑筋腫、およびその他の間葉系腫瘍の発生がみられることがある[14-20, 28]（図7）。

膀胱内におけるTCCの発生部位としては、膀胱三角部に発生することが最も多い（図8）が、膀胱体部や尖部に発生することもある。

また、膀胱三角部に発見された腫瘍性病変が尿道や前立腺に主座する病変の一部で膀胱内腔に波及したものであることもよくあるため、尿道や前立腺への連続性に関しては特に慎重に判断する必要がある。膀胱原発TCC全体の56％が尿道浸潤を、雄イヌに発生した膀胱原発TCCの29％が前立腺浸潤を伴っていたとする報告がある[12]。膀胱原発TCCの転移率は比較的高く、診断時には16％がリンパ節転移を、14％が遠隔転移を伴っていたとされる[12]。これらの転移率は死亡時には50％に達する[12]。

膀胱原発TCCの発生機序は複合的であるが、古いタイプのノミ駆除グッズの使用、芝生の管理に用いられる化学薬品、肥満、シクロフォスファミドへの曝露、性別（雌は雄の1.71～1.95倍罹患しやすい[11-13]）との関連が示唆されているほか、非常に強い品種との関連性（表1）が知られている[21-24]。TCCは避妊・去勢済みの個体での発生が未避妊・未去勢の個体よりも多くみられるが、その理由は明らかにされていない。

TCCの好発犬種であるスコッティッシュ・テリアにおいて、週に3回以上野菜を与えることがTCCの発生リスクを低減できる（オッズ比0.3、95％信頼区間：0.01～0.97）との研究結果が報告されている[25]。

4.2 イヌの膀胱原発TCCの診断

典型的な膀胱原発TCC症例では、臨床徴候として頻尿や血尿がみられ、尿沈査で異型上皮の出現、超音波検査にて膀胱内腔に突出する疣贅性病変（図8）が認めら

第13章

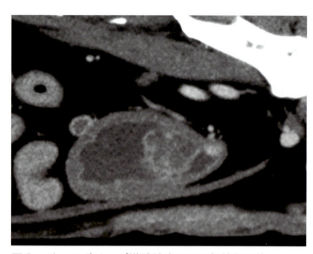

図9 イヌのポリープ様膀胱炎のCT矢状断面像
膀胱三角部に腫瘤性病変が形成されているのに加えて、膀胱壁全域が肥厚しており、慢性膀胱炎の存在が示唆されるが、腫瘍との鑑別には組織生検などの追加検査が必要である。

れる。しかしながら、TCC以外の多くの尿路疾患において同様の臨床徴候、尿検査所見、および腹部超音波検査所見が認められることがあるため、鑑別には注意を要する。鑑別診断として、TCC以外の腫瘍、慢性膀胱炎やポリープ性膀胱炎に代表される各種膀胱/尿道の炎症性疾患（図9）、（避妊済み雌における）子宮断端腫などがある。また、近年では超音波検査装置の性能向上に伴って、正常尿管開口部を疣贅性病変と誤診するケースも見受けられる。

TCCの確定診断には病理組織学的検査が必須となるが、実際の臨床例では治療開始前にTCC病変の組織の採取は容易ではないことも多い。そのため、病理組織学的検査による確定診断が得られない場合には、そのほかの検査所見を総合して下した臨床診断に基づいて治療方針を決定せざるを得ない。以下に各種検査におけるTCCを示唆する/否定する検査所見について記述する。

①尿検査における異型上皮細胞の出現

TCC症例の30％では尿中に腫瘍性の移行上皮の出現がみられるとされる[13]。しかしながら、これら腫瘍性上皮細胞は、他の炎症性尿路疾患で出現する反応性尿路上皮細胞との鑑別が困難であり、細胞の形態単独でTCCと炎症性疾患の鑑別をつけることは危険である。ただし、炎症性細胞（好中球、マクロファージなど）の遊走を伴わず、異型上皮細胞のみが大量に採取された場合には、腫瘍性である疑いが高まる。

②腹部超音波検査（または膀胱造影X線検査やCTなどのその他の画像診断）

炎症性尿路疾患で発生する膀胱内の疣贅性病変は、多くは膀胱尖部から体部にかけての膀胱腹側面から発生するため、膀胱背側面や膀胱三角部に限局した疣贅性病変が認められた場合、腫瘍性である疑いは高くなる。また、炎症性尿路疾患では、膀胱壁全体が肥厚する傾向があるため、疣贅物周囲の膀胱壁の肥厚が軽度である場合には、腫瘍性疾患を強く疑うべきである。ただし、浸潤性の強いTCCでは、膀胱全体にわたって壁の肥厚が起きていることがあり、その場合には慢性膀胱炎による変化との鑑別が困難なことがある。

③転移性病変の存在

腰下リンパ節の腫大や肺野の結節性病変など、転移病巣の存在が確認された場合、膀胱以外に原発巣が確認されなければ、腫瘍性疾患が強く疑われる。慢性の炎症性尿路疾患でも腰下リンパ節の腫大は認められるため、リンパ節腫大単独では腫瘍性疾患を断定するものではない。腫大が重度であり、細胞診材料が採取できる場合には、リンパ節の細胞診にて上皮性細胞の存在を証明することによって、腫瘍性疾患であることを確定する。

④尿サンプルの*BRAF*遺伝子変異細胞の検出

イヌの尿路上皮由来の悪性腫瘍では、約80％において*BRAF*遺伝子の変異を伴っていることが示されている[26]。そのため、採取した尿サンプル（可能であれば、外力性カテーテル法にて選択的に疣贅性病変から採取した細胞成分を多く含むサンプルの方が望ましい）を遺伝子検査に供することによって、高い感度で腫瘍細胞の有無を検出することができる。ただし、同検査は感度は高いものの、*BRAF*遺伝子の変異を伴わない症例においては、陰性となることに注意が必要である。本検査が陽性であれば尿路における悪性腫瘍の存在を肯定するものであるが、陰性の場合には悪性腫瘍の存在を否定することはできない。

上記各種検査所見と臨床像（品種・性別・中性化手術歴の有無・臨床経過など）を組み合わせることで、病理組織学的な確定診断がなくても、TCCとその他の疾患の鑑別がおおむねつけられることが多い。繰り返しになるが、病理組織学的検査が診断のゴールドスタンダードであることに変わりはなく、上記各種検査に置き換えることにより、組織材料を採取するための努力を怠っては

イヌとネコにおける泌尿器の腫瘍

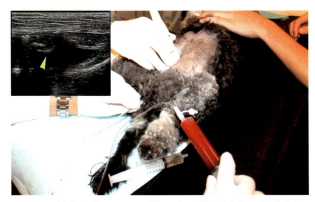

図10　外力性カテーテル法による膀胱腫瘍の組織生検
超音波ガイド下で行い、カテーテルのエンドホールまたはサイドホールに組織が吸引されていることを確認する（矢頭）。

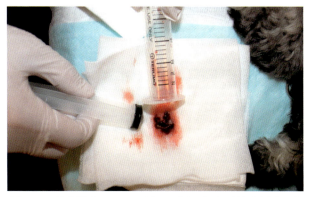

図11　外力性カテーテル法にて採取した膀胱内腫瘤の組織片
このような組織片が採取されない場合には、採取された細胞浮遊液を遠心分離機にかけ、セルパック標本として沈査を病理組織学的検査に供する。

ならない。可能な限り、以下に示すいずれかの手法により組織検体を採取することが推奨される。

①外力性カテーテル法とセルパック法
　外尿道口からカテーテルを挿入し、超音波ガイド下にて病変部に先端を位置させ、シリンジにて陰圧をかけて組織の一部を吸引・採取する方法である（図10）。TCCなどの脆弱な組織では表層の組織片がカテーテルに吸着され、剥脱して組織片として採取される（図11）。
　炎症性ポリープや平滑筋腫瘍などの細胞間結合が強固な腫瘍では組織片としては採取されないことが多い。実際には採取された検体は数個の組織片を含む血様の懸濁液として回収されるため、これを遠心分離した沈査塊をホルマリン固定したもの（セルパック法）を病理組織学的検査に供する（BRAF遺伝子検査を同時に実施する場合には、遠心分離する前に検体の一部を取り分けること）。TCCが強く疑われる場合には通常この方法で検体の採取が可能である。

②膀胱鏡または超音波ガイド下生検
　外力性カテーテル法では組織が剥脱しない、硬い病変の生検に用いられることが多い。細径の軟性鏡（雄イヌ）または硬性鏡（雌イヌ）を外尿道口から膀胱内に挿入し、生検鉗子にて組織を採取する方法である。軟性鏡の場合には、適合するサイズの生検鉗子では採取できる組織はかなり小さく、実際の診断には不十分となることが多いため、結石回収用の細径バスケット鉗子を利用する。硬性鏡の場合には、内視鏡の横に別途生検鉗子を挿入して検体を採取することで、比較的大きな組織片を採取することが可能である（図12）。
　小型犬では、上記のどちらの方法も適用できない場

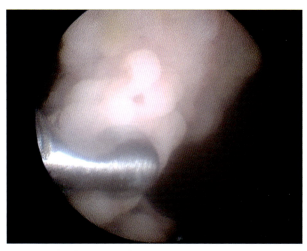

図12　膀胱鏡下での膀胱腫瘍組織生検

合がある。その場合、生検鉗子のみを栄養カテーテルなどをスリーブにして膀胱に挿入し、超音波ガイド下にて組織の生検を実施する。

③膀胱切開による目視下での生検
　本手法は、医原性に腫瘍細胞を腹膜表面や腹壁に播種させる恐れがあるため、原則的には推奨されない。他の検査所見からTCCなどの悪性腫瘍が否定的である場合や、膀胱筋層や漿膜面に主座している病変（子宮断端腫瘍疑い、平滑筋腫瘍疑い）の場合のみ、慎重適用されるべきである。

4.3　ステージング

　膀胱原発腫瘍の臨床ステージ分類[27]を表2に示す。腫瘍性疾患が疑われた場合には、治療方針の決定、予後の予測、および将来的な治療成績の解析のために、腹部

第13章

表2　膀胱原発腫瘍の臨床ステージ分類[27]

T分類（原発巣）	
Tis	上皮内癌
T_0	肉眼病変が存在しない
T_1	表在性の乳頭状腫瘍
T_2	膀胱壁に浸潤し、硬化を伴う腫瘍
T_3	周囲組織に浸潤している腫瘍
N分類（リンパ節への転移）	
N_0	リンパ節転移なし
N_1	領域リンパ節への転移あり
N_2	領域外リンパ節への転移あり
M分類（遠隔転移）	
M_0	遠隔転移なし
M_1	遠隔転移あり

超音波検査および胸部X線検査にてステージ分類を実施する。また、骨転移を示唆する疼痛などの所見がある場合には、適宜当該部位のX線検査やCT検査などの追加検査を実施する。遠隔転移の評価については、胸部の単純X線検査で肺転移の有無を評価するにとどめるのが標準的であるが、治療として外科療法や放射線療法などの、高額あるいは高リスクな治療法を検討する場合には、より厳密なステージングが求められるため、治療の適否の判断のためにCT検査が推奨される場合もある。

4.4 イヌの膀胱TCCの治療

膀胱TCCの治療選択肢には、大きく分けて腫瘍そのものの切除・縮小あるいは増大抑制を目的とした抗腫瘍療法と、尿路の確保を目的とした対症療法とがある。

前者には外科療法（膀胱部分摘出、下部尿路全摘出術など）・内科療法（各種NSAIDsおよび抗がん剤治療）・放射線療法が含まれるが、残念なことに現段階では膀胱原発TCCに対する根治的な（あるいは根治率の高い）治療法は存在しない。

後者には尿管閉塞に対する皮下尿管バイパス（subcutaneous ureteral bypass：SUB）システムの設置や尿管ステント設置術、尿道閉塞に対する尿道ステント設置術および膀胱瘻チューブ設置術などが含まれる。

尿道閉塞症例に対する膀胱尿道全摘出術など、両者の要素を含む治療シチュエーションもあるが、腫瘍そのものを切除する限りにおいて、本章では抗腫瘍療法に分類する。

4.4.1 イヌの膀胱TCCの外科療法

膀胱TCCにおいて、膀胱部分切除術によって腫瘍の完全切除が達成されることはまれである。第一には、TCCは膀胱三角部に好発するため、十分な外科マージンを確保しての膀胱部分切除は現実的に困難であり、第二に、膀胱TCCの発生においては「field effect」と呼ばれる「膀胱粘膜の一部ではなく、全体において発癌プロセスが同時に進行している」という考え方が適用される。すなわち、たとえ切除検体の組織学的検査において、断端に腫瘍が及んでいなかったとしても、温存した膀胱の粘膜全体において、腫瘍化プロセスは既に起きており、いずれ温存した粘膜からもTCCが発生するはずである、という理論である。この理論は膀胱TCCの多くが浸潤性の高い腫瘍であることを考えると、大多数の症例に当てはまると思われ、実際に膀胱部分切除後の再発率が高いとする臨床成績[12]とも一致する。ただし、TCCの一部は非浸潤性の乳頭型であり、これが膀胱尖部あるいは体部に発生した場合には、膀胱部分切除によって局所的な根治が得られる可能性はある。

発生部位にかかわらず、浸潤性のTCCの完全摘出には、膀胱全摘出術が必要となる。膀胱TCCの多くが尿道浸潤を伴っているため、実際には膀胱のみを切除するのではなく、膀胱から尿道を一括切除する「下部尿路全摘出術」が執られることが多い。切断した尿管は雌では腟または腹部皮膚に、雄では包皮粘膜に開口させる。

下部尿路全摘出術の合併症としては、尿管開口部からの持続的排尿（「尿失禁」とは厳密には異なる）、尿管開口部の狭窄／閉塞、尿管開口部の裂開、骨盤切開術の際の結合腱切開による跛行（一過性）、骨盤神経叢の損傷による便失禁（まれ）、持続的な排尿による上行性尿路感染（腎盂腎炎）、医原性の腫瘍の播種などがあげられる。

重度の手術侵襲、上記合併症のリスク、および結果的には転移巣の出現などによって根治に至る確率が高くはないことを考慮してもなお、排尿困難・排尿痛・残尿感といった日常のQOLを低下させる臨床徴候から解放されることのメリットは大きく、特に尿管／尿道閉塞をきたしかけている進行症例においては、下部尿路全摘出術を実施するメリットは臨床上十分にある。

尿路閉塞をきたしていない初期ステージの症例において、早期に下部尿路全摘出術を適用することについては、現段階ではその治療成績への影響が不明であることと、合併症発生率が術者／施設に依存することなどから、賛否が分かれるところである。

4.4.2 イヌの膀胱 TCC の放射線療法

膀胱TCCに対する放射線療法の効果に関する情報は多くはない。骨盤腔内臓器の多くは寡分割の放射線治療(すなわち、1回線量の大きい照射法)によって様々な晩発障害をきたすことが知られており、膀胱TCCの放射線治療の実施するうえで制約となっている。放射線障害の発生率を許容可能レベルに保ちつつ放射線療法を実施するには、以下のいずれかを用いる必要がある。
① 総線量を低くした「少分割照射法」(緩和的放射線治療)、
② 総線量を維持して1回線量を低く抑えた「多分割照射法」および晩発障害を発生する可能性のある危険臓器(organs at risk：OAR)における線量分布を低減しつつ標的組織に処方線量を分布させる「強度変調放射線治療(intensity modulated radiation therapy：IMRT)」

どちらも大規模な臨床研究はなされていないが、①の少分割照射(1回線量5.75 Gy×6回、週1回、総線量34 Gy)を10例に試行した研究[29]における腫瘍の体積変化では、2例でPR(partical response：部分奏効)、5例でSD(stable disease：安定)、2例でPD(progressive disease：進行)となっている(1例は不明)。ただしこの研究ではNSAIDsとミトキサントロンも併用されており、放射線療法がどの程度この治療効果に寄与したのかは不明である。②のIMRTを用いた多分割照射を21例に試行した研究[30]では、奏効率60%、生存期間中央値21.5カ月と報告されている。ただし、いずれの治療法も1報ずつの報告しかなく、普遍的な結論は導けず、追加試験と続報が待たれる。

4.4.3 イヌの膀胱原発 TCC の内科療法

膀胱原発尿路上皮癌に対する内科療法は、以下の3通りに大別できる。
① シクロオキシゲナーゼ(Cox)阻害剤による単独治療
② Cox阻害剤(NSAIDs)と殺細胞性抗がん剤の併用または順次使用
③ Cox阻害剤と分子標的療法の併用

①のNSAIDs単独治療に関しては、イヌのTCC組織においてCox-2の高発現およびCox阻害剤の一種であるピロキシカムの単剤療法にて客観的縮小効果が示されている。正確な作用機序には不明な点も多く、Cox-2選択的阻害剤(例：デラコキシブ、フィロコキシブなど)とCox非選択的阻害剤(例：ピロキシカム)の間に明確な治療効果の差はみられていない。単独でも生存期間中央値は120〜240日程度の報告が多く、NSAIDsは内科療法の軸として位置づけられている[31]。

②の殺細胞性抗がん剤に関しては、NSAIDsの単独治療よりも奏効率・奏効期間ともに向上する効果が示されている。NSAID単剤と併用して用いられる殺細胞性抗がん剤としては、古くはシスプラチンが用いられていたが、腎毒性に対する懸念から、近年ではミトキサントロン、ビンブラスチン、カルボプラチン、ドキソルビシンなどが主に用いられている。生存期間の中央値は300日前後の報告が多い[31]。使用する抗がん剤の種類による治療成績の差は明らかではない。これら化学療法剤の併用にあたっては、NSAIDs単独と比較した場合の治療成績の改善の程度に対して、経済的負担や副作用の危険性の増大などのマイナス面が大きいため、適用に当たっては十分なインフォームが必要である。

③の分子標的療法に関しては、比較的新しい治療法であることから、現段階では①および②と比較してエビデンスは少ない。獣医療で一般的に用いられているリン酸トセラニブに関しては、有効性が乏しいことが報告されている。海外ではTCCの多くが*BRAF*遺伝子変異を伴っていることから、*BRAF*阻害薬であるベムラフェニブによる臨床試験が行われ、良好な治療成績が報告されている[32](奏効率38%、生存期間中央値354日)。ただし、薬価が高額であること、皮膚腫瘍の発生などの有害事象がみられるなどの問題点もあり、一般的な治療としては普及しているとはいえない。

TCCに対する他の分子標的薬として、HER2阻害薬であるラパチニブ[33](ピロキシカムとの併用で奏効率55%、生存期間中央値435日)および抗ヒトCCR4抗体薬であるモガムリズマブ[34](ピロキシカムとの併用で奏効率71%、生存期間中央値474日)の有効性が報告されている。分子標的療法については、報告が少なく、追加試験による再現性の確認は必要であるものの、今後有望な治療法として、TCCに対する内科療法の中心となっていく可能性は高い。

5 ネコの膀胱原発腫瘍

ネコにおける膀胱原発腫瘍の多くはイヌと同様に尿路上皮癌(移行上皮癌)である(図13)[28]が、イヌと比較してネコにおける膀胱尿路上皮癌の発生頻度は極端に低い。

ネコにおける膀胱尿路上皮癌の組織学的な特徴はイヌのそれと類似している[39]が、臨床的な観点からはイヌとネコではいくつかの重要な違いがある。

第13章

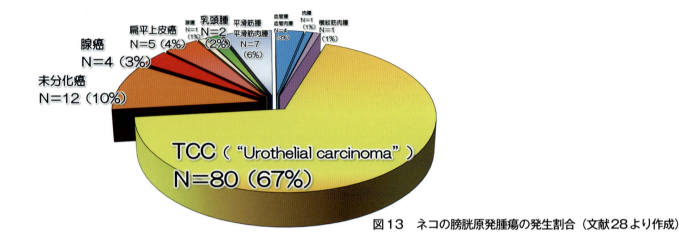

図13　ネコの膀胱原発腫瘍の発生割合（文献28より作成）

①鑑別診断について

　ネコの膀胱腫瘍ではイヌとは異なり尿路上皮癌のほかにリンパ腫が重要な鑑別疾患にあげられる。治療法が大きく異なるため、画像診断による鑑別が重要である（細胞診による診断は医原性播種を起こさない方法で実施）。

②腫瘍発生に関与する遺伝子異常について

　イヌでは65～87％の症例において*BRAF*遺伝子変異が認められるが、ネコでは同遺伝子の変異は認められない[42]。ネコの膀胱尿路上皮癌で最も高頻度に認められる遺伝子変異は*TP53*遺伝子で認められている（61％）。

③Cox-2の過剰発現について

　ネコの膀胱尿路上皮癌におけるCox-2発現率はイヌよりも低いとされる（37～71％）[36]。ただし、イヌと同様にCox阻害薬の有効性が認められている（後述）。

④発生部位について

　イヌと大きく異なり、膀胱三角部での発生は全体の約30％でしか認められず、尿道への浸潤も起こりにくい[35-38]。

5.1 ネコの膀胱尿路上皮癌の治療

　ネコの膀胱尿路上皮癌の標準的治療は定まっていないが、イヌの膀胱尿路上皮癌の治療に準じて実施され、膀胱部分切除術（膀胱三角部への浸潤が認められない症例において）と術後内科療法（Cox阻害薬±化学療法剤）の併用や、内科療法単独での治療（膀胱三角部に発生した症例において）が一般的である。

　118例のネコの膀胱尿路上皮癌を対象とした研究[38]では、無進行生存期間（PFS）中央値は113日、全生存期間中央値は155日と報告されている（38％の症例が無治療）。

5.1.1 ネコの膀胱尿路上皮癌の外科療法

　ネコの膀胱尿路上皮癌においては、全体の約7割が膀胱尖部から体部にかけての発生である（図14、15）ため、膀胱部分切除術の適応となることが多い。一方で、膀胱三角部に発生した症例や膀胱全体に浸潤した症例においては、膀胱全摘出術の適用[41]は一般的ではない。後者の理由としては、同術式がイヌにおいて高率に合併症をきたすと報告されていること、イヌと比較して術後の尿失禁状態のネコの管理が受け入れられにくいことなどが推測される。

　膀胱部分切除術は、ネコの膀胱尿路上皮癌に対する有効な治療法と考えられており、118頭のネコを対象とした研究[38]では、無治療群、膀胱部分切除を用いない治療群、膀胱部分切除を含む治療群の生存期間中央値はそれぞれ46日、176日、および294日と報告されている。ただし、イヌと同様に膀胱部分切除術後の局所再発は多く、約64％の症例において術後の局所再発が認められている（再発までの期間の中央値は205日）ため、他の治療法との併用は必須である。また、上述した生存期間の差については、膀胱部分切除の対象となる症例は膀胱三角を含まない孤立性病変であるため、膀胱部分切除術による純粋な治療効果だけではなく、腫瘍発生部位や腫瘍の浸潤様式も反映した生存期間の差であると解釈される。

5.1.2 ネコの膀胱尿路上皮癌の放射線療法

　外科療法の不適応と判断される症例に対する局所療法として、放射線療法の有効性が示唆されているが、少数例に基づく報告のみであり、治療成績は確立されていない。緩和的照射プロトコル（1回線量6Gy、週1回、計4～

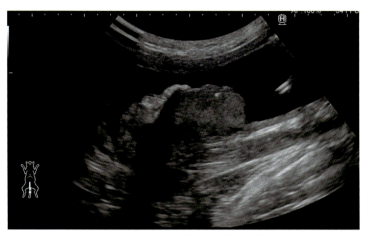

図14　膀胱体部移行上皮癌の超音波矢状断面像
雑種ネコ、去勢雄、9歳の症例

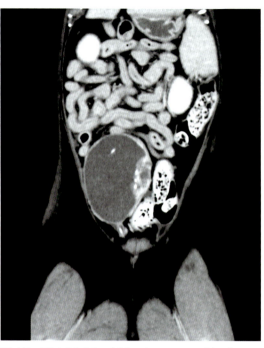

図15　図14と同一症例のCT Dorsal断面像
膀胱体部左側壁に病変が発生している。

6回)を用いた2つの研究[38,40]では、臨床的奏効(臨床徴候の改善)は2/3例(67％)および4/4例(100％)で認められたと報告されている。

5.1.3 ネコの膀胱尿路上皮癌の内科療法

イヌにおける内科療法と同様に非ステロイド性抗炎症薬(NSAIDs)および化学療法(ミトキサントロン、カルボプラチン、ビンブラスチン、クロラムブシルなど)が用いられる。

ネコの膀胱尿路上皮癌ではCox-2発現率がイヌよりも低いとされるが、メロキシカムで治療された11例のネコの尿路上皮癌の報告(一部症例では膀胱部分切除術と併用)[36]では、10/11例で臨床徴候の改善が認められ、生存期間中央値は311日と報告されている。また、腫瘍組織におけるCox-2発現の有無と治療効果との間に相関は認められていない。

化学療法(±NSAIDs)で治療されたネコの臨床的反応率(臨床徴候の改善で判断)は76％と報告されている[38]が、NSAIDs単独と比較して治療成績が改善するかどうかについては現時点では不明である。

6　尿道原発腫瘍

尿道腫瘍の多くはTCCまたは扁平上皮癌である。前立腺原発腫瘍(ほぼすべてが前立腺癌)も臨床上尿道原発腫瘍に含むものとする。尿道原発TCCおよび前立腺癌は、進行すると膀胱内に浸潤するため、膀胱TCCが尿道に浸潤した場合との鑑別は難しい。ただし、これらの腫瘍の診断・治療法は膀胱TCCのそれらに準ずるため、臨床上は同疾患として扱って支障ない。

第13章の参考文献

1) Klein MK, Cockererell GL, Withrow SJ, et al. Canine primary renal neoplasms: a retrospective review of 54 cases. *J Am Anim Hosp Assoc*. 1988; 24: 443-452.
2) Bryn JN, Henry CJ, Turnquist SE, et al. Primary renal neoplasia of dogs. *J Vet Intern Med*. 2006; 20: 1155-1160.
3) Grillo TP, Brandao CV, Mamprim MJ, et al. Hypertrophic osteopathy associated with renal pelvis transitional cell carcinoma in a dog. *Can Vet J*. 2007; 48: 745-747.
4) Lingaas F, et al. A mutation in the canine BHD gene is associated with hereditary multifocal renal cystadenocarcinoma and nodular dermatofibrosis in the German sheperd dog. *Hum Mol Genet*. 2003; 12: 3043-3053.
5) Bφnsdorff TB, et al. Second hits in the FLCN gene in a hereditary renal cancer syndrome in dogs. *Mamm Genome*. 2008; 19: 121-126.
6) Bφnsdorff TB, et al. Loss of heterozygosity at the FLCN locus in early renal cystic lesions in dogs with renal cystadenocarcinoma and nodular dermatofibrosis. *Mamm Genome*. 2009; 20: 315-320.
7) Locke JE, et al. Comparative aspects and clinical outcomes of canine renal hemangiosarcoma. *J Vet Intern Med*. 2006; 20: 962-967.
8) Henry CJ, et al. Primary renal tumours in cats: 19 cases (1992-1998). *J Feline Med Surg*. 1999; 1: 165-170.
9) Edmondson EF, et al. Prognostic significance of histologic features in canine renal cell carcinomas: 70 nephrectomies. *Vet Pathol*. 2015; 52: 260-268.

10) Klainbart S, et al. Resolution of renal adenocarcinoma-induced secondary inappropriate polycythaemia after nephrectomy in two cats. *J Feline Med Surg*. 2008; 10:264-268.
11) Mutsaers AJ, et al. Canine transitional cell carcinoma. *J Vet Intern Med*. 2003; 17: 136-144.
12) Knapp DW, et al. Naturally-occurring canine transitional cell carcinoma of the urinary bladder A relevant model of human invasive bladder cancer. *Urol Oncol*. 2000; 5: 47-59.
13) Knapp DW. Animal models; naturally occurring canine urinary bladder cancer. In: Lerner SP, Schoenberg MP, Sternberg CN, editors: Textbook of bladder cancer. Oxon United Kingdom, Taylor and Francis. 2006.
14) Valli VE, et al. Pathology of canine bladder and urethral cancer and correlation with tumour progression and survival. *J Comp Path*ol. 1995; 113: 113-130.
15) Gelberg HB. Urinary bladder mass in a dog. *Vet Pathol*. 2010; 47: 181-184.
16) Kessler M, et al. Primary malignant lymphoma of the urinary bladder in a dog: longterm remission following treatment with radiation and chemotherapy. *Schweiz Arch Tierheikd*. 2008; 150: 565-569.
17) Bae IH, et al. Genitourinary rhabdomyosarcoma with systemic metastasis in a young dog. *Vet Pathol*. 2007; 44: 518-520.
18) Benigni L, et al. Lymphoma affecting the urinary bladder in three dogs and a cat. *Vet Radiol Ultrasound*. 2006; 47: 592-596.
19) Heng HG, et al. Smooth muscle neoplasia of the urinary bladder wall in three dogs. *Vet Radiol Ultrasound*. 2006; 47: 83-86.
20) Liptak JM, et al. Haemangiosarcoma of the urinary bladder in a dog. *Aust Vet J*. 2004; 82: 215-217.
21) Glickman LT, et al. Epidemiologic study of insecticide exposures, obesity, and risk of bladder cancer in household dogs. *J Toxicol Environ Health*. 1989; 28: 407-414.
22) Bryan JN, et al. A population study of neutering status as a risk factor for canine prostate cancer. *Prostate*. 2007; 67: 1174-1181.
23) Raghavan M, et al. Topical flea and tick pesticides and the risk of transitional cell carcinoma of the urinary bladder in Scottish Terriers. *J Am Vet Med Assoc*. 2004; 225: 389-394.
24) Glickman LT, et al. Herbicide exposure and the risk of transitional cell carcinoma of the urinary bladder in Scottish Terriers. *J Am Vet Med Assoc*. 2004; 224: 1290-1297.
25) Raghavan M, et al. Evaluation of the effect of dietary vegetable consumption on reducing risk of transitional cell carcinoma of the urinary bladder in Scottish Terriers. *J Am Vet Med Assoc*. 2005; 227: 94-100.
26) Mochizuki, H, et al. BRAF Mutations in Canine Cancers. *PLOS ONE*. 2015; 8: 10(6): e0129534. dpo:10.1371/journal.pone.0129534
27) Owen LN. TNM classification of tumours in domestic animals. Geneva, World Health Organization. 1980.
28) Meuten DJ and Meuten TLK. Tumors of the urinary system. in Tumors in domestic animals 5th ed. 2017.
29) Poirier VJ, et al. Piroxicam, mitoxantrone, and coarse fraction radiotherapy for the treatment of transitional cell carcinoma of the bladder in 10 dogs: A pilot study. *J Am Anim Hosp Assoc*. 2004; 40: 131-136.
30) Nolan MW, et al. Intensity-modulated and image-guided radiation therapy for treatment of genitourinary carcinomas in dogs. *J Vet Intern Med*. 2012; 26: 987-995.
31) Knapp DW, McMillan SK. Tumors of the urinary system. In: Withrow & MacEwen's Small Animal Clinical Oncology 5th ed. 2013.
32) Rossman P, et al. Phase I/II trial of vemurafenib in dogs with naturally occurring BRAF-mutated urothelial carcinoma. *Mol Cancer Ther*. 2021; 20:2177-2188.
33) Maeda S, et al. Lapatinib as first-line treatment for muscle-invasive urothelial carcinoma in dogs. *Sci Rep*. 2022; 12: 4.
34) Maeda S, et al. Anti-CCR4 treatment depletes regulatory T cells and leads to clinical activity in a canine model of advanced prostate cancer. *J Immunother Cancer*. 2022; 10:e003731.
35) Heather M, et al. Clinical signs, treatments, and outcome in cats with transitional cell carcinoma of the urinary bladder: 20 cases (1990-2004). *J Am Vet Med Assoc*. 2007; 231: 101-106.
36) Bommer NX, et al. Clinical features, survival times and COX-1 and COX-2 expression in cats with transitional cell carcinoma of the urinary bladder treated with meloxicam. *J Feline Med Surg*. 2012; 14: 527-533.
37) Hamlin AN, et al. Ultrasound characteristics of feline urinary bladder transitional cell carcinoma are similar to canine urinary bladder transitional cell carcinoma. *Vet Radiol Ultrasound*. 2019; 60: 552-559.
38) Griffin MA, et al. Lower urinary tract transitional cell carcinoma in cats: Clinical findings, treatments, and outcomes in 118 cases. *J Vet Intern Med*. 2020; 34: 274-282.
39) van der Wayden L, et al. Histological characterization of feline bladder urothelial carcinoma. *J Comp Path*. 2021; 182: 9-14.
40) Yoon P, et al. Palliative radiation therapy as a treatment for feline urinary bladder masses in four cats. *J Feline Med Surg*. 2022; 24: e655-e660.
41) Maeta N, et al. Modified Toyoda technique for total cystectomy and cutaneous ureterostomy in a cat. *Vet Surg*. 2022; 51: 1280-1286.
42) Wong K, et al. Cross-species oncogenomics offers insight into human muscle-invasive bladder cancer. *Genome Biology*. 2023; 25: 191.

第14章

腎泌尿器疾患の一般的治療法

1：桑原康人、 2：山野茂樹、 3～4：上地正実、 5：片山泰章

1 食事療法の基礎

　腎泌尿器疾患のうち食事療法が主な適応となる病態としては慢性腎臓病（chronic kidney disease：CKD）と尿石症があげられる。ただし、尿石症の食事管理については第8章「尿石症」で述べられるので、本稿ではCKDの食事療法について述べる。

1.1 十分な水分摂取の維持

　CKDのイヌやネコは、糸球体で濾過される原尿量（glomerular filtration rate：GFR）が低下しているものが多いものの、それ以上に尿細管における原尿からの水分の再吸収量（尿濃縮能）が低下しているものが多い。そのため多尿で、水分を十分に摂れないとすぐに脱水に陥る[1]。またCKDの動物は脱水を起こすたびに腎前性急性腎障害を経験することになり、そのたびに機能ネフロン数が減少し段階的に悪化していくと考えられている[2]。したがって十分な水分摂取を維持して脱水を起こさせないようにすることが、脱水症状の緩和だけでなく、腎不全の進展予防につながる可能性がある。

　水分と食事は別と考えられがちだが、消化吸収された脂肪、炭水化物および蛋白質は、理論上、100gあたりそれぞれ107、55および41mLの代謝水を生じる[3]。また缶詰食は70％以上、ドライフードでも約10％の水分を含んでいる。さらにネコでは水分を飲水そのものより食事から主に摂取しているものも多い。したがってCKDの動物では、嗜好性のよい食事を与え、十分な食事をとらせることも脱水予防のために重要である。

1.2 食事性リンの制限

　リンは小腸で吸収され腎臓で排泄されるため、腎機能が低下し、腎臓からのリンの排泄が低下すると高リン血症が発生する。血中の高いリンはカルシウムと結合して軟部組織の石灰化を起こし、さらなる腎臓の損傷を起こす。このとき、一時的に血中カルシウム濃度の低下も起こり、低カルシウム血症が上皮小体を刺激して上皮小体のPTH分泌を亢進させ、高PTH血症を発現させる。また肝臓で活性化された25水酸化ビタミンDは腎臓の1α水酸化酵素によって最も活性の高い1α25水酸化ビタミンD（カルシトリオール）に変換されて効果を発揮する。高リン血症や腎萎縮は1α水酸化酵素の活性化を阻害することによって低カルシトリオール血症を引き起こし[4]、低カルシトリオール血症も血中カルシウム濃度の低下につながりPTHの分泌を亢進する。それに加えて高リン血症に伴って骨細胞からFibroblast growth factor 23（FGF23）の産生が亢進し、FGF23が1α水酸化酵素の活性化を阻害し、低カルシトリオール血症を引き起こし、PTHの分泌を亢進する[5]。また高リン血

第14章

症自体も、PTH分泌増加の役割をなしていることが示されている[6]。このように引き起こされた高FGF23血症、低カルシトリオール血症、高PTH血症が様々な有害反応を惹起し、腎不全を進行させると考えられている。

ネコの検討ではリンの制限食（リンおよび蛋白制限療法食または同療法食＋リン吸着剤）を与えたCKDのネコ（血清クレアチニン濃度≧2.0mg/dL）と、与えられなかったCKDのネコとでは生存期間の中間値に有意な差があったことが報告されている（633日vs264日）[7]。さらに実験的に腎臓を部分摘出したネコにおいてリン制限食を給餌したところ、通常のリン含有量の食事と比較して腎臓の石灰化、単核細胞浸潤、および線維化が制限されたことが報告されている[8]。またイヌにおいても、リン制限食は実験的に腎臓を部分摘出したイヌの外因性クレアチニンクリアランスの低下速度を遅延させ、その生存率を高めることや[9]、低リン食は生存率を高めたが、低蛋白食にはその効果がなかったことも報告されている[10]。

したがってCKDのイヌとネコにリンを制限した療法食を与えることは、腎不全症状の緩和だけでなく、その進行抑制にも効果があると思われる。ただしリン制限食を与えたネコの10％以下で、軽度な高カルシウム血症がみられたことも示されているので注意が必要である[11]。また療法食を食べてくれない動物に対しては、リン吸着剤を投与して少しでも食事性リンを制限することが考えられるが、イヌではリンが通常量含まれる食事をとりながらリン吸着剤を投与しても、血漿リン濃度を正常化するのは難しいことが示されている[12]。したがって可能な限りリンを制限した食事の給餌を先行させることが必要である。

1.3 食事性蛋白の制限

食事性蛋白の制限も腎不全の症状緩和および進行抑制を目的に推奨される。このうち症状緩和に関しては、尿毒症物質の多くが窒素含有老廃物であるとされていることから、蛋白合成に使われない蛋白の摂取量を減らすことによって、蛋白が異化されたときに生じる窒素含有老廃物を減らすことができ、尿毒症症状の軽減につながる。ただし、これは食欲が十分にある場合に限ってのことであり、食欲がないのに蛋白制限をし、食事の嗜好性を下げて食欲を落としてしまえば、必要な栄養素やカロリーが不足し、体は自分自身の体蛋白を異化して必要な物質やエネルギーを作り出し、かえって窒素含有老廃物を増やすことになる。したがって症状緩和に関しては、食欲不振のときは食べられるものを食べさせて、必要な水分、栄養素およびカロリーを得ることを最優先し、食欲ができてきて何でも食べられるようになれば、低蛋白食、それも必須蛋白の必要量は満たして非必須蛋白の量を極力落とした食事が好ましい。

低蛋白食が腎不全の進行を遅らせるということに関しては、ラットで証明されている過剰濾過説による進行性の腎機能低下が、食事性蛋白の制限によって抑えられるという研究結果[13]に基づいている。ただしイヌやネコでは腎臓の部分摘出腎不全モデルにおいて過剰濾過が起こることは証明されているが[14,15]、蛋白制限による腎不全の進行抑制効果は否定的なものとなっている[16,17]。しかし、蛋白制限には蛋白尿を減少したり[18]、糸球体[19]や尿細管間質[20]の線維化を抑制したりすることによる腎不全の進行抑制効果もある。また腎不全用の療法食では蛋白だけでなくリンも制限されており、リンの制限に関しては生存期間を延ばすというコンセンサスが得られているので、腎不全の進行を遅らせるという目的に対しても、食欲があれば、適切に蛋白とリンが制限された（制限しすぎもよくない）腎不全用の療法食を与えることが妥当だと思われる。

1.3.1 アシドーシスの補正

ElliottらはCKDのネコの尿毒症期の8％、末期の50％が代謝性アシドーシスであることを示している[21]。ただし、この代謝性アシドーシスがCKDのイヌやネコにどのような影響を与えているかについてはさらなる研究が必要である。ちなみにヒトのCKDにおいてアシドーシスの補正を行うと、悪心・嘔吐の改善、抑うつなどの神経症状の改善、骨の脱灰の抑制、蛋白異化の抑制、高カリウム血症の改善などが得られることが報告されている[22]。さらに尿蛋白のうちの補体はそれ自体が尿細管細胞を傷害するとされており、また再吸収された尿蛋白が異化されるときにアンモニアの尿中排泄が増し、それによって補体が活性化され尿細管細胞傷害がさらに増加する[23]。このときアシドーシスを補正するとアンモニア産生を抑制することができ尿細管細胞傷害を軽減できることが報告されている[24]。すなわちアシドーシスの補正は腎不全の進行を遅らせることにつながる可能性がある。

イヌやネコの腎不全用の療法食にはクエン酸カリウムなどのアルカリ化剤が添加されていることが多いが、実際に血中重炭酸イオン濃度の低下など代謝性アシドーシスの証拠がない動物にもアルカリ療法が必要かどうかはまだよくわかっていない。ただしアシドーシスを助長するような食事、例えば尿酸性化食や含硫アミノ酸の多い卵[25]などの給餌は控えるべきだと思われる。

1.4 食事性ナトリウムの制限

ヒトのCKDでは浮腫や高血圧を伴うことが多く、これに対してはナトリウム制限が有効とされている[26]。一方、イヌやネコのCKDでもネコで61〜65%[27]、イヌで50〜93%[28,29]に高血圧が存在すると報告されているが、イヌやネコの高血圧に対するナトリウム制限の効果は単独では期待できない[30,31]。また腎臓部分切除をしたネコにおいて、ナトリウム制限を行うと低カリウム血症の発現やレニン-アンジオテンシン系の活性化が起きることも報告されている[32]。したがって脱水を起こしやすいCKDのイヌやネコに、ナトリウム制限を行って細胞外液量を減少させる必要があるかどうかは不明であり、ナトリウム制限を行うのであれば同時にレニン-アンジオテンシン系の活性化を抑える治療も併用する必要があるかもしれない。しかしナトリウム制限を行わずに抗高血圧剤を投与しても、その効果が出にくいとされていることから[33]、高血圧が存在する場合はナトリウム制限も行ったほうがよいと思われる。

1.4.1 ネコにおけるカリウム添加

DowらはCKDのネコでは正常ネコと比較して血漿カリウム濃度が低下していることを[34]、LulichらはCKDのネコの19%で血漿カリウム濃度が低下していることを示し[35]、TheisenらはCKDのネコでは血漿カリウム濃度は低下していなくとも筋肉カリウム含量が低下していると報告している[36]。またDiBartolaらはカリウム欠乏食を慢性的に摂取すると腎不全が誘発されることを示し[37]、Dowらはカリウム制限食がアシドーシスを発現させ、カリウム制限食と尿酸性化剤の投与が腎機能を低下させ、グルコン酸カリウムの投与がそれを逆転させたと報告している[38]。さらにCKDのネコでは低カリウム血症性ミオパチーという頸部の腹側への屈曲、木馬様歩行、筋肉の疼痛などを特徴とする特異的な病態を示すものがあることが報告されている[39]。

上記のようにCKDのネコでは血漿カリウム濃度が低下しているものが多く、血漿カリウム濃度が低下していないものでも体内カリウムは不足している場合があり、これらカリウム欠乏が腎不全の症状を悪化させ、さらには腎不全の進行に関与している可能性がある。したがってCKDのネコでは血漿カリウム濃度をモニターしながらカリウムを補給していく必要があると思われる。

1.5 食事性脂質の改変

血小板は活性化すると血小板誘導成長因子（platelet-derived growth factor：PDGF）を産生し、これがメサンギウム細胞の増殖や細胞外基質の増加を起こすが[40]、魚油などのω-3不飽和脂肪酸から生じる3系トロンボキサン（TXA3）はω-6不飽和脂肪酸から生じる2系トロンボキサン（TXA2）より活性が低く、血管収縮および血小板凝集作用をほとんどもたないとされている[41]。

一方、ω-3不飽和脂肪酸から生じる3系プロスタグランジン（PGE3、PGI3）とω-6不飽和脂肪酸から生じる2系プロスタグランジン（PGE2、PGI2）はほぼ同様の血管拡張作用をもつ[41]。したがってω-3不飽和脂肪酸を添加してTXA2を減らして血小板活性を抑制することが、腎機能を保持することにつながると思われる。そしてこれを証明するように、腎不全を誘発させたイヌにおいてニシン油（ω-3不飽和脂肪酸を多く含む）を添加した食事は、サフラワー油（ω-6不飽和脂肪酸を多く含む）または牛脂（飽和脂肪酸を多く含む）を添加した場合に比べて腎機能を保持することや[42]、イヌに直接トロンボキサン合成阻害剤を投与することによって、腎臓の構造および機能を保持できることが報告されている[43]。

以上のことよりω-3不飽和脂肪酸を多く含む食事を与えることは、イヌの腎不全の進行を抑える可能性がある。その場合、食事中の最適なω-6：ω-3の比を決定することが重要だと思われ、現在0.2：1〜5：1が望ましいと考えられている。ただし脂肪酸に対する前述の報告は、イヌに関してであり、脂肪酸代謝がイヌとは違うネコについては今のところ同様のことがいえるかどうかはよくわかっていない。

1.6 まとめ

CKDのイヌやネコに食事療法を行う場合、考慮すべき点が多くあり、さらに基本的な栄養バランスも満たした食事を調理食で用意するのは非常に難しい。したがってそれらをできる限り達成するためには腎不全用の療法食を利用せざるを得ないと思われる。またそういった療法食を自然発症したCKDのネコに与えたところ、維持食給餌と比較して腎機能障害の進行が遅くなり、QOLも良好であったという報告[44]や尿毒症発作が減少したという報告[45]があり、腎不全用療法食をイヌに与えたところ、尿毒症が発症するまでの中央値（615日 vs 252日）および死亡率（33% vs 65%）が有意に改善したとの報告もなされている[46]。またその効果は血清クレアチニン濃度が2.0〜3.0mg/dLと高窒素血症が軽度なうちから始めたほうが顕著であったことも示されている[46]。

したがって食欲があってなんでも食べられるのであれば、療法食を考慮する。しかし、それも食べてくれなけ

第14章

ればその効果を発揮しないばかりか、逆に脱水を助長したり、体蛋白の異化を起こしたりすることになる。その場合、よく食べる物を与えることを優先し、それに少しでも療法食を添加したり、いくつかの療法食を併用したり、缶詰食とドライフードを混ぜ合わせたりして、根気よく療法食の量を増やしていくのがよいと思われる。またどの症例にも成分の調整が同じように必要なわけではないので、食べてくれる食事を与えたうえで、脱水の評価、血漿リン濃度、血漿カリウム濃度、血圧、尿蛋白および血中重炭酸イオン濃度測定などを行い、それに応じて個々の症例にあうように、各成分をできる範囲で調整していくとよいと思われる。

また飼い主の希望があれば胃瘻チューブを設置して、強制的に腎不全用療法食を給餌していくのも有効だと思われる。

第14章1の参考文献

1) DiBartola SP, Rutgers HC, Zack PM, et al. Clinicopathologic findings associated with chronic renal disease in cats: 74 cases (1973-1984). *J Am Vet Med Assoc*. 1987; 190: 1196-1202.
2) Elliott J, Rawlings JM, Markwell PJ, et al. Survival of cats with naturally occurring chronic renal failure: effect of dietary management. *J Small Anim Pract*. 2000; 41: 235-242.
3) 阿部又信（日本小動物獣医師会動物看護師委員会監修）．犬および猫という動物, In: 動物看護のための小動物栄養学．ファームプレス．2003; 75-83.
4) Portale AA, Booth BE, Halloran BP, et al. Effect of dietary phosphorus on circulating concentrations of 1,25-dihydroxyvitamin D and immunoreactive parathyroid hormone in children with moderate renal insufficiency. *J Clin Invest*. 1984; 73: 1580-1589.
5) Shimada T, Hasegawa H, Yamazaki Y, et al. FGF-23 is a potent regulator of vitamin D metabolism and phosphate homeostasis. *J Bone Miner Res*. 2004; 19: 429-435.
6) Moallem E, Kilav R, Silver J, et al. RNA-Protein binding and post-transcriptional regulation of parathyroid hormone gene expression by calcium and phosphate. *J Biol Chem*. 1998; 273: 5253-5259.
7) Elliott J, Rawlings JM, Markwell PJ, et al. Survival of cats with naturally occurring chronic renal failure: effect of dietary management. *J Small Anim Pract*. 2000; 41: 235-242.
8) Ross LA, Finco, DR, Crowell WA. Effect of dietary phosphorus restriction on the kidneys of cats with reduced renal mass. *Am J Vet Res*. 1982; 43: 1023-1026.
9) Brown SA, Crowell WA, Barsanti JA, et al. Beneficial effects of dietary mineral restriction in dogs with marked reduction of functional renal mass. *J Am Soc Nephrol*. 1991; 1: 1169.
10) Finco DR, Brown SA, Crowell WA, et al. Effects of dietary phosphorus and protein in dogs with chronic renal failure. *Am J Vet Res*. 1992; 53: 2264.
11) Barber PJ, Rawlings JM, Markwell PJ, et al. Effect of dietary phosphate restriction on renal secondary hyperparathyroidism in the cat. *J Small Anim Pract*. 1999; 40: 62-70.
12) Finco DR, Crowell WA, Barsanti JA. Effects of three diets on dogs with induced chronic renal failure. *Am J Vet Res*. 1985; 46: 646-653.
13) Hostetter TH, Olson JL, Rennke HG, et al. Hyperfiltration in remnant nephrons: a potentially adverse response to renal ablation. *Am J Physiol*. 1981; 241: 85-93.
14) Brown SA, Brown CA. Single-nephron adaptations to partial renal ablation in cats. *Am J Physiol*. 1995; 269: 1002-1008.
15) Brown SA, Finco DR, Crowell WA, et al. Dietary protein intake and the glomerular adaptations to partial nephrectomy in dogs. *J Nutr*. 1991; 121: 125-127.
16) Finco DR, Crowell WA, Barsanti JA. Effects of three diets on dogs with induced chronic renal failure. *Am J Vet Res*. 1985; 46: 646-653.
17) Finco DR, Brown SA, Brown CA, et al. Protein and calorie effects on progression of induced chronic renal failure in cats. *Am J Vet Res*. 1998; 59: 575-582.
18) William JB, George EL, Amy KL, et al. Diet modulates proteinuria in heterozygous female dogs with X-linked hereditary nephropathy. *J Vet Intern Med*. 2004; 18: 165-175.
19) Fukui M, Nakamura T, Ebihara I, et al. Low-protein diet attenuates increased gene expression of platelet-derived growth factor and transforming growth factor-beta in experimental glomerular sclerosis. *J Lab Clin Med*. 1993; 121: 224-234.
20) Sawashima K, Mizuno S, Mizuno-Horikawa Y, et al. Protein restriction ameliorates renal tubulointerstitial nephritis and reduces renal transforming growth factor-beta expression in unilateral ureteral obstruction. *Exp Nephrol*. 2002; 10: 7-18.
21) Elliott J, Barber PJ. Feline chronic renal failure: clinical findings in 80 cases diagnosed between 1992 and 1995. *J Small Anim Pract*. 1998; 39: 78-85.
22) Fettman MJ, Coble JM, Hamar DW, et al. Effect of dietary phosphoric acid supplementation on acid-base balance and mineral and bone metabolism in adult cats. *Am J Vet Res*. 1992; 53: 2125-2135.
23) Hostetter MK, Gordon DL. Biochemistry of C3 and related thiolester proteins in infection and inflammation. Rev Infect. 1987; 9: 97-109.
24) Morita Y, Ikeguchi H, Nakamura J, et al. Complement activation products in the urine from proteinuric patients. *J Am Soc Nephrol*. 2000; 11: 700-707.
25) Polzin DJ, Osborne CA. The importance of egg protein in reduced protein diets designed for dogs with renal failure. *J Vet Intern Med*. 1988; 2: 15-21.
26) Weinberger MH. Sodium chloride and blood pressure. *N Engl J Med*. 1987; 317: 1084-1086.
27) Kobayashi DL, Peterson ME, Graves TK, et al. *Hypertension in cats with chronic renal failure or hyperthyroidism. J Vet Intern Med*. 1990; 4: 58-62.
28) Cowgill L, Kallet A (Kirk R ed). Systemic hypertension, In: Current Veterinary Therapy IX. WB Saunders. 1986; 857-860.
29) Ross LA. Hypertensive, In: Ettinger SJ, ed. Textbook of veterinary internal medicine (3rd ed). WB Saunders. 1989; 2047-2056.
30) Elliott J, Brown SA. Management of chronic renal disease. In: Elliott J, Brown SA, eds. Renal disease in the dog and cat. Nova Professional Media. 2004; 109.

31) Hansen B, DiBartola SP, Chew DJ, et al. Clinical and metabolic findings in dogs with chronic renal failure fed two diets. *Am J Vet Res*. 1992; 53: 326-334.
32) Buranakarl C, Mathur S, Brown SA. Effects of dietary sodium chloride intake on renal function and blood pressure in cats with normal and reduced renal function. *Am J Vet Res*. 2004; 65: 620-627.
33) Terzi F, Beaufils H, Laouari D, et al. Renal effect of antihypertensive drugs depends on sodium diet in the excision remnant kidney model. *Kidney Int*. 1992; 42: 354-363.
34) Dow SW, Fettman MJ, Curtis CR, et al. Hypokalemia in cats: 186 cases (1984-1987). *J Am Vet Med Assoc*. 1989; 194: 1604-1608.
35) Lulich JP, Osborne CA, O'Brien TD, et al. Feline renal failure: Questions, answers, questions. *Comp Cont Educ*. 1992; 14: 127-152.
36) Theisen SK, DiBartola SP, Radin MJ, et al. Muscle potassium content and potassium gluconate supplementation in normokalemic cats with naturally occurring chronic renal failure. *J Vet Intern Med*. 1997; 11: 212-217.
37) DiBartola SP, Buffington CA, Chew DJ, et al. Development of chronic renal disease in cats fed a commercial diet. *J Am Vet Med Assoc*. 1993; 202: 744-751.
38) Dow SW, Fettman MJ, Smith KR, et al. Effects of dietary acidification and potassium depletion on acid-base balance, mineral metabolism and renal function in adult cats. *J Nutr*. 1990; 120: 569-578.
39) Dow SW, LeCouteur RA, Fettman MJ, et al. Potassium depletion in cats: hypokalemic polymyopathy. *J Am Vet Med Assoc*. 1987; 191: 1563-1568.
40) Fukui M, Nakamura T, Ebihara I, et al. Low-protein diet attenuates increased gene expression of platelet-derived growth factor and transforming growth factor-beta in experimental glomerular sclerosis. *J Lab Clin Med*. 1993; 121: 224-234.
41) Needleman P, Raz A, Minkes MS, et al. Triene prostaglandins: prostacyclin and thromboxane biosynthesis and unique biological properties. *Proc Natl Acad Sci USA*. 1979; 76: 944-948.
42) Brown SA, Brown CA, Crowell WA, et al. Beneficial effects of chronic administration of dietary omega-3 polyunsaturated fatty acids in dogs with renal insufficiency. *J Lab Clin Med*. 131: 447-455 (1998)
43) Longhofer SL, Frisbie DD, Johnson HC, et al. Effects of thromboxane synthetase inhibition on immune complex glomerulonephritis. *Am J Vet Res*. 1991; 52: 480-487.
44) Harte JG, Markwell PJ, Moraillon RM, et al. Dietary management of naturally occurring chronic renal failure in cats. *J Nutr*. 1994; 124: 2660-2662.
45) Ross SJ, Osborne CA, Kirk CA, et al. Clinical evaluation of dietary modification for treatment of spontaneous chronic renal failure in cats. *J Am Vet Med Assoc*. 2002; 229: 949-957.
46) Jacob F, Polzin DJ, Osborne CA, et al. Clinical evaluation of dietary modification for treatment of spontaneous chronic renal failure in dogs. *J Am Vet Med Assoc*. 2002; 220: 1163-1170.

2 慢性腎疾患の薬物療法

2.1 はじめに

慢性腎臓病(CKD)は、不可逆的に腎機能が低下する病態であるため、治療によって完治させることはできない。そのためCKDを治療する目的は、末期腎不全(end-stage kidney disease：ESKD)への進展を抑制することにある。CKDは病態の進行過程で、蛋白尿、腎性貧血、全身性高血圧症、骨ミネラル代謝異常、代謝性アシドーシス、脱水、胃腸障害などの多くの合併症が認められるようになり、これらは病態の進展を加速させる。CKDの病態の進展抑制には、原疾患の治療はもちろんのこと、食事管理、薬物療法による合併症の予防対策が最も重要である。

本項ではCKDで一般的に認められる合併症である蛋白尿、腎性貧血、全身性高血圧症、骨ミネラル代謝異常について解説する。

2.2 蛋白尿の管理法
2.2.1 蛋白尿の病態

糸球体の破壊により血中の蛋白質が尿中に漏出し、蛋白尿が生じる。蛋白尿は、それ自体が尿細管細胞や間質を障害し、病態を悪化させるリスクファクターであり、予後に大きく影響する。

CKDのイヌにおいて、尿蛋白/クレアチニン比(UP/C比)が1.0以上と1.0以下のCKDのイヌを比較した結果、尿毒症の発生率や死亡率は1.0以上のCKDのイヌで約3倍高いことが報告されている[1]。またCKDのネコにおいて、UP/C比が0.43以上では生存期間中央値は281日であったのに対し、0.43未満では生存期間中央値は766日であった[2]。このように蛋白尿はCKDを悪化させるリスクファクターであり、尿蛋白の減少を目的とした治療は重要である。

2.2.2 蛋白尿の管理法

基本的な尿蛋白の治療は、食事療法と薬物療法である[3]。薬物療法(表1)としては、アンジオテンシン変換酵素(angiotensin converting enzyme)阻害薬(ACE阻害薬)やアンジオテンシンⅡ受容体拮抗薬(angiotensin receptor blocker：ARB)によるレニン-アンジオテンシン-アルドステロン系の抑制作用によって蛋白の漏出抑制がある。尿蛋白の治療目標は、UP/C比の正常化または50％以上の改善が継続して認められるようになることである。ACE阻害薬、ARBは、脱水が認められるCKDの症例では副作用が認められやすいため、脱水を

第14章

表1 尿蛋白の薬物療法

分類	代表薬	経口薬用量（イヌ・ネコ）	備考
アンジオテンシンⅡ受容体拮抗薬（ARB）	テルミサルタン	0.5～1 mg/kg q24hr	0.25～0.5 mg/kg q24hr で増量可能 MAX：5 mg/kg q24hr
アンジオテンシン変換酵素阻害薬（ACEI）	ベナゼプリル	0.25～0.5mg/kg q24hr	0.25～0.5 mg/kg q24hr で増量可能 MAX：2 mg/kg q24hr
	エナラプリル	0.25～0.5mg/kg q24hr	0.25～0.5 mg/kg q24hr で増量可能 MAX：2 mg/kg q24hr

改善し、低用量から慎重に投薬すべきである。

ACE阻害薬、ARBの副作用には、腎機能の悪化、高カリウム血症、低血圧などがある。投薬後1～2週間以内にクレアチニン値、電解質、血圧を測定し、副作用が認められた場合は、投薬を減量または中止する。治療効果と副作用の確認のための定期的なモニタリングは、2～4週間後、4～6週間後、3～4カ月後が推奨されているが、個々の症例に応じて判断していくべきである[3]。

IRIS（international Renal Interest Society）は尿蛋白の漏出、低蛋白血症（イヌは血清アルブミン2.0g/dL以下）など血栓症のリスクが高いと判断した場合、血栓予防のためにクロピドグレル（イヌ：1.1～3.0mg/kg 24時間ごと、ネコ：10～18.75mg/頭 24時間ごと）を投与することを推奨している。アセチルサリチル酸（イヌ：2～5mg/kg 24時間ごと、ネコ：1mg/kg 72時間ごと）も代替薬となるが、ネコでは抗血小板作用を得ることは困難である。

2.2.3 ACE阻害薬、ARBの投薬の減量・中止の判定基準[3,4]

- クレアチニン値
  - IRIS病期ステージ1・2症例：投薬前と比較して30％以上の増加が認められた場合
  - IRIS病期ステージ3・4症例：投薬前と比較して10％以上の増加が認められた場合
- カリウム値
  - 症例のIRIS病期ステージにかかわらず投与後、カリウム値が6.0以上になった場合
- 血圧
  - 症例のIRIS病期ステージにかかわらず投与後、収縮期血圧が120mmHg以下になった場合

2.3 腎性貧血の病態と治療法
2.3.1 腎性貧血の病態

赤血球造血に律速的に関与するホルモンはエリスロポエチン（EPO）であり、その主な産生部位は腎臓の腎尿細管周囲間質細胞である。そのため、CKDの進展とともに腎組織が荒廃するとEPOの産生が低下し、腎性貧血が出現する。また尿毒素は、骨髄における造血抑制、EPOの産生抑制、赤血球膜の脆弱化、赤血球寿命の短縮などを引き起こす。

このように腎性貧血は、CKDの進行により発症し、赤血球生成の低下と、寿命の短縮が同時に存在し、多くの要因により成り立っている複雑な続発性貧血である。

2.3.2 腎性貧血の管理法

腎性貧血はCKDの症例のQOL、生命予後を規定する因子であり、その治療は重要である。腎性貧血が進行しヘマトクリット（Ht）値が20％以下になると、様々な臨床徴候を呈するようになる。報告されている腎性貧血による臨床徴候は、食欲不振、虚弱、疲労、無気力、寒冷への不耐性、睡眠の増加などである[5]。治療により貧血が改善するにつれて臨床徴候が改善し、QOLの向上が認められる。

腎性貧血の治療開始は、貧血の自然治癒の可能性がなく、前述の臨床徴候が現れた場合にのみ推奨されている。腎性貧血の治療には輸血、蛋白同化ホルモン製剤[6]などもあるが、第一選択薬はerythropoiesis stimulating agents（ESA）製剤である。現在使用されているESA製剤は、遺伝子組み換えヒトエリスロポエチン（recombinant human erythropoietin：rHuEPO）であるエポエチンα、エポエチンβと持続性ESA製剤であるダルベポエチンα、ポリエチレングリコール付加遺伝子組換えネコエリスロポエチンがある（表2）[5-11]。ESA療法では造血が急速に亢進し、造血に必要な鉄が相対的に不足する。効率的に造血させるために、ESA製剤使用時は鉄補給が推奨されている。

表2 腎性貧血の治療

代表薬	薬用量
エポエチンα エポエチンβ	イヌ・ネコ 100 IU/kg、SC、3回/週
ダルベポエチンα	イヌ：0.8 μg/kg、SC、1回/週 ネコ：1.0 μg/kg、SC、1回/週
ポリエチレングリコール付加遺伝子組換えネコエリスロポエチン	ネコ：36.6 μg/kg、SC、1回/2週
鉄製剤	イヌ：経口鉄剤 100 mg/dog、q24hr ネコ：経口鉄剤 10〜20 mg/cat、q24hr 　　　デキストラン鉄 50 mg/cat、IM、1回/月
蛋白同化ホルモン 　プロピオン酸テストステロン 　エナント酸テストステロン 　デカン酸ナンドロロン	 2.2 mg/kg、IM、1回/週 4.0〜7.0 mg/kg、IM、1回/週 1.0〜5.0 mg/kg、IM、1回/週

表3 ESA低反応性の原因

- 消化管などからの慢性失血
- 感染症・炎症
- 重度の副甲状腺機能亢進症
- 腫瘍
- 薬剤（ACE阻害薬、ARBなど）
- アルミニウムの蓄積
- 造血器質の欠乏（鉄、葉酸、ビタミンB_{12}欠乏など）
- 抗EPO抗体の出現
- 尿毒症物質

表4 ESAによる腎性貧血治療の副作用

- 抗EPO抗体の産生（20〜30％）
- 高血圧症（40〜50％）
- 鉄の枯渇
- 赤芽球癆
- 腎機能悪化
- けいれん発作
- 血栓塞栓症
- 注射部位の皮膚刺激

目標とするHt値は報告によりばらつきがあるが、おおむね25〜35％である[5-11]。投薬後、Ht値と投薬量が安定するまで1週間ごとにHt値、網状赤血球数、血圧の測定、一般身体検査を実施する。目標とするHt値が達成された場合は、目標を維持できる最低用量まで減量または最も長い間隔まで投与頻度を減らす。長期的なモニタリングは、CKDの病期ステージに合わせて行うべきである。

ESA製剤の初期治療に反応せず増量するも効果が得られない場合、ESA低反応性を疑う（表3）。ESA低反応性を疑う場合、まず原因を追究し治療計画を再考するべきである。

ESA療法は、貧血の改善とともに多くの恩恵をもたらすが、その反面、多くの副作用が認められる。ESA療法の副作用（表4）は、ESA製剤自体の作用と血液濃度の上昇によって引き起こされるものが合併している。報告されている副作用として、血圧上昇や腎機能増悪、抗EPO抗体産生に伴う赤芽球癆などがあり、注意が必要である[8,9]。

2.4 全身性高血圧の病態と管理法
2.4.1 全身性高血圧の病態

全身性高血圧のうち原因疾患が不明なものは特発性高血圧、原因疾患が明らかなものは二次性高血圧と定義されている[12,13]。二次性高血圧のなかで、腎性高血圧はイヌで9〜93％、ネコで19〜65％と高頻度に認められる（表5）。

広義の腎性高血圧は腎実質性高血圧と腎血管性高血圧を指す。腎実質性高血圧は腎障害の進展に続いて引き起こされる高血圧であり、獣医一般臨床でよく遭遇する。

第14章

表5 イヌとネコの二次性高血圧を伴う疾患と高血圧有病率（論文により差異あり）

原因疾患	イヌの高血圧有病率	ネコの高血圧有病率
慢性腎臓病	9〜93%	19〜65%
急性腎臓病	15〜87%	報告なし
副腎機能亢進症	20〜80%	19%
糖尿病	24〜67%	0〜15%
肥満	まれ	まれ
甲状腺機能亢進症	報告なし	5〜87%
原発性アルドステロン症	まれ	50〜100%
褐色細胞腫	43〜86%	ほぼ100%

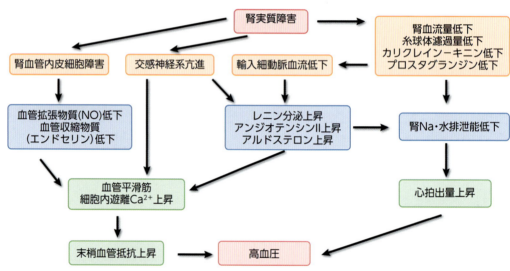

図1 ヒトの腎実質性高血圧の発症機序

腎血管性高血圧は腎動脈狭窄が原因となる高血圧である。本項での腎性高血圧は、狭義に腎実質性高血圧のみを指す。

　腎性高血圧の詳細な成因は明らかにされていないが、ヒトでは塩分排泄障害による体液量の増加、交感神経系の活性化亢進、レニン-アンジオテンシン系の活性化亢進[14,15]、腎性降圧因子の減少などが複雑にかかわっていると考えられている（図1）。持続的な高血圧は腎障害を発症、進展させるだけではなく、脳、眼、心臓に重大な障害を引き起こす（表6）。

2.4.2 全身性高血圧の管理法

　ACVIMの全身性高血圧ガイドラインでは収縮期血圧が120〜140mmHgを正常血圧、160mmHg以上を高血圧と定義している（表7）[12,13]。イヌ・ネコに高血圧が認められた場合、図2に示すアプローチ法により病態を把握する。

　イヌ・ネコでは二次性高血圧が多いことから、高血圧を引き起こす基礎疾患が認められた場合は基礎疾患の管理も必ず行う。

　持続的な高血圧を治療することは、高血圧による標的臓器障害（target organ damage：TOD）の発症、進展、再発を抑制するために極めて重要である。高血圧の治療目標は、血圧をTODが現れる水準よりも下げることである。ただし、収縮期血圧が120mmHg以下、もしくは低血圧を示唆するような虚脱、頻脈などが認められないようにする。図3に示すように降圧療法の開始後、定期的な経過観察を行い、必要に応じて投薬量を調節する。

　多くの降圧薬が使用されているが、一般的にACE阻害薬、ARB、アムロジピンが選択される（表8、9）。

腎泌尿器疾患の一般的治療法

表6 標的臓器障害（TOD）

標的臓器	高血圧性障害	TODを示す臨床所見	診断方法
腎臓	慢性腎臓病の進行	・血清クレアチンの継続性増加 ・蛋白尿、アルブミン尿	・BUN、Cre の測定 ・UP/C 比の測定
眼	網膜症／脈絡膜症	急性盲目症、滲出性網膜剥離、網膜出血、浮腫、網膜血管の蛇行、血管周囲の浮腫、乳頭浮腫、硝子体出血、続発性緑内障、網膜変性症	眼底検査を含む眼科検査
脳	脳症 （脳梗塞、脳発作）	中枢性神経徴候（脳または脊髄）	・神経学的検査 ・MRI などの画像診断
心臓と血管	左室肥大、 心不全	・左室肥大、不整脈 ・収縮期雑音、ギャロップリズム ・心不全徴候 ・出血（鼻血など）	・聴診 ・胸部 X 線検査 ・心臓超音波検査 ・心電図検査

表7 血圧値による分類

分類	TODリスク	収縮期 (mmHg)	診断のための持続時間
正常血圧	最小 (N)	< 140	
前高血圧	低 (L)	140〜159	4〜8週にわたって持続
高血圧	中 (M)	160〜179	4〜8週にわたって持続
重度高血圧	高 (H)	≧ 180	・1〜2週にわたって持続 ・TOD ある場合、1度の測定で治療開始

TOD：標的臓器障害

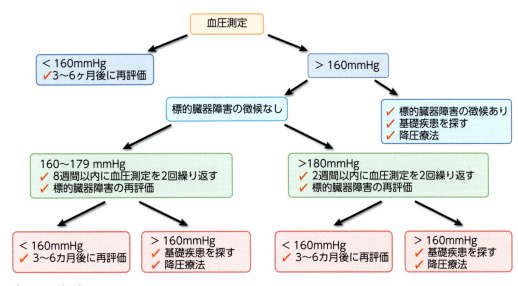

図2 イヌ・ネコの評価法

第14章

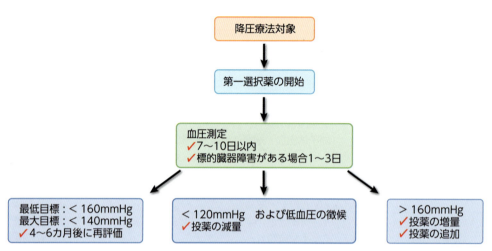

図3 降圧療法の管理

表8 高血圧治療

分 類	代表薬	経口薬用量（イヌ）	経口薬用量（ネコ）
アンジオテンシン変換酵素阻害薬	ベナゼプリル エナラプリル	0.5mg/kg q12〜24hr 0.5mg/kg q12〜24hr	0.5mg/kg q12hr 0.5mg/kg q24hr
アンジオテンシン受容体拮抗薬	テルミサルタン	1mg/kg q24hr	1〜3mg/kg q24hr
カルシウム拮抗薬	アムロジピン	0.1〜0.25mg/kg q24hr （上限0.5mg/kg q24hrまで可能）	0.1〜0.25mg/kg q24hr （上限0.5mg/kg q24hrまで可能）
α1受容体拮抗薬	プラゾシン	0.5〜2.0mg/kg q8〜12hr	0.25〜0.5mg/kg q12hr
	フェノキシベンザミン	0.25mg/kg q8〜12hr または 0.5mg/kg q24hr	2.5mg/cat q8〜12hr または 0.5mg/cat q24hr
β受容体拮抗薬	プロプラノロール	0.2〜1.0mg/kg q8hr 効果によって用量を調節する	2.5〜5mg/cat q8hr
	アテノロール	0.25〜1.0mg/kg q12hr	6.25〜12.5mg/cat q12hr
直接血管拡張薬	ヒドララジン	0.5〜2.0mg/kg q12hr 低用量から開始	2.5mg/cat q12〜24hr
カリウム保持性利尿薬 （抗アルドステロン薬）	スピロノラクトン	1.0〜2.0mg/kg q12hr	1.0〜2.0mg/kg q12hr
サイアザイド系利尿薬	ヒドロクロロチアジド	2.0〜4.0mg/kg q12〜24hr	2.0〜4.0mg/kg q12〜24hr
ループ利尿薬	フロセミド	1.0〜4.0mg/kg q8〜24hr	1.0〜4.0mg/kg q8〜24hr

2.4.2.1 ACE阻害薬とARB

ACE阻害薬やARBは、輸出細動脈の拡張作用により糸球体内圧を低下させるが、脱水が認められるCKD症例では糸球体濾過量を急激に低下させ腎機能を悪化させる可能性がある。このため脱水が認められるCKD症例は脱水を改善させ、低用量から慎重に投与し腎機能を注意深く観察する必要がある。

ACE阻害薬とARBの降圧効果は強いものではないことから、降圧効果が得られないのであれば、増量を繰り返すより他剤と併用すべきである。

2.4.2.2 カルシウム拮抗薬

カルシウム拮抗薬、特にアムロジピンは強い血管拡張作用を有する優れた降圧薬である。腎性高血圧のネコにおいて、アムロジピンは血圧を20％以上低下させる[16,17]。アムロジピンのような輸入細動脈優位の血管拡張薬は、全身の降圧が不十分であれば、高い全身血圧が糸球体に伝達され、かえって糸球体内圧を上昇させてしまう可能

表9 高血圧（急性期）治療

薬剤名	薬用量
フェノルドパム （D_1受容体作動薬）	イヌ・ネコ：0.1μg/kg/min、CRI 必要であれば0.1μg/kg/min 増量 最大1.6μg/kg/min、CRI
ラベタロール （α、β受容体遮断薬）	イヌ：0.25mg/kg、2分かけてIV 合計3.75mg/kgまで反復投与 その後25μg/kg/min CRI
ヒドララジン	イヌ：0.1mg/kg、2分かけてIV その後1.5〜5.0μg/kg/min、CRI ネコ：1.0〜2.5mg/cat、SC イヌ・ネコ：0.5〜2.0mg q12h PO
ニトロプルシド	イヌ：0.5〜3.5μg/kg/min, CRI
アムロジピン	イヌ・ネコ：0.2〜0.4mg q24hr PO (最大0.6mg/kgまで)

※IV、CRIでは最初の1時間で血圧を約10%程下げ、そこから数時間かけてさらに15%下げる。安定したら、経口に切り替え。

表10 リン濃度の目標値

IRISステージ	リン濃度の目標値
II	2.8〜4.5 mg/dL
III	< 5.0 mg/dL
IV	< 6.0 mg/dL

性がある。

2.5 骨ミネラル代謝異常の病態と管理法

2.5.1 骨ミネラル代謝異常の病態

CKDによりGFRが低下をするとリンの排泄量が低下し、体内にリンが蓄積する。リンの蓄積の発生初期は、線維芽細胞成長因子23（FGF23）や上皮小体ホルモン（PTH）によってリンの尿中排泄が亢進しており、血中のリン濃度は正常に維持される。しかし、病期ステージが進行するにつれて、FGF23やPTHによる代償機構が対応しきれなくなり二次性上皮小体機能亢進症を発症する。持続的な二次性上皮小体亢進症は腎性異栄養症、異所性石灰化を発症し、生命予後に大きな影響を及ぼす。

2.5.2 骨ミネラル代謝異常の管理法

血中リン濃度の管理は、IRISの病期ステージ2以上の症例に行うことが多い。IRISは病期ステージごとに目標の血中リン濃度を設定しており、治療は目標範囲に維持することが目的となる（表10）[4]。

CKDにおける血中リン濃度の管理は、輸液療法（リンの利尿促進）、腎臓疾患用療法食による食事療法（リン摂取制限）、リン吸着剤の投与（リンの吸収抑制）が主体となる。CKDによる高リン血症に対しては、まず輸液療法や食事療法を行い、改善がなければリンの吸着剤の投与を行う（表11）[4,18]。ネコにおいてIRISは、骨ミネラル代謝異常の早期診断マーカーであるFGF23を血中リン濃度の管理に利用している。IRISはネコの病期ステージI、IIにおいてFGF23が400pg/mLを超える場合、血中リン濃度が正常値であったとしても食事療法によるリン制限の適応としている。また、食事療法により血中リン濃度が目標範囲内になったとしてもFGF23が700pg/mLを超える場合はさらなるリン制限（リン吸着剤の投与など）を推奨している。

2.5.3 リン吸着剤（高リン血症治療薬）

高リン血症に使用される多くの薬は、上部消化管においてリンと結合し、リンの吸着を阻害するかたちで血清リン濃度を低下させることから、リン吸着剤と呼ばれている。陽イオンであるリン吸着剤と陰イオンであるリンとの化学的な結合により不溶性の複合体を形成することと、吸着薬表面に物理的にリンを吸着させることで、リン吸着剤は作用を発揮する。リンとの化学的な反応については、ランタン＞三価鉄＞アルミニウム＞二価鉄＞カルシウム＞マグネシウムの順にリンと結合しやすい。リン吸着剤はアルミニウム系、カルシウム系、非アルミニウム・非カルシウム系に分けられる。

第14章

表11 リン吸着剤

分類	薬剤	用量
アルミニウム系	水酸化アルミニウム	90 mg/kg/day
カルシウム系	炭酸カルシウム	60〜150 mg/kg/day
非アルミニウム・非カルシウム系	塩酸セベラマー 炭酸ランタン	30〜135 mg/kg/day ＊ 60〜200 mg/kg/day
活性型VitD$_3$製剤	カルシトリオール	2.0〜5.0 ng/kg/day
鉄剤	クエン酸第二鉄	85〜125mg/kg/day ＊
カルシウム受容体作動薬	シナカルセト塩酸塩	0.5mg/kg/day ＊ Max：1.5mg/kg q8h

＊ヒトの推奨投与量より外挿した用量

2.5.3.1 アルミニウム系

アルミニウム系リン吸着剤は、水酸化アルミニウム、炭酸アルミニウム、酸化アルミニウムがあり、リン吸着薬として最初に用いられたリン吸着剤である。リンの吸着作用は、pHに依存せず、強力で、リンと結合し、不溶性のリン酸アルミニウムとなり、便より排泄される。

消化性潰瘍治療薬であるスクラルファートは、19％程度のアルミニウムを含有しており、リン吸着作用を有する。強力なリン吸着作用を示す反面、ヒトの長期使用下において、アルミニウム脳症、アルミニウム骨症、貧血などの副作用が認められるため、使用されることは少ない。一方、イヌ・ネコにおいて、実験レベルでその副作用は確認されているが、臨床的な報告は少ないことから使用されている[19,20]。

2.5.3.2 カルシウム系

カルシウム系リン吸着剤はリンと結合してリン酸カルシウムを形成し、便に排泄される。カルシウム系リン吸着剤の炭酸カルシウムは、pHが5.5付近で効果を発揮するため、中性のpHでは溶解性が低下し、リン吸着力も低下する。そのため、H$_2$ブロッカー、プロトンポンプ阻害薬などの制酸剤と併用すると効果が激減する。

カルシウム系吸着剤の持続的な投与は、高カルシウム血症を発症させ異所性石灰化を引き起こす可能性がある。

2.5.3.3 非アルミニウム・非カルシウム系

アルミニウム系およびカルシウム系リン吸着剤は、その薬自体が副作用を示すことから、アルミニウムもカルシウムも含まない、非アルミニウム・非カルシウム系リン吸着剤が開発された。非アルミニウム・非カルシウム系リン吸着剤としては、塩酸セベラマーと炭酸ランタンがある。

塩酸セベラマー

塩酸セベラマーは、消化管内で塩酸セベラマーのアミノ基が部分的に陽性荷電状態（NH$_3^+$）となり、陰性荷電のリン酸イオン（H$_2$PO$_4^-$、HPO$_4^{2-}$、PO$_4^{3-}$）とイオン結合することによってリン吸着作用を示す。

塩酸セベラマーは、アルミニウム系およびカルシウム系リン吸着剤のような副作用は認められないが、リン吸着能はそれらの半分程度しかない。動物での使用報告は少なく、有効性の検討がなされていない。ヒトでは消化器障害の副作用が認められる。

炭酸ランタン

炭酸ランタンは、ランタン（La）という金属を含有しており、リン酸基に高い親和性をもち、強固な難溶性化合物を生成し、便中に排泄される。炭酸ランタンのリン吸着能は、炭酸カルシウムの2倍程度認められる。

動物での使用報告は少なく、有効性の検討がなされていない。ヒトでは消化器障害の副作用が認められる。

2.5.3.4 カルシトリオール

カルシトリオールは上皮小体のビタミンD受容体と複合体を形成し、PTHの合成・分泌を抑制する。また腸管でのカルシウムの吸収を促進することにより血中のカルシウム濃度を上昇させ上皮小体のカルシウム受容体を介しPTHの分泌を抑制する。

副作用は高カルシウム血症であり、治療中はカルシウム濃度のモニタリングが必要である。IRISはカルシトリオールの有益な効果の証拠がないため使用を推奨していない[20]。

2.5.3.5 鉄剤

クエン酸第二鉄（三価鉄）製剤は新規のリン吸着剤として医学領域で使用されている。ヒトでは第二鉄（三価鉄）は第一鉄（二価鉄）に比べ消化管から吸収されにくいとされているが、第二鉄の投与により鉄関連検査値の上昇が認められることが報告されており、腎性貧血に対する有効性も期待されている[20]。

動物での使用報告は少なく、有効性の検討がなされていない。ヒトでは消化器障害の副作用が認められる。

2.5.3.6 カルシウム受容体作動薬

カルシウム受容体作動薬は上皮小体にあるカルシウム受容体に結合し、上皮小体細胞に血液中のカルシウム濃度が上昇したかのようにシグナルを伝達させ、PTHの分泌を抑制する。その結果、血液中のカルシウム濃度とリン濃度が低下する。動物での使用経験は少なく、有効性の検討がなされていない。ヒトでは消化器障害と低カルシウム血症の副作用が認められる。

第14章2の参考文献

1) Jacob F, Polzin DJ, Osborne CA, et al. Evaluation of the association between initial proteinuria and morbidity rate or death in dogs with naturally occurring chronic renal failure. *J Am Vet Med Assoc*. 2005; 226: 393-400.
2) Polizin DJ, Osborne CA, Ross S, et al. Dietary management of feline chronic renal failure: Where are we now? In what direction are we headed?. *J Feline Med Surg*. 2000; 3: 75-82.
3) Vaden SL, Elliott J. Management of proteinuria in dogs and cats with chronic kidney disease. *Vet Clin North Am Small Anim Pract*. 2016; 46: 1115-1130.
4) International Renal Interest Society. IRIS staging of CKD. iris-kidney.com/guidelines/staging.html
5) Cowgill LD, Feldman B, Levy J, et al. Efficacy of recombinant human erythropoietine (r-HuEPO) for anemia in dogs and cats with renal failure. *J Vet Intern Med*. 1990; 4: 126.
6) Osborne, C.A. and Finco, D.R. 岡 公代，松原哲舟／監訳．犬猫の腎臓病学と泌尿器病学．LLL セミナー，大阪．2002; 539-554.
7) Chalhoub S, Langston CE, Farrelly J. The use of darbepoetin to stimulate erythropoiesis in anemia of chronic kidney disease in cats: 25 cases. *J Vet Intern Med*. 2012; 26: 363-369.
8) Cholhoub S, Langston C, Eatroff A. Anemia of renal disease: what it is, what to do and what's new. *J Feline Med Surg*. 2011; 13: 629-640.
9) Cowgill LD, James KM, Levy JK, et al. Use of recombinant human erythropoietine for management of anemia in dogs and cats with renal failure. *J Vet Intern Med*. 1998; 212: 521-528.
10) Langston CE, Reine NJ, Kittrell D. The use of erythropoietin. *Vet Clin North Am Small Animal Pract*. 2003; 33: 1245-1260.
11) Fiocchi EH, Cowgill LD, Brown DC, et al. The use of Darbepoetin stimulate erythropoiesis in treatment of anemia of chronic kidney disease in dogs. *J Vet Intern Med*. 2017; 31: 476-485.
12) Brown S, Atkins C, Bagley R, et al. Guidline for the identification, evaluation, and management of systemic hypertension in dogs and cats. *J Vet Intern Med*. 2007; 21: 542-558.
13) Acierno MJ, Brown S, Coleman AE, et al. ACVIM consensus statement: Guideline for the identification, evaluation, and management of systemic hypertension in dogs and cats. *J Vet Intern Med*. 2019; 32: 1803-1822.
14) Jensen J, Henik RA, Brownfield M, et al. Plasma renin activity and angiotensin I and aldosterone concentrations in cats with chronic renal disease. *AM J Vet Res*. 1997; 58: 535-540.
15) Mishina M, Watanabe T. Development of hypertension and effects of benazepril hydrochloride in a canine remnant kidney model of chronic renal failure. *J Vet Med Sci*. 2008; 70: 455-460.
16) Henik RA, Snyder PS, Volk LM. Treatment of systemic hypertension in cats with amlodipine besylate. *J Am Anim Hosp Assoc*. 1997; 33: 226-234.
17) Maggio F. DeFrancesco TC. Atkins CE, et al. Ocular lesions associated with systemic hypertension in cats: 69 cases(1985-1998). *J Am Vet Med Assoc*. 2000; 217: 695-702.
18) Foster JD. Update on mineral and bone disorders in chronic kidney disease. *Vet Clin Notth Am Small Anima Pract*. 2016; 46: 1131-1149.
19) Henry DA. Goodman WG. Nudelma RK, et al. Parenteral aluminium administration in the dog: I. Plasma kinetics, tissue levels, calcium metabolism, and parathyroid hormone. *Kidney Int*. 1984; 25: 362-369.
20) Yokoyama K. Akiba T. Fukagawa M, et al. Long-term safety and efficacy of a novel iron-containing phosphate binder, JTT-751, in patients receiving hemodialysis. *J Ren Nutr*. 2014; 24: 261-267.

3 腹膜透析

尿毒症物質は、腎臓の排泄機能障害が原因で体内に蓄積する有害な代謝産物群を指す。主な尿毒症物質としては、尿酸、中分子物質、電解質、内因性毒素、ホルモン代謝物質があげられる。

尿酸は、細胞の核酸代謝の副産物であり、通常は尿中へ排出される。腎機能障害があると血中に蓄積し、高尿酸血症の原因になることがある。ペプチドやポリペプチドなどの中程度の分子量物質も尿毒素として分類される。これらは通常、腎臓によって除去されるが、機能障害により体内に残る。また、体内で生成される他の有害物質（例：フェノール、インドール）も内因性の尿毒素として知られている。エストロゲンやインスリンなどのホルモンやホルモン代謝産物も腎機能障害ではこれらの物

第14章

質も血中に蓄積することがある。ナトリウム、カリウム、カルシウムなどの電解質バランスはが崩れると、心臓病や筋肉の問題などを引き起こす可能性がある。

尿素やクレアチニンは、腎機能の指標として使われるが、毒性は低く尿毒症物質とは考えられていない。尿素は蛋白質の代謝によって生じるアンモニアが肝臓で尿素に変換されたもので、毒性は低い。クレアチニンは、筋肉の代謝産物で筋肉量に比例して生成される。

これらの尿毒症物質の蓄積は、細胞毒性や酸-塩基平衡を乱すため、全身に様々な徴候を引き起こす可能性がある。全身徴候は、疲労感、食欲不振、吐き気、嘔吐、集中力の低下、神経障害などや不整脈もみられる。

腹膜透析は、腹膜を介して尿毒症物質を除去する血液浄化療法の1つである。

腹腔内に透析用カテーテルを留置し、透析液を交換することによって比較的容易かつ安価に実施することができ、特殊な設備を必要としないため血液透析よりも導入しやすい。しかし、腹膜からの溶質の拡散に依存するため、血液透析と比較すると透析効率が劣り、カテーテルの維持や腹膜炎のリスクなど管理維持に関する技術的な問題点が多く、手技確立に至っていない。

3.1 腹膜透析の原理

腹膜透析と血液透析の根本的な違いは、血液透析が体外循環とダイアライザーを用いて血液を直接透析するのに対して、腹膜透析では自己の腹膜（生体膜）を介して透析を行うことにある。

腹膜は、腹壁、大網、胃や腸管などの臓器を覆っている薄い膜であり、その内部には毛細血管が網目状に分布している。腹膜透析では、腹膜を介して腹膜内部の毛細血管の血液と腹腔内に注入した透析液との間で溶質と水分を拡散と浸透によって交換を行う。腹膜の毛細血管にはサイズの異なる細孔があり、溶質や水の移動はこれらの細孔を介して行われる。そのため、溶質や水の移動は、これらの分子サイズに依存し、また、細胞膜にマイナスに荷電した電位によっても溶質がある程度選択される。

3.1.1 拡散

拡散とは、半透膜を介して溶質濃度の高い方から低い方へと溶質が移動する現象のことである。腹膜透析においては、この拡散の原理が尿毒症物質の除去に最も重要な役割を果たしている。

3.1.2 浸透

浸透とは、半透膜を介して濃度が異なる溶液が存在する場合、低濃度側から高濃度側に溶媒が移動する現象のことである。

腹膜透析では血液と透析液間で静水圧差を生じないため水分を移動させることはできない。そのため、血液より高張な透析液を用いることで水分を透析液側に浸透させ移動させる。

3.2 腹膜透析治療の概要
3.2.1 老廃物の除去

血液中と透析液中の溶質の濃度勾配を利用した拡散の原理を利用する。分子量や荷電によって腹膜除去率が異なり、除去したい溶質に合わせて透析時間を変えることが必要になる。腹腔内に注入する透析液量を増やすことで効率を上げることもできる。一般的に注液時間が長くなれば尿毒症物質が多い高分子量の溶質を除去することができる。

3.2.2 過剰体液の除去

腹膜透析液にはブドウ糖などの浸透圧物質が加えられており、透析液と血液間の浸透圧差による浸透の原理を利用して血液から水分を除去できる。

ブドウ糖は安価安全で代謝経路が十分に解明されているため浸透圧物質として主流である。ブドウ糖濃度の異なる数種類の透析液が販売されており、想定する除水量に応じて選択することができる。

高濃度のブドウ糖は、効率的に除水を行えるが、高血糖症と高濃度のブドウ糖に長時間腹膜が曝露されることで腹膜硬化を起こす可能性がある。

近年よりイコデキストリンを浸透圧物質にした透析液が使用できるようになった。イコデキストリンは、トウモロコシ澱粉から得られた分子量の大きい膠質浸透圧物質である。イコデキストリンは、腹膜を介して急速に吸収されることもなく、血漿との等浸透圧を維持しながら限外濾過効果をもたらすことが特徴となっている。

3.2.3 酸-塩基平衡異常の是正

腹膜透析液には腎臓病における代謝性アシドーシスの是正を目的にアルカリ化剤が含有されている。アルカリ化剤としては、乳酸イオンや重炭酸イオンが用いられることが多い。乳酸はピルビン酸を経て重炭酸イオンに代謝されることで代謝性アシドーシスの改善に寄与する。

3.2.4 電解質異常

腎機能が低下すると電解質の平衡異常が起こる。そのため、透析液中の電解質は、体内に蓄積するナトリウムやカリウムなどの電解質が血清基準値より低めに、体内に不足気味になりやすいカルシウムなどの電解質が基準値より高めに設定されている。

3.2.5 腹膜透析カテーテル

腹膜透析カテーテルは、シリコン製で生体適合性に優れており、カテーテルの固定を目的としたカフが備えられている。このカフは腹壁と線維性癒着することでカテーテルの抜去事故や感染を予防する。

イヌやネコで使用される腹膜透析カテーテルは、腹腔内先端の形状によりストレート型とディスク型の2つに分けられる。

ストレート型カテーテルは、腹膜透析カテーテルとして一般的であり、注排液が良好に行えるように多数の側孔があけられている。ストレート型カテーテルは小さな切開創から膀胱と大腸の間のダグラス窩に設置することができる。腹腔内で位置移動を起こしやすく、大網や腸間膜によってカテーテルの閉塞を起こしやすい。

ディスク型カテーテルは、肝臓と横隔膜の間に設置することで大網や腸管膜によるカテーテル閉塞の可能性を大幅に減少させることができ、注排液時の疼痛が軽減できる。しかし、いったん位置異常を起こした場合には整復しにくいといった短所がある。

いずれのカテーテルとも腹腔内への設置は比較的容易であり、術者の使用経験や習熟度により選択されている。

3.2.6 透析方法

透析液を事前に約39～40℃程度に温めておき、注液は清潔操作で40～60mL/kgの透析液を10分間くらいかけて透析カテーテルからゆっくりと注入する。透析液を4～8時間貯留させ、排液は重力による自然落下で回収する。1回あたりの注液量や貯留時間、透析液交換回数は、症例の体重、臨床徴候、臨床検査値、体液バランスなどによって適宜増減する。

3.3 腹膜透析の利点と欠点

腹膜透析の最大の利点は、治療に特殊な設備や技術を必要とせず、清潔な環境を確保すれば自宅でも実施可能な点である。また、中分子～高分子の尿毒症物質の除去に優れ、血液透析と比較して血行動態の変動が少ない。

一方で、透析効率は個体ごとの腹膜機能に依存し、また経時的に変化して腹膜炎で著しく低下する。長期間の透析では腹膜硬化の影響から機能が低下し透析困難になることがある。また、透析排液中への蛋白漏出やカテーテル感染や腹膜炎などの感染リスクが高いという欠点もある。

3.4 腹膜透析の合併症
3.4.1 出口部およびトンネル感染

カテーテル周囲の感染は、発赤、腫脹、熱感、滲出液、排膿などの所見をカテーテル出口部周辺に認めることで診断される。感染は、創口洗浄の強化や消毒で改善することもあるが、抗菌薬の投与が必要となることもある。出口部およびトンネル感染は、腹膜炎の発症にもつながる重要な合併症であるため、カテーテルの再留置を含めて検討する。

3.4.2 腹膜炎

腹膜の感染は、カテーテル出口部から皮下のトンネル部と腹膜透析液交換時の不潔操作の経路が最も多い。腹膜炎を起こすと排液が混濁し、腹痛や発熱が認められる。排液の混濁が認められたら原因となる場所の特定を急ぎ、次に排液の細菌培養を行い起因菌の同定を行うとともに薬剤感受性に基づいた抗菌薬の選択投与を行う。腹膜炎が重症化したり長期化したりする場合はカテーテルの抜去を検討する。腹腔内臓器の感染や全身性の敗血症に波及することもある。

3.4.3 透析液の漏れ

カテーテル留置時の腹筋の縫合留置不良によりカテーテル周囲や皮下へ透析液の漏れが生じることがある。術創や出口部からの透析液の漏れは、目視に加えてブドウ糖加透析液をブドウ糖検出試験紙で確認できる。

対処法としては、注液量を減量して腹圧を低下させたり、一時的に腹膜透析を中止する。また、透析液の漏れは腹膜炎発症のリスクを高めるので、抗菌薬の投与と同時にカテーテルの再留置を行う。

3.4.4 低アルブミン血症

低アルブミン血症は、イヌやネコの腹膜透析で認められる最も一般的な合併症の1つである。腹膜からのアルブミンの漏出が主な原因で予後にも影響する。通常、食物摂取量が十分であれば動物は通常の血中アルブミン濃度を維持することができるが、尿毒症による食欲不振と嘔吐により十分な経腸栄養補給が困難となり、血中アルブミン濃度を適切に保つことが難しくなることもある。

第14章

表12 腹膜透析と血液透析の違い

	腹膜透析	血液透析
透析膜	生体膜（腹膜）	人工膜（ダイアライザー）
膜の代替	不可	可
溶質除去の原理	拡散	拡散
水分除去の原理	浸透圧格差	限外濾過
透析場所	動物病院・自宅	動物病院
透析アクセス	腹腔内カテーテル留置	血管内カテーテル留置
抗凝固剤	腹膜炎発生時のみ	必需

3.5 腹膜透析の予後

腹膜透析の予後は様々であり、その病因により予後に違いがある。イヌやネコの急性腎障害のうち乏尿・無尿の症例や腎毒性物質の摂取が原因の場合、その救命率は特に低いと報告されている。

4 血液透析

腎代替療法は末期腎臓病症例の標準的治療となりうる方法であるが、小動物臨床においては治療の選択肢として十分に利用されているとはいえないのが現状である。特に血液透析は、高価な設備投資に加えて体外循環回路やダイアライザーなどの消耗品も高価なうえ、治療が長引けばそれに応じて治療費がかさむことが問題としてあげられる。また、体外循環の確立のためにバスキュラアクセスを長期間維持しなければならないため、手技が煩雑となる点も障壁となりやすい。

血液透析には様々な問題点があげられるが、イヌやネコの腎臓病症例の増加に伴って血液透析療法の安定的技術の確立とその普及の必要性は今後さらに高まると考えられる。

4.1 透析療法

血液透析ならびに腹膜透析が透析療法として用いられる（表12）。

血液透析は、体外循環回路が設置できるローラーポンプ付きの血液透析装置やダイアライザーなどの特殊な設備が必要である。また、体外循環を用いるため血管内カテーテルの留置が必要となる。溶質や水分の拡散は限外濾過圧の設定や体外循環の血液流量を変えることで容易に調整することができる。このため短時間に効率よく透析を行うことができるが、不均衡症候群などの合併症を併発しやすい。

これに対して腹膜透析は自己の腹膜で溶質の拡散と浸透圧格差による水分の拡散によって透析を行うため、透析効率は血液透析に比較して劣るものの、不均衡症候群は生じ難い。しかし、腹膜炎の合併症が発生しやすく、これにより透析効率の低下と予後の悪化が起こることがある。

従来、削痩した動物では高価な設備に加えて血管内留置、血液希釈と貧血が問題となりやすいため、腹膜透析を用いるのが一般的であった。しかし、近年では腹膜透析より血液透析を用いた方が動物の予後改善が見込めるため、血液透析が評価されてきている[1,2]。

4.2 血液透析の仕組み

体外循環を確立するために動物の血管に血液を取る側（脱血）と返す側（返血）のカテーテルを挿入する（バスキュラアクセス）。このときの血管は頸静脈が主に使われる。

カテーテルは脱血用と返血用の2つの孔が開いたダブルルーメンカテーテルを使うことが多く、カテーテル先端の開口部を右心房内に留置して脱血をスムーズにすると同時に、返血した血液が脱血側に混入することをできるだけ防ぐようにする。

まず血液ポンプを使って血液を体外へ抜き、ダイアライザーへ送られた血液から余分な水分や老廃物を透析液に移動させる。浄化された血液は返血管を通じて血管に返される。

透析の原理は、半透膜を隔てた2つの溶液間における溶質の移動拡散を利用したものである。血液透析では、体外循環により人工膜（ダイアライザー）に血液を送り、人工膜を介して透析液に溶質と水分を拡散させる方法である。

ダイアライザーは、血液中の老廃物や余分な水分、電解質を透析液へ移す腎臓の糸球体と同じ働きをもった人

腎泌尿器疾患の一般的治療法

図4　血液透析用のダイアライザー
血液透析に使用されるダイアライザーは、腎機能が低下した症例の体内から余分な水分や尿毒素を取り除くために使用する。ダイアライザーは、主に半透膜を使用して血液と透析液との間で物質交換を行う。その構造は半透膜でできた中空糸となっている。半透膜には微細な孔があり、水分や小さな分子は通過させるが赤血球や大きな分子は通過できない。

表13　血液透析の適応

急性腎障害
・輸液や薬物療法に反応しない乏尿・無尿 ・体液過剰、電解質異常、酸－塩基平衡異常 ・重度高窒素血症（UN＞100 mg/dL、Cr＞10 mg/dL）
慢性腎臓病
・急性増悪期 ・慢性期の維持透析は高額となる
その他
・薬物中毒 ・体液過剰、肺水腫 ・低体温症

工の半透膜装置である（図4）。ダイアライザーの構造は、筒のケースに細いストロー状の透析膜が数千～数万本束ねられて入っており、ストロー状の半透膜内を血液が流れ、その外側を透析液が流れる。血液と透析液が対向して流れるように回路が組まれ、濃度勾配による拡散をうながす仕組みになっている。

4.2.1 拡散

溶質の拡散は、濃度勾配によって濃度の高い方から低い方へと溶質が移動することによって生じる。血液透析はこの溶質の拡散によって主な透析効果を得ている。

濃度勾配を効果的に得るために、ダイアライザー内では血液はダイアライザーの上から下へ、透析液は下から上に逆方向に還流させている。これによって絶えず最大限の濃度勾配が得られ、拡散効率を最大限に維持できるようにしている。

拡散効率は、溶質の分子量や透析膜の性質（細孔径や厚さ、表面積など）にも依存している。

4.2.2 限外濾過

限外濾過法は、圧の勾配によって水分と溶質の移動を起こす方法である。半透膜で隔てられた容器の一方に陽圧（限外濾過圧）をかけると水分と溶質がもう一方へと移動することを利用する。

血液透析においては、ダイアライザー内の血液圧を高くし、透析液圧を低くすることで水分を透析液側に滲出させる。ダイアライザーの透析膜は性能がよく、容易に水分を滲出させることが可能である。水に溶解している溶質も、水の濾過に伴って移動するが限外濾過による溶質の移動は5％未満である。血液透析で限外濾過法を用いる最も重要な目的である体液量の調節を達成することができる。

4.3 血液透析の適応（表13）

血液透析の適応は主に急性腎障害である。腎障害による急性期の腎機能低下の期間を腎代替療法により乗り切ることを目標とすることが多い。他に慢性腎臓病の急性増悪期や薬物や中毒性物質による急性中毒などが適応となることもある。

4.3.1 急性腎障害

イヌやネコにおける血液透析は、急性腎障害に対して用いることが最も多い。乏尿・無尿性の急性腎障害症例の多くは数日以内に死に至るため、腎機能が回復するための時間的猶予を与えるために腎代替療法としての血液透析が必要とされる。

急性腎障害による乏尿や無尿状態から尿毒症を呈した症例は、静脈輸液や薬物治療による利尿に反応が認められないため、体液過剰や生命を脅かす程度の高カリウム血症に陥っている場合もある。このような症例には、血液透析を行うことにより高カリウム血症や過水和を急速に改善し体液バランスを回復させ動物の全身状態を安定化する必要がある。

しかし一方で、急速な体液バランスの変化は体循環血液と脳脊髄液間で溶質濃度の格差を生じさせ、不均衡症候群を起こすことがあるために慎重に透析する必要がある。

第14章

4.3.2 慢性腎臓病

ヒトでは、慢性腎不全治療の根幹をなす治療法として血液透析は広く普及している。日本では、年間30万人を超える腎臓病患者が血液透析治療で管理されている。

一方で、イヌやネコにおける慢性腎臓病に対する透析治療に関しては、技術的あるいは高額となる費用の問題で実施が限られている。この理由から、慢性腎臓病における血液透析の適応基準や透析条件、透析法などの検討が十分に行われていない。また、エリスロポエチンなどのホルモンの補填療法が必要となることもあるが、必要なイヌやネコ用のホルモン剤の開発がなされていないことも長期維持の障害となっている。

4.3.3 中毒

イヌやネコの薬物中毒には、エチレングリコール、メタノール、エタノール、サリチル酸塩、フェノバルビタール、アセトアミノフェン、テオフィリン、アミノグリコシド、三環形抗うつ薬などがあげられる。これらの薬物や化学物質による急性中毒の治療には血液透析が有効である[3]。

中毒性物質の分子量が透析膜の細孔を通過できる場合は、迅速かつ効率よく血液から除去することができる。しかし、その中毒物質が血漿蛋白や脂質などと強く結合する場合は、透析膜で透析することは難しい。

4.3.4 体液過剰

体液過剰は、乏尿あるいは無尿に加えて尿産生能が低下した症例に対して積極的な輸液を行うことで起こる。過剰な体液量は、全身性の高血圧や浮腫、腹水や胸水の貯留、うっ血性心不全を招き生命を脅かす危険性がある。これを利尿剤などによる治療で改善させることは乏尿や無尿に陥った症例では困難である。このため、血液透析の限外濾過機能により、過剰な水分負荷を改善することが必要となる。

4.4 血液透析治療の実際

血液透析は、腎臓の機能を短時間のうちに代替する治療法であり、尿毒素の除去、電解質異常や酸-塩基平衡の補正、体液バランスの改善を目的に行われる。

血液透析は、間欠的血液透析と持続的腎代替療法の2つに大別される。間欠的血液透析は、主に慢性腎臓病に対して1日に数時間（1〜6時間）、必要に応じて連日から週に数回程度の透析を行う。透析の設定条件によっては不均衡症候群や血行動態の著しい変化が起こりやすい。

持続的腎代替療法は、主に急性腎障害や中毒症に対して24時間、数日間連続してゆっくりと実施する方法である。腎機能の回復まで連続してゆるやかに透析を行うため、溶質の除去能は間欠的血液透析より劣るものの、不均衡症候群が生じ難く、血行動態への影響も少ない。

4.5 血液透析の概要

イヌやネコに血液透析を実施するために必要なシステムは、①血液透析装置、②バスキュラアクセス、③体外循環回路（血液回路＋ダイアライザー）である。

4.6 血液透析装置

血液透析装置は、体外循環回路と血液ローラーポンプによって構成されている。装置本体には、血液流量調節装置や除水流量の調整や温度管理機能が付属されている。

4.6.1 バスキュラアクセス

血液透析には血液を出し入れするための透析回路と血管を接続する部分となるバスキュラアクセスが必要である。これは、透析療法を実施するにあたっての「出入口」であり、そこから得られる血液流量によって透析効率が左右される。バスキュラアクセスによって得られる最大血液流量が長期間維持されることが透析維持のための目標となることが多い。

バスキュラアクセスは、動脈・静脈シャントならびに静脈・静脈シャントがある。ヒトでは動脈・静脈シャントが使われることが多く、イヌやネコでは静脈・静脈シャントが使われることが多い。イヌやネコでは、ダブルルーメンの透析専用カテーテルを用いることが多く、その構造は、カテーテルの近位孔より血液を吸引し遠位端より血液を体内に戻すことで、動物に戻す浄化された血液が返血側から再吸引されないように設計されている。ダブルルーメンカテーテルは、頸静脈から挿入し、右心房内へ留置する。ダブルルーメンカテーテル留置は、鎮静下あるいは全身麻酔下で経皮的に設置（セルジンガー法）することが可能であるが、長期間の埋め込みが必要な症例には、切皮して直接血管内に挿入する方法（カットダウン法）が用いられる。

カテーテルは、動物の体格、カテーテルの材質、予想される使用期間によって選択される。最大血液流量を得るために、原則として頸静脈に安全に設置できる最も太いカテーテルを使用することが望ましい。ネコや小型犬では6〜8Fr、16cm、中型犬や大型犬では12〜14Fr、16〜30cmの短期用カテーテルを使用する。厳密な無菌操作や慎重な管理を行えば、短期用カテーテルを数週

間～数カ月間使用できることもある。2～3週間以上の透析治療が必要な症例は長期用カテーテルに変更することが望ましい。長期用カテーテルは、カテーテル刺入部の皮膚と頸静脈の中間部分に固定と感染予防用のカフがついていて長い。いずれにしてもカテーテルの材質は、血栓形成性が低く血管刺激性のない材質のものを選択する。

透析治療中に最も頻繁に起こる合併症の1つがカテーテルの汚染である。これを予防するためには、透析用カテーテルを透析のみで使用し、透析中の滅菌操作や透析治療前後の消毒管理を厳密に行うよう徹底する。

4.6.2 血液回路

体外循環回路は、血液回路とダイアライザーからなる。体外循環回路は、容量が体外へ取り出される血液量とおよそ等しいため、削痩した動物では血液量の減少から低血圧、ショック、輸液剤の使用による血液希釈からくる貧血などの原因となる。

これらの合併症を予防するためには、体外循環回路の容量を循環血液量の10％以下に抑える必要がある。現在イヌやネコで利用できる体外循環回路の容量は25～60mL程度であるため、ネコや小型犬においても応用可能である。しかし、体重が3kgを下回る削痩した症例においては、血液回路内を輸血で置換する措置がとられることもあるが、この方法で繰り返し透析を行うことは難しくなる。

4.6.3 ダイアライザー

ダイアライザーは、数千～数万本のストロー状の半透膜から構成されている。ストロー状の半透膜の中空糸膜の中を血液が流れ、その外側を透析液が逆方向に還流（対向流）することで効率よく透析が行われるように設計されている。

削痩した動物では、体外循環回路内の容量を小さくする必要があるので、ダイアライザーもできるだけ低容量のものを選択するようにする。体重が大きい動物は、容量を気にせずに膜の性能を重視して選択することができる。表面積、限外濾過率、溶質クリアランスが大きいダイアライザーほど性能が高い。

近年の人工透析膜は生体適合性に優れており、ポリアクリロニトリル（PAN）、ポリスルフォン（PS）、ポリアミド（PA）、ポリメチルメタクリレート（PMMA）などの材質を用いたダイアライザーが存在する。

4.6.4 抗凝固剤

血液透析中は、カテーテルや血液回路、ダイアライザーなどの影響で血栓形成が促進する。体外循環回路内の血栓は、血液流量の低下やダイアライザーの目詰まりを生じさせ、そのため透析効率が著しく低下する。したがって、透析中は抗凝固薬によって血栓を予防する必要がある。ヘパリンは、低コストで生物学的半減期が短いという観点から一般に使用される抗凝固薬である。

透析開始前に活性化凝固時間（ACT）を確認し、その結果に応じて透析開始3分前にヘパリンを投与する。ヘパリン投与3～5分後にACTが基準値の200％程度以上に延長していることを確認して透析を開始する。その後は体外循環回路の動脈側に10～50U/kg/hrのヘパリンを持続点滴する。透析治療終了30分前にヘパリンの投与を中止してACTの確認を行う。多くの症例では抗凝固作用が持続するため、可能な限り透析終了後6時間は注射や体腔の穿刺、留置針の抜去や設置などは行わないようにする。必要に応じてプロタミンの投与も検討する。

4.7 血液透析の合併症

血液透析の合併症は、カテーテル関連の閉塞や感染などの合併症や、血栓、不均衡症候群などがあげられる。

動物によるカテーテルの損傷や引き抜きはよく発生する合併症である。カテーテルを保護するためのテーピングやウェアは必須となる。カテーテルの損傷や引き抜きによって出血または空気の吸い込みが発生しやすいため、カテーテルを直ちに遮断し、部分的修復またはカテーテルの入れ替えを行う必要がある。また、カテーテルおよびその周辺の感染を見逃さないようにカテーテル出口部の発赤・疼痛、発熱などの徴候について慎重な観察を行う。症例によっては急激に敗血症に移行する可能性があることも念頭において感染巣の治療に当たる必要がある。

血液回路やダイアライザーと血液の接触によって凝固系と血小板が活性化され、また、不適切な抗凝固療法によっても透析回路内に血栓が形成されやすくなる。ダイアライザー内やバスキュラアクセス内における血栓形成によって回路が閉塞した場合は、ウロキナーゼ溶液注入などにより血栓の溶解と除去を試みる。血栓溶解で効果が得られない場合はカテーテル造影などの精査を行う必要が生じることもある。

不均衡症候群は、透析導入期に血管内溶質の急激な減少によって脳内の溶質と血管内の溶質との格差が生じることで脳細胞内に水分が移動して生じた脳浮腫に起因する。不均衡症候群では発作や意識レベルの低下などの変

第14章

化が認められ、ネコでは突然死することもある。その予防策として、透析導入時にはゆるやかな血液流量で透析効率を低く維持しながら透析を行う。

4.8 血液透析の予後

一般的な血液透析を受けた症例の生存率は40～60%である。このうち、感染症による急性腎障害症例の透析治療による生存率は58～100%と他の原因と比較して高く、中毒性の急性腎障害症例の透析後の生存率は20～40%と著しく予後が悪い。また、血液透析治療後に腎機能が正常化する症例が約半数、慢性腎臓病に移行する症例が約半数であるとの報告もある。

第14章3、4の参考文献

1) Elliott DA. Hemodialysis. Clinical Techniques in Small Animal Practice. 2000; 15(3): 136-148.
2) Bersenas AME. A clinical review of peritoneal dialysis. J Vet Emergency and Critical Care. 2011; 21(6): 605-617.
3) Langston CE, Eatroff A. Anemia of renal disease: What it is, what to do and what's new. *J Feline Med Surg*. 2011; 13: 629-640.

表14　腎移植対象からの除外因子

- 心疾患
- 制御困難な高血圧
- 感染症
- 炎症性腸炎
- 甲状腺機能亢進症
- 腫瘍
- 糖尿病
- 悪液質
- 攻撃的な性格
- 年齢（10歳以上では生存率低下）

免疫抑制を必要とする移植医療にとって感染症の存在はみすごすことはできないため、尿検査項目には必ず尿培養を含める。Adinら[2]は10歳以上のケースではそれより若齢の場合と比較して6カ月以内の生存率が低下することを報告しているが、個人的には健康状態に特に問題がなければ厳密な年齢制限は科す必要はないと考える。ただし、ネコの性格が攻撃的で投薬や各種検査の実施が困難な場合には移植不適応としている。

表15にレシピエント評価のための検査項目リストを示す。

5 腎移植

獣医臨床における腎移植はアメリカのGregoryら[1]により初めて着手されてから30年以上という年月が経過している。その間、ネコの腎移植は良好な予後が期待できる外科的治療法として発展してきた[1]。一方、イヌの腎移植はいくつかの施設において試みられているものの、未だ有効な免疫抑制法が確立されておらず研究の域を脱することができていないのが現状である。したがって、本項ではネコの腎移植についての概要を解説する。

5.1 レシピエント動物の選定

移植症例からは除外すべき疾患リストを表14に示す。
移植レシピエントは末期慢性腎臓病以外に重大な内科疾患を抱えていない動物が理想的である。しかしながら、レシピエントになりうる動物の多くは中～老齢であり、重症度は様々ではあるが腎不全以外に何か疾患を抱えていてもなんら不思議ではない。したがって、それらの疾患が内科的にコントロールすることが容易であり、また術中術後の合併症や生存率に対して影響しないと考えられる場合に限っては適応症例としてもいいのではないかと個人的には考えている。

5.2 腎移植に踏み切るタイミング

ネコの腎移植を実施するタイミングには、残念ながら明確な基準は存在せず、各施設が独自に基準を設けているという状況である。多発性嚢胞腎や腎低形成などを含む内科的治療による維持が困難な腎疾患（例：慢性腎臓病ステージ4；血清クレアチニン濃度＞5.0mg/dL）がおおまかな基準となる。

また、ヒトと異なり動物は飼い主に飼育されているという観点から、ネコ自身の状態だけでなく、飼い主側の要因により来院を要する頻繁な輸液治療などが困難な場合、手術に踏み切る基準として加えることもできよう。

明確なことは、腎移植は救急治療の範疇には入らないということである。

5.3 ドナー動物の選定

ドナー問題は臓器移植においては避けては通れない道でありで、どのようなドナーソースを用いても議論が尽きることはないであろう。ドナーとなる動物は、感染症や全身疾患に罹患していない健康体である必要がある。現実的には実験動物や同居ネコがドナー動物候補となると考えられる。

腎泌尿器疾患の一般的治療法

表15 レシピエント動物選考検査

- 完全血球検査
- 血清生化学検査
- 尿検査（尿培養含む）
- ウイルス検査（FIV、FeLV、コロナ）
- 心臓の評価（胸部X線検査、心超音波検査、心電図検査など）
- 腹部X線検査および腹部超音波検査
- 甲状腺検査（T4）
- トキソプラズマ抗体検査
- 腎生検（常に必要ではない）
- シクロスポリンチャレンジテスト（感染歴のある場合）
- 血液適合性検査（血液交差試験）
- 血液型
- 歯科検査

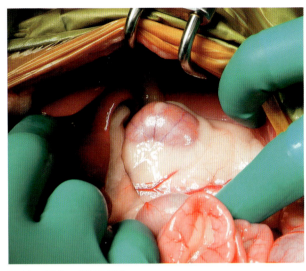

図5　ドナー腎の摘出
ドナー腎には腎静脈が長く採れる左腎が好まれる。
腎動脈には過度の刺激を与えないように注意する。

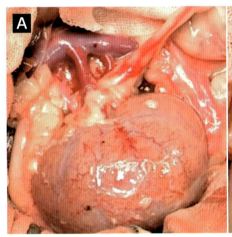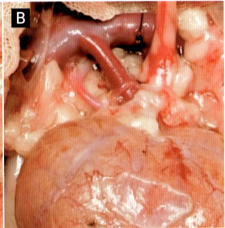

図6　血管奇形
A：腎静脈が2本認められることがある。
B：この場合は細い方の静脈を駆血してみて腎臓がうっ血しなければ結紮切離する。

5.4 片腎摘出の影響

ネコではLirtzmanら[3]が腎摘出後、観察期間である2～5年間は血中尿素窒素およびクレアチニン濃度は正常範囲内であったと片腎摘出の腎機能に対する影響について報告している。

また、Wormserら[4]の報告では、追跡可能であったドナーのネコにおいて片腎摘出後約5%で慢性腎臓病への移行が認められたが、これは一般的なネコにおける慢性腎臓病発症率と同等であった。

5.5 腎移植手術
5.5.1 移植腎摘出・保存

移植腎としては腎静脈の血管長を確保できかつ摘出が容易である左腎が好まれる（図5）。血管奇形と腎静脈が2本認められることがある（図6）。この場合は細い方の静脈を駆血してみて腎臓がうっ血しなければ結紮切離する。腎動脈は過度の操作により血管収縮を起こすため腎摘出時には注意する。血管剥離の際は後腹膜下に生理食塩液を注入することによる「Hydrodissection」法（水圧剥離）が有効である（図7）。

腎摘出後は直ちに組織灌流液により腎臓を灌流する。灌流液には、4℃冷却生理食塩液あるいは腎臓の短期保存性（7時間までは保存可能）に優れている4℃冷却リン酸緩衝ショ糖液（PBS）を用いる[5]（図8）。

5.5.2 手術手技

レシピエント動物を開腹後、左腎動静脈尾側の腹部大動脈および後大静脈に移植床を形成する（図9）。血管奇形として後大静脈が2本認められる場合があるが、この場合には移植腎設置側の静脈を移植床とする（図10）。

第14章

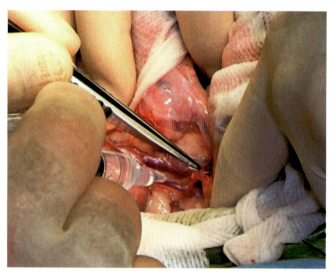

図7 「Hydrodissection」法（水圧剥離）

手術顕微鏡下において腎静脈と後大静脈は10-0ナイロン糸を用いて単純連続縫合により端側吻合、そして腎動脈と腹部大動脈は8-0ナイロン糸を用いて8〜12箇所単純結節縫合する（図11）[6]。

移植腎を再灌流後、尿産生を確認する。尿管と膀胱は尿管膀胱新吻合術により並置吻合する。まず尿管断端を扇型に形成する。次に膀胱の漿膜筋層を約1cm切開後、膀胱粘膜と尿管を8-0あるいは10-0ナイロン糸を用いて約15箇所単純結節縫合することにより吻合する[6]。腹壁フラップを用いて移植腎が捻転しないように固定し、閉腹とする（図12）。

手術では移植腎機能遅延あるいは不全が起こる可能性を考慮に入れ、多少なりとも機能している既存の腎臓は摘出せず温存する。

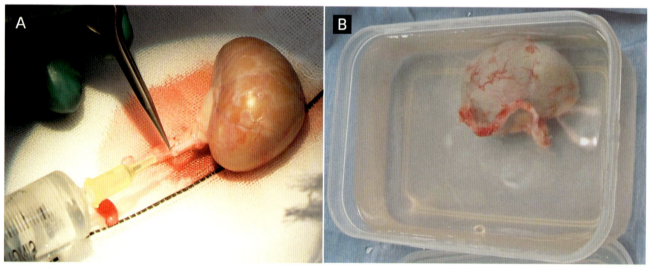

図8 移植腎の灌流および保存
A：ドナー腎を4℃リン酸緩衝ショ糖液により灌流。B：滅菌容器に保存液とともに入れ移植まで4℃で保存。

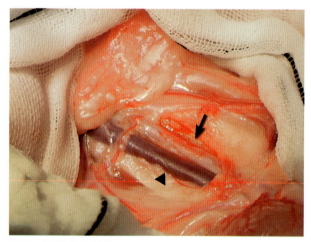

図9 移植床の準備
矢印：腹大動脈、矢頭：後大静脈。

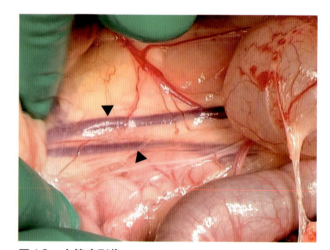

図10 血管奇形像
後大静脈が2本存在している（矢頭）。

腎泌尿器疾患の一般的治療法

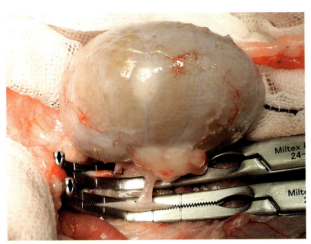

図11　腎動脈／腹部大動脈および腎静脈／後大静脈の端側吻合

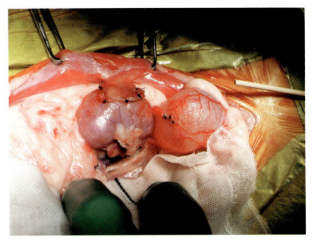

図12　移植腎設置後の腹腔内
移植腎は腹壁フラップにより固定されている。

表16　主な術中・術後合併症
- 尿管狭窄
- 血栓塞栓症
- 移植腎捻転による腎虚血壊死
- 移植腎機能遅延
- 急性シクロスポリン毒性
- 急性拒絶反応
- 感染症
- 腫瘍
- 糖尿病
- 溶血性尿毒症症候群
- 尿管結石症（尿石症）

5.5.3 免疫抑制法

ネコの腎移植では、シクロスポリン（CsA）とプレドニゾロン（Pre）により良好に維持することが可能である。

手術2日前からレシピエント動物にCsA（4mg/kg/12hr、PO）およびPre（0.5mg/kg/12hr、PO）からなる2剤併用免疫抑制プロトコールを開始する。

術後はCsAの全血トラフ濃度（最低血中濃度）が約500ng/mLになるようにCsA投与量を調節する。Preは術後1カ月目から徐々に漸減する。

投薬の煩雑さを考慮すると投薬頻度を1日1回投与へ変更することが望ましい。マクロライド系抗生物質であるクラリスロマイシン（10mg/kg、SID）を併用することでCsAの必要投与量を約80％低減することが可能である[7]。クラリスロマイシンは肝臓や腸管においてチトクロームP4503A酵素およびP糖蛋白の働きを阻害することでCsAの代謝を抑制することが知られている。

小動物臨床では同様な作用をもつケトコナゾール（10mg/kg）[8]、イトラコナゾール（10mg/kg）[9]の使用が広く知られているが、肝障害を起こす可能性があること、また、前者は本邦では錠剤が販売されていないことが使用の妨げになる。

5.5.4 急性拒絶反応への対処

急性拒絶反応は移植医療とは切っても切れない合併症の1つである。罹患時には動物は特にこれといった特異的症状を示すことがない。

最もよく認められる原因としては、飼い主の投薬ミスである。投薬し忘れるとその数日後に非特異的症状が現れ始める。

非特異的症状には発熱、食欲不振、嘔吐、沈うつ、移植腎の疼痛などがあげられる。血中尿素窒素およびクレアチニン濃度の上昇、CsA濃度の低下、そして確定診断のための移植腎組織診断を要するが、検査結果を待っていては治療が手遅れになる。したがって、上記のような臨床徴候が認められた場合には、急性拒絶反応を疑い直ちに治療を開始すべきである。

治療としては、注射用CsA（4mg/kg/12hr）を生理食塩液で100倍希釈し1時間以上かけて静脈内投与する。同時にコハク酸メチルプレドニゾロン（5mg/kg/6hr）の静脈内投与も開始する。一般的には治療開始後おおよそ24〜48時間以内にクレアチニン濃度は低下し正常範囲内に回復する。

5.6 術中および術後合併症

主な術中・術後合併症のリストを表16に示す。

第14章

術中には低血圧に遭遇することが多いため、血管吻合部での血栓形成が惹起されて、結果として移植腎が機能を喪失することがある。術後高血圧（収縮期血圧180mmHg以上）は発作などの中枢神経障害の発症に関連しており、治療としてヒドララジンの投与が有効であることが報告されている[10,11]。

免疫抑制を受けている関係上、感染症は合併症から切り離すことはできない。ネコの腎移植における感染症の発症時期は術後平均2.5カ月と報告されている[12]。クラリスロマイシンをCsAと併用することは感染症の予防という観点から有効となるかもしれない。

長期的合併症における主要なものとしては、急性拒絶反応のほかに悪性腫瘍、糖尿病があげられる。ネコの腎移植では移植後9.5〜24％の動物に悪性腫瘍が発症するといわれている[13]。発症する主な腫瘍はリンパ腫であり、平均発症時期は移植後9〜15カ月であると報告されている[13]。

また糖尿病が腎移植ネコ187頭中26頭（13.9％）において移植後発症したと報告されている[14]。致死率に関しては、糖尿病に罹患した動物では、罹患していない動物の約2倍を示した。

5.7 術後成績

Schmiedtら[15]は6カ月生存率65％、3年生存率40％と報告している。その報告のなかで全体の22.5％が入院中に死亡しているが、うまく周術期を乗り切り退院することができたケースでは6カ月生存率は84％、3年生存率は45％とされている。

5.8 まとめ

腎移植は末期腎臓病に対する根治的治療法であり、ネコの腎移植におけるターゲットは主に内科的治療では維持困難な慢性腎臓病である。腎移植は、ドナー問題など様々な問題点を抱えているものの、腎臓病症例を劇的に改善させる可能性を秘めている。現時点では実施可能施設は限られているが、腎臓病に罹患したネコの飼い主に提示する治療選択肢の1つに加えておきたい。

第14章5の参考文献

1) Gregory CR, Gourley IM, Taylor NJ, et al. Preliminary results of clinical renal allograft transplantation in the dog and cat. *J Vet Intern Med*. 1987; 1: 53-60.
2) Adin CA, Gregory CR, Kyles AE, et al. Diagnostic predictors of complications and survival after renal transplantation in cats. *Vet Surg*. 2001; 30: 515-521.
3) Lirtzman RA, Gregory CR. Long-term renal and hematologic effects of uninephrectomy in healthy feline kidney donors. *J Am Vet Med Assoc*. 1995; 207: 1044-1047.
4) Wormser C, Aronson LR. Perioperative morbidity and long-term outcome of unilateral nephrectomy in feline kidney donors: 141 cases (1998-2013). *J Am Vet Med Assoc*. 2016; 248: 275-281.
5) McAnulty JF. Hypothermic storage of feline kidneys for transplantation: successful ex vivo storage up to 7 hours. *Vet Surg*. 1998; 27: 312-320.
6) Katayama M, McAnulty J: Renal Transplantation in Cats: Techniques, Complications, and Immunosuppression. *Compend Contin Educ Pract Vet*. 2002; 24: 874-883.
7) Katayama M, Nishijima N, Okamura Y, et al. Interaction of clarithromycin with cyclosporine in cats: pharmacokinetic study and case report. *J Feline Med Surg*. 2012; 14: 257-261.
8) McAnulty JF, Lensmeyer GL. The effects of ketoconazole on the pharmacokinetics of cyclosporine A in cats. *Vet Surg*. 1999; 28: 448-455.
9) Katayama M, Katayama R, Kamishina H. Effects of multiple oral dosing of itraconazole on the pharmacokinetics of cyclosporine in cats. *J Feline Med Surg*. 2010; 12: 512-514.
10) Gregory CR, Mathews KG, Aronson LR, et al. Central nervous system disorders after renal transplantation in cats. *Vet Surg*. 1997; 26, 386-392.
11) Kyles AE, Gregory CR, Wooldridge JD, et al. Management of hypertension controls postoperative neurologic disorders after renal transplantation in cats. *Vet Surg*. 1999; 28: 436-441.
12) Kadar E, Sykes JE, Kass PH, et al. Evaluation of the prevalence of infections in cats after renal transplantation: 169 cases (1987-2003). *J Am Vet Med Assoc*. 2005; 227: 948-953.
13) Schmiedt CW, Grimes JA, Holzman G, et al. Incidence and risk factors for development of malignant neoplasia after feline renal transplantation and cyclosporine-based immunosuppression. *Vet Comp Oncol*. 2009; 7: 45-53.
14) Case JB, Kyles AE, Nelson RW, et al. Incidence of and risk factors for diabetes mellitus in cats that have undergone renal transplantation: 187 cases (1986-2005). *J Am Vet Med Assoc*. 2007; 230: 880-884.
15) Schmiedt CW, Holzman G, Schwarz T, et al. Survival, complications, and analysis of risk factors after renal transplantation in cats. *Vet Surg*. 2008; 37: 683-695.

第15章

腎泌尿器の外科手術

1：片山泰章、 2：岩井聡美、 3：山﨑寛文、 4〜5：秋吉秀保

1 腎臓の外科手術
1.1 腎臓と尿管の外科解剖
1.1.1 腎臓

　腎臓は左右で対をなしており、そら豆状の形状をしている腹膜後器官である（図1）[1]。

　腎臓の外表面はイヌでは滑らかであるが、ネコでは被膜静脈が走行しているため凸凹状である（図2）。腎臓の色調は、イヌでは茶褐色であるが、ネコでは脂肪含有量が多いため黄土色を帯びている。

　右腎は内側では右副腎、後大静脈、腹大動脈と、頭側では肝臓と、腹側では十二指腸、膵臓と隣接している。左腎は頭側では脾臓と、内側では左副腎、腹大動脈、後大静脈と、腹側では下行結腸、小腸と隣接している。そのため、腎臓手術時は、右腎では十二指腸を、左腎では下行結腸をそれぞれ腹側へ持ち上げることでアプローチが容易となる。

　腎臓実質表面は強靭な線維性被膜で覆われており（図3）、その周囲には脂肪組織の被膜が存在する。腎臓の腹側面については最外層を腹膜で覆われている。

　腎被膜は健常動物では容易に実質から剥離できるが、腎線維化などにより実質が病的状態の場合には剥離しにくくなる。腎臓被膜は強靭なため、尿管閉塞による水腎症では腎盂内圧が高まることで腎実質が圧迫され虚血状

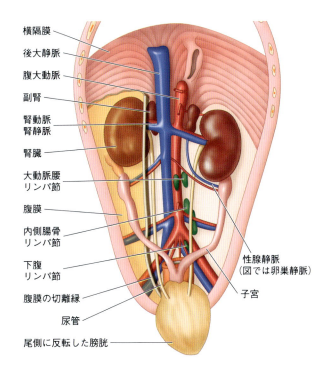

図1　雌イヌの泌尿生殖器の模式図（腹側観）

第15章

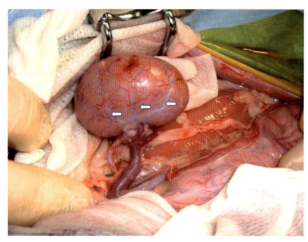

図2　腹腔内でのネコの腎臓の外観
矢印：被膜静脈

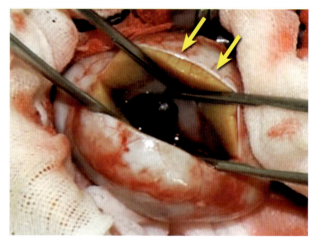

図3　腎切開時のネコの腎臓の外観
腎実質からやや剥離した腎被膜が確認できる（矢印）。

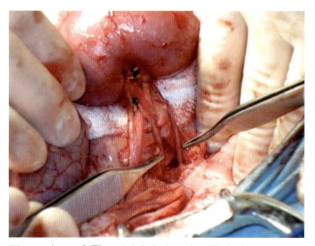

図4　イヌの左腎に認められた2本の腎動脈

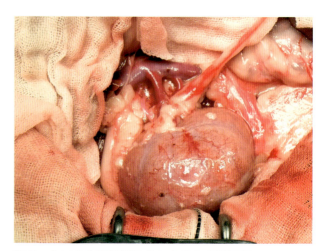

図5　ネコの右腎に認められた2本の腎静脈

態に陥る。その状態が続くと腎組織の線維化へとカスケードが進むため早急に閉塞を解除することが望ましい[2]。

　腎動脈は通常は1本であるが、イヌの13％、ネコの10％においては複数本確認される。左腎の方が右腎よりも複数の腎動脈を有する傾向がある[3]（図4）。腎摘出術や腎切開術の際は、重大な出血を起こさないためにも腎動脈の本数を注意深く確認することが重要である。

　腎動脈は副腎へ血液供給している場合もある。左腎静脈には左精巣静脈あるいは左卵巣静脈が流入する。ネコでは複数の腎静脈が認められることは比較的多いが、イヌではまれである[4,5]（図5）。

1.1.2 尿管

　尿管は外膜層、筋層および粘膜層の3層からなる一対の筒状構造物で、蠕動運動により尿を腎盂から膀胱まで運ぶ。尿管には自律神経が分布しており、内腔は移行上皮により裏打ちされている。尿管への血液供給は近位尿管では腎動脈より、遠位尿管では前立腺動脈あるいは腟動脈から供給される。

　ネコでは尿管径は遠位部ではおよそ0.4mmといわれている。イヌでは犬種や体のサイズにより異なると考えられるが、近位尿管径は第二腰椎の長径の0.07倍と報告されている[6]。

　尿管は蠕動運動を起こすが、この運動は神経原性ではなく筋原性優位の運動である。

　尿管は後腹膜腔で大小腰筋の腹側を尾側方向へ向けて後大静脈および腹大動脈の外側を走行する（図1）。右尿管は後大静脈の背側を走行することがある[7,8]。その後わずかに反転しJ字状を呈して膀胱三角部へ開口する（図6）。

　開口部はスリット状あるいはU字状を呈している。尿管は膀胱壁内へ侵入した後わずかに斜めに走行し腔内に開口する。このことにより膀胱拡張時に尿逆流が起こりにくい構造になっている。

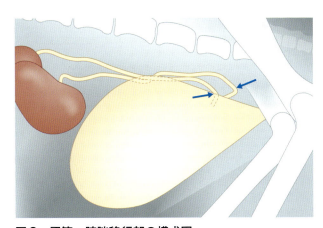

図6　尿管・膀胱移行部の模式図
遠位尿管のJ型形状（矢印）は正常所見である。

$$輸血必要量(mL) = レシピエントの体重(kg) \times \frac{期待するPCV - レシピエントのPCV}{ドナーのPCV} \times 70（ネコ）あるいは90（イヌ）$$

図7　輸血必要量の計算法

しかしながら膀胱圧迫により尿管への尿逆流がイヌでは50％、ネコでは40％で起こると報告されているため、膀胱の圧迫排尿時には注意すべきである[9]。

尿管はその全周の1/4が残存していれば再生が可能であると報告されている[10]。尿管の外膜層を損傷することで血流を傷害させた場合には50％のケースにおいて尿管狭窄が生じるため、尿管操作時には外膜層をむやみに剥がしたりして損傷を加えないように注意する必要がある[11]。

尿管吻合術では術後1～3週間蠕動運動が停止することから、手術時には尿排泄のため腎瘻チューブを併用するとよい[12]。

1.2 周術期管理
1.2.1 術前管理

一般的に腎・尿管疾患に罹患している症例は急性腎障害(acute kidney injury：AKI)や慢性腎臓病(chronic kidney disease：CKD)に罹患していることがあり、これらの症例に対しては完全血球検査（CBC）、血清生化学検査、血液凝固系検査、尿検査（尿培養を含む）、および血圧測定を実施しておく。

高窒素血症、高血圧、血小板減少症を呈する症例では術中および術後の出血の危険性が増加することが報告されている[13]。腎・尿管疾患に罹患している症例では、その罹患期間や重症度により様々な電解質-酸塩基異常が認められるため、術前にできる限り補正しておくことが望ましい。高カリウム血症は不整脈から心停止を誘発するため、特に尿路閉塞や尿腹症などによるAKIの症例ではその補正は重要である。

貧血や凝固異常が認められる場合には術前にあらかじめ輸血を実施しておくとよい。動物が良好な水和状態にあり、PCVが20％未満（イヌ）、19％未満（ネコ）の場合には輸血の対象となる（図7）。Vadenら[14]は腎バイオプシーを必要とした症例の術前検査においてイヌの39.8％、ネコの51.9％で凝固異常が確認されたと報告している。

腹部X線検査、排泄性尿路造影検査、超音波検査、胸部CT検査は、腎・尿管の構造の精査、結石の有無や位置確認あるいは腫瘍の存在の確認などのために実施される。

また、3方向胸部X線検査や胸部CT検査は、特に腫瘍転移が疑われる症例においては必ず実施する。腎腫瘍の約85％は悪性で、肺転移は一般的に認められる。

腎摘出術や腎切開術を実施する場合には、反対側の腎機能を確認するために排泄性尿路造影検査や腎シンチグラフィー検査の実施が有効である。しかしながら、後者については国内では実施可能施設が限定されているのが現状である。

1.2.2 術中・術後管理

麻酔管理においては腎臓への血液循環の維持に注意を払う必要がある。術前より静脈内輸液により水和状態を改善する。尿路閉塞や心疾患を有する症例に対しては過負荷により肺水腫や胸水貯留を起こさないように注意する。

術前、術中の血圧の低下は腎虚血を惹起するためその治療および予防に努める。術中の腎血流を維持するためには平均動脈血圧を70～80mmHgに維持する。平均動脈血圧が60mmHg未満では腎臓への血液灌流の低下が起こり、結果として腎傷害を誘発する。腎臓の内在的な自己調節能により、平均血圧は75～160mmHgの間では腎血流が安定する傾向にある。

術前、術後の尿量のモニターのために尿道カテーテルを設置しておく。尿量は術中モニターとして2mL/kg/hr程度に維持できるように努める。

非ステロイド性抗炎症薬（non-steroidal anti-

第15章

表1　腎生検の適応

- 持続性蛋白尿
- 持続性血尿
- 急激な腎機能低下
- 若年性／家族性腎症
- 移植腎の拒絶反応

表2　腎生検の禁忌

- 出血傾向
- 重度の窒素血症
- 維持困難な高血圧
- 腎嚢胞
- 腎膿瘍・周囲膿瘍
- 萎縮腎（慢性腎臓病）
- 水腎症
- 片腎症例
- 血管奇形
- 5日以内の非ステロイド性抗炎症薬の投与

inflamatory drugs：NSAIDs）やアミノグリコシド系抗生剤などの腎毒性薬剤やアセプロマジンのような低血圧を惹起する薬剤は使用を控える。

低血圧や尿量の低下が認められる場合にはドパミン（イヌ：5〜20μg/kg/min、ネコ：2μg/kg/min）やドブタミン（2μg/kg/min）の投与が有効である。

なお、CKDなどの腎機能低下を有する症例においてはケタミンの使用は避ける。

術中から術後を通してオピオイドの静脈内投与や微量点滴により鎮痛を行う。

静脈内輸液は腎灌流の維持や血餅形成による尿路閉塞を防ぐために術後もしばらく継続する。定期的に血液検査を実施し、貧血の有無や腎機能についてモニターする。

1.3 腎生検

腎疾患は一般的に臨床徴候、身体検査、血液・生化学検査、画像診断検査によりに診断されることが多いが、その病態の可逆性について評価することは困難な場合がある。

腎生検は、腎疾患の診断において唯一病理学的に確定診断を得るための方法である。腎生検により、確定診断、予後判定、そして治療方針を決定することが可能である。

また腎生検を繰り返し行うことで、腎疾患の進行具合や治療に対する反応をモニターすることができる。

1.3.1 腎生検の適応

腎生検の適応について表1に示す。腎生検は一定のリスクを伴うため、常に症例にとって有益である場合に行う必要がある。すなわち腎生検は、それにより得られる診断結果が症例の治療法、予後に大きく影響を与える場合に適応となる。

適応症としては蛋白漏出性腎症や急性腎障害があげられる。糸球体疾患が疑われる症例では、通常染色用、電子顕微鏡用、免疫染色用に必要な十分量のサンプル採取を行うとよい[15]。また、移植腎の拒絶反応の有無を評価するために腎生検を実施することも有用である。

腎生検は腎機能が低下する前に実施するのが大前提であるが、腎機能が急激に低下する場合は例外である。

1.3.2 腎生検の禁忌

表2に腎生検における禁忌事項を示す。

生検後の合併症として最も注意を要するものは重度の出血である。したがって、凝固障害が認められる場合には腎生検は禁忌である。

また絶対的な禁忌事項とはいえないが、重度の窒素血症（血清クレアチニン値＞5mg/dL）やコントロール困難な高血圧などを示す動物では生検後の合併症について注意を要する[16]。

単腎症は禁忌事項のなかに含まれているが、適切な手技を用いることで経皮的生検を行うことが可能である[17]。

尿毒症の症例においては凝固不全や麻酔の危険性が大きいとされているが、ヒトにおける研究では、尿毒症患者と非尿毒症患者との間には合併症発症率に有意差は認められなかったと報告されている[18]。したがって麻酔や鎮静下での腎生検は窒素血症の程度によらず実施することが可能と考えられるが、注意を要するということはいうまでもない。

進行した慢性腎臓病（ステージⅣ）の症例に対しては、腎生検を行っても診断結果からは終末像が確認されるだけであり、それにより治療の方向性や予後が変わる可能性が低いので適応とならない。

また萎縮腎においては生検時に太い腎血管を損傷し出血を招く可能性が高いので禁忌とされる。

1.3.3 腎生検法

腎生検は表3に示す手技により実施することができる。腎生検を行うにあたって、動物に全身麻酔、鎮静を施し不動化させる必要がある。不動化させることにより、質の高いサンプルを採材することが可能となる[14]。鎮静を行う場合には、穿刺部位に局所麻酔を併用することが

表3 腎生検法

| 経皮的エコーガイド下腎生検法 |
| 触診もしくは盲目下腎生検法 |
| 外科的腎生検法（鍵穴腎生検法も含む） |
| 腹腔鏡下腎生検法 |

望ましい。

　腎生検針で腎臓を穿刺するにあたって注意しなければならないことがある。それは生検針の先端を腎髄質、腎盂まで進めないことである。

　腎皮質・髄質接合部には弓状動脈が走行しており、また髄質には太い血管が存在している。そのためこれらに損傷を与えることで腎皮膜下や腎盂内の血腫形成などの合併症を引き起す原因となりうるので、生検針の先端は腎皮質内に留める必要がある。また腎髄質まで生検針が到達することで腎組織内への広範囲の梗塞、結合組織形成を起こすことが報告されている[19,21]。

　生検針には様々な種類、径のものがあるが、14～18Gの針径のものが推奨されている。片手での操作の容易なバイオプシーガン（18G）の使用が良質なサンプル採材を行ううえで好ましい[22,23]（図8）。

　採材したサンプルを正しく評価するためには最低10個の完全な糸球体が必要であると報告されている[24]。生検針の径が18Gのものを使用した場合にはサンプルを2回採材する必要があるが、14Gでは1回のみで採材することが可能であるとされる。しかしながら後者の場合では、サンプル中に腎髄質が含まれる可能性が大きくなることから使用は控えるべきである[14]。

　経皮的腎生検後は生検部位からの出血を最小限にするために経皮的に腎臓を約5分間指で圧迫する。

　本項では臨床において最も一般的と思われるエコーガイド下での経皮的腎生検、触診もしくは盲目下での腎生検、直視下での外科的腎生検、そして近年応用され始めている腹腔鏡下での腎生検について解説する。

1.3.3.1 エコーガイド下での経皮的腎生検

　エコーガイド下での経皮的腎生検は5kg以上のイヌおよびネコにおいて推奨される方法である[16]。本法の利点は、直視できない腎実質の病変部を認識しその部位からサンプル採取ができることである。

　エコーガイド下において、病気腎では正常腎と異なり腎皮質・髄質の区別がつきにくいことがあるので、実施にあたって注意を要する。生検時にプローブの先端にニードルガイドを装着し生検針の操作を安定化させることができるが、ニードルガイドはプローブ特異的で比較的高価なものなので、その使用は術者の好みによる。

　施術後は生検部より重度の出血がないかをエコー下で確認すべきである。

1.3.3.2 触診もしくは盲目下での腎生検

　この手技は主にネコにおいて実施される。ネコの腎臓はイヌと比較してより尾側に位置しており、触診により腎臓を容易に不動化することができるからである。

　一方、イヌにおいては腎臓が比較的頭側に位置しており、触診により不動化することが困難なためこの手技が選択されることは少ない。

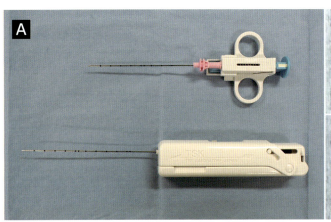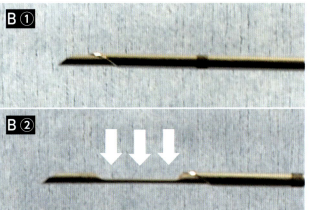

図8　生検針
A：各種生検針。上から、単回使用組織生検用針［18G×90mm、半自動生検針、（株）タスク］、単回使用組織生検用針［18G×115mm、自動生検針、（株）タスク］
B：生検針の先端部。①内針露出時、②外針が発射することにより組織採取部溝（矢印）に組織が採取される。

第15章

表4 腎生検の合併症
- 出血
  - 肉眼的血尿
  - 顕微鏡的血尿
  - 腎周囲血腫
  - 腎内血腫
  - 後腹膜血腫
  - 腹腔内出血（腎血管や他臓器の組織・血管損傷）
- 動・静脈フィステル形成
- 感染
- 水腎症（血餅による腎盂・尿管の閉塞）
- 死

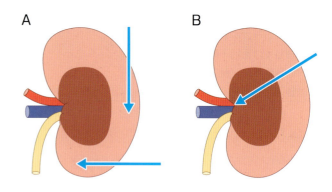

図9　生検部位の模式図
A：正しい生検部位。生検針の先端は皮質内にとどめる。
B：間違った生検部位。生検針の先端が髄質内に進入している。

1.3.3.3 直視下での外科的腎生検

外科的生検には、サンプルを生検針により採材する場合と、楔状に組織を切除・採材する場合がある。

腎臓へのアプローチ法としては、腹側部に小切開を加え筋間を分離して腎臓へアプローチする鍵穴法と腹部正中切開による方法がある。

外科的生検は5kg以下の小型犬、腎臓にシストのような孤立性病変が認められる場合、または開腹手術時に付加的に実施される[16]。他の手技に比べて直視下で腎臓を操作することができるため、生検後の出血をコントロールすることが比較的容易である。

外科的楔状生検により採取したサンプルは、外科的に生検針を用いて採材したものと比較して5倍も質のよいサンプルが採取できたと報告されている[14]。楔状腎生検では血管クランプにより腎動・静脈の血流を遮断して実施するとやりやすいが、阻血時間は20分以内とすべきである。生検部位は3-0あるいは4-0モノフィラメント吸収糸により単純結節縫合する。

1.3.3.4 腹腔鏡下腎生検

近年、医学領域同様、獣医学領域においても腹腔鏡が利用され始めているが未だ広く普及するには至っていない。この手技は、開腹することなく腎臓を直視下で操作することができるという他の手技にはない優れた点がある一方で、器材が高価なことや操作に熟練を要するという欠点があげられる。

腹腔鏡下腎生検の適応とならないケースとしては、横隔膜ヘルニア、心肺不全、大量の腹水貯留、腹腔内臓器の癒着があげられる[25]。

腹腔鏡下とエコーガイド下ではサンプルの質には違いは認められない[15,26]。

1.3.4 腎生検後の管理

腎生検中もしくは生検後数時間にわたり晶質液による輸液を行い、尿産生を維持する。そうすることで血餅による腎盂、尿管の閉塞を予防し水腎症の起こる危険性を減らす。そして少なくとも8時間のケージレストを行うことが推奨される[27]。

さらに生検後24時間は少なくともPCV（赤血球沈層容積）と血清クレアチニン値を測定し、出血の進行や腎機能の低下が認められないかモニターする。持続的な血尿や腎機能の低下が認められる場合には腎臓、生検部位の再評価を行う必要がある。

1.3.5 腎生検後の合併症

腎生検後に認められる合併症を表4に示す。

腎生検後の合併症のなかで最も注意を要するのは出血であるが、適切な手技のもと行われれば一般的に大きな問題となることはない。しかしながら生検針の先端が腎髄質にまで達した場合には輸血を必要とするような重度の出血を起こすことがある（図9B）。3％以下の動物で死亡が認められるが、それは重度出血や多臓器の損傷によるものである[15]。

腎生検後の肉眼的血尿の発生率は低く1～4％であり通常24時間以内には消失する[14,24]。また顕微鏡学的血尿は20～70％のケースに認められるが、通常48～72時間で消失する[14,24]。コントロール困難な高血圧の存在や術前5日以内のNSAIDsの使用により出血の危険性が上昇するかもしれない[15]。

イヌの腎生検において生検後の合併症の発症に影響を与える症例側の因子としては、年齢（4歳以上）、体重（5kg以下）、重度の窒素血症（血清クレアチニン値＞5mg/dL）の存在が報告されている[14]。

また腎生検を実施するにあたって、生検針の針先が腎皮質内にとどまっている限り、腎生検を1回行うことと経時的に繰り返し行うことでは腎臓に与える損傷度には大差はないようである[14]。健常動物では腎生検の腎機能への影響は最小限である[14,15]。

1.4 腎切開術

腎切開術は通常、腎結石の摘出時に実施される。腎結石は、以下で摘出が考慮される[28,29]。
① 腎結石により尿路に完全あるいは部分閉塞があり腎盂拡張が認められる場合
② 腎結石が持続感染の病巣になっている場合
③ 適切な内科的治療や食事管理にもかかわらず腎結石サイズの大型化や腎機能の悪化が認められる場合

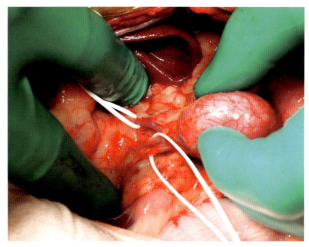

図10　腎血管・尿管をベッセルループにより確保

健常犬では腎切開術により糸球体濾過量（glomerular filtration rate：GFR）が一時的に25〜50％低下すると報告されている[30]。両側同時の腎切開術は、術前の腎機能が低下している症例に対しては、術後に急性腎障害を惹起するかもしれない。したがって、4〜8週間の間隔をあけて段階的に片側ずつ実施するべきである[31,32]。

重度の水腎症の場合には、腎実質が菲薄化しているため術後の縫合部からの尿漏れが危惧されることから、腎切開術の実施は控えるべきである。

片側腎切開術について、健常ネコではGFRへの影響は最小限であると報告されているが、腎疾患罹患動物に対する影響は不明である[33]。ネコでは腎結石の存在は死亡率の増加や病態の進行とは関連しておらず、そのため腎機能が安定している動物ではあえて腎切開術は実施せず内科的治療による管理を行う[34]。

腎切開術の腎結石摘出以外の適応としては、慢性感染、腎由来の持続性血尿、持続性の水腎症における腎盂内探索である[28,29]。

腎切開術には一般的に知られる腎臓を長軸方向に切開する「腎2分割切開法」と、腎動脈の腹側および背側分枝の支配区域の境界で腎臓を切開する「腎区域切開法」があるが、どちらの術式でもGFRへの影響は同等であるため、より術式がシンプルで手術時間が短くなる前者が好まれる[35]。なお、術前には血液凝固系検査を実施し血液凝固能を確認しておく。

1.4.1 術式（腎2分割切開法）

後腹膜切開し周囲組織から腎臓を剥離する。
腎血管を遊離し、動脈、静脈の順番で血管鉗子、ターニケットなどにより血流を遮断する（図10）。止血鉗子や過度にクランプ圧のかかる血管鉗子は、血栓形成や血管内皮細胞傷害を誘発するため使用は控える。腎血流遮断前に、細胞の腫脹や腎機能低下防止を目的としてマンニトールを投与してもよい。腎臓の阻血時間は20分を超えないように注意する[32]。

腎皮膜、腎実質および腎盂を腎臓長軸方向に切開する。腎結石がある場合には結石に沿って腎盂を切開する。切開長は腎盂内探索に必要な長さにとどめるが、2/3程度まで延長してもよい。

腎盂まで切開した後、結石を摘出し腎盂内を生理食塩液などで注意深く洗浄する（図11）。摘出した結石は培養検査と成分分析を実施する。

その後、尿管の開通性を確認し閉創とする。腎臓切開部は4-0や5-0のモノフィラメント吸収糸を用いて単純結節あるいは連続縫合を行う（図12）。その際、腎皮膜と腎実質を少量咬ませて縫合するとよい。水平マットレス縫合の使用は、組織灌流の低下、血管絞扼、組織壊死、梗塞、術後出血を招く可能性があるため控えたほうがよい。

腎縫合後、血管鉗子を腎静脈、腎動脈の順に外し血流を再開させる。腎臓を手指で軽く圧迫し止血を行うとよい。腎臓は縫合以外にも手指での圧迫を1〜5分間行うことにより止血閉創することも可能である。

腎臓切開部の縫合、止血を確認した後、腎臓は捻転防止のために腹壁や元の部位へ固定する。

1.4.2 腎切開術の合併症

術後1日程度、腎内出血が起こることがある。
他には、腎実質が適切に並置縫合されていない場合に起こる腎周囲への出血・血腫、持続性の血尿、血液塊

第15章

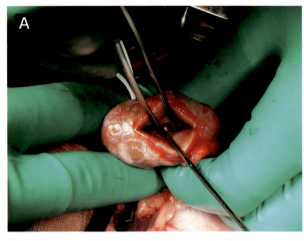

図11　腎切開術
A：腎盂内の探索
B：摘出された結石

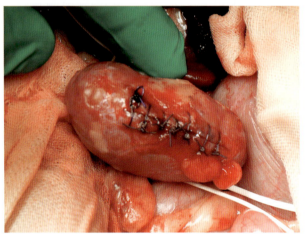

図12　腎切開部の縫合
吸収性モノフィラメント糸による単純結節縫合。

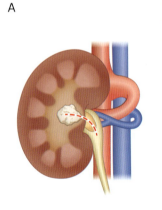
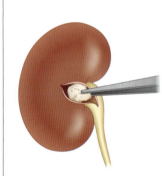
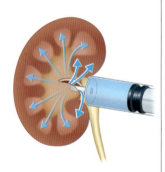
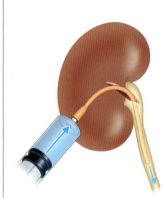

図13　腎盂切開術の模式図
A：剥離した腎臓を内側へ反転し腎盂にアプローチ
B：腎盂を切開し結石を摘出
C：腎盂内を生理食塩液にて注意深く洗浄
D：尿管の開通性を確認するためにカテーテルを近位尿管から挿入し生理食塩液でフラッシュ。

による尿路閉塞からの二次的水腎症などもあげられる[33,35,36]。

1.5 腎盂切開術

腎盂切開術は、腎結石を摘出することを目的として腎盂および近位尿管を切開する方法である。本術式を用いる利点は、腎実質を傷害しないことと腎血流を遮断する必要がないことから腎機能への影響を最小限にすることができる点である[32]。しかしながら、本術式は腎盂および近位尿管が顕著に拡張している場合以外は実施困難である[37]。また、イヌの腎結石の摘出には腎切開術の方が適しているともいわれている[32]。

1.5.1 腎盂切開の術式

図13に腎盂切開の術式を示す。
腹部正中切開により腹腔内へアプローチする。罹患腎を後腹膜および周囲組織から遊離し、内側へ反転することで腎盂および近位尿管を確認する。腎盂、尿管の拡張具合によっては、必ずしも罹患腎を内側へ反転する必要はない。

拡張した腎盂および近位尿管が確認できたら、No.11のメスや鋏を用いてそれらを切開する。このとき腎血管枝を損傷しないように注意する。

腎盂内から大小の腎結石を鑷子などで除去し、生理食塩液を用いて腎盂内を注意深く洗浄する。洗浄時に小結石が尿管内へ移行しないように注意する。

その後、小径の栄養チューブを尿管内へ挿入し生理食塩液をフラッシュすることにより尿管の開通性を確認する。ネコや小型犬であれば小径のナイロン縫合糸を膀胱まで挿入することにより尿管の開通性を確認することも可能である。腎盂および近位尿管は小径のモノフィラメント吸収糸を用いて単純結節縫合あるいは単純連続縫合により閉鎖する。

1.5.2 腎盂切開術の合併症

尿管の開通性に問題がある場合には縫合部からの尿漏れが認められることがある。腎血管枝を損傷した場合には、支配領域の腎組織が虚血を起こし、腎機能障害が誘発されるかもしれない。

1.6 部分的腎摘出術

ヒトでは部分的腎摘出術の適応には腎外傷や腎腫瘍があげられる[38]。しかしながら獣医学領域では本術式は一般的ではない。反対側の腎臓の機能が良好であれば、手技的に容易でありかつ術中出血の危険性が少ない腎摘出術の方が術者に好まれる。本術式は出血傾向がある動物では禁忌である。

本術式はネフロン温存手術とも呼ばれており、ヒトでは腎腫瘍において腫瘍サイズによっては残存腎機能の温存を目的に本術式が選択される[39]。獣医学領域でも両側腎機能が低下している症例では適応となることがある[40]。

1.6.1 部分的腎摘出の術式

腹部正中切開後、罹患腎を後腹膜および周囲組織より遊離させる。

罹患腎を内側へ反転し、腎動脈・静脈を確認しそれぞれ確保する。腎阻血時間が20分を超えないように注意し腎動脈、腎静脈の順で一時的にクランプする。

切除予定部位の腎実質から腎皮膜を剥がし確保しておく。

切除予定部位の近位側へ直針を数カ所穿刺し全層マットレス縫合を実施し腎実質を圧迫止血する（図14A～C）。その後、腎傷害部位を縫合部のやや外側で切除する。その際、腎動脈側のクランプを一時的に解除することで出血点を確認し止血を試みる。

腎盂に欠損部が生じた場合には、腎切開同様に開放あるいは吸収性モノフィラメント糸を用いて単純結節縫合あるいは単純連続縫合により閉鎖してもよい[28]。腎被膜が温存できている場合には、腎皮膜で腎実質縫合部を覆う

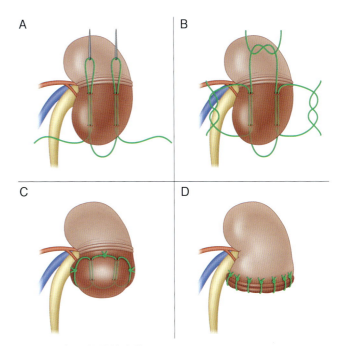

図14 部分的腎摘出術
A：直針を用いて腎実質に2箇所程度モノフィラメント吸収糸を通す。
B：Aの矢印部分で縫合糸を切断し、全層マットレス縫合を行う。
C：縫合部の外側で腎実質を切除する。
D：腎実質切除部分を覆うようにして腎被膜を縫合する。

ように単純結節縫合あるいは単純連続縫合を行う（図14D）。腎皮膜が欠損している場合には大網、腹膜、漿膜筋層パッチや消化管壁を用いて腎実質縫合部を覆うようにする[28]。

その後、捻転防止のために腎を腹壁に固定し、閉腹とする。その際、ドレーンを設置しておくと、術後の出血や尿漏れの管理に有効である。ドレーンは通常術後24～48時間で抜去することが可能である。

1.6.2 部分的腎摘出術の合併症

縫合部からの出血や尿漏れ、血腫などによる尿管閉塞があげられる。また、重度の腎外傷の場合には術後に重度の腎機能低下が起こるかもしれない。

1.7 腎摘出術

腎摘出術の適応は、整復不可能な重度腎外傷、治療抵抗性の持続的感染、持続性の水腎症、腎あるいは腎周囲の腫瘍、制御不能な腎出血、腎移植ドナーとしての腎摘出などである。また、尿管腫瘍、尿管断裂、尿管狭窄などを含む手術が不可能な尿管異常のような腎臓そのものに異常がない場合でも適応となる[28,38-45]。

腎摘出術は標準的な治療に反応しない場合のサルベー

第15章

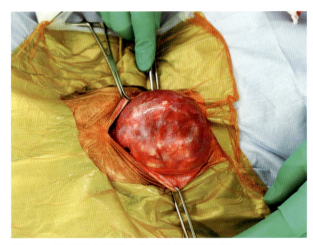

図15　腹部正中切開により摘出腎を確認

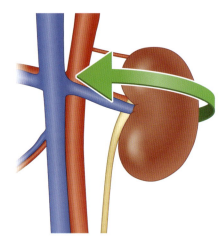

図16　剥離した摘出腎を腹内側へ反転

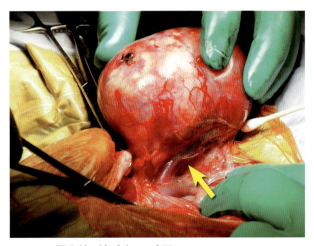

図17　腎血管（矢印）の確認

1.7.1　腎摘出の術式

腹部正中切開により開腹し、腹腔内を探索する。両腎の存在を確認し、さらに残す方の腎臓に肉眼的異常がないことを確認する（図15）。

左腎の場合は下行結腸を、右腎の場合は十二指腸を内側へ牽引することにより罹患腎を露出する。摘出する腎臓および尿管を周囲の腹膜を切開することにより周囲組織から遊離する。腫瘍腎などでは腎周囲からの血管侵入が顕著に認められることがあるため、これらをすべて結紮あるいは凝固止血し切離する。

腎臓を腹内側へ反転し（図16）、腎動脈および腎静脈を確認しそれぞれ分離する（図17）。通常この腎臓の保定位置では腎動脈は腎静脈よりも外側に位置している。

腎血管は本数や分岐パターンにバリエーションがあるため、血管処理時には注意を要する。まず腎動脈を吸収性あるいは非吸収性縫合糸を用いて二重結紮し切断する。次に腎静脈を同様に切断する。左腎静脈には精巣静脈（雄）や卵巣静脈（雌）が連絡しているため、去勢および避妊手術予定のない動物では腎静脈をそれらの遠位側で結紮・切断する（図18）。腎動脈と腎静脈は一括結紮すると動静脈シャントの原因となることがあるため、それぞれ別々に結紮・切断する。

尿管はできるだけ膀胱側で吸収性あるいは非吸収性縫合糸を用いて二重結紮・切離する（図19）。ヒトでは腎摘出術後の残存尿管断端への膿貯留が報告されているため[48]、イヌやネコにおいても尿管はできるだけ腎臓とともに切除すべきであろう。

その後、出血がないことを確認し、常法に従い閉腹する。

ジ手術であるため、手術実施にあたっては、以下について十分に考慮する必要がある。
① 罹患腎を残しておくリスクが摘出に関連するリスクよりも大きいかどうか
② 反対側腎の機能が十分に残っているか

腎摘出実施時には、血液検査、各種画像検査、核シンチグラフィーなどによって反対側の腎臓の構造や機能について十分に評価しておく必要がある。両側性に腎機能低下が認められる場合には、腎摘出術は原則的には禁忌ではあるが、腎摘出のメリットがデメリットを大幅に上回っている場合には例外となるかもしれない。

腎摘出後、反対側腎は代償性肥大により10〜15％サイズが増大する。腎肥大は術後2〜3カ月の間に急速に起こる[46]。12カ月齢未満の動物においては顕著に認められるようである[47]。

腎泌尿器の外科手術

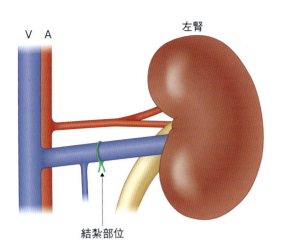

図18 去勢および避妊手術予定のない動物では腎静脈を精巣静脈（雄）あるいは卵巣静脈（雌）の遠位側で結紮・切断

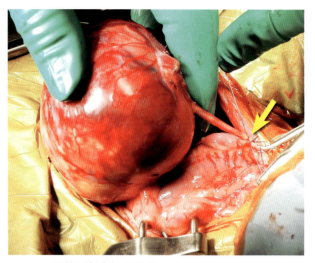

図19 尿管（矢印）の結紮

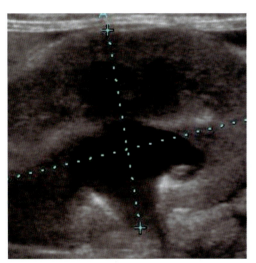

図20 水腎症を呈するネコの腎臓の超音波エコー長軸断面像

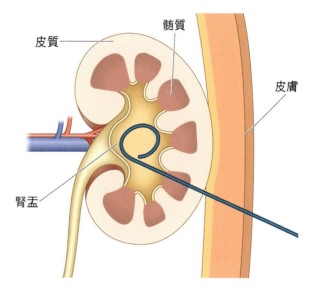

図21 腎瘻チューブ留置のイメージ
チューブ先端が腎盂内でループを形成

1.7.2 腎摘出術の合併症

腎摘出術自体の合併症は一般的ではないが、対側腎の腎障害の進行、急性腎障害、不注意による多臓器への損傷などがあげられる[49]。

1.8 腎瘻チューブ

水腎症は腎臓より尿道に至る尿路に器質的または機能的な原因による尿流阻害が起こり、停滞した尿の内圧で腎盂や腎杯が拡張し、形態的変化を示した病態のことをいう。尿管閉塞は尿管結石、腫瘍、尿管狭窄、医原性尿管結紮あるいは尿管手術後の浮腫や炎症により引き起こされ[50]、その結果として水腎症を発症することが多い（図20）。

水腎症では腎盂内圧の上昇に伴いネフロンへの負荷が増大し糸球体濾過率の低下が引き起こされる。この状態が慢性化すれば著しい腎機能低下あるいは不可逆的腎傷害の進行へとつながる。片腎のみが水腎症になった場合、通常は反対側の腎臓が腎機能を代償しようとするが、背景に慢性腎臓病が存在する場合には急性腎障害に陥るリスクがあるため救急処置が必要となる。

腎瘻チューブ留置術は水腎症において腎盂内に過度に貯留した尿を一時的あるいは永久的に体外へ排出するために実施される救急治療法の1つである（図21）[51,52]。造瘻の術式については麻酔下あるいは鎮静下で実施される経皮的留置法、また開腹手術に併せて実施される開腹下留置法に大別される。本項ではこれらの術式について

第15章

概説する。

1.8.1 経皮的腎瘻チューブ留置法

尿管閉塞を発症した動物は、病院来院時には既に重度の窒素血症により全身状態が悪化していることが多い。全身状態をいち早く改善し最終的に手術まで進めていくためには、閉塞部よりも近位、すなわち腎盂内にチューブを留置し、一時的に尿の迂回路を確保することが重要となる。

開腹手術により直視下で腎瘻チューブを留置するのが確実であるが、全身状態が悪化した動物に長時間の麻酔をかけて開腹手術を実施することには躊躇することもあろう。経皮的腎瘻チューブの設置はこの葛藤を解消するための優れた方法であり、全身状態が悪化している動物では無鎮静で留置することも可能である。

カテーテルの先端がピッグテール状になるためには、腎盂の大きさが少なくとも10mmは必要であると報告されているが[51]、この点については近年カテーテル形状の改良により改善されつつある。Zaidら[53]は尿管閉塞罹患ネコの腎盂径の平均は11.75mmと報告していることから、本法は多くのネコに適用できると考えられる。

尿管閉塞を呈するネコの33％、イヌの77％に腎盂腎炎や膀胱炎が確認されたとする報告があるため[51]、尿の細菌培養検査および感受性検査結果に基づいた抗生物質投与を術前に実施しておくとよい。

本法には2種類の留置法があり、留置針のようなイントロデューサーと併用することで腎盂内へカテーテルを直接的に留置するものと、ガイドワイヤーを用いて間接的に留置するもの（セルジンガー法）がある。

直接穿刺法を図22に示す。直接穿刺用腎瘻チューブキットは国内で入手可能である（Cafeline®ピールオフカニューラセット：(有)オーキッド；図23）。このキットを用いた場合、使用するピッグテールカテーテルをあらかじめストレートナーに挿入してまっすぐな状態としておく。

横臥位に保定された動物に対してエコーガイド下にて腎盂へピールオフイントロデューサーを穿刺し、外套のプラスチックカニューラのみを腎盂内に留置する。尿排出が確認されたら外套からストレートナーとともにチューブを腎盂内に挿入する。チューブ先端が腎盂内でループを形成した後、ストレートナーおよびプラスチックカニューラをピールオフして、チューブを皮膚に固定具を用いて縫合固定する。

セルジンガー法を図24に示す。まず切皮後にエコーガイド下にて穿刺針を腎盂内に刺入し、針穴に沿わせてガイドワイヤーを腎盂内へと進める。ガイドワイヤーをそのままの位置に保ちつつ穿刺針を抜去した後、ガイドワイヤーに沿わせてダイレーターを腎盂内まで挿入する。カテーテル挿入のための挿入孔が確保されたなら、引き続きガイドワイヤー沿いにカテーテルを腎盂内へと挿入・留置する。

ネコ用に開発された細径（2.5Fr）の腎瘻チューブキットが米国のInfiniti Medical社（動物用）から販売されており、日本代理店を通して入手可能となっている。また、オーキッド社から販売されている腎瘻チューブ（図23）を留置針、ガイドワイヤー、ダイレーターと併用することでも代替可能である。本法は直接穿刺法に比べて穿刺針径が小さいため、実施者が経皮的チューブ挿入に難しさを感じる場合には有効であると考えられる。

1.8.2 開腹下腎瘻チューブ留置法

開腹下での腎瘻チューブ留置の目的は、次の2つである。
① 経皮的腎瘻チューブ留置の代替法
② 尿管吻合部の腫脹や炎症が治るまでの間、生成された尿の迂回路を作成し、吻合部への治癒遅延刺激を避けること。

開腹下での腎瘻チューブの固定法を図25に示す。

まず開腹した後6Fr栄養チューブを腎臓に近いところで腹腔内へ誘導する。チューブ内にキルシュナーワイヤーを内針として挿入し、腎被膜に小切開を加えた後、腎表面から腎盂に向けて穿刺する。内針を抜去し尿の流出を確認し、チューブと腎皮膜を吸収糸で固定し終了とする。

キルシュナーワイヤーを用いない場合には22G注射針を腎盂に向けて穿刺し、チューブ挿入孔を作成することもできる。栄養チューブの代わりにピッグテールカテーテルを用いても問題ない。また、成書[54]には近位尿管切開により腎臓外側から腎盂内へチューブを引き込む方法が記載されている（図26）。

1.8.3 腎瘻チューブ留置後の管理

腎瘻チューブ留置後は、チューブから採尿することで罹患腎の尿検査を実施することも可能である。腎瘻からの尿排出は閉鎖的に管理されなければならない。また、チューブを通して腎盂造影を実施することで、腎盂側からの尿管閉塞部位を診断することも可能な状況となる。

一時的な設置が目的の場合は、チューブの留置期間はおおよそ3〜5日間とする。体表からのチューブ抜去に

腎泌尿器の外科手術

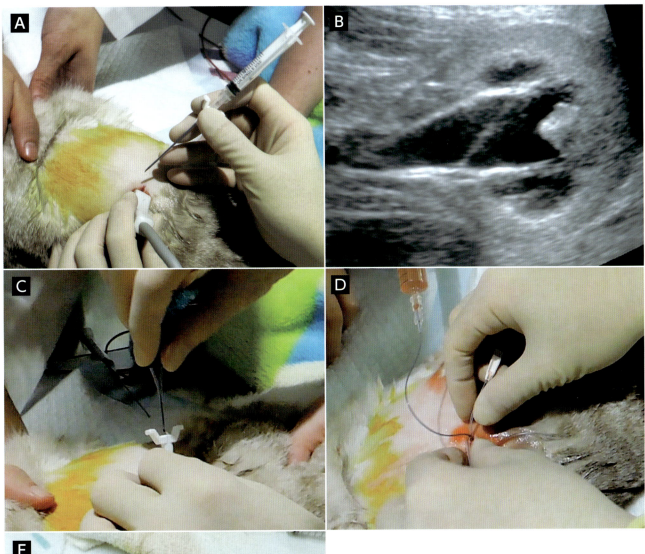

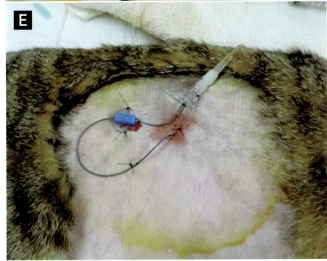

図22 直接穿刺法による腎瘻チューブの留置
A：超音波エコーガイド下でピールオフイントロデューサー付き穿刺針を腎盂に向けて穿刺する。
B：腎盂内にイントロデューサーが挿入されたことを超音波エコーにより確認する。
C：内針を抜去し、外套にストレートナーごとチューブを挿入し、チューブのみ腎盂内へ進める。
D：ストレートナーおよび外套をピールオフする。
E：固定具および固定カバーを装着し、固定具を皮膚へ縫合固定する。

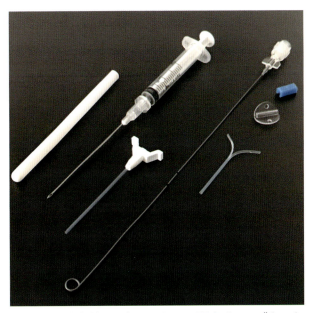

図23 直接穿刺用のネコ用2.5Fr腎瘻チューブキット
左側から、キャップ、穿刺針、イントロデューサー、チューブ、ストレートナー、固定器具。

第15章

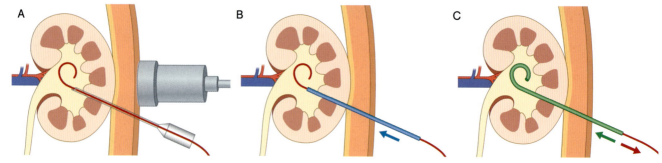

図24　セルジンガー法の概要
A：切皮後に超音波エコーガイド下にて穿刺針を腎盂内に刺入し、針穴に沿わせてガイドワイヤーを腎盂内へと進める。
B：穿刺針のみを抜去した後、ガイドワイヤーに沿わせてダイレーターを腎盂内まで挿入する。
C：ダイレーターのみを抜去した後、ガイドワイヤー沿いにカテーテルを腎盂内へと挿入・留置する。

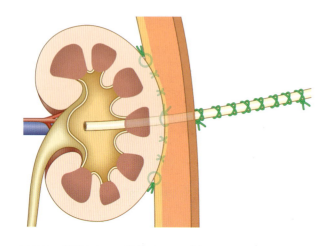

図25　開腹下での栄養チューブを用いた腎瘻チューブの固定法
腎臓と腹壁は腎臓の穿刺部位が隠れるように単純結節縫合により3～4糸固定する。また、栄養チューブはチャイニーズフィンガートラップ縫合により皮膚に固定する。

際しては、チューブ内に非イオン系造影剤（イオヘキソールやイオパミドール）を注入して尿管縫合部の開通性を確認してから実施するのがよい。

　腎瘻チューブ設置の目的が終了しチューブを抜去する際には、皮膚への固定を外し、チューブをゆっくりと引き抜けばよい。

1.8.4 腎瘻チューブ留置に関する合併症

　腎瘻チューブ留置にかかわる合併症としては、不適切な穿刺による腎損傷、穿刺部位からの尿漏れ、チューブの脱落、出血、血尿、腎盂への感染などが考慮される（図26）。

　ネコでは腎臓の可動性が大きく、イヌと比べてチューブ脱落の可能性が高いため経皮的腎瘻チューブ設置は推奨しないと報告されている[51]が、腹腔内でチューブのゆるみを作ることで、体動により腎臓が可動した際の脱落は起こりにくくなると思われる。

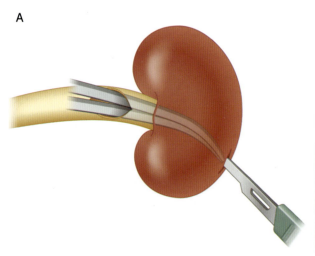
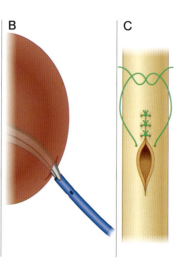

図26　一般的な腎瘻チューブ留置法
A、B：モスキート鉗子などを用いて腎瘻チューブを腎盂内へ引き込む。
C：チューブを腎盂内へ挿入できたら近位尿管切開部を単純結節縫合あるいは単純連続縫合により閉創する。

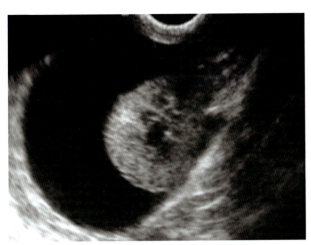

図27　超音波画像所見
偽嚢胞内に無エコーあるいは低エコー性領域が認められる。

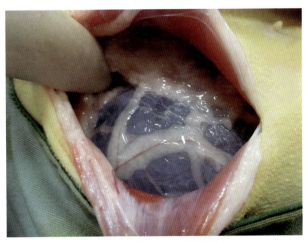

図28　開腹時の腎周囲偽嚢胞の肉眼所見

　Berentら[50]は腎瘻チューブを留置したイヌとネコ22頭中2頭のみで合併症が発症したと報告している。それらには挿入部からの尿漏れ（1頭）およびチューブの脱落（1頭）が含まれる。また、尿路感染は、腎瘻チューブを5日以上留置した場合に観察されている。また尿道カテーテルの留置を併用した場合には術後に高率に尿路感染が認められたとも報告されている。

　腎瘻チューブと尿道カテーテルを併用する場合には、後者の留置期間を3日未満にとどめておくべきであろう。しかしながら、いずれの場合も確実な操作が実施されればチューブ留置自体は比較的安全な処置であるといえよう。

1.9　腎周囲偽嚢胞

　腎周囲偽嚢胞は比較的老齢のネコに認められる腎腫大あるいは腹部膨満の原因の1つである。

　腎周囲偽嚢胞は片側性あるいは両側性に起こり、その病態は進行する傾向がある[55]。多くの症例において慢性腎臓病（CKD）を併発している。ネコの症例の約40％において両側性に認められたとの報告もある[55-57]。

　貯留液は漏出液あるいは変性漏出液であり、腎被膜と腎実質の間に貯留する[55]。

　偽嚢胞とは上皮組織により裏打ちされていない線維性組織の嚢のことをいう[55,56]。線維性組織の偽嚢胞被膜は腎門部に付着していることが多い。

　潜在する腎実質病変の結果として腎被膜と腎実質の間に漏出液が貯留するともいわれているが、その発症メカニズムについては不明である。

　診断は超音波検査および貯留液の性状分析による。超音波検査では偽嚢胞内に無エコーあるいは低エコー性領域が認められる（図27）。

　治療には経皮的超音波ガイド下穿刺吸引、偽嚢胞被膜切除、あるいは腎摘出があげられる[56]。経皮的超音波ガイド下穿刺吸引では、多くの場合、抜去後数日で液体の再貯留が起こるため、頻回の処置が必要となる。そのため、穿刺部からの感染には注意を要する。

　偽嚢胞被膜切除では背景にある腎疾患の進行を抑えることはできない。偽嚢胞被膜切除のケースでは腎摘出を実施したケースよりも生存期間が延長したという報告もある[55]。

　反対側の腎機能が良好な場合には腎摘出も考慮される。しかしながら多くの罹患症例においてCKDを併発していることから、腎摘出実施症例では良好な予後は期待できないかもしれない[56]。貯留液に感染の徴候が認められる場合には、反対側の腎機能が良好であれば腎摘出が推奨される。

1.9.1　偽嚢胞被膜切除の術式

　腹部正中切開により開腹し、偽嚢胞を確認する（図28）。偽嚢胞を切開し貯留液を採取し、培養や細胞診などの性状分析を行う（図29）。偽嚢胞被膜は腎付着部より約1cm残して切除する[55]（図30）。その際、腎門部周囲を剥離することは避けたほうがよい[57]。

　残存偽嚢胞被膜にはドレナージ効果を期待して大網を縫着することもある[3]。

　常法通り閉腹し終了とする。

1.9.2　予後

　術後腹水貯留が25％程度の症例において認められると報告されているが、予後は良好と考えられる[55]。CKDを併発している症例では予後不良と考えられる。

第15章

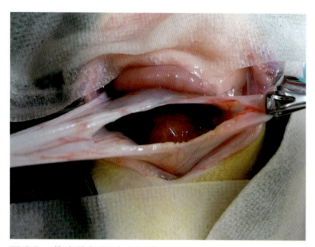

図29 偽嚢胞切開時の画像
偽嚢胞の中に腎実質が確認できる。

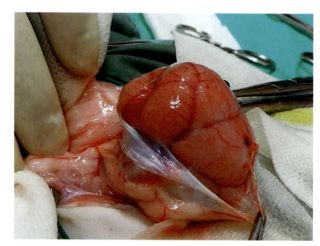

図30 偽嚢胞切除後の腎実質

第15章1の参考文献

1) Tillson DT, Tobias KM. Kidneys. In: Tobias KM, Johnston S, ed. *Veterinary Surgery Small Animal*. Elsevier Saunders. 2012; 1944-1961.
2) Watanabe A, Ohata K, Oikawa T et al. Preliminary study of urinary excretion of liver-type fatty acid-binding protein in a cat model of chronic kidney disease. *Can J Vet Res*. 2021; 85: 156-160.
3) Christie B. Anatomy of the urinary system. In: Slatter D ed. Textbook of small animal surgery, ed 3. Saunders. 2003; 1558-1574.
4) Rieck AF, Reiss RH. Variations in patterns of renal vessels and their relation to the type of posterior vena cava in the cat. *Am J Anat*. 1953; 93: 457-474.
5) Reis RH, Tepe P. Variations in patterns of renal vessels and their relation to the type of posterior vena cava in the dog. *Am J Anat*. 1956; 99: 1-15.
6) Feeney DA, Thrall DE, Barber DL, et al. Normal canine excretory urogram: effects of dose, time, and individual dog variation. *Am J Vet Res*. 1979; 40: 1596-1604.
7) Cornillie P, Baten T, Simoens P. Retrocaval ureter in a cat. *Vet Rec*. 2006; 159: 24-25.
8) Doust RT, Clarke SP, Hammond G, et al. Circumcaval ureter associated with an intrahepatic portosystemic shunt in a dog. *J Am Vet Med Assoc*. 2006; 228: 389-391.
9) Feeney DA, Osborne CA, Johnston GR. Vesicoureteral reflux induced by manual compression of the urinary bladder of dogs and cats. *J Am Vet Med Assoc*. 1983; 182: 795-797.
10) Brodsky SL, Zimskind PD, Dure-Smith P, et al. Effects of crush and devascularizing injuries to the proximal ureter. An experimental study. *Invest Urol*. 1977; 14: 361-365.
11) BorKowski A, Piechna K, Wyhowski J, et al. Regeneration of the Ureter and the Renal Pelvis in Dogs from Transversely Transected and Anastomosed Strips of the Ureteral Wall. *Eur Urol*. 1979; 5: 352-358.
12) Bellah JR. Wound healing in the urinary tract. *Semin Vet Med Surg Small Anim*. 1989; 4: 294-303.
13) Bigge LA, Brown DJ, Penninck DG. Correlation between coagulation profile findings and bleeding complications after ultrasound-guided biopsies: 434 cases (1993-1996). *J Am Anim Hosp Assoc*. 2001; 37: 228-233.
14) Vaden SL, Levine JF, Lees GE, et al. Renal biopsy: a retrospective study of methods and complications in 283 dogs and 65 cats. *J Vet Intern Med*. 2005; 19: 794-801.
15) Vaden SL. Renal biopsy: methods and interpretation. *Vet Clin Small Anim Pract*. 2004; 34: 887-908.
16) Vaden SL, Brown CA. Renal Biopsy. In: Elliott J, Grauer GF. ed. BSAVA Manual of Canine and Feline Nephrology and Urology, 2nd ed. *British Small Animal Veterinary Assiciation*. 2007; 167-177.
17) Schow DA, Vinson RK, Morrisseau PM. Percutaneous renal biopsy of the solitary kidney: a contraindication?. *J Urol*. 1992; 147: 1235-1237.
18) Mertz JH, Lang E, Klingerman JJ. Percutaneous renal biopsy utilizing cinefluoroscopic monitoring. *J Urol*. 1966; 95: 618-621.
19) Nash AS, Boyd JS, Minto AW, et al. Renal biopsy in the normal cat: an examination of the effects of a single needle biopsy. *Res Vet Sci*. 1983; 34: 347-356.
20) Nash AS, Boyd JS, Minto AW, et al. Renal biopsy in the normal cat: examination of the effects of repeated needle biopsy. *Res Vet Sci*. 1986; 40: 112-117.
21) Osborne CA, Low DG, Jessen CR. Renal parenchymal response to needle biopsy. *Invest Urol*. 1972; 9: 463-469.
22) Hoppe FE, Hager DA, Poulos PW, et al. A comparison of manual and automatic ultrasound-guided biopsy techniques. *Vet Radiol*. 1986; 27: 99-101.
23) Hopper KD, Abendroth CS, Sturtz KW, et al. Automated biopsy devices: a blinded evaluation. *Radiology*. 1993; 187: 653-660.
24) Minkus GRC, Horauf A, Breuer W, et al. Evaluation of renal biopsies in cats and dogs- histopathology in comparison with clinical data. *J Small Anim Pract*. 1994; 35: 465-472.
25) Jones BD. Laparoscopy. *Vet Clin North Am*. 1990; 20: 1243-1263.
26) Rawlings CA, Diamond H, Howerth EW, et al. Diagnostic quality of percutaneous kidney biopsy specimens obtained with laparoscopy versus ultrasound guidance in dogs. *J Am Vet Med Assoc*. 2003; 223: 317-321.
27) Edwards DF. Percutaneous renal biopsy. In Current Techniques. In: Bojrab MJ ed. Small Animal Surgery (2nd ed). Lea and Febiger, 1983; 297.
28) Stone E. Canine nephrotomy. *Compend Contin Educ Pract Vet*. 1987; 9: 883-888.

29) Stone E, Gookin JL. Indications for nephrectomy and nephrotomy. In: Bonagura JD ed. Kirk's current veterinary therapy XIII, ed 13. Saunders. 2000; 866-868.
30) Gahring DR, Crowe Jr DT, Powers TE, et al. Comparative renal function studies of nephrotomy closure with and without sutures in dogs. J Am Vet Med Assoc. 1977; 171: 537-541.
31) Ross SJ, Osborne CA, Lulich JP, et al. Canine and feline nephrolithiasis. Epidemiology, detection, and management. Vet Clin North Am Small Anim Pract. 1999; 29: 231-250.
32) Lanz OI. Waldron DR: Renal and ureteral surgery in dogs. Clin Tech Small Anim Pract. 2000; 15: 1-10.
33) Bolliger C, Walshaw R, Kruger JM, et al. Evaluation of the effects of nephrotomy on renal function in clinically normal cats. Am J Vet Res. 2005; 66: 1400-1407.
34) Ross SJ, Osborne CA, Lekcharoensuk C, et al. A case-control study of the effects of nephrolithiasis in cats with chronic kidney disease. J Am Vet Med Assoc. 2007; 230: 1854-1859.
35) Stone EA, Robertson JL, Metcalf MR. The effect of nephrotomy on renal function and morphology in dogs. Vet Surg. 2002; 31: 391-397.
36) King MD, Waldron DR, Barber DL, et al. Effect of nephrotomy on renal function and morphology in normal cats. Vet Surg. 2006; 35: 749-758.
37) Greenwood KM, Rawling CA. Removal of canine renal calculi by pyelolithotomy. Vet Surg. 1981; 10: 12-21.
38) Holt P, Lucke VM, Pearson H. Idiopathic renal haemorrhage in the dog. J Small Anim Pract. 1987; 28: 253-263.
39) Bjorling DE, Peterson SW. Surgical techniques for urinary tract diversion and salvage in small animals. Compend Contin Educ Pract Vet. 1990; 12: 1699-1709.
40) Lamb CR. Acquired ureterovaginal fistula secondary to ovariohysterectomy in a dog: diagnosis using ultrasound-guided nephropyelocentesis and antegrade ureterography. J Radiol Ultrasound. 1994; 35: 201-203.
41) Lautzenhiser SJ, Bjorling DE: Urinary incontinence in a dog with an ectopic ureterocele. J Am Anim Hosp Assoc. 2002; 38: 29-32.
42) Weisse C, Aronson LR, Drobatz K. Traumatic rupture of the ureter: 10 cases. J Am Anim Hosp Assoc. 2002; 38: 188-192.
43) Bryan JN, Henry CJ, Turnquist SE, et al. Primary renal neoplasia of dogs. J Vet Intern Med. 2006; 20: 1155-1160.
44) Urie BK, Tillson D, Smith C, et al. Evaluation of clinical status, renal function, and hematopoietic variables after unilateral nephrectomy in canine kidney donors. J Am Vet Med Assoc. 2007; 230: 1653-1656.
45) Millward IR. Avulsion of the left renal artery following blunt abdominal trauma in a dog. J Small Anim Pract. 2009; 50: 38-43.
46) Churchill JA, Feeney DA, Fletcher TF, et al. Effects of diet and aging on renal measurements in uninephrectomized geriatric bitches. Vet Radiol Ultrasound. 1999; 40: 233-240.
47) Urie BK, Tillson DM, Smith CM, et al. Evaluation of clinical status, renal function, and hematopoietic variables after unilateral nephrectomy in canine kidney donors. J Am Vet Med Assoc. 2007; 230: 1653-1656.
48) Labanaris AP, Zugor V, Smiszek R. Empyema of the ureteral stump. An unusual complication following nephrectomy. Sci World J. 2010; 10: 380-383.
49) Gookin J, Stone E, Spaulding K, et al. Unilateral nephrectomy in dogs with renal disease: 30 cases (1985-1994). J Am Vet Med Assoc. 1996; 208: 2020-2026.
50) Berent AC, Weisse CW, Todd KL, et al. Use of locking-loop pigtail nephrostomy catheters in dogs and cats: 20 cases i2004-2009). J Am Vet Med Assoc. 2012; 241: 348-357.
51) Berent AC. Ureteral obstructions in dogs and cats: a review of traditional and new interventional diagnostic and therapeutic options. J Vet Emerg Crit Care. 2011; 21: 86-103.
52) Nwadike BS, Wilson LP, Stone EA. Use of bilateral temporary nephrostomy catheters for emergency treatment of bilateral ureter transaction in a cat. J Am Vet Med Assoc. 2000; 217, 1862-1865.
53) Zaid MS, Berrent AC, Weisse C, at al. Feline ureteral strictures: 10 cases (2007-2009). J Vet Intern Med. 2011; 25: 222-229.
54) Macphail CM. Surgery of the kidney and ureter. In: Fossum TW, ed. Small Animal Surgery (4th ed). Elsevier Mossby. 2013; 705-734.
55) Beck JA, Bellenger CW, Lamb WA, et al. Perirenal pseudocysts in 26 cats. Aust Vet J. 2000; 78: 166-171.
56) Ochoa VB, DiBartola SP, Chew DJ, et al. Perinephric pseudocysts in the cat: a retrospective study and review of the literature. J Vet Intern Med. 1999; 13: 47-55.
57) Hill TP, Odesnik BJ. Omentalisation of perinephric pseudocysts in a cat. J Small Anim Pract. 2000; 41: 115-118.

2 尿管の外科手術

2.1 イントロダクション

尿管疾患に遭遇する機会は、特にネコで増え続けている[1-6]。尿管の外科手術をするために、イヌとネコにおける尿管の特性や、尿管の外科手術が必要な疾患、病態、手術の選択や手技を知る必要がある。

2.2 外科手術が適応となる尿管の疾患

尿管の手術適応となる疾患として、尿管内の閉塞、粘膜病変、外的圧迫、先天的形態異常に大別される。その主な原因は、シュウ酸カルシウムなどの結石、外傷、炎症産物、血液凝固物、組織片、線維症、腫瘍、先天的または後天的狭窄、卵巣子宮摘出術時の不注意な尿管結紮、異所性尿管などがあげられている[1-4]。このなかでもイヌやネコの尿管病変で多いのは、結石である。尿管原発の腫瘍は比較的少なく、膀胱頸部の移行上皮癌など、腫瘍による閉塞の方が起こる可能性が高い。腫瘍以外での尿管閉塞または外傷の場合、基本的には外科的治療の対象と考えられ、できる限り解剖学的再建を考慮する。

尿管の組織は非常に繊細で、特にネコでは粘膜の取り扱い1つで、予後に大きな影響を及ぼす。例えば、鑷子で尿管の粘膜や粘膜下組織を把持することは医原性損傷となり、術後の狭窄の一因となる。したがって、粘膜層はもとより筋層も含め、組織の取り扱いには細心の注意を払う。

第15章

2.3 原因と疫学
2.3.1 ネコの尿管結石

ネコの尿管閉塞における最も多い原因は結石によるものであるが、それに付随して血餅などの凝固物、炎症産物、組織片や腫瘍、外傷、線維症、ミネラルやマトリックスからなる塞栓子などによっても閉塞を招来する[1-4]。

ネコの尿管閉塞の原因として、尿管結石が72～87%を占める[1,5]。主な結石の種類としては、シュウ酸カルシウム結石、ストルバイト結石である。2000年までは、シュウ酸カルシウム結石とストルバイト結石の発生割合は同程度であったが[6,7]、2000年以降、シュウ酸カルシウム結石の発生が増加し続け、現在では、上部尿路における結石の約99%がシュウ酸カルシウム結石であるといわれている[8-13]。

結石の発生要因としては、品種、性別、年齢、代謝異常、食事、および尿pHなどがあげられている[11]。品種としては、雑種、シャム、ロシアンブルー、ペルシャ、ラグドール、ノルウェージャン・フォレスト・キャット、スコティッシュ・フォールド、ソマリ、ブリティッシュ・ショートヘア、メインクーン、ヒマラヤン、日本ネコが報告されている[13]。また、避妊雌よりも去勢雄において、発生率が高い傾向にある[13]。

シュウ酸カルシウム結石の原因は、尿中へのカルシウム排泄が増加するために起こる高カルシウム尿症（吸収性カルシウムの過剰摂取、パラソルモンによる骨吸収、ビタミンD過剰による消化管吸収促進など）、高シュウ酸塩尿症（シュウ酸塩の過剰摂取およびシュウ酸前駆物質であるビタミンCの過剰摂取、ビタミンB6不足によるシュウ酸生成の増加など）、低クエン酸尿症（尿細管性アシドーシスなど）、シュウ酸カルシウム形成阻害因子（マグネシウムやオステオポンチンなどの蛋白質）の減少、高比重尿症、尿pHの酸性化などあげられる[14-17]。

一般的に、シュウ酸カルシウム結石は老齢での発生が多いといわれているが[12,18]、特にネコの腎臓では老齢性変化として尿細管間質性腎炎が発生し、尿細管でのカルシウム再吸収が低下するため、高カルシウム尿症へ発展することが1つの要因である。さらに、シュウ酸カルシウム結石は下部尿路よりも上部尿路である腎臓や尿管で発生しやすい傾向にある[19,20]。

一方で、近年では若齢でありながら、腎盂や尿管にシュウ酸カルシウム結石が発生する症例が増えている[13]。この1つの理由として、ストルバイト予防用のフードとして市販されている食事の過剰な普及が関連しているともいわれている[15,17]。ストルバイト予防用フードの作用として、①尿pHを酸性化させること、②シュウ酸カルシウム阻害因子である尿中のマグネシウム濃度が減少すること、③塩化ナトリウムの添加により尿中カルシウム排泄量を増加させて高カルシウム尿症を招来することなどがあり、これらの要因が関連して尿中にシュウ酸カルシウム結晶や結石が析出しやすくなると考えられている[20]。

2.3.2 イヌの尿管結石

一方、イヌの尿管結石は、尿路結石全体に占める割合が比較的少なく[21]、およそ50%のイヌは尿管結石だけでなく、腎結石と膀胱結石を併発している[22]。また、ネコと比較して感染を併発している場合が多い。*Staphylococcus* 属、*Escherichia coli* が最もよく分離される菌である[23]。イヌの尿管結石では、ネコと比較して相対的に大きな結石が尿管に存在しても、尿が膀胱まで排泄できていることもある。

イヌにおいて、尿管閉塞を起こしている原因がシュウ酸カルシウム結石の場合、結石摘出後に再発予防のための処置を行っても、3年以内に50～60%が再発すると報告されている[24]。上部尿路のシュウ酸カルシウム結石による尿石症に罹患したイヌのうち、一部の犬種（ミニチュア・シュナウザー、ビション・フリーゼ、シー・ズー）では、結石形成にビタミンDの代謝異常が関連している可能性が報告されている[25]。このような症例は、尿中カルシウム／クレアチニン比が高い傾向があるため、原疾患が存続する限りシュウ酸カルシウム結石自体の再発率が高まる[25]。このことから、どちらかというと、手術部位の合併症が起こる可能性はもちろんだが、一方で術後に新たな結石が形成されることや、結石数が増加する可能性もあり、一度手術した部位や、または他の部位における新たな結石による閉塞が起こることは考慮に入れておくべきであり、再び手術の対象となる可能性がある。

2.3.3 閉塞

尿管の閉塞は片側性または両側性があり、片側性病変は明らかな症状が認められないこともあるため、発見までの時間経過がわからない場合も多い。また、結石が存在しなくても、炎症産物による閉塞や、尿管自体の線維化あるいは肉芽腫を形成して閉塞していることもある。既に重度の水腎症（図31）、またはそこに感染を伴っている場合は、尿管の手術よりも腎臓摘出術の適応となる[26]。

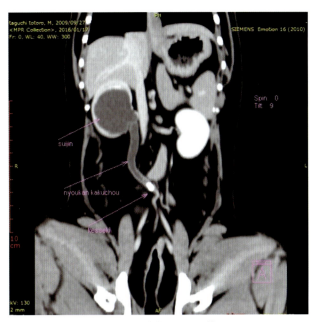

図31　イヌの尿管結石症例のCT画像
右腎は重度水腎症となり、ほぼ無機能である。

2.3.4　先天性異常

　異所性尿管も、尿管外科の1つとして考えられる。先天性奇形であり、いくつかのパターンがある。イヌで最も一般的なものは、膀胱外側からの侵入は正常にみえても、粘膜下層を通って腟に開口する壁内性のパターンであり、一方、ネコでの発生はイヌよりもまれであるが、壁外性を示すことが多いといわれている[27]。

　最も多い臨床徴候は尿失禁であり、これを改善することが外科的治療の目的となるが、異所性尿管はそのほかの泌尿生殖器の奇形も同時に併発していることが多いため、術後も尿失禁が改善しない可能性がある。

2.3.5　外傷

　イヌとネコにおける尿管の外傷で最も多いものは、卵巣子宮摘出術時の尿管損傷であるといわれている[28]。その他、交通事故などによる尿管断裂や尿管ステント挿入時の外傷などが外科的治療の適応となる。

　近年、尿管ステントの設置に関してはいくつかの報告がある[29,30]。ステント内部や周囲に塞栓物質や結石が沈着して、水尿管だけでなく、尿管壁の石灰沈着や狭窄、線維化、慢性肉芽腫の形成を起こすといわれている[29,30]。

2.4　病態生理
2.4.1　腎臓の病態生理

　尿管は左右2本存在するために、片側の腎臓機能が正常時の20％以上であり、尿管が閉塞していなければ、もう一方の尿管閉塞のみでは尿毒症のような重篤な症状を発現しない。このため、偶発的に発見されるか、もう片方の尿管も閉塞が起こるまで見逃されることとなり、閉塞している期間が明確でない場合が多い。

　両側の尿管が閉塞すると急性腎障害（Acute kidney injury：AKI）として、重篤な症状が発現する。AKIは、初期、進展期、維持期、回復期の経過で進行する。

　初期とは、AKIの極初期で、数分後から数時間の間である。尿管圧の上昇が尿細管圧にまで影響すると、輸入細動脈抵抗が減少して一過性に腎血流が増加し[31]、上昇したボウマン腔の圧に対抗するために、輸入細動脈は拡張して糸球体内圧をさらに上昇させる[32]。

　進展期とは、AKIに陥ったのち、数時間から数日をいう。一過性に上昇した腎血流は閉塞後24時間までに正常の40％まで、2週間後までに正常の20％まで漸減し、糸球体濾過量も減少する[33-35]。腎血流量の低下は組織の低酸素を助長し、組織ダメージを誘発する。この影響を受け、もう片方の尿管が閉塞していなければ、もう片方の腎臓の糸球体濾過量が代償性に上昇する。

　維持期は、AKI発症後約3～7日目であり、組織学的な変化が生じる。進展期から虚血と低酸素状態が継続すると、正常時に腎血流量の90％を受けており、エネルギー要求量の高い皮質と腎髄質外帯の近位直尿細管が損傷を受ける[36]。腎臓への白血球の浸潤、線維芽細胞の動員と活性化[33]、間質組織の線維化や糸球体硬化を次々と誘起する[37]。ヒトでは、閉塞後1週間目、2週間目、3週間目において、それぞれ軽度、中等度、重度の尿細管の拡張と間質の線維化を示すとされている[38]。

　回復期は、AKIが始まってから数週間目～数カ月を示す。閉塞が解除された場合や、完全閉塞ではない場合、腎臓は徐々に回復していくが、その機序はいくつかの要因によって左右される。

　要因としては、致死的な損傷を受けた細胞の正常化、細胞極性の再編成、基底膜上の尿細管上皮欠損部位への生細胞の遊走、腎組織内死細胞とデブリの除去、尿細管上皮などの様々な細胞の再生などがあげられる[38]。デブリの除去スピードが早いほど、腎臓組織の回復も早まる。この組織構造の回復の機序は解明されていない部分も多いが、最も有力な回復機序は、生存している尿細管上皮細胞が分化、増殖し、欠損した基底膜の部分に遊走する組織修復である[38]。

　しかしながら、これらの組織学的回復機序は完全に正常な組織構造へ回復できず、組織学的には線維化を伴った慢性腎臓病の病態へ移行しやすい。ヒトにおいて、2週間閉塞後に解除された場合、4カ月が経過しても糸球

第15章

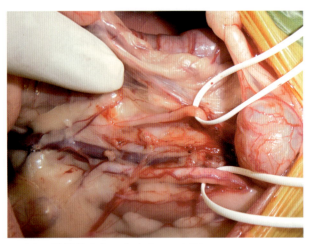

図32　線維化を起こしたネコの尿管
結石は既に膀胱内へ移動していたとしても、損傷が重度だった部位の尿管は線維化を起こして狭窄や閉塞する。片方の尿管は重度に線維化して白色化し、太くなっている。

体濾過量は正常の46％までしか回復しないといわれている[33,39]。

2.4.2 尿管の病態生理

尿管組織の経時的変化は、閉塞していた期間によって変わる。ラットの尿管における線維化の流れは、尿管組織が受傷すると平滑筋層の肥大が起こり、6週間程度かけて徐々に線維組織へと置換していくと報告されている[40]。線維化の速度や重症度は種差が存在するが、ネコでも同様の変化が、同じような経過で起こる可能性があるといわれている[41,42]。特に、ネコの組織治癒はその組織や周囲組織の損傷度にも影響を受け、イヌと比較して肉芽腫を招来しやすいうえに、進行が緩徐である[43]。結石は既に膀胱内へ移動していたとしても、損傷が強かった部位の尿管は線維化を起こして狭窄や閉塞する（図32）。

2.5 臨床徴候

ヒトでは、尿管が閉塞すると尿管の筋肉の伸展が起こるため、非常に強い収縮（腎疝痛）を誘発するといわれており、ネコやイヌにおいても同様の症状があると考えられる。腎疝痛は通常、腹部痛や腰痛といわれる。その他、頻尿や有痛性排尿障害を伴わない間欠的な血尿や、一過性の食欲、元気の減退、嘔吐、うずくまって動かない、背部をなでられることや抱き上げられることを嫌うなどの症状を訴えることがあり、これらは非特異的であるが結石が尿管へ閉塞した直後の臨床徴候として考慮できる可能性がある。

片側性の閉塞の場合、もう片方の腎臓機能が保たれていれば代償されるため、症状はほとんど観察されないか数日で改善するが、両側の尿管閉塞が起きた場合には、急激な全身状態の悪化として発現する。完全な両側性尿管閉塞に陥ると、AKIとして急激に症状が発現する。尿毒症にまで発展すると、食欲不振、嘔吐、下痢、脱水、沈うつ、口臭、腹部痛、乏尿、無尿、虚脱、ショック、痙攣、徐脈や不整脈など、様々な徴候を示す[1,4]。このような状況で、最も問題となるのは、致死的な高カリウム血症である。なんの処置もほどこさなければ、完全閉塞後3～6日目には死亡するといわれている[2]。

腎臓を触診して大きさ、形状、硬さなどを触知する。症例が触知を嫌がるような場合、痛みを伴っている可能性もある。腎臓の大きさや形状の左右差を確認する。両側性尿管閉塞が疑われ、特に虚脱状態の場合、可視粘膜の確認、毛細血管再充満時間（CRT）や股動脈圧を触知し、簡易的な血圧の指標とすることも可能である。

2.6 診断法

両側性の閉塞では虚脱状態で来院する場合もあり、早急に全身状態を把握する。的確に、体温、心拍数、呼吸数を測定し、心電図モニターを設置する。高カリウム血症がある場合は、心電図に異常を認める。脱水の把握として、ツルゴール試験、結膜の乾燥や眼球の陥没、CRT（正常は1秒以内）や血圧などからおおまかな脱水のパーセンテージを推測する。虚脱状態に陥っている場合は、CRTや股動脈圧（60mmHg以下では触知不可）を触知し、簡易的な血圧の指標とする。

全血球計算では、嘔吐などにより脱水を引き起こすため、ヘマトクリット（HCT）値の上昇を示すことが多いが、既に慢性腎臓病（CKD）に罹患していた患者は非再生性貧血が認められることもある。白血球数は、尿路感染や重度の炎症が認められる場合には上昇する。両側性の尿管閉塞の場合は、血中尿素窒素（BUN）やクレアチニン（Cre）が上昇するが、片側性の場合はほとんど異常を認めない。電解質検査では、脱水や嘔吐などによって様々に変化する。AKIでは、高カリウム血症が現れ、心伝導障害（徐脈、心房静止、心室性頻脈、細動など）を誘発し、死亡の原因となりうる。閉塞が解除されると、一気に利尿期に入り、低カリウム血症に陥るため、AKIの初期は、電解質測定を経時的に行う必要がある。

尿検査、採尿方法の詳細については第3章4「尿検査」の項に委ねるが、手術時に重要なことは細菌感染であり、できる限り手術前には菌同定、薬剤感受性試験を実施しておく。尿失禁が認められる異所性尿管では、83％で感染が確認されており、最も多く認められる細菌は、*Escherichia coli* であったといわれている[44]。また、尿

腎泌尿器の外科手術

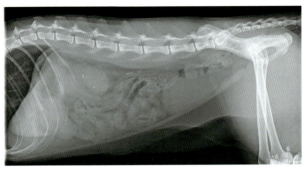

図33　ネコの尿管結石症例のX線腹部ラテラル像
腎臓内、後腹膜下腔に多数の結石が観察される。

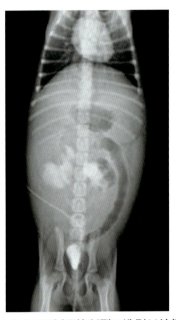

図34　イヌの両側尿管断裂の造影X線像
静脈性尿路造影検査において、両側の尿管から造影剤が漏れている。

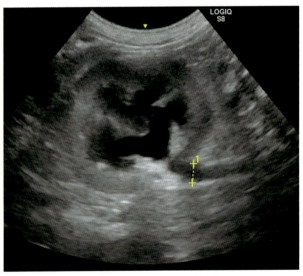

図35　ネコの尿管閉塞症例の超音波検査画像
腎盂と尿管が拡張しており、尿管閉塞が疑われる。

検査においてカルシウム結石や結晶が多く認められる場合、まれに血液検査にて高カルシウム血症が存在することがあり、その他の疾患が疑われる場合には原疾患の治療が必要である[45,46]。

X線検査では、シュウ酸カルシウム結石の透過性が低いために、尿管に結石が存在すると、後腹膜下腔に認められる（図33）。腎結石も同時に存在していることが多い。水腎症や、代償性肥大によって腎臓が拡大している場合には、腎臓の陰影は正常よりも大きくなっているか、左右差が認められる。一方、閉塞から長期間経過しているような腎臓は、発見が遅れるため萎縮していることが多い。静脈性尿路造影X線検査は、尿路の異常を確認できる。異所性尿管では、尿管の走行異常を、尿管の外傷では腹腔内への尿の漏出などを検出できる（図34）。

超音波検査は、泌尿器の構造的変化、結石などを描出するのに適している。the American College of Veterinary Internal Medicine（ACVIM）は、腎盂や尿管の拡張がある場合には、結石などの塞栓物質が描出されなくても尿管の肉芽腫性病変などの閉塞性病変の存在が示唆されるため[47-49]、治療を速やかに実施することを提示している（図35）[50]。腎臓の大きさや構造の形態学的異常についても確認できる。小さな結石でも放置すると、慢性炎症により肉芽形成や瘢痕化が起こり、尿管壁は硬化して狭窄の原因となる（図32）。このように、臨床徴候が認められず、発見することが困難な尿管閉塞も増加しているため[51]、腎盂や尿管の拡張を超音波検査にて早期に発見し、対応することが求められている。超音波検査と排泄性尿路造影を用いることで、91％の確立で異所性尿管を確認することができたと報告されている（図36）[52]。

CT検査は、X線検査や超音波検査で確認できなかったサイズの結石の描出をするために役立つ（図37）。近年の傾向では、尿管結石はシュウ酸カルシウム結石がほとんどであるため[8-12]、造影しない方が結石や石灰化の描出が明瞭である。小さな結石を放置すると、慢性肉芽腫の形成や線維化の原因となるが[29,51]、このような狭窄や閉塞は尿管の拡張によって確認する[47-49]。造影CT検査は異所性尿管の描出に優れている。異所性尿管の検出感度は91～100％であり、より有用性が高い[53]。

第15章

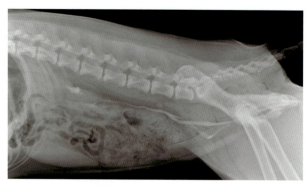

図36　イヌの異所性尿管の症例における造影X線検査像
造影剤が正常な部位へ開口せず、尿道へ流れている。

2.7 治療法
2.7.1 術前の管理

　AKIの重症度と分類の評価法として、International Renal Interest Society（IRIS）はAKI grading（表5）を提唱している[54]。AKIのグレーディングは腎機能が刻々と変化するなかで評価をしなければならないため、グレードが示す内容は一時点での病態であり、その変化に従って随時評価し直す必要がある。高窒素血症の重症度と生存率に相関があるという報告もあり、グレーディングの重要性を示唆している[55]。

　両側性尿管閉塞では、高カリウム血症、脱水、尿毒症、

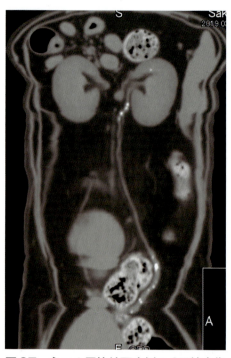

図37　ネコの尿管結石症例のCT検査像
左尿管に多数の結石、あるいは石灰沈着が観察される。

代謝性アシドーシスなどが発生する。外科的治療に臨む際に最もリスクを伴う病態は重度の高カリウム血症である。もちろん、交通事故など、ショック状態に陥ってい

表5　IRIS AKI　Grading Criteria

AKIグレード	血中クレアチニン	説　明
グレードⅠ	<1.6mg/dL （<140 μmol/L）	**非高窒素血症性AKI** a. AKIと診断：病歴、臨床徴候、検査結果、画像診断でのAKI所見の存在、臨床的乏尿/無尿、補液反応性＊ b. 非高窒素血症性に進行性であり、48時間以内に血中クレアチニン≧0.3mg/dL（26.4 μmol/L）の上昇、または補液反応性 c. 乏尿（<1mL/kg/hr）あるいは6時間以上の無尿
グレードⅡ	1.7～2.5mg/dL （141-220 μmol/L）	**中等度AKI** a. AKIと診断され、かつ、維持性または進行性高窒素血症 b. 進行性高窒素血症であり、48時間以内に血中クレアチニン≧0.3mg/dL（26.4 μmol/L）の上昇、または補液反応性 c. 乏尿（<1mL/kg/hr）あるいは6時間以上の無尿
グレードⅢ	2.6～5.0mg/dL （221～439 μmol/L）	**中等度から重度AKI** a. AKIと診断され、進行性高窒素血症および進行性腎機能不全
グレードⅣ	5.1～10.0mg/dL （440～880 μmol/L）	
グレードⅤ	>10.mg/dL （>880 μmol/L）	

＊：補液開始6時間以内に尿量が1mL/kg/hr以上に上昇、および/または補液開始48以内に血中クレアチニン値が基礎値まで低下

（IRISより転載）

ることも考えられるが、一般的に手術前に行っておかなければならない治療は高カリウム血症の是正である。高カリウム血症は、徐脈、心房静止、心室性頻脈、細動の原因となり[56]、麻酔をかけるうえで可能な限り血漿カリウム濃度を低下させることは重要である。まずは、レギュラーインスリンとグルコースの投与や、8.5％グルコン酸カルシウムの投与による内科的な方法を実施する。点滴は無尿であれば、カリウムを含まない輸液剤を選択して、脱水を補正する量から開始する。早急に尿管自体の手術が無理な場合は、初めに腎瘻チューブを設置して全身状態を改善することもできる。1週間程度、腎瘻からの尿排泄で管理すると、通常は血漿カリウム濃度、尿素窒素値、クレアチニン値はほぼ正常まで改善し、全身状態が安定するため、安全にかつ落ち着いた状態で的確な尿管の手術を実施することができる。

2.7.2 術式の選択

完全または不完全尿管閉塞のネコに内科的治療を行った場合、その1カ月後の尿毒症症状は30％において改善したが、残りの70％は悪化した状態で維持、またはさらに悪化したとの報告も存在する[10]。また、内科的治療のみの場合の生存率は（52症例中）、1カ月目44％、1年目29％（1カ月生存した症例のうちの66％）であったのに対して、外科的治療を施した場合は（89症例中）、1カ月目80％、1年目73％（1カ月生存した症例のうち91％）であった[10]。さらに、完全閉塞のネコに内科的治療を試みた後、尿毒症症状が悪化した症例に外科的治療を行った場合の死亡率は、20％に達するといわれている[10]。その一方、尿管結石を除去すると、腎機能の悪化を維持または防止することが可能であったとの報告もあり[10]、内科的治療の導入とその期間、外科的治療開始の適切な時期を把握することがたいへん重要である。したがって、完全閉塞の場合、内科的治療を長期的に施している間に腎臓に傷害を与え、機能回復の見込みが低下する可能性があるため、ACVIMのガイドラインにおいても、積極的な内科的治療を実施するよりも、外科的介入を速やかに実施するように提示している[50]。

尿管の外科的治療法には、尿管切開術、尿管端々吻合術、尿管膀胱吻合術の3つが主な方法としてあげられる[41,57-59]。ネコの尿管手術においては、顕微鏡手術が推奨される[41,57,60]。加えて、デバイスを用いた方法には、ステント設置術や腎臓膀胱バイパス術（subcutaneous ureteral bypass：SUB）がある。

尿管閉塞における外科的な治療法としては、以下のようなものがあげられる。

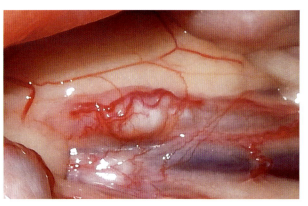

図38 尿管結石
巨大な尿管結石が尿管を閉塞し、白く線維化している。

- 直接的な閉塞の解除：尿管切開術、尿管端々吻合術、尿管膀胱吻合術、腎臓尿管摘出術
- 人工物によって尿路を確保する方法：尿管ステント術、SUBシステム

直接的な閉塞の解除として、尿管の近位1/3の病変には尿管切開が、尿管の遠位2/3の病変には尿管切除または尿管膀胱吻合術が推奨されてきた[1,2,61]。イヌにおいては、尿管切開によって結石を摘出するのみで、閉塞や狭窄を起こすことは少ないため、結石による閉塞であれば、尿管切開術で対応できることがほとんどである。

近位の尿管でも線維化が重度で広範囲に閉塞しているような場合（図38）、腫瘍やポリープ、外傷などには、部分切除しての端々吻合術あるいは尿管膀胱吻合術を実施する。特にネコでは、近位部での線維化病変による閉塞も多く、尿管切開のみによる再建が難しそうな状況では、部分切除による端々吻合術を選択する。

遠位尿管は近位尿管よりも細いため、尿管膀胱吻合術を選択した方が、術後に狭窄する可能性は低い。また、ネコの右尿管は後大静脈を巻き込む奇形が多いため（図39）、閉塞に加えて奇形が存在している場合は、一度引き抜いて、尿管膀胱新吻合術（後述）を実施することもできる。異所性尿管（図36）では、尿管膀胱吻合術が適応される機会も増えており、予後もよい[62,63]。尿管を切除したのち、膀胱までの距離が短い場合、腎臓を尾側へ移動して腹壁固定する方法や、膀胱弁を作成して吻合する方法を同時に用いることも可能である。特にネコでは、尿管の線維化がイヌと比較しても重度となっていることが多く、炎症が強く将来的に線維化や狭窄を起こす可能性がある部位は切除して、できる限り正常な組織同士を吻合する方が予後はよい。尿管は細く、術後に蠕動運動が1週間程度停止するといわれている。したがって、

第15章

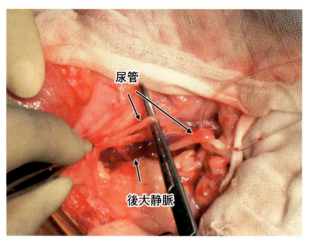

図39 尿管奇形
後大静脈を尿管が巻き込むように走行している。

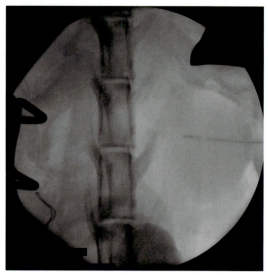

図40 腎瘻チューブ設置後の透視画像
腎盂にカテーテルが挿入されていることがわかる。

腎瘻チューブ（図40）を設置しておいた方が、術後における腎後性腎障害を最小限にすることができる。しかしながら、適切な期間を守らないと炎症、線維化の原因となる[26]。

2.7.3 尿管の臨床解剖

尿管は、線維筋性の組織である。イヌの尿管内径は体格によって様々であるが、造影Ｘ線検査を用いた検討では、上部尿管の一般的な内径は第２腰椎の椎体の長さに0.07をかけた値といわれている[64]。一方、ネコの尿管内径は0.4mm程度といわれており[65,66]、同じ体重のイヌとネコだとしても、ネコの尿管の方が格段に細い。

尿管は後腹膜腔内に存在しており[4]、右側の尿管は後大静脈に沿うように走行している。近年、ネコの右尿管は後大静脈を巻き込む奇形も多いといわれており[67,68]、手術中に遭遇する機会も増えている。膀胱近位では外腸骨動脈の腹側を走り、膀胱三角部へ向かって反回するようなかたちで膀胱壁に到達する[69,70]。その後、膀胱壁内を斜めに走行して、内尿道括約筋のやや頭側にあたる膀胱三角部へスリット状に侵入する[70]。この構造により、膀胱が膨満しても尿管口が閉じるため、膀胱内圧が高まっても尿の逆流が起きない構造となっている。血液供給は、頭側が腎動脈から、尾側が前立腺動脈または腟動脈から発生し、お互いに吻合する[71]。尿管は粘膜、筋層、外膜からなり、外膜表面をこれら血管が走行する（図41）[71]。粘膜の表面は移行上皮と粘膜固有層からなる[71,72]。粘膜固有層はコラーゲン線維、線維細胞、微小血管、リンパ管、無髄神経などが存在する。尿管を手術する際には粘膜を意識して、損傷しないように注意を払うことが重要である。おそらく、粘膜を損傷することで、

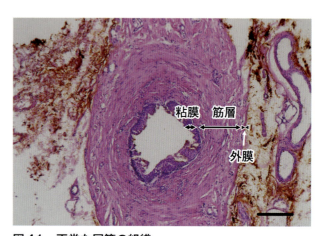

図41 正常な尿管の組織
ヘマトキシリン・エオジン染色にて、粘膜、筋層、外膜が確認できる。

粘膜固有層の線維成分が過剰になり、線維化や慢性肉芽の形成をうながすと考えられる。イヌではこの現象は弱く、線維化による狭窄などはネコに比較して少ない傾向にある。

尿管は蠕動運動することにより尿を膀胱へ拍動的に運搬する[73]。腎臓に存在するペースメーカーによって蠕動運動はコントロールされており、自律神経系の支配を必ずしも必要としない[74]。

2.7.4 縫合糸

イヌの尿管は解剖学的整復をしっかりできる状況であれば、線維化による狭窄は起こしにくい。イヌの体格や尿管の拡張程度によって、6-0から8-0のモノフィラメント糸を用いている。イヌでは吸収糸を用いることもあ

腎泌尿器の外科手術

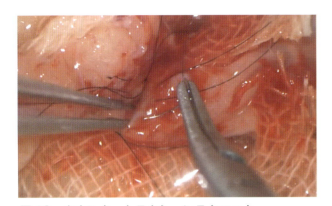

図42 カウンタートラクションテクニック
鑷子で粘膜を把持しながら運針するのではなく、鑷子で組織を張ってテンションを加えておき、組織に対して針を90°で的確に刺入する。

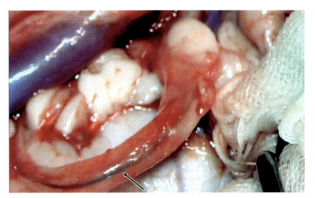

図43 尿管閉塞部をガイドワイヤーで確認
尿管閉塞部位に大きな結石などがなく、触知しにくい場合はガイドワイヤーで確認する。
ガイドワイヤーを使用する前に腎瘻チューブを設置すると、腎瘻チューブからガイドワイヤーを挿入して、閉塞部位を確認することができる。
ガイドワイヤーは軟らかいとはいえ、強く挿入しすぎると尿管壁を貫通する。指先でガイドワイヤーの動きを感知している必要がある。
尿管内腔に挿入したガイドワイヤーが視認できる（矢印）。

るが、7-0よりも細い糸を選択する場合は非吸収性モノフィラメント糸を用いる。

ネコの尿管はかなり細い。そのため、8-0から10-0の非吸収性モノフィラメント糸を用いている。ネコの尿管は損傷を受けると炎症が強く起こり、縫合糸による反応も影響を与えると考えられるため、血管吻合で用いるような反応性のほとんどない非吸収糸であるナイロンやポリプロピレンを用いる。

2.7.5 尿管の吻合における注意点
2.7.5.1 組織の取り扱い

尿管や尿道の粘膜や筋層を強く把持することは、医原性の組織損傷につながり、治癒遅延、線維化の原因となる。特に、尿管粘膜は線維性成分が多いため、治癒過程が正常に働かないと線維化して狭窄しやすく、線維化した部位から尾側の蠕動運動は低下する。組織の併置、的確な縫合糸の配置は、組織の治癒を良好にするための外科手技としてたいへん重要な要素である[75]。

尿管の手術には拡大鏡や顕微鏡を用いることが推奨されており、粘膜などのそれぞれの組織を明瞭化し、組織の併置に役立つため、組織を適正かつ早期に治癒させることにつながる[41,76]。このような手技を常に心がけることによって、尿管の線維化を最小限にし、狭窄などの合併症の発生リスクや重症度も最小にすることができる。

2.7.5.2 カウンタートラクションテクニック

カウンタートラクションテクニックとは、外科手技のなかで広く用いられているテクニックの1つであり、組織にテンションをかけて取り扱うことで、組織損傷を軽減する手技である。例えば、前述したように粘膜はとても傷つきやすく、治癒の過程で線維化を起こしやすい。

この場合、鑷子で粘膜を把持しながら運針するのではなく、鑷子で組織を張ってテンションを加えておき、組織に対して針を90°で的確に刺入する（図42）。これにより、組織を把持することによって生じる挫滅をなくし、また、針を90°に刺入することで、組織への圧負荷の軽減、針穴の最小化を実現することが可能となる。

2.7.5.3 吻合部のテンション

過度な切除は吻合部へのテンションを強め、術後の線維化の原因となるといわれている[41]。したがって、テンションがかかりそうな場合には、腎臓を尾側へ移動して腹壁に固定する方法や、膀胱弁による尿管膀胱吻合術を実施する[1,77]。

2.7.6 尿管切開術 [41,78]

尿管は脂肪で覆われているため剥離すると、尿管がみえてくる。腎門から2～3cmの付近は蛇行して、閉塞しやすい部分である。腎瘻チューブからガイドワイヤーを挿入して、閉塞や狭窄部位を確認する（図43）。

尿管を切開する際には、結石の直上を切開すると、後壁を傷つけてしまう心配がない。尿管に対して垂直にNo.11のメスをあて、一気に切開すると尿管壁の損傷を最小にできる。尿管結石を摘出した後、尿管内腔にマーカーとしてガイドワイヤー（0.012～0.014インチ）を挿入し、後壁への誤針を防ぐ（図44）。内腔を滅菌生理食塩液で洗浄し、単純結節縫合する（図45）。

第15章

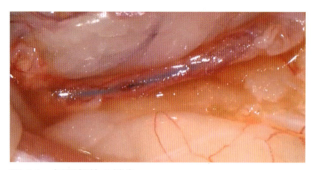

図44　切開部位の縫合
尿管内腔にマーカーとしてガイドワイヤーを挿入している。縫合の際に、後壁に誤って針が刺入することを防ぐ。

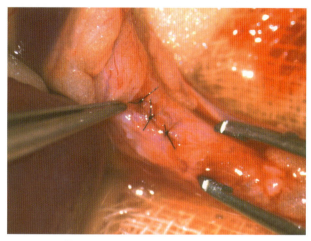

図45　尿管切開の縫合終了時
非吸収性モノフィラメント糸のナイロンで単純結節縫合する。

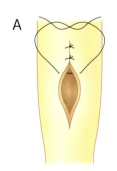 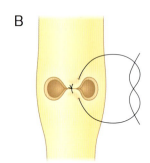 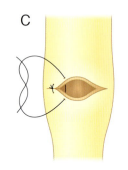

図46　尿管切開後の縫合法
A：縦切開したものを縦に縫合
B：縦切開したものを横に縫合
C：横切開したものを横に縫合

　縫合には、いくつかのパターンがある（図46）。縦切開したものを縦に縫合する方法は、尿管の炎症がそれほど重度ではなく、狭窄の可能性が低い場合などに用いる。縦切開したものを横に縫合する方法は、内腔を少し拡張したい場合に用いる。横切開は、尿管に沿って縦に走行する尿管動静脈を損傷する可能性があるため、選択する場面は少ない。

2.7.7　尿管切除および吻合術[78]

　閉塞部位が腎臓から近位1/3以内で、尿管の閉塞部位を再切除しても、テンションがかからず、尿管の断端同士が届く場合には、尿管の端々吻合術での再建が可能である。

　尿管を剥離し、全体の状態を視認、触診する。線維化している場所は、正常な尿管よりも見た目に白く、硬く感じられる（図47）。一般的に、尿管は閉塞部位よりも腎臓側が拡張しているため、尿管の太さが細くなるあたりに閉塞や狭窄が存在する。ただし、狭窄部位は1つとは限らず、閉塞部位より膀胱側にもいくつか狭窄や閉塞が存在する可能性がある。1つ目の狭窄・閉塞によって尿が停滞すると、それより尾側に尿が流れないため、狭窄や閉塞があっても、尿管が拡張していないこともある。これは造影X線検査や造影CT検査を実施しても、同様に1つ目の閉塞部位しかみつからない可能性が高い。したがって、狭窄や閉塞の確認方法としては、腎瘻チューブを先に設置し、腎瘻チューブからガイドワイヤーを挿入して、狭窄・閉塞部位を探査すると的確に発見できる。線維化による進行性の狭窄を前もって切除しておくことで、新たに狭窄・線維化が起こることを未然に防止できる。

　閉塞部位よりも近位の拡張している部位は尿管に対して垂直に切開する。斜めに切開すると、尿管の径が太くなり、尾側の尿管とさらに合致しにくくなるため注意する。尾側の尿管は細いことが多いため、尿管に対して約45°に切離して、尿管の断面積を拡大する。これでも、直径が合致しない場合は（図48A）、尾側の尿管に縦切開を加えて、さらに断面積を広げる（図48B）。両断端の直径がほぼ合致したところで、吻合を開始する。初めに支持糸を2本設置する。尿管が縫合しやすい方向にな

腎泌尿器の外科手術

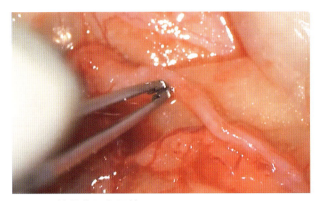

図47　線維化した尿管
このように肉眼的に白く、触知した際に硬い尿管は線維化している部位である。既に閉塞している場合もあるが、現状は開通していても将来的に閉塞する可能性が高いため、このような尿管部分は切除する。
尿管炎の重度な尿管は出血しやすい。また尿管動脈からの出血は止まらないため、バイポーラや弱い電圧の電気メスで軽く焼灼する。この際、粘膜を絶対に焼灼しないように注意する。

2.7.8　尿管膀胱新吻合術[41,78]

尿管膀胱吻合術には、膀胱外側アプローチ法である尿管膀胱新吻合術や、膀胱内側アプローチであるドロップイン法などがあるが、合併症が比較的少ない尿管膀胱新吻合術が最もよく用いられる[58,59]。

尿管を分離できる最も尾側の位置、あるいは膀胱への開口部付近で尿管を結紮し、切断する。尿管切離部から尿管に沿って縦切開を加え、尿管開口部を広げる。この際、膀胱に縫合する尿管の向きをねじれがないように合わせることと、尿管動静脈を損傷しない位置を決めて縦切開を加えて、切断端を扇状に展開する。膀胱尖部あたりの縫合しやすい位置を決定し、膀胱壁の漿膜と筋層を切開する。膀胱粘膜まで電気メスで焼灼しないように注意する。切開の長さは尿管の太さよりもやや大きくなるように切開する。漿膜と筋層を切開すると、粘膜がバルーン状に膨隆する（図50 A）。この粘膜を尿管と同じサイズになるように、鋭利なよく切れるマイクロ剪刀などで切開する（図50 B）。切れの悪い剪刀で切開すると、粘膜が挫滅されて損傷する。膀胱粘膜と尿管の全層に運針していく。初めに、扇状に展開した尿管の頂点と底辺の両端の3点に支持糸を設置する（図51 A）。支持糸をうまく展開して（図51 B、C）、支持糸の間に単純結節縫合を設置する（図51 C）。全体が縫合されると、尿管から膀胱粘膜が漏斗状に末広がりに連続性をもって展開される（図52）。漿膜と筋層は吸収性モノフィラメント糸で、尿管を狭窄させないように、軽く2〜3糸ほど単純結節縫合する。

るように、この支持糸を配置、保持し、支持糸の間に単純結節縫合する。この際、カウンタートラクションテクニック（図42）を用いて、粘膜や粘膜下組織を損傷しない丁寧な手技で、医原性損傷を防止する。また、1本1本結節しながら縫合を進めると、内腔がみえにくくなり誤針を招くことがあるため、先に運針だけ行い（図49 A）、最後に結紮するという手法を用いることができる（図49 B）。吻合が終了したら、腎瘻チューブからリークチェックを行う。

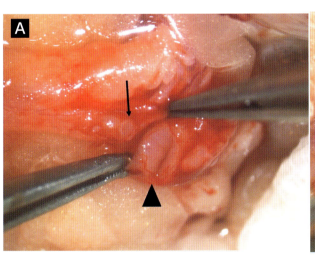
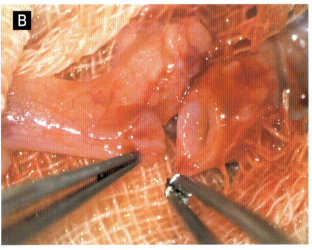

図48　尿管切除後
A：閉塞部位の頭側は尿管が拡張していることが多く、前述したように尿管を切離しても、このように管腔サイズに差が生じる。矢頭：閉塞部位より頭側の尿管断端。矢印：閉塞部位より尾側の拡張していない尿管断端。
B：細い方の尿管を扇状に展開し、両方の尿管の径を合わせる。

第15章

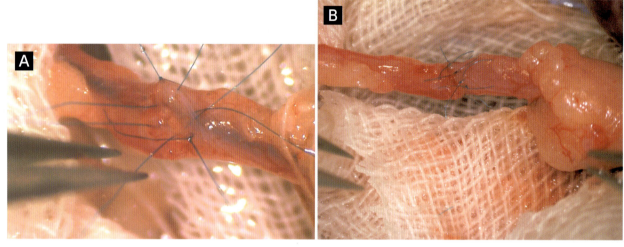

図49　尿管端々吻合
支持糸を設定し、間に単純結節縫合のための糸を配置する。
A：1本1本結節しながら縫合を進めると、内腔がみえにくくなり誤針を招くことがあるため、先に運針だけ行う。
B：糸を設置したら、最後に結紮を行う。

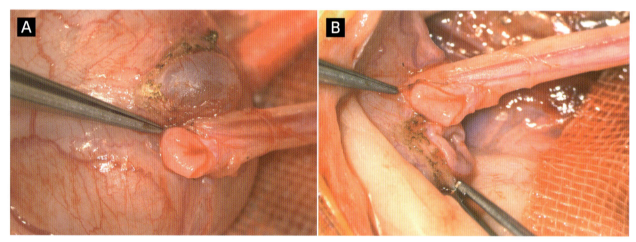

図50　膀胱壁の漿膜・筋層と粘膜の切開
A：膀胱粘膜が露出されると、バルーン状に膨隆する。
B：粘膜を縦切開した尿管と同じまたはやや広くなるように切開する。必ず鋭利なよく切れる剪刀を用いる。膀胱粘膜の切開部と尿管を配置している。

2.7.9 膀胱弁を用いた尿管膀胱吻合術[78,79]

閉塞部位を切除したのち、腎臓側の尿管が短く、さらに膀胱側の尿管も全域で線維化や閉塞がある場合、尿管を膀胱に吻合するには、吻合部へのテンションが強くなる可能性が高い。過度なテンションは裂開、線維化、狭窄の原因となるため、テンションを軽減するために、膀胱弁を形成する手法が用いられる。

膀胱頸部の背側は血管や神経、尿管などの重要な器官が存在するため、腹側の膀胱壁を使用する。弁となる部位を、尿管の届く長さに合わせて切開する（図53）。膀胱壁は、粘膜層と筋層・漿膜層に分離する。尿管膀胱新吻合術と同様に3点支持を配置し、その間に単純結節縫合を加える。余剰な膀胱弁の膀胱壁は切除する（図54）。余剰分を残すと、その部位が憩室のような状態になり、尿が貯留して、感染などの原因となる。尿管吻合部が頂点にくるように形成する。膀胱壁を層別並置縫合するために、膀胱粘膜だけを細めの吸収性モノフィラメント糸で連続縫合している。筋層・漿膜層を吸収性モノフィラメント糸で単純結節縫合する（図55）。

2.7.10 腎瘻チューブの設置[80]

腎瘻チューブは尿管の閉塞時には最も有効な尿排泄経路の迂回路となる。腎瘻チューブは、この腎盂圧の上昇や尿管の拡張を一時的に低減する目的で用いることがで

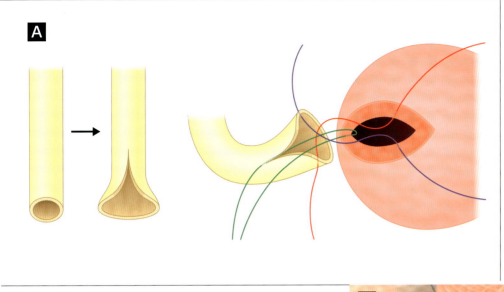

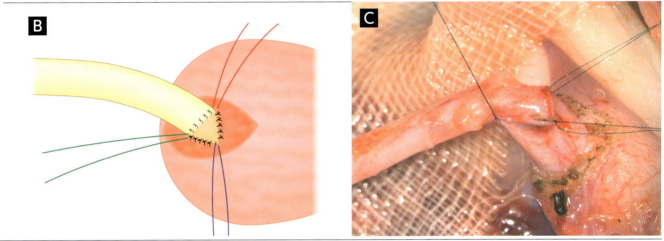

図51 尿管膀胱新吻合術
A：扇状の頂点と底辺の両端、合計3箇所に支持糸を設置。
B、C：支持糸を単純結節縫合して、立体的に吻合部を展開することで、誤針を防ぐ。

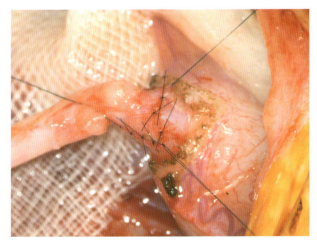

図52 尿管膀胱新吻合術の粘膜と尿管の縫合
それぞれの支持糸の間に、単純結節縫合を加える。

きる。これにより痛みが改善し、尿管蠕動運動の回復を期待することができ、さらには腎臓への後負荷の軽減をもたらす。場合によっては、蠕動運動が回復することで、尿管内の閉塞物を膀胱まで流し出すことができることもある。尿管の外科的治療やsubcutaneous ureteral bypass設置術などを行える施設へ紹介するまでの待機時間を確保するために、救済的な腎瘻チューブの設置として用いることも可能である。

一方、尿管の外科的治療を行う場合にも腎瘻チューブの設置は有効である。特にネコでは、外科手術後1週間程度の間、尿管の蠕動運動が停止するために、蠕動運動が回復するまでの迂回路とする。また、尿管手術後に6～16％の割合で尿の漏出による尿性腹症が報告されており[1,8,10,5]、漏出を回避するためにも、一時的な排泄路としての腎瘻チューブを設置することが推奨されている[81]。さらに、尿管の縫合終了後に、腎瘻チューブから滅菌生理食塩液でリークチェックを行うことで、術後の尿漏れを回避することができる。

第15章

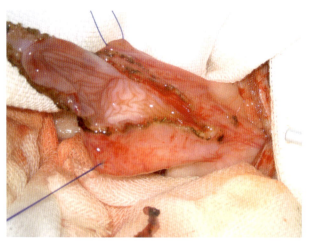

図53　膀胱弁を用いた尿管膀胱吻合術
膀胱背側は血管や神経、尿管などの重要な器官が存在するため、膀胱前壁を使用する。弁となる部位を切離し、尿管の届く範囲に合わせて弁の長さを調節する。尿管膀胱新吻合術と同様に吻合する。

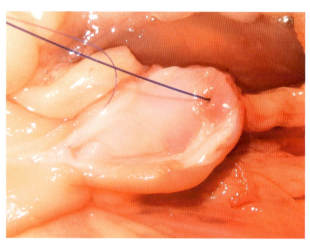

図54　膀胱弁と尿管の吻合部
余剰な膀胱弁の膀胱壁は切除する。余剰分を残すと、その部位が憩室の役割をし、尿が貯留してしまい、感染などの原因となる。尿管吻合部が頂点となるように形成する。

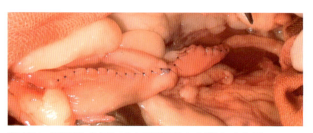

図55　膀胱弁を用いた尿管膀胱吻合術の吻合後
筋層・漿膜層を吸収性モノフィラメント糸で単純結節縫合する。尿管が膀胱弁のほぼ先端に配置されていることがわかる。

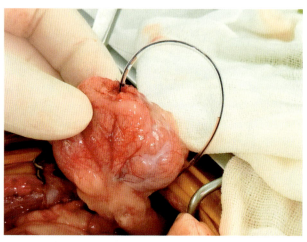

図56　腎瘻チューブを腎被膜へ固定
腎被膜に1糸単純結節縫合を行ってから、チューブに巻き付けて結紮、固定する。腎瘻チューブが誤って抜けることを防止する。

　腹壁最内層の腹横筋が腎臓を固定するフラップとなるため、腹横筋をコの字状に切開する。フラップの位置は、尿管の切除範囲や、腎臓を尾側へ移動させて固定する位置を確認して作成する。特に、尿管を切除した場合は、吻合部のテンションを減弱するために行う。そのフラップを牽引した部位から、モスキート鉗子で腹壁を貫通させた後、皮下を通してから皮膚の外へ誘導する。腎臓内への感染を可能な限り予防するために、チューブは皮下を長めに走行させる。モスキート鉗子にチューブ先端を把持させて、腹腔内まで一気に引き込む。フラップを作成して欠損した筋層は、フラップの基部まで連続縫合で閉創しておく。

　腎臓を後腹膜と周囲の脂肪から剥離する。腎臓の大弯から腎門に向けて22G〜24Gの留置針を腎盂に挿入する。尿が留置内に逆流し、腎盂へ留置針が入ったことが確認できたら、内套を抜去し、外套からガイドワイヤーをゆっくりと腎盂、尿管の閉塞部まで挿入する。その後、留置を抜去し、ガイドワイヤーのみが腎盂、尿管内に挿入された状態にする。ガイドワイヤーの腎盂に挿入されていない端を、腹壁を通したチューブの先端へ挿入する。ガイドワイヤーに沿わせながら腎門部までチューブを誘導すると、腎門部付近でかすかにチューブ先端が触れるため、その位置でチューブ先端を固定する（図40）。尿管の奥までチューブが挿入されすぎると、尿管を傷つける原因となるために注意する。腎被膜に1糸単純結節縫合を行ってから、チューブに巻き付けて結紮、固定する（図56）。腎瘻チューブが誤って抜けることを防止する。

　吸収性モノフィラメント合成糸などを用いて、作成した筋肉フラップを腎臓に4〜5箇所ほど単純結節縫合することで腹壁固定する（図57）。尿管切除などにより、尿管吻合部にテンションがかかる可能性がある場合に

腎泌尿器の外科手術

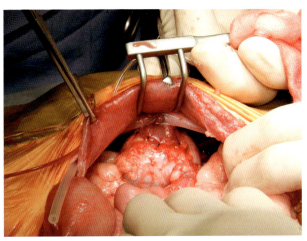

図57　腹壁フラップによる腎臓の腹壁固定
吸収性モノフィラメント合成糸などを用いて、作成した筋肉フラップを腎臓に4～5箇所ほど単純結節縫合することで腹壁固定する。尿管切除などにより、尿管吻合部にテンションがかかる可能性がある場合には、腎臓を尾側へ移動して、腹壁固定する。

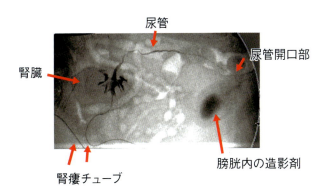

図58　腎瘻チューブからの腎瘻造影検査
腎瘻チューブから投与した造影剤が膀胱まで蠕動運動によって流れている。細い部分は蠕動運動している部位である。

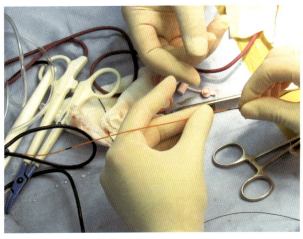

図59　尿管ステント
ダイレーターをガイドワイヤーに沿わせて挿入し、尿管を拡張したのち、ダイレーターを抜去し、ガイドワイヤーに沿わせて、両端がピッグテイルのステントを挿入する。

は、腎臓を尾側へ移動して、腹壁固定する。チューブをチャイニーズフィンガートラップ法により皮膚へ固定する。チューブと閉鎖性の尿バッグを連結して感染を防止し、排尿量をモニターすることができる。腎瘻チューブの管理として、尿バッグに貯留している尿量によって1日2回の尿バッグ交換をする。この際、感染が腎盂へ派生しないように、滅菌グローブまたはしっかり消毒した使い捨てグローブを装着して行うようにする。毎回、尿バッグ内の尿量を計量し、mL/kg/hrで算出する。同時にトイレにも排尿がある場合は、それも別に計算しておくと、総尿量を算出できる。腎瘻チューブの皮膚の挿入部、バンデージなどの汚れの有無を定期的に確認し、清潔に保つことはとても重要である。腎瘻チューブは、術後7日目を目処に抜去する。長期的に留置すると、感染や炎症の原因となる。一般的に、腎瘻チューブを抜去する時期としては、徐々に尿バッグに貯留する尿量が減少し、自力排尿の量が増えた頃がよい。抜去は、腎瘻チューブの挿入部に軽く手をあて、チューブをゆっくり引き抜いてくることで抜去できる。抜去前に、イオヘキソールを滅菌生理食塩液で2倍に希釈して腎瘻造影を実施して、尿管の開存性を確認することもある（図58）。

2.7.11 尿管ステント

尿管ステントは、ステント自体の刺激によって疼痛、排尿痛、上行性感染、再閉塞、尿管の石灰化を引き起こす可能性が高いことが問題となり、現在、ネコに対しては、用いられる機会が減ってきた[5,49]。

腹部正中切開にて、腎臓と膀胱を露出する。ガイドワイヤーの通し方は2通りある。

1つ目は、膀胱頸部の腹側を切開し、尿管開口部から逆行性に、尿管結石の部位を乗り越えて、腎盂内へ挿入する方法である。

2つ目は、腎瘻チューブ設置と同様に、腎臓の大弯からガイドワイヤーを挿入し、尿管結石を通り越して、膀胱へ挿入する。ダイレーターをガイドワイヤーに沿わせて挿入し、尿管を拡張する。ダイレーターを抜去し、ガイドワイヤーに沿わせて、両端がピッグテイルのステントを挿入する（図59）。ガイドワイヤーを抜去する。ガイドワイヤーやダイレーターが尿管結石部分を通り越せない場合には、尿管切開して結石を摘出することもある。

第15章

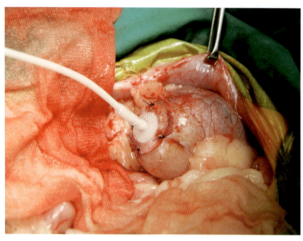

図60 SUBシステムのための腎瘻チューブ設置
透視下で、腎瘻チューブをガイドワイヤーに沿わせて腎盂まで挿入する。腎被膜とチューブに附属したカフを固定する。
(提供：山﨑寛文先生/日本動物高度医療センター)

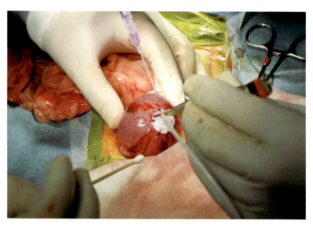

図61 SUBシステムのための膀胱側のチューブの設置
膀胱側のチューブは、膀胱尖部から膀胱内へチューブを挿入し、同様に漿膜面と縫合して固定する。
(提供：山﨑寛文先生/日本動物高度医療センター)

2.7.12 subcutaneous ureteral bypass(SUB)

SUBシステムは、腎臓近位の尿管結石や狭窄、尿管の広範囲な欠損においても適用可能である[82,83]。しかしながら、SUBシステムもまた上行性感染を引き起こすリスクがあるとともに、チューブ内における結石や血餅の沈着による再閉塞の報告が存在する[82,83]。さらに、SUBシステムにおいては定期的にシステムの洗浄を必要とする。

腹部正中切開にて、腎臓と膀胱を露出する。腎瘻チューブ側は、前述の腎瘻チューブの設置と同様にガイドワイヤーを尿管まで挿入する。透視下で、腎瘻チューブをガイドワイヤーに沿わせて腎盂まで挿入する。チューブに付属したカフを腎被膜に固定する（図60）。膀胱側のチューブは、膀胱尖部から膀胱内へチューブを挿入し、同様に漿膜面と縫合して固定する（図61）。腹壁の外側にポートを設置するが、腎臓側のチューブがポートの尾側の接続部に、膀胱側のチューブがポートの頭側の接続部に接続しやすいように、腹腔内を走行させてから腹壁を貫通させる。ポートは、吸収性モノフィラメント糸によって、腹壁に固定する（図62）。

尿の採取やチューブの洗浄は、ポートを通して行うことができる。ポートのシリコンを損傷しないために、22Gのフーバー針を用いる。数カ月に1回チューブ内の洗浄を実施することで、石灰化を防ぐことができるといわれている[84,85]。また、尿路造影により、開存性の確認もできる[84]。

2.8 予後、予防法

イヌとネコの違いとして、尿管閉塞などによって発症するAKIの後、ネコは慢性経過をたどりやすく、血液検査上は正常に近い値へ回復したとしても、組織学的にはCKDへ進行し始めている可能性が高い。これにより、術後は血液検査や尿検査、画像診断を定期的に行い、腎機能の悪化を素早く発見し、必要な場合はCKDの治療も開始する。

閉塞の原因が結石の場合、外科的治療後の再発リスクを示した詳細な報告は少ないが、術後に何らかの管理をしないと再び尿管結石が生じる可能性がある[86]。ネコでは40％の症例で、尿管結石が再発したという報告もある[8,61]。再発予防のための内科管理の目標としては、①尿中に排泄される結晶や結石の原因となる物質やミネラルの排泄自体を減らすこと、②尿を希釈して尿中のこれらの濃度を低下させること、③尿量を増やして停滞している時間を短縮することがあげられる。

American College of Veterinary Internal Medicine (ACVIM) は、推奨される治療指針を提示している (https://onlinelibrary.wiley.com/doi/epdf/10.1111/jvim.14559)[50,87]。1つの目安として、尿比重がイヌでは1.020以下、ネコでは1.030以下に設定するとされている[50]。飲水量の計測や、ウェットフードへの切り替え、療法食の給餌などが必要である。これらのことが達成できているかの評価を定期検診で観察していくことと、検査結果により食事や投薬、内科的治療内容を随時変更することが重要である。

食事管理としては尿石症予防療法食が一般的に選択されるが、特にネコでは、前述したようにCKDへ移行し

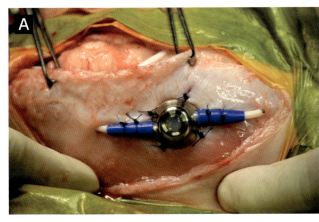
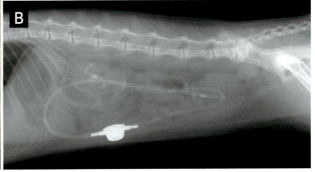

図62　SUBシステムのためのポートの設置
A：腹壁の外側にポートを設置するが、腎臓側のチューブがポートの尾側の接続部に、膀胱側のチューブがポートの頭側の接続部に接続しやすいように、腹腔内を走行させてから腹壁を貫通させる。ポートは、吸収性モノフィラメント糸によって、腹壁に固定する。
B：手術終了後のX線検査画像。
（提供：山﨑寛文先生／日本動物高度医療センター）

やすいこともあり、尿石症予防療法食では腎臓に対して負担を与えるものも存在する[88]。ヒトでは、塩化ナトリウムを補給することによって、尿中のカルシウム排泄が増加し、シュウ酸カルシウム結石形成のリスクが上昇するといわれている[89]。近年、ネコにおいても、シュウ酸カルシウム結石の場合は、塩分含量について議論が続いている。腎機能低下や心疾患、高血圧を合併している症例もあり、食事中に食塩を追加することは推奨されていない[88]。したがって、全身状態を把握したうえで、腎臓病用療法食や、カリウムで利尿をうながすような尿石症予防療法食によって管理する必要性も考慮しておく必要がある。

ただし、腎臓病用療法食は、蛋白質やリンの含有量を制限している。一般的に、粗蛋白質含有量を高く設定することで飲水量、尿量、排尿回数は増加するが[90]、腎臓病用療法食は粗蛋白質含有量が低く設定されているため、腎臓病療法食の給餌によって尿路結石用療法食よりも飲水量、尿量、排尿回数は減少する可能性がある。また、リン含有量が低いと尿中へのカルシウム排泄が増加するため、シュウ酸カルシウム結石の形成をうながす可能性がある[7]。したがって、腎臓病用療法食の給餌を実施する場合、結石の再発予防法として、シュウ酸カルシウム結晶の凝集抑制や利尿促進、尿管蠕動亢進など付加的処置を実施する必要性があると考えられる。

手術部位の狭窄・閉塞、それによる水腎症、水尿管は、ネコでは長くて約5カ月という長い経過で起こる可能性がある[42]。したがって、継続した定期的な検診が必要である。その際、超音波検査にて、腎盂や尿管の拡張を確認することは非常に重要である。拡張が悪化する傾向にある場合は、再手術の適応となる。

このような合併症を防ぐには、炎症が強い部位、尿管壁が正常より白っぽくみえ線維化が始まっているような部位、軽く尿管を触診して硬結感がある部位、既に内腔が狭小化している部位、粘膜に潰瘍やポリープが存在している部位などは、将来的に線維化や狭窄、閉塞を起こす可能性がある部位として切除し、できる限り正常に近い組織同士を吻合しておくことで、防げることもある。特にネコでは、尿管の組織が高度に線維化する傾向があるために、閉塞などの合併症予防には十分配慮しておくべきである。

それ以外に起こる合併症としては、感染性腹膜炎、吻合部や尿瘻からの尿漏れ、感染性腎盂腎炎などが報告されている[5,10]。

尿管ステントの合併症発生率は多く、ステントの膀胱頸部刺激による有痛性排尿困難や頻尿、ステント設置時の尿管損傷、尿路感染、ステントの石灰化や破損、再閉塞などが報告されている（図63）[5,91-93]。これらによって、27％の症例が再設置する必要があったといわれている。

SUBの合併症は、結石や血餅、捻れなどによる再閉塞、感染、まれに尿漏れなどが報告されている。洗浄を定期的に行うことで、再閉塞の発生を低減できるといわれている[94-96]。

第15章

図63　ステントの石灰化
ステントの石灰化と閉塞によって、抜去したステント。結石と同様の構造物が周囲に沈着していることが確認できる。

第15章2の参考文献

1) Kyles AE., Stone EA, Gookin J, Spaulding K, Clary EM, Wylie K, Spodnick G. Diagnosis and surgical management of obstructive ureteral calculi in cats: 11 cases (1993-1996). *J Am Vet Med Assoc*. 1998; 213: 1150-1156.
2) McLouglin MA, Bjorling DE. Ureters. In: Slatter D, ed. Textbook of small animal surgery. 3rd ed. WB Saunders. Piladelphia. 2003; 1619-1628.
3) Westropp JL, Ruby AL, Bailiff NL, et al. Dried solidified blood calculi in the urinary tract of cats. *J Vet Intern Med*. 2006; 20: 828-834.
4) Lane IF. Urinary system. In: August JR, ed. Consultations in feline internal medicine, 6th ed. Saunders Elsevier, St. Louis. 2009; 467-532.
5) Wormser C, Clarke DL, Aronson LR. Outcomes of ureteral surgery and ureteral stenting in cats: 117 cases (2006-2014). *J Am Vet Med Assoc*. 2016; 248: 518-525.
6) Aumann M, Worth LT, Drobatz KJ. Uroperitoneum in cats: 26 cases (1986-1995). *J Am Anim Hosp Assoc*. 1998; 34: 315-324.
7) Lekcharoensuk, C, Lulich JP, Osborne CA, Koehler LA, Urlich LK, Carpenter KA, Swanson LL. Association between patient-related factors and risk of calcium oxalate and magnesium ammonium phosphate urolithiasis in cats. *J AM Vet Med Assoc*. 2000; 217: 520-525.
8) Kyles AE, Hardie EM, Wooden BG, Adin CA, Stone EA, Gregory CR, Mathews KG, Cowgill LD, Vaden S, Nyland TG, Ling GV. Clinical, clinicopathologic, radiographic, and ultrasonographic abnormalities in cats with ureteral calculi: 163 cases (1984-2002). *J Am Vet Med Assoc*. 2005; 226: 932-936.
9) Cannon AB, Westropp JL, Ruby AL, Kass PH. Evaluation of trends in urolith composition in cats: 5,230 cases (1985-2004). *J Am Vet Med Assoc*. 2007; 231: 570-576.
10) Kyles AE, Hardie EM, Wooden BG, Adin CA, Stone EA, Gregory CR, Mathews KG, Cowgill LD, Vaden S, Nyland TG, Ling GV. Management and outcome of cats with ureteral calculi: 153 cases (1984-2002). *J Am Vet Med Assoc*. 2005; 226: 937-944.
11) Low WW, Uhl JM, Kass PH, Ruby AL, Westropp JL. Evaluation of trends in urolith composition and characteristics of dogs with urolithiasis: 25,499 cases (1985-2006). *J Am Vet Med Assoc*. 2010; 236: 193-200.
12) Lekcharoensuk C, Osborne CA, Lulich JP, Albasan H, Ulrich LK, Koehler LA, Carpenter KA, Swanson LL, Pederson LA. Trends in the frequency of calcium oxalate uroliths in the upper urinary tract of cats. *J Am Anim Hosp Assoc*. 2005; 41: 39-46.
13) Berent AC, Weisse CW, Bagley DH, Lamb K. Use of a subcutaneous ureteral bypass device for treatment of benign ureteral obstruction in cats: 174 ureters in 134 cats (2009-2015). *J Am Vet Med Assoc*. 2018; 253: 1309-1327.
14) Ching SV, Fettman MJ, Hamar DW, Nagode LA, Smith KR. The effect of chronic dietary acidification using ammonium chloride on acid-base and mineral metabolism in the adult cat. *J Nutr*. 1989; 119: 902-915.
15) Kirk CA, Ling GV, Franti CE, Scarlett JM. Evaluation of factors associated with development of calcium oxalate urolithiasis in cats. *J Am Vet Med Assoc*. 1995; 207: 1429-1434.
16) Smith BH, Stevenson AE, Markwell PJ. Urinary relative supersaturations of calcium oxalate and struvite in cats are influenced by diet. *J Nutr*. 1998; 128: 2763S-2764S.
17) Thumchai R, Lulich J, Osborne CA, King VL, Lund EM, Marsh WE, Ulrich LK, Koehler LA, Bird KA. Epizootiologic evaluation of urolithiasis in cats: 3,498 cases (1982-1992). *J Am Vet Med Assoc*. 1996; 208: 547-551.
18) Palm C, Westropp J. Cats and calcium oxalate: strategies for managing lower and upper tract stone disease. *J Feline Med Surg*. 2011; 13: 651-660.
19) Harris KP, Schreiner GF, Klahr S. Effect of leukocyte depletion on the function of the postobstructed kidney in the rat. *Kidney Int*. 1989; 36: 210-215.
20) Coroneos E, Assouad M, Krishnan B, Truong LD. Urinary obstruction causes irreversible renal failure by inducing chronic tubulointerstitial nephritis. *Clin Nephrol*. 1997; 48: 125-128.
21) Snyder DM, Steffey MA, Mehler SJ, et al. Diagnosis and surgical management of ureteral calculi in dogs: 16 cases (1990-2003). *NZ Vet J*. 2004; 53: 19-25.
22) Ling GV, Franti CE, Ruby AL, et al. Urolithiasis in dogs I: mineral prevalence and interrelations of mineral composition, age and sex. *Am J Vet Res*. 1998; 59:624-629.
23) Ling GV, Franti CE, Johnson DL, et al. Urolithiasis in dogs III: prevalence of urinary tract infections and interrelations of infection, age, sex and mineral composition. *Am J Vet Res*. 1998; 59:643-649.
24) Weiss RM. Physiology and pharmacology of the renal pelvis and ureter. In: Retik AB, Vaughan ED Jr, Wein AJ, eds. Campbell's urology. 8th ed. WB Saunders. Piladelphia. 2002; 377-409.
25) Growth EM, Lulich JP, Chew DJ, et at. Vitamin D metabolism in dogs with and without hypercalciuric calcium oxalate urolithiasis. *J Vet Intern Med*. 2019; 33(2): 758-763.
26) Rawlings CA, Bjorling DE, Christie BA. Kidneys. In; Slatter D, ed. Textbook of small animal surgery. 3rd ed. WB Saunders. Piladelphia. 2003; 1606-1619.
27) Holt PE. Urinary incontinence in dogs and cats. *Vet Rec*. 1990; 127: 347-350.
28) Elliott SP, McAninch JW. Ureteral injuries: external and iatrogenic. *Urol Clin North Am*. 2006; 33: 55-66.
29) Hardie EM, Kyles AE. Management of ureteral obstruction. *Vet Clin North Am Small Anim Pract*. 2004; 34: 989-1010.
30) Berent AC, Weisse CW, Todd KL, et al. Use of locking-loop pigtail nephrostomy catheters in dogs and cats: 20 cases (2004-2009). *J Am Vet Med Assoc*. 2012; 241: 348-357.
31) Allen JT, Vaughan ED Jr, Gillenwater JY. The effect of indomethacin on renal blood flow and uretral pressure in unilateral ureteral obstruction in a awake dogs. *Invest Urol*.

1978; 15: 324-327.
32) Yarger WE, Schocken DD, Harris RH. (1980): Obstructive nephropathy in the rat: possible roles for the renin-angiotensin system, prostaglandins, and thromboxanes in postobstructive renal function. *J Clin Invest*. 1980; 65: 400-412.
33) Wen JG, Frokiaer J, Jorgensen TM, Djurhuus JC. Obstructive nephropathy: an update of the experimental research. *Urol Res*. 1999; 27: 29-39.
34) Coroneos E, Assouad M, Krishnan B, Truong LD. Urinary obstruction causes irreversible renal failure by inducing chronic tubulointerstitial nephritis. *Clin Nephrol*. 1997; 48: 125-128.
35) Wilson DR. Renal function during and following obstruction. *Ann Rev Med*. 1997; 28: 329-339.
36) Padanilam BJ. Cell death induced by acute renal injury: a perspective on the contributions of apoptosis and necrosis. *Am J Physiol Renal Physiol*. 2003; 284: F608-627.
37) Furuichi K, Kaneko S, Wada T. Chemokine/chemokine receptor-mediated inflammation reg ulates pathologic changes from acute kidney injury to chronic kidney disease. *Clin Exp Nephrol*. 2009; 13: 9-14.
38) Fink RLW, Caradis DT, Chmiel R, Ryan G. Renal impairment and its reversibility following variable periods of complete ureteric obstruction. *Aust NZ J Surg*. 1980; 50: 77-83.
39) Vaughan DE, Sweet RE, Gillenwater JY. Unilateral ureteral occlusion: pattern of nephron repair and compensatory response. *J Urol*. 1973; 109: 979-982.
40) Chuang YH, Chuang WL, Liu KM, Chen SS, Huang CH.Tissue damage and regeneration of ureteric smooth muscle in rats with obstructive uropathy. *Br J Urol*. 1998; 82: 261-266.
41) Kyle M. Ureters. In: Johnston SA, Tobias KM, eds. *Veterinary Surgery Small Animal*, 2nd ed, E-BOOK. Elsevier, St. Louis. 2018.
42) Zaid MS, Berent AC, Weisse C, Caceres A. Feline ureteral strictures: 10 cases (2007-2009). *J Vet Intern Med*. 2011; 25: 222-229.
43) Bohling MW. (2014): Wound healing. In: Langley-Hobbs SJ, Demetriou L, Ladlow JF, eds. Feline soft tissue and general surgery. Saunders Elsevier, New York. 2014; 171-175.
44) Berent AC, Weisse C, Mayhew PD, et al. Evaluation of cystoscopic-guided laser ablation of intramural ectopic ureters in female dogs. *J Am Vet Med Assoc*. 2012; 240;716-725.
45) Gisselman K, Langston C, Palma D, McCue J. Calcium oxalate urolithiasis. *Compend Contin Educ Vet*. 2009; 31: 496-502.
46) McClain H M, Barsanti JA, Bartges JW. Hypercalcemia and calcium oxalate urolithiasis in cats: a report of five cases. *J Am Anim Hosp Assoc*. 1999; 35: 297-301.
47) D'Anjou MA, Bédard A, Dunn ME. Clinical significance of renal pelvic dilatation on ultrasound in dogs and cats. *Vet Rad Ultra*. 2011; 52: 88-94.
48) Berent AC, Weisse CW, Todd K, Bagley DH. Technical and clinical outcomes of ureteral stenting in cats with benign ureteral obstruction: 69 cases (2006-2010). *J Am Vet Med Assoc*. 2014; 244: 559-576.
49) Wormser C, Reetz JA, Drobatz KJ, Aronson LR. Diagnostic utility of ultrasonography for detection of the cause and location of ureteral obstruction in cats: 71 cases (2010-2016). *J Am Vet Med Assoc*. 2019; 254: 710-715.
50) Lulich AC, Berent LG, Adams JL, Westropp JL, Bartges LW, Osborne CA. ACVIM Small Animal Consensus Recommendations on the Treatment and Prevention of Uroliths in Dogs and Cats. *J Vet Intern Med*. 2016; 30: 1564-1574.
51) Langston C, Gisselman K, Palma D, McCue J. Methods of urolith removal. Compend. *Contin Educ Vet*. 2010; 32: E1-7.
52) Lamb CR, Gregory SP. Ultrasonographic findings in 14 dogs with ectopic ureter. *Vet Rad Ultra*. 1998; 39;218-223.
53) Samii VF, McLoughlin MA, Mattoon JS, et al. Digital fluoroscopic excretory urography, digital fluoroscopic urethrography, helical computed tomography, and cystoscopy in 24 dogs with suspected ureteral ectopia. *J Vet Intern Med*. 2004; 18: 271-281.
54) http://www.iris-kidney.com/pdf/4_ldc-revised-grading-of-acute-kidney-injury.pdf
55) Harison E, Langston C, Palma D, Lamb K. Acute azotemia as a predictor of mortality in dogs and cats. *J Vet Intern Med*. 2012; 26: 1093-1098.
56) Smeak DD. Urethrotomy and urethrostomy in the dog. *Clin Tech Small Anim Pract*. 2000; 15: 25-34.
57) Roberts SF, Aronson LR, Brown DC. Postoperative mortality in cats after ureterolithotomy. *Vet Surg*. 2011; 40: 438-443.
58) Gregory CR, Lirtzman RA, Kochin EJ, Rooks RL, Kobayashi DL, Seshadri R, Scott D. A mucosal apposition technique for ureteroneocystostomy after renal transplantation in cats. *Vet Surg*. 1996; 25: 13-17.
59) Bernsteen L, Gregory CR, Kyles AE, Wooldridge JD, Valverde CR. Renal transplantation in cats. *Clin Tech Small Anim Pract*. 2000; 15: 40-45.
60) Phillips H, Ellison GW, Mathews KG, Aronson LR, Schmiedt CW, Robello G, Selmic LE, Gregory CR. Validation of a model of feline ureteral obstruction as a tool for teaching microsurgery to veterinary surgeons. *Vet Surg*. 2018; 47: 357-366.
61) MacPhail CM. Surgery of the Kidney and Ureter. In: Fossum TW, ed. Small Animal Surgery, 4th ed. ELSEVIETR, St. Louis. 2007; 705-734.
62) Taney KG, Moore KW, Carro T, et al. Bilateral ectopic ureters in a male dog with unilateral renal agenesis. *J Am Vet Med Assoc*. 2003; 223: 817-820.
63) Tattersall JA, Welsh E. Ectopic ureterocele in a male dog: a case report and review of surgical management. *J Am Anim Hosp Assoc*. 2006; 42: 395-400.
64) Takiguchi M, Yasuda J, Ochiai K, et al. Ultrasonographic appearance of orthotopic ureterocele in a dog. *Vet Radiol Ultrasound*. 1997; 38: 398-399.
65) Berent A, Weisse C, Bagley D, et al. Ureteral stenting for feline ureterolithiasis: technical and clinical outcomes [abstract]. *J Vet Intern Med*. 2009; 23: 688.
66) Kochin EJ, Gregory CR, Wisner E, et al. Evaluation of a method of ureteroneocystostomy in cats. *J Am Vet Med Assoc*. 1993; 202: 257-260.
67) Cornillie P, Baten T, Simoens P. Retrocaval ureter in a cat. *Vet Rec*. 2006; 159: 24-25.
68) Doust RT, Clarke SP, Hammond G, et al. Circumcaval ureter associated with an intrahepatic portosystemic shunt in a dog. *J Am Vet Med Assoc*. 2006; 228: 389-391.
69) Feeney DA, Barber DL, Johnston GR, et al. The excretory urogram: part I techniques, normal radiographic appearance and misinterpretation. *Compend Contin Educ Pract Vet*. 1982; 4: 233.
70) Christie BA. The ureterovesical junction in dogs. *Invest Urol*. 1971; 9: 10-15.
71) Davis JE, Hagedoorn JP, Bergmann LL. Anatomy and ultrastructure of the ureter. In: Bergman H, ed. The ureter, ed 2 Springer-Verlag, New York. 1981; 55.
72) Wolf JS, Humphrey PA, Rayala HJ, et al. Comparative ureteral microanatomy. *J Endourol*. 1996; 10: 527-531.
73) Weiss RM. Physiology and pharmacology of the renal

pelvis and ureter. In: Retik AB, Vaughan ED Jr, Wein AJ, eds. Campbell's urology. 8th ed. WB Saunders. Piladelphia. 2002; 377-409.
74) Christie BA. Anatomy of the urinary tract. In: Slatter D, eds. Textbook of small animal surgery. 3rd ed. WB Saunders. Piladelphia. 2003; 1558-1578.
75) Bellah JR. Problems of the urethra. Surgical approaches. *Probl Vet Med*. 1989; 1: 17.
76) Jason A, Bjorling DE. Urethra. In: Tobias KM, Johnston SA, eds. *Veterinary Surgery Small Animal*. 2012; 1993-2010.
77) EA, Mason LK. Surgery of ectopic ureters: types, method of correction, and postoperative results. *J Am Anim Hosp Assoc*. 1990; 26: 81.
78) 岩井聡美．泌尿器（尿管・膀胱・骨盤部尿道）の吻合術．*SURGEON*．2017; 21(4): 46-75.
79) 岩井聡美．上部泌尿器手術後の合併症．*SURGEON*．2020; 24(2): 25-50.
80) 岩井聡美．腎瘻チューブ・腹膜透析 〜急性腎障害への緊急対応〜．伴侶動物の治療指針 Vol.10．緑書房．2019; 147-161.
81) Nwadike BS, Wilson LP, Stone EA. Use of bilateral temporary nephrostomy catheters for emergency treatment of bilateral ureter transection in a cat. *J Am Vet Med Assoc*. 2000; 217: 1862-1865.
82) Palm CA, Culp WTN. Nephroureteral Obstructions: The Use of Stents and Ureteral Bypass Systems for Renal Decompression. *Vet Clin North Am Small Anim Pract*. 2016; 46: 1183-1192.
83) Fages J, Dunn M, Specchi S, Pey P. Ultrasound evaluation of the renal pelvis in cats with ureteral obstruction treated with a subcutaneous ureteral bypass: a retrospective study of 27 cases (2010-2015). *J Feline Med Surg*. 2018; 20: 875-883.
84) Berent A, Weisse C. The SUB: A subcutaneous ureteral bypass system. Surgical Guide. [Norfolk Veterinary Products Inc., Skokie IL, PW-0414] http:// www.norfolkvetproducts.com/ PDF'S/ Updated% 20SUB% 20Surgery% 20Guide% 20.pdf.
85) Berent AC. Ureteral obstructions in dogs and cats: a review of traditional and new interventional diagnostic and therapeutic options. *J Vet Emerg Crit Care*. 2011; 21: 86-103.
86) Osborne CA, Lulich JP, Forrester D, et al. Paradigm changes in the role of nutrition for the management of canine and feline urolithiasis. *Vet Clin North Am Small Anim Pract*. 2009; 39: 127-141.
87) Lulich JP, Berent AC, Adams LG, Westropp JL, Bartges JW, Osborne CA. ACVIM Small animal consensus recommendations on the treatment and prevention of urolitihs in dog and cats. *J Vet Intern Med*. 2016; 30: 1564-1574. https://onlinelibrary.wiley.com/doi/epdf/10.1111/jvim.14559
88) Nguyen P, Reynolds B, Zentek J, et al. Sodium in feline nutrition. *J Am Physiol Anim Nutr*. Epub ahead of print, 2016.
89) Carbone LD, Barrow KD, Bush AJ, Boatright MD, Michelson JA, Pitts KA, Pintea VN, Kang AH, Watsky MA. Effects of a low sodium diet on bone metabolism. *J Bone Miner Metab*. 2005; 23: 506-513.
90) Funaba M, Hashimoto M, Yamanaka C, Shimogori Y, Iriki T, Ohshima S, Abe M. Effects of a high-protein diet on mineral metabolism and struvite activity product in clinically normal cats. *Am J Vet Res*. 1996; 57: 1726-1732.
91) Berent A, Weisse C, Bagley D, et al. Ureteral stenting for feline ureterolithiasis: technical and clinical outcomes [abstract]. *J Vet Intern Med*. 2009; 23: 688.
92) Berent AC, Weisse CW, Todd K, et al. Technical and clinical outcomes of ureteral stenting in cats with benign ureteral obstruction: 69 cases (2006-2010). *J Am Vet Med Assoc*. 2014; 244: 559.
93) Manassero MJ, Decambron A, Viateau V, et al. Indwelling double pigtail ureteral stent combined or not with surgery for feline ureterolithiasis: complications and outcome in 15 cases. *J Feline Med Surg*. 2014; 16: 623.
94) Berent AC. Interventional urology: Endourology in small animal veterinary medicine. *Vet Clin Small Anim*. 2015; 45: 825-855.
95) Cara Horowitz, Allyson Berent, Chick Weisse, Cathy Langston, Demetrius Bagley. Predictors of outcome for cats with ureteral obstructions after interventional management using ureteral stents or a subcutaneous ureteral bypass device. *J Feline Med Surg*. 2013, 15(12): 1052-62.
96) Megan Cray, Allyson C Berent, Weisse CW, Bagley D. Treatment of pyonephrosis with a subcutaneous ureteral bypass device in four cats. *J Am Vet Med Assoc*. 2018; 252(6): 744-753.

3 膀胱の外科手術

3.1 膀胱と尿道の外科解剖

　膀胱の位置は尿の貯留量により様々に変化する。イヌでは膀胱が空の場合は、全体あるいはほぼ全体が骨盤腔内にあり、蓄尿するにしたがって腹壁に沿って頭側に拡張する。ネコでは、膀胱は蓄尿がない場合でも腹腔内に位置する。12kgのイヌでは、過度に膨張することなく尿を120mLまで貯留できる[1]。

　膀胱は尖部、体部、頚部に便宜上分けられる（図64）。膀胱頚部背側粘膜面に尿管が開口する。臍動脈の分枝である前膀胱動脈と泌尿生殖動脈の分枝である後膀胱動脈から膀胱は血液供給を受ける（図65）。

　膀胱の神経支配は、自律神経としては下腹神経より交感神経、骨盤神経より副交感神経を受け、体性神経としては、陰部神経が外膀胱括約筋と尿道の横紋筋に分布している。雄のイヌとネコの尿道は前立腺部、膜性部（骨盤部）、陰茎部に分けられる（図66）。

3.2 周術期管理

　イヌやネコで膀胱に生じる異常で多いものに、膀胱結石、腫瘍、破裂がある。膀胱結石が尿道につまる、もしくは腫瘍が近位尿道や膀胱三角部を閉塞した場合には尿路閉塞が生じる。尿路流出路閉塞や尿路損傷による尿腹症は、腎後性尿毒症、高カリウム血症、脱水を引き起こし、適切な診断や治療が行われない場合には動物は死に至る。尿路閉塞や尿腹症は内科的エマージェンシーであり、外科的エマージェンシーではない。高カリウム血症を伴っている場合、動物は不整脈を起こしやすい状態になっているため、麻酔前に脱水と電解質異常を改善して

腎泌尿器の外科手術

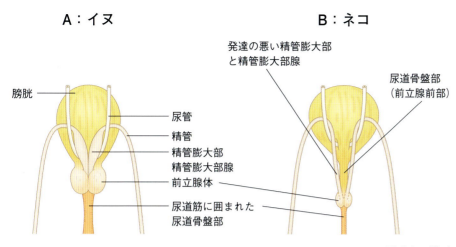

図64　雄イヌと雄ネコの膀胱の解剖（背側観）

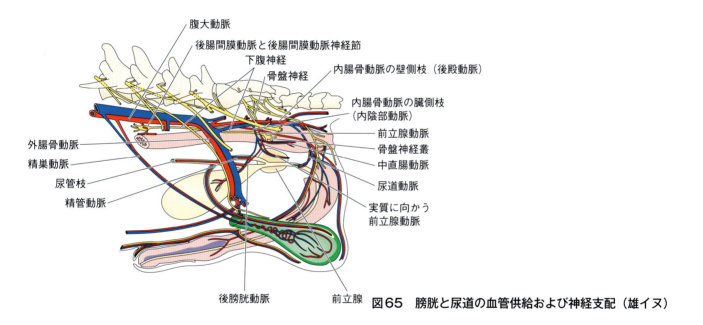

図65　膀胱と尿道の血管供給および神経支配（雄イヌ）

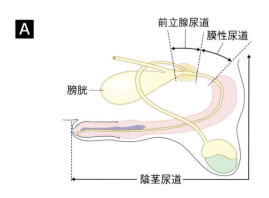
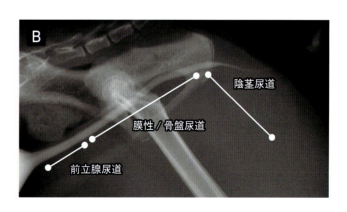

図66　尿道
A：雄イヌの尿道。雄イヌの尿道は、前立腺部、膜性部および陰茎部からなる。
B：雄ネコの尿道（X線造影検査）。雄ネコの尿道は、前立腺部、膜性部（骨盤部）および陰茎部からなる。

第15章

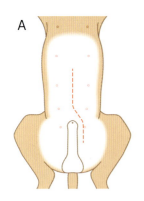
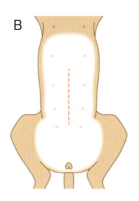

図67　膀胱切開の際の切開線（A：雄イヌ、B：雌イヌ）
臍から恥骨前縁まで切開し、膀胱を露出する。

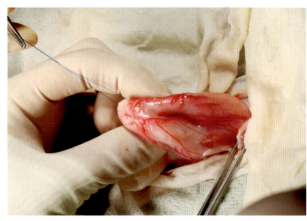

図68　膀胱の支持糸
膀胱尖部に支持糸をかける。

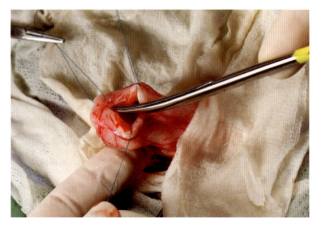

図69　膀胱切開
切開縁の両側に支持糸をかける。

おく必要がある。尿道閉塞による高カリウム血症は、静脈輸液療法と閉塞の解除に良好に反応する。尿腹症による高カリウム血症は静脈輸液療法と腹腔穿刺による排液に良好に反応する。

　ほとんど必要となることはないが、生命にかかわる程の高カリウム血症の場合には重炭酸ナトリウム、インスリンおよび糖液の投与、10％グルコン酸カルシウムの静脈内投与などの治療を検討する。

　術後管理に関しては、後述するそれぞれの術式の項を参照のこと。

3.3 膀胱切開術

　膀胱切開術は、主に膀胱結石の摘出を目的として実施されるが、その他、膀胱外傷の修復、膀胱腫瘍の生検または切除、重度の膀胱炎における膀胱壁の生検および培養、異所性尿管の手術および特発性腎血尿の精査の際にも実施される。2016年のACVIM（American College of Veterinary Internal Medicine）コンセンサス・ステートメントではイヌとネコの尿路結石に対する治療指針が記載されており、膀胱結石の摘出は低侵襲的に実施することが推奨されている[2]。しかしながら、現時点において、すべての動物病院が腹腔鏡や結石破砕のためのレーザーなどを備えることはできないため、一般的な膀胱切開で対応することがほとんどであると思われる。また、同指針では内科的治療で溶解可能な結石や尿道閉塞を引き起こす可能性の低い非臨床的膀胱結石は摘出する必要がないとされており、膀胱切開術による結石摘出の適応判断は慎重に行うべきである。いずれにしても結石摘出は、あくまでもその時点における状態を治療しているだけであるため、結石分析を行い、原因の排除、再発予防のための管理や治療が不可欠である。

　手術に際し、下腹部領域を剪毛し、臍から恥骨全縁までの下腹部正中切開を行う。雄の場合には、陰茎脇の切開を行う（図67）。膀胱を腹腔外に牽引し、滅菌生理食塩液で浸したガーゼで周囲を保護した後に、膀胱尖部に支持糸をかける（図68）。膀胱に尿が多量に貯留している場合には、術前に尿道カテーテルを挿入して尿を抜去するか、術中に注射針とシリンジを用いて抜去する。膀胱切開部位は腹側と背側のどちらでもよく、尿の漏出、結石の再発および癒着などには差はない。しかし、腹側切開の方が実施しやすく、尿管開口部を視認可能であり、尿管開口部への医原性の損傷を起こしにくい[3,4]。切開は血管の少ない正中領域を選択する。尖刃のメスで膀胱粘膜まで貫通し、吸引管で膀胱内の尿や血液成分を吸引する。さらにメッツェンバーム剪刀で頭尾側方向に切開を広げ、切開縁の両側に支持糸をかける（図69）。膀胱粘膜面を視認し、必要に応じて結石の摘出や生検を実施し、結石分析、細菌培養検査や病理組織学的検査などに

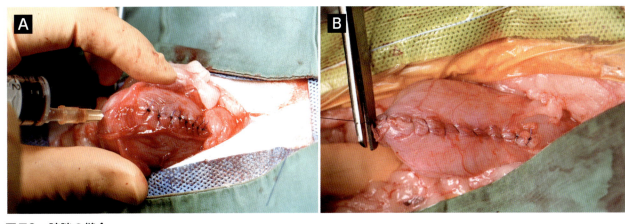

図70　膀胱の縫合
　A：単純結節縫合、B：単純連続縫合。

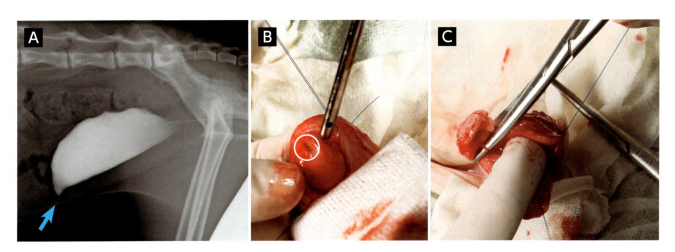

図71　膀胱憩室
　A：逆行性尿路造影検査：膀胱憩室を認める（矢印）。B：膀胱の粘膜面に憩室が確認できる（囲み）。C：憩室を含む、部分的膀胱切除。

供する。
　膀胱は3-0〜5-0のサイズの縫合糸で、単純結節縫合、連続縫合、あるいはクッシング・レンベルト縫合で2重内反縫合して閉鎖する（図70）。どの縫合パターンが優れているというエビデンスはないが、確実に粘膜下組織を通して縫合することが重要である[5]。正常な膀胱であれば縫合後、粘膜は5日間で修復し、14〜21日で膀胱組織全体の修復が完了するとされており様々な吸収性縫合糸の選択が可能である[6]。そのなかでも吸収性モノフィラメント糸は膀胱組織に対する抗力が小さく、付着／侵入する細菌が少ないといった点で使用が推奨されている。
　膀胱結石摘出の場合には、術中に必ず尿道にカテーテルを挿入し十分に洗浄を行い、尿道内に結石が残らないようにすることが重要である。また、術後にX線検査を行い、結石の取り残しがないことを確認する。一般的な膀胱切開においては、37〜50％で一過性の血尿と排尿障害を認めるが、大きな合併症はないとされている[5]。

3.4 部分的膀胱切除術

　部分的膀胱切除術の適応には、膀胱憩室、膀胱腫瘍またはポリープ、膀胱壊死などがある（図71、72）。
　イヌでは膀胱腫瘍は移行上皮癌であることが多く、部分切除での再発率は78％との報告もあり、実施の際には十分なインフォームが必要である[7]。また移行上皮癌は、非常に播種しやすい腫瘍であることを意識して手術を行う必要がある。膀胱部分切除では約10％の症例で腹腔内播種が起こったとする報告[7,8]もあるため、手術に際しては、膀胱の周囲に何重もガーゼを敷き詰め、膀胱壁の切開時には器具が腫瘍に触れないように細心の注意を払う。また、閉腹時には腹腔内を十分に洗浄するとともに縫合時に使用する器具は新しいものと取り替える

第15章

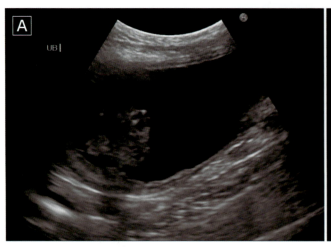
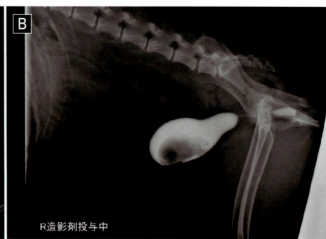

図72　膀胱腫瘍の画像検査所見
A：超音波検査：膀胱尖部に腫瘍病変を認める。
B：逆行性尿路造影検査：膀胱腹側に造影欠損を認める。

必要がある。膀胱の広範囲の切除が行われた場合には、膀胱内圧の軽減を目的として尿道カテーテルの留置を検討する。切除縁が膀胱三角に近い場合には、尿管開口部から尿管にカテーテルを挿入した状態で膀胱の閉鎖縫合を行うことで、尿管開口部を巻き込まず縫合が可能である。部分切除後の膀胱の縫合法は前述の膀胱切開時と同様であるが、広範囲かついびつな切除縁である場合には連続縫合よりも、単純結節縫合の方が確実な縫合になる。

　膀胱への神経や血管は膀胱三角部の背側から進入するので、この領域を含まず膀胱部分切除ができれば尿失禁のリスクは大きく低減することができる。ヒトにおいては膀胱三角を温存した状況であれば、膀胱の75％が切除された場合でも3カ月以内に300mLの蓄尿が可能とされており[9]、イヌにおいても三角部を温存できれば、膀胱の80％まで切除しても蓄尿機能は保たれるとされている[10]。近年、ヒトでは自家細胞を用いて新しく膀胱を再建する細胞工学が発達してきているが、この分野はイヌの膀胱欠損を修復する研究から応用されたものである[11]。

3.5　膀胱全切除；尿管包皮瘻/尿管腟瘻/尿管皮膚瘻形成術

　膀胱全切除術の適応には、膀胱三角部の腫瘍、膀胱全域の壊死などがある[12]（図73）。前述のようにイヌの膀胱腫瘍は移行上皮癌であることが多く、下部尿路全域に腔内播種していることを考慮し、根治を目的とした膀胱尿道全切除術が実施されることもある[13]（図74）。

　膀胱全切除の際の尿路再建法として、過去には尿管結腸吻合術も実施されていたが、術後合併症の多さから現

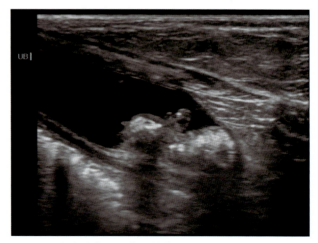

図73　膀胱腫瘍の超音波検査所見
膀胱三角部に浸潤性の腫瘍を認める。

在では推奨されていない。現在では尿管包皮瘻、尿管腟瘻や尿管皮膚瘻形成術などが選択される（図75、76）。これらの術式は術後の合併症の発生率は比較的低いとされているが、吻合部の狭窄や腎盂腎炎には注意が必要である。ただし、膀胱全摘出後は常に尿漏れ状態であり、生涯オムツ管理が必要であるため、飼い主がそれを管理することができるかなども適応の判断基準になる。

3.6　膀胱瘻チューブ設置

　膀胱瘻チューブの設置は尿路変更が必要な場合や膀胱への尿の貯留を回避したい場合に実施される。一時的な膀胱瘻チューブ設置の適応には、可逆的な下部尿路閉塞、尿道損傷に伴う尿による周囲組織の損傷、膀胱および尿道の手術後などが含まれる（図77）。持続的または永久

腎泌尿器の外科手術

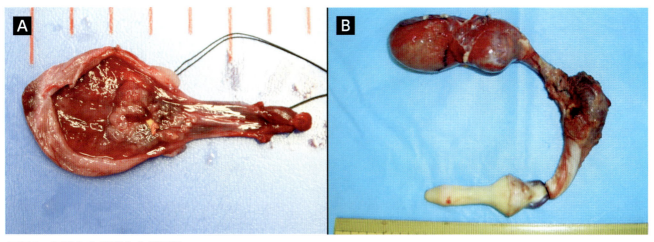

図74　切除した膀胱および尿道
A：雌イヌ。尿道遠位には腟の一部も含まれている。膀胱三角部には石灰化した腫瘤が確認できる。
B：雄イヌ。膀胱、前立腺、尿道、陰茎までの一括切除。

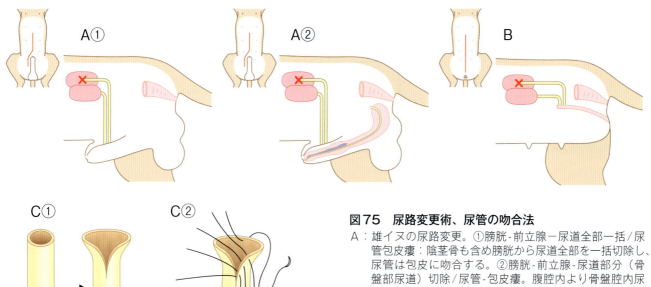

図75　尿路変更術、尿管の吻合法
A：雄イヌの尿路変更。①膀胱-前立腺-尿道全部一括/尿管包皮瘻：陰茎骨も含め膀胱から尿道全部を一括切除し、尿管は包皮に吻合する。②膀胱-前立腺-尿道部分（骨盤部尿道）切除/尿管-包皮瘻。腹腔内より骨盤腔内尿道をできる限り遠位で結紮切除し、膀胱前立腺の切除を行う。尿管は包皮に吻合する。
B：雌イヌの尿路変更。膀胱-尿道部分切除/尿管-腟瘻。開腹アプローチにより骨盤腔内尿道をできる限り遠位で結紮離断し、膀胱尿道の摘出を行う。尿管は腟に吻合する。
C：①尿管吻合の際には、尿管周囲の脂肪組織をできるだけ剥離し、尿管断端に縦切開を加え、扇形に形成する。②その後、尿管を引き込み7-0のPDSⅡで全周を6〜8糸ほど縫合する。

的な膀胱瘻チューブの設置の適応には、膀胱頸部や尿道腫瘍による下部尿路閉塞があげられる。短期的な設置の場合には、フォーリーカテーテルが使用されるが、カテーテルの膀胱内への保持のため拡張させたバルーンは時間とともに収縮してカテーテルが脱落する可能性があるため注意が必要である。長期的な設置の場合には、ヒト用のシリコン製胃瘻チューブが代用され、その形状から膀胱ボタンと呼ばれている[14]。この種のチューブは組織刺激が少なく、先端は非外傷性であり、脱着可能な尿採取用チューブが付属されている（図78）。

膀胱瘻チューブは通常、外科的に腹部正中切開を行い設置される（図79）。まず、傍正中腹壁に小切開を加え、体外からチューブを引き込み、チューブの先端を膀胱内に挿入する。チューブの周囲の膀胱壁を巾着縫合して尿が漏れないようにし、膀胱と腹壁を3〜4糸単純結節縫合して膀胱が腹壁に固定されるようにする。体外のチ

第15章

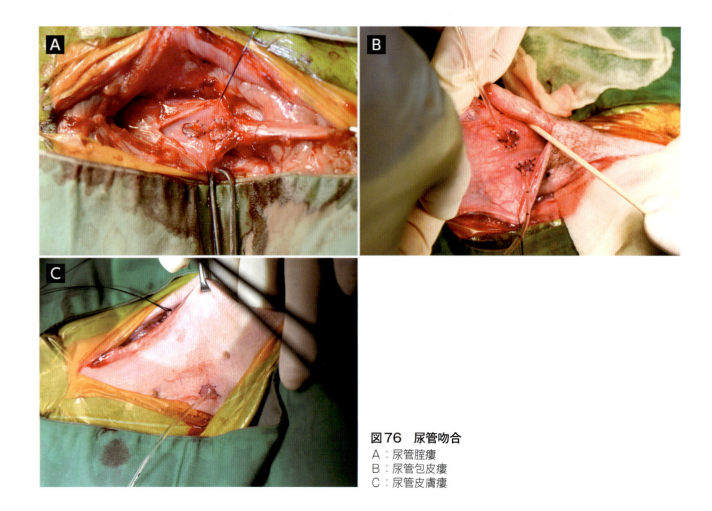

図76　尿管吻合
A：尿管腟瘻
B：尿管包皮瘻
C：尿管皮膚瘻

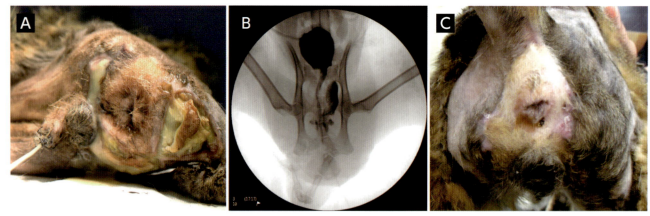

図77　交通事故により尿道を損傷し、会陰部の重度壊死を起こしたネコ
A：尿道損傷による尿の漏出により周囲組織の壊死を認める。一時的な膀胱瘻チューブを設置し、傷の管理を行った。
B：術中造影検査。設置した膀胱瘻チューブからの造影検査。恥骨レベルでの尿道の損傷を認める。
C：傷の管理後の外観。

ューブはチャイニーズフィンガートラップ縫合で皮膚に固定され、尿は閉鎖式のバックに断続的に排出されるようにする。尿バックの交換やチューブの取り扱いの際には清潔に扱い、可能な限りの無菌操作を心がけることが重要である。また、エリザベスカラーの装着を行い、チューブを噛むことを防止する必要がある。膀胱と腹壁の癒着による瘻孔形成には少なくとも7日間は要するため短期間の設置の際には注意が必要である。

膀胱瘻チューブを設置した76例の報告では、49％で合併症が生じたとされている[15]。合併症の内容は、チュー

腎泌尿器の外科手術

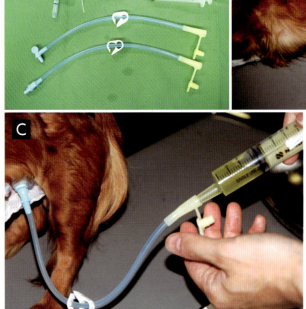

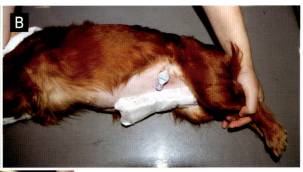

図78　膀胱ボタン
A：長期的な膀胱瘻チューブとして使用されるヒト用の胃瘻チューブとその付属品（(株)メディコン製）。
B：設置後の外観。
C：付属のカテーテルを接続することで尿の抜去が可能となる。

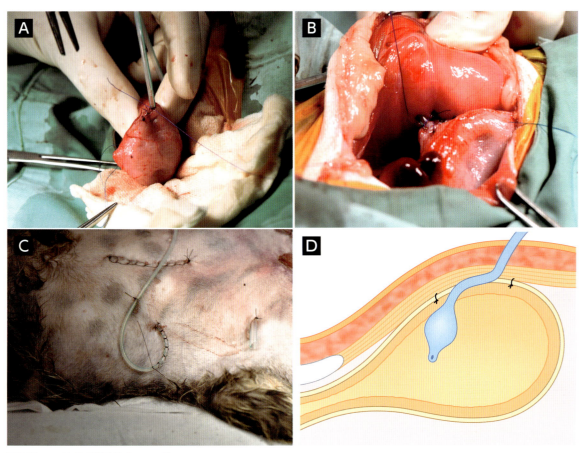

図79　一時的膀胱瘻チューブ
A：チューブの周囲の膀胱壁を巾着縫合して尿が漏れないようにする。B：膀胱と腹壁を3〜4糸単純結節縫合して膀胱が腹壁に固定されるようにする。C：カテーテルと皮膚の固定。チャイニーズフィンガートラップ縫合を行う。D：膀胱腹壁瘻チューブの模式図。

ブの膀胱からの脱落、自身で噛むことによるチューブの破損、抜去の際のチューブの破損、チューブ抜去後の瘻孔形成、チューブまわりからの尿の漏出、チューブの刺激に起因するしぶりによる直腸脱、チューブ周囲の皮膚炎、血尿、チューブの閉塞、チューブ固定用糸による皮膚の損傷などであった。長期間の膀胱瘻チューブの設置では尿路感染のリスクが高くなり、大腸菌の検出が多いとされる[15]。ヒトにおいて、尿路カテーテルによる細菌感染のリスクは1日ごとに5％上昇するとされている[16]。症候性の尿路感染の場合には、耐性菌の出現リスクの観点から尿細菌培養・薬剤感受性検査を行ったうえでの抗菌薬の使用が勧められる[16]。

第15章3の参考文献

1) MacPhail C, Fossum TW. Surgery of the bladder and urethra. In: Fossum T W ed. Small Animal Surgery (5 th ed.). Mosby. 2018; 678-719.
2) Lulich JP, Berent AC, Adams LG, et al. ACVIM small animal consensus recommendations on the treatment and prevention of uroliths in dogs and cats. *J Vet Internal Med*. 2016; 30(5): 1564-1574.
3) Crowe D. Ventral versus dorsal cystotomy: an experimental investigation. *J Am Anim Hosp Assoc*. 1986; 22: 382.
4) Desch J, Wagner SD. Urinary bladder incisions in dogs: comparison of ventral and dorsal. *Vet Surg*. 1986; 15: 153-155.
5) Thieman-Mankin KM, Ellison GW, et al. Comparison of short-term complication rates between dogs and cats undergoing appositional single-layer or inverting double-layer cystotomy closure: 144 cases (1993-2010). *J Am Vet Med Assoc*. 2012; 240: 65-68.
6) Hastings J, van Winkle Jnr W, Barker E, et al. The effect of suture materials on healing wounds of the bladder. *Surg Gynecol Obstet*. 1975; 140: 933-937.
7) Marvel SJ, Seguin B,Dailey DD,et al. Clinical outcome of partial cystectomy for transitional cell carcinoma of the canine bladder. *Vet Comp Oncol*. 2017; Feb 20. doi:10.1111/vco.12286.[Epub ahead of print]
8) Higuchi T, Burcham GN, Childress MO, et al. Characterization and treatment of transitional cell carcinoma of the abdominal wall in dogs: 24cases(1985-2010). *J Am Vet Med Assoc*. 2013; 242: 499-506.
9) Peacock E. Healing and repair of peritoneum and viscera. In: Peacock E ed. Wound Repair. ed 3. Saunders. 1984; 438.
10) Withrow SJ, Gillette EL, Hoopes PJ, et al. Intraoperative irradiation of 16 spontaneously occurring canine neoplasms. *Vet Surg*. 1989; 18: 7-11.
11) Kwon T, Yoo J, Atala A. Local and systemic effects of a tissue engineered neobladder in a canine cystoplasty model. *J Urol*. 2008; 179: 2035-2041.
12) Saeki K, Fujita N, Nakagawa T, et al. Total cystectomy and subsequent urinary diversion to the prepuce or vagina in dogs with transitional cell carcinoma of the trigone area: a report of 10 cases (2005-2011). *Can Vet J*. 2015; 56: 73-80.
13) Kadosawa T, Yamashita M, Togeshi E, et al. Total cystectomy and uretero-urethra /preputial /vaginal anastomosis in 14dogs with transitional cell carcinoma of bladder. Proceedings of the 26 th Annual Conference, Veterinary Cancer Society, Callaway Gardens, GA, October 2006,66.
14) Stiffler KS, McCrackin Stevenson MA, Cornell KK, et al. Clinical use of low-profile cystostomy tubes in four dogs and a cat. *J Am Vet Med Assoc*. 2003; 222: 325-329.
15) Beck A, Grierson J, Ogden D, et al. Outcome and complications associated with tube cystotomy in dogs and cats: 76 cases (1995-2006). *J Am Vet Med Assoc*. 2007; 230: 1-6.
16) Nicolle L. Catheter-related urinary tract infections. *Drugs Aging*. 2005; 22: 627-639.

4 前立腺の外科手術

4.1 前立腺生検

前立腺生検は前立腺腫大や囊胞などが認められ、生検による確定診断が必要な場合に実施される。前立腺生検の方法は、経皮的生検（針生検）、開腹下での外科的生検などがある。

経皮的な生検法は低侵襲であり、合併症のリスクも低いため有用な方法である。経皮的な生検法で採取できる組織サンプルは小さいことが欠点であるため、診断のために大きな組織が必要と考えられる場合は開腹下での生検を考慮する。

また、生検対象の病変が尿路上皮癌であった場合は経皮的生検法を実施すると生検針を刺入した部位に播種することがあるため、尿路上皮癌が疑われる場合は、他の方法で生検を実施した方がよい。

4.1.1 超音波ガイド下経皮的生検（図80）

経皮的生検に用いる生検針は目的に応じてTru-Cut生検針などの太めの針や注射針を用いる。動物を仰臥位あるいは横臥位に保定し、下腹部の穿刺予定部位を中心に剃毛し、外科手術に準じた消毒を行った後、超音波診断装置で前立腺を描出する。

太い生検針を用いる場合は、全身麻酔下で実施し、生検針穿刺部位の皮膚をメスにて小切開すると生検針を刺入しやすい。超音波画像で病変部位を確認しながら、生検針を刺入する。

細針吸引生検の場合には、吸引して生検サンプルを回収する。

Tru-cut生検などを用いる場合は使用しているデバイスの使用法に従って生検を実施する。

生検する際には前立腺尿道が損傷しないように注意深く実施する。可能なかぎり複数（2～3）箇所の組織を採取し、適宜、細胞診、病理組織学的検査、微生物学的

腎泌尿器の外科手術

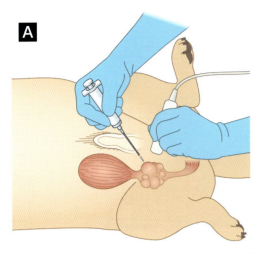

図80 超音波ガイド下前立腺膿瘍に対する穿刺吸引
A：鎮静あるいは全身麻酔下で実施する。前立腺膿瘍に対して22〜23Gの脊髄針をゆっくり刺入し、貯留液を可能な限り吸引する。吸引された液体は、無菌的に取り扱い、培養検査を行うとともに、沈渣の細胞診などを実施する。穿刺後、穿刺部位から腹腔内へ膿が漏出していないかどうか注意深く経過観察する（通常は1〜2日間）。
B：前立腺からシリンジに吸引された混濁し、血様の膿。

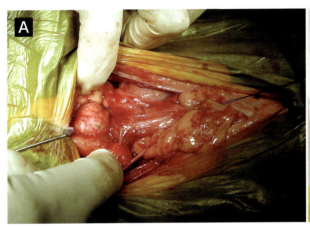
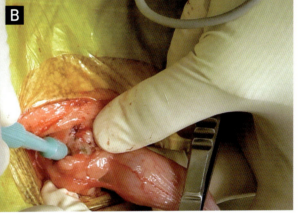

図81 開腹下での前立腺生検
A：膀胱尖部に支持縫合糸をかけて頭側に牽引し、前立腺周囲の脂肪組織を剥離して、前立腺を露出する。
B：生検針、トレパン、メスを用いて組織生検を行う。

検査を行う。生検終了後、生検部位からの出血などが生じていないか超音波検査にて確認する。

4.1.2 開腹下での前立腺生検（図81）

前述したように確定診断のためにより大きな組織片が必要な場合などに実施する。

全身麻酔下で常法に従って、後腹部の正中切開を行い前立腺にアプローチする（アプローチ法については、本章4.2「大網被嚢術」を参照）。膀胱に支持糸をかけて頭側に前立腺周囲の脂肪組織を剥離し、前立腺を露出する。目的の生検部位を確認し、Tru-cut生検針、トレパン、メスによる楔形生検を実施する。トレパンおよびメスによる生検を行った場合には、可能であれば吸収性モノフィラメント糸を用いて、生検部位を縫合する。前立腺周囲の脂肪組織を元に戻して、閉腹する。

4.2 大網被嚢術（オメンタリゼーション）

主な前立腺疾患には前立腺肥大（過形成）、前立腺嚢胞、前立腺炎、前立腺膿瘍および前立腺腫瘍があげられる。これらのなかで前立腺膿瘍は重症化すると腹膜炎や敗血症を合併することがあり、緊急的な外科手術が必要となることも多い。

大網被嚢術（オメンタリゼーション）は、自己組織である大網弁を前立腺膿瘍（場合によっては嚢胞）に充填することで、ドレナージを図るという手術法で、White

第15章

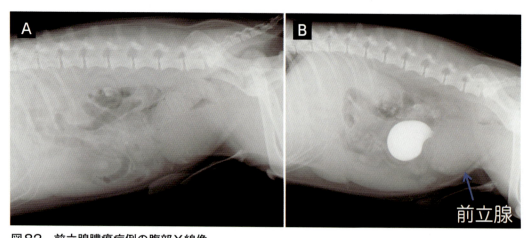

図82 前立腺膿瘍症例の腹部X線像
A：単純X線像、B：逆行性膀胱造影像。膀胱尾側に大きく腫大した前立腺が認められた。

らによって1995年に初めて誌上発表された[1]。この報告のなかでWhiteらは前立腺膿瘍に罹患した20頭のイヌに対して大網被囊術を実施し、手術成績や合併症について検討した結果、この当時、従来から推奨されてきたペンローズドレーンを用いた経腹壁ドレナージ法[2]や造袋術と比較して手術の奏功率が高く、合併症（術後の膿瘍再発率、尿失禁など）の発生率が低いことを示した。この術式で用いられる大網弁は血液循環の促進、排液の促進、治癒の促進および感染抵抗性の向上などの利点をもつ[3]とともに、腹腔外に排液する必要がないため術後の管理が容易で入院期間が短縮できること[1]が良好な手術成績に関連していると考えられ、現在、前立腺膿瘍に対する手術として幅広く実施されている。

4.2.1 大網被囊術の適応

一般的に前立腺膿瘍の治療では、膿瘍が小さく、臨床徴候が軽度の症例では、抗菌薬の投与、支持療法、去勢手術、超音波ガイド下経皮的膿瘍ドレナージ（図80参照）[4]などでの管理が可能なことがあり、必ずしも外科的ドレナージは必要ない。しかしながら、中等度から重度の臨床徴候を示している症例、膿瘍が破裂し腹膜炎を併発している症例、膿瘍（囊胞）が大きい症例（図82）および内科的治療に反応がない症例では外科的介入が必要となる。大網被囊術は手術適応の前立腺膿瘍の症例に対して、幅広く適応できるが、膿瘍の発生部位が極端に尾側より（会陰方向）である症例では、大網が届かないことがあるため、大網の延長手技が必要となり、若干手術手技が煩雑になる。

前立腺膿瘍と診断された症例には、速やかに抗菌薬の投与、輸液、栄養支持を開始する。前立腺膿瘍の症例では、術前に前立腺に貯留している膿と尿を採取し、それぞれ培養検査および抗菌薬感受性試験を実施することが望ましい。腹膜炎の合併などにより緊急手術が必要で、術前の検査が困難な場合は、術中に膿および尿を採取し、培養検査および抗菌薬感受性試験を実施する。抗菌薬は、これらの検査結果に基づいて選択するが、検査結果が手元に届くまでの間、抗菌薬の投与を術前から開始する。血液前立腺関門を通過しやすく（エンロフロキサシン、マルボフロキサシン、ST合剤、クロラムフェニコールなど）[5,6]、前立腺膿瘍から一般的に分離される細菌に対して感受性をもつ薬剤から選択する。多くの症例では2剤の併用投与（例：アンピシリン＋エンロフロキサシンなど）が効果的である[7]（詳細は第12章3.5「前立腺囊胞・前立腺炎・前立腺膿瘍の治療」の「内科的治療」の項を参照のこと）。敗血症性ショックに陥っている症例では、可能な限り輸液、抗菌薬投与により状態を安定させてから、手術を行う。

4.2.2 前立腺の解剖

前立腺は膀胱のすぐ尾側に存在し、左右2つの葉に分かれている。平滑筋線維からなる線維筋性の被膜が小柱となって実質内に陥入する。

前立腺の血管支配について図83に示す。内陰部動脈の分枝である前立腺動脈から後膀胱動脈、中直腸動脈が分枝するとともに、主に前立腺に血液を供給している前立腺枝および尿道枝が分枝している。前立腺を切除する場合には中直腸動脈および後膀胱動脈が前立腺動脈から分枝しているため、前立腺のみに血液を供給している動脈（前立腺枝）のみを結紮離断する。

前立腺周辺の神経分布を図83に示す。前立腺は下腹神経と骨盤神経が複合して形成する骨盤神経叢によって支配されている。骨盤神経叢から膀胱、尿道、前立腺、

腎泌尿器の外科手術

直腸へ神経枝が分岐しそれぞれの臓器・器官を支配している。前立腺を切除する場合は膀胱や尿道を支配している神経を温存し、前立腺の近くで手術操作を行うことが重要となる。

4.2.3 前立腺へのアプローチ

症例が全身麻酔下となった後、下腹部正中切開を行うため、毛刈りは剣状突起から外陰部手前まで広く行う。術野の洗浄・乾燥を行った後、手術室に移動し、仰臥位に保定する。術野の消毒、乾燥を常法通り実施するとともに、包皮内を消毒し、尿道カテーテルを留置する。ドレーピングを行った後、プラスチックドレープにて術野を被覆する。臍から恥骨まで、陰茎頭部で陰茎を避けて陰茎と平行に皮膚を切開する（図84）。皮下組織を鈍性に剥離後、白線を露出し、開腹する。腹膜炎を併発している症例では、貯留している腹水をサクションにて吸引する（培養検査用の腹水サンプルを採取していない場合は、このときに忘れずに採取し、培養検査、細胞診検査などを実施する）。開腹後、前立腺を確認する（図85）。

前立腺が露出しにくいときは、膀胱に支持糸をかけて頭側に牽引する。それでも、前立腺が露出できないときは、恥骨骨切り術を考慮する。また、必要に応じて開腹器やゲルピー開創器を装着する。

4.2.4 前立腺大網被嚢術[1,5]の術式

前立腺周囲の脂肪組織を前立腺から剥離する（図86）。このときに外側膀胱索、膀胱頸部、および前立腺背側領域を損傷させないように注意する。前立腺を露出させたら前立腺周囲に開腹用パッドやガーゼなどを敷くことで腹腔と隔離した後、前立腺膿瘍（嚢胞）の腹外側をメスあるいは止血鉗子にて穿刺切開する。適宜、サクションで吸引しながら切開することで、膿（貯留液）が腹腔内に漏れないようにする。前立腺壁からの出血はバイポーラ電気メスなどで適宜コントロールする。

サクションにて内部の貯留液などを吸引した後、指で内部の膿瘍組織を破砕する（図87）。指での操作が困難なときは適宜切開創を拡大する。筆者は超音波吸引装置を用いてこの作業を行うことが多い。吸引しながら破砕できるために周囲の汚染が少なく安全に実施できる。このときに十分な破砕がなされないと、術後膿瘍の再発の原因となるため、注意が必要である。さらに、前立腺尿道を損傷しないように注意深く実施する必要がある。また、前立腺組織を必ず採取し、病理組織学的検査を実施する。単純な前立腺膿瘍（嚢胞）だと思っていても、悪性腫瘍（前立腺癌や移行上皮癌）のことがある。前立腺組織の病理組織学的検査は極めて重要である。膿瘍が前立腺の両側に存在する場合は、対側にも同様の処置を実施する。

指により前立腺内腔の膿瘍（嚢胞）を破砕したら、サクションで吸引しながら体温と同程度に温めた温生理食

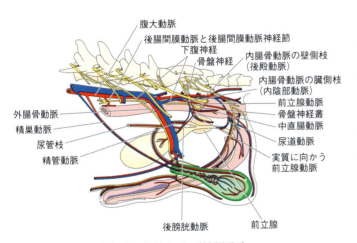

図83 膀胱・前立腺の血管および神経分布

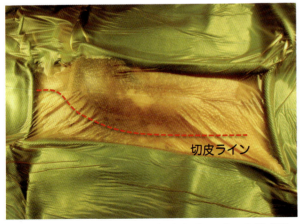

図84 ドレーピング後の外観と切皮ラインの模式図

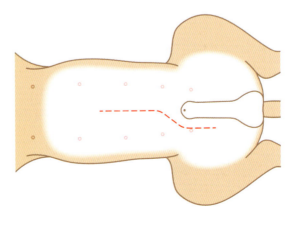

第15章

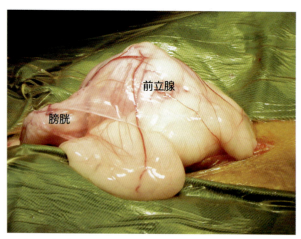

図85 開腹後、前立腺を露出したところ

図86 前立腺周囲の脂肪組織を剥離した後の前立腺膿瘍の外観

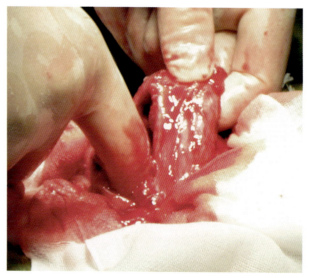

図87 前立腺内部の膿瘍を指で破砕する

塩液を内腔に注入し洗浄する（図88）。前立腺を持ち上げると洗浄しやすくなるが、前立腺の背側に手を入れて持ち上げると前立腺背側に分布する神経を損傷するリスクがある。そのため、臍帯テープや血管テープなどの非侵襲性テープを前立腺尿道にかけて牽引すると比較的安全に前立腺を持ち上げることが可能である。そのときにも前立腺尿道を損傷しないように強引な操作は避ける。

　洗浄後、前立腺内腔に大網を被囊する準備を行う。膿瘍（囊胞）が大きい場合は、過剰な膿瘍壁を適宜切除する。ほとんどの症例では、問題なく大網を挿入できる。膿瘍の位置などによって大網の長さが足りない場合は、大網を延長する（図89）。膿瘍が片側の場合は、内腔に大網を充填した後、大網が脱落しないように前立腺の膿瘍壁と大網を吸収性モノフィラメント糸でマットレス縫合する（図90）。膿瘍が両側の場合（図91A）は、図91B

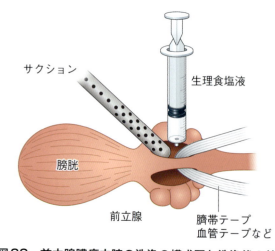

図88 前立腺膿瘍内腔の洗浄の模式図と洗浄後の前立腺膿瘍の内腔

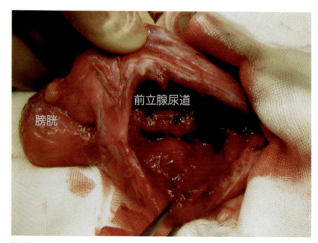

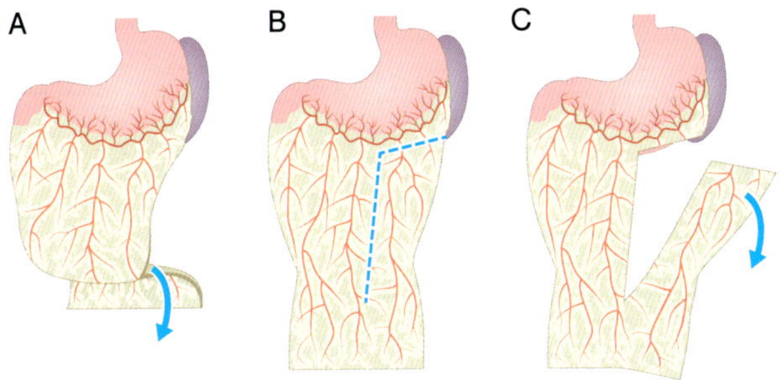

腎泌尿器の外科手術

図89　大網弁を延長させる方法
A：背側の大網を前方に牽引し、脾臓を露出。
B：大網の背側葉を膵臓から分離した後、反転して広げる。
C：切開部にある血管は、結紮するか電気メスにて焼烙して、切開する。胃脾間膜のすぐ後方に逆L字型切開を加え、左側を後方に回転して完全に広げる。
　この手技を実施する場合は、大網を乾燥させないように温めた生理食塩液で湿潤に保ちながら、丁寧に取り扱う。

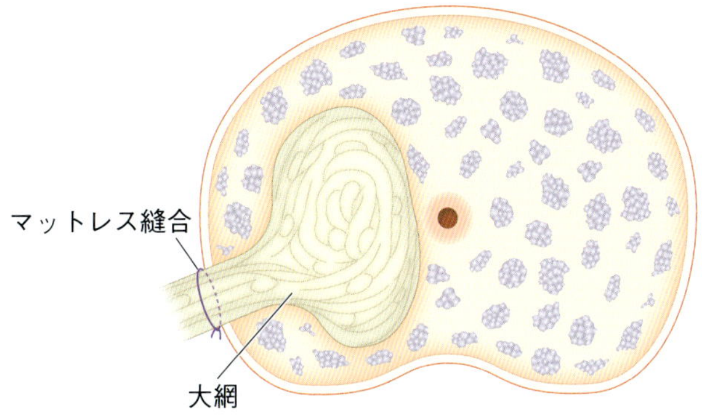

図90　前立腺膿瘍が片側の場合

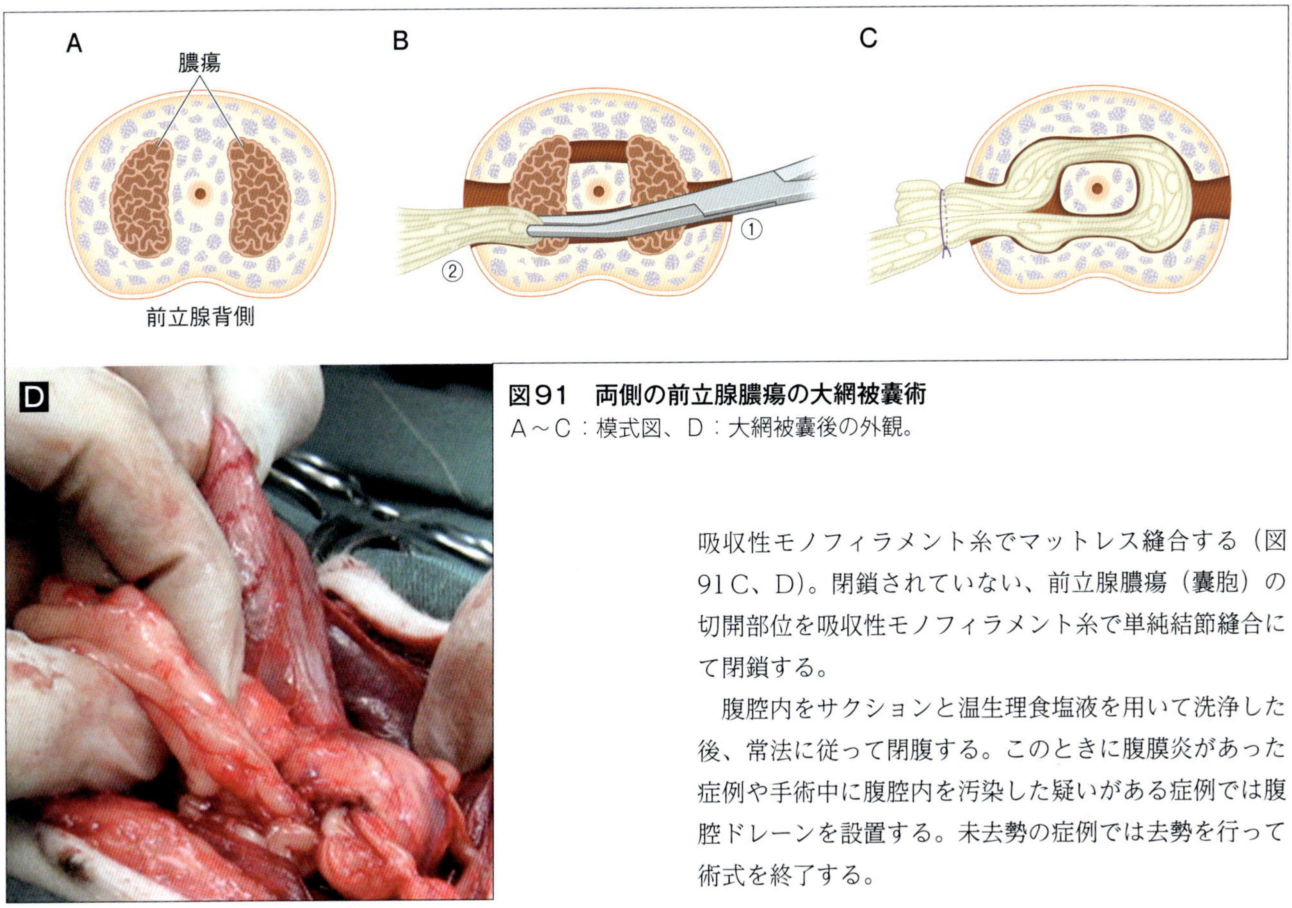

図91　両側の前立腺膿瘍の大網被囊術
A〜C：模式図、D：大網被囊後の外観。

①の切開部位から鉗子を挿入し、<u>前立腺尿道の背側</u>を通るようにして、前立腺を貫通させ、対側（図中の②）の切開部から出す。前立腺を貫通させた鉗子で大網を把持して、大網を前立腺に引き込んで、貫通させる。再度、鉗子を②から挿入し、前立腺尿道の腹側を通過させ、①から先端を出す。鉗子で大網をつかんで、前立腺の中に大網を引き込んで、②から大網の端を出す。大網同士を吸収性モノフィラメント糸でマットレス縫合する（図91C、D）。閉鎖されていない、前立腺膿瘍（囊胞）の切開部位を吸収性モノフィラメント糸で単純結節縫合にて閉鎖する。

　腹腔内をサクションと温生理食塩液を用いて洗浄した後、常法に従って閉腹する。このときに腹膜炎があった症例や手術中に腹腔内を汚染した疑いがある症例では腹腔ドレーンを設置する。未去勢の症例では去勢を行って術式を終了する。

4.2.5 大網被囊術の術後管理

　術後管理のポイントは、疼痛管理、抗菌薬による感染の管理、支持療法、排尿管理、合併症のモニターである。
　後腹部の手術における予想される術後疼痛のレベルは、軽度〜中等度とされているが、前立腺の手術では、より強い術後疼痛があると予想される。そのため、最低限でも術後24時間はオピオイドを用いた疼痛管理を実施し、4〜5日間はNSAIDsの投与を行う。

術後1～2週間抗菌薬の投与を継続する。抗菌薬の投与が終了した時点で、尿中の感染の有無を確認する。手術適応となった前立腺膿瘍の症例では、術前の臨床徴候が重度な場合が多く、概して栄養状態が悪いことが想定される。症例が安定し、摂食が可能になるまで、積極的な輸液および栄養支持（強制給餌および部分静脈栄養など）が必要となる。

術後の腹膜炎や敗血症に関しても注意深くモニターする。特に、術前から膿瘍が破裂していた症例や手術中に腹腔内が汚染されたと考えられる症例では、術後、細菌性腹膜炎から敗血症、場合によっては多臓器不全に進行することも考えられるため、より慎重なモニタリングが必要となる。このような症例では、前述のように、閉腹時に必ず腹腔ドレーンを留置する。腹膜炎の管理において腹腔ドレーン（特に閉鎖式吸引ドレーン）は極めて有効である。

術後は、手術中に挿入した尿道カテーテルを留置し、閉鎖的に尿を回収する。通常は、術後48時間程度で抜去する。尿道カテーテルを抜去したら、排尿困難となっていないかどうか、尿失禁はないか、排尿状態を頻回に確認する。

4.2.6 大網被囊術の合併症

大網被囊術に伴う合併症は、前述したように他のドレナージ法と比較して少ないと報告されている。以下のような合併症が起こることが報告されている。

4.2.6.1 尿失禁

大網被囊術の後、様々な程度の尿失禁が20％以下の症例で認められる[2,9]。尿失禁は手術操作に伴う、前立腺に分布する神経（あるいは膀胱に分布する神経）の損傷が原因と考えられるため、手術直後から認められる。前立腺への神経は主に背側から分布しているため、前立腺背側への手術操作は特に注意して行う必要がある。尿失禁が生じた場合は、α作動薬を用いて治療する。損傷の程度にも依存するが、4～8週間程度で改善することが多い。

4.2.6.2 排尿困難

排尿困難が7％の症例で認められると報告されている[9]。この合併症は前立腺内に挿入した大網が過剰な場合や、前立腺尿道に強く巻き付けすぎることが原因と考えられているため、大網を被囊するとき、特に両側性の前立腺膿瘍の症例に対して、尿道に強い力がかからないように注意する。

表6 大網被囊術で排尿困難や再発以外に考慮しておく合併症

早期に起こりうる合併症
・手術部位感染
・細菌性腹膜炎（敗血症、ショック）

中長期的に起こりうる
・尿失禁の持続

4.2.6.3 前立腺膿瘍の再発

前立腺膿瘍の再発も生じる可能性があり、原因として前立腺内の膿瘍組織が充分に除去されていないことや大網の充填が不十分であることが原因として考えられる。そのため、手術中に前立腺内を十分に確認し、膿瘍を残さず破砕することが重要となる。

4.2.6.4 その他の合併症

前述以外では表6に以下に示すような合併症が考慮される。

4.2.7 予後

大網被囊術を実施した症例では、前立腺膿瘍が十分に破砕され、十分量の大網が充填されていれば予後は良好である。一方で、術前から腹膜炎が存在するあるいは術後腹膜炎を発症した場合、敗血症からエンドトキシンショックなどの病態に進行することがあり、予後には注意が必要となる。

大網被囊術は、手術中に膿瘍を破砕・吸引した後、自己組織である大網を充填する手術法で、ペンローズドレーンによる経腹的ドレナージ法や造袋術と比較し治療成績がよく、合併症の発生率が少ないことから有用な手術法と考えられる。前立腺膿瘍に罹患した症例では、来院時に細菌性腹膜炎や敗血症に陥っていることもありうるため、時には救急疾患としての対応が必要となる。その場合には、来院時に速やかに病態を把握し、適切な初期治療による安定化を図ることが重要となる。

また、術後も術前同様に敗血症や多臓器不全を発症するリスクが伴うため、慎重な術後管理が求められる。前立腺膿瘍に対する手術を成功に導くためには、いつにもまして術前・術後管理が重要である。

4.3 前立腺切除

前立腺の外科疾患としては、前立腺囊胞、前立腺膿瘍、前立腺腫瘍があげられるが、去勢によって縮小しない前立腺肥大（過形成）も手術適応となる場合がある。

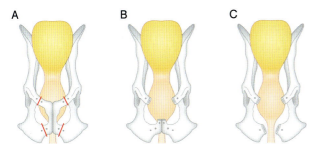

図92　前立腺へのアプローチの模式図
A：骨盤切開線、B：恥骨切開、C：恥骨-坐骨切開

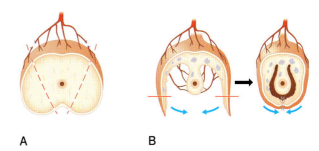

図93　前立腺部分切除の模式図

4.3.1 前立腺へのアプローチ

　症例が全身麻酔下となった後、下腹部正中切開を行うため、毛刈りは剣状突起から外陰部手前まで広く行う。術野の洗浄・乾燥を行った後、手術室に移動し、仰臥位に保定する。術野の消毒、乾燥を常法通り実施するとともに、包皮内を消毒し、尿道カテーテルを留置する。ドレーピングを行った後、プラスチックドレープにて術野を被覆する。

　臍から恥骨まで、陰茎頭部で陰茎を避けて陰茎と平行に皮膚を切開する。皮下組織を鈍性に剥離後、白線を露出し、開腹する。腹膜炎を併発している症例では、貯留している腹水をサクションにて吸引する（培養検査用の腹水サンプルを採取していない場合は、このときに忘れずに採取し、培養検査、細胞診検査などを実施する）。

　開腹後、前立腺を確認する。前立腺が露出しにくいときは、膀胱に支持糸をかけて頭側に牽引する。それでも、前立腺が露出できないときは、恥骨骨切り術を考慮する（図92）。また、必要に応じて開腹器やゲルピー開創器を装着する。

4.3.2 前立腺部分切除
4.3.2.1 前立腺部分切除の適応

　前立腺部分切除は去勢しても改善が認められない前立腺肥大（過形成）、前立腺嚢胞あるいは膿瘍、外傷の症例で適応となる[11]。前立腺肥大の症例では去勢によって縮小することが多いが、縮小がない場合は、肥大した前立腺によって排便困難やしぶりが発生することがあり、このような場合も前立腺部分切除の適応となる。また、前立腺腫瘍の症例において、緩和療法としての前立腺部分切除が適応となる場合がある[12-13]。

　後述する前立腺全切除と比較して、部分切除の場合は合併症としての尿失禁の発生が少ないと報告されている。

4.3.2.2 前立腺部分切除の術式

　前立腺の手術の場合は尿道カテーテルを留置しておく。前立腺にアプローチし、前立腺を露出した後、嚢胞や膿瘍がある場合はサクションにて内容を吸引する。図93のように病変部位を含む前立腺を切除する。電気メスや超音波凝固切開装置、外科用レーザーなどを用いて止血を行う。出血のコントロールが難しい場合は、腹部大動脈尾側部分に駆血帯を巻いて血流を阻害する方法や、前立腺動脈を一時的に阻血することで止血を試みる。切除後は確実に止血されていることを確認した後、切除面を大網や周囲の脂肪で被覆して、閉腹する。

　図93のように前立腺壁を部分的に残した状態（嚢内：intracapsular subtotal prostatectomy）で、背側および側方の前立腺壁を温存し、内部の前立腺実質のみを切除する方法も報告されている[12,13]。この方法では、前立腺の腹側から前立腺内部にアプローチし、超音波乳化吸引装置を用いて、前立腺実質のみを超音波振動を利用して乳化吸引する方法で、神経、血管および結合組織は水分含量が実質と比較して少ないために、乳化されにくく損傷しにくい。図93のように2～3mmの厚さで前立腺壁を残し、また、前立腺尿道周囲の前立腺実質を3～5mm残して、前立腺実質を吸引除去する。前立腺壁の不要な部分を図93のように切除後、3-0～4-0の吸収性モノフィラメント糸を用いて縫合閉鎖する。

　前立腺嚢胞や膿瘍の症例の場合でドレナージが必要な場合は大網被嚢術など併用する。

4.3.2.3 前立腺部分切除の合併症

　尿失禁、前立腺部尿道の損傷、出血、嚢胞・膿瘍の再発が合併症として考慮される。尿失禁の原因は前立腺部分切除時の神経損傷であるため、前立腺背外側の神経が分布している領域を切除しないように注意する。前立腺切除の尿道損傷を予防するために、術前に尿道カテーテルを留置して、前立腺尿道部を確認しながら前立腺の部

第15章

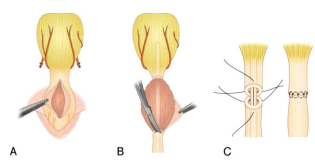

図94　前立腺全切除の模式図
A：前立腺周囲の脂肪組織や腹膜を[15]残して前立腺を分離する。
B：前立腺が周囲組織と分離できたら頭側端と尾側端で尿道を切除する。
C：膀胱と尿道を吻合する。

分切除を行う。

4.3.3 前立腺全切除
4.3.3.1 前立腺切除の適応

　前立腺全切除は前立腺の悪性腫瘍が適応となる。基本的には前立腺全切除は遠隔転移や周囲組織への浸潤がない場合には、外科手術のみで完全切除できる可能性はあるが、前立腺癌は診断時に89％で肉眼的あるいは顕微鏡的転移が認められるとの報告[14]もあるため、前立腺の悪性腫瘍に対する全切除の選択は慎重に行う必要がある。また、放射線治療や化学療法を併用するなど集学的治療を十分に考慮する必要もある。その他、内科治療や前立腺を温存する外科治療などでは再発を繰り返す前立腺嚢胞や膿瘍、交通事故などによる重度の前立腺外傷も適応となる場合がある。いずれにしても前立腺切除術は術後の尿失禁や膀胱の壊死など重篤な合併症のリスクがあるため、手術適応を慎重に検討する必要がある。

4.3.3.2 前立腺全切除の術式

　前立腺全切除の際にもあらかじめ尿道カテーテルを留置しておく。前立腺にアプローチしたら前立腺を周囲の脂肪、血管、神経と分離する。

　前立腺には左右背外側から血管と神経が分布するため、前立腺を分離するときには、前立腺に血液を供給している前立腺動脈の前立腺枝のみを処理する。特に後膀胱動脈の血流を障害すると膀胱の壊死につながる可能性があるため注意が必要である。

　また、骨盤神経叢からは膀胱、尿道、直腸へ分布する神経枝も前立腺の近くに存在するため、これら神経も可能な限り損傷しないように、前立腺を分離する際に注意する。

　図94A[15]に示すように、前立腺を被覆している脂肪や腹膜を残して分離する方法が安全である。出血は電気メスなどを用いて止血する。前立腺を分離したら、前立腺の頭側端および尾側端で尿道を切断する（図94B）[15]。前立腺の近傍で切断すると尿道括約筋が温存されやすいため、術後の尿失禁のリスクを減少できる。前立腺の切除後、尿道を4-0〜6-0の吸収性モノフィラメント糸を用いて膀胱の尾側と尿道の断端を吻合する（図94C）[15]。術後は尿道カテーテルを7日間程度留置しておく。

4.3.3.3 前立腺全切除の合併症

　前立腺全切除は合併症の発症率が高い手術であり、主な合併症として術後に33〜100％の症例で尿失禁が発生すると報告されている[6]。その他、尿道吻合部の離開、尿路感染、膀胱アトニー、腫瘍の再発などが合併症として考慮される。

第15章4の参考文献

1) White RA, Williams JM. Intracapsular prostatic omentalization: a new technique for management of prostatic abscesses in dogs. Vet Surg. 1995; 24(5): 390-395.
2) Glennon JC, Flanders JA. Decreased incidence of postoperative urinary incontinence with a modified Penrose drain technique for treatment of prostatic abscesses in dogs. Cornell Veterinarian. 1993; 83: 189-198.
3) MacPhail CM. Omental Flaps. In: Fossum TW, eds. Small Animal Surgery, 4th edition ELSEVIRE, Missouri USA. 2013; 251.
4) Boland LE, Hardie RJ, Gregory SP, et al. Ultrasound-guided percutaneous drainage as the primary treatment for prostatic abscesses and cysts in dogs. J Am Anim Hosp Assoc. 2003; 39(2): 151-159.
5) White RA. Chapter 113 Prostate. In: Tobias KM, Johnston SA, eds. Veterinary Surgery Small Animal. ELSEVIRE St. Louis, Missouri. 2012; 1928-1943.
6) Freitag T, Jerram RM, Walker AM, et al. Surgical management of common canine prostatic conditions. Compendium Contin Educ Vet. 2007; 29: 656-673.
7) MacPhail CM. Prostatic Abscesses. In: Fossum TW, eds. Small Animal Surgery 4th edition. ELSEVIRE St. Louis, Missouri. 2013; 830-834.
8) MacPhail CM, Bladder and Urethral Calculi. In: Fossum TW, eds. Small Animal Surgery 4th edition. ELSEVIRE St. Louis, Missouri. 2013; 759-765.
9) Patterson M. Chapter 32 Prostatic Omentalization. In: Tobias KM, eds. Manual of Small Animal Soft Tissue Surgery. WILEY-BLACKWELL, Iowa USA. 2010; 235-240.
10) Rawlings CA, Mahaffey MB, Barsanti JA, Quandt JE, Oliver JE Jr, Crowell WA, Downs MO, Stampley AR, Allen SW. Use of partial prostatectomy for treatment of prostatic abscesses and cysts in dogs. J Am Vet Med Assoc. 1997 Oct 1; 211(7): 868-871.
11) L'Eplattenier HF, van Nimwegen SA, van Sluijs FJ, Kirpensteijn J. Partial prostatectomy using Nd: YAG laser for man-

agement of canine prostate carcinoma. *Vet Surg*. 2006 Jun; 35(4): 406-411.
12) Rawlings CA, Crowell WA, Barsanti JA, Oliver JE Jr. Intracapsular subtotal prostatectomy in normal dogs: use of an ultrasonic surgical aspirator. *Vet Surg*. 1994 May-Jun; 23(3): 182-189.
13) Vlasin M, Rauser P, Fichtel T, Necas A. Subtotal intracapsular prostatectomy as a useful treatment for advanced-stage prostatic malignancies. *J Small Anim Pract*. 2006 Sep; 47(9): 512-516.
14) Cornell KK, Bostwick DG, Cooley DM, Hall G, Harvey HJ, Hendrick MJ, Pauli BU, Render JA, Stoica G, Sweet DC, Waters DJ. Clinical and pathologic aspects of spontaneous canine prostate carcinoma: a retrospective analysis of 76 cases. *Prostate*. 2000 Oct 1; 45(2): 173-183.
15) MacPhail CM, Bladder and Urethral Calculi. In: Fossum TW, eds. Small Animal Surgery, 5th edition. Mosby. 2018; 743.

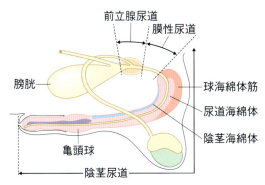

図95　雄イヌの尿道[1]

5 尿道の外科手術

　尿道は膀胱に尿をためる蓄尿機能と膀胱から体外に排尿する機能を担っている器官である。尿道に閉塞、損傷などが生じると蓄尿機能や排尿機能が障害されるため、内科的治療では改善しない場合に外科的治療が選択される。尿道の外科手術の目的は閉塞を解除したり、損傷部位を整復することで、正常な蓄尿、排尿機能に回復させることにある。外科手術によって、膀胱から外尿道口まで生理的な排尿路が維持されることが理想的であるが、尿道の障害の程度によっては尿道を本来の開口部とは異なる部位で開口させる造瘻術が必要となることもある。ここでは、イヌの尿道切開術、尿道造瘻術、ネコの会陰尿道造瘻術について解説する。

5.1 尿道の解剖

　雄イヌの尿道は体格により10～35cmの長さの範囲である。雄の尿道は前立腺部、膜性部（骨盤部）、海綿体部あるいは陰茎部尿道の3つの部位に分けられる（図95）。前立腺の尾側端から陰茎部までの膜性部尿道は、ある程度の内腔拡張が可能である。尿道のこの部位は直腸と会陰領域の外部の両方から触診可能である。陰茎部尿道は3つの部位のなかで最も可動性と拡張性が低い。陰茎尿道は陰茎の海綿状構造（尿道海綿体、陰茎海綿体、亀頭球）と陰茎骨に囲まれている。尿道は陰茎遠位側内のU字形陰茎骨の腹側に位置している。前立腺尿道への血液供給は前立腺動脈から直接行われているが、膜性部尿道は内外陰部動脈と前立腺動脈の分枝である尿道枝から血液が供給されている（図83参照）。陰茎部尿道と陰茎海綿体は尿道球から血液が供給されている。尿道筋

などの横紋筋は陰部神経に支配されている。また、尿道平滑筋は、下腹神経（交感神経）と骨盤神経（副交感神経）からなる骨盤神経叢からの自律神経支配を受けている（図83）。

　雌の尿道は腟と骨盤結合の間を走行し、腟内の外尿道口に開口する。イヌとネコの尿道は短くて拡張性があり、イヌでは約5～12cmの長さである。外尿道口は尿道結節に開口し、この部位は横紋筋で取り囲まれ、括約筋として機能する。血液供給は腟動脈と外陰部動脈および内陰部動脈から行われている。運動神経支配は外陰部神経から血液供給を伴って発生し伝わる。下腹神経（交感神経）および骨盤神経（副交感神経）からなる骨盤神経叢は自律神経性調節に主体的な役割をもつ。

尿道水圧推進法（図96）

　尿路閉塞は、術前に解除することが望ましい。雌では、直腸に指を挿入して尿道を触診することで、尿道内の結石を押し戻せることがある。また、尿道に挿入したカテーテルから水圧をかけることにより（逆行性尿道水圧推進法）によって尿道に閉塞した結石を膀胱内に押し戻すことを試みる。

　逆行性尿道水圧推進法とは、カテーテルを用いて、水圧により尿道に閉塞した結石を膀胱内に押し戻す方法で、通常は鎮静下もしくは全身麻酔下で実施する。そのため、代謝異常のある不安定な症例では、処置前にこれらを改善し安定化させる。通常の尿道カテーテルの挿入と同様に包皮の消毒などの準備を行う。滅菌手袋を装着した術者が肛門より人差し指を挿入し、骨盤腔内の尿道を圧迫する。陰茎の先から尿道カテーテルを挿入する。生理食塩液（あるいは外科用潤滑ゼリーと生理食塩液を等量ずつ混合した液体）の入ったシリンジをカテーテルに装着する。注入時に液体が陰茎の先から漏出しないように、手で陰茎ごとカテーテルをつまんで押さえ、液体を加圧注入する。尿道が拡張し十分に尿道内圧が拡張したとこ

第15章

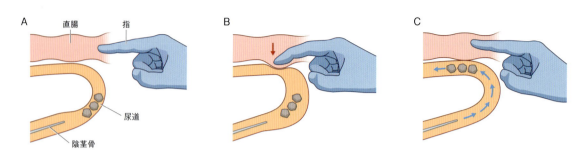

図96　逆行性尿道水圧推進法
A：尿道内に結石が存在する。
B：直腸内に指を挿入して、骨盤部尿道を押さえる。尿道にカテーテルを結石の手前まで挿入して、生理食塩液を加圧注入する。
C：生理食塩液の注入によっての尿道が拡大拡張したら、直腸内の指を尿道から離すことで結果的に膀胱に結石を押し戻す。

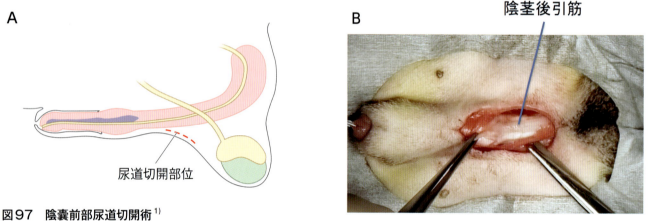

図97　陰嚢前部尿道切開術[1]
A：陰嚢前部尿道切開を行う場合の皮膚切開の部位、B：陰嚢前部の皮膚切開後の術中写真

ろで、指で圧迫している骨盤腔内の尿道を一気に開放する。こうすることで、尿道内の結石を膀胱内に押し戻す。尿道水圧推進法は、あくまで水圧によって結石を膀胱内に押し戻す方法であり、カテーテルを用いて、押し戻す方法ではない。カテーテルで強引に押し戻すと尿道が損傷し、尿道狭窄の原因となるため注意が必要である。

尿路閉塞が外科手術でしか解除できない場合は、緊急避難的に膀胱穿刺による尿の排出を行い、高カリウム血症や代謝性アシドーシスの悪化を予防する。

5.2 イヌの尿道切開術

尿道切開は、雄イヌの尿道結石を膀胱内に尿道水圧推進法などで戻すことができなかった場合に適応となる。この方法で戻すことのできない尿道結石は、陰茎骨のすぐ手前、あるいは会陰部の尿道（坐骨結節の近傍）に存在することが多い。そのため結石が存在する位置に合わせて陰嚢前部尿道切開あるいは会陰部尿道切開が適応となる。尿道切開部を良好に治癒させるためには、組織を優しく取り扱うことと並置縫合が重要である。尿道閉鎖後、皮下組織と皮膚を縫合し終了する。採取された結石はその組成について必ず検査を行う。膀胱・尿道結石は再発率が高い疾患であるため、結石の検査結果をもとに適切な栄養管理などの内科的治療を実施し、再発を予防することが重要となる。

5.2.1 陰嚢前部尿道切開

尿道切開はイヌを仰臥位に保定し、滅菌カテーテルを閉塞部位まで挿入する。常法に従って、術野の消毒後、陰茎骨の尾側から陰嚢前部まで、皮膚および皮下組織を切開する（図97A）[1]。陰茎部の尿道には陰茎後引筋が存在するため、この筋肉を確認して分離後、左右どちらか側方に牽引し移動させる（図97B）[1]。メスを用いて、カテーテルの上（あるいは結石の上）から尿道を切開し、結石を除去する。尿道の直上を切開しないと出血が多くなるため、慎重に尿道直上に切開を加える。結石を除去した後、加温した生理食塩液を用いて、尿道を洗浄する。尿道切開部は、カテーテルを挿入したまま、5-0〜6-0の吸収性モノフィラメント合成糸により、単純結節縫合

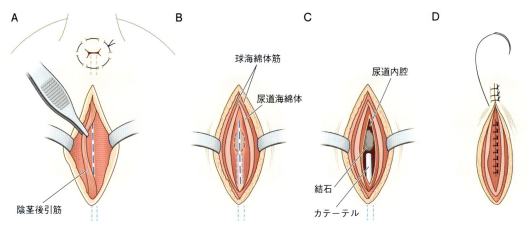

図98 会陰部尿道切開[1]
A：症例をジャックナイフ体位に保定する。皮膚を切開し、陰茎後引筋を側方に牽引する。
B：球海綿体筋を切開して尿道海綿体を露出させる。
C：結石の直上で尿道を切開する。
D：尿道粘膜と尿道海綿体を縫合した後、皮膚と皮下組織を縫合閉鎖する。

あるいは単純連続縫合にて閉鎖する。

5.2.2 会陰部尿道切開

　会陰部尿道切開の際には仰臥位（いわゆるジャックナイフ体位）に保定する。会陰部の尿道で結石が閉塞する位置は図のように坐骨結節の近傍（外観的には肛門と陰嚢の間）であることが多い。尿道へのアプローチは陰嚢前部尿道切開と同様、皮膚を切開して、陰茎後引筋を側方に移動させる（図98A）[1]。会陰部の尿道周辺には発達した球海綿体筋が存在するため、この筋肉の正中を切開し剥離することで尿道海綿体を露出させる（図98B）[1]。球海綿体筋を外科的に損傷すると出血の原因となるため注意する。尿道海綿体が露出したら、結石の直上で尿道をメスで切開する（図98C）[1]。結石が閉塞している尿道の部位までカテーテルを挿入しておくと尿道を切開しやすい。結石が除去できれば、カテーテルを挿入したまま、尿道粘膜と尿道海綿体を5-0～6-0の吸収性モノフィラメント合成糸により、単純結節縫合あるいは単純連続縫合にて閉鎖し、皮膚と皮下組織を縫合閉鎖する（図98D）[1]。

5.3 尿道造瘻術

　尿道造瘻術は尿路閉塞部や閉塞部の近くの部位での永久的尿路変更術である。尿道内腔を外科的に露出し、皮膚と尿道粘膜を縫合閉鎖することで瘻孔を作成する。内科的に治療できない再発性閉塞性結石、水圧により膀胱内に押し戻せず、尿道切開でも除去できない結石、尿道狭窄、尿道や陰茎の腫瘍や重度損傷の場合には、尿道造瘻術が適応となる。尿道造瘻術は、尿道切開尿道粘膜を皮膚に縫合する手術操作を加える。イヌでは尿道造瘻術は陰嚢前部、陰嚢部、会陰部あるいは恥骨前部で実施する。陰嚢前部と陰嚢部では、尿道は皮膚に近く、会陰部の尿道と比較して球海綿体筋が少ないため手術操作が会陰部と比較すると容易であるため、これらの部位よりも陰茎側に病変が存在する場合には適応となる。尿道造瘻術では尿道粘膜と皮膚を並置縫合することが重要である。

5.3.1 陰嚢前部尿道造瘻術

　陰嚢前部尿道切開と同様の方法で尿道にアプローチする。開口部を術後も十分に確保するために3～4cm程度尿道を切開し、5-0～6-0の吸収性モノフィラメント糸を用いて、皮膚、皮下組織、尿道を図のように単純結節縫合あるいは単純連続縫合にて縫合する。

5.3.2 陰嚢部尿道造瘻術（図99、100）[1]

　会陰部や陰嚢前部と比較して尿道内腔径が大きく尿道が拡張しやすいため、陰嚢前部や会陰部と比較して手術操作が容易で、術後の出血や狭窄が起こりにくい。陰嚢部尿道造瘻術では、未去勢の場合は去勢手術を実施し、図100A[1]のように不要な陰嚢を切除する。尿道カテーテルを挿入しておくと尿道内腔を触診にて特定しやすくなる。陰茎後引筋を分離後、左右どちらかに牽引して、尿道海綿体で覆われた尿道を露出させる。挿入しているカテーテルをガイドにして尿道の腹側正中を3～4cm程度、メスで切開し、尿道内腔を露出する（図100B）[1]。周辺の海綿体組織を過剰に切開あるいは切除しないよう

第 15 章

注意する。海綿体組織からの持続性出血は用手による圧迫で一時的にコントロールする。5-0 〜 6-0 の吸収性モノフィラメント糸を用いて皮膚と尿道粘膜を単純結節縫合あるいは単純連続縫合にて縫合する（図100C）[1]。皮膚、白膜、尿道粘膜を図100D[1] のように縫合できれば、術後の皮下出血のリスクが減少する。

5.3.3 会陰部尿道造瘻術

会陰部の尿道は、陰嚢前部や陰嚢部と比較して、皮膚からの距離が遠く（深い）、尿道周囲の球海綿体筋や尿道海綿体が発達しているために尿道内腔へのアプローチがやや煩雑となる。また、皮膚から深い位置にあるため瘻孔形成のための縫合のときに張力がかかりやすい。そのため、尿道造瘻術の実施を検討する場合は、陰嚢前部あるいは陰嚢部での実施を優先し、病変の部位などによって、これらが難しい症例に会陰部尿道造瘻術を実施する。会陰部尿道造瘻術の手技は切開の時と同様に尿道にアプローチし、1.5 〜 2cm 程度尿道を切開する。5-0 〜 6-0 の吸収性モノフィラメント糸を用いて、皮膚、尿道粘膜を図100Cあるいは D[1] のように単純結節縫合あるいは単純連続縫合にて縫合する。

尿道造瘻術の合併症

尿道造瘻術の解剖学的位置により様々であるが、狭窄、出血、縫合部の離解および尿の皮下漏出が一般的である。術後の狭窄を予防するためには、張力がかからないよう皮膚と尿道粘膜を的確に並置することが重要である。また、尿道造瘻部からの出血は、術後の紫斑、血腫形成あるいは創傷の離解の原因となるため、手術中の出血のコントロールが重要である。どの部位での尿道造瘻術においても、術後管理が重要である。瘻孔と周辺組織の自傷や汚染を防ぐため、抜糸まではエリザベスカラーを装着しておく。瘻孔は1日1〜2回、温かい湿らせたガーゼなどを用いて、血餅や痂皮を除去する。

5.3.4 恥骨前尿道造瘻術（図101）[1]

恥骨前部での尿道造瘻術は他の部位での造瘻術が適応できない症例や、会陰道造瘻術を実施した後に狭窄するなどの合併症が生じたイヌとネコが対象になる救済的手術である。恥骨前尿道造瘻術の適応症は、骨盤腔内膜性部尿道の狭窄、閉塞あるいは断裂、ネコにおいては過去の会陰尿道瘻形成術に関連した合併症、骨盤腔や会陰の外傷あるいは腫瘍があげられる。膀胱頸部から膀胱近傍の尿道の神経支配が損傷せずに、十分な長さの尿道が利用できれば、術後、自律的な排尿機能は維持される。

恥骨前尿道造瘻術には後腹部の開腹下で実施する。症例が全身麻酔下となった後、後腹部正中切開を行うため、毛刈りは剣状突起から外陰部手前まで広く行う。術

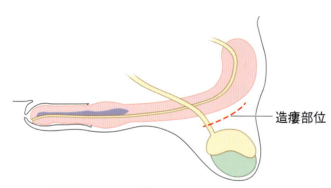

図99　陰嚢部尿道造瘻術[1]

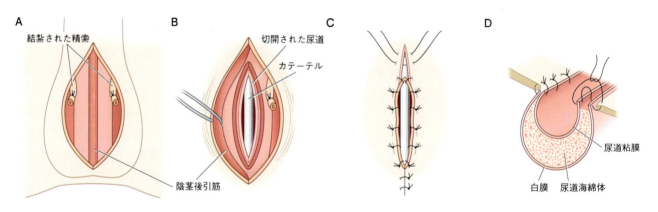

図100　陰嚢部尿道造瘻術の術式[1]
A：去勢後、不要な陰嚢の部分を切除する。
B：陰茎後引筋を側方に牽引して、尿道海綿体と尿道を切開する。
C：皮膚と尿道粘膜を縫合する。
D：皮膚と尿道粘膜を縫合するときに白膜を一緒に縫合できれば術後の皮下出血の予防につながる。

腎泌尿器の外科手術

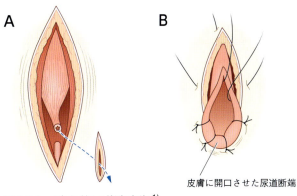

図101　恥骨前尿道造瘻術[1]
A：後腹部正中切開後に尿道を露出させ、尿道を切断する。尿道開口予定部位へ尿道を誘導する。
B：尿道断端に縦切開を加えて瘻孔の開口部を広げて、皮膚と縫合する。

野の洗浄・乾燥を行った後、手術室に移動し、仰臥位に保定する。術野の消毒、乾燥を常法通り実施するとともに、包皮内を消毒し、尿道カテーテルを留置する。ドレーピングを行った後、プラスチックドレープにて術野を被覆する。臍から恥骨まで皮膚を切開し、開腹する。開腹後、尿道を露出し、尿道背側の神経と血管を損傷させないように、骨盤腔内の尿道まで分離後、尿道を切断する（図101A）[1]。尿道は可能な限り長い方がよい。尿道を開口させる予定の皮膚（正中から2〜3cm側方）をメスにて1cm程度切開し、さらに腹壁に尿道径よりもやや大きめの穿刺切開を行う。切断した尿道の切断端を切開した皮膚まで誘導する（図101A）[1]。切断端の尿道に図102B[1]のように縦切開を加えて開口部を広げて、5-0〜6-0の吸収性モノフィラメント糸を用いて皮膚と縫合する。

恥骨前尿道造瘻術の合併症

瘻孔周囲の皮膚炎、上行性尿路感染症、近位尿道のねじれによる尿路閉塞および尿失禁が一般的な合併症である。慢性的に皮膚が尿と接触するため、瘻孔周辺の皮膚炎や縫合部の離開が生じる可能性がある。そのため、瘻孔周辺の被毛を剃毛し、瘻孔周囲の皮膚にワセリンを塗布するなどして保護する必要がある。瘻孔や周囲の糞便などによる汚染は、上行性尿路感染の原因となる。術後の尿路感染の管理には、下部尿路疾患の臨床徴候を詳細にモニタリングし、感染徴候が認められた場合には、尿サンプルの培養検査および抗菌薬の感受性試験を実施し、適切な抗菌薬を用いて治療する。

5.4　尿道吻合術

尿道吻合術は交通事故などで損傷した恥骨前部から骨盤腔内の尿道が適応となる。症例が全身麻酔下となった後、下腹部正中切開を行うため、毛刈りは剣状突起から外陰部手前まで広く行う。術野の洗浄・乾燥を行った後、手術室に移動し、仰臥位に保定する。術野の消毒、乾燥を常法通り実施するとともに、尿道カテーテルを留置する。ドレーピングを行った後、プラスチックドレープにて術野を被覆する。臍から恥骨まで開腹する。損傷部の尿道が確認できたら、損傷した尿道を切除する。損傷した尿道が骨盤腔内の場合は恥骨骨切り術を検討する。正常な尿道を4-0〜6-0の吸収性モノフィラメント糸を用いて尿道の断端同士を吻合する（本章4.3「前立腺切除」の項の図94Cを参照）。術後は尿道カテーテルを7日間程度留置しておく。

5.5　ネコの会陰尿道造瘻術

会陰尿道瘻造瘻術を実施すると、術後尿路感染のリスクが上昇することが知られている。加えて、手術自体にも合併症が存在するため、尿道栓子あるいは結石による尿路閉塞の場合は、可能な限り内科的治療のよる管理が優先される。内科的に解決できず再発を繰り返す場合、尿道が狭窄しカテーテルによる解除ができない場合（図102）に会陰尿道造瘻術が適応となる。理想的には尿道開口部（ストーマ）周辺の組織が尿に対するバリア機能を有することが望ましいことから、会陰尿道造瘻術は近年、包皮粘膜を利用した様々な変法が報告され、実施されるようになってきている。ここでは基本的な方法（Willson and Harrison法、図103）ならびに筒状包皮粘膜縫合法について記載する（図104）。

5.5.1　Willson and Harrison法（図103）[2,3]

① ネコを伏臥位（筆者は仰臥位で保定して実施することが多いため、図では仰臥位で保定している）に保定し、去勢した後、包皮と陰嚢を含む領域を楕円形に切開し、包皮粘膜を陰茎より剥離し、陰茎の周辺組織を鈍性に分離する。

② 陰茎靱帯、陰茎後引筋、坐骨海綿体筋および坐骨尿道筋を切断し、陰茎尿道を遊離する。このステップが会陰尿道造瘻術の成否を握る重要なステップであるため、十分に陰茎尿道を遊離させることが必要である。その後、骨盤部尿道を周辺の結合組織から分離する。

③ 陰茎尿道および骨盤尿道背側をNo.11のメスあるいは虹彩剪刀にて尿道球腺まで縦切開し、モスキート鉗子を尿道の近位に向けて挿入し、スムーズに挿入される程度に開口していることを確認する。その後、

第15章

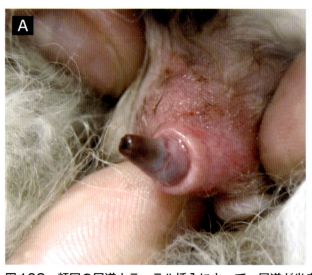
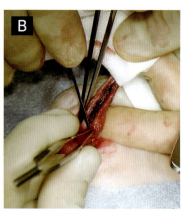

図102 頻回の尿道カテーテル挿入によって、尿道が炎症・壊死し、尿道閉塞となった症例。本症例は会陰尿道造瘻術の適応となった
A：陰茎部の肉眼所見。陰茎先端部が黒く変色している。
B：会陰尿道造瘻術の際の術中所見。陰茎尿道内腔は完全に閉塞していた。

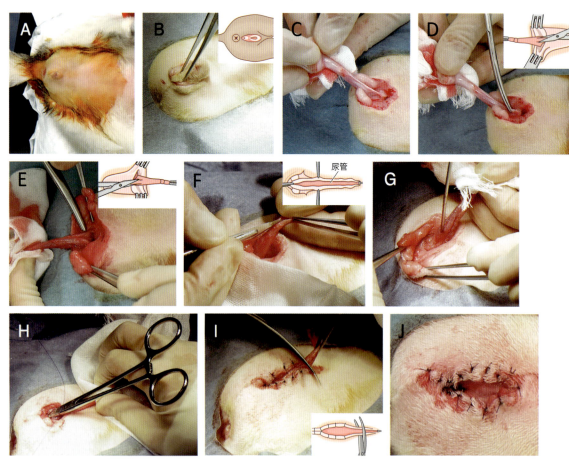

図103 会陰尿道造瘻術の術式（Willson and Harrison法）[2,3]
A：ネコを仰臥位に保定。　B：陰嚢と包皮を含む領域を楕円形に切開。　C：陰茎を牽引。　D：陰茎正中靱帯を切断。
E：坐骨海綿体筋を切断し、陰茎尿道を坐骨から遊離。　F：正中にて陰茎尿道を切開。
G：狭窄部近位まで尿道を切開した後、ゾンデを挿入し尿道を確保。
H：モスキート鉗子が入る程度の尿道径であることを確認。　I：尿道粘膜と皮膚を縫合し、余った陰茎を切除。
J：尿道粘膜と皮膚を並置縫合（単純連続あるいは単純結節縫合）

余った陰茎を切除する。
④ 尿道粘膜と会陰部の皮膚を4-0あるいは5-0吸収性モノフィラメント糸を用いて、単純結節縫合あるいは単純連続縫合する。

会陰尿道瘻造療術の一般的な合併症はストーマの狭窄である。合併症を予防するために、尿道と骨盤をつなぐ坐骨海綿体筋、坐骨尿道筋や陰茎靱帯などをしっかり切除することで骨盤尿道の適切な可動性がもたらされ、張力がかからない、広い開口部のストーマを作成することが可能となる。

5.5.2 筒状包皮粘膜縫合法[4]

① ネコを伏臥位（筆者は仰臥位で保定して実施することが多いため、図は仰臥位で保定している）に保定し、去勢した後、図104 A破線の領域を切開し、皮膚を切除する。陰茎を周囲組織から分離し、陰茎の周辺組織を鈍性に分離する。包皮から図104 Eのように陰茎と包皮粘膜の間に切開を加え、包皮を分離しながら、陰茎を引き出す（図104 G）。
② Willson and Harrison法と同様に、陰茎靱帯、陰茎後引筋、坐骨海綿体筋および坐骨尿道筋を切断し、陰茎尿道を遊離する。その後、骨盤部尿道を周辺の結合組織から分離する。
③ Willson and Harrison法と同様に尿道切開を実施した後、陰茎をやや斜めに切除する。
④ 6～8 Frの尿道カテーテルを包皮ならびに尿道に挿入した後、包皮粘膜と尿道の切断端を6-0吸収性モノフィラメント糸で縫合し吻合する。皮下組織と皮膚を縫合し、術式終了。

5.5.3 ネコの会陰尿道造瘻術の術後管理

会陰尿道造瘻術を行ったネコに対して尿道カテーテルの留置は必要ない。術後期間中は尿サンプルの感受性検査に基づいた抗菌薬療法ならびに疼痛管理を行い、治癒過程を注意深く観察する。ケージ内のトイレのネコ砂を紙の素材に変更、術創を清潔に維持、少なくとも7日間エリザベスカラーを装着させ、症例が術創を舐めないように注意し、縫合部の離開の原因となる二次感染を予防する。

会陰尿道造瘻術後の合併症は25%程度の症例で発生し、出血・術部の腫脹、ストーマの狭窄、離開、皮下への尿漏、尿道狭窄、細菌性尿路感染、臨床徴候の再発、尿路結石などが起こりうる。

5.5.4 ネコの会陰尿道造瘻術の予後

尿道が閉塞していた時間が短時間であれば、解除後の予後は良好である。完全閉塞後、長時間経過していた症例、老齢の症例で慢性腎臓病が潜在していた場合、膀胱が虚血によって壊死していた場合などは、予後は不良となる場合がある。

尿道閉塞は生命にかかわる緊急疾患であるため、尿閉を速やかに解除することは重要である。また、解除処置時には、鎮静や麻酔が必要となること、また、尿道閉塞に伴う全身的な合併症が重篤な場合には、危険な状態であることを飼い主に理解してもらう必要がある。

ネコの尿道閉塞は、少数の例外（腫瘍など）を除いて、特発性膀胱炎、尿石症、尿路感染症などが基礎疾患として存在し、これらの病態が複合的に関与して、尿道閉塞に至っていると考えられる。例えば、特発性膀胱炎は、ネコの飼育されている環境において、水分の摂取量が少ない、トイレの不備などで、排尿行動が少ない、食事の内容や回数、ストレスなどが原因となる。また、尿石症は、食事内容や水分摂取量の減少が要因となり、さらに尿路感染症が合併すると尿pHの変化や炎症反応が増悪因子となり、病態が進行する。このように、尿道閉塞は、多くの症例において食事内容や飼育環境が原因となって発生した下部尿路疾患が背景として存在すると考えられるため、飼い主から飼育環境に関する情報を十分に聴取した上で、今後、下部尿路疾患の治療や予防には、継続的な飼育環境の改善や食事療法が必要であることを理解してもらう必要がある。

5.6 尿道脱

尿道脱は、尿道粘膜が陰茎先端部から脱出した状態を示す。尿道脱の原因としては、過剰な性的興奮、マスターベーション、尿道の炎症など関連すると推測されているが、詳細なメカニズムは明らかとなっていない。若齢の短頭種で発生が多いとされ、イングリッシュ・ブルドッグで発生の報告が多いが、ボストン・テリア、ヨークシャー・テリアやそのほかの犬種でも発生する。未去勢の雄では去勢雄と比較して発生率が約2倍高いことが知られている[1,2,5,6]。

尿道脱の診断は比較的容易で、陰茎先端に赤色の腫脹した尿道が脱出しているのが観察される。尿道脱に細菌性膀胱炎などの泌尿器系の感染が併発している場合は抗菌薬を用いた治療を実施する。脱出している尿道が壊死していない状態で、尿道カテーテルや滅菌綿棒などで脱出している尿道を整復可能である場合には、陰茎先端の尿道開口部に6-0程度の吸収性モノフィラメント糸を用

第15章

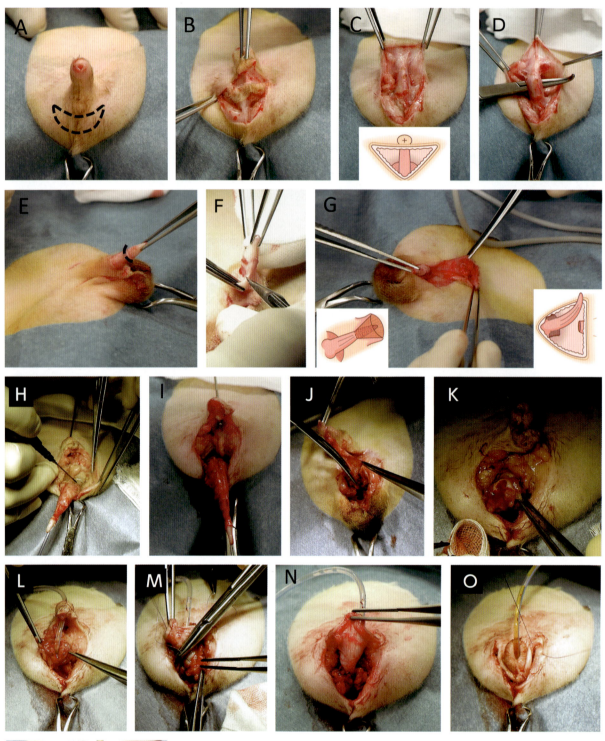

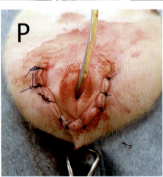

図104　筒状包皮粘膜縫合法

A～D：図のように皮膚を切開し、陰茎を周囲組織から分離。
E～G：陰茎を包皮から分離。
H、I：陰茎靱帯、陰茎後引筋、坐骨海綿体筋および坐骨尿道筋を切断し、陰茎尿道を遊離。
J、K：尿道切開を実施した後、陰茎をやや斜めに切除。
L～N：6～8Frの尿道カテーテルを包皮ならびに尿道に挿入した後、包皮粘膜と尿道の切断端を5-0モノフィラメント吸収糸で縫合し吻合。
O、P：皮下組織と皮膚を縫合し、術式終了。

腎泌尿器の外科手術

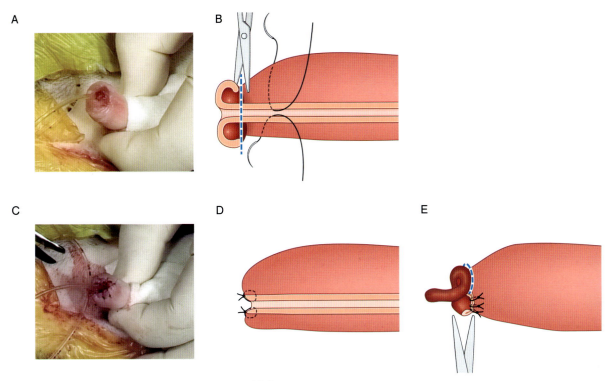

図105 脱出した尿道の切除と陰茎粘膜への縫合
A：包皮から陰茎を露出させたところ。
B：切除後の残存尿道が陰茎内に引き込まれないように、陰茎内の尿道に支持糸をかけ、脱出した尿道を全周性に切除する。
C、D：4-0～6-0の縫合糸を用いて、尿道と陰茎粘膜を単純連続あるいは単純結節にて縫合する。
E：脱出した尿道を一括で切除せずに、少し切除した後に縫合を繰り返す方法でもよい。

いて巾着縫合をかけることで治療できる場合がある。巾着縫合する際には、排尿ができる程度に巾着縫合をかけ、5日間程度維持した後、抜糸して経過観察する。

5.6.1 尿道脱の外科手術

内科的治療で治療できない尿道脱に対しては外科手術が選択される。脱出した粘膜を切除して陰茎粘膜と縫合する方法および尿道を固定する方法の2つの術式が報告[1,2,5,6]されているが、本項では脱出した尿道を切除する方法を記載する。

5.6.2 尿道脱の切除

仰臥位に保定し、常法に従って術野の準備を実施する。包皮から陰茎を露出させる（図105 A）。脱出した尿道を切除する前に、陰茎近位部に駆血帯を装着すると出血が軽減される可能性がある。脱出した尿道に支持糸をかけて牽引して、尿道を軽く伸ばすようにする。それから、切除後の残存尿道が陰茎内に引き込まれないように、陰茎内の尿道に支持糸をかける（図105 B）。尿道を全周性に切除した後、4-0～6-0の縫合糸を用いて、尿道と陰茎粘膜を単純連続あるいは単純結節にて縫合する（図105 C、D）。単純連続縫合の方が術後の出血が少ないと報告[5]されていることから、脱出した尿道を一括で切除せずに、少し切除して縫合することを繰り返す方法（図105 E）でもよい。この場合は、陰茎内の尿道に支持糸をかける必要はない。尿道脱の原因の1つに過剰な性的興奮が考えられていることから、未去勢の場合は去勢手術を同時に実施する。

5.6.3 尿道脱の合併症および予後

術後の合併症としては術後7～14日程度は術創から出血する可能性がある。そのため、術後2週間程度は性的興奮をさせないようにすることが望ましい。脱出した尿道を切除した術式の再発率は11～57％と報告[5,6]されており、再発率は比較的高い手術と考えられるため、飼い主へのインフォームドコンセントも重要である。

第15章

第15章5の参考文献

1) MacPhail C, Fossum TW. Surgery of the Bladder and Urethra. In: Fossum TW.: Small Animal Surgery 5th ELSEVIRE. St. Louis, Missouri. 2019.
2) Cuddy CL, McAlinden AB. Urethra. In: Tobias KM, Johnston SA, eds. Veterinary Surgery Small Animal. ELSEVIRE. St. Louis, Missouri. 2018; 2234-2253.
3) MacPhail CM. Feline Idiopathic Cystitis. In: Fossum TW, ed. Small Animal Surgery 4th ed. ELSEVIER Missouri. 2013; 777-779.
4) Ladlow JF. Urethra. In: Langley-Hobbs SJ, Demetriou JL, Ladlow JF, ed. Feline soft tissue and general surgery. ELSEVIER, Missouri. 2014; 433-447.
5) Carr JG, Tobias KM, Smith L. Urethral prolapse in dogs: a retrospective study. *Vet Surg*. 2014; 43(5): 574-580.
6) Healy D, Rizkallal C, Rossanese M, et al. Surgical treatment of canine urethral prolapse via urethropexy or resection and anastomosis. *J Small Anim Pract*. 2024; 65(3): 206-213.

索引

英表記を含む索引

ACE　25, 323
ACEI（ACE阻害薬）　177, 178, 186, 187, 188, 323, 324, 328
ACVIM　119, 170, 272-273, 275, 277, 282, 286, 287, 363, 374
AKI　42, 43, 49, 50, 53, 54, 55, 127, 164-169, 335, 361, 364
ANP　22, 23, 25
ARB　177, 178, 186, 187, 201, 323, 324, 328
Aspergillus spp.　46
BUN　32, 58, 61-62, 77, 193, 214, 217, 232, 275, 286, 288
Candida spp.　46, 267
Capillaria spp.　46
CKD　47, 48, 50, 52, 53, 54, 55, 63, 127, 169-179, 321, 336, 345, 346, 353, 357, 361, 362, 374
COX　27, 315, 316
Cre　19, 32-33, 61, 165, 166, 170, 171, 172, 173, 177, 185, 186, 187, 189, 193, 197, 202, 203, 214, 217, 220, 232, 320, 321, 324, 327, 332, 338, 341
CT検査　73, 92
Enterococcus spp.　264, 267
EPO　27, 58, 324, 325, 336
Escherichia coli　264, 267, 302, 360, 362
FeLV　181, 266
FIC　254-260
FIP　181, 266
FIV　181, 266
FNA　69, 70
GFR　19, 32-33, 58, 59, 60, 61, 62-63, 166, 170, 242
IRIS　55, 60, 63, 164, 165, 170, 177, 324, 364
　　ステージ分類　127, 128, 170, 171, 173, 174, 186, 187, 188, 329
Klebsiella spp.　264, 302
L-FABP　49, 54
MRI検査　73
Mycoplasma canis　302
NAG　14, 49, 52-53
NGAL　49, 54-56
NSAIDs　28, 52, 219, 315, 317

PAS反応　12, 132, 134, 135
PG　27
pH　24, 36
PKD　4, 91, 153, 155-159, 224-228
Proteus spp.　264, 302
Pseudomonas spp.　302
RAAS阻害薬　219, 220
RAS　14, 25, 166, 321, 326
　　阻害薬　142, 149, 170, 186, 187
SDMA　33, 63, 170, 171, 173, 185
Staphylococcus spp.　264, 267, 302
Streptococcus spp.　302
SUBシステム　365, 374
S染色　38-46
UA/C比　48, 51-52
UP/C比　47, 48, 51, 52, 127, 128, 171, 173, 177, 185, 186, 189, 323, 327
Willson and Harrison法　399-401
X線検査　72-115
　　糸球体疾患　185
　　正常像　78-79
　　尿石症　235-236

ω-3脂肪酸　187-188, 321

五十音順索引

【あ】

アコースティックシャドウ　88, 98
足細胞　13, 14, 19, 50, 131, 133, 134, 180, 182
アシドーシス　239
　　代謝性　24, 31, 169, 172, 173, 174, 175, 193, 196, 197, 200, 201, 213, 214, 216, 217, 238, 240, 244
　　尿細管性　197-204
　　補正　320
亜硝酸塩　37
アセプロマジン　278, 289
圧迫撮影　72, 76
アテノロール　328
アミノグリコシド系抗菌薬　28, 52, 68, 221
アミロイド腎症　151-155
　　アビシニアン　136, 154-155
　　チャイニーズ・シャー・ペイ　136, 152
アムロジピン　175, 188, 326, 328, 329

アルドステロン　24, 25, 26
アルブミン　42, 50, 51, 324
アルブミン尿　47-48, 51-52, 325
アルポート症候群類似疾患　137, 183
アルミニウム系リン吸着剤　330
アンジオテンシンⅡ受容体拮抗薬（ARB）　177, 178, 186, 187, 201, 323, 324, 328
アンジオテンシン変換酵素（ACE）　25, 323
　　阻害薬（ACEI）　177, 178, 186, 187, 188, 323, 324, 328

【い】

異形成腎　83, 142, 228
移行上皮癌　30, 69
移植腎　339
異所性腎　4, 83, 144-145
異所性尿管　4, 100-101, 145
一次性糸球体疾患　133
遺伝子変異細胞　312
遺伝性（家族性）腎疾患　146-159
遺伝性糸球体腎症　147
遺伝性腎炎
　　ブル・テリア　149
遺伝性腎疾患　139-163
遺伝性尿細管間質性腎炎
　　ノルウェージャン・エルクハウンド　153-154
イヌの増殖性尿道炎　290-291
イングリッシュ・コッカー・スパニエル
　　家族性糸球体腎症　149
陰性造影法　75
陰嚢前部尿道切開　397
陰嚢前部尿道造瘻術　397
陰嚢部尿道造瘻術　397

【う】

ウェット・マウント標本　38
ウロビリノーゲン　36

【え】

会陰
　　発生　3, 4
会陰尿道造瘻術　398, 399
会陰部尿道切開　397
会陰部尿道造瘻術　398
　　ネコ　399
エストリオール　278, 282, 283, 293

索引

エチレングリコール中毒　213-215
エナラプリル　177, 186, 187, 324, 328
エリスロポエチン（EPO）　27, 58, 324, 325, 336
遠位尿細管　12, 20-24, 27
遠位尿細管障害　221
遠位尿細管性アシドーシス　198-199
塩酸セベラマー　330
炎症性疾患
　　細胞診　122
　　排尿障害　290

【お】

オキシブチニン　277, 278, 283, 285, 290
オメンタリゼーション　387-392

【か】

下位運動神経性排尿障害　280-282
開腹下腎瘻チューブ　354
開腹下前立腺生検　387
解剖　1-18
　　腎臓　4-15, 343-344
　　前立腺　297-299, 388-389
　　尿管　15-16, 344-345, 366
　　尿道　16-18, 395
　　膀胱　15-16, 378, 379
外力性カテーテル法　68, 70, 71, 312-313
カウンタートラクションテクニック　367
核医学検査　73
画像検査　72-121, 312
家族性糸球体腎症
　　イングリッシュ・コッカー・スパニエル　149
　　サモエド　148-149
　　ソフトコーテッド・ウィートン・テリア　150-151
　　ダルメシアン　149-150
　　ドーベルマン・ピンシャー　149
　　バーニーズ・マウンテン・ドッグ　151
　　ブル・マスチフ　150
カドミウム中毒　213
下部尿路
　　感染症　253, 267-269
　　疾患　28, 30, 253-262
カリウム　25
　　添加　168, 321

カリクレイン-キニン系　26
顆粒円柱　42-43
カルシウム　25, 26, 27
　　拮抗薬　328
　　結晶　44, 45
　　受容体作動薬　331
　　代謝異常　87, 199, 200
　　リン吸着剤　330
カルシトリオール　177, 330
加齢変化
　　前立腺　298
管外増殖性糸球体腎炎　135
感染性ストルバイト尿石症　238-239
管内増殖性糸球体腎炎　134

【き】

機械的排尿障害　285-293
奇形　139-163
機能的尿道閉塞　285
機能的排尿障害　282-283
逆行的尿道水圧推進法　286, 287, 288, 289, 395
急性腎盂腎炎　84
急性腎障害（AKI）　42, 43, 49, 50, 53, 54, 55, 127, 164-169, 335, 361, 364
急性尿細管間質性腎炎　193
近位尿細管　11, 20-24
近位尿細管性アシドーシス　199-200
緊急処置　286, 288

【く】

グルココルチコイド　32, 37, 61, 201, 204, 217
クレアチニン（Cre）　19, 32, 33, 61, 165, 166, 170, 171, 172, 173, 177, 185, 186, 187, 189, 193, 197, 202, 203, 214, 217, 220, 232, 320, 321, 324, 327, 332, 338, 341
グレード分類
　　AKI　165, 168, 364

【け】

経皮的腎生検　347
経皮的腎瘻チューブ　354
外科手術　343-404
　　腫瘍　309, 314
　　腎臓　339-342, 343-359

先天性異常　361
前立腺　301, 304, 386-395
尿管　359-378
尿管結石　360
尿道　395-403
膀胱　378-386
外科的腎生検　129
血液回路　337
血液検査　32-33, 61, 143, 185
血液透析　169, 334-338
血液尿関門　13-14
血管系の解剖　6, 298, 379, 389
結晶　216, 218
　　カルシウム　211, 214, 231
　　シスチン　45
　　シュウ酸カルシウム　44
　　ストルバイト結晶　44
　　尿酸塩　44
　　ビリルビン　45
　　無晶性リン酸塩　45
結晶尿症　237-238
結石　88, 98, 106, 110-111, 116, 118, 119, 120, 199, 203, 216, 218, 229, 253, 254
　　シスチン　236, 245-248
　　シュウ酸カルシウム　168, 236, 240-243, 254, 259
　　シリカ　236, 248-251
　　ストルバイト　236, 238-240, 254, 259
　　尿酸　236, 243
　　リン酸カルシウム　236, 248
結石溶解療法　240-241, 257, 259
血中尿素窒素（BUN）　32, 58, 61-62, 77, 193, 214, 217, 232, 275, 286, 288
血尿　29, 30, 34, 35, 36, 39, 40
ケトン体　36, 62
顕性遺伝性疾患　147, 148, 149, 153, 154, 155, 183, 198, 199, 204, 225, 227, 231, 281

【こ】

コア生検　69, 127-130
硬化性糸球体腎炎　135, 136
高カリウム血症　31, 168, 169, 172, 188, 198, 200-204, 210, 215, 220, 221, 244, 286, 288, 289, 320, 324, 335

索 引

高カルシウム血症　31, 37, 166, 172,
　　　　　　　175, 177, 204, 210, 211, 216,
　　　　　　　217-218, 330
高キサンチン尿症　160
抗凝固剤　337
高クロール血症　196
高血圧　177-178, 188, 321, 323,
　　　　325-329
抗血栓療法　187
膠原線維糸球体沈着症　136, 184
抗糸球体基底膜抗体　180-182
高シュウ酸尿症　159, 160
後腎　2-3
高窒素血症　31, 37, 77, 143, 149, 151,
　　　　　153, 156, 157, 160, 172,
　　　　　173, 176, 185, 186, 188,
　　　　　195, 197, 214, 215, 216,
　　　　　225, 226, 228, 230, 231,
　　　　　232, 290, 335
高尿酸尿症　159, 210
後腹膜腔の異常　80-81
高リン血症　31, 172, 174-175, 244,
　　　　　329
骨盤膀胱　292
骨ミネラル代謝異常　329-331

【さ】

再吸収　20-22
細菌性膀胱炎　30, 36, 46
細菌培養　65-66
細針生検　124-128
採尿法　33-34
細胞診
　　炎症性疾患　122
　　腫瘍　69, 123-124, 126
　　腎臓　124
　　前立腺　69, 125, 304
　　尿沈渣　122-123
　　標本　122
サケカルシトニン　218
サモエドの家族性糸球体腎症　148
酸-塩基平衡　22, 23, 332
Ⅲ型コラーゲン糸球体症　136, 137,
　　　　　184
散発性細菌性膀胱炎　268

【し】

ジアゼパム　277, 278, 279, 284, 285,
　　　　289

糸球体　1, 2, 3, 9, 10, 11, 13, 19-23, 27
　　微小変化　133
糸球体アミロイドーシス　136, 183
糸球体基底膜障害　148, 228
糸球体疾患　133-138, 180-190
　　腎生検　127, 128, 131-137, 186
　　巣状分節性糸球体病変　133
　　尿中蛋白　49
　　びまん性糸球体腎炎　134
　　非免疫学的機序　182-184
糸球体腎炎　133-135, 147, 180-182
糸球体嚢胞腎　230
糸球体病変　131, 132, 133
糸球体傍複合体　14
糸球体濾過量（GFR）　19, 32-33, 58,
　　　　　59, 60, 61, 62-63, 242
シクロオキシゲナーゼ（COX）　27,
　　　　　315, 316
シスタチンC　33, 62-63
シスチン　45, 172, 195, 196, 197, 200
シスチン尿石症　198, 245-248
シスプラチン　167, 192, 195, 196,
　　　　　220-221
脂肪円柱　43, 44
ジャーキートリーツ中毒　216
若年性腎症　228-229
重金属中毒　212-222
集合管　12, 20-23, 25, 37
　　障害　221
シュウ酸カルシウム　44, 45
　　結石　240-241, 254, 259, 286, 288,
　　　　363
　　診断　241
　　治療　242
　　尿石症　240-243
周術期管理　345-346, 378-380
終末腎　87
主訴　28
術後管理　345
　　大網被嚢術　391-392
　　ネコの会陰尿道造瘻術　401
術後機能不全　274, 285
術式
　　偽嚢胞被膜切除　357
　　腎移植　339-342
　　腎盂切開術　350-351
　　腎切開術　349
　　腎摘出術　352
　　前立腺全切除　394

前立腺大網被嚢術　389-391
前立腺部分切除　393
尿管　365, 367-375
部分的腎摘出術　351
腫瘍　96, 114, 117, 124, 307-318
腫瘍細胞　41, 123, 312
腫瘍性疾患　123
　　細胞診　69, 123, 124, 126
　　腎臓　29, 124, 127, 307-310
　　前立腺　125, 304
　　膀胱　310-317
上位運動神経性排尿障害　277-280
硝子円柱　42
小脳の障害の排尿障害　281-282
上皮円柱　42
上部尿路　6, 7, 73-74, 92, 115
　　CT検査　92
　　感染症　263-267
静脈性尿路造影　75, 96
食事性脂質　321
食事性蛋白の制限　321
食事性ナトリウムの制限　321
食事性リンの制限　319-320
食事療法　248, 319-322
　　CKD　173-174
　　糸球体疾患　187
　　腎泌尿器疾患　319-322
　　ネコの特発性膀胱炎　257-258
食品毒　216-218
植物毒　215-216
シリカ結石　248-251
腎アミロイドーシス　190
腎萎縮　29, 82
腎移植　338-342
腎盂腎炎　264
腎盂切開術　350-351
腎盂相　76
腎間質障害　221
腎機能検査　58-65
腎クリアランス試験　58-60
神経系の解剖　6, 299
神経原性排尿障害　273, 277-282, 294
腎血漿流量　19, 58
腎結石　29, 88, 264
腎梗塞　86
腎後性AKI　168
腎実質相　76
腎周囲偽性嚢胞　94, 232, 357
腎腫瘍　29, 95, 96, 307-310

索引

腎小体　13, 20
腎性AKI　166-168
腎生検　127-131, 186, 346-349
　　合併症　130
　　急性腎障害　127
　　禁忌　128, 346
　　外科的　129
　　糸球体疾患　137, 186
　　腫瘍性疾患　127, 309
　　蛋白尿　127
　　超音波ガイド下　129
　　適応　127
　　尿細管間質性腎炎　194
　　病理　131-138
　　腹腔鏡　119, 129
　　慢性腎臓病　127
腎性高血圧症　177-178
腎性糖尿　206
腎性尿崩症　204-205
腎性貧血　324-325
腎切開術　349-350
腎前性AKI　166
腎臓
　　位置　5-6, 29, 74
　　遠位尿細管　12, 20-24, 27
　　解剖　4-16, 343-344
　　数　74
　　間質　14
　　境界　74, 76, 79, 82, 83, 84, 93, 95
　　近位尿細管　11, 20-24
　　形態　4-5, 7-9, 29, 74
　　外科手術　309
　　血液尿関門　13-14
　　血管系　6, 10
　　結石　88
　　サイズ　29, 73
　　細胞診　124
　　集合管　12-13, 20-23, 25
　　腫瘍　96, 124, 307-310
　　神経系　11
　　腎小体　13
　　組織　9-15
　　疼痛　29
　　排泄性尿路造影検査　76, 77, 85, 89, 90, 93, 101
　　薄壁尿細管　11
　　発生　1-3, 139-140
　　不透過性　74-77, 82, 87, 93

　　リンパ節　6, 11
腎臓型リンパ腫　124, 125, 127, 128, 265, 266
腎臓癌　96
腎代替療法　169
腎低形成　82, 142
腎摘出術　339-342, 351-353
浸透圧　20, 22-25
腎2分割切開法　349
腎尿路奇形　139-163
腎囊胞　94
腎囊胞腺癌　231
腎破裂　93
腎皮質の石灰化　87
腎泌尿器
　　解剖と発生　1-18, 345
　　外科　343-404
　　疾患の診断　28-71
　　生理機能　19-27
　　病理組織診断　122-138
腎泌尿器疾患
　　一般的治療法　319-342
心房性ナトリウム利尿ペプチド（ANP）　22, 23, 25
腎無形成　142
腎瘻チューブ　353-357, 370-373

【す】
水銀中毒　213
髄質海綿腎　229
水腎症　29, 90
水和　60, 77, 176
ストルバイト　44, 238-240, 254, 259, 286-289
　　結石溶解療法　240
　　尿石症　238-240
スピロノラクトン　328

【せ】
生検
　　腎臓　119, 127-131, 346-349
　　前立腺　69, 386-387
生殖腺原基　3
生理機能　19-27
赤血球円柱　42
切除
　　前立腺　392-394
　　尿道脱　403
　　膀胱　381-382

セルパック法　313
潜血　36
前腎　1
全身性高血圧　31, 325-329
潜性遺伝性疾患　147, 148, 149, 150, 152, 153, 154, 159, 160, 199, 228
先天性異常　3-4, 139-163, 361
先天性代謝異常　159-160
先天性尿失禁　293
先天性尿路奇形　142-146
　　異形成腎　142
　　腎無形成　142
　　低形成腎　82, 142
繊毛病　224-225
前立腺
　　解剖　3, 16, 17, 297-298, 388
　　疾患　297-306
　　生検　69, 386-387
　　肥大　300
前立腺液　68-71, 125, 298, 299, 302, 304
前立腺炎　126, 302-305
前立腺過形成　125, 126, 299-302
前立腺切除　392-395
前立腺全切除　394
前立腺大網被嚢術　389-392
前立腺囊胞　302-305
前立腺膿瘍　302-305, 387-391
前立腺部分切除　393
前立腺マッサージ　68, 125, 303, 304

【そ】
造影X線検査　72, 74-77
造影剤腎症　220
巣状分節性糸球体硬化症　133, 147, 151, 182
巣状分節性糸球体腎症
　　ミニチュア・シュナウザー　151
巣状分節性糸球体病変　133
増殖性糸球体腎炎　134
増殖性尿道炎　290-291
組織　1-18
　　腎臓　9-15
　　前立腺　69
　　尿管　16
　　膀胱　16
ソフトコーテッド・ウィートン・テリアの家族性糸球体腎症　150-151

索引

【た】
体液過剰　336
代謝性アシドーシス　24, 31, 169, 172, 173, 174, 175, 193, 196, 197, 200, 201-202, 213, 214, 216, 217, 238, 240, 244, 289
対称性ジメチルアルギニン（SDMA）　33, 63, 170, 171, 173, 185
代償性肥大　83
大脳皮質障害の排尿障害　281-282
大網被囊術　387-392
多飲多尿　30
脱水　22, 290
多発性囊胞腎（PKD）　224-228
　　ブル・テリア　153, 227
　　ペルシャネコ　4, 91, 155-159
タムスロシン　277, 278, 279, 284, 285, 294
ダルメシアン
　　家族性糸球体腎症　149-150
　　尿酸結石　243-244
炭酸水素ナトリウム　203, 218
炭酸ランタン　330
単純X線検査　72, 73-74, 81
ダントロレンナトリウム　278, 279
蛋白質
　　制限　320
　　尿検査　36
蛋白尿　36, 47, 50-51, 127, 177, 186-187
　　管理　323-324

【ち】
チアノーゼ腎症　136, 183-184
恥骨前尿道造瘻術　398-399
チャイニーズ・シャー・ペイのアミロイド腎症　136, 152
中腎　1-2
中毒　208-223, 336
　　透析　214, 336
中毒性腎症　210-221
超音波ガイド下
　　経皮的前立腺生検　386
　　腎生検　129, 347
　　前立腺液採取　68
　　膀胱　34, 313
超音波検査　72-73, 81, 185
　　アコースティックシャドウ　88
　　後腹膜腔　81
　　尿石症　235-236

【つ】
筒状包皮粘膜縫合法　401

【て】
低アルブミン血症　172, 185, 186, 188, 219, 333
低カリウム血症　31, 37, 172, 175-176, 193, 196, 197, 199, 200, 202, 203, 210, 211, 216, 290
低カルシウム血症　31, 199, 200, 203, 213, 214, 286, 288, 289, 319
低形成腎　82, 142
低ナトリウム血症　37
テストステロン製剤　278, 283, 325
鉄剤　325, 330, 331
テルミサルタン　186, 187, 324, 328
電解質異常　333

【と】
透析療法　334
疼痛　29, 30, 34
動脈相　76
ドーベルマン・ピンシャーの家族性糸球体腎症　149
ドナー　338

【な】
内科的治療
　　前立腺過形成　302
　　前立腺腫瘍　304
　　尿酸塩尿石症　245
　　排尿障害　277
内視鏡検査　115-121
内分泌機能　24-27
ナトリウム
　　制限　321
鉛中毒　212

【に】
二次性糸球体疾患　135
二重造影　75, 104
ニトロプルシド　329
尿円柱　42
尿管　97
　　外傷　359, 361, 363, 365
　　解剖　15, 344-345, 366
　　外科　359-378
　　先天性異常　361
　　組織　16
　　発生　3
　　吻合　367
　　閉塞　360
尿管結石　29, 98, 264, 360
尿管ステント　373
尿管切開術　367-368
尿管切除　368-369
尿管造影　76, 97, 99
尿管腟瘻形成術　382
尿管皮膚瘻形成術　382
尿管閉塞　90
尿管膀胱新吻合術　369, 371
尿管膀胱吻合術　370, 372
尿管包皮瘻形成術　382
尿管瘤　118, 145-146
尿検査　33-57, 143, 185, 236-237, 268, 312
　　pH　36
　　亜硝酸塩　37
　　ウロビリノーゲン　36
　　ケトン体　36
　　糸球体疾患　42, 48, 49, 52
　　潜血　36
　　蛋白質　36
　　白血球　37
　　比重　36
　　ビリルビン　36
　　ブドウ糖　36
尿細管間質疾患　190-208
尿細管間質性腎炎　190-195
尿細管機能　20
尿細管障害　154, 220
尿細管性アシドーシス　197-204
尿細管閉塞性障害　221
尿酸　44, 45, 59, 61
尿酸結石　243
尿試験紙法　35-36
尿失禁　272-277, 279-282, 284, 285, 288, 290, 292, 293, 294, 392
尿石症　235-252
尿中N-acetyl-β-D-glucosaminidase（尿中NAG）　52-53
尿中肝臓型脂肪酸結合蛋白質（L-FABP）　54
尿中好中球ゼラチナーゼ結合性リポカリン（NGAL）　49, 54-56
尿中バイオマーカー　49-56

索引

尿沈渣　38
　　大型細胞　41
　　小型細胞　41
　　細胞診　122-123
　　腫瘍細胞　41
　　上皮細胞　40
　　赤血球　39
　　尿円柱　42-43
　　白血球　40
　　病原体　46
尿道　109
　　X線検査　109
　　解剖　16-18, 395
　　外科手術　395-404
尿道炎　112
尿道括約筋機能不全　282-283
尿道カテーテル　34, 115
尿道狭窄症　291-292
尿道結石　110-111, 264, 274, 275, 276, 285-287, 289, 291
尿道腫瘍　114, 117, 317
尿道腫瘤　118
尿道水圧推進法　286, 287, 288, 289, 395
尿道切開術（イヌ）　396-397
尿道栓子　275, 276, 288-290
尿道造瘻術　397-401
尿道脱　401-403
尿道断裂　113
尿道吻合術　399
尿毒症　31, 174
尿培養　236-237, 266
尿比重　36, 37, 47, 48, 52, 54, 58
尿膜管遺残　146
尿膜管開存症　146
尿膜管憩室　107, 146
尿膜管の異常　107
尿路感染症　263-270

【ね】
ネコ
　　遺伝性腎疾患　154-159
　　会陰尿道造瘻術　399-401
　　下部尿路疾患　253-262
　　カリウム添加　321
　　伝染性腹膜炎（FIP）　181, 266
　　特発性膀胱炎（FIC）　254-260
　　尿道栓子　288-290
　　白血病ウイルス（FeLV）　181, 266
　　免疫不全ウイルス（FIV）　181, 266
ネフログラム　76
ネフロン　9-10, 23, 37, 53, 54, 58

【の】
嚢胞性腎疾患　223-234
ノルウエージャン・エルクハウンド
　　遺伝性尿細管間質性腎炎　153

【は】
バーニーズ・マウンテン・ドッグの
　　家族性糸球体腎症　151
バイオマーカー
　　GFR　62-63
　　尿中　49-58
　　ネコの特発性膀胱炎　256
排泄性尿路造影　75-77, 89, 93, 95, 97
排尿筋・尿道括約筋協調不全　283-284
排尿筋不安定症　284-285
排尿困難　392
排尿障害　30, 271-296, 299, 300, 301, 302, 303
　　機序　271-272
　　神経原性　277-282
　　非神経原性　273, 282-293
薄壁尿細管　11
バスキュラアクセス　336-337
バセンジーのファンコーニ症候群　154, 196
バソプレッシン　24-25, 31
白血球円柱　42
発生　1-18
パラソルモン　25
反復性細菌性膀胱炎　269

【ひ】
比重　36, 37, 47, 48, 52, 54, 58
微小変化　133
非神経原性排尿障害　273, 282-293
非ステロイド性抗炎症薬（NSAIDs）　28, 52, 219, 315, 317
ビスホスホネート系薬剤　218
ビタミンD
　　代謝　26-27
　　中毒　216-217
ヒドララジン　328, 329, 342
ヒドロクロロチアジド　328
泌尿器
　　血管系　379, 389
　　腫瘍　307-318
　　神経系　6, 379, 389
　　内視鏡　115-121
　　発生　1-4
　　リンパ　5, 6
びまん性糸球体腎炎　133, 134
標的臓器障害　326, 327, 328
病理組織診断　122-138
病歴　28
微量アルブミン尿　47, 51
ビリルビン　36, 45
貧血　169, 172, 173, 174, 176, 193, 199, 212, 230, 234, 324, 325, 330, 334, 337

【ふ】
ファンコーニ症候群　195-197
　　バセンジー　154, 196
フェニルプロパノールアミン　277, 278, 280, 282, 293
フェノキシベンザミン　328
フェノルドパム　329
腹腔鏡下
　　腎生検　129, 348
　　膀胱結石摘出術　119
腹腔内巨大腫瘤　96
副生殖腺　3
腹部X線検査　78-114
　　正常　78-79
腹膜炎　333
腹膜透析　169, 214, 331-334
ブチルスコポラミン　278
ブドウ糖　36
ブドウ・レーズン中毒　215-216
部分的腎摘出術　351
部分的膀胱切除術　381-382
プラゾシン　277, 278, 279, 284, 285, 294, 328
フリーキャッチ　33-34, 39, 40, 46
プリン体尿石症　243-245
ブル・テリア
　　遺伝性腎炎　149
　　多発性嚢胞腎　153
ブル・マスチフの家族性糸球体腎症　150
プロスタグランジン（PG）　27
フロセミド　168, 188, 218, 328
プロパンテリン　277, 278, 290
プロプラノロール　328

索引

【へ】
ベタネコール　277, 278, 280, 284, 294
ベナゼプリル　186, 187, 324, 328
ヘモグロビン血症　210-211
ペルシャネコの多発性囊胞腎　91, 155-159, 225
ベンゾジアゼピン　278
扁平上皮化生　126
ペンローズドレーン　304, 305

【ほ】
膀胱
　　移行上皮癌　123
　　解剖　15-16, 378, 379
　　形態　15
　　外科手術　314, 378-386
　　血管　15, 379
　　造影　103
　　組織　16
　　単純X線　102
　　リンパ腫　124
膀胱炎　104
膀胱鏡　313
膀胱結石　106, 264, 285-288, 290
膀胱三角　3, 15, 344, 366, 378, 382, 383
膀胱腫瘍　106, 310-317
膀胱切開術　380-381
膀胱切除術　381-382
膀胱穿刺　34
膀胱全切除　382
膀胱相　76
膀胱・尿道結石の排尿障害　285-288
膀胱破裂　108
膀胱麻痺　293-294
膀胱瘻チューブ　382-386
放射線療法
　　腫瘍　315
傍前立腺囊胞　105
補体の活性化異常　182
ポドサイト　50

【ま】
膜性腎症　134
膜性増殖性糸球体腎炎　135
　　ソフトコーテッド・ウィートン・テリアの家族性糸球体腎症　150-151
　　バーニーズ・マウンテン・ドッグの家族性糸球体腎症　151
マグネシウム制限　240, 259
末期腎　87
マンクス症候群　280-282
慢性腎盂腎炎　85
慢性腎臓病（CKD）　47, 48, 50, 52, 53, 54, 55, 63, 127, 169-179, 321, 336, 345, 346, 353, 357, 361, 362, 374
　　血液透析　336
　　ステージ分類　170-171
慢性尿細管間質性腎炎　192-193

【み】
ミオグロビン血症　211
ミニチュア・シュナウザー
　　シュウ酸カルシウム尿石症　241

【む】
無菌性ストルバイト尿石症　239
無症候性細菌尿　269
無晶性リン酸塩　45

【め】
メイグリュンワルド・ギムザ染色　122-127
メサンギウム　13, 14
　　増殖性糸球体腎炎　134
メチルテストステロン　278, 283
メラミン中毒　216
免疫複合体　180
免疫抑制療法　188-189
　　腎移植　341

【も】
盲目的生検　129, 347
門脈シャント　244

【や】
薬剤感受性試験　65-68
薬剤性糸球体障害　219
薬剤性腎障害　218-221
薬剤性尿細管障害　219, 220-221
薬物療法
　　ネコの特発性膀胱炎　258
　　慢性腎疾患　323-331

【ゆ】
有機毒　213-215
輸液療法
　　急性腎障害　168
　　糸球体疾患　188
ユリ科植物中毒　215-216

【よ】
陽性造影法　74, 108

【ら】
ラベタロール　329

【り】
利尿　23, 31
利尿薬　168, 188
療法食　173, 174, 175, 177, 187, 188, 205, 227, 257, 259-260
リン吸着剤　195, 217, 329-331
リン酸カルシウム　236
リン制限　245, 319-320
リンパ節
　　腎臓　6, 11

【れ】
レシピエント　338, 339, 341
レニン-アンジオテンシン-アルドステロン（RAAS）阻害薬　219, 220
レニン-アンジオテンシン系（RAS）　14, 25, 166, 321, 326
　　阻害薬　142, 149, 170, 186, 187
レプトスピラ症　266

【ろ】
ろう様円柱　43
濾過機能　19-20
ロラゼパム　278

イヌとネコの腎泌尿器病学

2024年10月5日　第1版第1刷発行

企　画	日本獣医腎泌尿器学会
監　修	佐藤れえ子、星　史雄
発行者	金山宗一
発　行	株式会社ファームプレス

〒169-0075 東京都新宿区高田馬場 2-4-11　KSE ビル 2F
TEL：03-5292-2723　FAX：03-5292-2726
E-mail：info@pharm-p.com
URL：https://www.pharm-p.com

© 日本獣医腎泌尿器学会
ISBN978-4-86382-136-1 C3047　　　　Printed in Japan

落丁・乱丁本は、送料弊社負担にてお取り替えいたします。
本書の無断複写・複製（コピー等）は、著作権法上の例外を除き禁じられています。第三者による電子データ化および電子書籍化は私的利用を含め一切認められておりません。